U0872544

北京高等教育精品教材
21 世纪重点大学系列教材

80x86/Pentium 微机原理及接口技术

第 3 版

余春暄　左国玉 等编著

机 械 工 业 出 版 社

本书主要介绍了从 8086 到 Pentium 系列微处理器的结构、特点和相关技术，寻址方式、指令系统及汇编语言程序设计，以及微型计算机各组成部分的原理、常用接口技术及其应用。

本书以培养学生应用能力为主要目标，强调掌握基本知识和基本技术，以及分析问题和解决问题的方法，在传统内容的基础上力求反映微型计算机及微处理器的新技术。为了配合教师课堂教学和学生课后学习，本书配备了用 Authorware、PPT 和 PDF 等软件制作的全国多媒体课件大赛获奖的多媒体辅助教学课件，利用视频和动画帮助读者理解所学内容。课件中还配有教学大纲和自测练习，使读者明确整个学习内容，了解学习效果。

本书既可作为高等院校计算机及相关专业的相关课程的教材，又可供计算机硬件或软件开发人员参考。

本书配有授课电子课件和部分工具文件，需要的教师可登录 www.cmpedu.com 免费注册，审核通过后下载，或联系编辑索取（微信：15910938545，电话：010-88379739）。

图书在版编目（CIP）数据

80x86/Pentium 微机原理及接口技术/余春暄编著．—3 版．—北京：机械工业出版社，2015.4（2024.2 重印）

21 世纪重点大学系列教材

ISBN 978-7-111-49627-4

Ⅰ．①8…　Ⅱ．①余…　Ⅲ．①微型计算机－理论－高等学校－教材②微型计算机－接口－高等学校－教材　Ⅳ．①TP36

中国版本图书馆 CIP 数据核字（2015）第 049161 号

机械工业出版社（北京市百万庄大街 22 号　邮政编码 100037）

策划编辑：郝建伟　　责任编辑：郝建伟

责任校对：张艳霞

责任印制：李　昂

北京捷迅佳彩印刷有限公司印刷

2024 年 2 月第 3 版 • 第 13 次印刷

184mm×260mm • 21.25 印张 • 527 千字

标准书号：ISBN 978-7-111-49627-4

定价：59.90 元

电话服务

客服电话：010-88361066

010-88379833

010-68326294

网络服务

机　工　官　网：www.cmpbook.com

机　工　官　博：weibo.com/cmp1952

金　书　网：www.golden-book.com

机工教育服务网：www.cmpedu.com

出版说明

百年大计，教育为本。习近平总书记在党的二十大报告中强调“教育、科技、人才是全面建设社会主义现代化国家的基础性、战略性支撑”，首次将教育、科技、人才一体安排部署，赋予教育新的战略地位、历史使命和发展格局。

随着我国信息化建设步伐的逐渐加快，对计算机及相关专业人才的要求越来越高，许多高校都在积极地进行专业教学改革的研究。

加强学科建设，提升科研能力，这是许多高等院校的发展思路。众多重点大学也是以此为基础，进行人才培养。重点大学拥有非常丰富的教学资源和一批高学历、高素质、高科研产出的教师队伍，通过多年的科研和教学积累，形成了完善的教学体系，探索出人才培养的新方法，搭建了一流的教学实践平台。同学科建设相匹配的专业教材的建设成为各院校学科建设的重要组成部分，许多教材成为学科建设中的优秀成果。

为了体现以重点建设推动整体发展的战略思想，将重点大学的一些优秀成果和资源与广大师生共同分享，机械工业出版社策划开发了“21世纪重点大学系列教材”。本套教材具有以下特点：

1）由来自于重点大学、重点学科的知名教授、教师编写。

2）涵盖面较广，涉及计算机各学科领域。

3）符合高等院校相关学科的课程设置和培养目标，在同类教材中，具有一定的先进性和权威性。

4）注重教材理论性、科学性和实用性，为学生继续深造学习打下坚实的基础。

5）实现教材“立体化”建设，为主干课程配备了电子教案、素材和实验实训项目等内容。

欢迎广大读者特别是高校教师提出宝贵意见和建议，衷心感谢计算机教育工作者和广大读者的支持与帮助。

机械工业出版社

前　言

电子技术和计算机技术的迅猛发展，带来了人类生活、学习和科学研究许多领域的技术革命，使得现代社会和人类生活越来越离不开计算机，计算机知识和应用技能已成为人类知识经济的重要组成部分。无论是从事自动化、电子信息工程、通信工程、计算机应用、电气工程以及智能化仪器仪表等方面的理论研究，还是从事工程实践，都离不开计算机技术，因而“微机原理与接口技术”是电气信息类专业教学的学科基础课之一。

微型计算机原理与应用课程由于知识点多，初学者常感到课程难学、作业难做。本书是在参阅了当前国内外有关微型计算机的大量资料基础上，根据作者多年的教学实践和科学研究的经验编写的，通俗易懂、由浅入深、举一反三，既适合于高等院校计算机及相关专业学习有关课程的教学，又可以作为从事计算机硬件或软件开发与应用工作的工程技术人员的参考资料。本书的主要特点有：

1）内容上注重结构清晰、重点突出、循序渐进、实例丰富，使初学计算机原理者容易接受。

2）以目前最为普及的 Intel 80x86/Pentium 系列计算机系统作为背景，详细介绍了微型计算机的组成结构、工作原理、指令系统、接口技术等，为后续课程及计算机应用、开发打下良好的基础。

3）为了配合教师课堂教学和学生课后学习，本教材配备了用 Authorware、PPT 和用 PDF 制作的三款多媒体辅助教学课件，利用众多动画帮助读者理解所学内容。课件中还配有教学大纲和自测练习，使读者明确整个学习内容，了解学习效果。本书还提供部分工具文件，教师可到 www.cmpedu.com 免费注册，审核通过后下载。或者添加教师服务微信：15910938545，索取相关资源。

4）注重基础，强调理论和实践相结合。重点介绍 8086/8088 处理器及外围接口技术的原理和应用方法，兼顾对计算机技术发展的展示，使读者了解计算机的发展历程，加深理解计算机系统的工作过程，适应计算机技术不断发展和应用不断升级的需求，掌握用计算机解决实际问题的方法。

5）配套了“80x86 微机原理及接口技术——习题解答与实验指导”一书，从不同角度帮助读者理解和掌握理论教学中的原理和技术，也可作为试题库素材。

教材共分为8章。第1章从介绍计算机的组成、微处理器的结构、计算机中数和编码的表示方法入手，建立计算机系统的整体概念，通过处理器执行程序过程的动画演示来了解微处理器的工作过程，之后简单介绍了微机系统中采用的先进技术。第2章以Intel 80x86 / Pentium系列芯片的基础8086/8088微处理器为切入点，重点介绍8086/8088微处理器的内部结构、内部寄存器、工作模式、引脚定义、存储器组织和系统组成，在此基础上对比介绍了80x86及Pentium系列微处理器的发展和特点。第3～4章介绍了80x86 / Pentium系列处理器的指令格式、寻址方式、指令系统、汇编语言程序设计以及调试手段，最后给出了汇编语言与C/C++混合编程的方法。第5章介绍了计算机中常用的半导体存储器的分类与接口设计方法。第6～8章介绍了计算机接口技术，对计算机接口概念进行了较详细的阐述，通过应用实例介绍了简单接口技术和可编程接口技术。

本书主要由余春暄、左国玉编写和统稿，参与编写的还有施远征、韦燕凤、李展鹏、李锋、彭靖漩、杨洋和吴文茂，邓军完成了PPT版的辅助教学软件。本书在编写过程中参考了大量文献，在参考文献中已尽量列出。但是仍有部分资料因原始出处不详而未被列出，在此深表歉意。本书在编写与出版过程中，得到了机械工业出版社的具体指导与帮助，在此一并表示衷心感谢。

由于编者水平有限，书中难免有错误和不妥之处，敬请读者批评指正。

编　者

目　录

第 1 章　计算机基础

计算机技术是 20 世纪最杰出的科技成果之一，它极大地改变了人类社会的生活、学习和工作的方式。本章介绍计算机的发展背景、体系结构、常用术语以及计算机中数和编码的表示方法，使读者了解计算机系统的整体概念和计算机的基本工作过程，为后续学习打下基础。

1.1　概述

1.1.1　微计算机的发展

“计算”是人类生活中最重要的活动之一。随着人类社会的发展与进步，计算量越来越大，而且越来越复杂，促使人们不断推出各种各样的计算工具，如我国唐宋时期出现了算盘，后来科学家又发明了计算尺、机械式计算器等。随着电子技术的发展，在 1946 年，世界上第一台电子数字积分式计算机（Electronic Numerical Integrator And Calculator，ENIAC）诞生了。著名数学家冯·诺伊曼（von Neumann）在 ENIAC 计算机的设计制造期间，首次提出了“存储程序”的概念，从那时开始，这个概念一直沿用至今。因此，人们把按照这一概念制造的计算机称作冯·诺伊曼计算机（von Neumann Machine）。冯·诺伊曼计算机的核心是：

1）指令和数据用二进制数表示。

2）程序预存在存储器中，在执行时会将指令自动地逐条取出并分析执行。

3）计算机的硬件由运算器、控制器、存储器、输入设备和输出设备 5 部分组成。

计算机的发展可分为：

第一代（1946 年～1958 年）真空管计算机。真空管体积大，并且非常耗电，例如 ENIAC 的功率为 130 000W。

第二代（1958 年～1964 年）晶体管计算机。

第三代（1964 年～1971 年）集成电路计算机。

第四代（1971 年至今）超大规模集成电路计算机。

目前正在向第五代人工智能计算机方向突破，其主要目标是希望实现更高程度上模拟人脑的思维功能。

现在，人们广泛使用的计算机是第四代计算机，它的发展是以微处理器的发展为基础的。微处理器的更新速度很快，几乎每两年集成度翻一番，每 2～4 年更新换代一次。可以看到：

1971 年～1973 年，第一代微处理器主要为 4 位或低档 8 位微处理器，其指令系统比较简单，运算能力差、速度慢。

1974 年～1978 年，第二代中高档 8 位微处理器，它比第一代微处理器有了较多的改进，集成度提高 1～4 倍，运算速度提高 10～15 倍，指令系统相对比较完善，已具有典型的计算机体系结构以及中断、存储器直接读取（DMA）功能。

1978 年～1981 年推出第三代 16 位微处理器，从各项性能指标看，第三代微处理器比第二代微处理器的性能提高了很多，已达到或超过原来的中低档小型机的水平。

1985 年，Intel 公司推出了 32 位微处理芯片 80386。80386 有两种结构：80386 SX 和 80386 DX。

1990 年，Intel 公司在 80386 的基础上研制出新一代 32 位微处理芯片 80486，其性能比 80386 大大提高，并采用了精简指令集计算（Reduced Instruction Set Computing，RISC）设计思想。

1993 年 3 月，Intel 公司推出了第五代微处理芯片 Pentium（简称 P5），它的外部数据总线为 64 位，内部总线为 32 位，工作频率为 66MHz。次年，Intel 公司又推出了第二代 Pentium，在体系结构上采用了 RISC 技术，可以说它是 CISC 和 RISC 技术相结合的产物。

1995 年 2 月，Intel 公司发布代号为 Pentium Pro（简称 P6）的新一代微处理器产品。

1998 年到 1999 年，Intel 公司又推出了 Pentium 的改进型，即 Pentium II 和 Pentium III。

2001 年底，Intel 公司又推出了代号为 Northwood 的 Pentium 4，很快成为主流高端 32 位 CPU 市场的佼佼者，特别是在多媒体应用领域，更具有突出的表现。同时，与 Intel 公司进行竞争的 AMD 公司，也不断推出新型微处理器。

在不断完善 32 位 CPU 系列的同时，Intel 公司和 AMD 公司在开发第 7 代 CPU 即 64 位 CPU 方面展开了激烈的竞争，并采取了不同的策略。Intel 公司在开发 64 位的 Itanium（安腾）时，放弃一直沿用的 x86 架构，而在 IA-64 架构的体系中采用了所谓的显式并行指令计算（Explicitly Parallel Instruction Computing，EPIC）核心技术，保持了技术上的优势。而 AMD 公司在其开发 64 位 CPU K8 SledgeHammer（大锤）时，则采取了更为平滑的过渡方式，尽管它在运行 64 位软件时速度不及 Intel 公司的 Itanium，但由于它注重增强同 IA-32 指令的兼容性，使其在执行 IA-32 软件时速度明显高于 Itanium。

1.1.2 常用术语

1）**位**（bit）：是计算机所能表示的最小的数据单位。 每一位只能有两种状态：“0”或“1”。bit 是 Binary Digit 的缩写。

2）**字节**（Byte）：一个 8 位二进制数称为一个字节，在计算机中的基本存储单元内容用字节表示。

3）**字**（Word）：是微处理器内部数据传输、处理的基本单位。目前 PC 常将 2 个字节定义为一个字，即一个字为 16 位二进制数。一个双字为 32 位二进制数。

4）**指令**：用二进制代码组成，规定微处理器进行某种操作的命令。即由“0”和“1”编码组成的代码，微处理器每一个操作均对应一组唯一的编码。

5）**指令系统**：是指一台计算机所能识别的全部指令。不同类型的微处理器，其指令系统不同，一般不能兼容。如 IBM 机、苹果机、各种单片机的指令系统均不相同。

6）**程序**：指令的有序集合。即为使计算机完成某种工作而编制的一系列指令。计算机将按照这一系列指令一步一步地工作。而这一系列指令就组成程序。

7）**存储器**：用于存储数据和程序。而数据和程序均用二进制编码表示。我们把存储器看成很多的单元，每个基本存储单元存储 8 位二进制编码（称为一个字节），并且均有自己的编号，这个编号称为该存储单元的地址。

8）**存储容量单位**：

1B=8bit（称为一个字节）

1KB=1024B=1024×8bit

1MB=1024KB=1024×1024B

1GB=1024MB=1024×1024×1024B

1TB=1024GB=1024×1024×1024×1024B

9）**地址**：指存储单元或I/O接口的编号。每个存储单元或I/O接口均有自己的唯一的物理编号，即称为物理地址。

1.1.3 正文中使用的符号

R	寄存器	M	存储器
R8	8位寄存器（字节寄存器）	M8	8位存储器（字节单元）
R16	16位通用寄存器（字寄存器）	M16	16位存储器（字单元）
R32	32位通用寄存器（双字寄存器）	M32	32位存储器（双字单元）
src	源操作数	mem16	16位存储器单元的逻辑地址
dest	目标操作数	mem32	32位存储器单元的逻辑地址
n_8	8位立即数	EA	有效地址
n_{16}	16位立即数	disp	位移量
n_{32}	32位立即数	disp8	位移量为8位二进制数补码
n_{64}	64位立即数	disp16	位移量为16位二进制数补码

1.2 计算机中数与编码的表示方法

计算机的工作就是处理数据或编码，那么，计算机是如何描述数和编码的？根据冯·诺伊曼计算机的概念，计算机中采用二进制数表达。因此，计算机中无论是数还是编码均用二进制数描述。但是为了描述方便，在编程中常采用不同的进制来描述数据。例如，为了书写方便且不易出错，常用十六进制数，为顾及日常生活的习惯常使用十进制数（BCD码），在大型机、巨型机中还使用八进制数等。本书中常用的数制有：二进制数、十进制数、十六进制数。了解二、十、十六进制数的表达方式及相互转换的方法是非常重要的。除此之外，还应了解计算机中如何描述有符号数和编码。

1.2.1 进制表示

数制即为表示一个数的格式，目前均以进位制来描述，即每位的数值为该位的数字乘以该位的权值，每位之间均为一个进位，即

$$N_r=d_{n-1}\times r^{n-1}+d_{n-2}\times r^{n-2}+\cdots+d_1\times r^1+d_0\times r^0+d_{-1}\times r^{-1}+\cdots+d_{-m}\times r^{-m}$$

其中，r为进位值；n为整数位数；m为小数位数；d_i为第i位的数字（r个数字中之一）。

1）**十进制数**，即r=10，为逢十进一，借一当十，需要10个数字符号（0～9），第i位以10^i为权，如$N_{10}=(683.74)_{10}=683.74D=6\times10^2+8\times10^1+3\times10^0+7\times10^{-1}+4\times10^{-2}=683.74$。

2）**二进制数**，即r=2，为逢二进一，借一当二，需要两个数字符号0和1，第i位以2^i为权，如$N_2=(10001110.11)_2=10001110.11B=1\times2^7+0\times2^6+0\times2^5+0\times2^4+1\times2^3+1\times2^2+1\times2^1+0\times2^0+1\times2^{-1}+1\times2^{-2}=(571.75)_{10}$。

3）**十六进制数**，即r=16，为逢十六进一，借一当十六，需要16个数字符号0～9及A～F，第i位以16^i为权，如$N_{16}=(5A2.F1)_{16}=5A2.F1H=5\times16^2+A\times16^1+2\times16^0+F\times16^{-1}+1\times16^{-2}=(1442.941)_{10}$。

4）各进制之间相互**转换规则**：一个数可以用不同的进制表示，各进制间转换过程中，整数部分和小数部分的处理方法不同，其转换规则为：

- 十进制数→二进制：
  - 整数部分为将数据N的整数部分连续除2取余，直至商为0
  - 小数部分为将数据N的小数部分连续乘2取整，直至满足精度要求
- 十进制数→十六进制：
  - 整数部分为将数据N的整数部分连续除16取余，直至商为0
  - 小数部分为将数据N的小数部分连续乘16取整，直至满足精度要求
- 二进制数→十进制、十六进制数→十进制：按权展开，即：$N=\sum_{i=n-1}^{-m} d_i \cdot r^i$。

其中，n 为整数位数；m 为小数位数；r 为进制值（如十六进制数，则 r=16）；d_i 为第 i 位上的数字（如十六进制数→十进制数时，d_i 为 0 到 15 中的某个数字）。

【例 1-1】 将十进制数 87.65 用 8 位二进制整数和 4 位二进制小数表示。

解： 整数部分：

除法	余数	
2 ⌊ 87		
2 ⌊ 43	1	↑ 低位
2 ⌊ 21	1	
2 ⌊ 10	1	
2 ⌊ 5	0	
2 ⌊ 2	1	
2 ⌊ 1	0	
0	1	高位

小数部分：

运算	整数	
0.65 × 2 = [1].30	1	高位 ↓
0.30 × 2 = [0].60	0	
0.60 × 2 = [1].20	1	
0.20 × 2 = [0].40	0	↓ 低位

所以 87.65D = **0**1010111.1010B，注意位数不足时，要补 0，如加粗的 0。

【例 1-2】 将十进制数 3587.658 转换成 4 位十六进制整数和 2 位十六进制小数。

解： 整数部分：

除法	余数	
16⌊ 3587		
16⌊ 224	3	↑ 低位
16⌊ 14	0	
0	E	高位

小数部分：

```
       0.6 5 8
  x)     1 6
  ----------------
       3 9 4 8           整数
  +)   6 5 8
  ----------------
     [10].5 2 8          A    ↓ 高位
  x)     1 6
  ----------------
       3 1 6 8
  +)   5 2 8
  ----------------
      [8].4 4 8          8    ↓ 低位
```

即 3587.658D = **0**E03.A8H

【例 1-3】 将十六进制数 57.AH 转换成十进制数。

解：$57.AH = 5\times16^1+7\times16^0+A\times16^{-1} = 80+7+0.625 = 87.625$

注意：在汇编语言程序中十进制数的标记 D 可以省略不写，但十六进制数的标记 H 和二

进制数的标记 B 不能省略。

1.2.2 定点和浮点表示

在实际应用中，要处理的数据多数是带有小数点的，而整数是小数的特殊情况。然而计算机只能识别 0、1 二进制数，不会识别小数点。对具有小数部分的数，在计算机中有两种表示方法：定点数和浮点数。

1）定点数：即小数点固定的数。或定义为纯整数，或定义为纯小数，如图 1-1 所示。

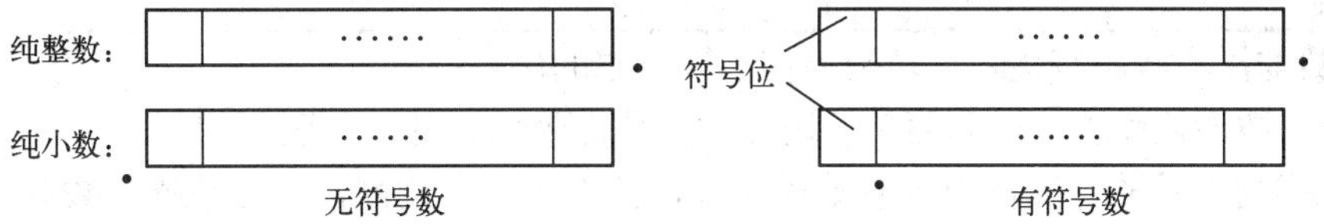

图 1-1　定点数格式示意

2）浮点数：又称为实数，即小数点浮动的数，此类数实际上是用指数形式表示，如$\pm L \cdot 2^{\pm C}$，其中 C 称为阶数（即指数），其位数多少决定数据表示的范围大小；L 称为尾数，其位数多少决定数据的精度。用定点数表示浮点数的格式如图 1-2 所示。阶符和尾符分别为阶数和尾数的符号，0 表示“+”号，1 表示“–”号。

【例 1-4】 用国际标准（IEEE-754）的 32 位浮点数（单精度浮点数）表示 876.5 和–0.125。

分析：目前，大多数编译器都支持国际标准（IEEE-754）的格式。其 32 位浮点数的格式要求为，尾数占 24 位，其中 23 位（D_{22}～D_0）用绝对值表示有效数据，1 位（D_{31}）为符号位，阶码占 8 位（D_{30}～D_{23}），如图 1-3 所示。

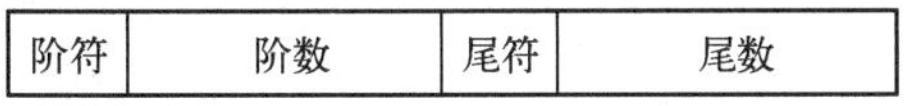

图 1-2　用定点数表示浮点数的格式

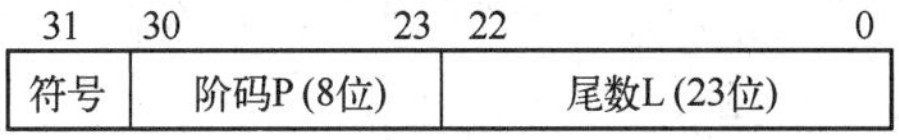

图 1-3　国际标准（IEEE-754）的 32 位浮点数格式

如果按照尾数归一化格式要求，其中二进制数尾数中整数部分一定为 1，故尾数只写小数部分，则有 0.5≤｜L｜<1，P=7FH±阶数（阶符为“+”则加，阶符为“–”则减）。所以有：

876.5= 1101101100. 100B=1.10110110010000000000000B$\times 2^{1001B}$

尾数 L = 10110110010000000000000B

阶码 P = 0111 1111B+1001B = 10001000B = 88H

876.5 的浮点数表示为 = 0 10001000 10110110010000000000000B = 445B2000H

–0.125= –0.0010000B= –1.00000000000000000000000B$\times 2^{-11B}$

尾数 L = 00000000000000000000000B

阶码 P = 0111 1111B–11B = 01111100B = 7CH

–0.125 的浮点数表示为 = 1 01111100 00000000000000000000000B = BE000000H

从例 1-4 可以看出，用浮点表示数据比较复杂，运算也复杂（需要阶数对齐）。一般由专用的浮点运算部件（FPU）实现浮点运算，Pentium 处理器开始将浮点运算部件（FPU）集成在微处理器内部，用专门的浮点运算指令集实现浮点数据处理操作。表 1-1 列出了 IEEE754 三种浮点数的格式参数。双精度浮点数的阶码 P=3FFH±阶数，长双精度浮点数的阶码 P=3FFFH±阶数。

表 1-1　几种浮点数据的特点

数据类型	总位数	字节数	符号位	阶码位数	尾数位数	偏移值（十六进制数）	偏移值（十进制数）
单精度浮点数（float）	32位	4	1位	8位	23位	7FH	+127
双精度浮点数（double）	64位	8	1位	11位	52位	3FFH	+1023
长双精度浮点数（long double）	80位	10	1位	15位	64位	3FFFH	+16383

定点数与浮点数各有优缺点，应用在不同需求的场合：

1）定点数表述简单、运算简单、速度快。浮点数运算复杂、速度慢。

2）在相同字长的计算机中定点数描述数据范围小、精度高，浮点数描述数据范围大、精度低。

1.2.3　有符号数的表示

计算机也可以处理有符号数，那么计算机是如何描述、处理有符号数的？计算机表示有符号数是将符号数值化，即将二进制数的最高位定义为符号位，用“0”表示“+”号，用“1”表示“−”号；无符号数是有符号数的特例，可以看成正数。

为了计算方便，引入了原码、反码、补码的概念。同一数的原码、反码和补码，是从不同的角度表示这个数。

1．原码

原码是最高位为符号位（0 表示正数，1 表示负数），其余位均为数值位的二进制数，所表示的数据范围为：$1-2^{n-1}$～$2^{n-1}-1$。如 8 位二进制数（n=8），所表示的数据范围为：$1-2^{8-1}$～$2^{8-1}-1$，即−127～+127。

例如：　$[+56]_{原}$ = 00111000B = 38H　　　$[-56]_{原}$ = 10111000B = B8H

0 的原码有两种表示：

$[+0]_{原}$ = 00000000B = 00H　　　$[-0]_{原}$ = 10000000B = 80H

2．反码

正数的反码与其原码相同。负数的反码等于原码中符号位不变，其他各位取反。反码表示的数据范围为：$1-2^{n-1}$～$2^{n-1}-1$。如十六位二进制数（n=16），所表示的数据范围为：$1-2^{16-1}$～$2^{16-1}-1$，即−32767～+32767。

例如：　$[+56]_{反}$ = $[+56]_{原}$ = 00111000B = 38H　　$[-56]_{反}$ = 11000111B = C7H

0 的反码有两种表示：

$[+0]_{反}$ = $[+0]_{原}$ = 00000000B = 00H　　$[-0]_{反}$ = 11111111B = FFH

3．补码

正数的补码与其原码相同。负数的补码等于原码中符号位不变，其他各位取反后再加一。所表示的数据范围为：-2^{n-1}～$2^{n-1}-1$。如 8 位二进制数（n=8），所表示的数据范围为：-2^{8-1}～$2^{8-1}-1$，即−128～+127。

例如：　$[+56]_{补}$ = $[+56]_{原}$ = 00111000B = 38H　　$[-56]_{补}$ = 11001000B = C8H

而 0 的补码只有一种表示：

$[+0]_{补}$ = $[+0]_{原}$ = 00000000B = 00H　　$[-0]_{补}$ = 11111111B+1 = 00H

4. 运算规则

$[X]_{\text{原}}=[[X]_{\text{补}}]_{\text{补}}$

$[X]_{\text{原}}=[[X]_{\text{反}}]_{\text{反}}$

$[X\pm Y]_{\text{补}}=[X]_{\text{补}}\pm[Y]_{\text{补}}$

$[X\pm Y]_{\text{补}}=[X]_{\text{补}}+[\pm Y]_{\text{补}}$

【例 1-5】 写出–111 和+97 的原码、反码和补码。

$[-111]_{\text{原}}=11101111B$ $[-111]_{\text{反}}=10010000B$ $[-111]_{\text{补}}=10010001B$

$[+97]_{\text{原}}=[+97]_{\text{反}}=[+97]_{\text{补}}=01100001B$

【例 1-6】 C2H 是某十进制数的补码，请问该数真值是多少？

$X=[[X]_{\text{补}}]_{\text{补}}=[C2H]_{\text{补}}=[11000010B]_{\text{补}}=10111110B=-62$

【例 1-7】 $[X]_{\text{补}}=2AH$，$[Y]_{\text{补}}=B6H$，试问 X+Y=?

方法一：

$X+Y=[[X+Y]_{\text{补}}]_{\text{补}}=[[X]_{\text{补}}+[Y]_{\text{补}}]_{\text{补}}=[2AH+B6H]_{\text{补}}=[E0H]_{\text{补}}=10100000B=-32$

方法二：

$X+Y=[[X]_{\text{补}}]_{\text{补}}+[[Y]_{\text{补}}]_{\text{补}}=[2AH]_{\text{补}}+[B6H]_{\text{补}}=2AH+CAH=42+(-74)=-32$

注意以下几点：

1）互补的概念不是计算机中特有的，日常生活中也存在。例如，在时间上 11 点和差 1 小时 12 点表示的是同一个时刻。也就是说，11 和–1 在 12 进制时间表示上是互补的。

2）$[\text{正数}]_{\text{原}}=[\text{正数}]_{\text{反}}=[\text{正数}]_{\text{补}}$，$[\text{负数}]_{\text{原}}\neq[\text{负数}]_{\text{反}}\neq[\text{负数}]_{\text{补}}$。

3）采用补码运算的计算机称为补码机，目前我们见到的计算机均为补码机。

4）在补码运算时，要注意溢出问题，它与进位不同。所谓**溢出**就是运算的结果超出了所能表示的范围，使得数据侵占了符号位。判断溢出的方法有如下两种。

- 双进位法：2 个进位位分别为次高位向最高位的进位和最高位向进位位的进位。如果两个进位均有或均无，则无溢出。如果两个进位中 1 个有进位而另 1 个无进位，则一定有溢出。
- 符号判断法：同号相减无溢出，同号相加时结果符号与加数符号相反有溢出，相同则无溢出。异号相加无溢出，异号相减时结果符号与减数符号相同有溢出，相反则无溢出。

【例 1-8】 用 8 位二进制补码完成(–23)+(–123)的运算。

$$
\begin{array}{rl}
 & [-23]_{\text{补}} \Rightarrow [10010111B]_{\text{补}} \Rightarrow 11101001B \\
+) & [-123]_{\text{补}} \Rightarrow [11111011B]_{\text{补}} \Rightarrow 10000101B \\
\hline
 & [+110]_{\text{补}} \Leftarrow [01101110B]_{\text{补}} \Leftarrow 01101110B
\end{array}
$$

从上面运算式中可以看出，次高位向最高位无进位，而最高位向进位位有进位，所以运算结果有溢出。从另一个角度来看，两个负数相加，结果为正数，其符号与减数的符号相反，所以运算结果有溢出。也就是(–23)+(–123)=–146 ≠ +110 ，运算结果不正确，这是因为运算结果有溢出，也就是运算结果的数据位超出了所能表示的范围，侵占了符号位。

正确的解决方法是扩大数据位数，即用 16 位二进制补码完成(–23)+(–123)的运算。

$$
\begin{array}{rl}
 & [-23]_{\text{补}} \Rightarrow [10000000\ 00010111B]_{\text{补}} \Rightarrow 11111111\ 11101001B \\
+) & [-123]_{\text{补}} \Rightarrow [10000000\ 01111011B]_{\text{补}} \Rightarrow 11111111\ 10000101B \\
\hline
 & [-146]_{\text{补}} \Leftarrow [10000000\ 10010010B]_{\text{补}} \Leftarrow 11111111\ 01101110B
\end{array}
$$

上式中次高位向最高位有进位，最高位向进位位也有进位，所以运算结果没有溢出。

【例 1-9】 用 8 位二进制补码完成 25-100 的运算。

$$
\begin{array}{r}
[+25]_{补}=>[00011001B]_{补}=>00011001B \\
-)\ [+100]_{补}=>[01100100B]_{补}=>01100100B \\
\hline
[-75]_{补}<=\ [11001011B]_{补}<=10110101B
\end{array}
$$

因为两个正数相减，所以运算结果一定无溢出。另外，从上面运算式中可以看出，次高位向最高位有借位，最高位向进位位也有借位，用双进位位判断溢出的方法，结果仍为无溢出。验证：(+25) –(+100)= –75，运算结果正确。

值得注意的是，对于有符号数运算一定要用补码运算，而不能用原码运算。为什么？请读者思考。

1.2.4 编码的表示

计算机除了可以处理数据，还可处理字符、图形，用特定的编码表示符号。编码种类有很多，如电报码、格雷码、BCD 码、ASCII 码、汉字编码等。在这里只介绍常用的 BCD 码、ASCII 码和汉字编码。

1．二进制数编码的十进制数（BCD 码，Binary Coded Decimal）

计算机只能识别和处理二进制数，而日常生活中更为常用的是十进制数。计算机中可用二进制数编码表示十进制数称作 BCD 码，也就是用四位二进制数表示一位十进制数，它主要有两种表示形式：

1）**非压缩型 BCD 码**：用一个字节表示一位十进制数，高四位清零。

2）**压缩型 BCD 码**：用一个字节表示两位十进制数。

注意：

1）计算机并不能真正识别 BCD 码，只是程序员明白所要处理数据的性质。

2）有些指令对 BCD 码的表示形式有要求，如 80x86 的十进制调整指令 AAA、AAS、AAM 和 AAD 只对非压缩型 BCD 码进行操作，而 DAA 和 DAS，只对压缩型 BCD 码进行操作（参见第 3 章）。

表 1-2 给出了十进制数与非压缩型 BCD 码和压缩型 BCD 码的对照。

表 1-2 十进制数与非压缩型和压缩型 BCD 码的对照表

十 进 制 数	非压缩型BCD码（B）	压缩型BCD码（B）
12	0000 0001 0000 0010	0001 0010
285	0000 0010 0000 1000 0000 0101	0000 0010 1000 0101
1470	0000 0001 0000 0100 0000 0111 0000 0000	0001 0100 0111 0000

2．ASCII 码

计算机中字符也必须采用二进制编码形式表示。编码形式有多种，目前广泛采用美国信息交换标准代码，即 ASCII（American Standard Code for Information Interchange）码，也就是用 7 位二进制数对字符进行编码，附录 A 给出了 ASCII 码与字符对照表。其中共有 2^7=128 个字符，包括 94 个可视字符和 34 个控制字符。如数字符“0”～“9”对应的编码为 30H～39H，小写英文字母“a”～“z”对应的编码为 61H～7AH，大写英文字母“A”～“Z”对应的编码为 41H～5AH，回车符 CR 为 0DH，换行符 LF 为 0AH，“$”符为 24H，以及“+”、“–”、“*”、“/”、“%”等字符（参见附录 A）。

3．汉字编码

在计算机中，汉字是通过汉字编码表示的，汉字编码有多种，如国标码、区位码、汉字内码、各种汉字输入码等。例如，1981 年公布的国家标准《信息交换汉字编码》（GB2312-80），又称国标码，共包含 7445 个常用汉字的编码，其中又分为：一级汉字 3755 个和二级汉字 3008 个。除此之外，还定义了 682 个西文字母、数字、图形符号和其他次常用汉字等。

国标码采用双字节的编码，例如，“大”字的国标码为 3473H。为了与 ASCII 码区别，常采用汉字内码，即将国标码的每个字节最高位固定为 1。如“大”字的内码为 B4F3H。各种输入法具有各自的编码称为外码，最终均要转换成内码存储。

1.3 微型计算机结构及工作原理

1.3.1 微处理器

微处理器，即中央处理单元（Central Processing Unit，CPU），又称微处理器是指由一片或几片大规模集成电路组成的具有运算器和控制器功能的中央处理机部件，它是计算机系统的核心或“大脑”，支配整个计算机系统工作。

1．微处理器的内部结构

微处理器最基本的功能结构包括：运算器、控制器、寄存器组及内部总线。图 1-4 给出的是某 8 位微处理器的内部结构图，它包括：运算器、寄存器组（其中包括累加器、状态寄存器、程序计数器和其他功能的寄存器组）、指令寄存译码器、地址寄存器、数据缓冲器、内部数据总线、外部引线（包括地址信号线、数据信号线、控制/状态信号线）等。各部分在微处理器中起着不同的作用。

（1）运算器

运算器是执行运算的部件，在控制信号作用下可完成加、减、乘、除、与、或、非、异或以及移位等工作，故又称为算术逻辑单元。

（2）寄存器组

寄存器组用于加快运算和处理速度、暂存参加运算的数据或运算的中间结果，是微处理器中十分重要的部分。寄存器组中包括如下部分。

1）累加器：是通用寄存器中的一个。通常微处理器中至少包含一个累加器，它的功能比其他寄存器多。

2）状态寄存器：是寄存器组中的一个。专用于记录微处理器运行的某种重要状态，程序可以根据其提供的状态，控制 CPU 的运行。

3）程序计数器：是加一计数器，每提供一个地址后自动加一，指向下一步要执行指令所在存储单元的地址。8 位机为 16 位加一计数器，可提供 65536（0～FFFFH）个地址，硬件决定上电或复位时的初值状态为 0000H。程序计数器是专为处理器提供的，用户无法通过指令访问它。其内容可以通过内部数据总线得到修改。

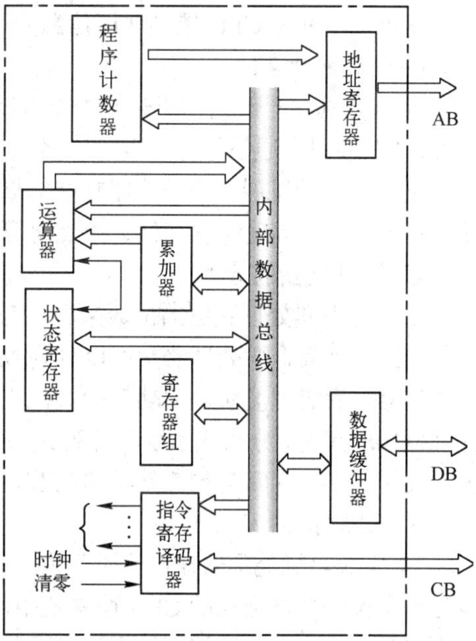

图 1-4　8 位微处理器内部结构

4）其他功能的寄存器组。

（3）内部数据总线

内部数据总线是微处理器内部各部分之间的数据传输通道，且为双向的。其总线的宽度决定微处理器内部数据传输的位数。

（4）指令寄存译码器

指令寄存译码器由指令寄存器（IR）、指令译码器（ID）和控制逻辑（PLA）组成，是整个微处理器的控制指挥中心。CPU 通过总线将外部存储器中的指令取入，并暂存在 IR 中。对 IR 中的指令进行分析解释，通过控制逻辑（PLA）产生相应的控制信号，协调整个计算机有序地工作。指令寄存译码器对 CPU 内部和外部分别起如下作用。

1）对 CPU 内部：控制着各部分的工作。

2）对 CPU 外部：控制 CPU 对外部读操作或写操作，对存储器操作或对 I/O 接口操作等。

（5）地址寄存器

地址寄存器用于寄存CPU要向外部发出的地址，其内容来源可以是程序计数器，也可以是内部总线。通过它将地址输出给CPU以外的存储器或I/O接口。

（6）数据缓冲器

数据缓冲器起到 CPU 内、外传输数据的缓冲作用，只有 CPU 允许数据传输时，该缓冲器的门才会打开。对于 8 位机它是 8 位的，对于 16 位机为 16 位。

（7）数据信号线（DB）

数据信号线是 CPU 与存储器或 I/O 接口之间传输数据的通道，其宽度决定 CPU 与外部存储器或 I/O 接口传输数据的位数。

（8）地址信号线（AB）

地址信号线是 CPU 提供地址信息的通道，其宽度决定 CPU 对外的寻址范围。

（9）控制/状态信号线

控制/状态信号线是用于传输控制或状态信号的通道，如提供读信号、写信号、存储器选通信号、I/O 接口选通信号等，也可以接收时钟信号等。

随着技术的发展、微处理器功能的增强，微处理器的内部除了上述基本部分，还会增加存储器管理部件、高速缓存部件、浮点运算部件等。

2. 微处理器的分类

从微处理器处理数据的位数来看，微处理器可以分为 4 位、8 位、16 位、32 位和 64 位。从制造工艺上看，微处理器又可以分为 MOS 工艺的通用微处理器和双极型 TTL 工艺的位片式微处理器。后者速度快，但功耗较大，它是以位为单位构成微处理器芯片，常用多片位片式微处理器构成高速、分布式系统和阵列式系统等。可以按实际需要选择构成不同位数的微处理器，因而使用灵活。而常见的微处理器为 MOS 工艺处理器。

3. 相关术语

1）**字长**。微处理器在单位时间内（同一时间）一次处理的二进制数位数叫作字长。所以，能处理字长为 8 位数据的 CPU 通常就叫作 8 位 CPU。同理，32 位 CPU 能在单位时间内处理字长为 32 位的二进制数据。值得注意的是字长和字节的区别与联系，字节是位数固定（定义 1 字节为 8 位二进制数）的，而字长是字节的 2^n 倍，16 位 CPU 的字长为 16 位二进制数，2 字节。32 位 CPU 的字长为 32 位二进制数，4 字节。64 位 CPU 的字长为 64 位二进制数，8 字节。

2）**主频**。也叫时钟频率，单位是 MHz，用来表示 CPU 的运算速度。CPU 的主频与外频之间存在着一个比值关系，这个比值就是倍频系数，简称倍频。倍频可以从 1.5 一直到 23 以至更高，以 0.5 为一个间隔单位。CPU 的主频＝外频×倍频系数，所以提高外频或倍频系数都可以使 CPU 的主频上升。但实际上，在相同外频的前提下，高倍频的 CPU 本身意义并不大。这是因为 CPU 与系统之间数据传输速度是有限的，一味追求高倍频而得到高主频的 CPU 就会出现明显的“瓶颈”效应，即 CPU 从系统中得到数据的极限速度不能够满足 CPU 运算的速度。

由于主频并不能直接代表运算速度，还要看 CPU 的流水线等各方面的性能指标。所以在一定情况下，很可能会出现主频较高的 CPU 实际运算速度较低的现象。因此主频仅仅是 CPU 性能的一个方面，而不代表 CPU 的整体性能。

3）**外频**。是 CPU 的基准频率，单位也是 MHz。在早期的计算机系统中，内存与主板之间同步运行，其速度等于外频。对于目前的计算机系统来说，两者完全可以不相同，但是外频的意义仍然存在，计算机系统中大多数的频率都是在外频的基础上，乘以一定的倍数来实现的。CPU 的外频决定着整块主板的运行速度。外频改变后系统很多其他频率也会改变，除了 CPU 主频外，还有前端总线（FSB）频率、PCI 等各种接口频率，包括硬盘接口的频率都会改变，都可能造成系统无法正常运行。当然有些主板可以提供锁定各种接口频率的功能，对成功超频有很大帮助。超频有风险，甚至会损坏计算机硬件。值得注意的是：外频与前端总线（参见 2.3 节）频率很容易被混为一谈。

4）**CPU 内核和 I/O 工作电压**。从 Pentium 开始，CPU 的工作电压分为内核电压和 I/O 电压两种，通常 CPU 的核心电压小于等于 I/O 电压。其中内核电压的大小由 CPU 的生产工艺决定，I/O 电压一般为 1.6～5V。低电压能解决耗电过大和发热过高的问题。

5）**制造工艺**的趋势是向密集度高的方向发展。密度高的 IC 电路，意味着在同样面积的 IC 中，可以拥有功能更复杂的电路。

6）**封装形式**。CPU 封装是采用特定的材料将 CPU 芯片或 CPU 模块固化在其中以防损坏的保护措施，一般 CPU 必须在封装后才能交付用户使用。CPU 的封装方式取决于 CPU 安装形式和器件集成设计，从大的分类来看，通常采用 Socket 插座进行安装的 CPU 使用 PGA（栅格阵列）方式封装，而采用 Slot x 槽安装的 CPU 则全部采用 SEC（单边接插盒）的形式封装。现在还有 PLGA（Plastic Land Grid Array）、OLGA（Organic Land Grid Array）等封装技术。由于市场竞争日益激烈，目前 CPU 封装技术的发展方向以节约成本为主。

1.3.2 微型计算机

微处理器本身并不等于微型计算机，计算机是由微处理器、存储器和输入/输出接口以及总线组成的。为区别于大、中、小型计算机，将常见的个人计算机称为微型计算机。图 1-5 是计算机的基本结构示意图。

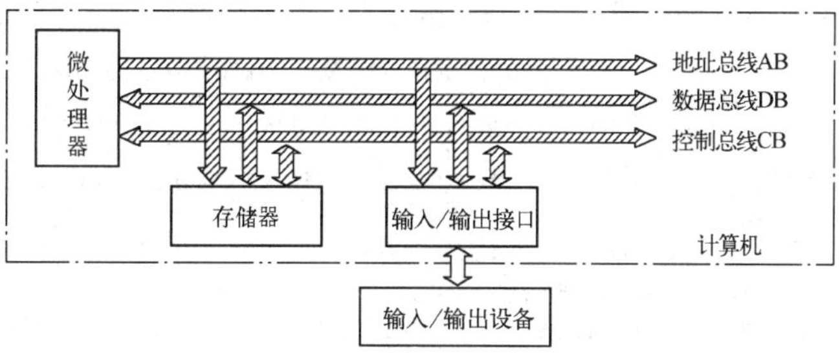

图 1-5 计算机基本结构示意图

计算机由三大部分组成：CPU、存储器、I/O 接口。而它们之间的信号传递是通过总线完成的。总线可分为单总线、多总线。微型计算机中一般采用三总线，它包括：数据总线（Data Bus，DB），地址总线（Address Bus，AB）和控制总线（Control Bus，CB）。

1）**数据总线**：为双向三态，用于传输数据信息，其总线位数决定数据传输的位数。例如，8 位计算机有 8 位数据总线，16 位计算机有 16 位数据总线。

2）**地址总线**：为单向三态，用于传输地址信息，其总线位数决定 CPU 寻址范围。例如，8 位计算机有 16 根地址总线，CPU 的寻址范围为 2^{16}B=64KB=65536B；16 位计算机有 20 根地址总线，CPU 的寻址范围为 2^{20}B=1MB=1024×1024B=1048576B。Pentium 处理器具有 36 根地址总线，CPU 的寻址范围为 2^{36}B=64GB。

3）**控制总线**：用于传输状态或控制信息，有的信号线为输出有效，有的信号线为输入有效，有的信号线为单向的，有的信号线为双向的，有的信号线为高电平有效，有的信号线为低电平有效，有的信号线为上升沿或下降沿有效等。

通常将计算机部分称为计算机主机。按微型计算机的形式可以分为以下几类。

1）单片型计算机，又称单片机。即将微处理器及部分的存储器和部分的 I/O 接口以及连接它的总线集成在一片芯片上，它具有较完整的计算机的功能。例如，工业控制中常用的 8031/8051 单片机内部包括 CPU、一定容量的 RAM、一定容量的 Flash、定时器、I/O 接口等。随着半导体工艺的发展，近年来推出的单片机中还包含了一些特殊功能单元，如 A/D 转换器、D/A 转换器、调制解调器、通信控制器、DMA 控制电路、浮点数运算单元、网络接口和驱动等。

单片机具有体积小、功耗低、可靠性高、价格低廉等特点。常用于智能化仪表、智能化家电、手持设备，也广泛应用于工业控制系统和数据采集系统等。

2）单板型计算机，又称单板机。即将微处理器、存储器、I/O 接口及其他各种功能的部件组装在一块印制电路板上构成微型计算机。它虽然比单片机体积大，资源可以比单片机丰富，但它仍是一种小规模的简单计算机，所以其特点是结构紧凑、体积小，常用于专用机，如专用的工业控制机。

3）多板型计算机。它是当今最为普遍的微型计算机组装形式。它把完成微型计算机各种功能的不同的印制电路板组装在一个机箱内，各电路板插入总线插槽，通过总线将各个部分连接。这样可以使计算机组装灵活、功能增强，可以根据不同的需要选用不同的电路板，从而组成不同功能或者规模的微型计算机，例如，工业控制机、台式机、工作站等。

1.3.3　微型计算机系统

只有由微处理器、存储器、I/O 接口以及系统总线等硬件组成的计算机仍是无法工作的，还必须配有必要的 I/O 设备以及相应的软件，如图 1-6 所示，计算机系统的硬件部分除主机外，还应包括必要的输入设备和输出设备，以及电源部分。而软件则应包括系统软件和应用软件等。

- 计算机系统
  - 硬件系统
    - 微型计算机(主机)包括：微处理器、存储器、输入/输出接口、总线
    - 外围设备包括：电源、机箱、输出设备、输入设备、外部存储器
  - 软件系统
    - 系统软件包括：操作系统、监控程序、I/O驱动程序、编译与解释程序、装入程序、系统程序库等
    - 程序设计语言包括：机器语言、汇编语言、高级语言
    - 应用软件包括：数据库、软件包、窗口软件等
    - 用户软件

图 1-6　计算机系统结构

当然，在实际应用中人们常把“微型计算机系统”称为“微型计算机”或“微型机”、“个人电脑”等，使清晰的概念模糊化，并已得到人们的默认。

1.3.4 计算机中的指令执行过程

图 1-7 给出了计算机系统运行过程的示意图。计算机系统运行过程中，微处理器指令执行的过程是：取指令→分析指令→执行指令。

在这里通过一个 8 位微处理器执行一段程序的例子，了解计算机的工作过程（参见辅助教学光盘中的动画例子）。这个系统由 8 位微处理器、存储器和系统总线组成，如图 1-8 所示。系统上电或复位后，硬件决定其程序计数器的初始值为 0000H，因此程序应从 0000H 单元开始存放。设有一段程序已存放在地址为 0000H 开始的存储器单元中，该程序由 3 条指令组成，其功能为：

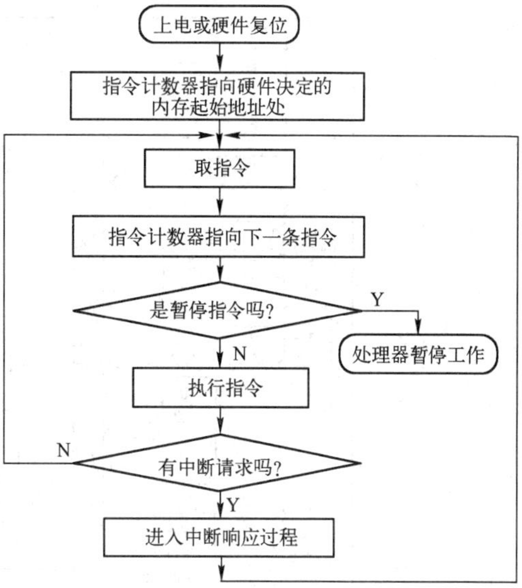

图 1-7　处理器工作流程示意图

```
3EH、09H        ；表示将操作数 09H 送入累加器 A 中，其中 3EH 为操作码
3CH             ；表示将累加器 A 的内容加一
76H             ；表示微处理器暂停工作
```

为了更好地理解 CPU 的工作过程，将 CPU 执行指令的过程分解成几步描述。

1）系统上电或复位后，CPU 进入取指令周期，程序计数器会自动提供程序的首地址 0000H，并自动增一，指向下一单元。

2）由于此时一定是取指令状态，故指令寄存译码器会使地址 0000H 经过地址寄存器送出 CPU，通过地址总线 AB 和地址译码器译码选中 0000H 单元。

3）同时，指令寄存译码器会通过控制总线发出存储器读信号。

4）CPU 将 0000H 单元中的 3EH 通过数据总线 DB 取进，存入指令寄存译码器，经过 ID 译码得知 3EH 的功能是：将下一个存储单元内容作为操作数取进 CPU，并送入累加器 A。

5）CPU 进入取操作数周期，程序计数器提供 0001H，并自动增一，指向下一单元。

6）因为是取操作数状态，故指令寄存译码器会使程序计数器提供的 0001H 经过地址寄存器送出 CPU，通过地址总线 AB、地址译码器译码，选中 0001H 单元。

7）同时，指令寄存译码器会通过控制总线自动提供存储器读信号。

8）CPU 从 0001H 单元取出 09H，通过数据总线 DB 送到累加器 A 中，使累加器 A = 09H。到此第一条指令执行完毕，CPU 将开始下一个指令周期。

9）CPU 又开始取指令周期，程序计数器提供 0002H 后，自动增一，指向下一单元。

10）0002H 送出后经过译码器译码，选中 0002H 单元。

11）因为是取指令状态，故 CPU 会自动提供存储器读信号。

12）由于是取指令，CPU 从 0002H 单元中取入 3CH 后将直接存入指令寄存译码器，经 ID 译码得知这条指令是使累加器 A 的内容加 1，执行后结果使 A=A+1=09H+1=0AH，第二条指令执行完毕。CPU 将执行下一个指令周期。

13）CPU 在执行完上条指令后，就进入下一个取指令周期，则程序计数器会提供 0003H，且自动增一，指向下一单元。

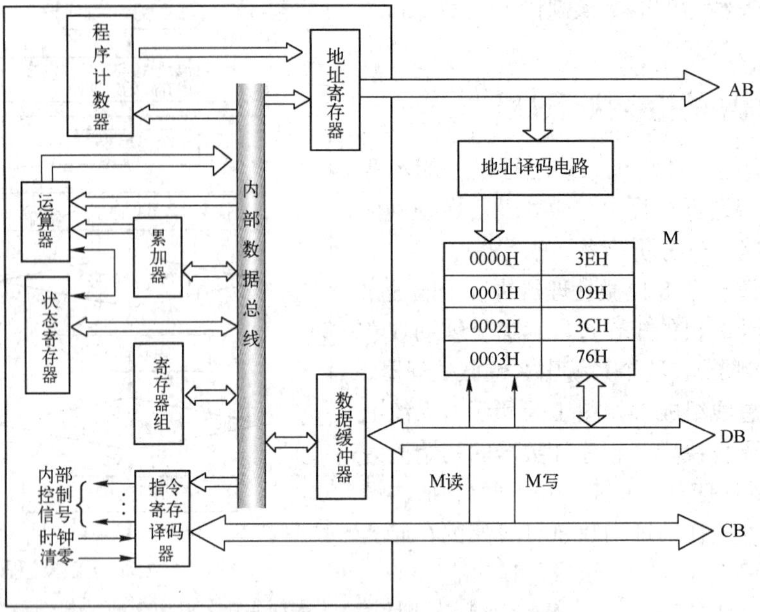

图 1-8　8 位计算机工作过程示意图

14）0003H 送出后经译码器译码，选中 0003H 单元。

15）因为是取指令周期，故 CPU 会自动提供存储器读信号。

16）CPU 从 0003H 单元中取出 76H，经指令寄存译码器译码得知，这条指令是使处理器处于暂停工作状态，将不进行下一个指令周期。

1.4　微机系统中采用的先进技术

1.4.1　流水线技术

提高微处理器的处理速度可采用两种手段，一个是从工艺上提高性能，另一个是从体系结构上进行改进。

从上节中指令执行过程的例子可以看出，8 位计算机执行指令的过程为：取指令→分析指令→执行指令。而在分析指令和执行指令的过程中，对于那些没有总线操作的指令，总线常常是处于空闲状态，如图 1-9 所示。

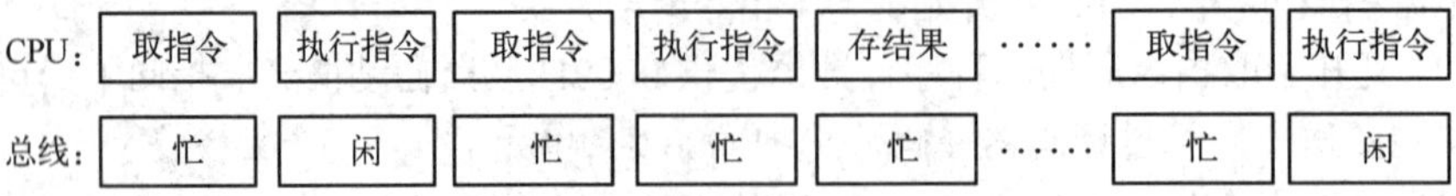

图1-9　不采用流水线技术的指令执行过程

为能充分利用系统资源，引入了流水线（Pipeline）技术。流水线的工作方式就像工业生产上的装配流水线，也就是将每条指令分解为多步，由不同的电路实现，使不同指令的各步有可能重叠操作。也就是将原本相互依赖的电路，分解成几个相互独立的逻辑部件，实现不同微操作的并行工作。从宏观上看，甚至可以实现在一个时钟周期内执行一条或多条指令的操作。图 1-10 为最简单的流水线示意。

采用流水线技术后并没有减少每条指令执行时间，每条指令的执行步骤也没有改变，只是实现了多条指令同时执行，从而在整体上加快了指令执行时间。

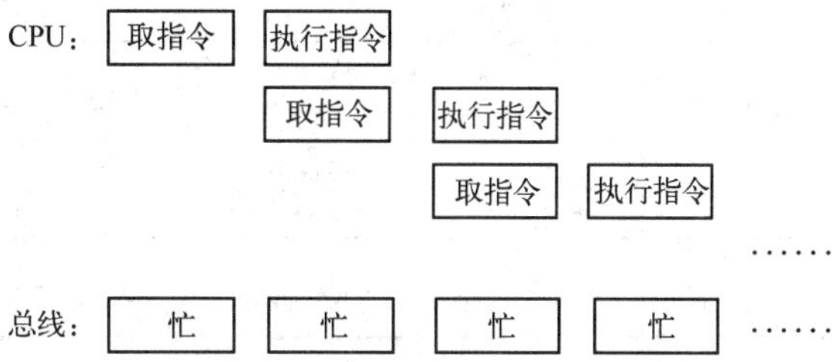

图 1-10　采用流水线技术的指令执行过程

例如，8086/8088 CPU 采用的就是取指令和执行指令同时工作的方式。而 80486 CPU 采用五级流水结构，即同时有 5 条指令并行工作。如果每条指令需要 5 个步骤（如预取指令、指令译码、地址生成、执行指令、存结果），而每一个步骤如果只需要一个时钟周期的话，那么经过 5 个时钟周期后，完成了 5 条指令，相当于每条指令只需要一个时钟周期。

Pentium 采取的是“U”和“V”两条并行指令流水线，可以实现在一个时钟周期内完成两条整数运算指令，从而大大地提高了指令的运行速度。这种通过内置多条流水线来同时执行多条指令的思想称作超标量。Pentium Pro 采用 3 级超标量 14 级超流水线结构。Pentium 4 将流水线从 14 级提高到 20 级。

1.4.2　高速缓冲存储技术

高速缓冲存储（Cache）是 CPU 的重要指标之一。CPU 存取数据的速度非常快，一秒钟能够存取、处理十亿条指令和数据（术语：CPU 主频 1G）。而计算机系统中，一般为提高存储容量，主存储器（又称内存）采用的是速度较低而集成度较高的动态存储器（参见第 5 章），其读写速度相对于 CPU 来说非常慢（目前最高可达到几千兆）。这样制约了高速微处理器的操作速度。从 80486 开始，微处理器中为了加快运算速度，增设一级或两级甚至三级与 CPU 处理速度相当的小容量存储器，称之为高速缓冲存储器（Cache），高速缓冲存储器比主存储器要快一个数量级。内存中被 CPU 访问最频繁的数据和指令被复制入 CPU 的缓存中，这样 CPU 就可以不经常去到慢速的内存中读取数据，而只需要到缓存中去读取数据，从而满足 CPU 的高速要求。

三级高速缓存中的第 1 级 Cache（简记为 L1），处在微处理器芯片内部，分为数据缓存和指令缓存两部分。内置的 L1 高速缓存的容量和结构对 CPU 的性能影响较大，高速缓冲存储器由静态 RAM 组成，结构较复杂，在 CPU 芯片面积和成本不能太大的情况下，L1 级高速缓存的容量不可能做得太大，目前容量通常为 32～256KB。第 2 级 Cache（简记为 L2）的容量要比 L1 大一些，相应的速度比 L1 也会慢一些，分内部和外部两种芯片。内部芯片的二级缓存运行速度与主频相同，而外部的二级缓存则只有主频的一半。目前 CPU 中的 L2 容量最大是 512KB，而服务器和工作站上用 CPU 的 L2 高速缓存更高达 256KB～1MB，有的高达 2MB 或者 3MB。L3Cache（三级缓存）分为两种，早期的是外置的，现在的都是内置的。而它的实际作用是可以进一步降低内存延迟，同时提升大数据量计算时处理器的性能。在服务器领域增加 L3 缓存在性能方面仍然有显著的提升。

在微机系统中寄存器及各种存储器的性能比较见表 1-3。

表 1-3　寄存器及各种存储器性能比较

指标	寄存器	第1级Cache L1	第2级Cache L2	内存	硬盘	磁盘、光盘等
存储速度	与微处理器同速	与微处理器同速	与微处理器同速	较慢	很慢	最慢
存取容量	极小 ≤几十个	很小 32～256KB	小 ≤4MB	比Cache大 比硬盘小	大	理论上无限大
所处位置	微处理器内	微处理器内	微处理器内或外	微处理器外 微机内	微机系统内	微机系统内

Cache 常保存着经常重复使用或当前将要使用的指令或数据，CPU 在对一条指令或操作数寻址时，首先到 Cache 中查找，在一般正常情况下，CPU 对 Cache 的存取命中率可达 95%以上，从而大大提高了程序执行速度。Cache 容量大，命中率将会较高，系统的性能也会较好。

1.4.3　CISC 和 RISC

直到 20 世纪 80 年代，所有的 CPU 都遵循着复杂指令集计算机（Complex Instruction Set Computer，CISC）的设计思想。CISC 考虑了所有的可能情况，设计了具有数百条指令的 CPU。这种 CPU 不仅需要集成成千上万的三级管，而且结构过于复杂，设计成本高，而实际应用中，那些复杂的指令很少被使用。用编程器对程序编译的结果证明，所生成代码的 90%以上只用到 CISC 指令集中不到 10%的指令。

20 世纪 80 年代以后，一种称作精简指令集计算（Reduced Instruction Set Computing，RISC）的设计思想得到了发展，简称 RISC 技术。 RISC 技术的主导思想为：

1）指令格式统一，一般只有一种或几种格式，指令长度固定，可使指令译码与指令执行同时进行。

2）精简 CPU 中指令数目，选用最常用的简单指令。

3）简化寻址方式，由此可简化芯片设计的复杂程度，提高指令执行速度。

4）采用流水线结构，使得大多数指令在一个指令周期内处理完成。

5）采用面向寄存器结构，减少访问主存储器的次数。RISC 计算机内部设置了大量的通用寄存器，因此，只需要通过取数指令 LOAD 和存数指令 STORE 来访问内存，其余的操作均可在处理器内部寄存器间进行，从而减少总线操作，提高了运行速度。

许多新设计的 CPU 已采用了 RISC 设计思想。而 80x86 系列的 CPU 仍为 CISC 架构，这是因为要兼容一系列微型计算机，使得 80x86 能继续生存。尽管如此，Intel 公司从 80486 开始借鉴 RISC 设计思想，将一些常用指令用硬件实现，集成了高速缓存（Cache）和浮点运算部件（FPU），实现了流水线设计。在 Pentium Pro 以后的处理器将复杂指令分解成简单的微代码，经超标量流水线实现。目前已有采用 RISC 技术设计的 RISC 处理器，如 PowerPC。

1.4.4　多核心技术

首先来看对称多处理结构（Symmetric Multi-Processing，SMP），它是指在一个计算机系统中汇集了一组处理器，各处理器之间共享内存子系统以及总线结构。为了能够使 SMP 系统发挥高效的性能，操作系统必须支持 SMP 系统，如 Windows NT、Linux 以及 UNIX 等 32 位操作系统，能够进行多任务和多线程处理。多任务即为 CPU 通过在程序之间做高速切换，使得从用户角度来看好像是同时在执行多个程序。多线程是指同时执行同一个程序的不同部分，而每个执行的部分称为线程。

多核心，又称单芯片多处理器（Chip multiprocessors，CMP）。CMP 是由美国斯坦福大学提出的，其思想是将大规模并行处理器中的 SMP 集成到同一芯片内，各个处理器并行执行不同的进程。与 CMP 比较，SMP 处理器结构的灵活性比较突出。但是，当半导体工艺进入 0.18 微米以后，线延时已经超过了门延迟，要求微处理器的设计通过划分许多规模更小、局部性更好的基本单元结构来进行。相比之下，由于 CMP 结构已经被划分成多个处理器核来设计，每个核都比较简单，有利于优化设计，因此更有发展前途。多核处理器可以在处理器内部共享缓存，提高缓存利用率，同时简化了多处理器系统设计的复杂度。

1.5 习题与思考

1. 简述冯·诺伊曼计算机的核心思想。
2. 什么是微处理器、微型计算机和微型计算机系统？三者之间有什么不同？
3. 微型计算机由哪几部分组成？简述各部分的作用。
4. 计算机中各部分是通过总线连接在一起的，那么数据总线、地址总线、控制总线各有什么特点和作用？
5. 计算机中为什么要用二进制数而不是十进制数？
6. 试说明二进制数、十进制数、十六进制数之间是如何相互转换的。
7. 在计算机中有符号数是如何表示的？何谓原码、补码和反码？简述三者之间的关系。
8. 何谓浮点数？何谓定点数？二者的区别是什么？
9. 何谓计算机的溢出？何谓进位？二者的区别是什么？
10. 何谓 BCD 码？非压缩型 BCD 码与压缩型 BCD 码的区别是什么？
11. 什么是指令？什么是程序？
12. 什么是编码，编码的用途是什么？
13. 试述 CPU 执行指令的过程。
14. 将下面的无符号二进制数转换成十进制数。
    （1）10001101.01B　　（2）00111001.0011B
15. 将下面的有符号二进制数转换成十进制数。
    （1）10000001B　　（2）01110011B
16. 下面各数的 8 位二进制补码是什么？
    （1）–89　　（2）123
17. 当下面各数被看作是用补码表示的有符号数时，它们所表示的十进制数真值是什么？
    （1）D8H　　（2）2FH
18. 当下面各数被看作是用反码表示的有符号数时，它们所表示的十进制数真值是什么？
    （1）4FH　　（2）B2H
19. 将下面的有符号十六进制原码数转换成十进制数真值。
    （1）A3.03H　　（2）79.C2H
20. 将下面的十进制数转换成二进制数和十六进制数。
    （1）823　　（2）170
21. 将下面的压缩型 BCD 码用相应的十进制数表示。
    （1）10001001B　　（2）00001001B
22. 将下面的十进制数转换成带四位小数的二进制数。

（1）76.2　　　　　　　　　　（2）109.37

23．将下面的十六进制无符号数转换成十进制数，并用压缩型和非压缩型 BCD 码表示。

（1）23H　　　　　　　　　　（2）D4H

24．下列为十六进制有符号数的补码运算表达式，试完成计算，判断运算结果是否溢出，说明判断依据，并转换为十进制数计算进行验证。

（1）3AH + B7H　　　　　　　（2）58H−AFH

25．下列各数均为十进制数，请用 8 位二进制补码计算下列各题，判断是否有溢出，并说明判断依据，如果有溢出请给出正确的计算方法。

（1）(−85)+ 76　　　　　　　（2）85 +(−76)　　　　　　　（3）(−85) −76

26．当代微机为什么要采用流水线技术和 Cache 存储技术？

27．什么是 CISC 技术？什么是 RISC 技术？RISC 技术的主要特点是什么？

28．试将−36.25 和 0.0875 用 IEEE-754 的单精度浮点格式表示出来。

第 2 章　80x86 及 Pentium 微处理器

半导体技术的迅猛发展和超大规模集成电路的产生，促进了当今高性能微型计算机的迅速发展。16 位微处理器是第二代微处理器产品，其典型的代表产品有 Intel 8086/8088、Z-8000、MC68000 等，它们在 8 位微处理器的基础上，吸取了中、小型计算机的优点制作而成。Intel 公司首先将小型和大型计算机中普遍应用的流水线技术融入到单个芯片的微处理器上。

本章首先介绍 Intel 系列微处理器的发展，然后重点介绍作为 80x86 到 Pentium 处理器基础的 8086/8088 微处理器的组成、工作原理及功能特点，由此了解微处理器的结构、功能与工作机制。在此基础上将简单介绍 80286 到 Pentium 系列微处理器的发展与特点。

2.1　Intel 系列微处理器概述

Intel 公司自从 1971 年推出 4004 微处理器开始，陆续推出了 8008、8080、8085、8086、8088、80186、80286、80386、80486、Pentium、Pentium II、Pentium III、Pentium 4、双核处理器（包括：Pentium D、Pentium EE 和 Core 2 Duo）等换代产品，其主要性能参数和芯片封装形式如表 2-1 和图 2-1 所示。

表 2-1　Intel 系列处理器的主要性能参数

型　号	推出年份	时钟频率/MHz	浮点处理器(FPU)	指令集	Cache L1	Cache L2	寄存器位宽/位	外部数据总线/位	地址总线/位	引脚数/根	晶体管只数/个
4004	1971		0		0	0	4	4		16	2300
8080	1974	2	0		0	0	8	8	16	40	5000
8085	1976	3	0		0	0	8	8	16	40	6000
8086	1978.6	6.8	8087	133条	0	0	16	16	20	40	2.9万
8088	1979.6	4.77	8087	133条	0	0	16	8	20	40	2.9万
80186	1982	8	80187		0	0	16	16	20	68	5.6万
80286	1982.2	8,12,20	80287	143条	0	0	16	16	24	68	13.4万
80386(DX)	1985.10	12.5,16	80387	154条	0	0	32	32	32	132	27.5万
80386(SX)	1988.6	12.5,16	80387	154条	0	0	32	16	32	100	27.5万
80486(DX)	1989.6	25,33	内含	160条	8KB	0	32	32	32	168	120万
80486(SX)	1991.4	25,33	80487 SX	160条	8KB	0	32	16	32	168	118万
Pentium	1993.3	60	内含	166条	16KB	0	32	64	36	273	310万
Pentium Pro	1995.11	200	内含	174条	16KB	256KB/512KB	32	64	36	387	550万
Pentium MMX	1996.10	166	内含	223条	32KB	256KB/512KB	32	64	36	296	450万
Pentium II	1997.5	266	内含	231条	32KB	256KB～1MB	32	64	36	528	750万
Pentium III	1999.1	500	内含	301条	32KB	512KB～1MB	32	64	36	370	950万

（续）

型　号	推出年份	时钟频率/MHz	浮点处理器(FPU)	指令集	Cache L1	Cache L2	寄存器位宽/位	外部数据总线/位	地址总线/位	引脚数/根	晶体管只数/个
Pentium 4	2000.11	＞1GHz	内含		32KB	256KB/512KB	32	64	36	478	5500万
Core 2 Duo（双核,共享L2）	2006.7	＞1GHz	内含		64KB	2MB～4MB	64	64	36	478/479	1亿以上

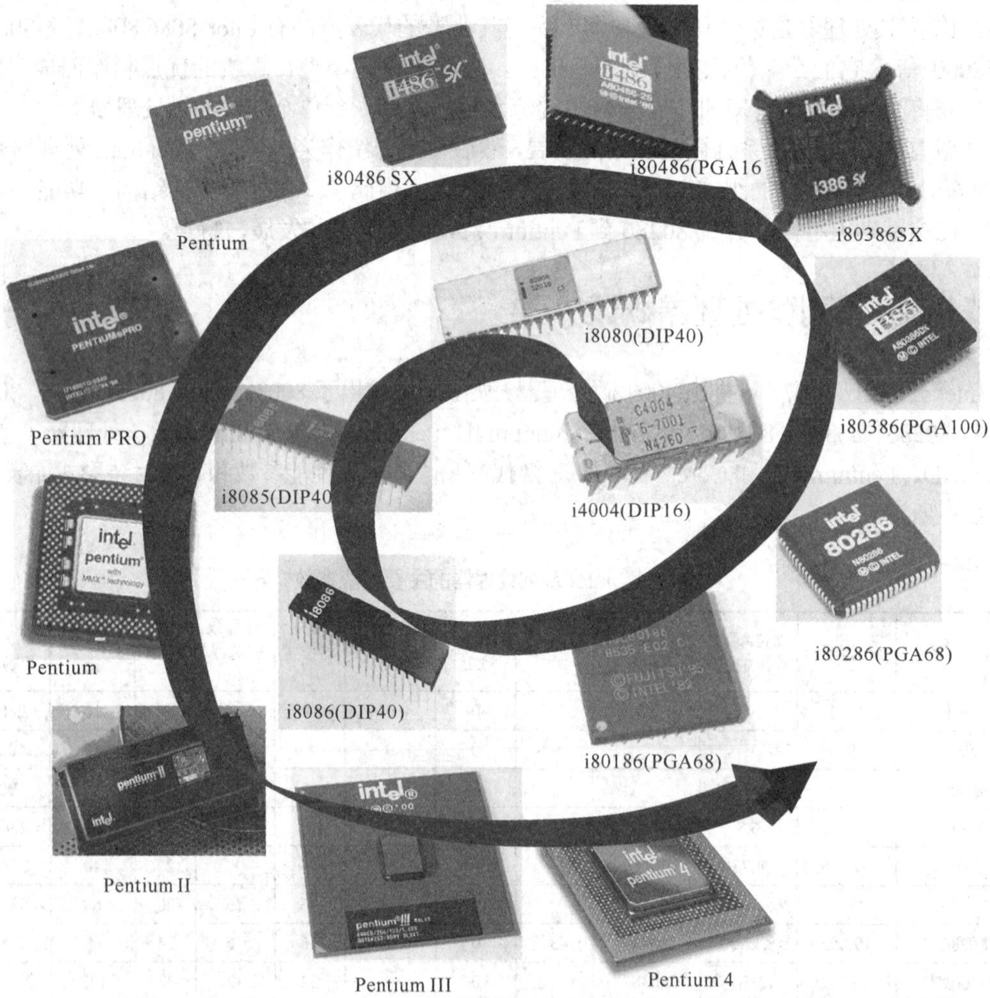

图 2-1　Intel 系列微处理器

Intel 80x86 及 Pentium 微处理器的主要特点包括：

1）伴随着半导体技术的发展，Intel 公司不断更新工艺，使得在片内集成晶体管的数量从首推时的 2300 个增加到 Pentium 4 内的 5500 万个。这种集成度的大幅度提高为处理器采用更先进的系统结构技术、实现越来越强的功能打下了物质基础。

2）8086/8088/80286 均为 16 位微处理器，从 80386 到双核处理器均为 32 位微处理器。

3）8086/8088 具有 1 种实地址工作模式，80286 具有实地址工作模式和虚拟保护模式。80386 以后具有 3 种工作模式：实地址工作模式、虚拟保护模式和虚拟 8086 模式，使得微处理器既能运行 16 位代码程序也能运行 32 位代码程序。

4）从 8086 到 80386，浮点运算器（FPU）是作为协处理器形式独立存在的。80486 以后，为了提高微处理器的运算性能，将 FPU 集成到微处理器芯片内。

5）80486 以前的微处理器产品中，芯片内没有高速缓存器 Cache，80486 集成了 1 级 Cache，Pentium Pro 集成了 2 级 Cache（L1 和 L2），双核处理器 L2 的容量可达 4MB，为进一步提高处理器的运算速度打下基础。

6）从 80486 开始逐渐采用超标量和超流水线技术、虚拟存储技术、高速缓存技术、精简指令集计算（RISC）技术、多媒体增强（MMX）技术、单指令多数据流（SIMD）技术、预测技术和乱序技术、扩展内存 64（EM64T）技术等。微处理器的语音处理、视频处理、超线程工作等运算处理性能得到大大提高。

随着微电子技术的不断发展，新的微处理器不断推出，微处理器将继续向着运算速度更快、存储容量更大、总线宽度更宽、功耗更低等方向发展。

2.2 8086/8088 微处理器

Intel 公司在推出 8086 以后，为了能使现有的外部设备、接口可以继续应用，使人们能尽快接受新一代产品，确定了以 8086 作为基础向上兼容的策略，80286 到 Pentium 系列处理器，均是在 8086/8088 的基础上进行改进、提高、充实、发展起来的。为使初学者更好、更快地理解处理器的结构、工作原理，本节将较为详细地介绍 8086/8088 处理器的内部结构、内部寄存器特性、工作模式、引脚定义、工作时序、存储器组织，以及构成系统的方式等。

2.2.1 8086/8088 的编程结构

从第 1 章 8 位微处理器指令执行过程的举例中可以看出 8 位微处理器的体系结构及工作过程，即重复完成：从存储器中取指令→译码→执行指令→取指令→译码→执行指令→……，如图 2-2 所示，CPU 内部和总线是交替工作的，相当于用串行方式进行工作。

图 2-2 8 位微处理器工作过程

其中，取指令必须访问（所谓访问即为读操作或写操作）存储器，而执行指令过程中有时需要访问存储器或 I/O 接口，有时不需要访问。凡是访问存储器或 I/O 接口就必须占用微处理器的外部地址总线、数据总线，以及部分控制总线，因此外总线“忙”、“闲”不均，而且有时总线“忙”，但微处理器内部又处于“闲”的状态。显然，这种如同串行工作的方式，不能充分利用系统资源，速度慢，效率低。

Intel 8086/8088 CPU 吸取了中、小型计算机的先进技术，改串行交替方式为并行流水式处理方式（实现了流水线技术），使微处理器内部和总线的空闲时间减少，提高了整体运行效率。如图 2-3 所示，Intel 8086/8088 CPU 从功能上分成两大部分：执行单元（Execution Unit，EU）和总线接口单元（Bus Interface Unit，BIU）。

由图 2-3 中可以看出 8086/8088 微处理器内部仍主要包括：运算器（ALU）、寄存器组（共有 14 个 16 位的寄存器)、控制逻辑等，在此基础上增加了指令队列和 20 位加法器，它们分别分布在执行单元 EU 和总线接口单元 BIU 中。

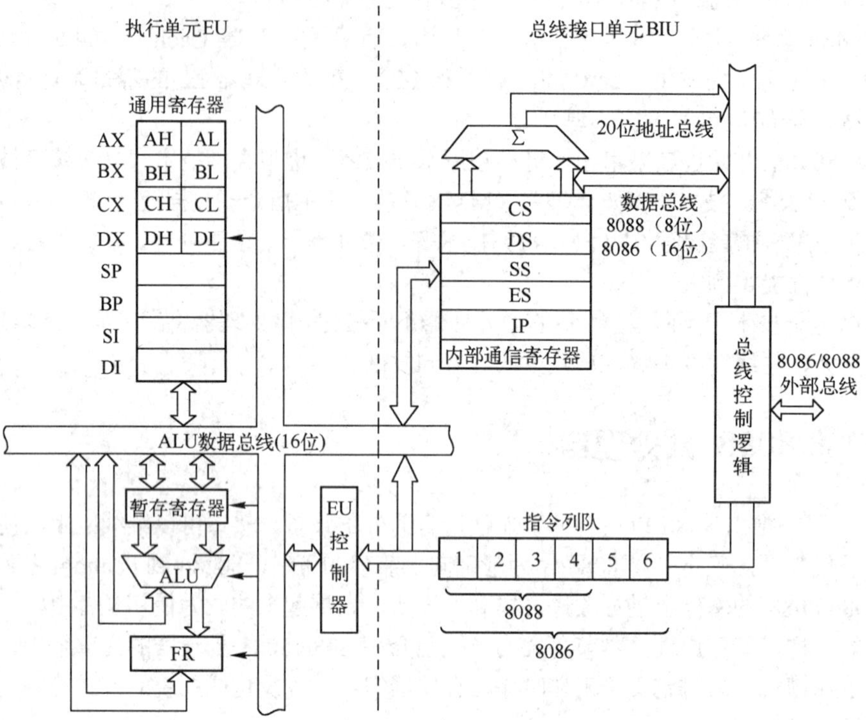

图 2-3　8086/8088 CPU 内部结构图

1. 执行单元 EU

在执行单元 EU 中包括：1 个运算器、8 个 16 位的通用寄存器（4 个数据寄存器和 4 个指针寄存器)、1 个 16 位的标志寄存器、16 位内部数据总线等。各部分的作用如下。

（1）运算器

运算器完成各种 8 位或 16 位的运算工作，数据的来源与运算结果均通过内部数据总线传输。

（2）16 位内部数据总线

16 位内部数据总线用于微处理器内部各部分间的数据传送，其位数决定了微处理器的位数，即 8086 和 8088 均为 16 位微处理器，既可以完成 8 位数据操作，也可以完成 16 位数据操作。

（3）数据寄存器（AX、BX、CX、DX）

数据寄存器共有 4 个，一般用于存放参与运算的数据或运算的结果。每一个数据寄存器都是 16 位，为使 16 位微处理器可以处理 8 位数据，这 4 个 16 位数据寄存器又可将高、低 8 位分别作为两个独立的 8 位寄存器使用。其中高 8 位分别记作 AH、BH、CH、DH，低 8 位分别记作 AL、BL、CL、DL。上述 4 个 16 位寄存器（或 8 个 8 位寄存器）一般作为通用寄存器使用，但在某些时候各自有着专门的用途，根据其特殊用途各自拥有不同的名字。

AX（Accumulator)：称为**累加器**。应用较为广泛，如 8086/8088 所有的 I/O 指令都只能通过 AX 或 AL 与 I/O 接口传输 16 位或 8 位数据信息。在乘、除法指令中，一个操作数一定来源于 AX 或 AL。而在 BCD 调整指令中只对 AL 操作。

BX（Base)：称为**基址寄存器**。在计算内存地址时，常用来存放基址信息。

CX（Count）：称为**计数寄存器**。在循环和串操作指令中默认作为计数器。

DX（Data）：称为**数据寄存器**。在寄存器间接寻址的 I/O 指令中存放 I/O 端口的地址。在做双字长乘、除法运算时，DX 与 AX 合起来存放一个双字长数（32 位），其中 DX 存放高 16 位。

（4）指针寄存器（SP、BP、SI、DI）

1）地址指针寄存器，包括堆栈指针寄存器 SP（Stack Pointer）和基址指针寄存器 BP（Base Pointer）。它们作为通用寄存器，可以存放数据。但实际上，它们更经常、更重要的用途是存放内存单元的偏移地址信息。其中 SP 在栈操作时专作堆栈指针。

2）变址寄存器，包括源变址寄存器 SI（Source Index）和目标变址寄存器 DI（Destination Index）。它们也是通用寄存器，可以存放数据，也可以存放存储单元的地址分量。只有在串操作时二者有各自的特定作用，源操作数指针只能用 SI，目标操作数指针只能用 DI。

（5）标志寄存器（FR）

标志寄存器（FR）用于反映运算结果的状态或控制某种状态。在程序运行时，可以通过测试某些状态位的状态来决定程序走向。16 位标志寄存器中有 9 位有效位，如图 2-4 所示。其中 6 位为状态位（包括：进位状态 CF、半进位状态 AF、符号状态 SF、奇偶状态 PF、零状态 ZF、溢出状态 OF），3 位为控制位（包括：中断允许控制 IF、指针增减方向控制 DF、单步控制 TF）。通常情况下，只需要关心各状态位的状态，而不需要关心各状态位在 FR 中的位置，因为它是 8086/8088 的 14 个 16 位寄存器中唯一可以位控的寄存器，也就是说可以只对某一位进行操作。下面给出各有效位的作用。

D_{15}	D_{14}	D_{13}	D_{12}	D_{11}	D_{10}	D_9	D_8	D_7	D_6	D_5	D_4	D_3	D_2	D_1	D_0
				OF	DF	IF	TF	SF	ZF		AF		PF		CF

图 2-4　8086/8088 标志寄存器（FR）

CF（Carry Flag）：称为**进位标志**。它反映加法运算后的进位或减法运算后的借位状态。当 CF=1，表示运算结果有进位或有借位；CF=0 则表示运算结果无进位或无借位。CF 可通过 STC 指令置 1，CLC 指令置 0。

AF（Auxiliary Carry Flag）：称为**辅助进位标志**（或称半进位标志）。它反映运算时低 4 位向高 4 位（即 D3 位和 D4 位之间）是否有进位或借位。当 AF=1，则有半进位；AF=0，则无半进位。在十进制调整指令中将测试这个标志位来调整 AL 中的数据（参看十进制调整指令）。

PF（Parity Flag）：称为**奇偶校验**。当运算结果的低 8 位中“1”的个数为偶数时，PF=1；为奇数时，则 PF=0。奇偶性标志在现代程序设计中几乎找不到什么应用。它是早期 Intel 微处理器作为在数据通信环境中校验数据的一种手段。今天，奇偶校验常常由数据通信接口来完成。

ZF（Zero Flag）：称为**零标志**。用来表示算术或逻辑运算的结果是否为零。如果 ZF=1，则运算结果为 0；如果 ZF=0，则运算结果不为 0。

SF（Sing Flag）：称为**符号标志**。反映运算结果符号位的状态。实际上，SF 总是监视运算结果最高位的状态。如果 SF=1，则表示运算结果为负（运算结果最高位为 1）；如果 SF=0，表示运算结果为正（运算结果最高位为 0）。

OF（Overflow Flag）：称为**溢出标志**。它反映有符号数做加法或减法操作时，运算结果是否出现溢出的状态。有溢出 OF=1，无溢出 OF=0。

IF（Interrupt Enable Flag）：称为**中断允许标志**。它可以控制 CPU 是否响应可屏蔽中断请求（INTR 请求）。如果 IF=1，则允许 CPU 响应可屏蔽中断；如果 IF=0，则禁止 CPU 响应可屏蔽中断。IF 标志的状态可由 STI（使 IF 置 1）和 CLI（使 IF 清 0）指令来设置。

DF（Direction Flag）：称为**方向标志**。用于在串操作指令执行时，变址寄存器 SI、DI 选择自动递增方式或自动递减方式。如果 DF=1，则 SI、DI 自动递减；如 DF=0，则 SI、DI 自动递增。DF 标志可通过 STD 指令置 1，CLD 指令置 0。

TF（Trap Flag）：称为**陷阱标志**（跟踪标志）。用于单步操作。当 TF=1 时，使 CPU 处于单步执行指令的工作方式，即每执行一条指令后自动产生一次内部中断，进入事先设置好的单步中断处理程序，从而使用户能逐条指令地检查程序，便于进行程序的调试。当 TF=0 时，禁止单步中断，则程序将连续运行。

值得注意的是：某些指令在操作时将影响标志寄存器 FR 的部分或全部状态位的状态，用户根据需要，可以用指令对 FR 中各状态位进行判断或设置。

【例 2-1】 实现–49–108=？，并观察运算对标志寄存器 FR 中状态位的影响。

解：可以采用加法运算，此时为两个负数相加。也可以采用减法运算，此时为负数减去正数。不同的运算动作对标志寄存器 FR 中的各状态位影响不同。值得注意的是：在计算机中必须先将负数转换成补码再运算。下面采用两种方法进行运算。

方法一：

$$\begin{array}{rl} & [-49]_{补} = [10110001B]_{补} \Rightarrow 11001111B \\ +) & [-108]_{补} = [11101100B]_{补} \Rightarrow 10010100B \\ \hline & [+99]_{补} \Leftarrow [01100011B]_{补} \Rightarrow 01100011B \end{array}$$

CF=1　AF=1　SF=0　ZF=0　PF=1　OF=1

方法二：

$$\begin{array}{rl} & [-49]_{补} \Rightarrow [10110001B]_{补} \Rightarrow 11001111B \\ -) & [+108]_{补} \Rightarrow [01101100B]_{补} \Rightarrow 01101100B \\ \hline & [+99]_{补} \Leftarrow [01100011B]_{补} \Leftarrow 01100011B \end{array}$$

CF=0　AF=0　SF=0　ZF=0　PF=1　OF=1

2．总线接口单元 BIU

在总线接口单元 BIU 中包括：1 个 20 位地址加法器、4 个 16 位的段寄存器、1 个 16 位的指令指针寄存器、1 个 4/6 字节指令队列和总线控制逻辑等。各部分的作用如下。

（1）20 位地址加法器

8086/8088 微处理器有 20 根外部地址线，但内部总线、内部寄存器只有 16 位，那么如何用 16 位寄存器描述存储器单元的 20 位地址呢（即如何形成 20 位地址输出）？

8086/8088 微处理器采用了对存储器分段描述的方法，即将整个存储区划分成很多段，每一个存储单元均处于某个段中，如图 2-5 所示，且距离该段的起始位置有一个偏移量，也就是说每个单元可以用两个参数来描述：一是 16 位的段基值，一是 16 位的偏移量。在指令中的书写格式为段基值：偏移量，称为**逻辑地址**。其中段基值存放于 16 位段寄存器中，偏移量可根据不同的寻址描述方式（见 3.1 节）计算出 16 位有效值 EA。其 20 位地址的形成过程就是通过 20 位地址加法器自动完成：将 BIU 中存放段基值的 16 位段寄存器的内容左移 4 位（即段寄存器内容乘以 16）形成 20 位的段基址，再与 16 位偏移量的有效值 EA 相加，形成 20 位的实际地址，称为**物理地址**，用来对存储单元寻址，如图 2-6 所示。

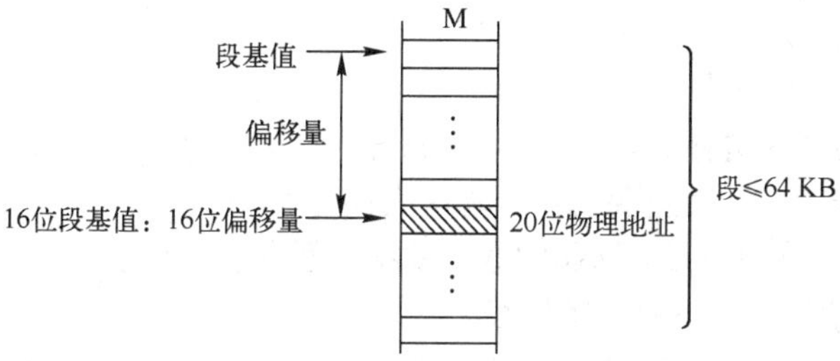

图 2-5　8086/8088 内存分段管理

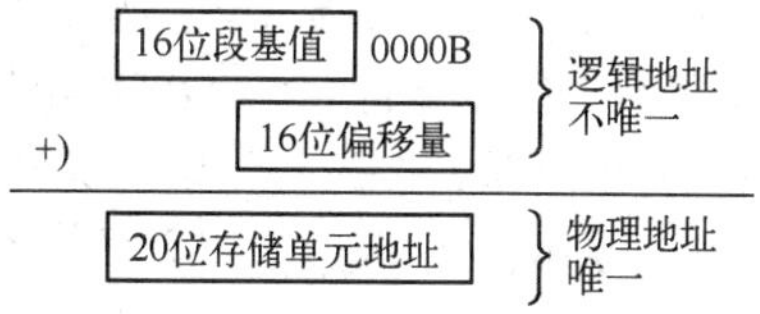

图 2-6　20 位物理地址的形成

（2）段寄存器（CS、SS、DS、ES）

段寄存器共 4 个，用于存放当前段的 16 位段基值。上面讲到 8086/8088 将内存划分出很多段，微处理器要访问某个单元，必须将该单元所在段的段基值存入段寄存器中，使其成为当前段，微处理器才能够访问该存储单元，否则微处理器无法访问。8086/8088 共有 4 个段寄存器，也就是说最多可设定 4 个当前段。4 个段寄存器包括：代码段寄存器 CS、堆栈段寄存器 SS、数据段寄存器 DS、附加数据段寄存器 ES。每个段寄存器一般有各自的含义，但有时也可以根据需要自定义使用，如图 2-7 所示。

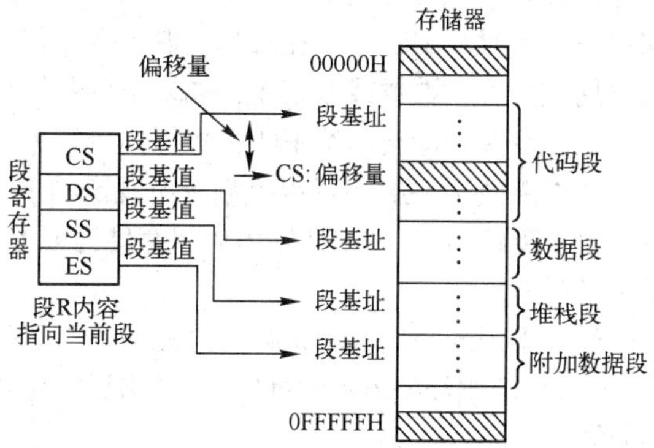

图 2-7　8086/8088 段寄存器的作用

CS（Code Segment）称为**代码段寄存器**。常用于存放程序代码段的段基值。用户程序只能读数据不能写入数据，上电或复位后其初始值为 FFFFH。

SS（Stack Segment）称为**堆栈段寄存器**。常用于指明堆栈段所在的位置。

DS（Data Segment）称为**数据段寄存器**。常用于存放数据段的段基值。

ES（Extra Segment）称为**附加数据段寄存器**。常用于存放数据段的段基值。

【例 2-2】　8086 某单元逻辑地址为 19FEH:3A28H，问该单元的物理地址是多少？该单元所在段（设段的长度为 64KB）的首单元和末单元的物理地址分别是多少？

解：该单元物理地址 = 19FE0H + 3A28H = 1DA08H

该单元所在段的首单元物理地址 = 19FE0H + 0000H = 19FE0H

该单元所在段的末单元物理地址 = 19FE0H + FFFFH = 29FDFH

（3）指令指针寄存器（IP）

指令指针寄存器 IP（Instruction Pointer）用于存放指令的偏移地址。它是一个加一寄存器，当微处理器从由代码段 CS 和指令指针寄存器 IP 所决定的内存单元中取出一个字节或一个字指令代码后，IP 会自动加 1 或加 2，指向下字节或字的指令代码。IP 寄存器的特点是：用户程序不能直接访问，硬件决定上电或复位后其初始值为0000H。

（4）指令队列

指令队列是一个与CPU速度匹配的高速缓存器，对于8088具有4字节，而对于8086具有6字节。用以支持8086/8088的流水线工作，其主要特点和功能有：

1）指令队列按先进先出的原则，将BIU从存储器M中取出的指令暂存起来，当EU执行指令时，从队列中取最先进入的指令给予执行，不再占用总线。

2）当指令队列有空闲单元（8086有2字节空闲，8088有1字节空闲），而EU又未提出其他的总线请求（访问M或I/O的请求）时，BIU便自动执行取指令操作以填满空闲的指令队列。

3）当EU执行转移指令时，EU请求BIU从新的地址中重新开始取指令，并使队列中填入新的指令序列。

4）如果EU在BIU正取指令时请求访问总线，则BIU必须在完成取指令周期后，才能响应EU的请求。

执行单元EU与总线接口单元BIU既相互独立又相互配合。例如，取指令的过程是：根据总线接口单元BIU中的代码段寄存器CS和指令指针寄存器IP的内容，由20位的地址加法器形成20位物理地址，通过外部地址总线发出地址信息，控制总线发出存储器读信号，因而从选中的存储器单元中取得指令，并暂存在BIU中的指令队列中，等待EU取走并执行。如果EU发出访问存储器或I/O端口的命令时，BIU首先完成当前取指令工作，然后根据EU提供的数据和地址信息进入外部总线周期，存取数据或取指令。如果遇到跳转指令时，BIU将首先使指令队列复位，然后从新地址取指令并立即传送给EU去执行。执行单元EU的功能是从总线接口单元BIU中的指令队列里取出指令代码，然后执行指令所规定的全部功能。如果在执行指令的过程中需要访问存储器或I/O接口，EU向BIU发出访问存储器或I/O接口的命令，并提供访问的数据或数据所在地址的信息。

8086/8088 中的流水式处理采用的是读取和执行两级流水，而更强大的微处理器中的流水线可以采用更多级流水。对于采用流水线技术的CPU来说，跳转指令过多将会降低程序的效率。

3．8086与8088的异同

8086与8088内部均为16位的内部数据总线，内部结构基本相同，均可处理8位或16位数据，其指令系统与编程完全相同。对外部存储器的寻址范围均为2^{20}B=1MB空间，而对I/O接口的寻址范围均为2^{16}B=64KB。

8088是在8086的基础上为使早期的8位接口得以继续使用而推出的一款准16位微处理器，即内部是与8086基本一致的16位内部数据总线，而外部是8位的数据总线，也就是说，8088与存储器或I/O接口只拥有8位数据通道，一次只能进行8位数据传输，传输16位数据则需要2个传输周期。

8086与8088的主要区别在于：

1）8086内部数据总线与外部数据总线均为16位，8088内部数据总线为16位而外部数据总线为8位。

2）8086内部指令队列为6字节，当有2个字节空时BIU开始取指令；8088内部指令队列为4字节，当有1个字节空时BIU开始取指令。

3）8086与8088大部分信号引脚定义相同，主要区别在于：第28脚，8086为$M/\overline{IO}$，是对存储器或I/O操作的控制线（此信号线为低电平时表示对I/O操作，为高电平时表示对存储器操作），而8088为$IO/\overline{M}$，其作用正好与8086的$M/\overline{IO}$相反。另外，第34脚，8086为$\overline{BHE}$，是高 8 位数据线有效信号线，而 8088 为 SS_0，是用于确定当前总线周期的读/写操作线。

2.2.2 8086/8088 的工作模式与引脚定义

为了能够适应较多场合的应用，一般微处理器或接口芯片被设计成具有多种工作模式，而且有时在不同工作模式下一些引脚定义不同。

1．8086/8088 微处理器的工作模式

8086/8088 微处理器具有两种工作模式：最小工作模式和最大工作模式。

最小工作模式：构成单微处理器的简单系统的工作模式，全部信号线均由 8086/8088 CPU 提供，引脚 $MN/\overline{MX}$ 接+5V。

最大工作模式：构成多处理器的复杂系统的工作模式。一般所构成的系统中除有一个主微处理器 8086/8088 外，还有两个协处理器，即用于数值运算处理的 8087 和用于输入/输出设备服务的 8089，从而大大提高主处理器的运行效率。在此种工作模式下部分控制信号线由 8288 总线控制器提供，而不是由 8086/8088 CPU 直接提供全部信号线。引脚 $MN/\overline{MX}$ 接地。

2．8086/8088 微处理器的引脚定义

8086/8088 CPU 采用 40 引脚双列直插式 DIP 封装。全部引脚应该包括：20 根地址线，16 根（8086）或 8 根（8088）数据线，电源线，地线，以及其他控制线、状态线等，由此看出 40 引脚是远远不够用的。若增加引脚个数，在当时的技术条件下成本非常高。因此 8086/8088 CPU 的部分引脚采用了复用技术。**复用技术**包括分时复用（即某些信号线在一些时刻提供一种信息，而在另一些时刻提供另一种信息）、分状态复用（即某些信号线输入与输出定义不同、高电平与低电平定义不同）和分模式复用（在不同模式下定义不同）等。

8088 与 8086 的封装形式及大部分引脚定义都相同，如图 2-8 所示，内部标注的引脚是 8088 与 8086 定义不同的引脚。除此之外，8086/8088 CPU 在两种工作模式下有 8 根引脚定义不同，图 2-8 中括号内为最大工作模式下的引脚定义。8086/8088 CPU 引脚可归纳为 3 种情况：

1）公共引脚定义（所有在两种工作模式下定义均相同的引脚）。

2）最小工作模式下引脚定义（8 根引脚，与最大工作模式下引脚共用）。

3）最大工作模式下引脚定义（8 根引脚，图 2-8 中括号内的定义）。

下面来看一下每个引脚的定义。

（1）公共引脚定义

AD_{15}～AD_0（Address Data）：地址/数据分时复用线，在总线周期中 T_1 时刻提供单向三态的地址信息，在 T_2～T_4 时刻传输双向三态的数据信息。对于 8086 需要 16 根数据线，因此有 16 根地址/数据复用线。而 8088 只需要 8 根数据线 AD_7～AD_0，另有 8 根为地址线 A_{15}～A_8。

A_{19}/S_6～A_{16}/S_3（Address/Status）：地址/状态分时复用线，三态输出。在 T_1 时刻提供地址信息，在 T_2～T_4 时刻输出状态信息。当访问存储器时，T_1 时刻输出 A_{19}～A_{16}，与 AD_{15}～AD_0 一起构成访问存储器的 20 位物理地址；当访问 I/O 端口时，只有 16 根地址线有效，不使用这 4 个引脚，A_{19}～A_{16} 保持为 0。在状态信息中的 S_6=0 用来表示 8086 CPU 占用当前总线；S_5 表示中断允许标志位 IF 状态，IF=1 时，S_5 为 1，否则为 0；S_4、S_3 用来指示当前正在使用哪个段寄存器，如表 2-2 所示。

$\overline{BHE}/S_7$（Bus High Enable / Status）：高 8 位数据总线允许/状态分时复用线，三态输出，低电平有效。8086 有效，在总线周期的 T_1 时刻输出 $\overline{BHE}$，当该引脚输出为低电平时，表示当前高 8 位数据总线 D_{15}～D_8 上数据有效。该引脚和地址引脚 A_0 配合表示当前 16 位数据总线上的状态，如表 2-3 所示。S_7 在 8086 中未被定义，暂作备用状态信号线。对于 8088 此引脚为状态 SS_0。

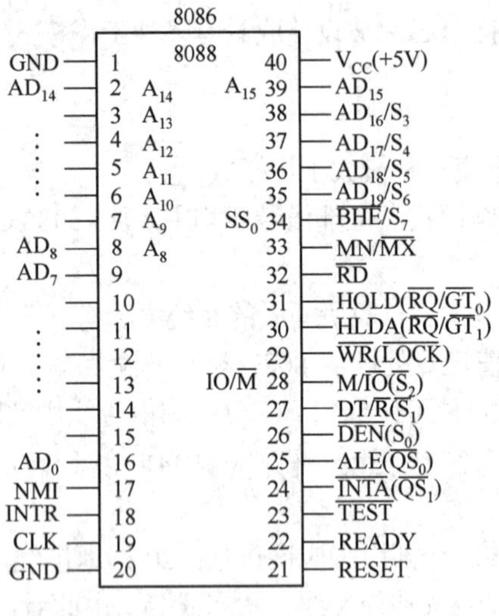

图 2-8　8086/8088 引脚分配

表 2-2　S_4、S_3 代码组合的意义

S_4	S_3	意　义
0	0	正在使用 ES
0	1	正在使用 SS
1	0	正在使用 CS
1	1	正在使用 DS

表 2-3　$\overline{BHE}$ 与 A_0 信号的意义

$\overline{BHE}$	A_0	操　作	所用的数据线
0	0	读/写一个偶地址字	AD_{15}～ AD_0
0	1	读/写一个奇地址字节	AD_{15}～ AD_8
1	0	读/写一个偶地址字节	AD_7～ AD_0
1	1	无	无

MN/$\overline{MX}$ （Minimum/Maximum mode control）：最小工作模式/最大工作模式控制信号，输入线。MN/$\overline{MX}$ 引脚接高电平时，8086/8088 CPU 工作在最小工作模式，在此方式下，全部控制信号由 CPU 提供；MN/$\overline{MX}$ 引脚接低电平时，8086/8088 工作在最大工作模式，此时 24～31 引脚功能重新被定义，CPU 发出的控制信号经 8288 总线控制器进行变换和组合，从而使总线的控制功能更加完善。

$\overline{RD}$ （Read）：读控制信号，三态输出线，低电平有效。当 $\overline{RD}$ =0 时，表示将要执行一个对存储器或 I/O 端口的读操作。

$\overline{TEST}$：测试信号，输入线，低电平有效。当 CPU 执行 WAIT 等待指令时，每隔 5 个时钟周期对 $\overline{TEST}$ 引脚进行一次测试。若为高电平，CPU 就仍处于空转状态进行等待，直到 $\overline{TEST}$ 引脚变为低电平，CPU 结束等待状态，执行下一条指令。$\overline{TEST}$ 信号和 WAIT 指令相配合，使 CPU 与外部硬件同步工作。

READY：数据“准备好”信号，输入线，高电平有效。用于使 CPU 与慢速的存储器或 I/O 接口实现速度匹配。实际上是所寻址的存储器或 I/O 端口发来的数据准备就绪信号。CPU 在每个总线周期的 T_3 状态对 READY 引脚采样，若为高电平，说明数据已准备好；若为低电平，说明数据还没有准备好。CPU 在 T_3 状态之后自动插入一个或几个等待状态 T_W，直到 READY 变为高电平，才能进入 T_4 状态，完成数据传送过程，从而结束当前总线周期。

RESET：复位信号，输入线，高电平有效。复位信号使处理器马上结束当前操作，对处理器内部寄存器进行初始化。8086/8088 要求复位脉冲宽度不得小于 4 个时钟周期。复位后，内部寄存器除 CS=FFFFH，其他寄存器及指令队列均被清零。在系统正常运行时，RESET 保持低电平。

CLK：（Clock）系统时钟，输入线。它通常与 8284A 时钟发生器的时钟输出端相连。该时钟信号有效高电平与时钟周期的比为 1∶3。

INTR（Interrupt Request）：可屏蔽中断请求信号，输入线，高电平有效。CPU 在每个指令周期的最后一个时钟周期检测该信号是否有效，若此信号有效，表明有外设提出了可屏蔽中断请求，这时如果中断允许标志位 IF=1，则当前指令执行完后立即响应可屏蔽中断；若 IF=0，则中断被屏蔽，外设发出的可屏蔽中断请求将不被响应。程序员可通过指令 STI 或 CLI 将 IF 标志位置 1 或清零。

NMI（Non-Maskable Interrupt）：非屏蔽中断请求信号，输入线，上升沿有效。此请求不受标志寄存器 FR 中的中断允许标志位 IF 状态的影响，只要此信号一出现，在当前指令执行结束后立即进行非屏蔽中断处理。

V_{CC}：电源，输入线，接入单一+5V（±10%）电源。

GND：地线，输入线，8086/8088 有两条地线。

（2）最小工作模式下引脚定义

当 $MN/\overline{MX}$ 接高电平时，系统工作于最小工作模式。下面介绍在此模式下 8 根引脚的功能定义。

HOLD（Hold Request）：总线保持请求信号，输入线，高电平有效。当系统中除8086/8088 CPU外的其他部件要求占用总线时，可通过该引脚向CPU发一个高电平的总线保持请求信号。如DMA控制器就是通过这种方式申请控制总线的。

HLDA（Hold Acknowledge）：总线保持响应信号，输出线，高电平有效。CPU 在每个时钟周期都检测 HOLD 总线请求信号，当接收到这个信号且 CPU 允许其他部件占用总线时，便在 T_4 状态发出高电平有效的 HLDA 信号给予响应，同时 CPU 将让出总线控制权（即所有三态信号线呈高阻状态），发出 HOLD 请求的部件获得总线控制权，当操作完成后撤销 HOLD 请求，CPU 则撤回 HLDA 响应信号，收回总线控制权。

$\overline{WR}$（Write）：写控制信号，三态输出线，低电平有效。当 $\overline{WR}$=0 时，表示将要执行一个对存储器或 I/O 端口的写操作。

$M/\overline{IO}$（Memory/Input and Output）：存储器/IO 接口控制线，三态输出。在 8086 中，该引脚为高电平时，表示 CPU 与存储器进行数据传输，此时由 20 位地址线状态确定数据在存储器中的位置，寻址范围为 2^{20}B=1MB；该引脚为低电平时，表示 CPU 与 I/O 接口进行数据传输，此时只有 16 位地址线有效，寻址范围最大为 2^{16}B=64KB。对于 8088，此引脚为 $IO/\overline{M}$，含义与 8086 的 $M/\overline{IO}$ 相反，即当 $IO/\overline{M}$=0 时表示 CPU 与存储器进行数据传输；当 $IO/\overline{M}$=1 时表示 CPU 与 I/O 接口进行数据传输，如图 2-9 所示，$\overline{RD}$、$\overline{WR}$ 和 $M/\overline{IO}$（或 $IO/\overline{M}$）的不同组合可产生出 CPU 对存储器单元或 I/O 接口进行读或写的控制信号。

$DT/\overline{R}$（Data Transmit/Receive）：数据发送/接收信号，三态输出线。它将反映数据总线上数据的流向。该引脚为高电平时，CPU 向存储器或 I/O 接口发送数据；该引脚为低电平时，CPU 从存储器或 I/O 接口接收数据。在系统中可用该信号控制数据总线收发器的传送方向。

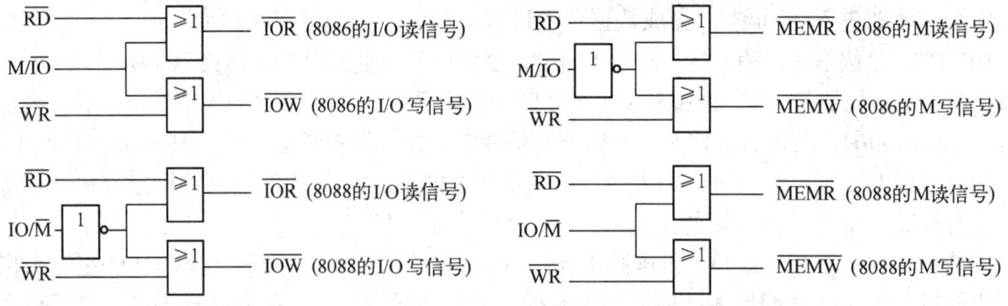

图 2-9　8086/8088 对存储器或 I/O 接口操作信号

$\overline{DEN}$（Data Enable）：数据允许信号，三态输出线，低电平有效。当地址/数据线传输数据信息时，CPU 发出数据允许信号。在系统中可用此线作为数据收发器的控制信号。

ALE（Address Latch Enable）：地址锁存允许信号，三态输出线，高电平有效。当 ALE=1 时，表示此时 8086/8088 的地址/数据复用线提供的是地址信息，如图 2-10 所示。在系统中可利用此线作为地址锁存器的控制信号，将此时的地址信息锁存，从而实现了地址和数据信息的分离。

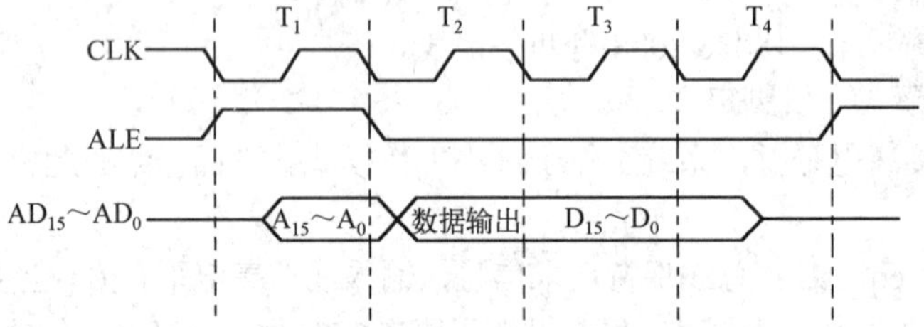

图 2-10　8086 的 ALE 有效时地址信号有效

$\overline{INTA}$（Interrupt Acknowledge）：可屏蔽中断响应信号，输出线，低电平有效。当 CPU 响应外设可屏蔽中断请求，且中断允许触发器的状态 IF=1 时，CPU 会发出两个连续有效的 $\overline{INTA}$ 信号来通知外设，CPU 准备响应它的请求。

（3）最大工作模式下引脚定义

当 MN/$\overline{MX}$ 接低电平时，系统工作于最大工作模式。此模式下 8 根引脚有特殊定义（见图 2-8 中带括号部分）。

$\overline{RQ}/\overline{GT_0}$ 和 $\overline{RQ}/\overline{GT_1}$：总线请求输入信号/总线允许输出信号线，双向，低电平有效。这两个信号线作用相同，输入时为总线请求信号 $\overline{RQ}$，输出时为总线应答信号 $\overline{GT}$，供 8086/8088 以外的两个其他部件向 8086/8088 发送控制总线的请求。当其他部件向 8086/8088 发送控制总线的请求信号 $\overline{RQ}$，相当于最小模式时的 HOLD 信号，8086/8088 在现行总线周期结束后让出总线，发出总线请求允许信号 $\overline{GT}$，相当于最小模式时的 HLDA 信号，此时，外部总线申请部件便获得了总线控制权。$\overline{RQ}/\overline{GT_0}$ 的优先级高于 $\overline{RQ}/\overline{GT_1}$。

$\overline{LOCK}$（Lock）：总线封锁信号，三态输出线，低电平有效。当此信号为低电平时，系统中其他部件不能获得总线的控制权。$\overline{LOCK}$ 信号由指令前缀 LOCK 产生，运行带有该前缀的指令期间总线被封锁，其他总线部件不得占用总线。本指令执行完后，$\overline{LOCK}$ 信号失效。另外，在 DMA 期间，此信号浮空。在中断响应过程中 CPU 会自动产生 $\overline{LOCK}$ 信号，以防其他总线部件占用总线干扰中断响应。

$\overline{S}_2$、$\overline{S}_1$、$\overline{S}_0$（Bus Cycle Status）：总线周期状态信号，输出端，低电平有效。如表 2-4 所示，3 个状态信号连接到 CPU 外部的 8288 总线控制器的输入端，8288 对这些信号进行译码后产生内存及 I/O 端口的读/写控制信号。

表 2-4　$\overline{S}_2$、$\overline{S}_1$、$\overline{S}_0$ 组合功能表

$\overline{S}_2$	$\overline{S}_1$	$\overline{S}_0$	相 应 操 作	8288发出的控制信号
0	0	0	发出中断响应信号	$\overline{INTA}$
0	0	1	读I/O端口	$\overline{IORC}$
0	1	0	写I/O端口	$\overline{IOWC}$
0	1	1	暂停	
1	0	0	取指令	$\overline{MRDC}$
1	0	1	读存储单元	$\overline{MRDC}$
1	1	0	写存储单元	$\overline{MWTC}$
1	1	1	无效（CPU无作用）	

QS_1、QS_0（Instruction Quesue Status）指令队列状态，输出线。两个信号的不同组合指明了 8086/8088 内部指令队列的状态，如表 2-5 所示。

表 2-5　QS_1、QS_0 代码组合的意义

QS_1	QS_0	意　义
0	0	无操作
0	1	从队列中取出第一字节
1	0	队列已空
1	1	从队列中取出后续指令

2.2.3　8086/8088 的时序与总线周期

微处理器的时序就是微处理器完成动作的操作顺序和方式。了解微处理器的时序与总线周期，一方面能更好地理解微处理器中指令的工作过程，另一方面能更好地设计系统。任何一台计算机都是在一个统一的时钟信号控制下有规律地按节拍工作，而且需要精确的定时，由外部振荡器产生所需要的时钟信号。完成一条指令需要取指令、译码、取操作数、执行指令等过程，而每一个过程都需要时间。由于各种指令功能不同，所占用字节数不同，操作过程不同，故执行的状态和所用的时间也有所不同。

1. 时钟周期、总线周期和指令周期

处理器的周期状态可以分为 3 种：时钟周期、总线周期和指令周期，如图 2-11 所示。

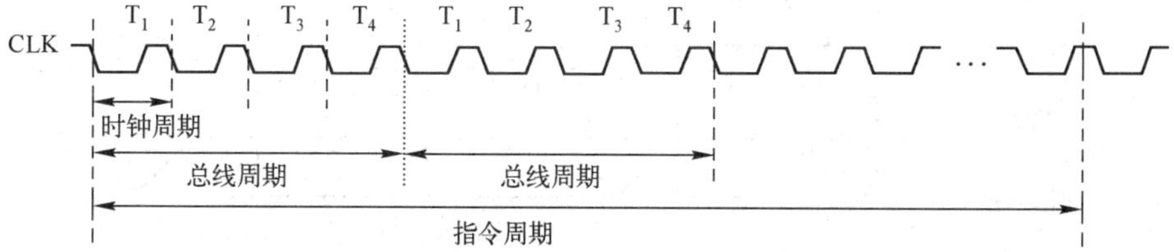

图 2-11　时钟周期、总线周期和指令周期

（1）时钟周期

时钟周期是两个时钟脉冲信号的前沿之间的间隔，用 T 表示，又称 T 状态，或 T 周期。它取决于系统主频，是 CPU 的基本时间计量单位，也就是 CPU 完成一个微操作所需的时间。当 8086 系统主频为 8MHz 时，一个 T 状态的时间为 125ns。

（2）总线周期

CPU 完成一个基本操作所用的时间称为总线周期。8086/8088 总线读或写操作的周期一般由

T_1、T_2、T_3、T_4 四个 T 周期组成。总线周期包括：存储器写总线周期、存储器读总线周期、I/O 接口写总线周期、I/O 接口读总线周期、中断响应周期、DMA 响应周期、复位周期等。

（3）指令周期

指令周期是执行一条指令所需的时间。一个指令周期可以由一个或多个总线周期组成，这是因为一条指令可能没有操作数，可能有一个操作数，也可能有两个操作数。操作数可以在 CPU 内部的寄存器或在指令中随指令预取到指令队列中（在存取操作数时不需要总线周期），也可以在 CPU 外部的存储器或 IO 接口中（在存取操作数时需要总线周期）。比较之下，操作数在寄存器或指令中时，指令执行速度最快，在存储器中次之，在 IO 接口中最慢。除此之外，有些指令简单，如寄存器间的数据传输指令只需要两个 T 周期，有些指令复杂，如 16 位乘法指令需要近 200 个左右的 T 周期。当然所有指令的第一个总线周期一定是取指令周期。

8086 与 8088 总线周期基本相同，主要区别在于：

1）8088 的 $IO/\overline{M}$ 与 8086 的 $M/\overline{IO}$ 信号作用相反。

2）8086 有高 8 位数据线，需要用 $\overline{BHE}$ 选通。8088 无高 8 位数据线，所以不需要 $\overline{BHE}$ 选通。

2. 读总线周期

所谓读周期就是 CPU 从存储器或 I/O 接口读入数据，如图 2-12 所示。一般读周期至少由 4 个 T 周期组成。存储器读周期与 I/O 接口读周期的区别在于：对于 8086 的 $M/\overline{IO}$ 信号，高电平时为存储器读周期，低电平时为 I/O 接口读周期，对于 8088 则相反，其余操作相同。图中星号表示的信号，在最小工作模式时信号状态由 CPU 提供，在最大工作模式时信号状态由 8288 总线控制器提供。

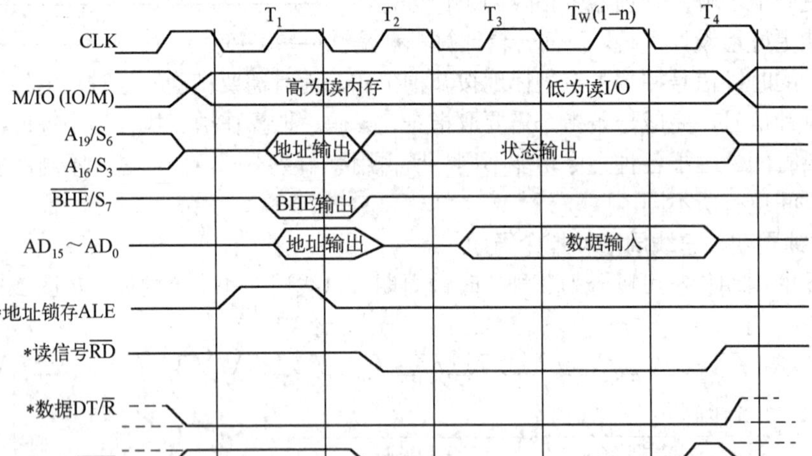

图 2-12　8086/8088 存储器读或 I/O 接口读总线周期

读周期的过程如下。

1）在 T_1 状态的下降沿，根据所执行指令的功能（对存储器读还是对 I/O 接口读）给出 $M/\overline{IO}$（或 $IO/\overline{M}$）的状态；然后地址/数据总线 AD_{15}～AD_0 提供地址信息，地址/状态总线 A_{19}/S_6～A_{16}/S_3 在对存储器读时提供高 4 位地址信息，而对 I/O 接口读时为高阻状态。同时将地址锁存信号 ALE 置 1，地址信息一直稳定到 ALE 由 1 变到 0 以后。如果指令中对高 8 位数据操作，此时 $\overline{BHE}$ 给出低电平有效状态。总线控制器还使 $DT/\overline{R}$ 为低电平，表示当前执行读操作。

2）在 T_2 状态开始，地址/状态总线 A_{19}/S_6～A_{16}/S_3 上提供状态信息，并持续到 T_4 状态。地址/数据总线 AD_{15}～AD_0 浮空（即为高阻状态），读信号线 $\overline{RD}$ 变为有效。

3）在 T_3 和 T_4 状态，外部数据应该将数据送上总线，且应保持稳定。如果存储器或 I/O 接口工作速度比 CPU 慢，不能在 T_3 状态期间提供可靠、稳定的数据，那么就应由硬件电路产生请求，使 CPU 在 T_3 和 T_4 之间插入一个或几个 T_W 等待状态。

4）在 T_4 状态中，读信号线 $\overline{RD}$ 由 0 变到 1，从数据总线上获取数据，随后所有信号恢复到 T_1 前的状态，准备进入下一个周期。

3．写总线周期

写周期就是 CPU 将数据输出的过程。同读周期一样，写周期也是至少由 4 个 T 状态组成，如图 2-13 所示。写周期的过程为：

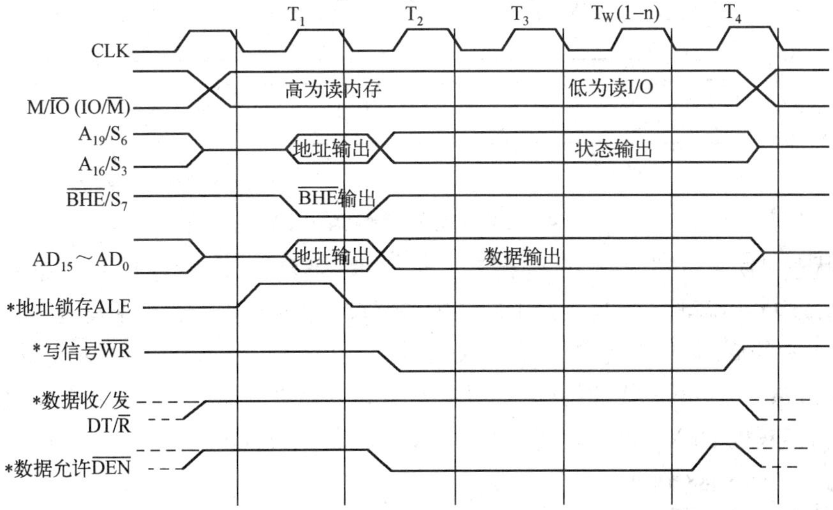

图 2-13　8086/8088 存储器写或 I/O 接口写总线周期

写周期的 T_1 状态基本上同读周期的 T_1 状态，只是 $DT/\overline{R}$ 为高电平，表示当前执行写操作。在 T_2～T_4 状态中，地址/状态线上提供状态信息。地址/数据总线上提供输出数据，同时写信号 $\overline{WR}$ 有效。T_4 状态结束，所有信号恢复到写周期前的状态。

从图 2-12 和图 2-13 中可以看到，当 CPU 向外输出数据时，提供数据信息的时间比读操作时数据在总线上停留的时间要长。

4．复位时序

8086/8088 在每一个 T 状态的上升沿都要检测 RESET 引脚的状态，当 RESET=1 时立刻将内部 RESET 信号置为高电平，进入复位周期，如图 2-14 所示，在内部 RESET 为高电平以后，所有三态输出总线，经过半个 T 状态的不工作状态（过渡期）后，变为高阻状态，且一直保持到 RESET 信号失效。同时 ALE、HLDA 变为无效，指令队列变空，CS 置为 FFFFH，其余所有寄存器清零。在 CPU 退出复位周期后，将从 FFFF0H 单元开始取指令，CPU 重新工作。

5．中断响应周期

CPU 在每个指令周期的最后一个时钟周期，都会检测可屏蔽中断请求信号 INTR 是否有效，如果 INTR 有效（INTR=1）且中断允许标志位 IF=1，则 CPU 在执行完指令以后进入中断响应周期。中断响应周期为连续发出两个 $\overline{INTA}$ 有效的负脉冲，每一个 $\overline{INTA}$ 总线周期也是由 4 个状态组成，如图 2-15 所示。

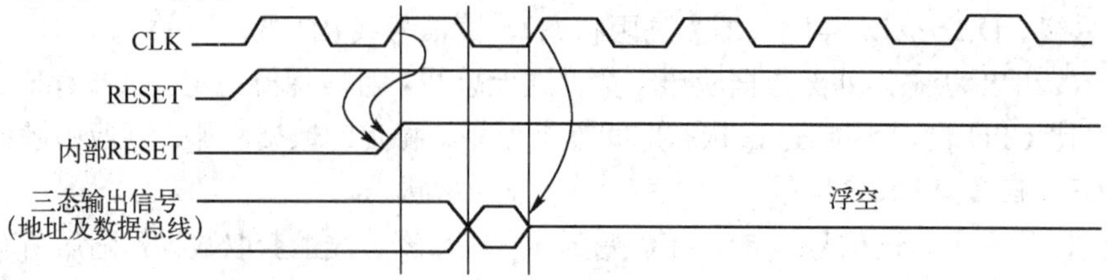

图 2-14　复位时序

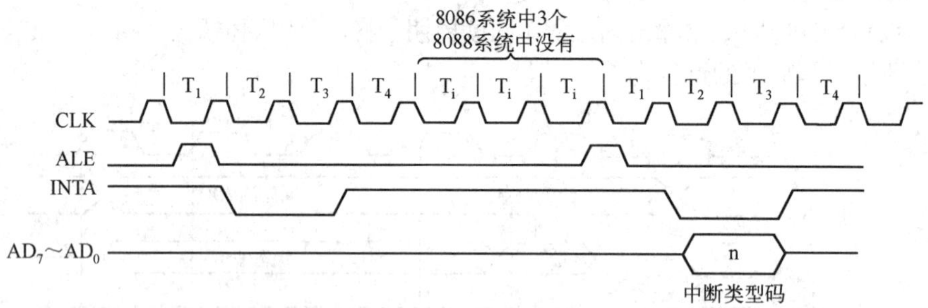

图 2-15　可屏蔽中断响应周期

在 T_1 状态仍使 ALE 有效。在 T_2 状态，$\overline{\text{INTA}}$ 变为有效，且在 T_2 和 T_3 状态中一直保持有效，用来通知中断申请源，CPU 已经响应该中断请求，要求该申请源准备发送中断类型码。在第二个 $\overline{\text{INTA}}$ 总线周期中，T_1 状态仍给出 ALE 有效，T_2 到 T_3 状态发出 $\overline{\text{INTA}}$ 有效（$\overline{\text{INTA}}$=0）信号，将申请源送上数据总线的相应中断类型码 n 读入，乘以 4 后到向量表中找到为该中断源服务的中断服务程序的入口地址，使 CPU 转入中断处理。8086 在两个中断响应周期之间有 3 个空闲状态 T_i，而 8088 则没有。

6．总线请求/响应周期

在系统中，如果除 CPU 外还有其他总线主模块需要占用总线时，则应向 CPU 发出总线请求信号。对于最小工作模式，总线请求信号为 HOLD，总线响应信号为 HLDA，其总线请求/响应周期如图 2-16 所示。其操作过程如下。

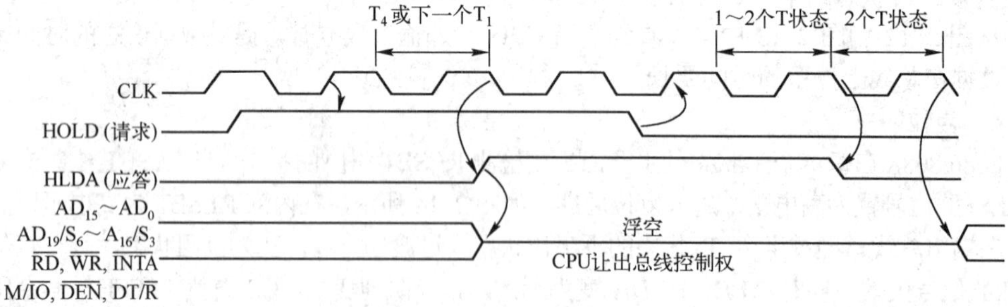

图 2-16　最小工作模式下总线请求/响应周期

CPU 在每个 T 状态的上升沿查询 HOLD 的状态，如果为高电平，表示现在有总线请求发生，则在本总线周期结束后给予响应：CPU 让出部分总线的控制权，也就是使全部三态信号线呈高阻状态，同时发出总线应答信号 HLDA=1。直到 CPU 查询到总线请求信号线 HOLD=0 后，隔 1 到 2 个 T 状态后应答信号无效，然后 CPU 收回总线控制权，恢复正常操作。

对于最大工作模式，总线请求/总线允许信号有 $\overline{RQ}/\overline{GT_1}$ 和 $\overline{RQ}/\overline{GT_0}$ 两条，均为双向低电平有效信号。在此模式下，系统中允许有两个总线请求模块，其中 $\overline{RQ}/\overline{GT_0}$ 比 $\overline{RQ}/\overline{GT_1}$ 优先级高，但是总线使用是不能嵌套的。最大工作模式下的总线请求/响应周期如图 2-17 所示。其操作过程如下。

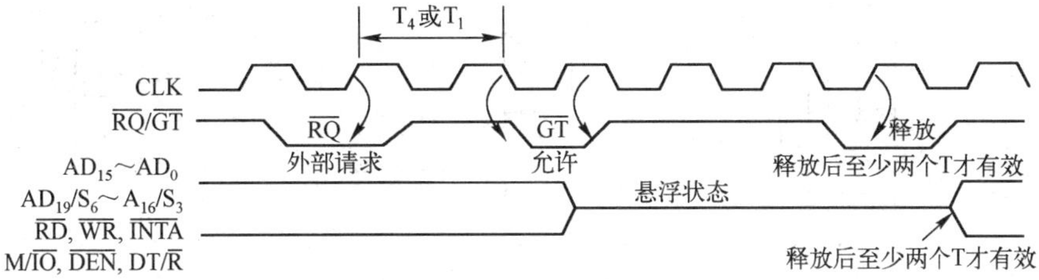

图 2-17　最大工作模式下总线请求/响应周期

当 CPU 以外的总线主模块需要使用总线时，会通过 $\overline{RQ}/\overline{GT_1}$ 或 $\overline{RQ}/\overline{GT_0}$ 向 CPU 发出 1 个 T 状态宽的低电平请求信号 $\overline{RQ}$。在 CPU 查询到 $\overline{RQ}=0$ 时，会在下一个 T_4 或 T_1 状态时，在同一个引脚上向外发出应答信号 $\overline{GT}=0$ 的负脉冲，同时使所有三态信号处于高阻状态（让出总线管理权），直到 CPU 查询到总线主模块发来的释放总线负脉冲后，重新接管总线，恢复正常的工作。

2.2.4　8086/8088 的存储器组织

8086/8088 微处理器只能工作在实模式（包括最小工作模式和最大工作模式）下，此时微处理器仅可寻址 1MB 存储空间（即便 Pentium 微处理器工作在实模式下也一样），且对存储空间是按照分段管理的。分段方法进行存储器组织的优点是：首先，可使指令系统中的大部分指令只涉及 16 位地址，这减少了指令长度，提高了运行程序的速度。也就是说尽管 8086 的存储空间高达 1MB，但在程序执行过程中，一般只在一个较小的存储空间运行，因此段寄存器的值是很少改变的。此外，内存分段也为程序的浮动装配创造了条件。

从 80286 开始，微处理器引入了一种新的所谓受保护的虚地址寻址方式（简称保护虚地址方式或保护模式），因此 80286 以上的微处理器既可以工作在实模式下，又可以工作在保护模式下。在实模式下同 8086/8088 一样对存储器进行分段管理，而在保护模式下对存储器按照分页管理。

1．对存储器分段管理模式

内存中第一个 1MB 存储区称作实存储器或常规存储器。MS DOS 和 PC DOS 都假定在全部时间内微处理器工作在实模式下，即实存储器空间中。在实模式下所写的应用软件不加修改就可以在 80286 以上的系统中运行。软件的向上兼容性成为 Intel 公司 x86 系列微处理器设计的理念和成功的原因。在所有情况下，这些微处理器每次加电或复位都以实模式开始工作，DOS 环境就是实模式环境。

8086/8088 所管理的存储器，所有的数据以字节形式存放在存储单元中，每一个单元均有一个唯一的 20 位地址，称为物理地址。在软件中 8086/8088 对存储器采用分段描述的方法，即将整个存储区划分成很多段，每一个段的大小可各不相同，但均不大于 64KB，各段之间可以是紧密连接，可以是部分或完全重叠，也可以是不相关的，如图 2-18 所示。

每一个存储单元一定处在某个段中，且距离该段的起始单元有一个偏移量，在指令中描述为段基值：偏移量，称为逻辑地址，如图 2-6 所示，通过 20 位地址加法器可自动完成由 16 位描述的逻辑地址转换成 20 位的物理地址。因此，8086/8088 微处理器对每个存储器单元的描述有两种：一种是 20 位的物理地址，在总线上，且是唯一的；一种是由两个 16 位参数描述的逻辑地址，在指令中，且不唯一。

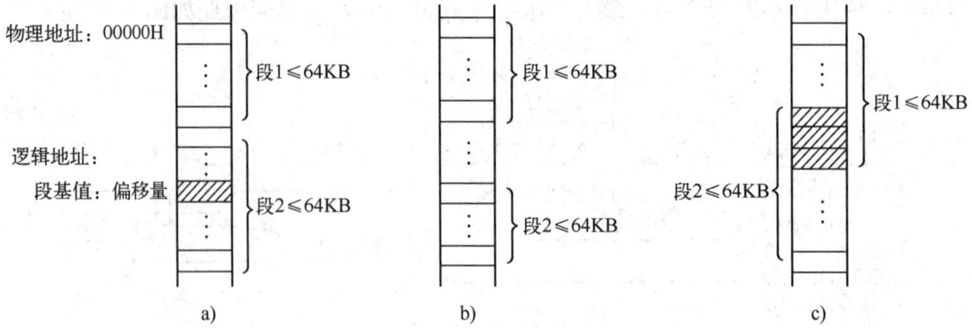

图 2-18　8086/8088 内存分段管理

a) 段 1 与段 2 紧密相连　b) 段 1 与段 2 不相关　c) 段 1 与段 2 部分重叠

【例 2-3】　分别计算 2200H：4000H 和 2400H：2000H 所对应的物理地址。

解：因为

$$\begin{array}{r} 22000\,\text{H} \\ +)\quad 4000\,\text{H} \\ \hline 26000\,\text{H} \end{array} \qquad \begin{array}{r} 24000\,\text{H} \\ +)\quad 2000\,\text{H} \\ \hline 26000\,\text{H} \end{array}$$

所以 2200H：4000H 和 2400H：2000H 所对应的物理地址均为 26000H，如图 2-19 所示。

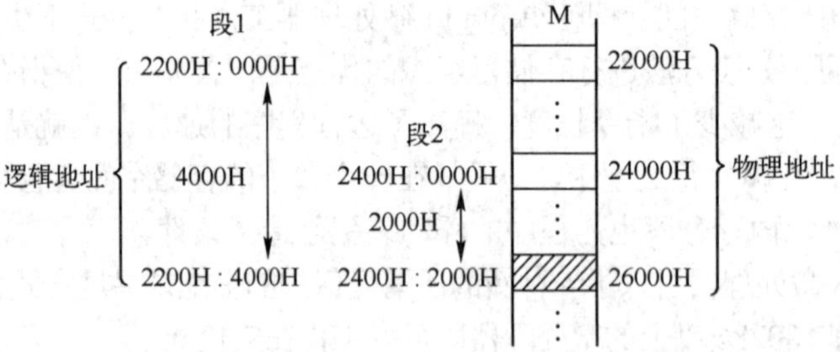

图 2-19　物理地址唯一，而逻辑地址不唯一

强调指出：80x86 CPU 在实模式下将存储器分成若干段，把将要运行的程序、欲访问的数据分别存放在某个存储段中。当 CPU 访问某存储单元（如取指令或存取操作数）时，就必须说明哪个段寄存器指向该存储单元所在段，同时给出该存储单元在这个存储段内的偏移地址（即偏移量：存储单元与所在段的段基址之间的距离，以字节数计），从而找到该存储单元。另外，一个程序中可以有一个或多个逻辑段，每个段在 1MB 空间中的哪个位置，由操作系统配置。

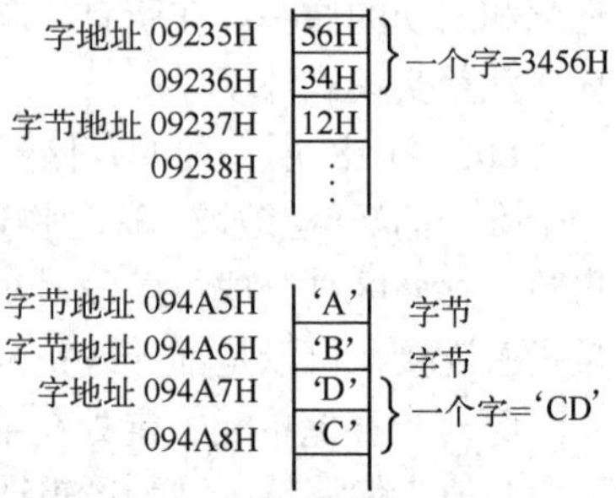

图 2-20　单元地址的描述

2. 实模式下存储器组织

存储器虽然是由字节组成的，每一个单元均占一个地址，但是任何两个相邻字节都可以构成一个字（word），占用了两个地址。80x86 用地址值较小的那个字节单元地址作为这个字单元的地址。一个 16 位字的低 8 位存于低地址

单元中，而高 8 位数据存于地址较高的单元中，如图 2-20 所示。

由于 8088 只有 8 位外部数据总线，因此在传输字数据时需要两个总线周期，先传输低字节，再传输高字节。而对于 8086 有 16 位外部数据总线，可以一次传输两个字节数据。但是，为了使 8086 既可传输 8 位数据，又可传输 16 位数据，8086 对存储器 1MB 空间采用奇存储体（即奇地址存储体）和偶存储体（即偶地址存储体）两块存储体组成。两块存储体分别用 $\overline{BHE}$ 和 A_0 控制（参见表 2-3），两存储体可同时传输数据，达到传输 16 位数据的目的，也可以只对某一块存储体传输 8 位数据，如图 2-21 所示。

8086 数据总线的传输特性如图 2-22 所示。

1）对于偶地址字，在一个读/写周期内，低 8 位数据线传送低字节（此时 A_0=0），高 8 位数据线传送高字节（此时 $\overline{BHE}$=0）。

2）当操作字节时，若该字节地址为偶数，则在读/写操作周期中低 8 位数据线传送数据（此时 A_0=0），而高 8 位数据线空闲（此时 $\overline{BHE}$=1）；若该字节地址为奇数，则在读/写操作周期中低 8 位数据线空闲（此时 A_0=1），而高 8 位数据线传送数据（此时 $\overline{BHE}$=0）。

3）对于奇地址字，则必须由两个读/写周期完成。第一个周期低 8 位数据线空闲，高 8 位数据线传送数据的低字节，此时 A_0=1，$\overline{BHE}$=0；第二个周期低 8 位数据线传送数据的高字节，高 8 位数据线空闲，此时 A_0=0，$\overline{BHE}$=1。

从上面的情况可以知道数据的形式不同、所处位置不同，占用总线周期个数就会不同，也就是说传输时所用 T 状态不同，执行指令的时间长短就不同。

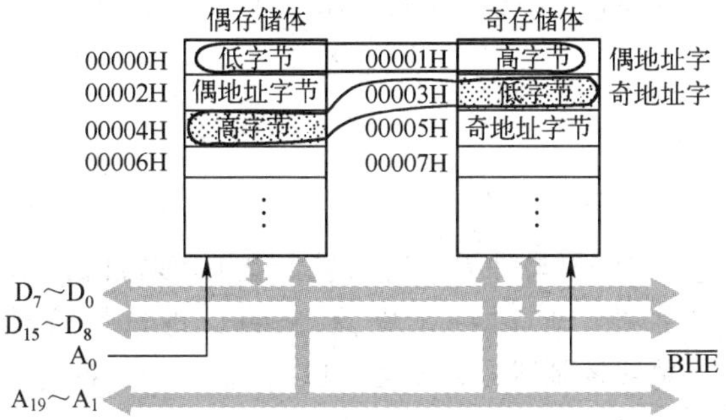

图 2-21　8086 存储体与总线的连接

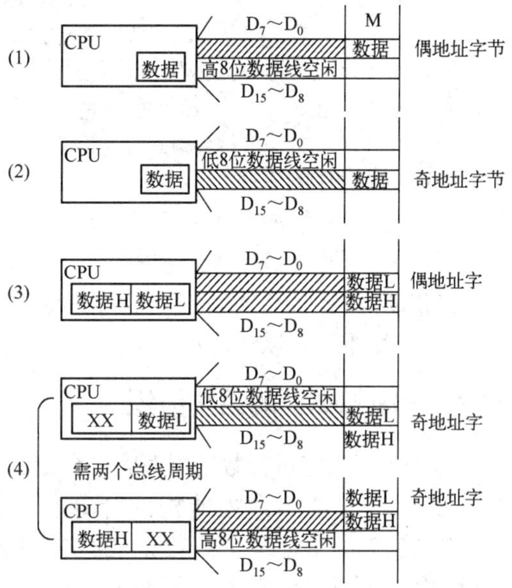

图 2-22　8086 存储器传输特点

2.2.5　8086/8088 的堆栈组织

堆栈是一个特定的存储区，也就是在内存中开辟一块存储区，专门用来存储数据，而且有其特定的操作方法和特点。这个存储区的操作特点类似于货栈，因此称它为堆栈。它的特点是：一端地址是固定的，另一端地址是活动的，而所有的信息存取都在活动的一端进行。

8086/8088 系列微机的堆栈是按字组织的，即每次在堆栈中存取数据均是两个字节的操作，数据的高 8 位存于地址较高单元，低 8 位存于地址较低单元。

1．堆栈的构造

栈区中存储单元的最大字地址称为栈底（固定不变的一端）。存放最后一个字数据的存储单元称为栈顶。栈顶是浮动的，随栈区中数据量的变化而浮动。栈指针始终指向堆栈的顶部。堆栈操作的原则是后进先出，即后压入的数据先被弹出。

2．8086/8088 的堆栈组织

在 8086/8088 系列微机中，堆栈是由堆栈段寄存器 SS 指定的一段存储区，由 SP 作为栈指针，如图 2-23 所示。SS 的内容为当前堆栈段的开始点，SP 指向栈顶，即指向已存放数据的最小字地址单元。8086/8088 系列微机中，堆栈段可以有一个或多个，每一个堆栈的容量不超过 64KB，如果需要更换堆栈区，应重新设置 SS。而每次更换堆栈段寄存器 SS 内容时，必须紧接着赋给 SP 新值。

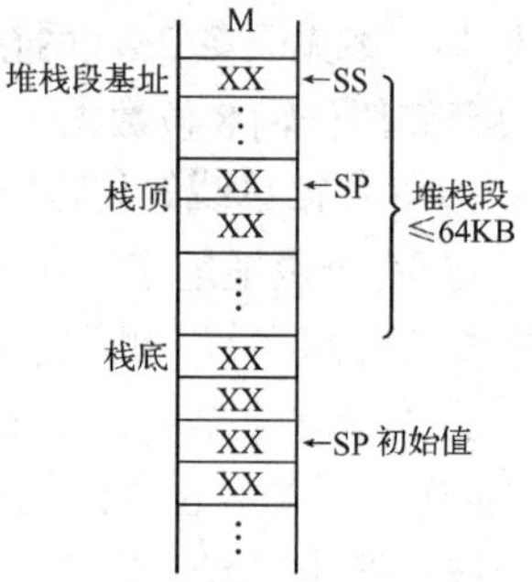

图 2-23　8086/8088 堆栈组织

3．8086/8088 的堆栈操作

8086/8088 堆栈的基本操作有 3 个。

1）设置栈区：在使用栈区之前应进行设置，其中包括设置 SS、SP 的初值和栈区的容量。

2）进栈操作：将数据压入栈区的操作。可通过压栈指令实现。进栈时指针会自动减 2。

```
PUSH  src        ；栈指针 SP 先减 2，再把 1 个字压入栈区
                 ；自动完成：SP←SP-2、SS:[SP]←低字节、SS:[SP+1]←高字节
```

3）出栈操作：将数据弹出栈区的操作。可通过出栈指令实现。出栈时指针会自动加 2。

```
POP   dest       ；栈顶中的字先出栈，然后栈指针 SP 加 2
                 ；自动完成：低字节←SS:[SP]、高字节←SS:[SP+1]、SP←SP+2。
```

4．堆栈操作的用途

1）堆栈可做缓冲器，暂存一些希望运行时不被破坏的参数。

2）调用子程序或中断过程发生时，用堆栈保护断点及现场参数。在子程序返回或中断返回时弹出断点及现场参数，使主程序继续工作。

3）利用堆栈可以实现数据交换。

2.2.6　8086/8088 的系统组织

微处理器只能进行数据处理而没有记忆功能，更不能与外界交换信息，因此必须加上一些外部支持芯片及部件才能构成计算机的硬件系统。如时钟发生器 8284、地址锁存器 8282/74LS273、数据缓冲器 8286/8287/74LS245、总线控制器、存储器、I/O 接口以及必备的外部设备等。不同工作模式系统组织也有所不同。

1．8088 最小工作模式下的系统组织

8088 单 CPU 模式系统组织结构如图 2-24 所示。8088CPU 引脚与总线连接有如下规则。

1）$MN/\overline{MX}$ 接 V_{cc} 表示 8088 处于最小工作模式。

2）$\overline{WR}$ 、$\overline{RD}$ 、$IO/\overline{M}$ 接到存储器和 IO 接口上，作为数据传输控制线。

3）A_{19}～A_8 及 AD_7～AD_0 分别接到 3 片地址锁存器 8282 的输入端，ALE 接锁存器的 STB，锁存器的 $\overline{OE}$ 接地。在 T_1 状态 ALE 有效时锁存地址 A_{19}～A_0，锁存器输出端为稳定

的地址信息接到存储器和 I/O 接口。

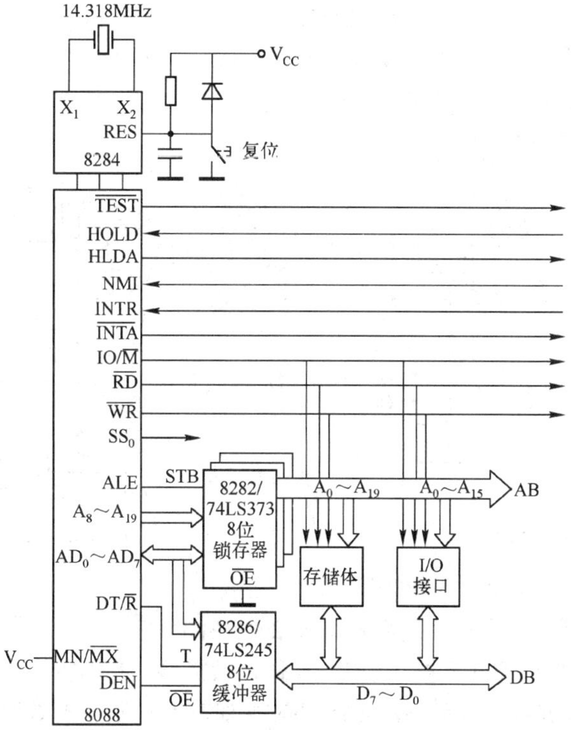

图 2-24　8088 最小工作模式下的系统组织结构

4）$AD_7\sim AD_0$ 通过总线驱动器 8286 作为数据线接到存储器或 I/O 接口的数据线上，其中 DT/$\overline{R}$ 接 8286 的引脚 T 来控制数据流方向，$\overline{DEN}$ 接 8286 的引脚 $\overline{OE}$ 来控制数据选通。

5）CLK 由时钟发生器 8284 提供，8284 将产生低电平与高电平比为 2∶1 的时钟信号。

6）对 I/O 接口，除了需要 IO/$\overline{M}$、$\overline{WR}$、$\overline{RD}$ 控制线，有时还需要 INTR、$\overline{INTA}$ 信号线等。要知道 80x86 对于 I/O 接口寻址只有 16 根地址线有效，寻址范围最大为 64KB。

下面介绍系统中用到的时钟发生器 8284、锁存器 8282 以及总线收发器 8286 的基本功能。

时钟发生器 8284 为 18 引脚双列直插芯片，它可通过接收外部晶振信号，产生一系列低高电平比为 2∶1 的时序信号，用以提供 CPU 和总线控制器 8288 的工作时钟基准（CLK）。通过接收外部复位电路的状态，产生 8086/8088 需要的复位信号（RESET）。根据外设发来的等待请求信号 RDY 的状态，提供给 8086/8088 合适的 READY 信号，如图 2-25 所示。

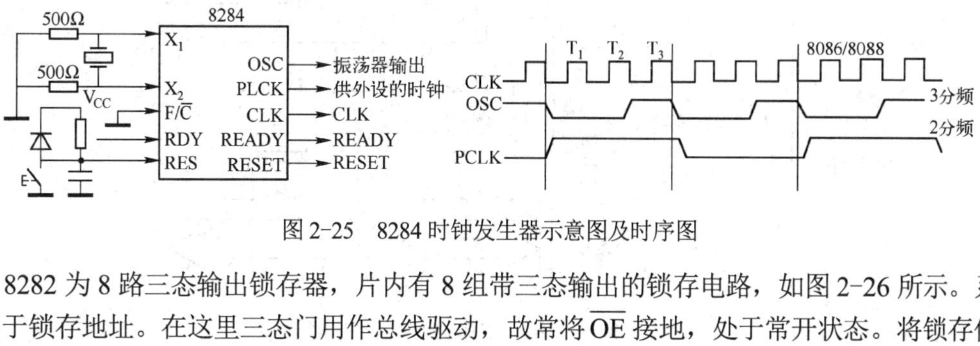

图 2-25　8284 时钟发生器示意图及时序图

8282 为 8 路三态输出锁存器，片内有 8 组带三态输出的锁存电路，如图 2-26 所示。系统中用于锁存地址。在这里三态门用作总线驱动，故常将 $\overline{OE}$ 接地，处于常开状态。将锁存信号

STB 接 8088 地址允许信号 ALE。当 ALE 有效时，此时地址已在地址总线上，将被锁存。当 ALE 无效时，地址信息已被锁存，不再随输入变化而变化，直到下次 ALE 有效。

8286 为 8 路总线收发器，由 8 组双向三态门组成，如图 2-27 所示。其作用有二：

1）控制数据总线何时输入、何时输出、何时不传输。

2）增加总线带负载的能力。

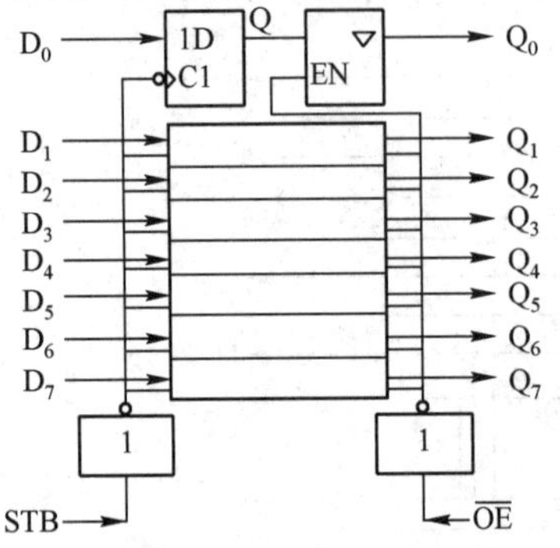

图 2-26　8282 锁存器

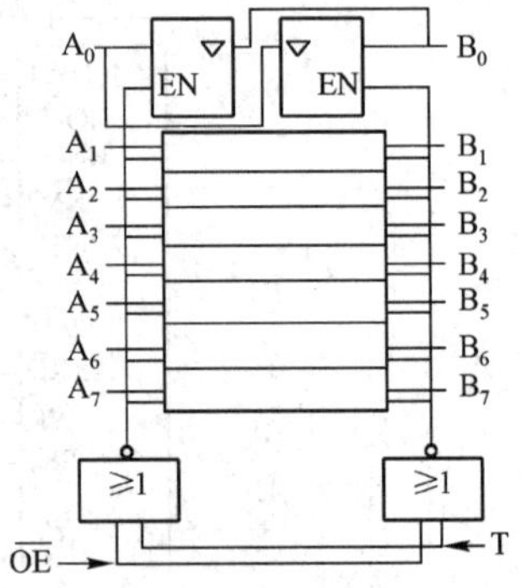

图 2-27　8286 总线收发器

2. 8086 最小工作模式下的系统组织

8086 最小工作模式下的系统组织结构如图 2-28 所示，它和 8088 最小工作模式下的系统结构的区别在于：由于 8086 外部数据总线为 16 位，故需要两片 8286 总线收发器，分别为高 8 位数据总线和低 8 位数据总线。另外，8086 还需要对高 8 位数据有效信号 $\overline{BHE}/S_7$ 进行锁存，它与 A_0 一起作为奇、偶存储体的选通线（见图 2-21）。当 A_0=0，选通低 8 位存储体或者说选通偶存储体；当 $\overline{BHE}$=0，则选通高 8 位存储体或者说选通奇存储体。

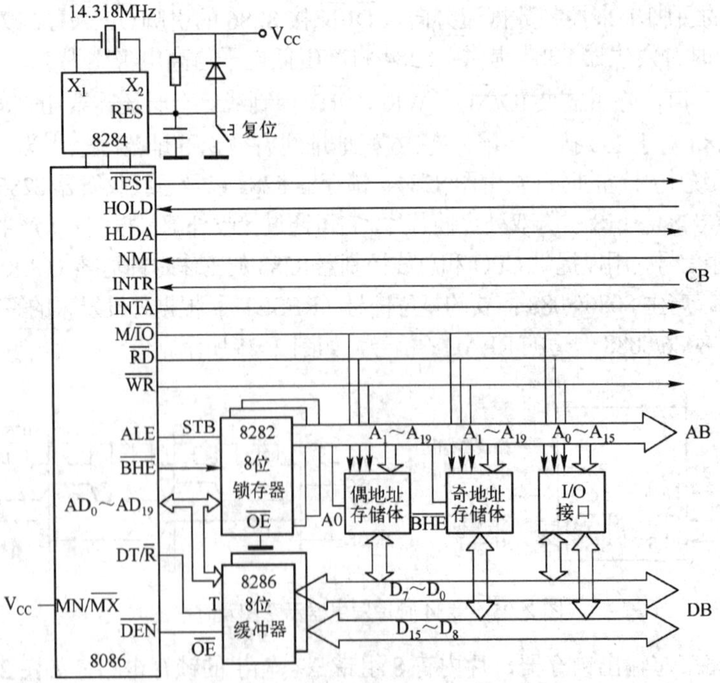

图 2-28　8086 最小工作模式下的系统组织结构

3. 8088 最大工作模式下的系统组织

8088 最大工作模式下的系统组织结构如图 2-29 所示。它与最小工作模式下的系统比较，主要区别就在于一些控制总线由 8288 总线控制器提供，其中有 $\overline{\text{MRDC}}$、$\overline{\text{MWTC}}$、$\overline{\text{IORC}}$、$\overline{\text{IOWC}}$、$\overline{\text{INTA}}$、ALE、DT/$\overline{\text{R}}$、$\overline{\text{DEN}}$ 等。此情况下，应处理好以下几个方面的问题。

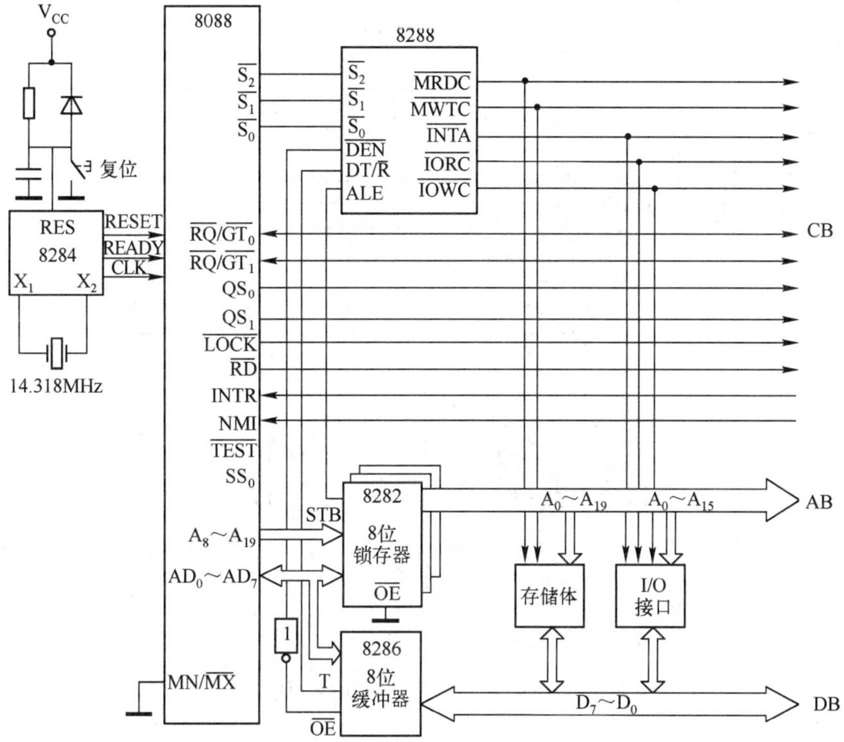

图 2-29　8088 最大工作模式下的系统组织结构

1）多处理器并行处理时，处理器间同步问题。

2）各处理器任务协调，并保证协调操作。

3）多处理器系统共用设备的共享和分配问题。

4）系统总线使用权的占有问题。

为达到上述要求，系统中增加了 8288 总线控制器。它是专门为 8086/8088 微处理器构成最大模式（即多处理器模式）而设计的，用以提供有关的总线命令，具有较强的驱动能力，使系统性能大大提高，如图 2-30 所示。

8288 总线控制器的主要功能有：

1）状态信息译码（见表 2-4）。

2）能使总线控制信号浮空，允许 DMA 方式。

3）提供专门为快速 M 或 I/O 设计的超前写控制信号 $\overline{\text{AIOWC}}$，$\overline{\text{AMWC}}$。

4）可以产生 ALE，$\overline{\text{DEN}}$，DT/$\overline{\text{R}}$。

在这里需注意，最小工作模式 $\overline{\text{DEN}}$ 引脚为低电平有效，可直接接到 8286 的控制端，而 8288 产生的 $\overline{\text{DEN}}$ 信号为高电平有效，需要经过非门后再接到 8286 控制端。

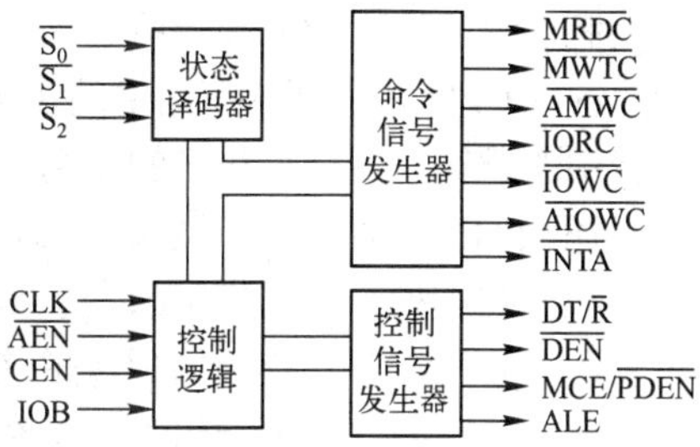

图 2-30　8288 总线控制器

4．8086 最大工作模式下的系统组织

8086 最大工作模式下系统组织结构如图 2-31 所示。它与前面所介绍的 8088 最大工作模式下系统基本相似，不再赘述。

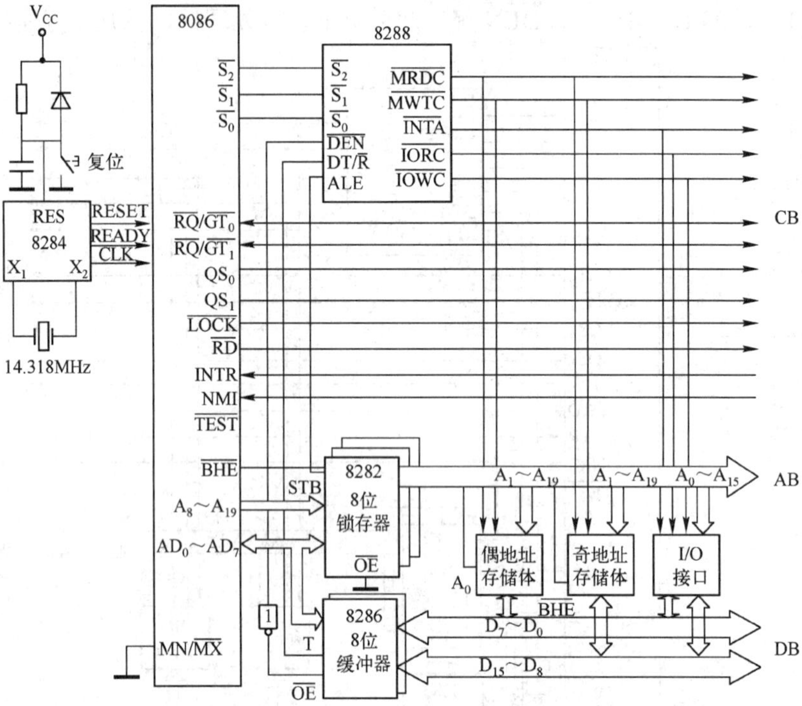

图 2-31　8086 最大工作模式下的系统组织结构

2.3　80286 到 Pentium 系列微处理器

自从 1971 年 Intel 公司推出第一代微处理器以来，不断推出换代产品，其特点是既能兼容以前产品，使现有的硬件和软件能继续运行，又能通过采用新技术，适应市场不断变化的各种需求，从而使新的产品功能更强，性能更好，更有生命力。

2.3.1　微处理器相关技术概述

微处理器的更新换代可以从两个层次体现，一是体系结构的改进，二是指令系统的充实。

1．微处理器的核心

微处理器的核心又称微结构，是微处理器最重要的组成部分。它是由单晶硅以一定的生产工艺制造出来的。微处理器所有的远算、数据传输与存储命令的产生、数据处理等都由核心执行。各种 CPU 核心都具有固定的逻辑结构，一级缓存、二级缓存、执行单元、指令级单元和总线接口等逻辑单元都有科学的布局。

不同的微处理器（不同系列或同一系列）都会有不同的核心类型，甚至同一种核心都会有不同版本的类型，核心版本的变更是为了修正上一版本存在的一些错误，并提升一定的性能。每一种核心类型都有相应的制造工艺（如 0.25μm、0.18μm、0.13μm 及 0.09μm 等）、核心面积（是决定 CPU 成本的关键因素，成本与核心面积基本上成正比）、核心电压、电流大小、晶体管数量、各级缓存的大小、主频范围、流水线架构和支持的指令集（这两点是决定微处理器实际性能和工作效率的关键因素）、功耗和发热量的大小、封装方式（如 S.E.P、PGA、FC-PGA、FC-PGA2 等）、接口类型（如 Socket 370、Socket A、Socket 478、Socket T、Slot 1、Socket 940 等）、前端总线频率（FSB）等。因此，核心类型在某种程度上决定了微处理器的工作性能。

微处理器核心的发展进程大概分为：16 位 x86 结构（8086/8088/80286）、32 位 x86 结构（80386/80486）、P5 结构（Pentium）、P6 结构（Pentium Pro/Pentium MMX/Pentium II/Pentium III）、NetBurst 结构（Pentium 4）、采用 Conroe 核心和 Allendale 核心的 Core 2 Duo 与 Core 2 Extreme 等。

微处理器核心的发展方向是更低的电压、更低的功耗、更先进的制造工艺、集成更多的晶体管、更小的核心面积、更先进的流水线架构和更多的指令集、更高的前端总线频率、集成更多的功能（例如集成内存控制器等）以及双核心和多核心等。

2. 新技术

Intel 公司在进行处理器产品设计时不断采用新技术，使得产品的性能大大提高。

1）超标量技术。通过增加硬件提高 CPU 的工作速度，也就是在 CPU 内部设置两条以上流水线（包括独立的执行部件），使处理器可以在同一时钟周期内执行两条以上的指令，其实质是以空间换取时间。

2）超流水线技术。通过细化流水、提高主频，使得在一个机器周期内完成一个甚至多个操作，其实质是以时间换取空间。浮点运算单元由 8 级流水线组成。Pentium 4 的流水线长达 20 级。

3）双重独立总线。在微处理器的核心内拥有两条总线，一条为速度较低的前端总线（Front Side Bus，FSB），一条是高速的后端总线（Back Side Bus，BSB），如图 2-32 所示。前端总线是处理器与 HOST/PCI 桥（北桥）芯片、主存储器、AGP 端口等通信总线，后端总线为 64 位高速专用总线，L2 Cache 经总线接口单元 BIU 与 L1 Cache 通信。前、后端总线可同时工作，被称为独立总线结构，由此解决了低速工作的内存对高速工作的缓存的拖累。后端总线时钟频率为处理器时钟频率的 0.33/0.5/1 倍，前端总线时钟频率为 66/100/133MHz，随处理器的不同型号而定。

4）单指令多数据流（Single Instruction Multiple Data，SIMD）技术。是一种用一条指令处理多个数据的技术，是高效率运算得以实现的基础。

5）多媒体扩展（MultiMedia eXtension，MMX）技术。用于多媒体操作中大量重复并行运算、声音、图像和视频数据的处理，其设计思想是应用 SIMD 技术，技术核心体现在：新增 4 种数据类型（紧缩字节、紧缩字、紧缩双字、紧缩四字）、采用 8 个 64 位的 MMX 寄存器、新增 57 条指令。

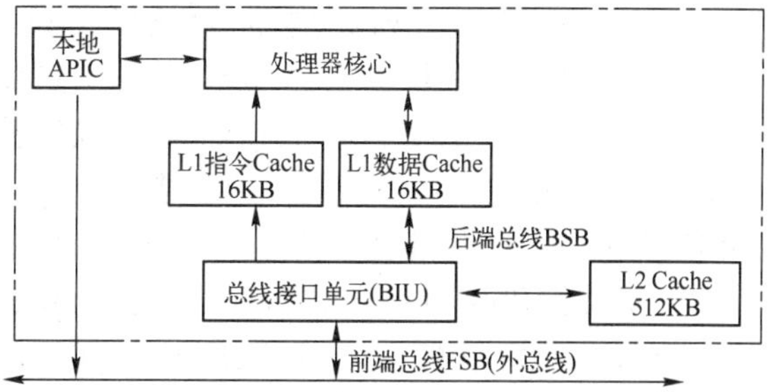

图 2-32　Pentium II 双独立总线示意图

6）流式 SIMD 扩展（Streaming SIMD Extension，SSE）技术。是指采用 SIMD 技术实现用一条指令同时处理多对单精度浮点数据，其技术核心主要包括：新增 70 条指令，引入处理器分离模式来实现同时用 MMX 指令和浮点运算指令，并可以使浮点数据与 MMX 数据同时访问处理器的寄存器，从而提高了处理器的多媒体处理和浮点运算能力，也使处理器性能大大提高。

7）CPU 扩展指令集。CPU 依靠指令来计算和控制系统，每款 CPU 在设计时就规定了一系列与其硬件电路相配合的指令系统。指令的强弱也是 CPU 的重要指标，指令集是提高微处理器效率的最有效工具之一。从现阶段的主流体系结构来看，指令集可分为复杂指令集和精简指令集两种，而从具体运用看，如 Intel 的 MMX、SSE、SSE2（Streaming SIMD Extensions 2）、SEE3 等都是 CPU 的扩展指令集，分别增强了 CPU 的多媒体、图形图像和 Internet 等的处理能力。SSE3 指令集是目前规模最小的指令集，MMX 包含 57 条命令，SSE 包含 50 条命令，SSE2 包含 144 条命令，SSE3 包含 13 条命令。目前 SSE3 也是最先进的指令集，英特尔 Prescott 处理器已经支持 SSE3 指令集。

8）乱序执行（Out-of-order Execution）。是指微处理器允许将多条指令不按程序规定的顺序分开发送给各相应单元处理的技术。这样将根据各单元的状态和各指令能否提前执行的具体情况分析后，将能提前执行的指令立即发送给相应单元执行，在这期间不按规定顺序执行指令。采用乱序执行技术的目的是为了使微处理器内部电路满负荷运转，并相应提高了微处理器运行程序的速度。

9）推测执行。是指遇到转移指令时不等结果出来便先推测可能往哪里转移便提前执行。

10）EM64T 技术。Intel 是这样定义 EM64T 的：EM64T 全称为 Extended Memory 64 Technology，即扩展 64 位内存技术。EM64T 是 Intel IA-32 架构的扩展，即 Intel Architectur-32 extension（IA-32e）。IA-32 处理器通过附加 EM64T 技术，便可在兼容 IA-32 软件的情况下，允许软件利用更多的内存地址空间，并且允许软件进行 32 bit 线性地址写入。EM64T 特别强调的是对 32 位和 64 位软件的兼容性。

Intel 为支持 EM64T 技术的处理器设计了两大模式：传统 IA-32 模式（legacy IA-32 mode）和 IA-32e 扩展模式（IA-32e mode）。在支持 EM64T 技术的处理器内有一个称为扩展功能激活寄存器（Extended Feature Enable Register，IA32_EFER）的部件，其中的 Bit10 控制着 EM64T 是否激活。Bit10 被称作 IA-32e 模式有效（IA-32e Mode Active）或长模式有效（Long Mode Active，LMA）。当 LMA=0 时，处理器便作为一颗标准的 32 位（IA32）处理器运行在传统 IA-32 模式下；当 LMA=1 时，EM64T 便被激活，处理器会运行在 IA-32e 扩展模式下。

其实，真正的 64 位技术的实现不仅依赖于硬件厂商，还需要操作系统厂商同步；操作系统厂商准备好了，还需要独立软件开发商（ISV）的 64 位化。只有这三方都准备好了，才能实现真正的 64 位应用。现在大量的应用程序还是 32 位的，Intel 推出 EM64T，可以说是一个平滑的过渡平台。现在的情况是，用户运行的操作系统和应用软件大多是 32 位，在 EM64T 上可以发挥出它的极限，表现出最好的水平；当操作系统和应用程序出现 32 位和 64 位共存时，它也可以再突破 32 位的限制，在一台机器上运行这两种软件；当操作系统和应用程序全部过渡到 64 位以后，用户就可以享受到全部的 64 位应用。

11）按需切换（Demand-Based Switching，DBS）技术。DBS 会根据 CPU 的负载灵活调整 CPU 的工作频率和电压。当负载比较小时可以调到比较低的电压，如 1.2V，当要求比较高时可以在较高的电压下进行工作。这种按需切换的 CPU 的模式也使得整个平台具备灵活可调的功能。同时在新一代的平台里将会应用更多存储技术，如 SATA 和 SCSI 两种存储模块可以支持热插拔，两种存储模块可以灵活互换，方便选择。灵活可换的存储模块也为使用者的应用带来更大的灵活和便利性。

12）多线程技术。同时多线程（Simultaneous Multithreading，SMT）可通过复制处理器上的结构状态，让同一个处理器上的多个线程同步执行并共享处理器的执行资源，可最大限度地实现宽发射、乱序的超标量处理，提高处理器运算部件的利用率，缓和由于数据相关或 Cache 未命中带来的访问内存延时。当没有多个线程可用时，SMT 处理器几乎和传统的宽发射超标量处理器一样。SMT 最具吸引力的是只需小规模改变处理器核心的设计，几乎不用增加额外的成本就可以显著地提升性能。多线程技术则可以为高速的运算核心准备更多的待处理数据，减少运算核心的闲置时间。这对于低端桌面系统来说十分具有吸引力。Intel 从 3.06GHz Pentium 4 开始，所有处理器都支持 SMT 技术。

3. 寄存器的扩展与扩充

从 8086 到 Pentium 系列，为了满足兼容性，除了为 32 位微处理器将 16 位寄存器扩展成 32 位寄存器和为 64 位微处理器将 32 位寄存器扩展成 64 位寄存器外，根据不同级别微处理器产品的需要不断扩充寄存器组，具体如下。

1）通用寄存器组包括可以用作 8 位操作的 8 个 8 位寄存器（AL、AH、BL、BH、CL、CH、DL、DH），可以用作 16 位操作的 8 个 16 位寄存器（AX、BX、CX、DX、SP、BP、SI、DI），以及可以用作 32 位操作的 8 个 32 位寄存器（EAX、EBX、ECX、EDX、ESP、EBP、ESI、EDI），如图 2-33 所示。其中画斜线部分为 80386 以上微处理器扩展的。

2）段寄存器组如图 2-34 所示，80386 以上微处理器增加了 2 个。在实模式下用来指定当前操作段的起始地址，在保护模式下用来提供 16 位的选择子（包括 13 位索引字段、1 位指示符字段、2 位请求特权字段），如图 2-35 所示。由选择子提供描述当前段信息所在的位置，将描述当前段信息的字段（包括段基址、段界限、段属性）称为描述符，存放描述符的内存空间称作描述符表。

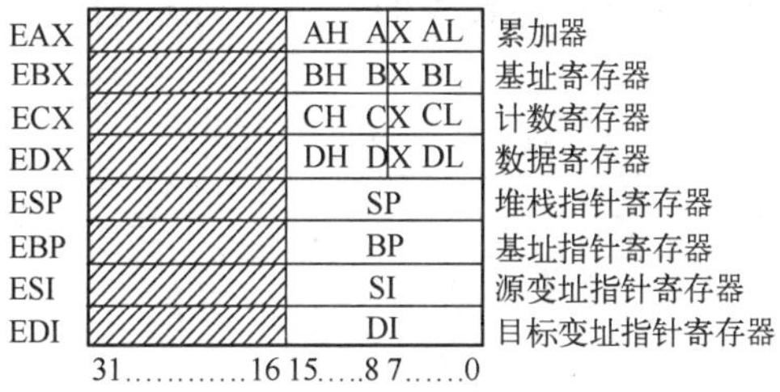

图 2-33　通用寄存器组

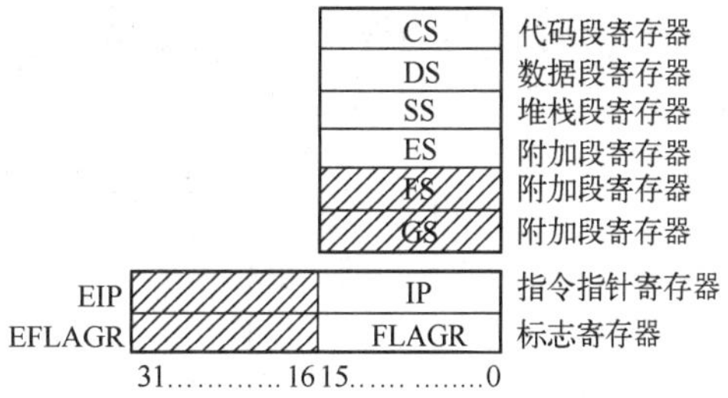

图 2-34　段寄存器组、专用寄存器组

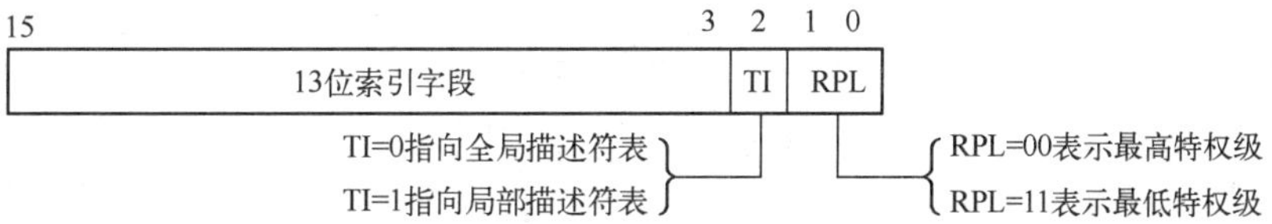

图 2-35　段选择子

3）专用寄存器组包括指令指针寄存器和标志寄存器，图 2-34 所示画斜线部分为 80386 以上微处理器扩展的。指令指针寄存器用于指明下一条指令在内存中位置的偏移量，是为微处理器提供的，用户不能访问。标志寄存器中提供状态的个数随不同级别微处理器的需要不断扩充，如图 2-36 所示。其中 8086/8088 的状态前面已作介绍，在此不再赘述。其余状态定义如下。

IOPL：输入/输出特权级标志用于保护模式操作时，为 I/O 设备选择特权级。如果当前任务的特权级比 IOPL 高，即更可信，则 I/O 越过障碍而执行。如果 IOPL 比当前特权级高，就产生一个中断，导致执行程序被挂起。注意：00 级是最高特权级，11 是最低特权级。

RF（恢复）：恢复标志与调试寄存器一起用于控制下一条指令后恢复执行。

VM（虚拟方式）：虚拟方式标志工作于当保护模式的系统切换到虚拟模式时。虚拟模式系统允许多个 DOS 内存分区，共存于 1MB 的内存储器。它允许系统程序去执行多个 DOS 程序。

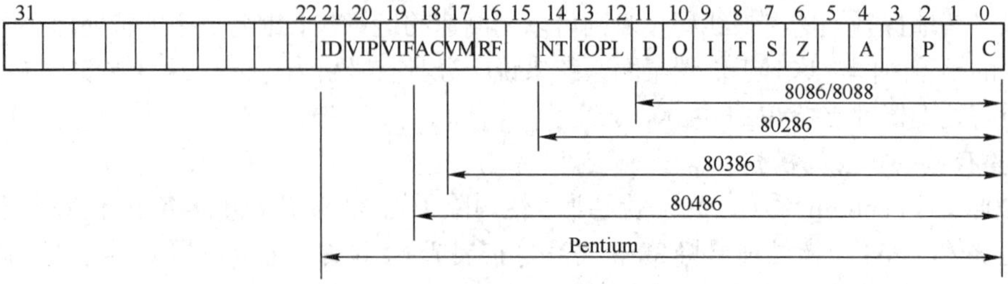

图 2-36　标志寄存器组的定义

AC（队列检查）：如果在一个既不是字又不是双字的边界上寻址一个字或双字，队列检查标志就激活。只有 80486SX 微处理器包含队列检查位，它主要用来同配套的协处理器 80487SX 同步工作。

VIF（虚拟中断）：虚拟中断标志是虚拟方式下中断标志位的拷贝，对 Pentium 微处理器有效。

VIP（虚拟中断暂挂）：虚拟中断暂挂标志为 Pentium 微处理器提供有关虚拟模式中断的信息。它用于多任务环境下，给操作系统提供虚拟中断标志和中断暂挂信息。

ID（标识）：标识标志指示 Pentium 微处理器支持 CPUID 指令给系统提供有关 Pentium 微处理器的信息，如它的版本号和制造商等。

4）段描述符寄存器组与段寄存器相对应也有 6 个，每个段描述符寄存器有 64 位，如图 2-37 所示。其为程序不可见寄存器，专为微处理器寻址内存设置的，用户不能访问。

图 2-37　段描述符寄存器

在保护模式下形成内存物理地址的过程如图 2-38 所示。

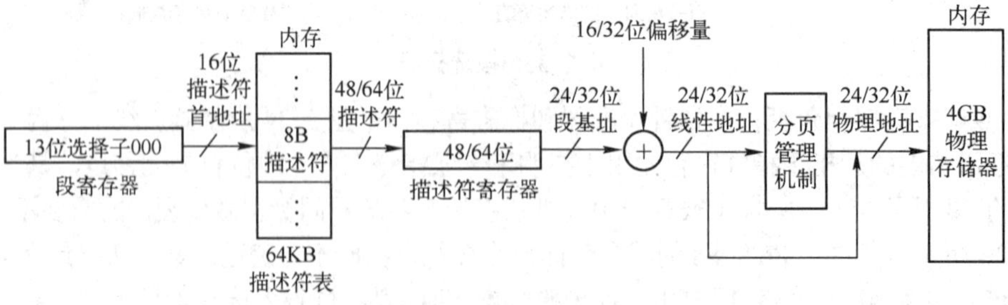

图 2-38　保护模式下 24/32 位物理地址的形成示意图

5）状态控制寄存器组为 32 位寄存器组，80386 有 4 个，80486 有 4 个，Pentium 则配置了 5 个，如图 2-39 所示。用于对微处理器的多种功能的选择，应用程序可以通过 MOV 指令读取其状态。

6）系统地址寄存器组是 80386 以上微处理器所拥有的寄存器组，其中包括：1 个 16 位的任务状态寄存器 TR、1 个 16 位的局部描述符表寄存器 LDTR、1 个 48 位的全局描述符表寄存器 GDTR、1 个 48 位的中断描述符表寄存器 IDTR，如图 2-40 所示。这些寄存器均是程序不可见寄存器。各寄存器说明如下。

TR：用于存放任务段 TSS 的 16 位选择子。

LDTR：用于存放局部描述符表 LDT 的 16 位选择子。

GDTR：用于存放全局描述符表 GDT 的 32 位线性基地址和 16 位界限值。

IDTR：用于存放中断描述符表 GDT 的 32 位线性基地址和 16 位界限值。

7）调试寄存器组，80386 以上微处理器增加了 8 个 32 位调试寄存器 DR_0～DR_7，用于为程序调试提供硬件支持，如图 2-41 所示。

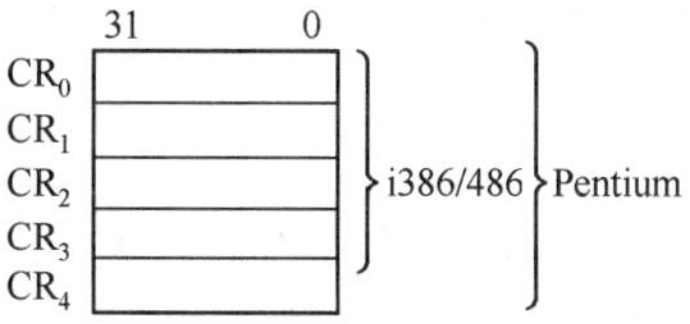

图 2-39　状态控制寄存器组

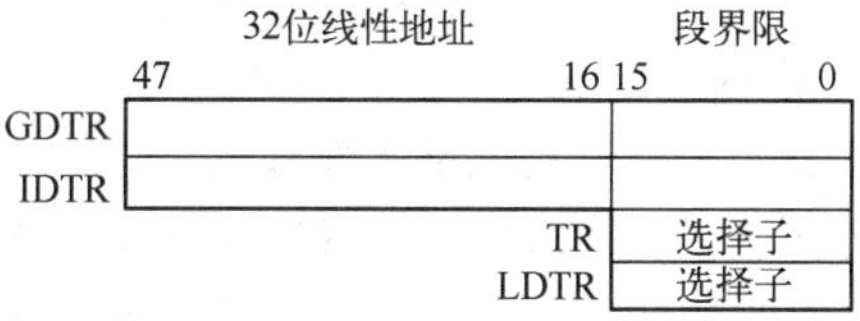

图 2-40　系统地址寄存器组

8）测试寄存器组，80386 以上微处理器增加了 2 个 32 位调试寄存器 TR_6 和 TR_7，如图 2-41 所示。

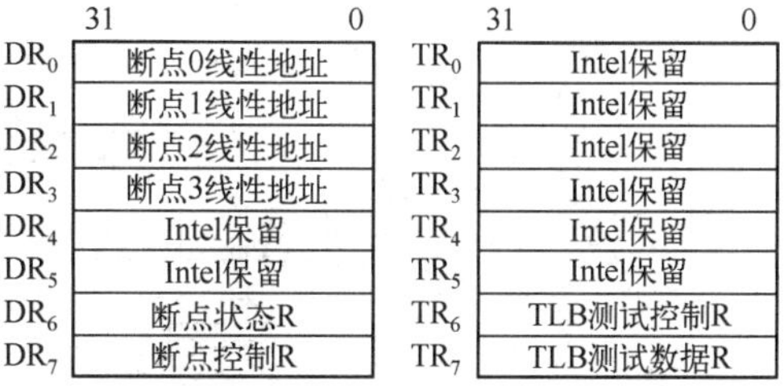

图 2-41　状态控制寄存器组

9）浮点寄存器组，为了提高数据传输速度，从 80486 开始将浮点部件集成到处理器内部。Pentium 的浮点部件是在 80486 基础上重新设计而成的，其浮点部件的数值寄存器由 8 个 80 位数值寄存器、3 个 16 位寄存器（状态寄存器、控制寄存器、80x87 标记寄存器）和 5 个错误指针寄存器（包括 2 个 16 位寄存器、2 个 32 位寄存器和 1 个 11 位的错误指针寄存器）构成。

10）MMX 寄存器组，共有 8 个 64 位寄存器（MM_0～MM_7），只有 MMX 指令可以使用。MMX 寄存器是随机存取的，实际上是借用 8 个浮点数据寄存器实现的。因此，在 Pentium MMX 处理器中不能同时使用 MMX 指令和浮点运算指令。

11）XMM 寄存器组包括 8 个 128 位 SIMD 浮点寄存器（XMM_0～XMM_7），每个寄存器可以随机存取，是专门给 SSE 技术使用的。除此之外，SSE 技术还提供了一个新的控制/状态寄存器 MXCSR。

本节只对 Intel 公司微处理器系列中，各阶段有代表性产品的新技术特性进行了简单的展示，从而使读者了解微处理器的发展历程。如需要进一步了解各种技术特性的原理，可参考其他参考资料。

2.3.2　80x86 微处理器

1．80286 微处理器

在 1982 年 Intel 公司推出了 80286，在 8086/8088 的基础上进行了很多改进，它仍为 16 位微处理器，时钟频率为 8～20MHz，其特点为：

1）80286 拥有 16 条数据线，24 条地址线，能直接寻址 16MB（2^{24}B）的存储器空间和 64KB（2^{16}B）的 I/O 空间。改变了 8086 的封装形式，拥有 68 条引线，所有引脚不再采用分时复用技术，可以实现当数据在数据总线上出现时，下一个总线周期的地址信息被送上地址总线，形成总线的流水作业，从而加快总线传输。

2）如图 2-42 所示，80286 在 8086/8088 功能结构的基础上又将总线接口单元 BIU 分为 3 部分：AU（地址单元）、IU（指令单元）和 BU（总线单元）。其中 IU 是增加的部分，该单元从 BU 的预取代码队列中取出指令进行译码，并放入已被译码的指令队列中。由于几个单元是并行工作的，这就加快了指令的执行过程。加之 80286 时钟频率比 8086/8088 的高，因此 80286 整体功能比 8086/8088 提高了很多。

3）80286 的内部寄存器在 8086 的基础上又增加了 16 位的机器状态寄存器（MSW）、任务寄存器 TR、描述符寄存器（全局描述符寄存器 GDTR、中断描述符寄存器 IDR、局部描述符寄存器 LDTR）。

4）80286 具有实地址工作模式和虚拟保护模式。

实地址工作模式为快速 8086 模式，此种工作模式下对存储器的寻址能力仍为 1MB 物理空间，其寻址方式同 8086，实际上并不能真正发挥 80286 的功能。

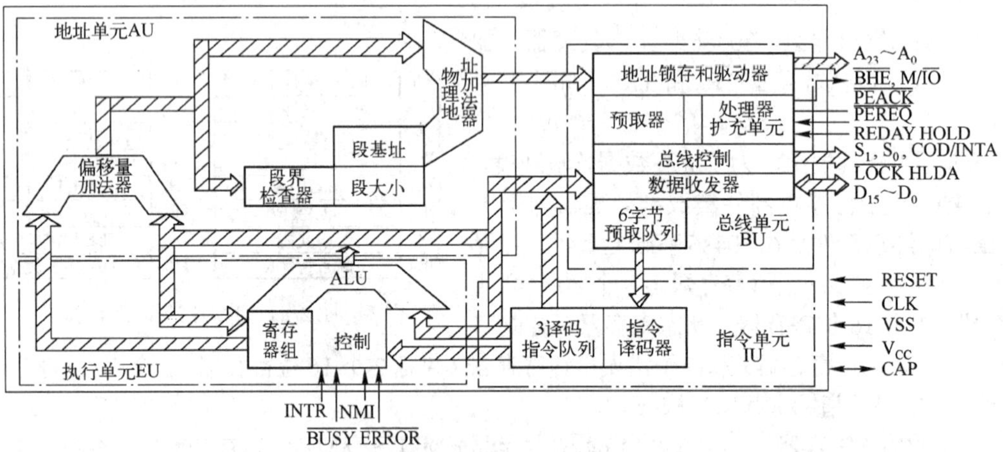

图 2-42　80286 的内部功能框图

虚拟保护模式可寻址 2^{24}B=16MB 物理地址，并能提供 1GB 的虚拟地址空间。在保护模式下的存储空间中包括物理存储器（16MB）和虚拟存储器（由 16384 个 64KB 的段组成=1GB 存储空间）。在虚拟保护模式下对存储器的管理仍是分段管理，通过 24 位段基址和 16 位偏移地址求和形成存储单元的物理地址。每个段的最大长度仍为 64KB，其段的操作特性是通过 64 位的描述符表示，描述符不仅提供了 24 位段基址还提供段的长度界限和该段访问权限。所有描述符存放在描述符表中，每次访问内存数据时，首先将 16 位的段寄存器中的选择器域乘以 8 后，找到描述符在描述符表中的位置，将描述符中的段基址与有效地址求和，即可找到数据所在单元的物理地址（如图 2-38 所示）。

5）80286 的内部具有存储器管理和保护结构，除了兼容 8086/8088 全部功能外，80286 增强了一些指令，并扩充了保护控制类指令和高级指令等。

6）80286 可支持多用户，能用四层特权支持操作系统和任务的分离，可以使不同的程序在不同的特权级别上运行。80286 在设计时是按多任务特性设计的，但是，它在实际运行时却没有很好地实现多任务处理特性，尤其是当它在实模式下运行 DOS 程序时，如果要在 DOS 程序之间进行切换就必须转换到保护模式下进行，而在转换时常常会导致 DOS 程序运行失败。

2. 80386 微处理器

随着用户提出更高的系统性能要求，在 1985 年 Intel 公司推出了真正采用 32 位体系结构的微处理器——80386。同 8086/8088 一样，先后推出两种型号的 80386：80386DX——真 32 位微处理器（内部与外部均为 32 位）和 80386SX——准 32 位微处理器（内部为 32 位，而外部为 16 位）。80386 是为实现多用户、多任务操作系统而设计的一种高集成度、高性能的微处理器芯片。其内部具有片内集成的存储器管理部件和保护机构，时钟频率为 12.5MHz 和 16MHz，共有 132 条引脚，32 条 DB，32 条 AB（能直接寻址 2^{32} B=4GB 的物理空间），它的虚拟空间为 2^{46} B=64TB （1TB=1024GB）。

1）80386 的内部功能结构如图 2-43 所示，80386 由中央处理单元（CPU）、存储器管理单元（MMU）和总线接口单元（BIU）3 块组成。

中央处理单元（CPU）由指令单元和执行单元组成。指令单元完成预取指令、指令译码，将译码后的指令码存放于已译码指令队列中，供执行单元使用，从而省去了取指令和译码的时间。执行单元包括 8 个既可用于数据操作又可用于地址计算的 32 位通用寄存器，还包括一个 64 位的桶形移位器，用于加速移位、循环和乘除法的操作，使典型的 32 位乘法可在 1μs 内完成。

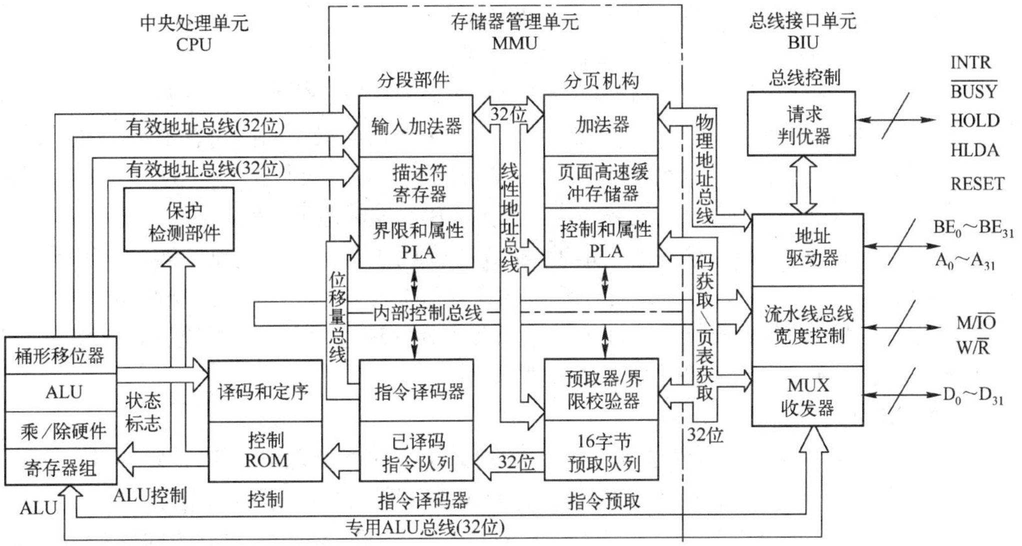

图 2-43　80386 的内部功能结构

存储器管理单元（MMU）由分段部件和分页机构组成。分段部件通过一个额外的寻址器件对逻辑地址空间进行管理，可以实现任务之间的隔离，也可以实现指令和数据区的再定位。分页机构提供了对物理地址空间的管理，每一页 4KB。每一段可以有一页或多页，为了实现虚拟存储器系统，80386 对所有的页和故障都支持完整的再启动功能。为了使应用程序与操作系统相互隔离与各自得到保护，分段部件提供了 4 级保护。这种由硬件实施的保护使各种系统的设计具有高度的完整性。

总线接口单元（BIU）的作用是负责与存储器、输入/输出接口传送数据。BIU 的预取指令队列中存放着从存储器中取出的未经译码的指令，其作用与 8086/8088 的指令队列的作用相同。

2）80386 中共有 40 个寄存器，包括：

8 个 16 位通用寄存器，扩展为 32 位（EAX、EBX、ECX、EDX、EBP、ESP、ESI、EDI）；

6 个 16 位的段寄存器（CS、DS、ES、SS、FS、GS）；

1 个 32 位标志寄存器 EFR 和 1 个 32 位指令指针寄存器 IP；

4 个 32 位控制寄存器（CR_0～CR_3）；

2 个 48 位描述符寄存器（全局描述符寄存器 GDTR、中断描述符寄存器 IDTR）、1 个 16 位局部描述符寄存器（LDTR）和 1 个 16 位任务状态段表寄存器（TR）；

8 个 32 位调试寄存器（DR_0～DR_7）；

8 个 32 位测试寄存器（TR_0～TR_7）。

每一个段寄存器都有一个与之相联系的 64 位段描述子寄存器，内容包括 32 位物理基地址、20 位段限（即段的长度）和 12 位段的属性等段的信息。除此之外，80386 还扩展了系统寄存器、控制寄存器、调试寄存器和测试寄存器。当然有些寄存器是不可见的，只提供给处理器自己使用。

3）80386 有 3 种工作模式：实模式、保护模式和虚拟 86 模式。

实模式：即为 8086 工作模式，但可处理 32 位的数据，另增加了两个段寄存器 FR 和 GS。

保护模式：可访问 4GB 的物理空间，段长在启动分页功能时为 4GB，否则是 1MB。保护模式支持多任务的方式，提供了一系列的保护机制。

虚拟 86 模式：又称“V86 方式”，是既有保护功能，又能执行 8086 代码的工作方式，是一种动态方式。在这种方式下 8086 能迅速、反复进行 V86 方式和保护方式间切换。

4）80386 有 3 种存储地址空间：逻辑地址、线性地址和物理地址。

逻辑地址：又称“虚拟地址”。在实模式下同 8086/8088 的逻辑地址，由两个 16 位参数描述存储器地址（段基值:偏移量）。而在保护模式下，虽然仍需要指明段寄存器，但其不再提供段基值，而是提供段选择子，由此找到相应的 32 位的段基址，再与指明的 32 位偏移量组成虚拟地址（如图 2-38 所示），使每个任务最大可有 64TB 的逻辑地址空间。

线性地址：片内的分段部件将逻辑地址空间转换为 32 位的线性地址。实模式下段寄存器内容为段基值。保护模式下，每个选择子都有一个 32 位的线性基地址与之相联系。

物理地址：片内的分页部件将线性地址空间转换为物理地址空间。如果不允许分页部件操作，则分段部件转换后的 32 位线性地址即为物理地址。

3．80486 微处理器

1989 年 Intel 公司又推出了性能大大优于 80386 的 32 位微处理器 80486。其内部集成了 120 万个晶体管，时钟频率为 25MHz 和 33MHz，80486DX 可达 60MHz。共有外部引脚 168 条，其中 32 条 DB，32 条 AB（能直接寻址 2^{32}=4GB 的物理空间），它的虚拟空间为 64TB（1TB=1024GB）。

80486 是在 80386 基础上改进的第二代 32 位微处理器，它们在软件上完全兼容，只是在底层硬件上做了一些改进。

80486 CPU 的内部结构如图 2-44 所示，由 8 大块组成。实际上，80486 相当于将 80386 和 80386 外部的数学协处理器 80387 以及 8KB Cache 集成到一个芯片上。与 80386 相比，80486 增加了一些增强功能的部件：浮点运算单元 FPU 和 8KB 超高速缓存 Cache。同时对 80386 原有的 6 个单元进行了相应的优化。新增加的与 80387 完全兼容的浮点部件 FPU，扩充了功能，加宽了内部总线，且又由于处于芯片内部，故引线缩短，因此比 80387 处理速度要快 3～5 倍。除此之外，新增加的 8KB 超高速缓存可存放常用的数据和指令，这就减少了对外部总线的访问。使用 RISC 技术，减少了指令的执行时间。采用猝发总线的总线技术（即系统取得一个地址后，与该地址相关的一组数据都可以进行输入/输出）有效地解决了 CPU 与存储器之间的数据交换问题，使超高速缓存能快速填充。所有这些特点使 80486 比 80386 的性能提高很多。

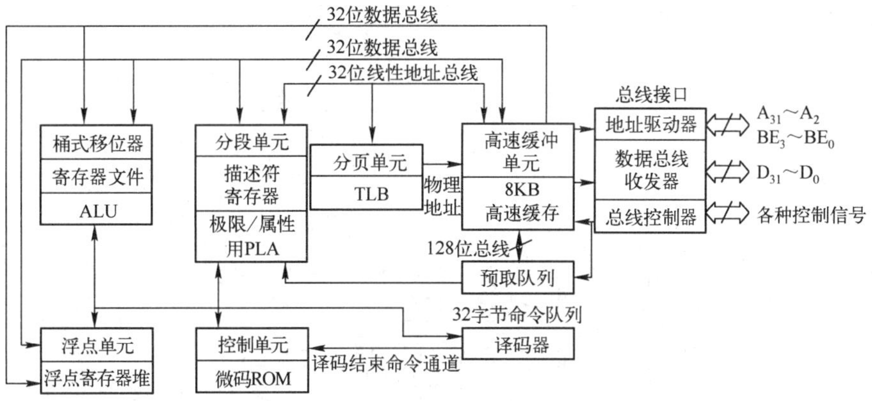

图 2-44　80486 的内部结构图

80486 内部包括了 80386 和 80387 全部寄存器，分为 4 类：

1）基本结构寄存器。包括通用寄存器、指令指针寄存器、标志寄存器、段寄存器。

2）浮点寄存器。包括数据寄存器、标记寄存器、指令和数据指示字、控制字。

3）系统寄存器。包括控制寄存器、系统地址寄存器。

4）调试和测试寄存器。

2.3.3 Pentium 系列微处理器

Intel 公司推出的 Pentium 微处理器最初称为 80586，而 Pentium Pro 称为 80686。但是，从 80586 开始 Intel 公司对新推出的产品改称 Pentium 系列，包括随后推出的 Pentium MMX、Pentium II、Pentium III、Pentium 4 等。对 Pentium 系列的体系结构进行了全新的设计，其指令集仍是 IA（Intel 结构）指令集，保持与 80x86 处理器（包括 Pentium 处理器）的兼容，在处理器内部将由存储器取进来的 IA 指令翻译成 RISC 指令来执行，并将结果写回到 IA 寄存器组。这种全新设计的核心结构成功地实现了动态执行技术，全面改善了新一代 32 位微处理器的超标量超流水的指令流水线性能。从此 PC 进入了 Pentium 时代。

1. Pentium（奔腾）

Pentium 微处理器的主要特点如下。

1）采用了新的体系结构，如图 2-45 所示。重新设计了内部浮点部件。

2）仍属于 32 位微处理器，其内部数据总线为 32 位，而外部数据总线可扩展到 64 位。

3）36 条地址总线，对存储器直接寻址物理空间为 64GB（2^{36}B），虚拟存储空间为 64TB，I/O 寻址空间仍为 64KB（2^{16}B）。

4）具有两条流水线：U 和 V。这两条流水线与浮点部件能够独立工作，每条流水线有自己的运算器 ALU、地址生成逻辑和 Cache 接口，可在每个时钟周期内执行两条独立的整数指令，而浮点指令只能在 U 流水线中执行，只有一条浮点指令（异常的 FXCH）可以在 V 流水线中执行。

5）有两个 8KB 的 Cache：指令 Cache 和数据 Cache，其中数据 Cache 有两个接口，分别与 U 流水线和 V 流水线相连。

6）在芯片内还有一个称为 BTB（Branch Target Buffer）的分支目标缓冲区，用于动态地预测分支程序，可以在分支指令进入指令流水线之前预先安排指令的顺序，从而进一步提高了流水线的执行速度。

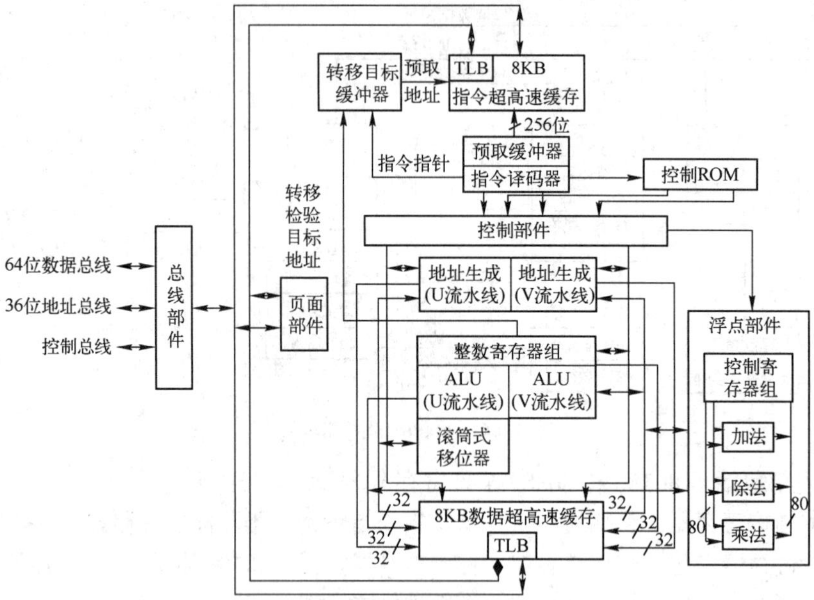

图 2-45　Pentium 的内部功能框图

7）内部状态寄存器增加了两位：VIF 和 VIP，用于控制在虚拟 86 模式下的虚拟中断。

8）常用指令（如 MOV、INC、PUSH、POP、JMP、NOP、TEST 等）硬件化，可提高指令执行速度。

2. Pentium Pro（高能奔腾）

Pentium Pro 仍属于 32 位微处理器，64 位数据线和 36 位地址线。在 Pentium 的基础上增加的主要功能如下。

1）重新设计了微结构，是第一个采用 P6 结构的处理器。

2）芯片内封装有两个芯片：CPU 内核和 256KB 或 512KB 的二级高速缓冲器 L2 Cache。

3）综合运用了 RISC 技术和 CISC 技术，使其既保证了与 80x86 兼容，又提高了指令运行的速度。

4）采用了 3 路超标量结构和 14 级流水线深度，每个时钟周期可执行 3 条指令，可预测执行 30 条指令，进一步提高了处理器的并行处理能力。

5）在 Pentium 的基础上增加了 8 条指令。

6）采用乱序执行和推测执行，使 CPU 更能适应分支和循环指令流。

3. Pentium MMX（多能奔腾）

中文名为“多能奔腾”。MMX 意为“多媒体扩展”，是为提高 PC 处理多媒体和通信能力而推出的新一代处理器技术，从体系结构上进行了重大革新。其增加的主要功能如下。

1）在 Pentium 的基础上增加 4 种新的数据类型：压缩字节（8 个字节组成）、压缩 4 字（4 个字组成）、压缩双字（2 个双字组成）、压缩 64 位字（64 位组成）。

2）新增57条MMX指令，并将浮点运算单元（FPU）中的8个64位寄存器重新命名为8个MMX寄存器（MMX_0～MMX_7）。

3）采用饱和运算。所谓饱和运算即为：当进行运算时，若产生了正溢出，则用该数据的数据类型上限值作为运行结果，若产生了负溢出，则用该数据的类型下限值作为运行结果。而相应的常规运算在环绕处理时，上、下溢出被截断。

例如，8 位二进制有符号数的表示范围为–128～+127（即 80H～7FH）。如果有两个 8 位二进制补码数据 38H 和 5FH 相加得 97H。可以看出，两个正数相加得到负数结果，运算结果超出了所能表示的范围，产生了上溢出，则饱和运算结果为 7FH。如果是 0C2H 加上 96H 应得 158H，但对于 8 位补码运算产生了下溢出，则饱和运算结果为 80H。

对于 16 位二进制有符号数的表示范围为 8000H～7FFFH，上限值为 7FFFH，下限值为 8000H。对于 8/16 位二进制无符号数的上限值为 FFH/FFFFH，下限值为 0/0。

饱和运算常用于图像处理，一个灰暗图像按黑色处理，若中间叠加白色像素，结果仍为黑色，不会因为溢出而当成白色处理。

4）增加了“积和运算”指令，即将压缩数据相乘并相加的运算。指令 PMADDWD 的作用为字紧缩乘法并累加结果，在音频、视频图像压缩和解压缩运算中得到广泛使用。

4．Pentium II

Pentium II 在 Pentium Pro 基础上扩展了 MMX 技术，其指令系统包含了 Pentium Pro 和 Pentium MMX 的优点。其主要特点如下。

1）采用了多媒体增强技术。

2）采用动态执行（Dynamic Execution）技术，也称随机推测执行技术，此技术要点为：通过预测程序流来调整指令的执行，并且分析程序的数据流来选择指令执行的最佳顺序。它由 3 项具体技术构成：多路分支预测、数据流分析、推测执行。

3）双独立总线技术。

4）增加了 70 条 SSE 数据流单指令多数据扩展指令。

5）增加了内部高速缓冲器容量，提高工作主频，全面提高了微处理器的综合性能。

5．Pentium III

Pentium III 于 1999 年 2 月推出，仍然采用 Pentium II 的内核，初期芯片主频为 500MHz，最高时可达 165GHz。Pentium III 在 Pentium II 的基础上新增 128 位浮点寄存器，能同时处理 4 个单精度浮点变量。增加了 70 条附加浮点多媒体指令，保留了 57 条 MMX 指令，克服了不能同时处理 MMX 数据和浮点数据的缺陷，新增加的多媒体指令和原有的 MMX 指令相配合，有效地增强了静止图像、视频处理和浮点 3D 数据处理的能力。

6．Pentium 4

2000 年问世的 Pentium 4 是第一个基于 Intel NetBurst 结构的处理器芯片，是全新的 32 位微结构。其主频从初期的 1GHz 到后来的 3.06GHz。主要特点如下。

1）采用超流水（Hyper Pipeline）技术。流水线从 14 级提高到 20 级，为实现更高主频的设计打下基础。

2）采用快速的执行引擎，为执行单元提供执行指令，防止执行单元停顿。

3）使用了包含 144 条指令的 SSE2（Streaming SIMD Extensions 2）指令集。SSE2 既能执行 128 位 SIMD 整数算术操作，也能执行 128 位 SIMD 双精度浮点操作，与 SSE 相比，使可操作的数据量加倍，从而提高了 CPU 执行指令的效率。

4）改进了 Cache 系统。

2.3.4 双核微处理器

双核微处理器是指基于单个半导体的一个处理器芯片上拥有两个一样功能的处理器核心，也就是将两个物理处理器核心整合在一个内核中。事实上，双核架构并不是什么新技术，不过此前双核微处理器一直是服务器的专利，现在已经开始普及。

目前 Intel 推出的台式机双核微处理器有 Pentium D、Pentium EE（Pentium Extreme Edition）和 Core Duo 三种类型，三者的工作原理有很大不同。

1．Pentium D 和 Pentium EE

Pentium D 和 Pentium EE 分别面向主流市场以及高端市场，其每个核心采用独立式缓存设计，在处理器内部两个核心之间是互相隔绝的，通过处理器外部（主板北桥芯片）的仲裁器负责两个核心之间的任务分配以及缓存数据的同步等协调工作。两个核心共享前端总线，并依靠前端总线在两个核心之间传输缓存同步数据，如图 2-46 所示。从架构上来看，这种类型是基于独立缓存的松散型双核心处理器耦合方案，其优点是技术简单，只需要将两个相同的处理器内核封装在同一块基板上即可；缺点是数据延迟问题比较严重，性能并不尽如人意。另外，Pentium D 和 Pentium EE 的最大区别就是 Pentium EE 支持超线程技术而 Pentium D 不支持，Pentium EE 在打开超线程技术之后会被操作系统识别为 4 个逻辑处理器。

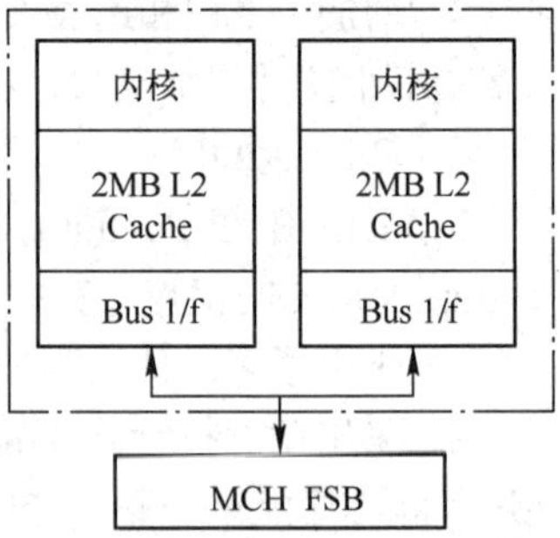

图 2-46　双单核处理器示意图

Pentium D 和 Pentium EE 目前具有以下产品：Pentium D 8X0 系列、8X5 系列、Pentium EE 8XX 系列、Pentium D 9X0 系列、Pentium EE 9XX 系列、Pentium D 9X5 系列等。采用每核心 1～2MB 二级缓存，主频可达 2.66～3.4GHz，前端总线频率为 533～1066MHz。有的支持硬件防病毒技术 EDB，有的支持 64 位技术 EM64T，有的支持节能省电技术 EIST 等。

值得注意的是，Intel 的 Pentium D 和 Pentium EE 与 AMD 的双核心处理器 Athlon 64 X2 和 Athlon 64 FX 系列相比，都是独立式二级缓存，除了协调单元前者在 CPU 外部（依赖于主板），而后者在 CPU 内部（不依赖于主板）之外，本质上并无重大区别。

从 2006 年 7 月 27 日 Intel 发布 Core Duo 开始，Pentium D 和 Pentium EE 逐渐被基于 Core 架构代号 Conroe 的双核微处理器取代。

2．Core Duo

2006 年发布的 Core Duo 与 Pentium D 和 Pentium EE 所采用的基于独立缓存的松散型双核心处理器耦合方案完全不同的是， Core Duo 采用的是基于共享缓存的紧密型双核心处理器耦合方案，其最重要的特征是抛弃了两个核心分别具有独立的二级缓存的方案，改为采用与 IBM 的多核心处理器类似的两个核心共享二级缓存方案。与独立的二级缓存相比，共享的二级缓存具有如下优势。

1）二级缓存的全部资源可以被任何一个核心访问，当二级缓存的数据更新之后，两个核心并不需要做缓存数据同步的工作，工作量相对减少了，而且极大地缩短了缓存数据的延迟时间，这有利于处理器性能的提升。

2）Pentium D 和 Pentium EE 的每个核心的二级缓存资源都是固定不变的，而共享二级缓存的任何一个核心都可以根据工作量的大小来决定占用多少二级缓存资源，利用效率相对于独立的二级缓存得到了极大的提高。有利于降低处理器的功耗。可以把两个核心分为“冷核”和“热核”模式，在工作量较大时两个核心都全速运作，而在工作量较小时则可以让“冷核”关闭，进入休眠模式，而继续运作的“热核”则可以占有全部的二级缓存资源，相比之下独立式缓存就只剩下一半的二级缓存资源可用了。

Core Duo 采用“Smart Cache”共享缓存技术在两个核心之间作协调，如图 2-47 所示。在

Core Duo 处理器内部，两个核心通过共享资源协调器（Share Bus Router，SBR）共享二级缓存资源，当其中一个核心运算完毕后将结果存放到二级缓存中，另外一个核心就可以通过 SBR 读取这些数据，不但有效解决了二级缓存资源争夺的问题，与前两种类型相比也不必对缓存资源作频繁的同步化操作，而且比起 Intel 自己早先采用 Pentium D 和 Pentium EE 需要通过主板北桥芯片迂回的方法相比，不但大幅度降低了缓存数据的延迟，而且还不必占用前端总线资源。另外，SBR 还具有“Bandwidth Adaptation”（带宽适应）功能，可以对两个核心共享前端总线资源进行统一管理和协调，改善了两个核心共享前端总线的效率，减少了不必要的延迟，而且有效避免了两个核心之间的冲突。

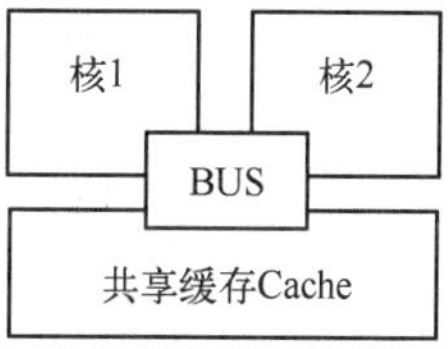

图 2-47　Core Duo 示意图

按照 Intel 的规划，从 2006 年第三季度开始，台式机 Core Duo 将逐渐采用基于 Core 架构的 Conroe 核心，改用 Socket 775 接口，主流型号的前端总线提高到 1066MHz，而 Extreme Edition 加强版则进一步提高到 1333MHz，并且共享式二级缓存提高到 4MB；只有部分低端型号才会继续采用 800MHz FSB 和 2MB 共享式二级缓存。基于 Core 架构的 Conroe 核心 Core Duo 将比现在所有的台式机双核心处理器（包括 Yonah 核心 Core Duo、Pentium D、Pentium EE、Athlon 64 X2 和 Athlon 64 FX）的性能有大幅度提升，而功耗则进一步降低。

Core 微架构使 Intel 全平台（台式机、笔记本和服务器）处理器首次采用相同的微架构设计，也是 Intel 鉴于 NetBurst 微架构的高频、低效、高能耗的缺点，彻底抛弃以往频率至上的理念，转而注重能效比的第一次成功尝试。无数的评测已经证明，Core 微架构不愧是目前最强大的 x86 PC 处理器微架构，其性能远远领先于以往所有 PC 处理器，而功耗又大幅度降低。Core 微架构大部分来自成功的 Yonah 微架构，并结合了 NetBurst 微架构中的部分先进技术，在此基础上又作出了很多技术创新。

2006 年底 Intel 公司宣称，Intel 将在市场上每两年推出一个新的微处理器架构，每年对微处理器架构进行小幅的升级和调试。通过这样的提速计划，Intel 将进一步巩固现在市场上所处的架构领域的领导者地位。同时宣布 2006 年底将推出四核处理器。

2.4　习题与思考

1．8086/8088 CPU 从功能上分，由几个部分组成？各部分具有哪些功能？

2．试述 8086 和 8088 的区别。

3．8086CPU 内部有哪些寄存器？它们各有什么功能？

4．什么是逻辑地址？什么是物理地址？它们之间有什么联系？各用在何处？

5．试述 8086/8088 两种工作模式的区别。

6．在实模式操作下，段寄存器的用途是什么？

7．8086/8088 工作在最小模式下时，可以用哪些控制信号实现下述操作？

（1）读存储器操作　　（2）写存储器操作

（3）读 I/O 接口操作　　（4）写 I/O 接口操作

8．当 8088 进行存储器读操作时，信号 $IO/\overline{M}$ 、$\overline{RD}$ 、$\overline{WR}$ 的状态分别是什么？

9．8086 可寻址的存储空间最大可以为多少？对 I/O 接口的寻址空间是多少？怎样用 16 位寄存器实现对 20 位地址的寻址？

10．判断题

（1）8086 CPU 内部包含了寄存器和存储器。

（2）8086 CPU 允许一个存储器单元中存储一个 8 位数据或一个 16 位数据。

（3）存储器比寄存器读写速度快。

（4）若指令中的源操作数和目标操作数均为寄存器操作数，则无总线操作。

（5）8086 CPU 执行 MOV　AL，[BX]指令时，$\overline{WR}$ 有效。

11．8086/8088 CPU 的地址/数据复用线，可通过（　　）分离出地址信息。

（1）寄存器　　（2）缓冲器　　（3）锁存器

12．8086 被称为 16 位微处理器，说明（　　）。

（1）8086 CPU 有 16 条数据线　　（2）8086 CPU 有 16 条地址线

（3）8086 CPU 有 16 条控制线　　（4）8086 CPU 有 16 位寄存器

13．微处理器的寻址范围与（　　）有关。

（1）微处理器的数据总线宽度　　（2）微处理器的地址总线宽度

（3）微处理器的控制总线宽度　　（4）微处理器的寄存器数

14．段寄存器 CS=1200H，指令指针寄存器 IP=FF00H，此时指令的物理地址是多少？指向这一物理地址的 CS 值和 IP 值是唯一的吗？

15．如果 CS=A7F0H，IP=2B40H 指向某程序的开始处，试问该程序的第一个字节的物理地址是多少？

16．逻辑地址为 3017H:000AH 的存储单元的物理地址是什么？如果逻辑地址是 3015H:002AH 和 3010H:007AH 呢？试总结逻辑地址和物理地址各自的特点。

17．有两个 16 位字 1EE5H 和 2A3CH 分别存放在存储器的 200B0H 和 200B3H 字单元中，请用图表示出它们在存储器中的存放格式。

18．如果 SS=2000H，SP=0100H，在从栈区中弹出 4 个字节再压入 10 个字节后，SS 和 SP 的值是多少？此时栈顶的物理地址是多少？

19．某微处理器地址总线有 16 条，问该微处理器能够直接访问的存储空间为多少 KB？若该存储空间的起始地址为 0000H，则其最高地址为多少?

20．总线周期的含义是什么？8086/8088 的基本读总线周期或写总线周期由几个时钟组成？若一个 CPU 的时钟频率为 24MHz，那么它的一个时钟周期为多少？一个基本读/写总线周期为多少？

21．如果两个有符号补码数 FFH 和 01H 相加，会出现溢出吗？为什么？

22．至少用两种方法实现补码运算，并写出对标志寄存器（FR）中 6 个状态位的影响。

（1）20–23=?　　（2）–120–23=?

23．8086 读一个以奇数地址开始的双字时，最少需要________个读总线周期。

（1）1　　（2）2　　（3）3　　（4）4

第 3 章　80x86 及 Pentium 指令系统

Intel 系列处理器的指令系统最突出的特点是向上兼容，也就是在 8086 指令系统的基础上不断增强和增加，其目的是满足多用户、多任务、语音处理、视频处理、网络通信等多方面的需求，使处理器的性能不断提高。8086/8088 指令系统是从 80x86 到 Pentium 系列处理器指令系统的基础和核心。从 8086 到 Pentium 系列处理器指令系统的发展为：

8086/8088 指令集=133 条指令；

80286 指令集=8086 指令集+若干条新的基本操作指令+3 条高级指令+16 条保护控制指令；

80386 指令集=80286 指令集+允许 32 位操作数+若干条新的基本操作指令+位操作指令+设置条件指令；

80486 指令集=80386 指令集+若干条新的基本操作指令+3 条 Cache 操作指令+浮点运算指令集（68 条）；

Pentium 指令集=80486 指令集+6 条新指令；

Pentium Pro 指令集= Pentium 指令集+8 条新指令；

Pentium MMX 指令集= Pentium 指令集+MMX 指令集（57 条指令）；

Pentium II 指令集= Pentium Pro 指令集+ MMX 指令集；

Pentium III 指令集= Pentium II 指令集+SSE 指令集（70 条指令）；

Pentium 4 指令集= Pentium III 指令集+SSE2（144 条指令）+SSE3 指令集（13 条指令）。

本章将首先介绍 Intel 系列处理器指令的组成结构，重点介绍指令中描述操作数的方法（即寻址方式），然后通过介绍 Intel 系列处理器指令系统的基础——8086/8088 指令系统，进一步理解计算机工作原理和利用计算机处理问题的方法。最后，通过介绍 80286 到 Pentium 系列处理器的指令系统，了解 Intel 系列处理器的发展。

3.1　指令的结构

指令是微处理器完成各种动作的命令，一个微处理器的全部指令构成该微处理器的指令系统。要想对微处理器进行程序设计，就必须掌握它的指令系统。指令格式中包含了指令系统的设计思想，本节先介绍 80x86 指令系统中指令格式的基本原理。

3.1.1　指令提供的信息

一条指令中一般包括两种信息：操作码和操作数。

1）**操作码**：用来指明操作动作和操作数存放位置的描述方法。处理器每一个操作均有相应的编码与之对应，一般指令的第一个字节或者前两个字节为操作码。微处理器设计完毕，各种操作的编码也就确定了。

2）**操作数**：提供指令中要处理的操作数据或操作数所在位置的一些信息。由于各条指令中操作数的个数和所在位置不同，因而操作数的描述方法不同，指令的长短也就不同。一般指令分为无操作数指令、单操作数指令、双操作数指令等。

3.1.2 指令格式

8086 到 Pentium 的机器语言指令为 1～13 字节。8086～80286 的指令是 16 位模式的指令。图 3-1 中给出了它们的组成结构。这些 16 位模式指令与 80386 以上微处理器以 32 位指令模式编程操作是兼容的。图 3-2 给出了 32 位指令组成结构。

前缀 0～1字节	操作码 1～2字节	MOD-REG-R/M 0～1字节	位移量 0～2字节	立即数 0～2字节

图 3-1　16 位指令格式

前缀 0～1 字节	地址尺寸 0～1 字节	操作数尺寸 0～1 字节	操作码 1～2 字节	MOD-REG-R/M 0～1 字节	比例变址 0～1 字节	位移 0～4 字节	立即数 0～4 字节

图 3-2　32 位指令格式

当指令中对存储器寻址时，段基值一般使用默认段寄存器，当使用其他段寄存器时则必须指明，此时在指令机器码的最前面需加一个字节的前缀 001SEG110B。其中 SEG=00 表示使用 ES；SEG=01 表示使用 CS；SEG=10 表示使用 SS；SEG=11 表示使用 DS。

在操作码中有一些特征位，它们定义了操作数的性质，具体如下。

1）W 位：1 位，为操作数宽度标志位。

W=1，操作数为 16 位。

W=0，操作数为 8 位。

2）D 位：1 位，指明目标操作数描述标志。

D=1，表示目标操作数用 REG 编码（为指令中寄存器的编码，如表 3-1 所示）。

表 3-1　REG 编码

REG	000	001	010	011	100	101	110	111
W=0	AL	CL	DL	BL	AH	CH	DH	BH
W=1	AX	CX	DX	BX	SP	BP	SI	DI

D=0，表示目标操作数用 R/M 表示。其中 M 表示对内存寻址，为内存单元有效地址描述的编码，如表 3-2 所示。其中，R 代表寄存器，M 代表存储器，在 MOD=11 时，R/M 的编码同 REG 编码。

3）S 位：1 位，为符号扩展位，与 W 连用。

SW=00，表示操作数为 8 位立即数。

SW=01，表示操作数为 16 位立即数。

SW=11，表示指令中给出的是 8 位立即数，但实际是字操作，需要将 8 位数据符号扩展到 16 位数据。

SW=10 为非法。

4）V 位：1 位，在移位循环指令中用作确定移位次数。

V=0，表示移 1 位。

V=1，表示由 CL 内容决定移多少位。

表 3-2　R/M 编码

R/M	MOD=00	MOD=01	MOD=10	默认段寄存器
000	[BX+SI]	[BX+SI+n8]	[BX+SI+n16]	DS
001	[BX+DI]	[BX+DI+n8]	[BX+DI+n16]	DS
010	[BP+SI]	[BP+SI+n8]	[BP+SI+n16]	SS
011	[BP+DI]	[BP+DI+n8]	[BP+DI+n16]	SS
100	[SI]	[SI+n8]	[SI+n16]	DS
101	[DI]	[DI+n8]	[DI+n16]	DS
110	[XXXXH]	[BP+n8]	[BP+n16]	SS
111	[BX]	[BX+n8]	[BX+n16]	DS

注：1．当 MOD=11 时，R/M 编码定义同 REG 编码。

2．[XXXXH]的默认段寄存器为 DS。

5）MOD：2 位，是有效地址计算方法选择。

MOD=00，为无位移量的存储器寻址。

MOD=01，为 1 字节位移量的存储器寻址。

MOD=10，为 2 字节位移量的存储器寻址。

MOD=11，为寄存器寻址。

【例 3-1】　MOV　AX，BX　　　；将 CPU 内部寄存器 BX 的内容送到 AX 中

指令的机器码为：89D8H =100010 0 1 11 011 000 B

OP	D	W	MOD	REG	R/M
100010	0	1	11	011	000

其中，OP=100010：表示数据在寄存器之间传送。

D=0：表示目标操作数用 R/M 编码，源操作数用 REG 编码描述。

W=1：表示字操作。

MOD=11：表示两个操作数均为寄存器。

REG=011：表示源操作数在 BX 中（编码定义见表 3-1）。

R/M=000：表示目标操作数在 AX 中（编码定义见表 3-1）。

【例 3-2】　ADD　AL，[BX+2AH]　；将 AL 和 DS:[BX +2AH]单元的内容相加，

；结果存入AL中

指令的机器码为：02472AH =000000 1 0 01 000 111 00101010 B

OP	D	W	MOD	REG	R/M	位移量
000000	1	0	01	000	111	00101010

其中，OP=000000：表示寄存器之间或寄存器与存储器之间进行加法操作。

D=1：表示目标操作数用 REG 编码描述。

W=0：表示字节操作。

MOD=01：表示其中一个操作数为 1 字节位移量的存储器寻址。

REG=000：表示目标操作数在 AX 中（编码定义见表 3-1）。

R/M=111：表示源操作数在 DS:[BX+n8]中（编码定义见表 3-2）。

位移量 n_8=00101010B=2AH。

3.2 寻址方式

3.1 节讲解了指令的格式，特别是指令中操作码形成格式。这一节主要讨论操作数的描述方法。以传送指令 MOV（Move Data）中对操作数的描述为例，介绍操作数寻址方式。在从 8086 到 80286 中 MOV 指令表示在寄存器之间、寄存器与存储器之间传送字节数据或字数据，在 80386 和更高型号微处理器中可传送字节、字或双字数据。

3.2.1 寻址方式的定义

所谓寻址，是指在指令中给出操作数的值或给出操作数所在位置的信息，寻址方式也就是寻找操作数的值或描述操作数所在位置信息的方式。通俗地讲，就是解决操作数的值为多少或者放在什么地方，以及操作结果送到哪里去的问题。在 80x86 各指令中所需要的操作数可以在：

1）指令代码中。

2）处理器内部的通用寄存器或段寄存器中。

3）存储单元中。

4）输入/输出端口中。

操作数在不同的地方，描述的方法就不同。操作数一般可分两类：一类是数据型操作数，如运算类指令中的操作数；另一类为地址型操作数，如转移指令和调用指令中的操作数为目标地址信息。由此引出不同的寻址方式。

3.2.2 寻址方式分类

从 8086 到 80286 的数据寻址方式包括隐含寻址方式、数据型操作数寻址方式和目标地址寻址方式。

1）**隐含寻址方式**，即指令中隐含规定了操作数所在位置。如压栈指令 PUSH AX 隐含规定使用了 SS 和 SP，参见辅助教学软件。

2）**数据型操作数寻址方式**。包括：

- 立即数寻址——操作数在指令中
- 寄存器寻址——操作数在寄存器 R 中
- 直接寻址、寄存器间接寻址、基址寻址和变址寻址、基址变址寻址、串操作寻址——操作数在存储器 M 中
- 直接 I/O 端口寻址、寄存器间接 I/O 端口寻址——操作数在 I/O 端口中

80386 和更高档的微处理器还包含比例变址方式的数据寻址。

3）**目标地址寻址方式**。包括：

- 相对程序寻址
- 直接程序寻址
- 间接程序寻址

3.2.3 数据型操作数寻址方式

1. 操作数在指令中（立即数寻址）

操作数直接存放在指令中，紧跟在操作码之后，在取指令时直接存入处理器内部的指令队列中，在执行时不再需要总线操作，故运行速度快。这种操作数称为立即数。寻址方法可称为立即数寻址。立即数可以为 8 位数、16 位数或 32 位数。如果是 16 位数或 32 位数，则操作码后紧跟着低字节，而后为高字节。立即数寻址只能作为源操作数，不能用于目标操作数，可用于给寄存器或内存赋值等。

【例 3-3】 立即数寻址举例。

```
MOV  BL，47           ；十进制数 47（2FH）传送到 8 位寄存器 BL 中
MOV  AX，47H          ；十六进制数 47H 传送到 16 位寄存器 AX 中
MOV  AX，'AB'         ；将 ASCII 码送入 AX 中，实现 AL←42H，AH←41H
MOV  CL，11001110B    ；将二进制数 11001110B 传送到 8 位寄存器 CL 中
MOV  EBX，12340000H   ；将 32 位立即数 12340000H 传送到 32 位寄存器 EBX 中
```

2. 操作数在寄存器中（寄存器寻址）

指令中所需要的操作数在处理器的某寄存器中（寄存器包括通用寄存器和段寄存器），称为寄存器寻址。不需要总线指令执行时操作，因此执行速度快。对于 16 位操作数，寄存器可以是 AX、BX、CX、DX、SI、DI、SP、BP 和段寄存器等；对于 8 位操作数，寄存器可以是 AL、AH、BL、BH、CL、CH、DL 和 DH。在 80386 以上处理器中，也可以是扩展的 32 位寄存器：EAX、EBX、ECX、EDX、ESP、EBP、EDI 和 ESI。图 3-3 给出了寄存器寻址示意图，是将寄存器 CX 的内容传送到寄存器 BX 中，请参看配套软件中的动画演示。

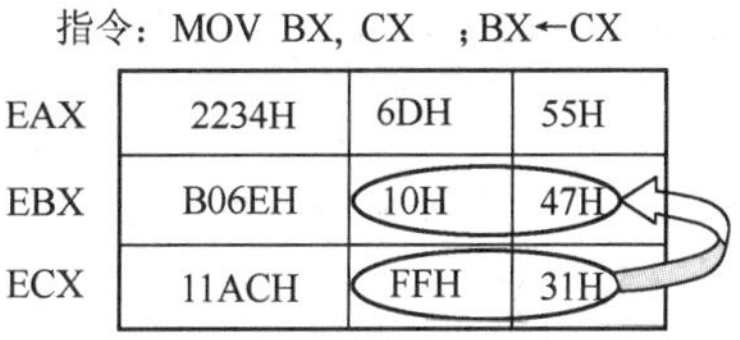

图 3-3 寄存器寻址示意图

【例 3-4】 寄存器寻址举例。

```
MOV  AL，BL      ；复制 BL 到 AL 中
MOV  AX，CX      ；将 CX 的内容送入 AX 中
MOV  DS，AX      ；复制 AX 到 DS 中
MOV  ESP，EDX    ；复制 EDX 到 ESP 中
```

不允许的指令格式有：

```
MOV  ES，DS      ；不允许段寄存器间直接传输
MOV  BL，BX      ；不允许混合尺寸
MOV  CS，AX      ；不允许代码段寄存器作为目标操作数
```

3. 操作数在存储器中

操作数在存储器中，需要用逻辑地址描述操作数所在的位置，也就是需要用段基值：偏移量来描述操作数。其中段基值存入段寄存器，偏移量用有效地址 EA（Effective Address）描述。其相应的物理地址=段基值×16+EA。书写为“段寄存器：[EA]”。

偏移量的有效地址 EA 由三个地址分量合成，即基址寄存器（BX 或 BP）内容、变址寄存器（SI 或 DI）内容以及指令中给出的位移量三部分之和。基址寄存器 BP、BX 只能选用其中一个，变址寄存器 SI、DI 也只能选用一个，而位移量可以为 0、8 位二进制数或 16 位二进制数，80386 以上微处理器甚至还可以为 32 位二进制数。即：

$$EA=\left\langle\begin{matrix}BX\\BP\end{matrix}\right. + \left\langle\begin{matrix}SI\\DI\end{matrix}\right. + \left\langle\begin{matrix}0\\n_8\\n_{16}\\n_{32}\end{matrix}\right.$$

在有效地址 EA 中，当使用 BP 时，则默认使用的段寄存器为 SS，在指令中可省略不写。而在没有使用 BP 的情况下，默认段寄存器为 DS。也可不使用默认段寄存器，但不能省略不写，必须明确指明。在 80386 以上微处理器中，全部 32 位通用寄存器均可以作为基址寄存器，除了 ESP 之外的全部 32 位通用寄存器均可以作为变址寄存器。

EA 中的 3 个分量共有 4 种组合方式，从而形成了 4 种寻址方式。

（1）直接寻址

直接寻址即指令中直接给出操作数的有效地址，也就是 EA=n。在指令书写时需加方括号“[ ]”将 n 括起，表示 n 为操作数的有效地址。当有效地址 EA 用赋过值的地址变量表示时，则可以不加方括号。直接寻址默认段寄存器为 DS，可缺省不写，若使用其他段寄存器则必须指明。

【例 3-5】 直接寻址举例。

```
MOV   AX，[200H]          ；将 DS*16+200H 所指向的字单元的内容传送到寄存器 AX 中
MOV   BX，DS:VAR          ；把当前数据段 DS 中 VAR 指向的字单元内容送到 BX 中
MOV   DA+3，CL            ；CL 送到 EA 为 DA+3，段基值为 DS 的存储单元中
MOV   AX，ES:[100H]       ；将 ES 指明段中偏移 100H 字节的字单元内容送入 AX
MOV   EDI，SUM            ；将存储单元 DS:SUM 开始的 4 字节内容装入 EDI 寄存器中
```

【例 3-6】 设 DS=1000H，指令 MOV AL，[1234H] 执行过程，如图 3-4 所示。

解：为了容易理解，将这条指令分解成两步完成（请参看配套软件中的动画演示）。

第一步：确定存储单元的物理地址=DS×16 + EA=1000H×16 + 1234H=11234H。

第二步：从 11234H 单元中取一字节 8AH 送到 AL 中，并覆盖掉 AL 中原有的 90H。

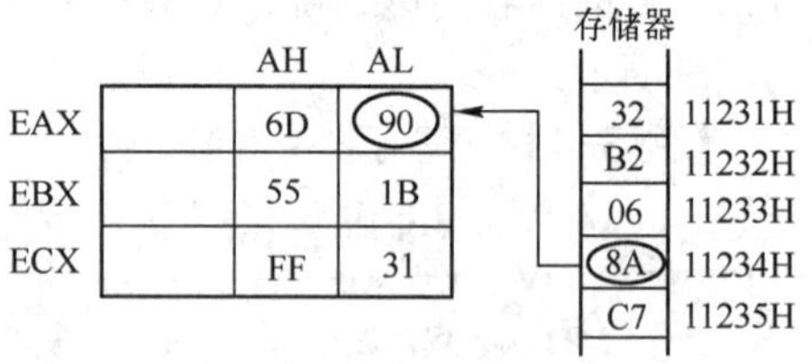

图 3-4　直接寻址

（2）寄存器间接寻址

寄存器间接寻址即操作数的有效地址 EA 直接从寄存器（BX、BP、SI、DI 之一）中获得，也就是：

$$EA=\left\langle\begin{matrix}BX\\BP\\SI\\DI\end{matrix}\right.$$

这实际上是把有效地址事先存放在一个寄存器中，这个寄存器如同一个地址指针。80386 以上微处理器中，还可以用 32 位寄存器 EAX、EBX、ECX、EDX、EBP、EDI 或 ESI 寻址。值得注意的是，存放操作数有效地址的寄存器必须用“[ ]”括起，表示寄存器内容为操作数的地址分量。另外，在使用 BP 时，默认段寄存器为 SS，未使用 BP 时，默认段寄存器为 DS。

【例 3-7】 寄存器间接寻址举例。

```
MOV  AX，[BX]          ；DS 和 BX 寻址的存储单元的字内容复制到 AX 中
MOV  [BP]，DL          ；DL 内容送到 SS 和 BP 寻址的存储单元
MOV  ECX，SS:[EBX]     ；SS 和 EBX 寻址的双字取出并送入 32 位寄存器 ECX 中
```

```
MOV  DS:[BP], DL        ; DL 内容送到 DS 和 BP 寻址的存储单元，此时 DS 不能缺省
```

不允许的格式有：

```
MOV  AX, [DX]           ; 除了 BX，BP，SI，DI 外，其他寄存器不能进行寄存器间接寻址
MOV  [DI], [BX]         ; 除串操作外，不允许存储器间操作
```

【例 3-8】 设 BX=1047H，DS=0100H，写出指令 MOV AX，[BX]的执行过程。

解：此指令的任务是将内存中的操作数送到寄存器 AX 中。下面将指令执行过程分解成 4 步，以帮助我们理解指令是如何寻找操作数的，如图 3-5 所示。请参看配套软件中的动画演示。

第一步：取 DS=0100H，乘 16 得 01000H，找到数据段首地址，称为段基址。

第二步：由 BX=1047H 得到有效地址 EA。

第三步：段基址 01000H 与有效地址 1047H 相加得到目标地址 02047H。

第四步：从目标地址为 02047H 和 02048H 的单元中取出一个字传送到 AX 中，使得 AL=12H，AH=34H。

（3）基址寻址和变址寻址

基址寻址和**变址寻址**即操作数的有效地址 EA 是基址寄存器（BX 或 BP）或变址寄存器（SI 或 DI）与指令中给出的位移量（0、8 位或 16 位数据）之和。也就是：

$$EA=\left\langle\begin{matrix}BX\\BP\end{matrix}\right. + n \text{ 或 } EA=\left\langle\begin{matrix}SI\\DI\end{matrix}\right. + n$$

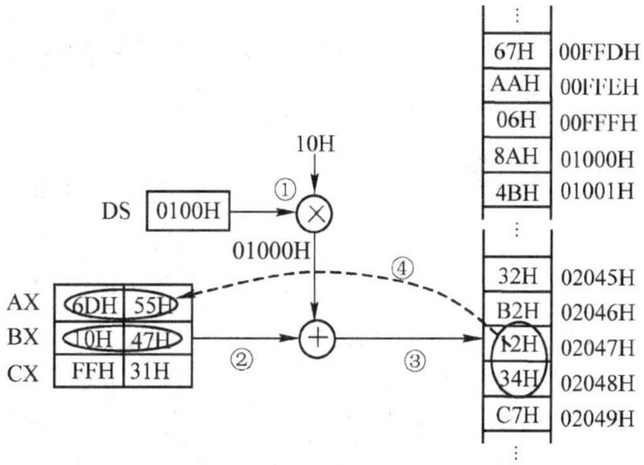

图 3-5 寄存器间接寻址

使用 BX 或 BP 叫作基址寻址，使用 SI 或 DI 叫作变址寻址。在 80386 以上微处理器中，位移量还可以是 32 位的数据，寄存器也可以是除了 ESP 以外的任何 32 位通用寄存器。同样，在使用 BP 时，默认使用 SS，否则默认使用 DS。

【例 3-9】 基址寻址和变址寻址举例。

```
MOV  AX, [DI+100H]      ; DS 指明的段中由 DI+100H 所指的存储单元的字→AX
MOV  SS:5[SI], CL       ; CL 中字节→SS 段中 SI+5 所指的存储单元
MOV  BL, SETS[BP]       ; SS 段中由 SETS+BP 所指的存储单元内容→BL
MOV  DI, ES:[EAX+8H]    ; ES 段中由 EAX+8H 所指的字单元内容→DI
MOV  ARAY[EBX], AL      ; AL 内容→DS 段中 ARAY+EBX 所指的单元中
```

【例 3-10】 设 DS=0200H，BX=0130H，写出指令 MOV AX，[BX+1000H] 的执行过程。

解：指令 MOV AX，[BX+1000H]是将内存中的操作数送到寄存器 AX 中，而操作数的物理地址=DS×16+BX+1000H。为了容易理解，本指令分解成 3 步实现，如图 3-6 所示（请参看配套软件中的动画演示）。

第一步：由 BX 的内容与指令中的位移量 1000H 相加得到 EA＝0130H+1000H=1130H。

第二步：DS 乘 16 再与 EA 相加得到目标地址 ＝DS×16+EA=0200H×16+1130H

＝02000H+1130H=03130H。

第三步：将 03130H 及 03131H 中的内容取出并送到 AX，使 AL=76H，AH=A0H。

(4) 基址变址寻址

基址变址寻址即操作数的有效地址 EA 是三个地址分量之和，即一个基址寄存器（BX 或 BP）内容，一个变址寄存器（SI 或 DI）内容与指令中给出的位移量之和。也就是：

$$EA=\left\langle\begin{matrix}BX\\BP\end{matrix}\right.+\left\langle\begin{matrix}SI\\DI\end{matrix}\right.+n$$

基址寄存器 BP 和 BX 只能选其中一个，变址寄存器 SI 和 DI 也只能选一个。且选用 BP 时隐含使用的段寄存器是 SS，否则为 DS。在 80386 以上微处理器中，有效地址还可以使用 32 位寄存器和 32 位的位移量。

【例 3-11】 基址变址寻址举例。

```
MOV   DH，[BX+DI+20H]          ；DS 段中由 BX+DI+20H 所指的存储单元内容送到 DH
MOV   AX，FILE[BX][SI]         ；DS 段中由 BX+SI+FILE 所指的字存储单元内容送到 AX
MOV   ES:LIST[BP+DI]，CL       ；CL 送到 ES 段中由 BP+DI+LIST 所指的存储单元中
MOV   LIST [BP+SI+4]，DH       ；DH 送到 SS 段中由 BP+SI+LIST+4 所指的存储单元
MOV   AL，FI[EBX+ECX+2]        ；DS 段中由 EBX+ECX+2+FI 所指的存储单元送到 AL
```

【例 3-12】 设 DS=1000H，SI=0010H，BX=0020H，指令 MOV AX，[BX+ SI +100H] 的执行过程，如图 3-7 所示。

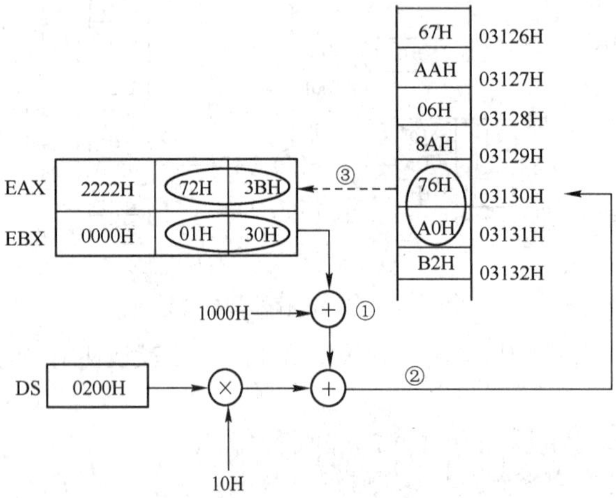

图 3-6 基址寻址

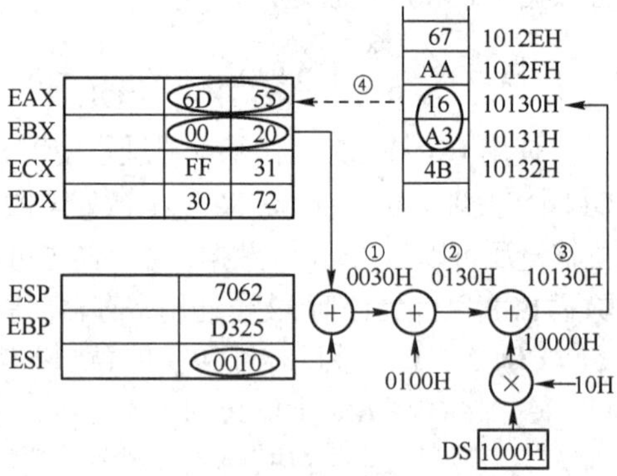

图 3-7 基址变址寻址

解：指令 MOV AX，[BX+SI+100H] 是将内存中的数送到寄存器中，而数的物理地址为 DS:[BX+SI+100H]。为了容易理解，本指令分解成 4 步实现（请参看配套软件中的动画演示）。

第一步：取 BX 值与 SI 相加。

第二步：再与指令中给出的 100H 相加得到有效地址 EA。

第三步：将 EA 与段基址 DS×16 相加得到目标地址。

第四步：将目标地址指向的字单元中的内容放到 AX，使 AL=16H，AH=A3H。

除了以上 4 种寻址方式外，还有 1 种寻址方式是比例变址寻址，它是从 80386 到 Pentium 型号的微处理器所特有的。它可以使用 32 位通用寄存器作为基址寄存器或变址寄存器，间接地访问存储器。此时有效地址 EA 可以由 4 个部分组成，即：

有效地址 EA= 基址寄存器 + 变址寄存器×比例因子 + 位移量

$$= \left\{\begin{array}{l} EAX \\ EBX \\ ECX \\ EDX \\ ESP \\ EBP \\ ESI \\ EDI \end{array}\right. + \left\{\begin{array}{l} EAX \\ EBX \\ ECX \\ EDX \\ EBP \\ ESI \\ EDI \end{array}\right. \times \left\{\begin{array}{l} 1 \\ 2 \\ 4 \\ 8 \end{array}\right. + \left\{\begin{array}{l} \text{无位移量} \\ 8\ \text{位位移量} \\ 16\ \text{位位移量} \\ 32\ \text{位位移量} \end{array}\right.$$

其中，基址寄存器为 8 个 32 位通用寄存器之一，变址寄存器为除 ESP 之外的 7 个 32 位通用寄存器之一，比例因子可以是 1、2、4 或 8。隐含比例因子是 1。比例因子为 1 是寻址字节数组，比例因子为 2 是寻址字数组，比例因子为 4 是寻址双字，比例因子为 8 是寻址 4 字。在使用 EBP 寄存器寻址时，默认段寄存器为 SS，除此之外的默认段寄存器为 DS。比例变址寻址中有以下两点值得注意：

1）使用比例变址寻址必须同时用处理器伪指令（如.386）进行说明（参见 4.2.2 节）。

2）比例因子只能与第二个寄存器相乘。比例因子为 1 时可不写。

在实模式下，虽然从 80386 到 Pentium 型号的微处理器可以使用 32 位通用寄存器寻址，但是寻址的范围仍然是 1M 字节空间，因此其物理地址的高 12 位一定为 0。而且每个段的最大长度仍然是 64K 字节，因此有效地址 EA 不能超过 FFFFH，否则本段内找不到数据。

【例 3-13】 比例变址寻址举例。

```
MOV   EAX，[EBX+4*ECX]          ;  由 EBX+4*ECX 寻址的 DS 段存储单元内容→EAX
MOV   ARRAY [2*EBX]，CX         ;  CX 内容→DS 段中 2* EBX+ ARRAY 寻址的存储单元
MOV   AX，[EBP+2*EDI+6H]        ;  SS 段 2*EBP+EDI+6 寻址的字单元内容送入 AX
```

（5）串操作寻址

8086/8088 有一些专用于串操作的指令，其操作数也在存储器中，但是串操作寻址采用隐含规定的变址寄存器 SI 和 DI，而且要求必须是 SI 为源操作数的地址指针，DI 为目标操作数的地址指针，ES 为目标操作数的段基值，DS 为源操作数的缺省段基值，也可使用其他段寄存器，但不能缺省不写，如图 3-8 所示。

所有串操作指令在完成串操作动作时，均会自动完成如下工作。

1）由 SI、DI 获得源操作码地址指针和目标操作码地址指针。

2）对 SI、DI 两个地址指针进行修改，使之指向下一单元。修改方向由标志寄存器 FR 中的 DF 方向标志决定。DF=1，SI、DI 自动减 1 或 2，DF=0，SI、DI 自动增 1 或 2。

3）可字节操作也可字操作。当字节操作时指针增减量为 1，字操作时指针增减量为 2。

【例 3-14】 串操作寻址举例。

```
MOVS    BYTE  PTR  ES:[DI]，DS:[SI]    ; ES:[DI]←DS:[SI]，且自动调整指针 SI 和 DI
MOVSB                           ; 字节串传送，ES:[DI]←DS:[SI]，SI←SI±1，DI←DI±1
MOVSW                           ; ES:[DI]←DS:[SI]，ES:[DI+1]←DS:[SI+1]，SI=SI±2，DI=DI±2
```

【例 3-15】 设 DF=0（即设定为增址），写出执行 MOVSW 指令的过程。

分析：MOVSW 是一条串传送指令，是将 DS:[SI]中的字传送到 ES:[DI]字单元中。同时，因为事先设置了 DF=0，SI 和 DI 会自动增 2。为了容易理解，该指令的执行过程可分解成 3 步演示，如图 3-9 所示（请参看配套软件中的动画演示）。

第一步：由 DS 和 SI 的内容形成源操作数的地址=DS×16+SI=1000H×10H+0100H= 10100H。

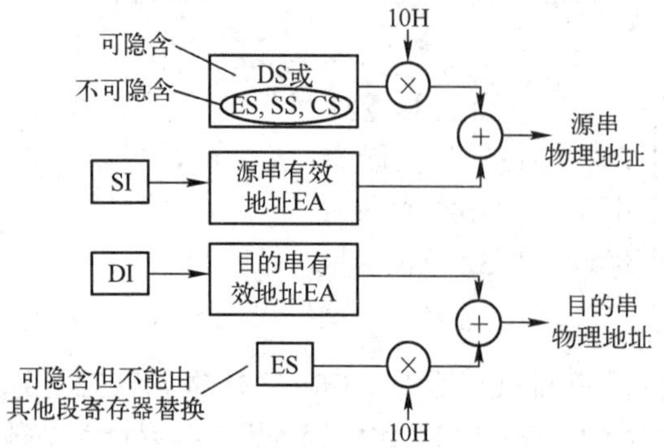

图 3-8　串操作寻址方式示意图

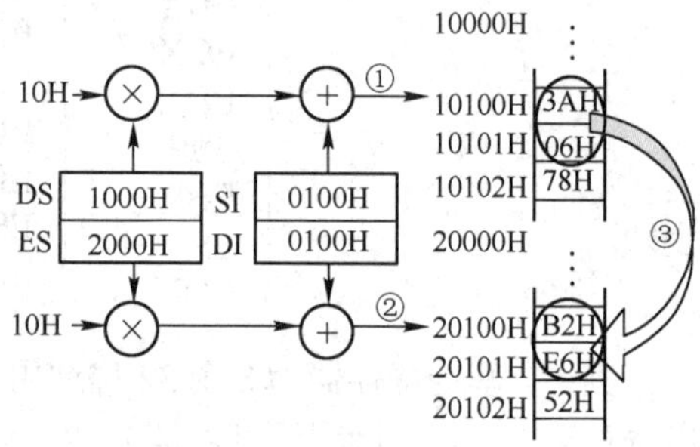

图 3-9　MOVS 指令

第二步：由 ES 和 DI 的内容形成目标操作数的地址=ES×16+DI=20100H。

第三步：将 DS:[SI]所指的字单元的内容传送到 ES:[DI]字单元中，且 SI=SI+2, DI=DI+2。

4．操作数在 I/O 端口中

80x86 采用 I/O 端口与存储器独立编址的方法，其端口寻址范围为 64K（8 位端口），也可为 32K（16 位端口）。I/O 端口不分段，直接把输入/输出指令中给出的端口地址送上地址总线，而数据只能由累加器 AX 或 AL 通过数据总线传输。80x86 为 I/O 端口设置了专门的指令（I/O 端口数据输入指令 IN 和 I/O 端口数据输出指令 OUT），其寻址方式有两种：当端口地址为 8 位时，可以采用直接 I/O 端口寻址，也就是指令中直接给出 8 位端口地址 n_8；当端口地址为 16 位时，必须采用寄存器间接 I/O 端口寻址，而且寄存器只能用 DX。另外，另一个操作数一定在 AL（传输 8 位数据）或 AX（传输 16 位数据）中。

【例 3-16】　端口寻址举例。

```
IN      AL，n8      ；将口地址为 n8 的 I/O 端口中的 8 位数据读入 AL 中
IN      AX，n8      ；将口地址为 n8 的 I/O 端口中的 16 位数据读入 AX 中
IN      AL，DX      ；将 DX 内容为口地址的 I/O 端口中的 8 位数据读入 AL 中
IN      AX，DX      ；将 DX 内容为口地址的 I/O 端口中的 16 位数据读入 AX 中
OUT     n8，AL      ；将 AL 中的 8 位数据送到口地址为 n8 的 I/O 端口中
OUT     n8，AX      ；将 AX 中的 16 位数据送到口地址为 n8 的 I/O 端口中
OUT     DX，AL      ；将 AL 中的 8 位数据送到 DX 内容为口地址的 I/O 端口中
OUT     DX，AX      ；将 AX 中的 16 位数据送到 DX 内容为口地址的 I/O 端口中
```

3.2.4　目标地址寻址方式

目标地址寻址方式即为操作数为目标地址，如转移指令中的目的地址、调用指令中的子程序入口地址等。这种寻址方式有 3 种：直接程序寻址、相对程序寻址和间接程序寻址。

1．直接程序寻址

直接程序存储器寻址，即指令中直接给出指令所需要的目标地址信息。例如，如果程序希望转移到 1A000H 处，则目标地址 1A000H 以逻辑地址的形式跟在操作码后面，与操作码共同构成该指令的机器码，如图 3-10 所示。

例如，直接段间无条件转移指令 JMP 1000H:A000H 由 5 个字节组成，1 个字节操作码后面需要 4 个字节存放目标地址，如图 3-11 所示。执行指令时，会将 1000H 装入 CS，A000H 装入 IP，使得下一条指令从 1A000H 处开始执行。

操作码	偏移量L	偏移量H	段基值L	段基值H

图 3-10　直接程序寻址

EA	00H	A0H	00H	10H

图 3-11　指令 JMP 1000H:A000H 的格式

直接转移通常叫做远转移（Far Jump），因为它能够转移到任何地方。实模式中，远转移通过 CS 和 IP 变化而访问存储器第一个 1MB 内的任何单元。在 80386 和更高档的保护模式中，它允许转移到整个 4GB 地址范围内的任何存储单元。

通常，在汇编语言程序中，程序转移的目标地址常用叫作标号的内存地址名表示，而不是实际的数字地址。当 CALL 或 JMP 指令使用标号时，汇编程序总能自动选择一种最好的程序寻址方式编译成相应的机器码。

【例 3-17】　直接程序寻址举例。

```
JMP    LP       ；跳转到标号 LP 处
CALL   SUB1     ；调用标号为 SUB1 的子程序
```

2. 相对程序寻址

“相对”意味着目标地址相对于当前指令指针（即为取出指令后的 IP 值）的位置，即指令中应给出转移的目标地址相对于当前指令指针的距离信息（即位移量 disp）。

指令书写时需要指明转移目标地址的 IP 值或标号。但是相应的指令代码由操作码和 1～2 个字节位移量 disp（补码）构成：disp=目标地址的 IP 值–当前 IP 值。其中：1 字节位移量 disp8 用于短转移，转移距离相对于当前 IP 值为–128～+127。2 字节位移量 disp16 用于近转移或近调用，转移距离相对于当前 IP 值为–32768～+32767，都是段内转移。在 80386 或更高档型号中，还能够用 32 位的位移量 disp32，允许相对寻址 4G 字节代码段内的任何单元。

例如，图 3-12 中，JMP 0004H 为 2 字节的相对转移指令，假设它已被存入偏移量为 0000H 的字单元中。取出该指令后的 IP 值（IP=0002H）为当前指令指针，0004H 为目标地址的偏移量，则位移量 disp=0004H–0002H=2。该指令的功能是将当前 IP 值加上 disp，即可找到下一条程序指令所在单元的有效地址为 0004H，并存入 IP 中，使下条指令从 1000H:0004H 开始（请参看配套软件中的动画演示）。

内存地址	机器码	指令	注释
1000H:0000H	EBH	JMP　0004H	；机器码为EB02H，功能为：IP←0002H+02H
1000H:0001H	02H		
1000H:0002H	B0H	MOV　AL, 32H	；AL←32H，机器码为B032H，此指令不会被执行
1000H:0003H	32H		
1000H:0004H	B3H	MOV　BL, 6FH	；BL←6FH，机器码为B36FH
1000H:0005H	6FH		
1000H:0006H	XX	……	

图 3-12　相对程序寻址

3. 间接程序寻址

间接程序寻址即为指令中的目标地址在寄存器中或在存储器中。其中，寄存器寻址方式中的寄存器可以使用任何 16 位通用寄存器（AX、BX、CX、DX、SP、BP、DI 或 SI）。而存储器寻址的描述与操作数的存储器寻址描述相同，均为段基值存入段寄存器，偏移量的有效地址由 3 个分量合成。

80386 以上微处理器中，能够用 32 位扩展寄存器来存放 JMP 或 CALL 指令中的目标地址或者存放目标地址的间接地址。如果用 16 位寄存器或 16 位存储器存放 JMP 指令的目标地址，则是近转移（又称段内转移）。如果用连续 4 个单元存储器保存目标地址，则可实现远转移（又称段间转移）。

【例 3-18】 间接程序寻址举例。

```
JMP   AX                    ；转移到当前代码段内用 AX 寻址的位置
JMP   DWORD   PTR [BX]      ；转移到当前数据段中 BX 内容指向的 4 个存储单元内所存放的
                            ；目标地址处
JMP   WORD   PTR[BX]        ；转移到当前代码段位置内，有效地址存放在 BX 寻址的单元中
```

【例 3-19】 写出指令 JMP [DI+2]的执行过程。

解：指令的功能是转移到目标地址处，目标地址的有效值在 DS:[DI+2]内存单元中。为了便于读者理解，执行此指令分解成 3 步来演示，如图 3-13 所示（请参看配套软件中的动画演示）。

第一步：取指令。由当前的 CS 和 IP 内容指向的存储单元中取出 3 字节指令，取完指令后 IP=0303H，称为当前 IP 值，CS 值不变。

第二步：寻找目标地址所在的位置。将当前的 DS 和 DI 的内容与指令中给出的位移量合成出物理地址=DS×16+DI+02=1800H×16+0100H+02H=18000H+0102H=18102H。

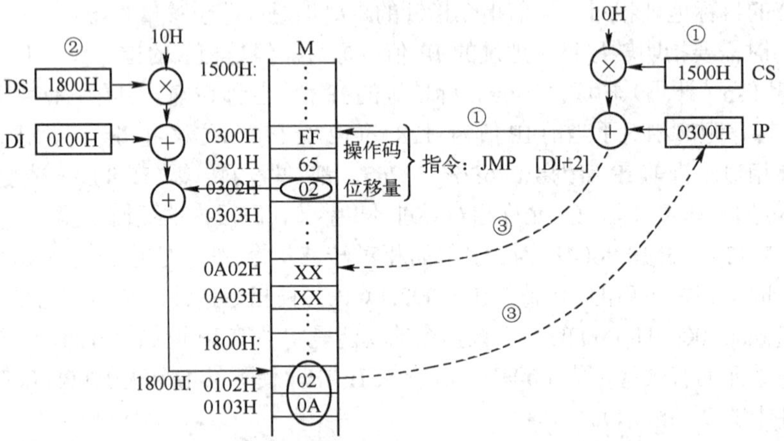

图 3-13 指令 JMP [DI+2] 执行过程示意图

第三步：从物理地址指向的单元中取出目标地址 0A02H 放入 IP 中，从而使 CS:IP 指向下一条指令所在的位置 1500H:0A02H。

3.3 8086/8088 指令系统

所谓指令系统就是微处理器所定义的全部指令代码的集合，用户通过选用指令代码构成程序段，完成某种功能。当然程序段是存放在微处理器外部的存储器中。微处理器在执行这些指令（即程序）时，会自动将程序中的指令一条条地调入微处理器内部，经过分析判断，逐条执行它们，从而实现设计者所设计的功能。不同的微处理器具有不同的指令系统，一般互相不兼容。8086/8088 指令系统包括 133 条基本指令，可分成如下 7 类：

1）数据传送类指令。

2）算术运算类指令。

3）逻辑运算类指令。

4）位移类指令。

5）串操作类指令。

6）控制转移类指令。

7）处理器控制类指令。

下面按类介绍指令的格式、功能和对标志寄存器FR的影响，并进行相应的说明。

3.3.1 传送类指令

传送类指令是应用最为频繁的、最重要的指令，可以说任何一个程序都不可能不用到传送类指令。这类指令分为 7 种，分别是：

- 传送指令　　MOV　dest，src
- 交换指令　　XCHG　dest，src
- 换码指令　　XLAT
- 栈操作指令　PUSH　src / POP　dest
- 标志传送指令　LAHF / SAHF / PUSHF / POPF
- 地址传送指令　LEA　dest，src / LDS　dest，src / LES　dest，src
- 输入/输出指令　IN　dest，src / OUT　dest，src

1. 传送指令（MOV）

格式：MOV　dest，src　　　　；dest←src

功能：把源操作数的内容传送给目标操作数，即 dest←src。指令执行完后，源操作数和目标操作数内容相同，目标操作数原有内容被覆盖。

说明：

1）MOV 指令可以完成字节传送或字传送，可隐含说明或用伪指令说明。

2）操作数存放位置可以是通用寄存器和段寄存器，也可在内存中。

3）数据传输方向：通用寄存器←立即数；内存←立即数；通用寄存器之间；通用寄存器与段寄存器之间；寄存器与内存之间。数据传输方向如图 3-14 所示，图中箭头方向为允许数据流动的方向。

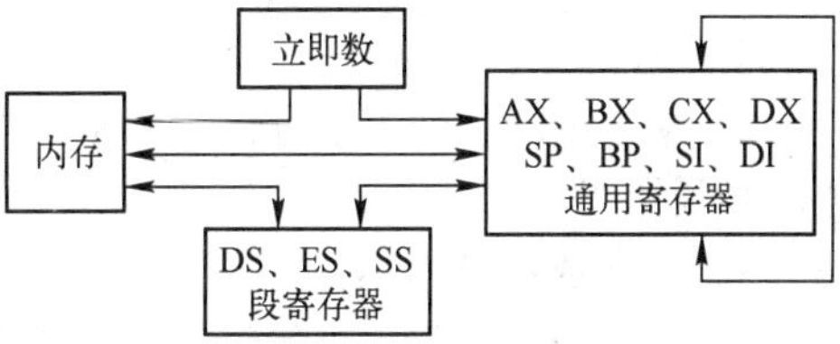

图 3-14　数据传输方向

4）不允许使用 MOV 的情况：内存之间传送数据；立即数直接给段寄存器传送数据；段寄存器之间传送数据；CS 做目标操作数；IP、FR 参加 MOV 操作。

5）MOV 指令执行过程不影响标志位（即不影响 FR 的状态）。

【例 3-20】　MOV 指令指令格式举例。

```
MOV   AX，BX                  ；AX←BX，寄存器 BX 中 16 位字传送到 AX 中
MOV   DL，CL                  ；DL←CL，寄存器间 8 位字节传送
MOV   [SI]，DH                ；DS:[SI]←DH，寄存器中的字节数传送到存储器中
MOV   [BP]，DX                ；SS:[BP]←DL，SS:[BP+1]←DH
MOV   SI，059H                ；SI←0059H，将立即数送入寄存器 SI
MOV   CL，0F5H                ；CL←0F5H，将立即数字节传送到寄存器 CL
MOV   WORD  PTR [DI+2]，10H   ；DS:[DI+2]←10H, DS:[DI+3]←00H
MOV   BYTE  PTR [DI+2]，10H   ；DS:[DI+2]←10H，将立即数 10H 传送到存储器中
```

2. 交换指令（XCHG）

格式：XCHG　dest，src ；dest ⇄src

功能：将寄存器的内容与寄存器或存储单元的内容交换。

说明：

1）交换数据可以是字节，也可以是字。

2）交换可以在通用寄存器之间，或通用寄存器与存储器之间。

3）不允许参加交换的情况：存储器之间；立即数与存储器或寄存器之间；段寄存器之间；CS、IP 和 FR 作为操作数。

4）交换指令不影响 FR。

【例 3-21】 交换指令格式举例。

```
XCHG    AL， [BP]              ；将 SS:[BP]与 AL 交换内容
XCHG    TAB1[DI]，CX           ；将 DS:[DI+ TAB1]与 CX 交换内容
XCHG    DL，BH                 ；将 DL 与 BH 交换内容
```

3. 换码指令（XLAT）

格式：XLAT　OPR　　　　　　；AL←DS:[BX+AL]，OPR 为内存标号

　　　XLAT　　　　　　　　　；可不写操作数

功能：将存储在内存表中的数据送到 AL 寄存器，通常实现把一个代码转换成另一个代码，又称为查表技术。DS 为内存表的段基值，也可指明用其他段寄存器。BX 存放内存表首地址的偏移量有效地址 EA。AL 为待查数据在内存表中的位置（即位移量）。具体地说，内存中有一张事先已装入的数据表，表的首地址为 DS:[BX]，换码指令是将表中 AL 指明位置的数据取出，并赋给 AL，如图 3-15 所示。

说明：

1）OPR 为内存表的首地址标号，但其只是为了程序可读性，指令执行时只使用隐含约定的寻址方式来查找数据。

2）指令中隐含使用了寄存器 DS、BX、AL。如果需要使用其他某个段寄存器，则不能缺省，必须指明。

3）该指令不影响 FR。

4）应用于一些不规则代码的转换非常方便。

【例 3-22】 下列程序段为从内存表中取一数存入 AL 中，如图 3-16 所示（请参看配套软件中的动画演示）。

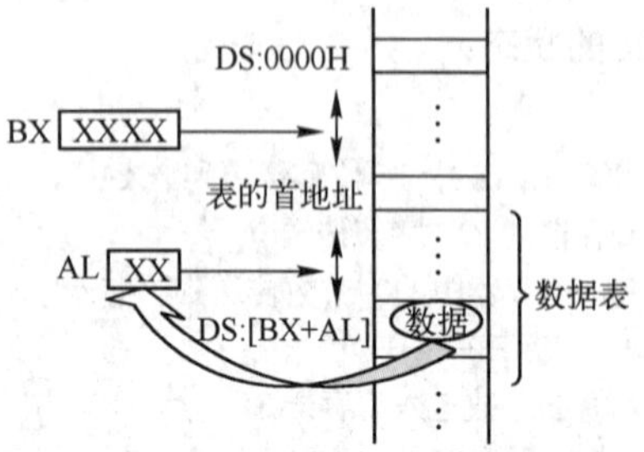

图 3-15　换码指令 XLAT 示意图

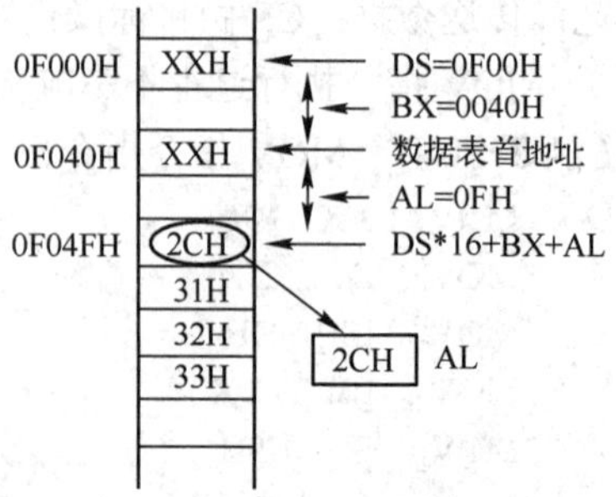

图 3-16　换码指令编程举例示意图

```
MOV     BX， 0040H             ；BX=0040H
```

```
MOV    AL,  0FH              ; AL=0FH
MOV    CX,  0F00H            ; DS 不能直接赋值
MOV    DS,  CX               ; DS=0F00H
XLAT                         ; AL ← DS:[BX+AL]
HLT
```

运行结果：AL = [DS×16+BX+AL] = [0F000H+0040H+0FH] = [0F04FH] = 2CH。

【例 3-23】 换码指令格式举例。

```
XLAT                 ; 无操作数，采用隐含寻址方式，隐含使用了 DS、BX、AL
XLAT    table        ; 有操作数，但仍隐含使用 DS、BX、AL
XLATB                ; B 表示字节类型，不允许再写操作数
XLAT    ES: table    ; 重设段寄存器为 ES
```

4．栈操作指令（PUSH、POP）

基本栈操作指令有两条：数据进栈指令（PUSH）和数据出栈指令（POP），如图 3-17 所示（请参看配套软件中的动画演示）。

格式：PUSH src ；SP←SP−2，SS:[SP]和 SS:[SP+1]
；单元←src
POP dest ；dest←SS:[SP]和 SS:[SP+1]单元
；中的数据，SP←SP+2

功能：

1）进栈指令：SP 内容减 2 后将源操作数 src 压入栈区中 SS 和 SP 指定位置。即 SP←SP−2，SS:[SP]和 SS:[SP+1]←src。

2）出栈指令：将栈区中 SS 和 SP 指定位置的一个字数据弹出到目标操作数 dest，同时 SP 内容加 2。即 dest←SS:[SP]和 SS:[SP+1]，SP←SP+2。

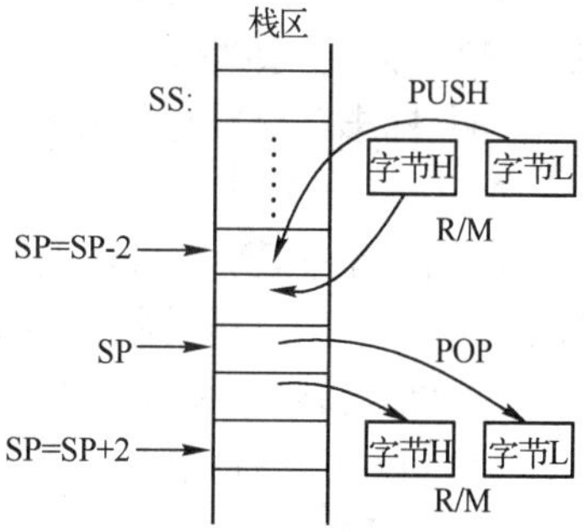

图 3-17　栈操作示意图

说明：

1）src 和 dest 可以为 16 位的存储器、16 位的通用寄存器和段寄存器（CS 例外，只有 PUSH CS，无 POP CS）。

2）SP 指向当前的栈顶。进栈操作时 SP 的内容自动减 2。出栈操作时 SP 的内容自动加 2。

3）堆栈原则为“后进先出”。

4）堆栈操作为字操作，不能进行字节压栈或出栈操作。

5）堆栈操作不影响 FR。

【例 3-24】 栈操作指令格式举例。

```
PUSH   AX        ; SS:[SP−1]←AH, SS:[SP−2]←AL, SP←SP−2
PUSH   CS        ; SP←SP−2, SS:[SP]←CSL, SS:[SP+1]←CSH
PUSH   [BX+DI]   ; SS:[SP−1]←DS:[BX+DI+1], SS:[SP−2]←DS:[BX+DI], SP←SP−2
PUSH   DA_W      ; SP←SP−2, SS:[SP+1]←DS:[DA_W+1], SS:[SP]←DS:[DA_W]
POP    BX        ; BL←SS:[SP], BH←SS:[SP+1], SP←SP+2
POP    ES        ; ESL←SS:[SP], ESH←SS:[SP+1], SP←SP+2
POP    [BP+DI]   ; SS:[BP+DI]←SS:[SP], SS:[BP+DI+1]←SS:[SP+1], SP←SP+2
```

5．标志位传送指令（LAHF、SAHF、PUSHF、POPF）

对标志寄存器 FR 的操作有下列 4 条指令。

（1）取标志寄存器指令（LAHF）

格式：LAHF　　；AH ← FRL

功能：把标志寄存器的低 8 位传送给 AH 寄存器，即把 SF、ZF、AF、PF、CF 标志位分别送至 AH 的第 7、6、4、2、0 位，AH 的第 5、3、1 位是任意值，如图 3-18 所示。

（2）存储标志寄存器指令（SAHF）

格式：SAHF　　；FRL←AH

功能：把寄存器 AH 中第 7、6、4、2、0 位的内容分别送入标志寄存器的 SF、ZF、AF、PF、CF 各标志位。OF、DF、IF、TF 各位均不受影响，如图 3-19 所示。

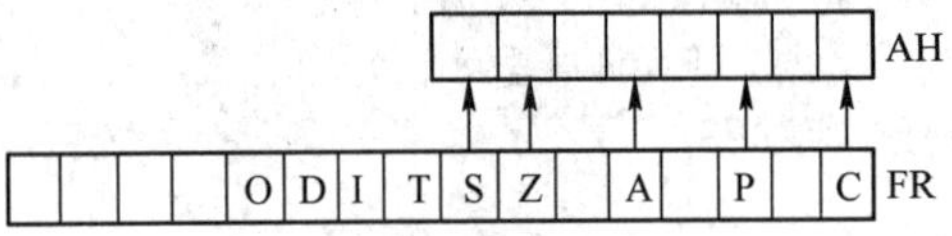

图 3-18　LAHF 指令示意图

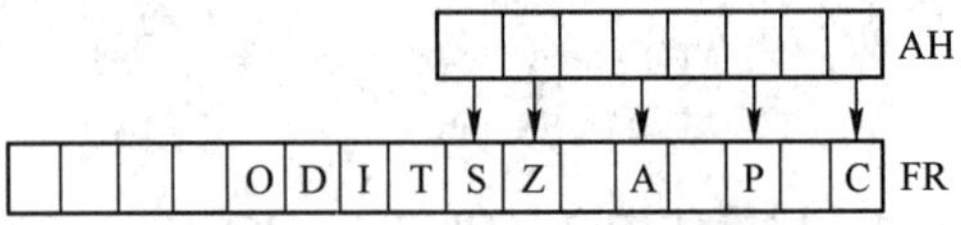

图 3-19　SAHF 指令示意图

（3）标志寄存器进栈指令（PUSHF）

格式：PUSHF　　；SP ← SP–2，SS：［SP］← FR

功能：首先把堆栈指针 SP 减 2，然后将 16 位标志寄存器 FR 的全部内容（含所有标志位）压入 SP 指向的栈顶字单元中。标志寄存器中各标志位本身不受影响。

（4）标志寄存器出栈指令（POPF）

格式：POPF　；　FR ← SS:[SP]，SP ← SP+2

功能：首先把现在堆栈顶部（由 SP 决定）的一个字的内容弹出到标志寄存器 FR，然后 SP 加 2。FR 中各标志位的状态由堆栈中弹出字的相应位决定。

6．地址传送指令（LEA、LDS、LES）

（1）装入有效地址指令（LEA）

格式：LEA　dest，　src

功能：把某指定的内存单元的有效地址 EA（即偏移量）送到指定的寄存器中。

操作：将 src 这个内存操作数的偏移量传送到 dest 指定的寄存器中。

说明：

1）本指令传送的不是存储器单元中的操作数，而是存储器单元的偏移量。

2）dest 必须是通用寄存器之一。src 必须是内存操作数。

3）对 FR 无影响。

【例 3-25】　比较 MOV 与 LEA 的区别，图 3-20 分别给出了两条指令的操作示意图（请参看配套软件中的动画演示）。

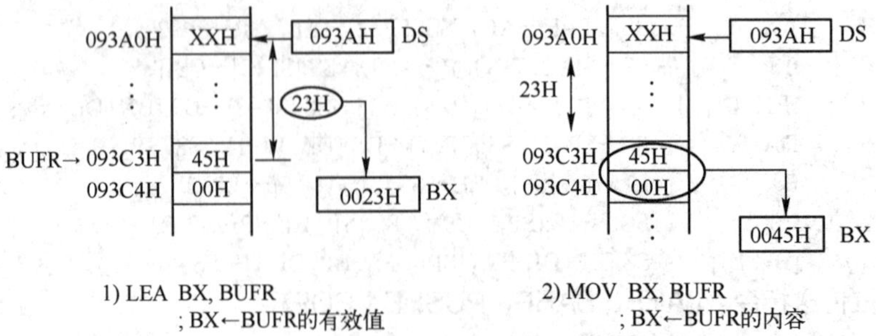

图 3-20　LEA 与 MOV 的比较

【例 3-26】 语句 LEA　SI，BUFR 即把变量 BUFR 的有效地址送到 SI 中，如图 3-21 所示（请参看配套软件中的动画演示）。

【例 3-27】 语句 LEA　AX, [BX][SI]即将 DS:[BX+SI]单元的有效地址（EA=BX+SI）送到 AX 中，如图 3-22 所示（请参看配套软件中的动画演示）。

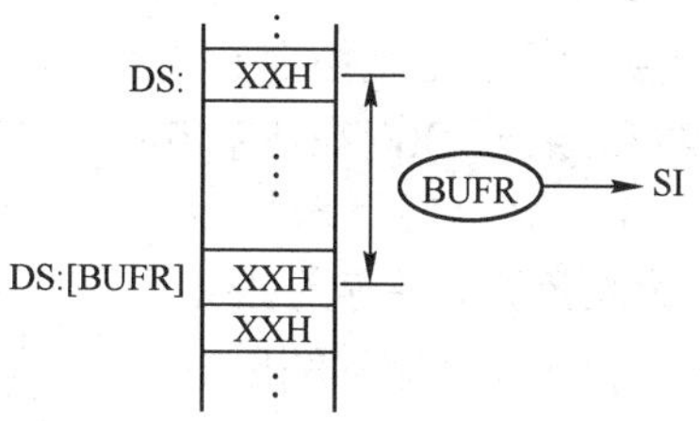

图 3-21　LEA　SI，BUFR 示意图

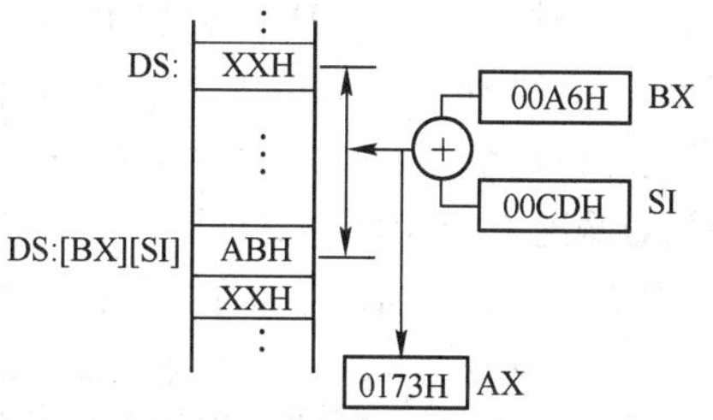

图 3-22　LEA　AX, [BX][SI]示意图

（2）装入地址指令（LDS、LES）

格式： LDS　dest，src　；将内存中连续 4 个字节内容送到 DS 和指定的通用寄存器中

　　　 LES　dest，src　；将内存中连续 4 个字节内容送到 ES 和指定的通用寄存器中

操作：

1）LDS 指令把 src 指定的内存中连续 4 个字节单元内容的低 16 位数据存入 dest 指定的通用寄存器中，高 16 位存入 DS 中。

2）LES 指令把 src 指定的内存中连续 4 个字节单元内容的低 16 位数据存入 dest 指定的通用寄存器中，高 16 位存入 ES 中。

说明：

1）dest 必须是通用寄存器之一，　src 必须是内存操作数。

2）一个内存单元的逻辑地址用段基值和偏移量两个部分来描述，每个部分均为 16 位二进制数，即 2 个字节。因而一个内存单元的逻辑地址需要 4 个字节来描述，这 4 个字节存放在内存中，顺序规定为低 2 个字节为偏移量，高 2 个字节为段基值。因此，本指令可以看成是把内存中连续 4 个单元内存放的地址取出来，存入 DS（或 ES）和指定的通用寄存器中。

【例 3-28】 写出指令 LDS　SI ，TAB1[BX] 的执行情况，如图 3-23 所示。

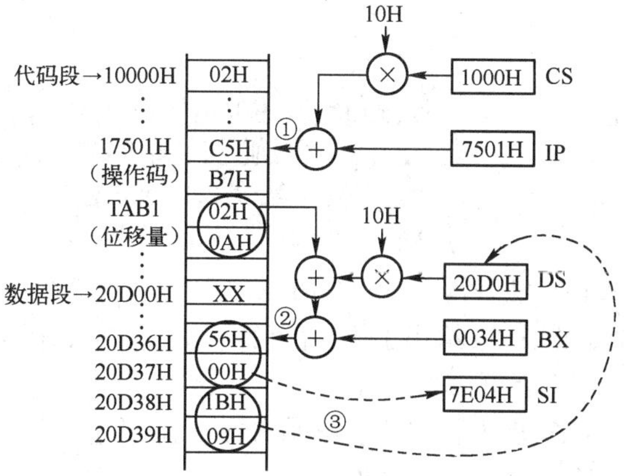

图 3-23　LDS 指令实现演示

解：该指令由 4 个字节组成。其中 2 字节为操作码，2 字节为位移量。为了方便读者理解，

下面将指令执行过程分解为3步，以了解该指令的工作效果（请参看配套软件中的动画演示）。

第一步：取指令中的操作码并分析。根据当前的CS和IP内容可以确定：

指令地址= CS×16+IP=1000H×16+7501H=17501H，取出操作码。

第二步：将指令中的位移量0A02H+BX与DS×16合成，找到：

目标地址=2030H×16+0A02H+0034H=20D36H。

第三步：将20位的目标地址从地址总线输出，找到由目标地址指定的4个字节单元，将其内容作为32位地址指针存入DS和SI中，其中低2字节存于SI，高2字节存于DS。

7．输入/输出指令（IN、OUT）

格式：IN　　dest，src　　；从src指定的端口读入数据，并存入dest

　　　OUT　dest，src　　；将src中的数据送出到dest指定的端口中

功能：实现CPU与I/O端口间的数据传输。

操作：src内容传到dest中。

说明：

1）这类指令只有例3-29和例3-30给出的8条指令。

2）可字节传输，也可字传输。

3）输入指令中的目标操作数和输出指令中的源操作数，必须是AL（字节传输时）或AX（字传输时）。

4）输入指令和输出指令中，对I/O端口均允许直接I/O端口寻址和寄存器间接I/O端口寻址两种寻址方式。

直接I/O端口寻址：即I/O端口地址在指令中直接给出，但是要求端口地址为8位二进制数。

【例3-29】

```
IN     AL，n8       ；将8位口地址n8中的字节数传送到CPU内部AL中
IN     AX，n8       ；将8位口地址n8中的字传送到CPU内部AX中
OUT    n8，AL       ；将AL中一个字节传送到端口地址为n8的端口中
OUT    n8，AX       ；将AX中一个字传送到端口地址为n8的端口中
```

寄存器间接I/O端口寻址：当端口I/O地址为16位二进制数表示时，对端口的寻址只能用寄存器间接寻址，即I/O端口地址在寄存器DX中，而且只能是在DX中。如果是8位口地址，则高8位应清零。

【例3-30】

```
IN     AL，DX       ；将DX中16位口地址中的字节数传送到AL中
IN     AX，DX       ；将DX中16位口地址中的字传送到AX中
OUT    DX，AL       ；将AL中一字节数传送到DX内容作为地址的端口中
OUT    DX，AX       ；将AX中一字传送到DX内容作为地址的端口中
```

【例3-31】 用至少3种方法编程，实现内存DATA段中两字单元的内容互换。图3-24给出了执行前后内存的变化（注意：内存之间不能直接操作）。

分析：可采用多种方法实现内存中两字单元内容交换的功能，如采用XCHG指令、采用MOV指令、采用PUSH/POP指令等。

方法一：采用 XCHG 指令。

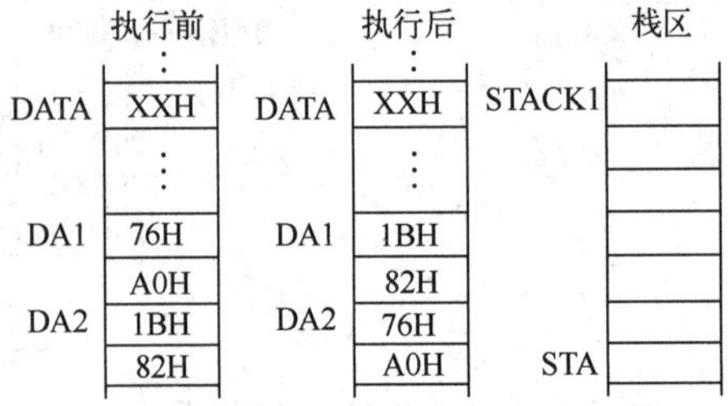

图3-24　例3-31内存示意图

分析：由于交换指令不支持内存间交换，故需要有一个寄存器作为中间单元，如图 3-25 所示。对存储器单元操作，必须将单元所在段定义成当前段。

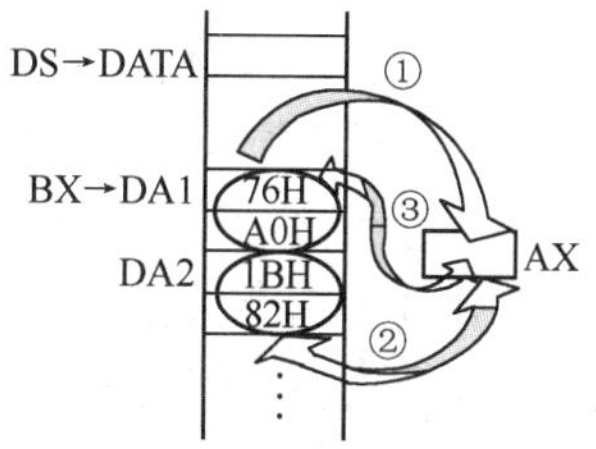

图 3-25　采用 XCHG 指令实现交换

参考程序：

```
MOV    AX，DATA      ；取段基值
MOV    DS，AX        ；DS 指向 DATA
LEA    BX，DA1       ；BX=DA1 的有效地址
MOV    AX，[BX]      ；① AX=[BX]= A076H
XCHG   AX，[BX+2]    ；② AX=[BX+2]=821BH，
                     ；[BX+2]=A076H
XCHG   AX，[BX]      ；③ [BX]=AX=821BH
HLT                  ；暂停
```

方法二：采用 MOV 指令。

分析：MOV 指令同样不支持内存间传送，且传送后将覆盖目标操作数原有数据，故需要用两个寄存器作为中间单元，如图 3-26 所示。

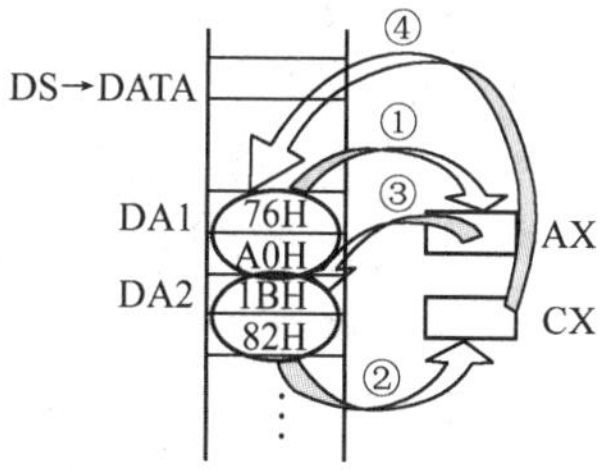

图 3-26　采用 MOV 指令实现交换

参考程序：

```
MOV  AX，DATA       ；取段基值存入 AX
MOV  DS，AX         ；DS 指向 DATA
MOV  AX，DA1        ；① AX= DS:[DA1]= A076H
MOV  CX，DA2        ；② CX= DS:[DA2]= 821BH
MOV  DA2，AX        ；③ DS:[DA2]=AX= A076H
MOV  DA1，CX        ；④ DS:[DA1]= CX= 821BH
HLT
```

方法三：采用 PUSH/POP 指令。

分析：此种方法用到栈区操作，必须对栈区进行初始化，将 SS 指向当前栈区，SP 指向栈底+1 单元。通过压栈和出栈的顺序实现数据交换，如图 3-27 所示。

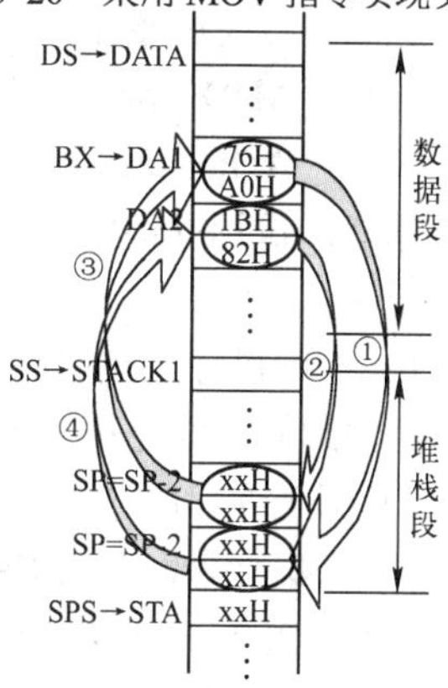

图 3-27　采用 PUSH/POP 实现交换

参考程序：

```
MOV     AX，DATA
MOV     DS，AX         ；DS 指向 DATA
LEA     BX，DA1        ；BX 指向 DA1
MOV     AX，STACK1
MOV     SS，AX         ；SS 指向 STACK1
LEA     SP，STA        ；SP 指向 STA
PUSH    [BX]           ；① SP←SP–2，SS:[SP]←[BX]，
                       ；SS:[SP+1]←[BX+1]
PUSH    [BX+2]         ；② SP←SP–2，SS:[SP]←[BX+2]
                       ；SS:[SP+1]←[BX+3]
POP     [BX]           ；③ [BX]←SS:[SP]
                       ；[BX+1]←SS:[SP+1]，SP←
                       SP+2
POP     [BX+2]         ；④ [BX+2]←SS:[SP]
                       ；[BX+3]←SS:[SP+1]，SP←SP+2
HLT
```

3.3.2　算术运算类指令

计算机的主要工作是数据处理，离不开加、减、乘、除等操作。8086/8088 微处理器给出

了这些指令，可以对字节数据或字数据进行运算。参加运算的数可以是无符号数，也可以是有符号数。而有符号数运算，一定是补码运算。参与运算的数可以是二进制数，也可以是十进制数（用BCD码表示十进制数）。但是，所有的加、减、乘、除指令均是二进制数运算指令，为能实现十进制数运算，又给出了十进制调整指令：用二进制数运算指令对 BCD 码运算后，再用十进制调整指令进行调整，从而得到十进制数运算结果，而且BCD码运算只能是字节运算。全部的运算类指令包括下列5类：

- 加法类指令　ADD　dest, src/ADC　dest, src/INC　dest
- 减法类指令　SUB　dest, src/SBB　dest, src/DEC　dest/NEG　dest/CMP　dest, src
- 乘法类指令　MUL　src/IMUL　src
- 除法类指令　DIV　src/IDIV　src/CBW、CWD
- 十进制调整类指令　AAA/DAA/AAS/DAS/AAM/AAD

1．加法类指令

加法类指令包括3条指令（ADD、ADC、INC）。

（1）加法指令（ADD、ADC）

加法指令有两条指令：加法指令ADD和带进位加法指令ADC。

```
格式：ADD  dest，src      ；dest ← src+dest
      ADC  dest，src      ；dest ← src+dest+CF
```

功能：目标操作数和源操作数相加，其和存放在目标操作数中，源操作数原有内容不变。

说明：

1）可以进行二进制数字操作或字节操作。源操作数和目标操作数可以来自通用寄存器或存储器，源操作数还可以为立即数。

2）不允许存储器间相加。目标操作数 dest 不可以为立即数。

3）影响标志寄存器 FR 中 CF，PF，AF，ZF，SF，OF 的状态。

【例3-32】　加法指令格式举例。

```
ADD  AL，BL                       ；AL←AL+BL
ADD  AL，45H                      ；AL←AL+45H
ADC  SI， AX                      ；SI←AX+SI+CF
ADC  BETA[SI]，DX                 ；DS:[ SI+BETA]←DS:[ SI+BETA]＋DX+CF，字操作
ADD  BYTE PTR ES: [BX+SI], 100    ；ES:[BX+SI]←ES:[BX+SI] +100，字节操作
```

【例3-33】　编程实现将内存中2个3字节数据相加，结果存于内存中。

分析：应考虑可能出现3字节数据加上3字节数据产生4字节数据，如778899H+CCBBAAH=1444443H，图3-28为内存操作示意图。还应注意：内存间不能直接相加，需要选用寄存器作为中间操作单元。也应注意：如何获取最后存在CF中的进位。

参考程序：

```
MOV     AX，DATA
MOV     DS，AX          ；DS 指向数据段
MOV     AX，DA1         ；取 DA1 低两个字节到 AX 中
ADD     AX，DA2         ；AX=AX+DA2=DA1+DA2
MOV     DA3，AX         ；保存结果到 DA3 单元中
MOV     AL，DA1+2       ；取 DA1 的第三个字节到 AL 中
```

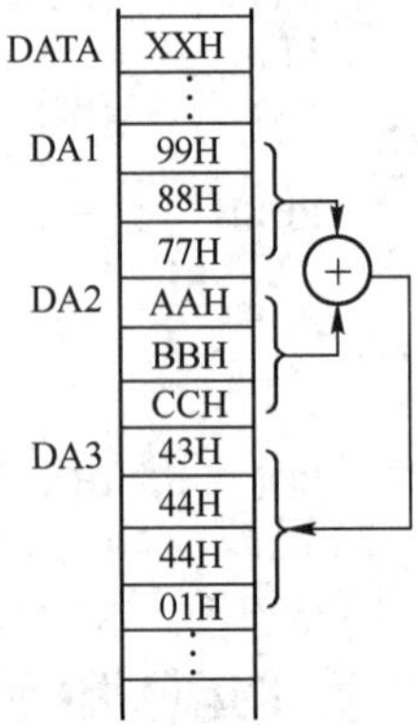

图3-28　例3-33内存操作示意图

```
    ADC     AL，DA2+2       ；与 DA2 的第三个字节和 CF 相
                            ；加，存入 AL
    MOV     DA3+2，AL       ；保存结果到 DA3+2 单元中
    MOV     AL，0           ；AL=0
    ADC     AL，0           ；AL=AL+0+CF=0+0+CF=CF
    MOV     DA3+3，AL       ；将最后的进位取出并存入 DA3
                            ；+3 中
    HLT
```

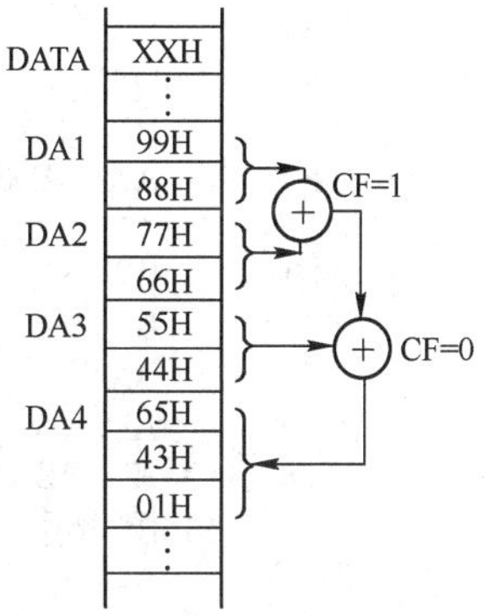

图 3-29　例 3-34 内存操作示意图

【例 3-34】　编程实现将内存中 3 个 2 字节数据相加，结果存于内存中。

分析：应考虑到可能出现 3 个 2 字节数据相加后产生 3 字节数据，如 8899H+6677H+4455H=14365H，如图 3-29 所示，也就是说，每累加一个数据，都要考虑进位的处理。因内存间不能直接相加，故设 3 字节寄存器作为累加器（如 AX 和 DL）。

参考程序：

```
    MOV     AX，DATA
    MOV     DS，AX          ；  DS 指向数据段
    MOV     DL，0           ；  进位单元清零
    MOV     AX， DA1        ；  AX=DA1
    ADD     AX， DA2        ；  AX=AX+DA2=DA1+DA2
    ADC     DL， 0          ；  DL=DL+0+CF, 进位累加到 DL
    ADD     AX，DA3         ；  AX=AX+DA3=DA1+DA2+DA3
    ADC     DL， 0          ；  DL=DL+0+CF, 进位累加到 DL
    MOV     DA4，AX         ；  将结果存入 DA4
    MOV     DA4+2，DL       ；  保存进位位
    HLT
```

（2）加一指令（INC）

格式：INC　dest　；dest←dest+1

功能：这是一条加法类单操作数指令，功能为目标操作数内容加一。

说明：

1）可以字节操作，也可以字操作。操作数可以为通用寄存器和存储器，但不能是立即数。

2）影响标志寄存器 FR 中的 SF，ZF，AF，PF 和 OF，但不影响 CF。

【例 3-35】　加一指令格式举例。

```
    INC     DL              ；DL← DL + 1
    INC     BX              ；BX←BX + 1
    INC     DATA[DI]        ；DS: [DI+DATA]←DS: [DI
                            ；+DATA] + 1
    INC     TAB[BP][SI]     ；SS:[BP+SI+TAB]←SS:[BP+
                            ；SI+TAB]+1
```

【例 3-36】　将例 3-33 用指针的方法编程实现。

分析：用 BX 作数据指针指向 DA1，所以 DA2 可用[BX+3]表示，DA3 可用[BX+6]表示，如图 3-30 所示。

参考程序：

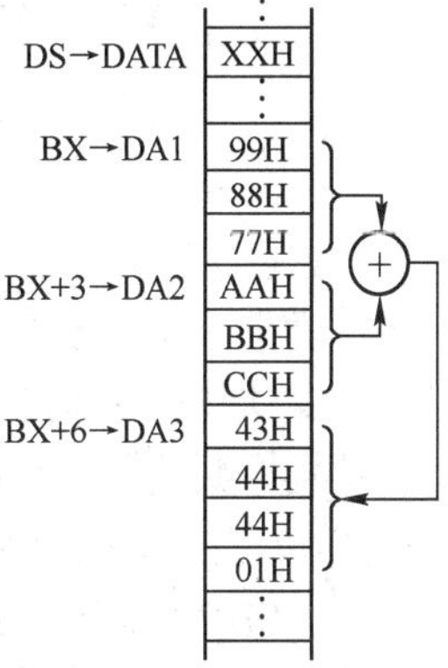

图 3-30　例 3-36 内存操作示意图

```
MOV     AX，DATA
MOV     DS，AX          ；DS 指向数据段
LEA     BX，DA1         ；BX=DA1 的偏移量有效值
MOV     AX，[BX]        ；AX=[BX]=DA1 低两个字节
ADD     AX，[BX+3]      ；AX=AX+DA2 低两个字节相加
MOV     [BX+6]，AX      ；保存结果到 DA3 单元中
INC     BX              ；指针增 1
INC     BX              ；指针增 1，BX 指向 DA1+2 单元
MOV     AL，[BX]        ；取 DA1 的第三个字节到 AL 中
ADC     AL，[BX+3]      ；AL=AL+DS:[BX+3]+CF
MOV     [BX+6]，AL      ；保存结果到 DA3+2 单元中
MOV     AL，0           ；进位单元清零
ADC     AL，0           ；AL=AL+0+CF
MOV     [BX+7]，AL      ；保存进位到 DA3+3 中
HLT
```

【例 3-37】 将例 3-33 改为：编程实现将内存中 2 个 10 字节数据相加，结果存入内存中。

分析：处理数据增多，采用直接寻址的方法编程很烦琐，本例采用设置数据指针的方法。用 BX 作为 DA1 的指针，用 SI 作为 DA2 的指针，用 DI 作为 DA3 的指针，并采用循环的方法实现重复的动作：取一字节到寄存器中、加另一个字节、存结果、指针增 1 指向下一个数据。循环指令 LOOP（参见 3.3.5 节）隐含使用了 CX 作为循环次数计数器，循环次数需要事先设置，每执行一次 LOOP 指令均会自动使 CX 减 1，然后判断 CX 是否等于 0，若等于 0 则退出循环，否则转去循环。

参考程序：

```
      MOV     AX，DATA
      MOV     DS，AX          ；DS 指向数据段
      LEA     BX，DA1         ；BX=DA1 的偏移量有效值
      LEA     SI， DA2        ；SI=DA2 的偏移量有效值
      LEA     DI， DA3        ；DI=DA3 的偏移量有效值
      MOV     CX，10          ；CX=循环次数=10
      SUB     AL，AL          ；使 CF=0，为第一次执行 ADC 指令作准备
LP：  MOV     AL，[BX]        ；AL=[BX]=DA1 中的一个字节
      ADC     AL，[SI]        ；AL=AL+[SI]+CF
      MOV     [DI]，AL        ；保存结果到 DA3 相应单元中
      INC     BX              ；DA1 指针增 1
      INC     SI              ；DA2 指针增 1
      INC     DI              ；DA3 指针增 1
      LOOP    LP              ；CX=CX−1，若 CX≠0，跳到 LP 处继续执行，若 CX=0 顺序执行
      MOV     AL，0           ；AL=0
      ADC     AL，0           ；AL=AL+0+CF=0+0+CF=CF
      MOV     [DI]，AL        ；将最后的进位存入 DA3+10 中
      HLT
```

2. 减法类指令

减法类指令包括 5 条指令（SUB、SBB、DEC、NEG、CMP）。

（1）减法指令（SUB、SBB）

减法指令共两条指令：减法指令 SUB 和带借位减法指令 SBB。

```
格式：SUB  dest ，src        ；dest ← dest − src
      SBB  dest ，src        ；dest ← dest − src − CF
```

功能：用目标操作数减去源操作数，其差存入目标操作数。源操作数中原有内容不变。

说明：

1）可以是字节操作，也可以是字操作。源、目标操作数的来源同加法指令。

2）SUB 和 SBB 指令影响 FR 中的状态标志位 SF、ZF、CF、AF、PF、OF。

3）存储器之间不能直接相减，目标操作数也不能是立即数。

【例 3-38】 减法指令格式举例。

```
SBB    BX，5796H              ；BX←BX-5796H-CF，字操作
SBB    CX，DX                 ；CX←CX-DX-CF，字操作
SBB    BYTE  PTR  [BP]，5AH   ；SS:[BP]←SS:[BP] -5AH-CF，字节操作
SUB    AX，DATA[DI]           ；AX←AX-DS: [DI + DATA]，字操作
SUB    DH，7FH                ；DH←DH+7FH，字节操作
```

（2）减一指令（DEC）

格式：DEC　dest　；dest ← dest – 1

功能：这是一条减法类单操作数指令，功能为目标操作数的内容减一。

说明：

1）可以字节操作，也可以字操作。操作数可以为通用寄存器或存储器，但不能是立即数。

2）影响标志寄存器 FR 中的 SF，ZF，AF，PF 和 OF，不影响 CF。

【例 3-39】 减一指令格式举例。

```
DEC    DL                ；DL←DL–1，字节操作
DEC    AX                ；AX←AX – 1，字操作
DEC    WORD  PTR  [BP]   ；SS:[BP] ← SS:[BP]–1，字操作
```

（3）求补指令（NEG）

格式：NEG　dest　　　　；dest ← 0 – dest

功能：这是一条减法类单操作数指令，实现用零减去目标操作数并存入目标操作数。也就是实现无符号数求补，或者说是连同符号位求反加一。而有符号负数求补则是符号位不变，其余位求反加一。

说明：

1）操作数可以是通用寄存器，也可以是存储器，但不能是立即数。

2）求补指令（NEG）对 FR 中状态位 ZF，CF，PF，SF，AF，OF 有影响。

【例 3-40】

```
MOV    BL， 01H   ；BL=01H
NEG    BL         ；BL=0–01H=FFH，CF=1，ZF=0，PF=1，SF=1，AF=1，OF=0
```

（4）比较指令（CMP）

格式：CMP　dest，src ；dest–src

功能：比较指令（CMP）与减法指令（SUB）一样执行减法操作，但它并不保存差值，只是其操作对 FR 各状态标志位有影响。后面往往跟着条件转移指令，可以根据比较结果选择不同的程序分支。

说明：

1）比较指令执行后不影响源操作数和目标操作数的值，只影响 FR 中 AF、OF、SF、PF、CF、ZF 的状态。当两个操作数相等时 ZF=1；当目标操作数小于源操作数时 CF=1。常常通过判断状态位来决定是否转移。

2）源操作数和目标操作数来源同加、减法指令。

【例 3-41】 CMP 指令格式举例。

```
CMP    AL,  OAH          ; AL–0AH，AL 不变，但影响标志位
CMP    [BP]，0F0A9H     ; SS:[BP] –0F0A9H，内存字单元的内容不变，但影响标志位
CMP    BX,  DX           ; BX–DX，BX 和 DX 不变，但影响标志位
CMP    DA[BP][SI]，BH    ; SS: [BP+SI+DA] –BH，BH 和内存单元内容不变，但影响标志位
```

3. 乘法类指令

乘法类指令包括两条指令：无符号数乘法指令（MUL）和有符号数乘法指令（IMUL）。

格式： MUL src ； 字节相乘 AX←AL*src，字相乘 DX:AX←AX*src

IMUL src ； 字节相乘 AX←AL*src，字相乘 DX:AX←AX*src

功能：一个乘数一定来自 AL 或 AX，另一个乘数为 src，积一定在 AX 或 DX 和 AX 中。两个 8 位数相乘得到的是 16 位乘积，存放在 AX 中；两个 16 位数相乘得到的是 32 位乘积，存放在 DX 和 AX 中，其中 DX 存放高位字，AX 存放低位字，如图 3-31 所示。

说明：

1）src 为通用寄存器 R 或存储器 M，但不能是立即数。

2）对 CF 和 OF 有影响（如表 3-3 所示），对 PF、AF、SF 和 ZF 为不确定。

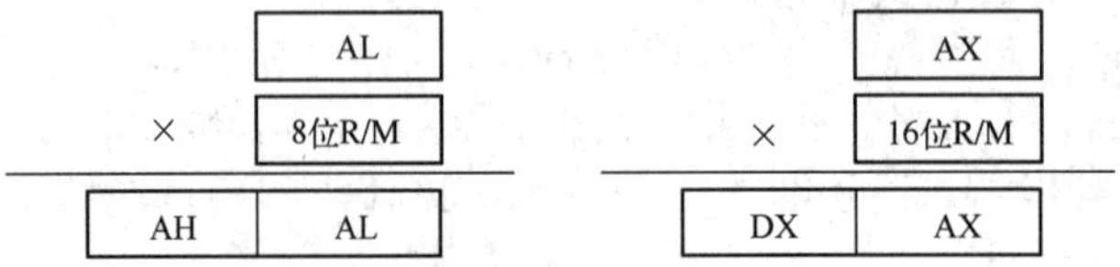

图 3-31 乘法指令操作示意图

表 3-3 乘法指令对 CF 和 OF 的影响

乘 法 指 令		8位数相乘 AH, AL=AL*8位R/M	16位数相乘 DX, AX=AX*16位R/M	CF、OF状态
无符号数乘法指令（MUL）		当AH=0	当DX=0	CF=OF=0
		当AH非零	当DX非零	CF=OF=1
有符号数乘法指令（IMUL）	正数	当AH=0	当DX=0	CF=OF=0
		当AH非零	当DX非零	CF=OF=1
	负数	当AH=0FFH	当DX=0FFFFH	CF=OF=0
		当AH不等于0FFH	当DX不等于0FFFFH	CF=OF=1

【例 3-42】 编制程序段实现 5×9 = ?。

解：

```
MOV  AL，5      ; AL=05H
MOV  BL，9      ; BL=09H
MUL  BL         ; AX=AL*BL=5*9=45=002DH，即 AL=2DH，AH=00H，且 CF=OF=0
HLT             ; 暂停
```

【例3-43】 编制程序段实现5×（–9）= ?。

解：

```
MOV  AL，5      ; AL=05H
MOV  BL，–9     ; BL=F7H
IMUL  BL        ; AX=5*(–9)= –45=FFD3H，即 AL=D3H，AH=FFH，且 CF=OF=0
HLT             ; 暂停
```

【例 3-44】 编制程序段实现将 2000H:0531H 和 2000H:0631H 两字单元内容相乘，积存于 2000H:0731H 字单元中，如图 3-32 所示（请参看配套软件中的动画演示）。

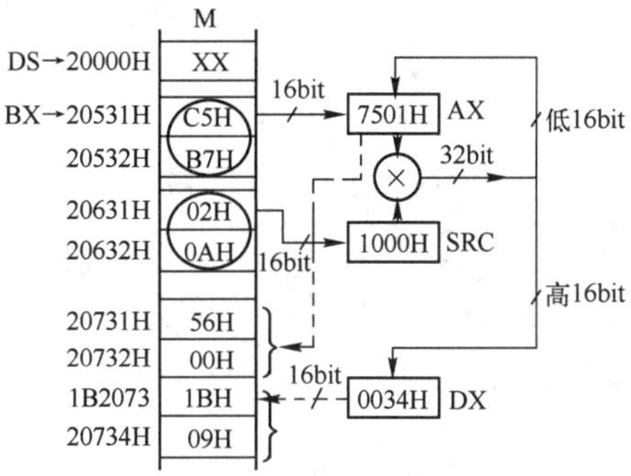

图 3-32　例 3-44 程序效果示意图

解：用 DS 指向 20000H，用 BX 作为地址指针。

```
MOV  AX,  2000H
MOV  DS,  AX                    ; DS 指向 20000H 开始的段
MOV  BX,  0531H                 ; BX=0531H
MOV  AX,  [BX]                  ; AL=DS:[0531H]
                                ; AH=DS:[0532H]
MUL  WORD PTR [BX+100H]         ; DX,AX=AX*M 内容
MOV  [BX+200H], AX              ; 低字存入低地址单元
MOV  [BX+202H], DX              ; 高字存入高地址单元
HLT                             ; 暂停
```

4. 除法类指令

除法类指令包括 2 条指令。

（1）除法指令（DIV、IDIV）

除法指令包括：无符号数除法指令 DIV 和有符号数除法指令 IDIV

格式：DIV　　src　　；AL←AX/src，AH←AX%src，“/”为除后取商，“%”为除后

　　　　　　　　　　；取余，或 AX←DX, AX/src，DX←DX, AX%src

　　　IDIV　　src　　；AL←AX/src，AH←AX%src，

　　　　　　　　　　；或 AX←DX, AX/src，DX←DX, AX%src

功能：执行除法运算时，除数必须为被除数的一半字长，即只能是 16 位数除以 8 位数，或 32 位数除以 16 位数。当 16 位数除以 8 位数时，16 位的被除数一定放在 AX 中，除数放在指令中给出的 8 位通用寄存器 R 或 8 位存储器 M 中，商在 AL 中，余数在 AH 中。当 32 位数除以 16 位数时，32 位的被除数一定放在 DX 和 AX 中，DX 中放高 16 位，AX 中放低 16 位，而除数放在指令中给出的 16 位寄存器 R 或 16 位存储器 M 中，商在 AX 中，余数在 DX 中，如图 3-33 所示。

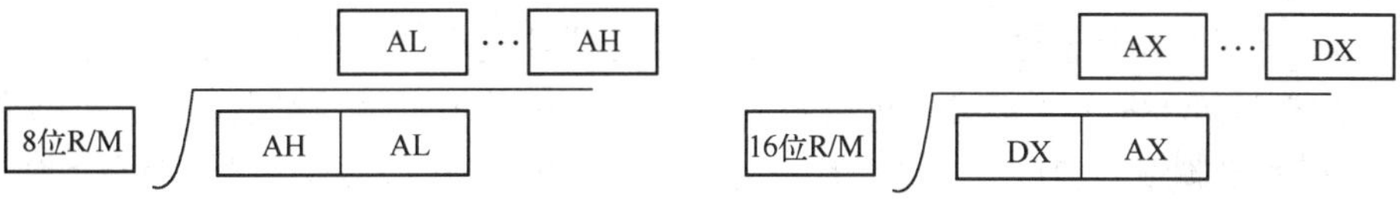

图 3-33　除法指令操作示意图

说明：

1）有符号数和无符号数除法操作相同，src 为通用寄存器或存储器，不能是立即数。

2）对于有符号数，当被除数与除数符号相同时，商的符号为正；当被除数与除数符号不同时，商的符号为负。而余数的符号同被除数符号一致。

3）若除数=0 或商>0FFH（或 0FFFFH），则 CPU 将会自动产生一个内部中断（除 0 中断）。

【例 3-45】 编制程序段实现 14/4=?。

解：

```
MOV   AX，000EH        ；AX=000EH
MOV   BL， 04H         ；BL=04H
DIV   BL               ；AX/BL ，AL=03H（商）， AH=02H（余）
HLT                    ；暂停
```

【例 3-46】 编制程序段实现–14/4=?。

解：

```
MOV   AX，   –14       ；AX=0FFF2H（补码）
MOV   BL，   04H       ；BL=04H
IDIV   BL              ；AX/BL，AL=0FDH（商，补码），AH=0FEH（余，补码）
HLT                    ；暂停
```

（2）转换指令（CBW、CWD）

在乘、除法算术运算中，要求操作数的位数是一定的，如 8 位×8 位=16 位，16 位×16 位=32 位，16 位/8 位=商 8 位…余 8 位，32 位/16 位=商 16 位…余 16 位。如果两个操作数不符合规定，则需要进行调整。可以编程调整，也可以用转换指令调整。转换指令有两条：字节扩展指令 CBW（将 8 位数据扩展成 16 位数据）和字扩展指令 CWD（将 16 位数据扩展成 32 位数据）。

格式：CBW；将 AL 中的符号位扩展到 AH 中，使得 8 位有符号数转成 16 位有符号数

CWD；将 AX 中的符号位扩展到 DX 中，使得 16 位有符号数转成 32 位有符号数

说明：

1）对于 CBW： 如果 AL<80H，即认为是正数，则扩展为 AH=00H；

如果AL>80H，即认为是负数，则扩展为AH=FFH；

2）对于 CWD： 如果 AX<8000H，即认为是正数，则扩展为 DX=0000H；

如果AX>8000H，即认为是负数，则扩展为DX=FFFFH。

3）CBW 和 CWD 对 FR 无影响。

【例 3-47】 编制程序段实现（–14）/ 4 = ?。

解：

```
MOV  AL， 0F2H         ；AL=F2H
CBW                    ；AX=FFF2H
MOV  BL， 04H          ；BL=04H
DIV  BL                ；AX / BL = 商：AL=0FDH= –3，余数：AH=FEH= –2
HLT                    ；暂停
```

5. 十进制调整类指令

所有的运算指令均是二进制数运算指令，也就是只能处理二进制数，而日常生活中常用的是十进制数。8086/8088 为了能处理十进制数，设置了 6 条十进制调整指令。这类指令与运算指令共同构成十进制数处理指令。调整指令分为加法调整指令（2 条）、减法调整指令（2 条）、乘法调整指令（1 条）、除法调整指令（1 条），它们均为隐含操作数指令。被调整的数一定在 AL 中（只有 AAD 在 AX 中），调整后的数存放于 AL 或 AX 中。必须是 BCD 码和 BCD 码进行二进制数算术运算，再由十进制调整指令调整成 BCD 码，且一定为字节操作。

（1）加法十进制调整指令（AAA、DAA）

8086/8088 CPU 提供了两条加法十进制调整指令，分别对非压缩型 BCD 码和压缩型 BCD 码加法操作后进行 BCD 码调整。

格式：　AAA　；对非压缩型 BCD 码加法操作进行 BCD 码调整

　　　　DAA　；对压缩型BCD码加法操作进行BCD码调整

说明：

1）AAA，DAA 一般跟在 ADD 或 ADC 指令之后使用。

2）AAA 指令要求入口：AL、AF，出口：AH、AL、AF、CF。其调整过程如下。

若　AL低4位>9或AF=1，

则　AL←AL+6，AL←AL∧0FH，AH←AH+1，CF←1，AF←1。

若　AL低4位≤9且AF=0，

则　AL←AL∧0FH，AH内容不变，即不调整，此时CF=0、AF=0。

3）DAA 指令要求入口：AL、AF、CF，出口：AL、AF、CF。其调整过程分两步完成。

第一步：若　AL 中低 4 位>9 或 AF=1，

则　AL←AL+6且AF=1，否则低4位不调整，AF=0。

第二步：若　AL 中高 4 位>9 或 CF=1，

则　AL←AL+60H且CF=1，否则高4位不调整，CF=0。

【例 3-48】　编制程序段实现两个十进制数相加，如 12+9=?。

解：采用非压缩 BCD 码表示十进制数，则程序如下。

```
MOV    AX，  0102H    ；AH=01H，AL=02H
MOV    BL，  09H      ；BL=09H
ADD    AL，  BL       ；AL=AL+BL=02H+09H=0BH
AAA                   ；AL 低 4 位=1011B>9，所以需要调整：
                      ；AL=（AL+6）&0FH=01H，AH=AH+1=02H，CF=AF=1
HLT                   ；暂停
```

【例 3-49】　编制程序段实现两个用 ASCII 码表示的 1 位十进制数相加，如 2+7=?。

解：设两个加数用 ASCII 码表示，因 AAA 只对低 4 位调整，故不需要先转换成 BCD 码，可以直接做加法运算，然后再经 AAA 调整。

参考程序为：

```
MOV    AH，  0        ；AH=0
MOV    AL，  32H      ；将 2 的 ASCII 码 32H 送入 AL
MOV    BL，  37H      ；将 7 的 ASCII 码 37H 送入 BL
ADD    AL，  BL       ；AL=AL+BL=32H+37H=69H
AAA                   ；AL 低 4 位=1001B<9，则不需调整，只需屏蔽高 4 位，所以 AL=09，
                      ；AH= 00H，AX=2+7=0009H，CF=AF=0，表示没有进行调整
HLT                   ；暂停
```

【例 3-50】　编程求两个压缩型 BCD 码相加，如 78H+25H=?。

解：本例先用 ADD 计算两个压缩型 BCD 码，然后用 DAA 调整，即可获得十进制和数。

参考程序为：

```
MOV    AX，  0078H    ；AH=0，AL=78H
MOV    BL，  25H      ；BL=25H
```

```
ADD     AL， BL       ；AL=78H+25H=9DH
DAA                   ；因为 AL 低 4 位 D>9，所以 AL=AL+06=A3H 且 AF=1
                      ；因为 AL 高 4 位 A>9，所以 AL=AL+60H=A3H+60H=03H 且 CF=1
ADC     AH， 00H      ；AH=AH+00H+CF=01H ，所以 AX=0103H，且 AF=1，CF=1
HLT                   ；暂停
```

（2）减法十进制调整指令（AAS、DAS）

与加法十进制调整指令一样，减法十进制调整指令也有两条：对非压缩型 BCD 码减法进行调整的指令 AAS 和对压缩型 BCD 码减法进行调整的指令 DAS。

格式：AAS ；对非压缩型 BCD 码减法操作进行 BCD 码调整

DAS ；对压缩型 BCD 码减法操作进行 BCD 码调整

说明：

1）AAS 和 DAS 需要跟在减法操作之后，且结果存放于 AL 中（对 AL 的要求是隐含的）。

2）AAS指令的操作过程：

若 AL∧0FH（即AL的低4位）>9 或 AF=1，

则 AL←AL–6，AH←AH–1，且AF←1，CF←1，AL←AL∧0FH；

否则 AL←AL∧0FH，AF←0，CF←0。

3）DAS 指令的执行过程需判断两次。

第一步：若 AL 低 4 位>9 或 AF=1，

则 AL←AL–6 且 AF←1，否则低4位不调整，且AF=0。

第二步：若 AL 高 4 位>9 或 CF=1，

则 AL←AL–60H 且 CF←1，否则高4位不调整，且CF=0。

【例 3-51】 编程实现 13 – 4=?，用非压缩型 BCD 码表示。

解：采用非压缩 BCD 码表示十进制数，减法（SUB）操作以后，需要用 AAS 进行调整。

参考程序段：

```
MOV   AX， 0103H    ；AX=0103H，表示 13
MOV   BL，  04H     ；BL=04H
SUB   AL，  BL      ；AL=AL-BL=03H-04H=0FFH
AAS                 ；AL 中低 4 位>9，所以 AL=FFH-06=F9H，F9H&0FH=09H→AL，
                    ；AH=AH-1=01H-01H=00H，AF=1，CF=1
HLT                 ；暂停
```

结果为：AX=0103H-04H=09H，且 AF=CF=1。

【例 3-52】 有两个压缩型 BCD 码：AX=8576H 和 BX=2695H，求 AX–BX=?。

解：采用压缩 BCD 码表示十进制数，减法（SUB）操作以后，需要用 AAS 进行调整。

参考程序：

```
MOV     AX，8576H    ；AX=8576H
MOV     BX，2695H    ；BX=2695H
SUB     AL， BL      ；AL=AL–BL=76H-95H=E1H，
                     ；CF=1，ZF=0，PF=1，OF=1，SF=1，AF=0
DAS                  ；AL 低 4 位 1<9，则低 4 位不需要调整，且 AF=0，
                     ；AL 高 4 位 E>9，AL=E1H-60H=81H，CF=1，AF=0
MOV     DL， AL      ；DL=81H
MOV     AL， AH      ；AL=AH=85H
SBB     AL， BH      ；AL=AL–BH–CF=85H–26H–1=5EH
```

```
DAS                     ; AL 低 4 位>9，AL=5EH–06H=58H，AF=1，
                        ; 高 4 位不需要调整，CF=0
MOV      DH,  AL        ; DH=AL=58H
MOV      AX,  DX        ; AX=5881H，且 AF=1，CF=0
HLT                     ; 暂停
```

（3）乘法十进制调整指令（AAM）

乘法调整指令只有对非压缩型 BCD 码的调整指令（AAM）。

格式：AAM ；对 AL 调整，调整后结果存于 AH，AL 中

功能：本指令跟在两个 1 位非压缩型 BCD 相乘操作的后面，将存在 AL 中的乘积进行调整，调整后的 BCD 码存入 AX 中。

说明：

1）乘法十进制调整指令 AAM 实现：将 AL 除以 10，取其商作为 BCD 码的十位位，存入 AH，取其余数作为 BCD 码的个位位，存入 AL。

2）其对 SF、ZF、PF 有影响，对 CF、OF、AF 不确定。

【例 3-53】 编程求 5×9=?。

解：

```
MOV      AL，05H        ; AL← 05H
MOV      BL，09H        ; BL←09H
MUL      BL             ; AH:AL←AL*BL，AH=00H，AL=2DH=45
AAM                     ; AH=2DH/0AH=04H，AL=2，DH%0AH=05H，
                        ; SF=0，ZF=0，PF=1
HLT                     ; 暂停
```

（4）除法十进制调整指令（AAD）

除法调整指令也只有对非压缩型BCD码的调整指令（AAD）。

格式： AAD ；AL=AH*0AH+AL，AH=0

功能：严格地讲，AAD 不是除法调整指令，而是将 AX 中非压缩型 BCD 码调整成二进制数，并存入 AL 中。

说明：对于非压缩型 BCD 码相除，同样需要调整，但是调整不同于加、减、乘操作。对于非压缩型 BCD 码相除的操作步骤如图 3-34 所示。

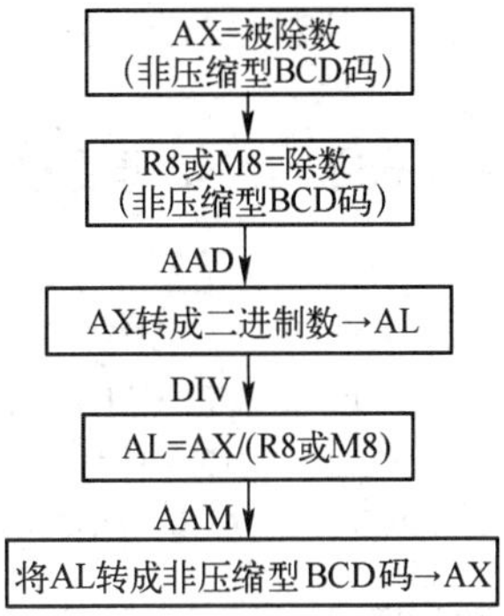

图 3-34 非压缩型 BCD 码除法操作流程图

1）用 AAD 指令将 AX 中的非压缩型 BCD 码转成二进制数：

AL←AH*0AH+AL，AH←0

2）用 DIV 指令进行二进制除法：

DIV src ；AL←AX/src，AH←AX%src

3）用 AAM 指令将二进制数转成非压缩型 BCD 码：

AL←AL%0AH（除后取余），AH←AL / 0AH（除后取商）

【例 3-54】 编程实现 95/2=?。

解：

```
MOV      AX，0905H      ; AH=09H，AL=05H
MOV      BL，02H        ; BL=02H
```

```
AAD                  ; AL=09H*0AH+05H=95=5FH，AH=0
DIV     BL           ; AL= AX/BL =47=2FH（商），AH= AX%BL= 01H（余）
MOV     CL，AH       ; CL=01H，保存余数，腾出 AH
AAM                  ; AL=AL/0AH=07H，AH=AH%0AH=04H。所以 AX=95/2=0407H
HLT                  ; 暂停
```

3.3.3 逻辑运算类指令

逻辑运算指令可以对字或字节执行逻辑运算。逻辑运算均是按位操作的，所以操作数常被看成位串。其中：src 可以为立即数、通用寄存器、存储器之一，dest 可为通用寄存器和存储器之一。但是不能使 dest 和 src 同时为存储器。这类指令包括 5 条指令，除了逻辑“非”指令（NOT）对 FR 不影响，其他指令均影响 SF、ZF 和 PF，使 CF=OF=0；AF 不确定。

- 逻辑“与”指令 AND dest，src
- 逻辑“或”指令 OR dest，src
- 逻辑“非”指令 NOT dest
- 逻辑“异或”指令 XOR dest，src
- 测试指令 TEST dest，src

1．逻辑“与”指令（AND）

格式：AND dest，src ; dest= dest∧src

说明：“与”操作为源操作数和目标操作数的对应位有 0 则为 0，全 1 则为 1。操作后的结果存入目标操作数。

应用：“与”操作常常用于屏蔽掉不关心的位，保留感兴趣的位。一般若想屏蔽某位，则使该位与 0，若想保留某位状态，则使该位与 1。常用 AND AX，AX 来影响 FR，且自身内容不改变。

【例 3-55】 AND 指令格式举例。

```
AND     AL，BL           ; AL=AL∧BL
AND     CX，DX           ; CX=CX∧DX
AND     CL，33H          ; CL=CL∧33H
AND     AX，[DI]         ; AX=DS:[DI]∧AX
AND     ARRAY[SI]，AL    ; DS:[SI+ARRAY] = DS:[SI+ARRAY]∧AL
```

【例 3-56】 将 1100 1001B 和 1000 0000B 相与，如图 3-35 所示。

```
MOV     AL，1100 1001B   ; AL=C9H
AND     AL，1000 0000B   ; AL=1000 0000B=80H
```

```
  1100 1001B
∧ 1000 0000B
------------
  1000 0000B
```

图 3-35 AND 操作

2．逻辑“或”指令（OR）

格式：OR dest，src ; dest= dest∨src

说明：逻辑“或”操作为源操作数和目标操作数的对应位有 1 则为 1，全 0 则为 0，操作后的结果存入目标操作数。

应用：“或”操作（OR）常用于把某位置 1（即相应位与 1“或”）。例如：置符号位，也可以把非压缩型 BCD 码通过与 30H 或转换成相应的 ASCII 码。常用 OR AX，AX 来影响 FR，且不改变自身内容。

【例 3-57】 OR 指令格式举例。

```
OR   AH，BL          ；AH=AH∨BL
OR   SI， DX         ；SI=SI∨DX
OR   DH，0A3H        ；DH=DH∨0A3H
OR   DX，[BX]        ；DX 与字单元的内容相或
```

【例 3-58】 将 06H 与 30H 相或，如图 3-36 所示。

```
MOV    AL，06H       ；AL=06H
OR     AL，30H       ；AL=06H∨30H=36H
```

```
  0000 0110B
∨ 0011 0000B
------------
  0011 0110B
```

图 3-36 OR 操作

3. 逻辑“非”指令（NOT）

格式：NOT dest ；dest=使 dest 各位求反

说明：dest 各位是 0 则为 1，是 1 则为 0。

【例 3-59】 NOT 指令格式举例。

```
NOT    CH            ；CH 所有位取反
NOT    AX            ；AX 所有位取反
NOT    TEMP          ；数据段由 TEMP 寻址的存储单元的所有位取反
```

【例 3-60】 将 0010 1010B 求反。

```
MOV    AL，0010 1010B    ；AL=0010 1010B
NOT    AL                ；AL=1101 0101B
```

4. 逻辑“异或”指令（XOR）

格式：XOR dest， src ； dest = dest ⊕ src

说明：“异或”是将源操作数与目标操作数的对应位进行异或，若对应位相同，则结果为 0，不同则为 1。

应用：“异或”操作可以实现将某些位求反（即想求反的位同 1“异或”），而其他位不变（和 0“异或”）。也常用于将自身清零且 CF=0，如 XOR AX，AX。

【例 3-61】 XOR 指令格式举例。

```
XOR    CH， DL         ； CH = CH ⊕ DL
XOR    DI，00DDH       ； DI = DI ⊕ 00DDH
XOR    DX， [SI]       ； DX= DS:[SI] ⊕ DX
```

【例 3-62】 将 0010 1010B 与 0000 1111B 相异或，如图 3-37 所示。

```
MOV    AL，0010 1010B
XOR    AL，0000 1111B    ；AL=0010 0101B
```

```
  0010 1010B
⊕ 0000 1111B
------------
  0010 0101B
```

图 3 37 XOR 操作

5. 测试指令（TEST）

格式：TEST dest， src

操作：同 AND 操作，但不存结果，只影响 FR，与 CMP 和 SUB 的关系相似。

说明：

1）测试指令 TEST 同 AND 指令操作类似，只是影响 FR 而不存结果。

2）TEST 可对某些位进行测试，又不影响该位的状态。可通过使测试位和 1“与”，而不测试位和 0“与”来实现。

【例 3-63】 TEST 指令格式举例。

```
TEST    DL，DH    ；DL 与 DH，DL 和 DH 都不变，只改变标志 FR
TEST    CX，BX    ；CX 与 BX，CX 和 BX 都不变，只改变标志 FR
TEST    AH， 4    ；AH 和 4“与”操作，但 AH 不变，影响 FR。用作测试 D2 位的状态
```

【例 3-64】 编制程序实现将内存中 DA1 的低 4 位与 DA2 的高 4 位合并成一个新字节数，并存入 DA3 单元中，如图 3-38 所示。

分析：可通过逻辑“与”0 操作，实现屏蔽掉无用的位，用逻辑“或”操作实现合并。

参考程序：

```
MOV     AX，DATA
MOV     DS，AX
MOV     AL，DA1
AND     AL，0FH          ；屏蔽掉高 4 位
MOV     AH，DA2
AND     AH，0F0H         ；屏蔽掉低 4 位
OR      AL，AH           ；AL 和 AH 相或
MOV     DA3，AL
HLT                      ；暂停
```

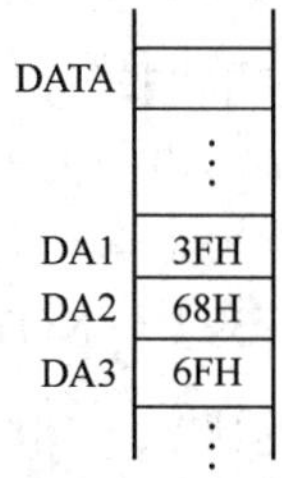

图 3-38 例 3-64 内存分配示意图

3.3.4 位移类指令

位移指令是把寄存器或存储单元中的数向左或向右移动 1～n 位。通过移位也可实现简单的算术运算，如乘 2（左移）和除 2（右移）等。这类指令有 5 种情况，可以实现：

{左移 / 右移}　{开环移 / 闭环移}　{带 CF 移 / 不带 CF 移}　{移一位 / 移多位（CL）}　{字节操作 / 字操作}

由此 8086/8088 提供了 16 条位移指令，如图 3-39 所示。

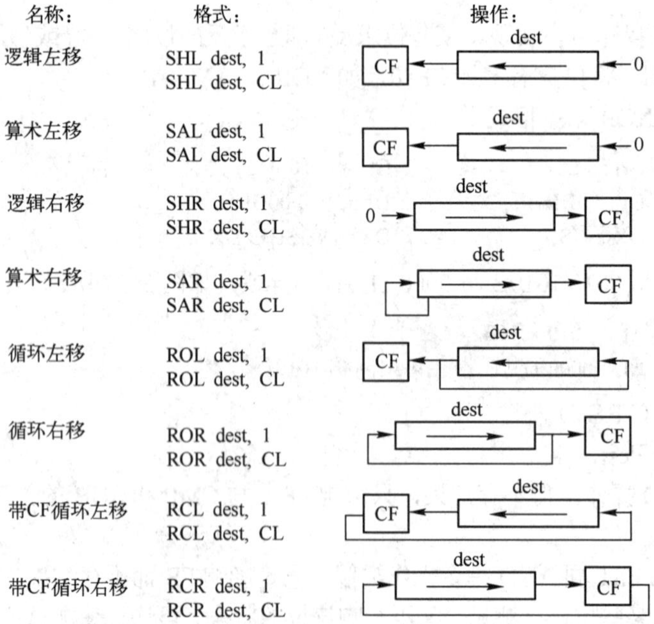

图 3-39 位移指令的格式与操作

位移指令说明：

1）dest 为通用寄存器或存储器，可以是字节操作，也可以是字操作。

2）当需要位移的次数大于 1 时，则必须把位移次数置于 CL 寄存器中，而位移指令中位移次数不用 1 而用 CL 即可。

3）位移指令均影响 CF，即移出的位将移入 CF。

4）移动 1 位后，若 CF 与最高位相同，则 OF=0；若不相同，则 OF=1，由此说明符号位有变化。

5）循环移位只对 CF 和 OF 有影响，其他移动对 CF、OF、SF、PF 和 ZF 均有影响。对 AF 的影响不确定。

【例 3-65】 编制程序实现计算 X×10=?。

分析：设 X 为字节数据并已在 AL 中，X×10=X×2×2×2+X×2，X 乘 10 后可能为 2 个字节，故还需要用 AH。下面采用三种方法实现，同时比较一下各程序运行时间。

方法一：用乘法指令，需要 77T。

```
MOV     BL，10          ；4T
MUL     BL              ；AX=AL*BL，71T
HLT                     ；2T
```

方法二：用算术左移指令实现，需要 17T。

```
MOV     AH，  0     ；  AX=X              ，4T
SAL     AX，  1     ；  AX=X*2            ，2T
MOV     BX，  AX    ；  BX=AX=X*2         ，2T
SAL     AX，  1     ；  AX=X*2*2          ，2T
SAL     AX，  1     ；  AX=X*2*2*2        ，2T
ADD     AX，  BX    ；  AX=X*2*2*2+X*2，3T
HLT                 ；                     2T
```

方法三：用加法指令实现，需要 20T。

```
MOV     AH，  0     ；   4T
ADD     AX，  AX    ；   3T
MOV     BX，  AX    ；   2T
ADD     AX，  AX    ；   3T
ADD     AX，  AX    ；   3T
ADD     AX，  BX    ；   3T
HLT                 ；   2T
```

【例 3-66】 内存中 4 位十进制数乘 10 后存入内存，应如何设计程序？

分析：4 位十进制数可用 2 个字节的压缩型 BCD 码来描述，乘以 10 后为 3 字节。如 4736×10＝47360，如图 3-40 所示。采用移位指令实现 4736 整体左移 4 位二进制数位，如图 3-41 所示。

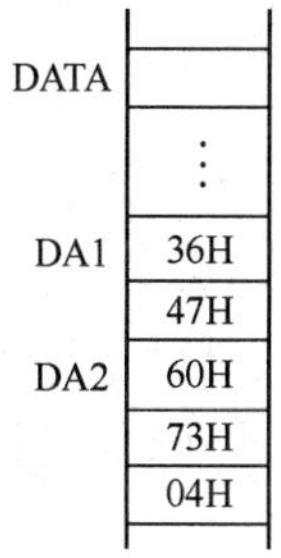

图 3-40　例 3-66 内存分配示意图

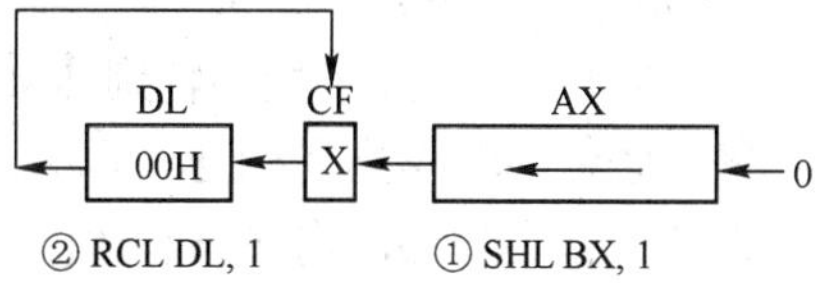

图 3-41　例 3-66 的解决方案

参考程序：

```
        MOV     AX，DATA
        MOV     DS，AX          ；定义当前数据段
        MOV     AX，DA1         ；取数 AX=4736H
        XOR     DL，DL          ；DL=0
        MOV     CX，4           ；设计数器 CX=4
    LP：SHL     AX，1           ；AX 逻辑左移 1 位
        RCL     DL，1           ；DL 带 CF 循环左移 1 位
        LOOP    LP              ；CX=CX-1，若 CX≠0 转去 LP，CX=0 则退出循环，顺序执行
        MOV     DA2，AX         ；保存结果
        MOV     DA2+2，DL
        HLT                     ；暂停
```

【例 3-67】 将内存中 1 字节压缩型 BCD 码拆成 2 字节非压缩型 BCD 码，并存入内存中，内存分配示意图如图 3-42 所示。

分析：设 1 字节压缩型 BCD 码为 36H，已存放于内存中。将其取出后和 0FH 进行与（AND）操作，可得到 06H，再将数据取出，逻辑右移 4 位（SHR）可得到 03H。

参考程序：

```
MOV     AX，DATA
MOV     DS，AX
MOV     AL，DA1         ；AL=36H
AND     AL，0FH         ；AL=36H∧0FH=06H
MOV     DA2，AL
MOV     AL，DA1         ；AL=36H
MOV     CL，4
SHR     AL，CL          ；AL=03H
MOV     DA2+1，AL
HLT                     ；暂停
```

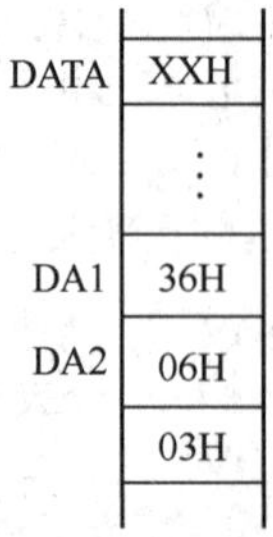

图 3-42　例 3-67 内存分配示意图

3.3.5　转移类指令

在 80x86 实模式下，指令执行顺序完全由 CS 和 IP 提供的指令的地址来决定。如果是顺序执行，则 IP 应是自动增 1 变化；如果希望指令改变执行顺序，使程序发生转移，则只要改变 CS 和 IP 的内容即可，而 CS 和 IP 是不能通过传送指令来改变其内容的。8086/8088 CPU 提供了程序转移指令，这类指令的功能是将指令中给出的目标地址放入 CS 和 IP 中，使得程序发生转移。控制转移类指令包括 6 类：

- 无条件转移指令　JMP　dest
- 条件转移指令　Jxx　dest
- 循环指令　LOOP　dest
- 调用指令/返回指令　CALL　dest/RET
- 中断指令/中断返回指令　INT　n / IRET

1．无条件转移指令（JMP）

格式：　JMP　dest　　　；程序转到 dest 处，dest 为提供转移目的地址的信息

功能：使程序无条件地转移到目标处，目标通常用标号来表示，也可以是目标地址。

说明：无条件转移指令分为段内转移和段间转移两种情况。

(1）段内转移

CS 不变，目标地址的有效值由 dest 描述，dest 可以是 8 位/16 位二进制补码 disp，也可以是 16 位的通用寄存器 R16 或 16 位的存储器 M16。dest 的不同描述引出了 3 种寻址方式。

1）相对寻址：指令中操作数部分为目标地址和当前 IP（即取出转移指令后的 IP 值）之间的距离（字节数），又称为位移量 disp（补码），指令执行使得 IP=IP+disp。若 disp 为负数，则将向较小地址方向转移，若 disp 为正数，则将向较大地址方向转移，如图 3-43 所示。当位移量为 8 位二进制补码数 disp8，则转移的范围为–128～+127，称为短转移。当位移量为 16 位二进制补码数 disp16，则转移的范围为–32768～+32767，称为近转移。此种寻址的段内转移指令由 2～3 字节构成，格式为：

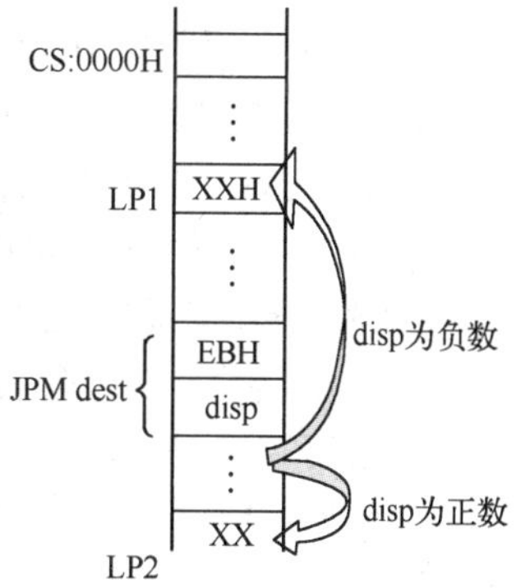

图 3-43　相对转移指令示意图

JMP　目标地址　　;

操作码(EBH)	disp(1字节)
	补码

E9H	disp(2字节)
	补码

2）寄存器间接寻址：目标地址的 EA 在 16 位通用寄存器 R16 中，即指令执行后 IP=R16。此种寻址的段内转移指令由 2 字节组成，其格式为：

JMP　R16　　;

FF	MOD 100 R/M

3）存储器间接寻址：目标地址的EA在16位存储器单元M16中，即指令执行后IP=[mem16]。其中 mem16 为 M16 的 EA，与数据型操作数的存储器寻址方式相同，可由 3 个分量构成。此种寻址的段内转移指令由 2～4 字节构成，其格式为：

JMP　[mem16]　　;

FF	MOD 100 R/M	disp(0～2字节)

(2）段间转移

段间转移是指由一个代码段转移到另一个代码段，此时 CS 和 IP 均被修改。dest 为 32 位逻辑地址 CS':IP'或 32 位存储器单元 M32。段间转移分为直接寻址和间接寻址。

1）直接寻址，转移的目标地址 CS':IP' 在指令当中直接提供，即指令由 5 字节组成。其格式为：

JMP　CS':IP'　　;

EA	IP'	CS'
1 字节		4 字节

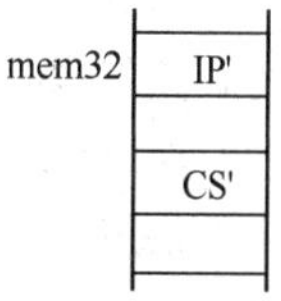

图 3-44　内存中目标地址的存放格式

2）间接寻址，转移的目标地址 CS':IP'在内存中的连续 4 个单元里，其存放格式如图 3-44 所示，指令由 2～4 个字节组成，其组成格式为：

JMP　[mem32]　　;

FF	MOD 101 R/M	disp(0～2字节)

【例 3-68】

```
JMP   1100H          ；指令机器码=E9FD00H
                     ；设本指令存放在 CS:1000H 开始的单元中，执行时程序将转移到
                     ；IP=当前 IP 值+指令中给出的位移量=1003H+00FDH=1100H
JMP   LP1                      ；程序将转移到标号为 LP1 处
JMP   AX                       ；段内转移，转移的目标地址偏移量在 AX 中
```

```
JMP    WORD   PTR [BX+SI+20H]      ；段内转移，转移的目标地址偏移量在DS:[BX+SI+20]中
JMP    1000H:2000H                 ；段间转移，转移的目标地址为1000H:2000H
JMP    DWORD   PTR [BP][DI]        ；转移的目标地址在SS:[BP+SI]所指的连续4个单元中
```

2. 条件转移类指令（Jxx）

格式：Jxx　dest　；其中xx为条件，dest为目标地址标号或目标地址的偏移量

功能：当条件成立则转到dest处，条件不成立则顺序执行下面指令。

说明：条件转移类指令共同的特点是：

1）当条件成立或满足条件时，则转移到指定的目标地址处，否则顺序执行程序。这个条件以标志寄存器FR中的一个或几个状态位的状态为判断依据。

2）所有条件转移指令均是段内相对转移指令，均为2字节指令。

操作码	位移量disp8

补码

转移的范围为：距当前IP值–128～+127。在指令中的操作数dest常为一个短标号来表示目标地址的位置，指令代码中操作数为位移量disp8。

3）使用条件转移指令之前通常执行一些算术运算、逻辑运算、比较、测试等指令，影响FR中有关的状态位，然后根据一个或几个状态决定是否转移。

条件转移类指令共有18条指令，分为3类：

- 简单条件转移指令（10条）。
- 无符号数条件转移指令（4条）。
- 有符号数条件转移指令（4条）。

（1）简单条件转移指令

格式：

1）有进位/有借位转移：　JC　dest　；CF=1 转移到dest指明的目标处

2）无进位/无借位转移：　JNC　dest　；CF=0 转移到dest指明的目标处

3）相等/等于0转移：　JE/JZ　dest　；ZF=1 转移到dest指明的目标处

4）不相等/不等于0转移：　JNE/JNZ　dest　；ZF=0 转移到dest指明的目标处

5）负转移：　JS　dest　；SF=1 转移到dest指明的目标处

6）正转移：　JNS　dest　；SF=0 转移到dest指明的目标处

7）偶转移：　JP/JPE　dest　；PF=1 转移到dest指明的目标处

8）奇转移：　JNP/JPO　dest　；PF=0 转移到dest指明的目标处

9）有溢出转移：　JO　dest　；OF=1 转移到dest指明的目标处

10）无溢出转移：　JNO　dest　；OF=0 转移到dest指明的目标处

【例3-69】 内存中有10个1字节的有符号字节数，统计正数的个数，存入BL中，负数的个数存入BH中。

分析：用DS指向数据段，用SI作为数据指针。判断符号的方法有：

```
SHL    AL，1                      ；用JC判断
AND    AL，80H / TEST   AL，80H   ；用JS或JZ判断
AND    AL，AL / OR   AL，AL       ；用JS判断
ADD    AL，0 / SUB   AL，0        ；用JS判断
```

参考程序：

```
        MOV     AX，DATA          ；定义当前数据段
        MOV     DS，AX
        MOV     CX，10            ；设置计数器，初值=10
        LEA     SI，DA1           ；设置数据区指针
LP0：   MOV     AL，[SI]          ；取 1 个数
        AND     AL，AL            ；用 AND 影响 SF 来测试符号位状态
        JS      LP1               ；为负数转到 LP1
        INC     BL                ；为正数则正数计数器 BL 加 1
        JMP     LP2               ；值得注意：初学编程者此条指令最易丢失
LP1：   INC     BH                ；负数计数器 BH 加 1
LP2：   INC     SI                ；数据指针加 1
        LOOP    LP0               ；CX=CX−1，若 CX≠0 转到 LP0
        HLT                       ；处理器暂停
```

【例 3-70】 内存中 100 个 1 字节的无符号数相加，和存入内存中。

分析：编程思想为设数据指针指向操作数，选一个累计器 AX（和为 2 字节），采用循环将操作数累加的方法，判断进位位，有进位则高字节加 1。编程流程如图 3-45 所示。

参考程序：

```
        MOV     CX，100           ；循环次数
        MOV     AX，DATA          ；设数据段为当前段
        MOV     DS，AX
        LEA     SI，DA1           ；数据指针→SI
        XOR     AX，AX            ；累加器清零
LP2：   ADD     AL，[SI]          ；往累加器中加 1 字节
        JNC     LP1               ；无进位则跳转到 LP1
        INC     AH                ；有进位则高字节加 1
LP1：   INC     SI                ；指针增 1
        DEC     CX                ；循环次数减 1
        JNZ     LP2               ；若 CX=0，则退出循环
        MOV     [SI]，AX
        HLT
```

【例 3-71】 100 位十进制数乘 10，如何设计程序？

分析：若用压缩型 BCD 码存放数据，则需要 50 个字节。50 字节 BCD 码×10=51 字节 BCD 码，如图 3-46 所示。根据本例的具体问题确定编程思想延用例 3-63 循环左移指令 RCL 方法。即将上次的 CF 移入最低位，将最高位移出到 CF。

用 AH 存放乘积的最高位，通过 XOR　AH,AH 指令，同时使 CF 和 AH 清零，编程流程图如图 3-47 所示。采用双循环如下。

1）内循环：实现 100 位 BCD 码即 400 位二进制数左移一位，CL=50 作内循环次数计数器。

2）外循环：实现 100 位 BCD 码左移 4 次，CH=04 作外循环次数计数器。

参考程序：

```
        MOV     AX，DATA
        MOV     DS，AX       ；设置段基值
        XOR     AH，AH       ；CF=0，AH=0
        MOV     CH，4        ；外循环次数→CH
        LEA     SI，TAB1     ；置源数据地址指针
LP1：   LEA     DI，TAB2     ；置目标地址指针
        MOV     CL，50       ；内循环次数→CL
LP2：   MOV     AL，[SI]     ；取数
        RCL     AL，1        ；左移 1 位
        MOV     [DI]，AL     ；存数
```

```
        INC     SI          ；指针增 1
        INC     DI          ；指针增 1
        DEC     CL          ；内循环次数减 1，即 CL=CL-1
        JNZ     LP2         ；CL≠0 则循环
        RCL     AH，1       ；高位移入 AH
        LEA     SI，TAB2    ；置源数据地址指针
        DEC     CH          ；外循环次数减 1，即 CH=CH-1
        JNZ     LP1         ；CH≠0 则循环
        MOV     [DI]，AH    ；保存最高位
        HLT
```

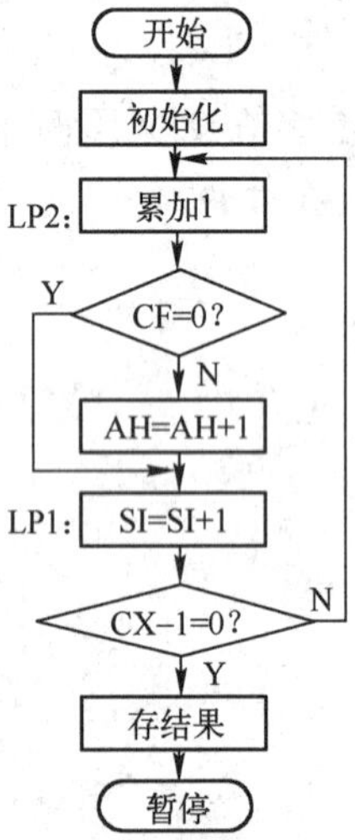

图 3-45　例 3-70 编程流程图

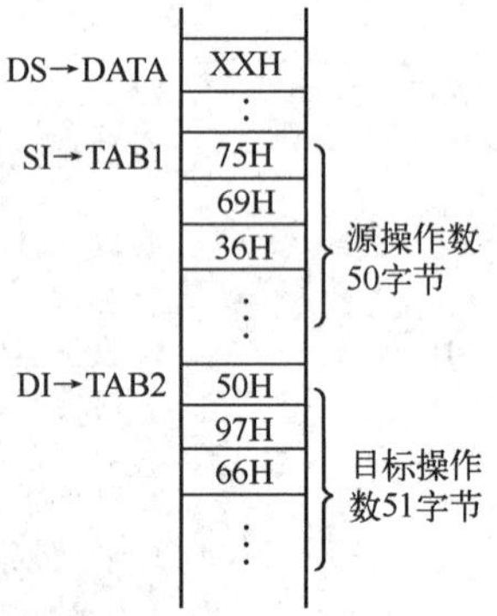

图 3-46　例 3-71 内存示意图

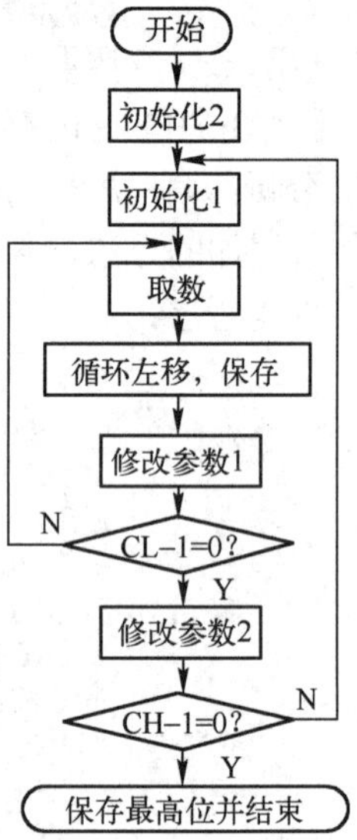

图 3-47　例 3-71 编程流程图

（2）无符号数条件转移指令

若 A 和 B 为两个无符号数，在条件转移指令前，用比较指令 CMP 或减法指令 SUB 实现 A–B 操作，影响 FR，利用无符号数条件转移指令判断 FR 中的某些状态，决定程序走向。

格式：

1）A≥B 高于或等于/不低于转移：　JAE/JNB　dest　；CF=0　转移

2）A>B　高于/不低于也不等于转移：JA/JNBE　dest　；CF=0　且　ZF=0　转移

3）A≤B 低于或等于/不高于转移：　JBE/JNA　dest　；CF=1　或　ZF=1　转移

4）A<B　低于/不高于也不等于转移：JB/JNAE　dest　；CF=1　转移

说明：上述指令中，JAE　dest 和 JNB　dest 指令效果一样，其他类同。

（3）有符号数条件转移指令

若 A、B 两数均为有符号数，当作比较（A–B）后，可用下面指令判断是否转移。

格式：

1）A>B　大于/不小于也不等于转移：　JG/JNLE　dest　；SF=OF 且 ZF=0 转移

2）A≥B 大于或等于/不小于转移：　　JGE/JNL　dest　；SF=OF　转移

3）A<B　小于/不大于也不等于转移：　JL/JNGE　dest　；SF 不等于 OF 且 ZF=0 转移

4）A<=B 小于或等于/不大于转移：　　JLE/JNG　dest　；SF 不等于 OF 或 ZF=1 转移

【例 3-72】　在内存 DATA 段内的 100 个有符号数中找出最大数，存于内存。

分析：设计数据指针指向操作数，AL 暂存较大数，取第一个数存入 AL 作为初值，用 AL 逐一与其余 99 个数比较，将较大的存入 AL。编程流程如图 3-48 所示。值得注意的是，对于比较有符号数的大小，应该采用 JG、JNG、JL 和 JNL 指令。

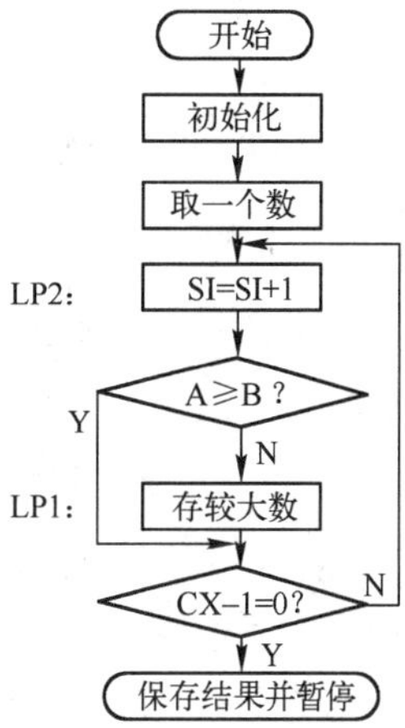

图 3-48　例 3-72 编程流程图

参考程序：

```
        MOV     CX, 99          ; 循环次数
        MOV     AX, DATA        ; 设段基值
        MOV     DS, AX
        LEA     SI, DA1         ; 数据指针→SI
        MOV     AL, [SI]        ; 取一个数
LP2:    INC     SI              ; 指针增 1
        CMP     AL, [SI]        ; AL-[SI]
        JGE     LP1             ; AL≥[SI]则跳转到 LP1
        MOV     AL, [SI]        ; 暂存较大的数
LP1:    DEC     CX              ; CX=CX-1
        JNZ     LP2             ; 若 CX=0，则退出循环
        MOV     [SI+1], AL      ; 存最大数
        HLT
```

3．循环指令（LOOP）

功能：这类指令都是两字节指令，dest 常为目标地址偏移量或目标地址的标号。

格式：LOOP　dest　；

操作码(E2H)	disp8
	补码

其中：指令中对目标地址的描述同样为相对位移量 disp8（8 位补码形式的二进制数），它表示循环指令的下一条指令的首字节与目标地址单元之间的字节数。当满足循环条件则转去执行循环，即 IP←IP+disp8。

这类指令均隐含 CX 作为循环次数计数器，进入循环前需要设置好循环次数，在执行循环指令时会自动使 CX 减 1，同时判断 CX 是否为 0，若 CX=0，则即刻停止循环，顺序执行下面的指令；当 CX≠0，进行循环转移。

循环类指令包括如下 4 条指令，其格式与操作为：

1）LOOP　　dest ；CX=CX-1，若 CX≠0 则转去循环，若 CX=0 则顺序执行下面程序

2）LOOPE　　dest 或 LOOPZ　dest

；CX←CX-1，若 ZF=1 且 CX≠0，则循环，否则顺序执行下面程序

3）LOOPNE　dest 或 LOOPNZ　dest

；CX←CX-1，若 ZF=0 且 CX ≠0，则循环，否则顺序执行下面程序

4）JCXZ　　dest ；测试现有的寄存器 CX 的内容，若 CX=0 则循环

【例 3-73】　把 DATA 段中 0020H 单元开始的 30H 个字节送到 0100H 开始的单元中，如图 3-49 所示。

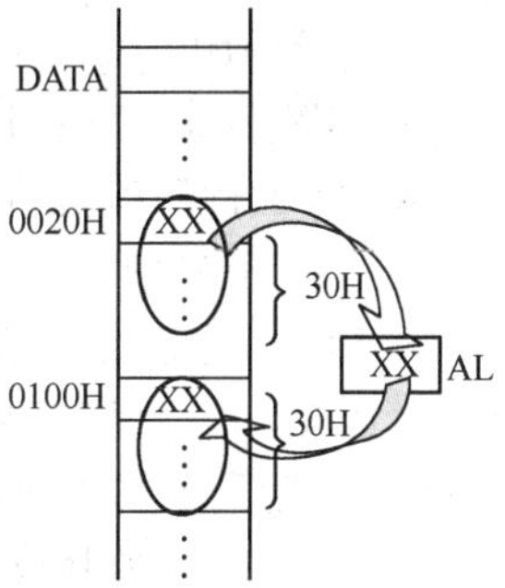

图 3-49　例 3-73 内存操作图

分析：用 SI 作为源数据指针，DI 作为目标数据指针，AL 作为中间单元，CX 作为计数器，采用循环传送的方法实现数据块的搬移。

参考程序：

```
        MOV     AX, DATA       ; 设置当前数据段
        MOV     DS, AX
        MOV     SI, 0020H      ; 设置源数据指针 SI
        MOV     DI, 0100H      ; 设置目标数据指针 DI
        MOV     CX, 0030H      ; 设置数据计数初值
LOP:    MOV     AL, [SI]       ; 取 1 字节
        MOV     [DI], AL       ; 存入目标单元中
        INC     SI             ; 源数据指针增一
        INC     DI             ; 目标数据指针增一
        LOOP    LOP            ; CX=CX-1=0 退出循环
        HLT                    ; 暂停
```

【例 3-74】 设内存中在 TAB1 处开始存有 100 个字节，试编制程序实现查找‘$’字符。若查找到‘$’字符，则将 TAB2 单元中存入‘Y’；若没查找到‘$’字符，则将 TAB2 单元中存入‘N’。图 3-50 为内存分配示意图。

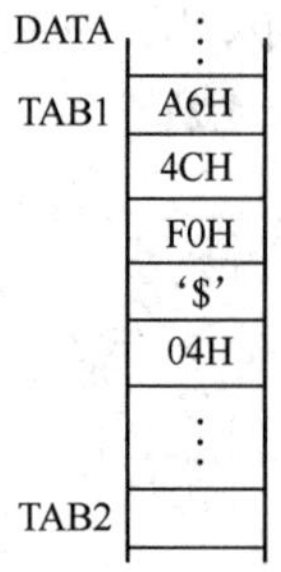

图 3-50 例 3-74 内存分配示意图

参考程序：

```
        MOV     AX, DATA       ; 设置当前数据段
        MOV     DS, AX
        LEA     BX, TAB1       ; 设置数据指针
        MOV     CX, 100        ; 设置循环次数
LP0:    MOV     AL, [BX]       ; 取 1 个数
        INC     BX             ; 指针指向下一个数据
        CMP     AL, '$'        ; 比较是否为'$'
        LOOPNZ  LP0            ; CX≠0 且 ZF=0 转移到 LP0
        JZ      LP1            ; ZF=1，说明找到了'$'
        MOV     TAB2, 'N'      ; 没找到'$'，存入‘N’
        JMP     LP2
LP1:    MOV     TAB2, 'Y'      ; 找到了'$'，存入‘Y’
LP2:    HLT                    ; 暂停
```

注意：初学者易丢失程序中的 JMP　LP2 这条指令。

4. 调用指令（CALL）

CPU 在执行到调用指令时，将转去执行另一段程序（称为子程序或过程），当执行完该程序段后，要返回被打断处继续工作，这个过程称为调用。调用指令的下一条指令的首地址称为断点。

如图 3-51 所示，调用指令执行时将自动完成：

- 将断点处的CS和IP自动压栈保护。
- 将子程序或过程的入口地址装入 CS 和 IP 中。

子程序或过程结束前，应执行返回指令（RET），自动恢复断点状态，也就是把当前栈顶内容作为断点弹出到 CS 和 IP，使程序从 CS:IP 处继续工作。

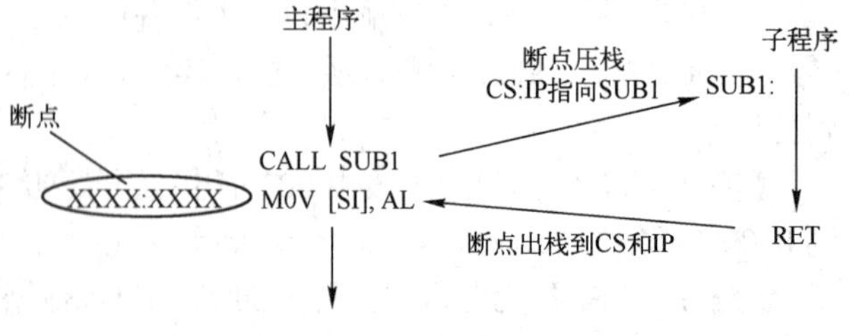

图 3-51 调用指令（CALL）示意图

由于子程序（过程）与主程序（或称调用指令）可以在同一段内，也可以不在同一段内，因此同无条件转移指令一样，也分为段

内调用和段间调用。

总格式：CALL　dest ；dest 为子程序的入口地址，可以是直接地址、标号、通用寄存器 R 或存储器 M。

（1）段内调用

段内调用又分为相对寻址和间接寻址两种情况。

1）相对寻址。

格式：CALL　dest　　；dest 为目标地址偏移量或标号

说明：段内调用 CS 不变，调用时将自动保护断点，将断点的 IP 压栈，如图 3-52 所示。子程序入口地址的偏移量 IP=IP+disp16，disp16 为 16 位补码形式的相对位移量。

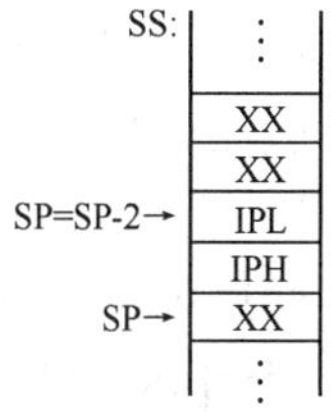

图 3-52　段内调用断点压栈保护

操作：

● 断点进栈，即 SP←SP-2，SS:[SP]←IP。

● IP←IP+disp16，CS 不变。

【例 3-75】

```
CALL    SUB1        ; 子程序入口地址 IP=当前 IP 值
                    ; +SUB1 与当前 IP 的距离
CALL    0110H       ; 此指令具有 3 字节 E80D00H 存放于 CS:0100H 开始的 3 个单元中
                    ; 子程序入口地址为 IP=IP+000DH=0103H+000DH=0110H
```

2）间接寻址。

格式： CALL　R16 或　CALL　M16　　；　dest 为 R16 或 M16

说明： dest 为 R16 或 M16 之一，用于存放子程序入口地址的偏移量。在调用时只自动将保护断点的 IP 压栈，而 CS 不变。

操作：

● 断点进栈，即 SP←SP-2，SS: [SP]←IP。

● IP←R16 或 IP←M16，CS 不变。

【例 3-76】

```
CALL    CX                          ; 子程序入口地址的偏移量为 CX 的内容
CALL    WORD  PTR [BX+SI+20H]       ; 子程序入口地址的 IP←[BX+SI+20H]单元中的字数据
```

（2）段间调用

段间调用又分为直接寻址和间接寻址两种情况。

1）直接寻址。

格式：CALL　dest　　　　；dest 为子程序入口地址的 CS':IP'

说明：dest 给出子程序入口地址的完整信息，即段基址 CS'和偏移量 IP'。断点的 CS 和 IP 将自动压栈保护。

操作：

● 断点进栈，即 SP←SP– 4，SS: [SP]←IP，SS: [SP+2]←CS。

● IP←IP'，CS←CS'。

【例 3-77】

```
CALL    2500H:1000H                 ; 子程序入口地址为 2500H:1000H
```

```
CALL    FAR  PTR  PROC  NAME        ；子程序入口地址在另一段内
CALL    FAR_PRG                     ；子程序入口地址在另一段内
```

2）间接寻址。

格式：CALL　M32　　　　　　　；目标地址存放在双字单元中

说明：dest 为 32 位存储单元 M32，即子程序入口存放于内存中连续的 4 个单元中。同样，调用时断点的 CS 和 IP 将自动压栈保护。

操作：

- 断点进栈，即 SP←SP−4，SS:[SP+3]和 SS: [SP+2]←CS，SS: [SP+1]和 SS: [SP]←IP。
- IP←[mem32+1][mem32]，CS←[mem32+3][mem32+2]。

【例 3-78】

```
CALL  DWORD  PTR  AR[BX][SI]  ；子程序入口地址在内存中
```

5. 返回指令（RET）

返回指令一般处于子程序或过程的最后一条指令的位置，分为段内返回和段间返回。从返回指令表面上看不出是段内返回还是段间返回，它自动与过程定义时的类型相匹配，但机器码是不同的。

返回指令的格式：RET　　；断点弹出，恢复调用前的状态

（1）段内返回指令

当调用指令所在的程序与子程序处在同一段内时，子程序中最后一条指令 RET 即被认为是段内返回指令，其指令代码为 C3H，功能为将 2 字节断点弹出到 IP 中，CS 不变。栈区的变化如图 3-53 所示，即完成 IP←SS:[SP]，SP←SP+2。

（2）段间返回指令

当调用指令所在的程序与子程序处在不同段时，子程序中最后一条指令 RET 即被认为是段间返回指令，其指令代码为 CBH，功能为将 4 字节断点弹出到 CS 和 IP 中。栈区的变化如图 3-54 所示，即完成 IP←SS:[SP]，CS←SS:[SP+2]，SP←SP+4。

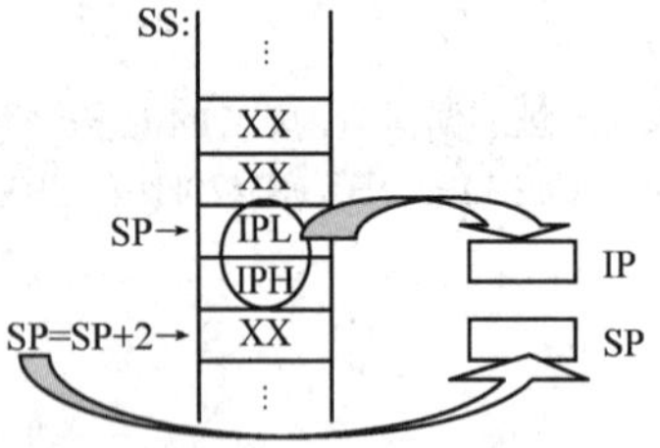

图 3-53　段内返回栈操作示意图

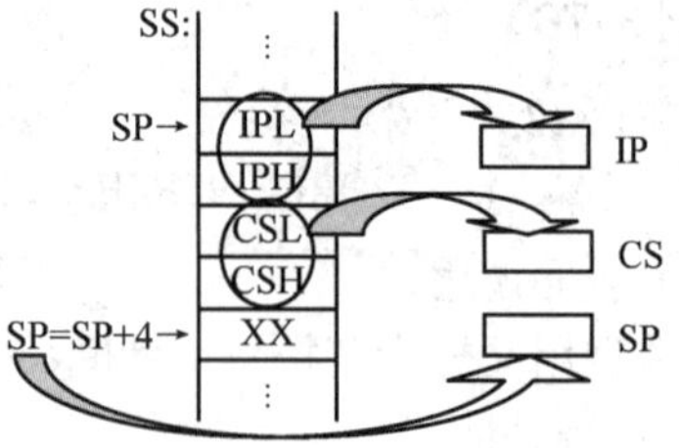

图 3-54　段间返回栈操作示意图

（3）带参数段内返回指令

返回指令还允许带一个返回值 n，通常 n 为 0～0FFFFH 中的任意偶数，返回值表示在子程序返回时从堆栈中舍弃的字节数，也就是在返回时栈指针 SP 除了加 2 外，还要加 n。

格式：　RET　n

功能：　IP←SS:[SP]，　SP←SP +2+n。

（4）带参数段间返回指令

格式：　RET　n

功能： IP←SS:[SP]， CS←SS:[SP+2]，SP←SP +4+n。

6. 中断指令（INT）

中断过程是由于某种原因打断 CPU 正常工作，而去执行另外事先已准备好的程序，当程序执行完后会自动返回被打断处，继续原来的工作，中断过程如图 3-55 所示。

中断过程和调用过程很相似，都是转移到另一段程序，执行完后返回，继续转移之前的工作。主要区别是引起转移的原因和转移过程不同，参见第 6 章。

中断分为软件中断和硬件中断两类。软件中断又称内部中断，是由软件原因或内部原因引起的中断。中断指令就属于软件中断，共有 3 条指令。

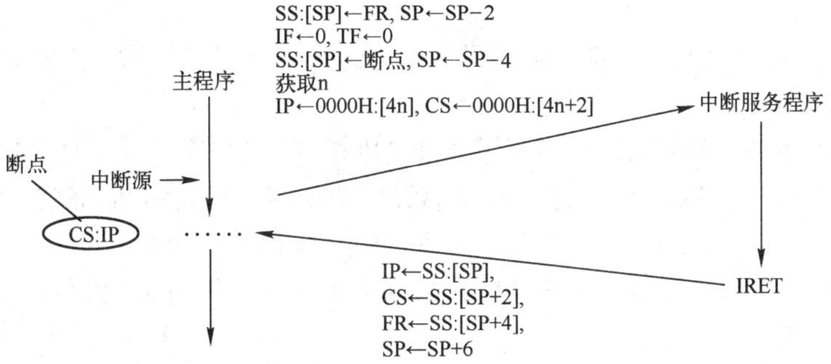

图 3-55　中断指令（INT　n）示意图

（1）中断指令（INT）

格式： INT　n

其中 n 为中断类型码，可为 0 至 255 中任意一值，n 确定了，即可到 0000H 段中 4n 开始的 4 个单元中找到该服务程序入口的地址。

功能：中断指令在执行时会自动完成一些工作。

1）FR 进栈。

2）IF、TF 清零。

3）断点进栈（当前的 CS 和 IP 称为断点，被压进堆栈，保护起来）。

4）将放在 0000H 段内 4n 开始的 4 个单元中存放的中断服务程序入口地址取出，存入 CS 和 IP 中。

操作：

1）SP←SP−2， SS:[SP]←FR。

2）IF←0，TF←0。

3）SP←SP−2，SS:[SP]←CS，SP←SP−2，SS:[SP]←IP。

4）CS←0000H:[4n+3]和 0000H:[4n+2]的内容，IP←0000H:[4n+1]和 0000H:[4n]的内容。

（2）溢出中断指令（INTO）

格式：INTO　　　　　　　；无操作数，相当于 INT　4，即 n=4

功能：检测 OF，如果 OF=1，启动中断过程（INT n; 其中 n=4）；如果 OF=0，无操作。

操作：

1）SP←SP−2， [SP]←FR。

2）IF←0， TF←0。

3）SP←SP−2， [SP]←CS，SP←SP−2，[SP]←IP。

4）CS←0000H: [0012H]，IP←0000H: [0010H]。

（3）中断返回指令（IRET）

格式：IRET　　　　；放在中断服务程序末尾

功能：当执行中断返回指令时，会自动完成断点出栈（CS 出栈，IP 出栈）和 FR 出栈。

操作：

IP←[SP]，SP←SP+2，CS←[SP]，SP←SP+2，FR←[SP]，SP←SP+2。

严格地讲，中断指令（INT　n）可有 256 条（n=0～255），实际上在 80x86 微机系统中有一些已被系统特殊定义了（详见 6.2 节），其中包括除 0 中断、BIOS 系统功能调用、DOS 软中断等，详见 4.4 节。

【例 3-79】　从键盘输入字符。若是回车键则退出程序，若是小写字母则显示对应的大写字母，否则直接显示。

分析：从键盘输入字符可采用 DOS 系统功能调用（INT　21H）中的 01H 号功能，键入字符的 ASCII 码将被存在 AL 中。屏幕显示字符可采用 02H 号功能，欲显示字符的 ASCII 码存入 DL 中。程序退出可采用 DOS 系统功能调用中的 4CH 号功能。调用 DOS 系统功能（INT 21H）要求如下：

1）传送入口参数到指定寄存器中（依据系统功能程序表中入口参数要求）。

2）将功能号送入 AH 寄存器中。

3）INT　21H。

回车键的 ASCII 码为 0DH。“A”～“Z”对应的 ASCII 码为 41H～5AH，“a”～“z”对应的 ASCII 码为 61H～7AH。所以，要将小写字母转换成大写字母，只需要将 ASCII 码减 20H。详见 4.4 节。

参考程序：

```
START:
        MOV    AH，01H      ；设置功能号，01H 号功能为从键盘上读入一个字符
        INT    21H          ；调用功能程序，将等待按键，按下键的 ASCII 码存放在 AL 中
        CMP    AL，0DH      ；判断按下的键是回车键吗？
        JZ     LP2          ；若是回车键，则转移到 LP2，即退出程序
        CMP    AL，61H      ；若不是回车键，与“a”比较
        JC     LP1          ；若 AL<“a”，则转去直接送显示
        CMP    AL，7BH      ；与“z”比较
        JNC    LP1          ；若 AL>“z”，则转去直接送显示
        SUB    AL，20H      ；否则为“a”≤AL≤“z”，则减 20H 转换成大写字母
LP1:    MOV    DL，AL       ；DL=欲显示字符的 ASCII 码
        MOV    AH，02H      ；设置 02H 号功能
        INT    21H          ；调用 DOS 系统功能软中断
        JMP    START        ；无条件转移到 START，重新开始读取新的键值、判断、…….
LP2:    MOV    AH，4CH      ；设置程序退出功能号 4CH
        INT    21H          ；调用功能程序，实现程序退出
```

【例 3-80】　键盘输入两个 1 位十进制数相加，并将和在屏幕上显示出来。

分析：

1）用 DOS 系统功能调用（ INT　21H ）中的 01H 号功能实现从键盘输入字符。

2）用02H号功能实现屏幕显示字符，欲显示字符的ASCII码存入DL中。

3）ASCII 码 1（键入的第 1 个字符）+ASCII 码 2（键入的第 2 个字符）→调十进制调整指

令（AAA）→AX=非压缩型 BCD 码→将和转成 ASCII 码→送显示（02H 号功能），如图 3-56 所示。

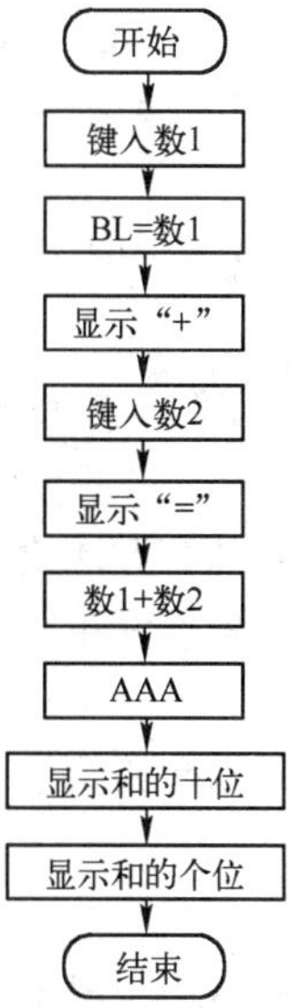

图 3-56 例 3-80 编程流程图

参考程序：

```
START:
    MOV     AH，01H
    INT     21H         ；从键盘上读数 1→AL
    MOV     BL，AL      ；暂存刚读入的数据到 BL
    MOV     DL，2BH     ；显示“+”
    MOV     AH，02H
    INT     21H
    MOV     AH，01H
    INT     21H         ；从键盘上读数 2→AL
    MOV     BH，AL      ；暂存刚读入的数据到 BH
    MOV     DL，3DH     ；显示“=”
    MOV     AH，02H
    INT     21H
    MOV     AL，BH
    XOR     AH，AH      ；使 AH=0，清除和的高字节单元
    ADD     AL，BL      ；AL=数 1+数 2
    AAA                 ；十进制调整指令
    MOV     BL，AL
    OR      AH，30H     ；将和的十位数转换成 ASCII 码
    MOV     DL，AH      ；DL=和十位数的 ASCII 码
    MOV     AH，2       ；设置显示功能号
    INT     21H         ；显示和的十位数
    ADD     BL，30H     ；和的个位数转换成 ASCII 码
    MOV     DL，BL      ；DL=和个位数的 ASCII 码
    MOV     AH，2       ；设置显示功能号
    INT     21H         ；显示和的个位数
    MOV     AH，4CH     ；设置程序退出功能号 4CH
    INT     21H         ；程序退出
```

3.3.6 串操作类指令

已介绍的指令均是对字节或字进行处理的指令。除此之外，8086/8088 还给出了串操作指令。串操作一般情况下处理的数据不只是一个字节（或字），而是指在内存中地址连续的字节串（或字串），也就是处理一组数据或字符，这个数据串的长度最长为 64KB。

串操作类指令要求 SI 为源串操作数指针，DI 为目标串操作数指针，每条指令一般只处理一个字节（或字）数据，而且每处理完一个数据，其地址指针会自动±1（或±2），指向下一个要处理的数据。指针是增还是减取决于 FR 中 DF 的状态（当 DF=0，则增址；DF=1，则减址）。指针是增（减）1 还是增（减）2 取决于是字节操作，还是字操作。

另外，有些指令前若加上前缀（REP 等），则可以自动处理多个数据（相当于执行了循环指令），但是数据长度一定要事先存入 CX 中。

串操作指令共有以下 5 条指令：

- 串传送指令 MOVS dest，src ；ES:[DI]←DS:[SI]，将源串数据传送到目标串处

● 串比较指令 CMPS　dest，src　；DS:[SI]−ES:[DI]，源串−目标串，影响 FR
● 串搜索指令 SCAS　dest　；AL−ES:[DI]或 AX−ES:[DI]，影响 FR，从而判
　　　　　　　　　　　　　；断出目标串中是否查找到AL或AX中的字节或字
● 串读取指令 LODS　src　；AL←DS:[SI]或 AX←DS:[SI]，将源串中字节或字
　　　　　　　　　　　　　；读到AL或AX中
● 串写入指令 STOS　dest　；ES:[DI]←AL 或 ES:[DI]←AX，将 AL 或 AX 中字节
　　　　　　　　　　　　　；或字送到目标串中

8086/8088 还给出了 3 种重复前缀：

1）无条件重复前缀：　REP　　；若放在串操作指令之前，可使该串指令执
　　　　　　　　　　　　　　　；行到CX=0为止

2）相等或等于 0 重复前缀：REPE 或 REPZ
　　　　　　　　　　　　　　　；若放在串操作指令之前，可使该串指令
　　　　　　　　　　　　　　　；执行到ZF=0或CX=0为止

3）不相等或不等于 0 重复前缀：REPNE 或 REPNZ
　　　　　　　　　　　　　　　；若放在串操作指令之前，可使该串
　　　　　　　　　　　　　　　；指令执行到ZF=1或CX=0为止

串操作指令说明：

1）源操作数寻址方式只能是 XX:[SI]，其中 XX 可为 CS、DS、SS、ES 之一，若是 DS 则可缺省不写。

2）目标操作数寻址方式只能是 ES:[DI]， ES 不能替换，但可缺省不写。

3）数据指针在每操作一个数后会自动修改，修改方向取决于 FR 中 DF 的状态。若 DF=1 则会自动减 1（字节操作）或减 2（字操作）；若 DF=0 则会自动增 1（字节操作）或增 2（字操作）。所以在执行这类指令之前，必须用如下指令设置 DF 状态：

```
CLD     ；清 DF（DF=0）
STD     ；置 DF（DF=1）
```

4）使用重复前缀 REP 等时，数据长度必须事先存放在 CX 中，且数据长度≥1。

5）可以字操作也可以字节操作，其地址指针变化不同。

字节操作：地址指针自动加 1 或减 1，若用 CX 存放，则字节数可为 1～FFFFH。

字操作：地址指针自动加 2 或减 2，若用 CX 存放，则字的个数可为 1～8000H。

6）这类指令本身是对某一个字/字节数据处理的。若需要处理多个数据，则需要在串操作指令前加上前缀，具体操作如下。

● CX 为数据长度。
● 串操作指令前加上重复前缀 REP、REPE、REPZ、REPNE 或 REPNZ 之一即可。

但是，不是所有串操作指令前均可加前缀，只有：

● 在 MOVS 和 STOS 前可加 REP 前缀。
● 在 CMPS 和 SCAS 前可加 REPE 或 REPNE 前缀。
● 而 LODS 前一般不加重复前缀，因为将源串中的操作数重复读到累加器中无意义。

7）这类指令均可以简写成无操作数形式（常采用的格式），但此时两个操作数必须是：源操作数为 DS:[SI]，目标操作数为 ES:[DI]，而且可用 B 或 W 反映出是字节操作，还是字操作，同样可以在这类指令前加相应的重复前缀。

```
MOVSB       CMPSB       SCASB       LODSB       STOSB
MOVSW       CMPSW       SCASW       LODSW       STOSW
```

【例 3-81】 串操作指令书写格式举例。

```
MOVS    ES:DAT2，DAT1   ；只有串操作指令可以是源操作数与目标操作数同时为内存数据
REP     MOVS  BYTE  PTR BUF2，SS:BUF1
                        ；源操作数的段寄存器用 SS 时不能缺省，目标操作数的 ES 可缺省
REPE    CMPS  WORD PTR [DI]，[SI+20H]
                        ；比较两字串，直到 ZF=0（不相等）或 CX=0（数比较完了）为止
REPNE   SCASB           ；从 DS:[SI]所指字节串中找到 AL 的内容，直到 ZF=1（找到）
                        ；或 CX=0（找完）为止
LODSW                   ；将 DS:[SI]中的字读到 AX 中，同时若 DF=0 则 SI=SI+2，若 DF=1
                        ；则 SI=SI-2
REP     STOSB           ；将 AL 装入到 ES:[DI]所指的字节串中，直到 CX=0 为止
```

非法的格式：

```
MOVS   AX，[BX+SI]      ；源操作数只能是 XX:[SI]，目标操作数只能是 ES:[DI]
MOVS   DA1，DA2         ；必须说明 DA1 处于 ES 段，DA2 默认段寄存器为 DS
MOVS   [DI]，[SI]       ；必须说明类型: BYTE  PTR 或 WORD  PTR
```

【例 3-82】 把 DATA1 段中 0020H 开始的 30H 个字节送到 DATA2 段中 0100H 开始的单元中，如图 3-57 所示。

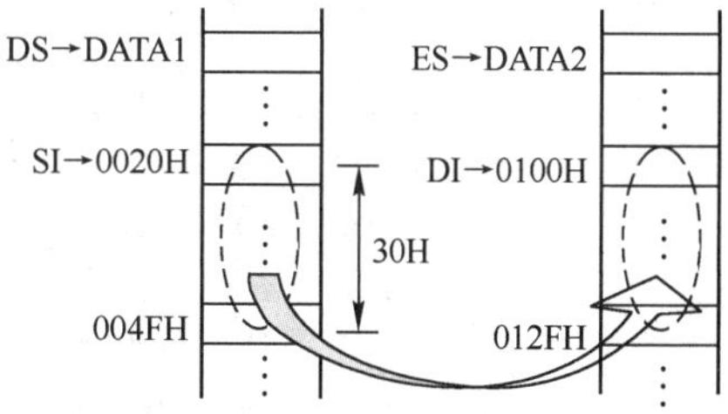

图 3-57　例 3-82 内存分配示意图

分析：可以采用多种方案完成题目。

方案一：采用 MOV 指令。

```
        MOV    AX， DATA1
        MOV    DS， AX
        MOV    AX， DATA2
        MOV    ES， AX          ；ES 指向目标数据段
        MOV    SI， 0020H       ；SI 为源数组指针
        MOV    DI， 0100H       ；DI 为目标数组指针
        MOV    CX， 0030H       ；CX 为计数器
LOP:    MOV    AL，[SI]         ；取一源数组数据存到 AL
        MOV    ES:[DI]，AL      ；将 AL 内容存到目标数组中
        INC    SI               ；源数组指针增 1，指向下一数据
        INC    DI               ；目标数组指针增 1，指向下一数据
        LOOP   LOP              ；CX=CX−1，若 CX=0 退出循环，否则转到 LOP
        MOV    AH，4CH          ；设置 4CH 号功能
        INT    21H              ；调用 DOS 功能，使程序退出
```

方案二：采用 MOVS 指令。

```
        MOV    AX，DATA1
        MOV    DS，AX
        MOV    AX，DATA2
        MOV    ES，AX
        MOV    SI，0020H
```

```
        MOV     DI，0100H
        MOV     CX，0030H
        CLD                         ；令 DF=0，设置指针为增址变化
LOP:    MOVSB                       ；ES: [DI]←DS: [SI]，且 SI=SI+1，DI=DI+1
        LOOP    LOP
        MOV     AH，4CH
        INT     21H
```

方案三：采用 REP　MOVSB 指令。

```
        MOV     AX，DATA1
        MOV     DS，AX
        MOV     AX，DATA2
        MOV     ES，AX
        MOV     SI，0020H
        MOV     DI，0100H
        MOV     CX，0030H
        CLD                         ；令 DF=0，设置指针为增址变化
        REP     MOVSB               ；[DI]←[SI]，SI=SI+1，DI=DI+1，CX=CX–1，
                                    ；直到 CX=0 为止
        MOV     AH，4CH
        INT     21H
```

方案四：采用减址的方式实现数组的传送。

```
        MOV     AX，  DATA1
        MOV     DS，  AX
        MOV     AX，  DATA2
        MOV     ES，  AX
        MOV     SI，  004FH
        MOV     DI，  012FH
        MOV     CX，  0030H
LOP:    MOV     AL，[SI]        ；  ⎫
        MOV     ES:[DI]，AL     ；  ⎪      ⎧        STD                 ⎧ STD
        DEC     SI              ；  ⎬  =   ⎨  LOP：MOVSB            =  ⎨
        DEC     DI              ；  ⎪      ⎩        LOOP   LOP          ⎩ REP   MOVSB
        LOOP    LOP             ；  ⎭
        MOV     AH，4CH
        INT     21H
```

【例 3-83】　将 DATA:[1000H]开始的 100 个字节单元清零。

参考程序：

```
MOV     AX，DATA
MOV     ES，AX
MOV     DI，1000H
XOR     AL，AL
MOV     CX，100
CLD
REP     STOSB           ；ES:[DI]←AL，DI=DI+1，CX=CX-1，直到 CX=0 为止
MOV     AH，4CH
```

```
        INT     21H
```

【例 3-84】 在 DATA 段内存有两串 50 字节的字符串 DA1 和 DA2，试编程实现比较两串是否完全相同。如果相同，则在屏幕上显示“Y”；如果不完全相同，则在屏幕上显示“N”。

程序：

```
START:
        MOV     AX，DATA
        MOV     DS，AX
        MOV     ES，AX
        LEA     SI，DA1
        LEA     DI，DA2
        CLD
        MOV     CX，50
        REPE    CMPSB     ；DS:[SI]–ES:[DI]，影响 FR ，SI=SI+1，DI=DI+1，
                          ；CX=CX–1，直到 ZF=0 （不相等）或 CX=0 （比较完）为止
        JZ      LP1       ；若 ZF=1，即两串完全相同，则转到 LP1
        MOV     DL，'N'   ；若两串不完全相同，则屏幕上显示“N”
        JMP     LP2
LP1:    MOV     DL，'Y'   ；若两串完全相同，则屏幕上显示“Y”
LP2:    MOV     AH，02H
        INT     21H
        MOV     AH，4CH
        INT     21H
```

3.3.7 处理器类指令

处理器控制指令提供了控制进位、测试 BUSY/TEST 管脚及其他各种功能。这些指令许多是在硬件控制时使用的。

处理器控制指令分为:

- 标志位操作指令 （STC、CLC、CMC、STD、CLD、STI、CLI）
- 空操作指令 （NOP）
- 暂停指令 （HLT）
- 等待指令 （WAIT）
- 交权指令 （ESC）
- 总线锁定指令 （LOCK）

1. 标志位操作指令（CLC、STC、CLD、STD、CLI、STI、CMC）

标志位操作指令是一组无操作数指令，共 7 条指令。标志位操作指令只能分别对 FR 中的 CF、IF、DF 标志位进行置 1 或清零操作。

1）清 CF： CLC ；CF←0

2）置 CF： STC ；CF←1

3）清 DF： CLD ；DF←0

4）置 DF： STD ；DF←1

5）清 IF： CLI ；IF←0

6）置 IF： STI ；IF←1

7）CF 求反： CMC ；CF←$\overline{CF}$

2. 空操作指令（NOP）

格式：NOP

说明：执行 NOP 时，不影响 FR、寄存器和存储器内容，不进行任何操作，只占用 3 个时钟周期，而后继续执行下面的指令。

3．暂停指令（HLT）

格式：HLT

说明：CPU 进入暂停状态，不进行任何操作，只有中断、硬件复位或 DMA 操作才能退出暂停状态。当中断返回时将返回到 HLT 下一条指令处。程序中出现这条指令通常是为了等待中断。

4．等待指令（WAIT）

格式：WAIT

说明：当 8086/8088CPU 的 TEST 引脚上信号无效（即高电平状态），WAIT 指令使 CPU 处于等待状态。在等待中无任何操作，此时允许硬件中断，但在返回时仍进入等待状态。只有当 TEST 信号变低即为有效时，CPU 才退出等待，执行下一条指令。

5．交权指令（ESC）

格式：ESC　EXP_OP，　src

功能：将内存中操作数送上数据总线，供其他处理器使用，不影响 FR。

说明：EXP_OP 为其他处理器的操作码（外操作码），src 是存储器中的操作数。

6．总线锁定指令（LOCK）

格式：LOCK

说明：这是一个特殊指令，是可以放在任何一条指令前面的单字节前缀。这个指令前缀迫使 8086/8088CPU 的总线锁定信号 $\overline{\text{LOCK}}$ 维持低电平（即有效地址），直到执行完下一条指令。外部硬件可接收 $\overline{\text{LOCK}}$ 信号，在其有效期间，禁止其他处理器对总线进行访问。在共享资源的多处理器系统中，必须提供一些手段对这些资源的存取进行控制，指令前缀 LOCK 就是一种手段。

3.4　从 80286 到 Pentium 增加指令介绍

前面较详细地介绍了 8086/8088 指令系统，本节将简单介绍从 80286 到奔腾处理器在 8086/8088 基础上增强和增加的指令，帮助读者加深对 80x86 系列处理器的理解。

从 80x86 到奔腾系列的指令系统具有一个显著特点就是兼容性，也就是说，不断开发的新产品完全兼容老产品，每推出一款新产品都会对指令系统进行增强与增加。在 8086 处理器系统上运行正常的程序，不做任何修改就能在奔腾处理器系统上运行。

80x86 到奔腾系列的指令系统包括：通用指令集、浮点处理单元指令集、多媒体扩展（Multi Media eXtension，MMX）指令集与单指令多数据流扩展（Streaming SIMD Extension，SSE）指令集。其中通用指令集是系统软件和应用软件最为常用的指令，主要解决整型数的各种处理，是指令系统的核心和基础，8086 指令系统均属于通用指令集。从 80x86 到奔腾指令系统的改进是通过两个方面：增强原有指令的功能和增加新功能指令。

3.4.1　80286 的增强与增加指令

80286 是超级 16 位处理器，它将 8086/8088 的工作模式作为实模式，在此基础上增加了保护模式。指令系统也在 8086/8088 指令系统上进行了增强和增加，如表 3-4 所示。

表 3-4　80286 增强与增加的指令

类　别		增 强 指 令	增 加 指 令
传送类	栈操作指令	PUSH　n16 ；16 位立即数压栈	PUSHA / POPA ；全部通用寄存器入栈或出栈
算术运算类	乘法指令	IMUL　R16，n　　　；R16=R16* n IMUL　R16，M16，n　；R16=M16* n IMUL　R16，R16，n　；R16=R16*n	
移位类	移位指令	SHL　dest，n8　　　；n8=1～31 其余 SAL、SAR、SHR、ROL、ROR、RCL、RCR 等 7条指令同SHL	
串操作类	串输入/串输出 带重复前缀		INS　ES:[DX] /OUTS DX,[SI] INSB / OUTSB INSW / OUTSW REP　INS / REP　OUTS
高级指令类	检查数组边界 建立堆栈空间 取消堆栈空间		BOUND　R16，M32 ENTER　n16，n8 LEAVE
保护控制类	描述符操作		LAR　；装入访问字节 LGDT　；装入全局描述符 R SGDT　；存储全局描述符表 R LIDT　；装入中断描述符表 R LSL　；装入段界限 LLDT　；装入局部描述符表 R SLDT　；存储局部描述符表 R SIDT　；存储中断描述符表 R
	任务切换指令		LTR　；装入任务寄存器 STR　；存储任务寄存器 VERR　；存储器或寄存器读校验 VERW　；存储器或寄存器写校验 ARPL　；调整已请求特权级别 CTS　；清除任务切换标志 LMSW　；装入机器状态字 SMSW　；存储机器状态字

1．80286 的增强指令

在 8086/8088 指令系统中，许多指令不能用立即数作为源操作数，而在 80286 中增强了功能，允许立即数作为原操作数，例如：

1）在 8086/8088 指令中，栈操作只能将 16 位寄存器 R_{16} 或 16 位存储器 M_{16} 中的 16 位数据压栈或出栈，而 80286 可以将 16 位立即数直接压栈或出栈。

2）在 8086/8088 指令中，有符号乘法操作（IMUL　R/M）只能是:

```
AX=AL*R8          或者   AX=AL*M8
DA:AX=AX*R16      或者   DX:AX=AX*M16
```

而 80286 允许 16 位立即数作为乘数：

```
R16= R16 * n ；乘积溢出或乘积超出部分被丢失，则 OF=CF=1，否则 OF=CF=0
R16=M16 * n ；乘积溢出或乘积超出部分被丢失，则 OF=CF=1，否则 OF=CF=0
```

其中：n 可以是 8 位数，也可以是 16 位数。

在 8086/8088 指令中，移位指令的源操作数只能是 1 或 CL，表示移动多少位。而在 80286 中源操作数可以是 1～31。

2. 80286 的增加指令

80286 除了增强了 8086/8088 指令，还增加了一些新功能指令。

1）数据传送类指令中增加了：

```
PUSHA          ；将通用寄存器（AX、BX、C X、DX、SP、BP、SI、DI）全部压入栈区
POPA           ；将栈区中数据弹出到通用寄存器（DI、SI、BP、SP、DX、C X、BX、AX）中
```

2）串操作类指令中增加了从接口传输数据串，每种指令有 3 条指令：

```
INS   dest，DX / INSB / INSW
               ；将DX指明的端口中数据取入并存到ES:[DI]单元中，DI根据DF状态自动增或减，
               ；其中dest只定义尺寸（字节还是字），不影响寻址
OUTS   DX，src / OUTSB /OUTSW
               ；将DS:[SI]单元中数据输出到DX指明的端口中，DI根据DF状态自动增或减，
               ；其中src只定义尺寸（字节还是字），不影响寻址。DS可超越
REP INS   dest，DX / REP INSB / REP INSW   ；同8086串操作指令，CX作为重复计数器
REP OUT   DX，src / REP   OUTSB / REP   OUTSW  ；同上
```

3）80286 增加了全新的指令类型，即高级指令类，是为高级语言程序员提供的，包括 3 条指令：

```
BOUND  R16，M32       ；若M32中的低字≤R16≤M32中的高字不成立，则产生5号中断
ENTER   n16，n8        ；指令指定分配给栈区n16个字节单元，过程嵌套深度为n8级
LEAVE                 ；撤销栈区，恢复栈指针SP
```

4）80286 为保护模式增加了全新的指令，分为两类：

- 针对描述符表操作的指令

```
LGDT    M48           ；将6字节存储器M48中内容装入全局描述符表寄存器
SGDT    M48           ；将全局描述符表寄存器的内容存入6字节存储器M48中
LIDT    M48           ；将6字节存储器M48中内容装入中断描述符表寄存器
SIDT    M48           ；将中断描述符表寄存器的内容存入6字节存储器M48中
LLDT    R16/M16       ；将R16/M16中的内容装入局部描述符表寄存器
SLDT    R16/M16       ；将局部描述符表寄存器的内容存入R16/M16中
LAR     R16，R16/M16  ；将R16/M16中选择符指示的访问权字段装入目标R16的高字节，低字
                      ；节置0
LSL     R，R/M        ；将R16/M16中选择符指示的描述符的段界限装入目标R16中
```

- 任务切换指令

```
LTR     R16/M16       ；将R16/M16内容装入任务寄存器中
STR     R16/M16       ；将任务寄存器的内容存储到R16/M16
LMSW    R16/M16       ；将R16/M16的内容装入机器状态字寄存器
SMSW    R16/M16       ；将机器状态字寄存器的内容存储到R16/M16中
VERR    R16/M16       ；验证当前特权级是否对R16/M16中的段选择符所指定的段进行读操
                      ；作，是则ZF=1，否则ZF=0
VERW    R16/M16       ；验证当前特权级是否对R16/M16中的段选择符所指定的段进行写操
                      ；作，是则ZF=1，否则ZF=0
ARPL    R16/M16，R16  ；使目标操作数指定的段选择符的请求特权级RPL与源操作数的RPL
```

```
                    ; 匹配
CLTS                ; 清除机器状态字寄存器状态 SMW 或 CR0 中的任务切换标志位
```

3.4.2 80386/80486 的增强与增加指令

80386/80486 为 32 位微处理器，数据总线和地址总线均为 32 条，还增加了 FS 和 GS 两个段寄存器。在兼容全部 80286 指令的基础上，进一步增强和扩充了指令系统。80386/80486 增强与增加的指令如表 3-5 所示。

表 3-5　80386/80486 增强与增加的指令

类别	80386		80486
	增强指令	增加指令	增加指令
数据传送类	PUSHAD / POPAD PUSHFD / POPFD PUSH FS / POP FS PUSH GS / POUGS LFS / LGS / LSS	MOVSX　R，R/M MOVZX　R，R/M	BSWAP　R32 CMPXCHG　R/M，R
算术运算类	IMUL　R，R/M CWDE / CDQ		XADD　R/M，R
移位类		SHRD/SHLD　R/M,R,n8 SHRD/SHLD　R/M,R,CL	
串操作类	所有串操作类指令后面扩展 D，如 MOVSD、OUTSD 等		
位操作类		BT　R/M，R/n8 BTR　R/M，R/n8 BTS　R/M，R/n8 BTC　R/M，R/n8 BSF　R，R/M BSR　R，R/M	
条件设置类		SETcc　R8/M8	
Cache 管理类			INVD WBINVD INVLPG

注：R 为 8 位/16 位/32 位寄存器，M 为 8 位/16 位/32 位存储器，cc 为 EFR 中状态之一。

最为显著的指令功能增强就是允许 32 位操作，此类增强指令很易理解，在此就不再赘述。下面只简单介绍新增加的指令。

（1）数据传送类指令

```
MOVSX     R，R/M    ; 若两个有符号数位数相同，则作传送操作。若不同，补齐后传送
MOVZX     R，R/M    ; 若两个无符号数位数相同，则作传送操作。若不同，补齐后传送
BSWAP     R32       ; 将 32 位寄存器中的最高和最低字节交换，中间两字节交换
CMPXCHG   R/M，R    ; 其中 R=R8/R16/R32，M=M8/M16/M32，源操作数与目标操作数字
                    ; 长一致，若 R/M 与 AL 或 AX 或 EAX 比较相等，则 R/M←R，且
                    ; ZF=1，否则 AL/AX/EAX←R/M，且 ZF=0
```

（2）双精度移位指令

```
SHLD  R/M，R，n8    ; R/M 和 R 一起左移 1～31 位，但是 R/M 和 R 或均为 16 位，或均为
```

```
                        ；32 位，且 R 不变
SHRD   R/M，R，CL       ；R/M 和 R 一起右移 CL 位，但是 R/M 和 R 或均为 16 位，或均为 32
                        ；位，且 R 不变
SHLD   R/M，R，n8       ；R/M 和 R 一起左移 1～31 位，但是 R/M 和 R 或均为 16 位，或均为
                        ；32 位，且 R 不变
SHRD   R/M，R，CL       ；R/M 和 R 一起右移 CL 位，但是 R/M 和 R 或均为 16 位，或均为 32
                        ；位，且 R 不变
```

图3-58为移位指令示意图。

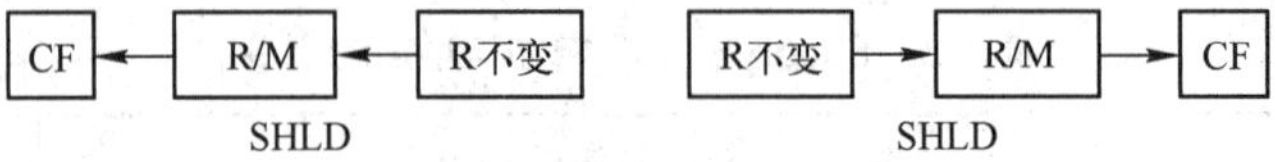

图 3-58　移位指令示意图

（3）位操作类指令

```
BT    R/M，R/立即数     ；测试目标操作数中源操作数指定位的状态
BTR   R/M，R/立即数     ；将目标操作数中源操作数指定位的状态清零
BTS   R/M，R/立即数     ；将目标操作数中源操作数指定位的状态置 1
BTC   R/M，R/立即数     ；将目标操作数中源操作数指定位的状态求反
BSF   R，R/M            ；对 R/M 从低位向高位逐位扫描，找出第一个 1，将其位置号
                        ；（0～31）存入 R，且令 ZF=0，否则令 ZF=1 且寄存器状态不确定
BSR   R，R/M            ；对 R/M 从高位向低位逐位扫描，找出第一个 1，将其位置号
                        ；（0～31）存入 R，且令 ZF=0，否则令 ZF=1 且寄存器状态不确定
```

其中，R 和 R/M 可为 16 位，也可以为 32 位，但是 R 与 R/M 的字长应一致。

（4）条件设置类指令

```
SETcc   R8/M8           ；测试条件 cc 成立，则将 R8/M8 置 1，否则 R8/M8 被清零
```

（5）算术运算类指令

```
XADD   R/M，R           ；R←R/M，并且 R/M=R 原来的数+ R/M
```

（6）Cache 管理类指令

```
INVD          ；刷新内部 Cache，并发出一个特殊总线周期，指示外部 Cache 也应刷新
WBINVD        ；刷新内部 Cache，并发出一个特殊总线周期，指示外部 Cache 回存后刷新
INVLPG        ；使 TLB 中的一个表项无效。若 TLB 中含有一个存储器映像的有效项，
              ；则该 TLB 项被标志为无效。TLB 是用于管理页表项目的高速缓冲存储器
```

3.4.3　Pentium 系列处理器的增加指令

Pentium 系列处理器主要包括：Pentium、Pentium Pro、Pentium MMX、Pentium II、Pentium III、Pentium Ⅳ。指令系统也随着新产品的推出不断增强与扩充，使处理器的性能得到大大提高。

1．Pentium 处理器的指令系统

Pentium 处理器的指令系统分为整数指令集（80x86 指令）和浮点指令集（80x87 指令）两大部分，其主要是在 80386/80486 指令系统上增加了 6 条整数指令和 6 条系统管理指令，如表 3-6 所示。浮点指令同 80386/80486，只是指令执行速度更快。

表 3-6　Pentium 增加的指令

新增整数指令		新增系统管理指令	
助 记 符	描　述	助 记 符	描　述
CMPXCHG8B	比较和交换8字节	SVDC	保存段寄存器和描述符
CPUID	读CPU标识	RSDC	取出段寄存器和描述符
RDMSR	读型号特定寄存器	SVLDT	保存LDTR和描述符
WRMSR	写型号特定寄存器	RSLDT	取出LDTR和描述符
RDTSC	读时间标志计数器	SVTS	保存TSR和描述符
RSM	由系统管理模式返回	RSTS	取出TSR和描述符

其中 6 条新增系统管理指令都是 80 位传送。整数指令介绍如下。

（1）比较和交换 8 字节指令

格式：CMPXCHG8B　M64

操作：这条指令是 64 位的比较交换指令（实际上是实现条件传送）。是将 EDX 和 EAX 中的 8 字节数与指定的目标存储单元 M64 中的数据比较，若相等则将 ECX 和 EBX 中的 8 字节数存入 M64 中，并且 ZF 置 1。若不相等则将 M64 中的 8 字节数存入 EDX 和 EAX 中，并且 ZF 清零。

（2）读 CPU 标识指令

格式：CPUID　　　　；无操作数

操作：将 CPU 的型号等系统信息返回到 EAX 中。

（3）读型号特定寄存器指令

格式：RDMSR　　　　；无操作数

操作：将 ECX 中指明的型号特定寄存器（Model-Specific Registers，MSR）中的 64 位数据读到 EDX:EAX 中。

（4）写型号特定寄存器指令

格式：WRMSR　　　　；无操作数

操作：将 EDX:EAX 中的 64 位数据写入 ECX 中指明的型号特定寄存器 MSR 中。

（5）读时间标志计数器指令

格式：RDTSC　　　　；无操作数

操作：将 Pentium 处理器中 64 位时间标志计数器 TSC（每个时钟周期自动加 1）读到 EDX 和 EAX 中。

（6）由系统管理模式返回指令

格式：RSM　　　　　；无操作数

操作：使 Pentium 处理器从系统管理模式的存储器处理状态返回中断或操作系统。如果处理器检测到任何非法状态信息，则进入关机（Shutdown）状态。

2. Pentium Pro 处理器的指令系统

Pentium Pro 处理器在 Pentium 处理器指令系统基础上又增加了 8 条新指令，如表 3-7 所示。其中有 3 条为整数指令（80x86 指令），5 条为浮点指令（80x87 指令）。

表 3-7 Pentium Pro 增加的指令

新增整数指令		新增浮点指令	
助 记 符	描 述	助 记 符	描 述
$CMOV_{CC}$	条件CC成立，则将EDX的内容传送到ECX中，否则不传送	FCMOVC	浮点条件传送
		FCOMI	浮点比较并设置条件码
RDPMC	读性能监督计数器PMC（Performance Monitoring Counter），并返回当前计数值（40位）到EDX:EAX中	FCOMIP	浮点比较、弹出栈并设置条件码
		FUCOMI	浮点无序比较并设置条件码
UD2	为未定义（Undefined）指令，用于产生"无效操作码"例外	FUCOMIP	浮点无序比较、弹出栈并设置条件码

3. Pentium MMX 处理器的指令系统

Pentium MMX 处理器在 Pentium 处理器的指令系统基础上，增加了 MMX 指令集。MMX 指令集是 Intel 公司于 1996 年推出的一项多媒体指令增强技术。它包括 57 条多媒体指令，分为 7 类，如表 3-8 所示。

表 3-8 MMX 指令集

类 别	助 记 符	不同操作码个数	描 述
数据传送	MOV[D, Q]	4	移入MMX寄存器和移出MMX寄存器[双字,四字]
算术运算	PADD[B, W, D]	3	环绕加法[字节，字，双字]
	PADDS[B, W]	2	饱和有符号加法[字节，字]
	PADDUS[B, W]	2	饱和无符号加法[字节，字]
	PSUB[B, W, D]	3	环绕减法[字节，字，双字]
	PSUBS[B, W]	2	饱和有符号减法[字节，字]
	PSUBUS[B, W]	2	饱和无符号减法[字节，字]
	PMULHW	1	字高位紧缩乘法
	PMULLW	1	字低位紧缩乘法
	PMADDWD	1	字紧缩乘法并累加结果对
比较操作	PCMPEQ[B, W, D]	3	相等紧缩比较[字节，字，双字]
	PCMPGT[B, W, D]	3	大于紧缩比较[字节，字，双字]
逻辑运算	PAND	1	按位与
	PANDN	1	按位与非
	POR	1	按位或
	PXOR	1	按位异或
移位指令	PSLL[W, D, Q]	6	根据MMX寄存器中指定的数量或立即值的紧缩左移逻辑操作[字，双字，四字]
	PSRL[W, D, Q]	6	根据MMX寄存器中指定的数量或立即值的紧缩右移逻辑操作[字，双字，四字]
	PSRA[W, D, Q]	6	根据MMX寄存器中指定的数量或立即值的紧缩右移算术操作[字，双字，四字]
转换指令	PACKUSWB	1	字紧缩为字节（饱和无符号）
	PACKSS[WB, DW]	2	字紧缩到字节，双字紧缩到字（饱和有符号）
	PUNPCKH[BW, WD, DQ]	3	从MMX寄存器解紧缩（交叉）高阶字节，字，双字
	PUNPCKH[BW, WD, DQ]	3	从MMX寄存器解紧缩（交叉）低阶字节，字，双字
浮点和MMX状态管理	EMMS	1	清除MMX状态

注：US——无符号数饱和算法，S——有符号数饱和算法，B——紧缩字节，W——紧缩字，D——紧缩双字，Q——四字。

这些指令一般以字母 P 开头，定义了 3 种打包的数据类型（或称紧缩数据类型）和 1 种 64 位字长的数据类型。这些数据可以是有符号或无符号的定点数，其 4 种数据类型定义如下。

1）紧缩字节类型：8 个字节打包成 1 个 64 位字长的数据。

2）紧缩字类型：4 个字打包成 1 个 64 位字长的数据。

3）紧缩双字类型：2 个 32 位的双字打包成 1 个 64 位字长的数据。

4）四字节型：1 个 64 位数据。

通过这些指令可以一次处理多个数据，在处理结果超过实际处理能力的时候也能进行正常处理，这样在软件的配合下，就可以得到更高的性能。MMX 的益处在于，旧的操作系统不必为此而做出任何修改便可以轻松地执行 MMX 程序。但是，问题也比较明显，那就是 MMX 指令集与 x87 浮点运算指令不能够同时执行，必须做密集式的交错切换才可以正常执行，这种情况就势必造成整个系统运行质量的下降。

4．Pentium Ⅱ处理器的指令系统

Pentium Ⅱ的指令集包括 Pentium Pro 指令集和 MMX 指令集。

5．Pentium Ⅲ处理器的指令系统

Pentium Ⅲ在 Pentium Ⅱ指令集的基础上又增加了 SSE 指令集，共 70 条指令，分为 3 类。

1）50 条单指令多数据浮点运算指令。这部分指令主要用于提高 3D 图形运算效率。每条指令可以一次处理多组浮点数据，为此，Pentium Ⅲ还增加了 8 个新的 128 位浮点寄存器，一条指令可以同时处理 4 对单精度（32 位）浮点数，因此极大地提高了浮点数据处理速度，在语音处理、图像处理等浮点运算方面，处理器性能得到很大提高。

2）8 条内存连续数据流优先处理指令。采用了新的数据预存取技术，减少了处理器在处理连续数据流的中间环节，提高了连续数据流的处理效率，使得视频和音频处理的速度更快、质量更高。

3）12 条新的多媒体指令。这部分指令是 MMX 整数运算增强指令。它们采用了比 Pentium Ⅱ更先进的算法，进一步增强了处理器在视频和图形处理方面的能力。

理论上这些指令对图像处理、浮点运算、3D 运算、视频处理、音频处理等诸多多媒体应用起到了全面强化的作用。SSE 指令与 AMD 的 3DNow!指令不兼容，但 SSE 包含了 3DNow!技术的绝大部分功能，只是实现的方法不同。SSE 兼容 MMX 指令，它可以通过 SIMD 和单时钟周期并行处理多个浮点数据来有效提高浮点运算速度。

6．Pentium 4 处理器的指令系统

Intel 是从 Willamette 核心的 Pentium 4 开始支持 SSE2 指令集的，而 AMD 则是从 K8 架构的 SledgeHammer 核心的 Opteron 开始才支持 SSE2 指令集的。

SSE2（Streaming SIMD Extensions 2，Intel 官方称为 SIMD 流技术扩展 2 或数据流单指令多数据扩展指令集 2)指令集是 Intel 公司在 SSE 指令集的基础上发展起来的。相比于 SSE，SSE2 指令集包括 144 条指令，其中有 76 条是新增加的 SIMD 指令和原有的 SIMD 指令。它增强了 MMX 技术和 SSE 技术，这些指令提高了应用程序的运行性能。随 MMX 技术引进的 SIMD 整数指令从 64 位扩展到了 128 位，使 SIMD 整数类型操作的有效执行率成倍提高。双倍精度浮点 SIMD 指令允许以 SIMD 格式同时执行两个浮点操作，提供双倍精度操作支持有助于加速内容创建、财务、工程和科学应用。除 SSE2 指令之外，最初的 SSE 指令也得到增强，通过支持多种数据类型（如双字和四字）的算术运算，支持灵活并且动态范围更广的计算功能。SSE2 指令可让软件开发人员极其灵活地实现算法，并在运行诸如 MPEG-2、MP3、3D 图形之类的软件时增强性能。

SSE3（Streaming SIMD Extensions 3，Intel 官方称为 SIMD 流技术扩展 3 或数据流单指令多数据扩展指令集 3）指令集是 Intel 公司在 SSE2 指令集的基础上发展起来的。相比于 SSE2，SSE3 在 SSE2 的基础上又增加了 13 个 SIMD 指令。新指令的主要目的是改进线程同步和特定应用，如媒体和游戏。这些新增指令强化了处理器在浮点转换至整数、复杂算法、视频编码、SIMD 浮点寄存器操作以及线程同步 5 个方面的表现，最终达到提升多媒体和游戏性能的目的。Intel 是从 Prescott 核心的 Pentium 4 开始支持 SSE3 指令集的。

3.5 习题与思考

1．一般一条指令能提供哪些信息？其作用是什么？

2．试述 80x86 指令的基本格式。

3．试述指令 MOV AX，2010H 和 MOV AX，[2010H] 的区别。

4．试用两种方法写出从 88H 口读入信息的指令。

5．8086/8088 用什么途径来更新 CS 和 IP 的值？

6．分别指出下列指令中的源操作数和目的操作数的寻址方式。

（1）MOV　SI，200　　（2）MOV　CX，DATA[SI]

（3）MOV　[SI]，AX　　（4）AND　AX，BX

7．写出以下指令中内存操作数对应的物理地址描述。

（1）MOV　BX，[BX+SI+2]　　（2）MOV　5[BP]，AX

（3）INC　[2000H]　　（4）MOV　DL，ES：[BX][DI]

8．段基值为 5080H 的段起始物理地址和最大物理地址各是多少？

9．判断下列指令书写是否正确，如有错误请说明原因。

（1）MOV	AL，BX	（2）MOV	BL，[SI][DI]
（3）MOV	AL，CH	（4）MOV	DX，20H
（5）INC	[BX]	（6）POP	CS
（7）ADD	5，AL	（8）PUSH	ES
（9）AND	[BX]，[SI]	（10）MOV	CL，100
（11）MOV	SS，2400H	（12）XCHG	AH，[BX]
（13）XCHG	AL，200	（14）OUT	21H，AX
（15）IN	AX，260H	（16）ADD	CH，[DX]

10．设堆栈指针 SP 的初值为 2000H，AX=3000H，BX=5000H，试问：

（1）执行指令 PUSH AX 后 SP=?

（2）再执行 PUSH　BX 及 POP AX 后 SP=？，AX=？，BX=?

11．已知 DS=2000H，（21000H）=2233H，（21002H）=4455H，试问执行下列指令后 SI=?

（1）MOV　SI，[1000H]

（2）LEA　SI，[1000H]

（3）LDS　SI，[1000H]

12．要想把 [2000H] 送 [1000H] 中，用指令：MOV [1000H]，[2000H] 是否正确？如果不正确，应该用什么方法实现？

13. 假如 200 中减去 AL 中的内容，用 SUB 200，AL 是否正确？为什么？

14. 设 BX=637DH，SI=2A9BH，位移量=7237H，求下列各寻址的有效地址 EA。

（1）基址变址寻址　　（2）直接寻址

（3）基址寻址　　（4）使用 SI 的寄存器间接寻址

15. 假如 AL=5FH，BL=69H，问下述情况下，当执行 ADD　AL，BL 后，AL 和 BL 内容为何？各标志位的状态为何？运算结果正确吗？为什么？

（1）AL、BL 中的内容代表的是两个无符号数。

（2）AL、BL 中的内容代表的是两个有符号补码数。

16. 设 BX=6F30H，BP=0200H，SI=0046H，SS=2F00H，DS=3800H，（2F246H）=4154H，（38246H）=7254H，执行 XCHG　BX，[BP+SI]后，BX=？，（2F246H）=？，（38246H）=？

17. 设 BX=0400H，SI=003CH，执行 LEA　BX，[BX+SI+0F62H]后，BX =？，SI =？

18. 设 DS=C000H，（C0010H）=0180H，（C0012H）=2000H，执行 LDS SI，[10H]后，SI=？，DS=？

19. 已知：DS=091DH，SS=1E4AH，AX=1234H，BX=0024H，CX=5678H，SI=0012H，DI=0032H，BP=0024H，（09224H）=7922H，（09226H）=38F6H，（09228H）=1E40H，（0922AH）=2A5DH，（1E4F6H）=091DH，试求下列各题中指令执行后的结果。

```
(1) MOV   CL，20H[BX+SI]      ；CL=?
(2) MOV   CX，[BP][DI]        ；CX=?
(3) LEA   BX，  [BX+SI+20H]   ；BX=?
    MOV   AX，2[BX]           ；AX=?
(4) LDS   SI，[BX+DI]         ；SI= ?
    MOV   [SI]，SI            ；[SI]=?
```

20. 若 CPU 中各寄存器及 RAM 参数如图 3-59 所示，试问执行下列各题中的指令后，相应寄存器和内存单元的内容应为多少？

```
(1) MOV    DX，2[BX]     ；DX=? BX=?
(2) PUSH   CX            ；SP=? [SP]=?
(3) SUB    CX，BX        ；CX=? BX=?
(4) TEST   AX，01        ；AX=? ZF=?
(5) MOV    [SI], DL      ；SI=? [SI]=?
(6) XOR    AH, AH        ；AH=? CF=?
    ADC    AL，[DI]      ；AL=? CF=? AF=?
    DAA                  ；AL=? AH=? CF=? AF=?
    ADC    AH, 0         ；AL=? AH=? CF=? AF=?
(7) INC    SI            ；SI=?
```

	CPU		
CS	3000H	0094H	AX
DS	2050H	0004H	BX
SS	50A0H	69FFH	CX
ES	0FFFH	17C6H	DX
IP	0000H	005CH	SP
SI	000AH	1403H	BP
DI	0008H	1	CF

RAM	执行前	执行后
20506H	06H	
20507H	20H	
20508H	87H	
20509H	15H	
2050AH	37H	
50A5AH	C5H	
50A5BH	2FH	

图 3-59　习题 20 示意图

21．若 AL=FFH，BL=03H，指出下列指令执行后标志 OF、SF、ZF、PF、CF、AF 的状态。

（1）ADD　BL，AL　　（2）INC　BL
（3）SUB　BL，AL　　（4）NEG　BL
（5）CMP　BL，AL　　（6）MUL　BL
（7）AND　BL，AL　　（8）IMUL　BL
（9）OR　BL，AL　　（10）XOR　BL，BL
（11）SHL　BL，1　　（12）SAR　AL，1
（13）SHR　AL，1

22．设 IP=3D8FH，CS=4050H，SP=0F17CH，当执行 CALL 2000：009AH 后，IP、CS、SP、栈区的内容各是多少？（已知 CALL 2000H:009AH 为 5 字节指令）

23．请指出下列程序段的功能。

（1）
```
MOV     CX，10
CLD
LEA     SI，First
LEA     DI，Second
REP     MOVSB
```
（2）
```
CLD
LEA     DI，[0404H]
MOV     CX，0080H
XOR     AX，AX
REP     STOW
```
（3）
```
        MOV     CX, 10
        MOV     AL, 0
        MOV     BL, AL
LP:     ADD     AL, BL
        INC     BL
        LOOP    LP
```

24．读下列程序段，指出完成什么功能。

```
BEGIN:  MOV     AL, ADR1
        TEST    AL, 1
        JZ      BRCH
        MOV     BL, 80H
        JMP     STOP
BRCH:   MOV     BL,  0H
STOP:   MOV     ADR2,  BL
        HLT
```

25．试编制程序段，实现下列各题要求。

（1）将 AL 中的内容高 4 位与低 4 位交换位置，结果存入 AH 中。

（2）将 AL 中的补码转换成原码，并存入 AH 中。

（3）将 AL 中的压缩型 BCD 码转换成十六进制数，并存入 AH。

（4）将内存DA1单元中的1字节十六进制数转换成十进制数，并将相应的压缩型BCD码存入内存DA2开始的单元中。

（5）判断BL中的低2位均为1时，将AL内容求补后存入AH中，否则将AL内容求反后存入AH中。

（6）将[BX]中的低3位存入AL中的低3位且高位清零，高3位存入AH中的低3位且高位清零，其余位存入CL中的低2位且高位清零。

26. 试编写程段实现计算 $c=a^3+b^3$，其中a、b为0～5的内存数据，如图3-60所示。如果a、b为0～15的内存数据，则如何编程实现？（提示：先在内存中建一个立方表）

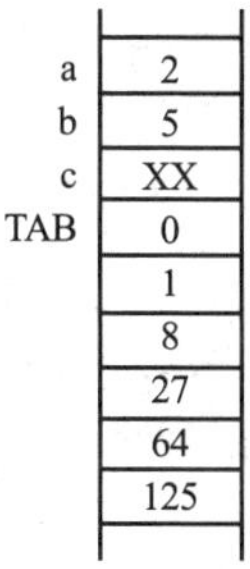

图3-60　习题26内存分配示意图

27. 试编写程序段实现求｜X+Y｜×｜X−Y｜，并将结果存入内存。其中X和Y是内存中两个单字节无符号二进制数。

28. 试编写程序段实现统计段基值为8022H的段的100个字符中空格符（20H）的个数，并存入CX中。

29. 试编写程序段实现将2000H段的全部500个字节数据传送到3000H段中，并判断是否传输正确，如果出现错误令AL=FFH，否则令AL=00H。

30. 已知一个关于数字0～9的ASCII码表首址在当前数据段的0A80H处，现要找出数字5的ASCII码，且将其个数存于BL中。设码表中第一个单元存放着码表的长度。试编写程序段实现。

31. 试采用至少3种方法编程实现Y=20×X，其中X和Y均为内存数据，X为单字节无符号数。

第4章　汇编语言程序设计

本章将重点介绍汇编语言的结构、语法规则及编程思想，使读者进一步理解计算机的工作过程，初步掌握编制汇编语言程序的方法。

4.1　编程语言概述

4.1.1　计算机语言的分类

计算机语言伴随计算机的发明而出现，至今已经历了多个时期，也出现了许多种语言。但是，就其层次可分为3类：机器语言、汇编语言、高级语言。

1．机器语言（Machine Language）

计算机有自己的指令系统，每条指令均具有相应的硬件支持，计算机就是根据指令来完成各种操作的。当指令用二进制编码表示时，机器能够直接识别，因而称之为机器语言。机器语言是“面向机器”的。这种机器语言对人来说，难读、难写、难记和难以交流，而且随处理器的种类相异而各不相同，所以通用性差。然而，机器语言程序是计算机唯一能够直接理解和执行的程序。无论人们使用哪种语言编写程序，最终都必须翻译成机器语言，计算机才能理解并执行。

2．高级语言（High Level Language）

高级语言是“面向过程”的语言，是通过使用接近人类自然语言的语句和数学表达式，以及图形描述等编制程序的语言。利用高级语言编程，可以完全不考虑计算机的结构及工作特点，不必了解和熟悉计算机的指令系统。这样编写的程序与问题本身的数学模型之间有着良好的对应关系，有些可以在各种计算机上通用（不同类型计算机之间仅作少量修改即可，如C语言）。但是，高级语言源程序并不能在计算机中直接执行，需要被翻译成相应的目标程序（Object Program），即机器语言程序，计算机才能运行。起这种翻译作用的程序称为解释程序或编译程序，如图4-1所示。

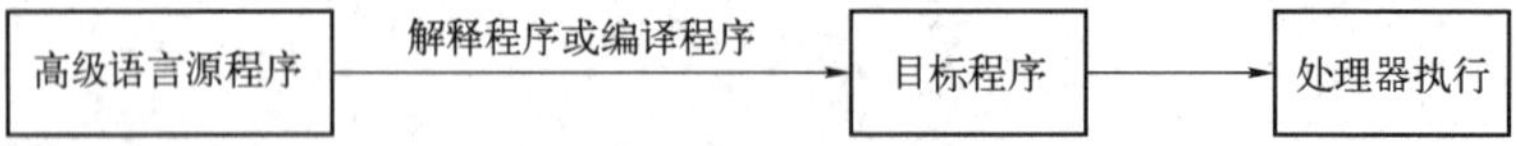

图4-1　高级语言程序开发过程

通常经编译程序或解释程序翻译后得到的目标程序比用汇编语言编制的程序要复杂得多、占内存多，编译或解释的过程也要花费一定的时间。高级语言对计算机硬件管理或操作具有一定的局限性。

3．汇编语言（Assembly Language）

汇编语言是一种采用助记符表示的程序设计语言。也就是用帮助记忆的符号来表示指令的功能（用操作码和操作数表示），用标号或符号代表地址、常量或变量。助记符一般都是英文缩写（如MOV、ADD等），因而方便人们记忆、书写、阅读和检查。由汇编语言编写的汇编语言源程序就是机器语言程序的符号表示，与目标代码之间有明显的一一对应关系，其弥补了机器语言编写、阅读和修改不便的不足，是介于机器语言和高级语言之间的一种语言。用汇编语言编写程序能够直接针对系统的标志、中断、位、字节、字、寄存器、存储单元及 I/O 端口等进行处理，同时也能直接使用 CPU 指令系统和指令系统提供的各种寻址方式，编制出高质量的程序，这样的程序占用内存空间少、执行速度快。

汇编语言编写的源程序称为汇编语言程序，在交付计算机执行之前也需要翻译成目标代码程序，这个翻译过程称为汇编，如图 4-2 所示。

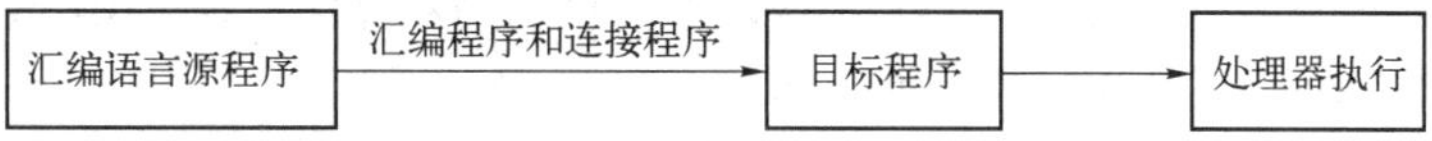

图 4-2　汇编语言程序开发过程

完成汇编任务的程序称为汇编程序（Assembler）。汇编程序是计算机系统软件之一，它提供组成汇编语言程序的语言规则，所以在使用汇编语言编程之前应首先熟悉相应的汇编程序。支持 Intel 80x86 系统的汇编程序有很多，例如：

ASM：仅有基本汇编语言的小汇编程序，它不能支持高级宏汇编语言功能，但占内存少，只需 64KB 内存支持。

MASM：美国微软公司开发的宏汇编程序。它不仅含有 ASM 功能，还增加了宏指令结构、记录等高级宏汇编语言功能，但需内存较多。MASM 宏汇编程序不断升级，例如，MASM5.0 可支持 8086/8088 到 80386 处理器指令，而 MASM6.11 可支持到 Pentium CPU 的指令集，在 MASM6.11 基础上，只要增加一个补丁程序，即可升级到能支持 Pentium Pro 指令集的 MASM 6.12、能支持 MMX 指令集的 MASM 6.13、可以支持 SSE、SSE2 和 SSE3 指令集的 MASM 6.14 和 MASM 6.15 等。满足宏汇编语法要求的汇编语言程序称为宏汇编语言程序。

TASM：性能上同 MASM，称为快速汇编程序，其汇编速度快，支持宏汇编语言功能更强。其相应的调试程序 TD 有较好的操作界面。

上述三种语言各有优缺点。一般不直接采用机器语言编程。高级语言适合科学计算、算法研究、界面设计等。采用高级语言编程可使得软件开发周期短，开发过程快。但是，高级语言不便于直接访问底层系统，而且编译后的目标代码臃肿。对于要求实时性和对底层系统直接控制管理的场合，常采用汇编语言编程，可达到直接控制硬件、执行速度快、占内存少等目的。当然也常常采用混合编程的方法，发挥各种语言的优点。本章主要介绍 MASM 6.11 所支持的宏汇编语言的语法规则、编程方法及调试手段。

4.1.2　MASM 汇编语言

1. 宏汇编语言的语句种类和格式

语句是宏汇编语言程序的基本组成单位。一个宏汇编语言程序中包含三种基本语句：指令语句，能产生目标代码，即 CPU 可执行、完成某种功能的语句；伪指令语句，没有目标代码，CPU 不能执行，只是为了给汇编语言的编程器在汇编程序时提供所需要的信息；宏指令语句，代表一个指令序列，即把一段重复性较强的程序定义成一条宏指令，也就是用宏指令代替这段程序，以后在程序录入、编辑时凡出现此段程序处用该宏指令代替即可。

1）**指令语句**。每条指令语句与机器代码都是一一对应的，在汇编时均会产生一个可供机器执行的目标代码，所以这种语句又称为可执行语句，或称指令性语句。指令语句的格式可由四个部分组成：

[标号：]　　[前缀]助记符　　[操作数]　　[；注释]

其中，方括号中的内容为可有可无，也就是指令语句中必须有助记符部分，而其他部分不一定都有。在写指令时不能写方括号。

标号：可有可无，以"："结束，它表示指令的第一个字节的地址，也可以是某程序段入口地址，在转移、调用时可以直接引用。

助记符：表示 CPU 完成什么的具体操作，可有前缀（如 REP、LOCK），也可以无前缀。

操作数：有的指令无操作数，有的为单操作数，有的为双操作数，双操作数中用","分开，前面为目标操作数 dest，后面为源操作数 src。

注释：以分号"；"开始的字符段，不影响程序功能，只为增强程序可读性。

2）**伪指令语句**。伪指令语句本身不产生对应的机器代码，只是为汇编程序和连接程序提供所需要的信息。如标号类型、变量类型、向内存装数、给变量赋值等。伪指令语句格式也可由四部分组成：

[名字]　　伪指令　　[操作数]　　[；注释]

同样，方括号中的内容为可有可无，在书写时不能写方括号。

名字：与指令语句中的标号不同，不用冒号"："结束，可以是常量名、变量名、过程名、结构名、记录名等。作为操作数时，则表示一个变量或地址。

伪指令：要求汇编完成的具体操作命令，如 SEGMENT 用来定义段，ENDS 表示段结束，DB 用于定义字节变量并赋予初值等。

操作数：有的伪指令无操作数，有的可以有不止一个操作数，用","分开。

注释：与指令语句中的注释部分的作用相同。

3）**宏指令语句**。宏指令语句代表一个指令序列，即把一段程序段定义成一条宏指令，之后在程序中若出现该程序段时用被定义过的宏名字替代该程序段，使程序书写变得简洁。但是，在汇编时，被替代的程序段的代码将自动插回到宏指令处，因而并不会节省代码，只是程序书写会简单一些。其格式（具体见 4.3 节）为：

```
名字    MACRO
          ⋮            ；宏体
        ENDM
```

2. 汇编语言源程序举例

【例 4-1】 编程实现两个五字节十六进制数相加。

```
DATA     SEGMENT  'DATA'                          ；定义数据段
         ORG    0100H                             ；定义偏移地址的值
DATA1    DB     0F8H，60H，0ACH，74H，3BH          ；定义被加数
DATA2    DB     0C1H，36H，9EH，0D5H，20H          ；定义加数
RESULT   DB     6 DUP(0)                          ；定义 6 个单元为和单元并赋为 0
DATA     ENDS                                     ；数据段结束
；
CODE     SEGMENT    'CODE'                        ；定义代码段
         ASSUME     DS:DATA
         ASSUME     CS:CODE
```

```
START:  MOV     AX, DATA        ; 初始化 DS
        MOV     DS, AX          ; DS 不能直接赋值，这里通过 AX 赋值
        MOV     CX, 5           ; 设置计数器 CX 的初值为 5
        LEA     DI, DA1         ; 设置被加数指针
        LEA     SI, DA2         ; 设置加数指针
        LEA     BX, RESULT      ; 设置和指针
        CLC                     ; 进位位清零
LP:     MOV     AL, [DI]        ; 取一字节加数
        ADC     AL, [SI]        ; 与另一字节加数相加
        MOV     [BX], AL        ; 保存和
        INC     DI              ; 被加数指针增 1
        INC     SI              ; 加数指针增 1
        INC     BX              ; 和指针增 1
        LOOP    LP              ; CX=CX-1，若 CX≠0 则循环
        MOV     AL, 0
        ADC     AL, 0           ; 收集最高进位
        MOV     [BX], AL        ; 保存最高进位
        MOV     AH, 4CH         ; 程序结束退出
        INT     21H
CODE    ENDS                    ; 代码段结束
        END     START           ; 程序结束，并使 CS:IP 指向 START
```

由本例看到，程序中定义了数据段（DATA）和代码段（CODE）两个段，每个段都有各自的名字，每个段由若干语句组成。定义了操作数所在内存的地址并设置了初值。所有格式都要符合宏汇编程序的规范。下面将介绍宏汇编程序的规范。在第 3 章中所介绍的所有指令均为指令语句，在这里就不再赘述。本章将重点介绍宏汇编语言源程序的组成格式、基本语法规则、伪指令的规范，宏汇编语言源程序的设计方法和调试方法，以及 DOS 和 BIOS 功能调用等。

4.2 伪指令

汇编语言中的指令语句在经过汇编程序汇编时，产生一个目标码，代表机器能执行的某种操作，这种指令语句称为真指令。与此相对应，有一类语句主要是为汇编程序服务的，例如，定义变量、分配存储地址以及实现某些其他的程序处理功能等。这类指令称为伪指令，因为它们不能形成目标码，所以它们根本不能被处理器执行。MASM 宏汇编程序提供了很多伪指令，大致可分为下面几大类。

1）处理器方式伪指令语句。

2）模式定义伪指令语句。

3）段定义伪指令语句。

4）数据定义伪指令语句。

5）符号定义伪指令语句。

6）类型定义伪指令语句。

7）过程定义伪指令语句。

8）模块定义伪指令语句。

9）宏处理伪指令语句。

10）条件伪指令语句。

11）列表伪指令语句。

12）其他伪指令语句。

这里只介绍常用的几种。首先介绍汇编语言的基本描述规范。

4.2.1 汇编语言中数、符号、表达式的描述规范

1．标识符

在汇编语言程序的指令语句中的标号和伪指令语句中的符号名统称为标识符。标号和符号名的区别是：标号后有冒号，符号名后无冒号；标号与具体地址相联系，可作为跳转调用指令中的目标地址操作数，符号名用于定义变量名、过程名、段名；标号可任选或省略，符号名可强制、任选、省略。

标识符的组成规则：

1）字符个数为1～31个。

2）第一个字符必须是字母、"?"、"@"或"_"。

3）第二个字符以后可以是字母、数字、"?"、"@"或"_"。

4）不能使用系统专用的助记符、伪指令、寄存器名等。

5）标识符一般具有三种属性。

- 段属性：定义标识符所在段。
- 偏移量属性：定义标识符所在段的偏移量。
- 类型属性：定义标号或变量的类型。其中，标号分为NEAR（近距离属性，可被段内调用）和FAR（远距离属性，可被其他段引用）；符号名中变量分为BYTE（字节属性）、WORD（字属性）和DWORD（双字属性）。

2．操作数

操作数可以是数据（如常数、变量、标号、结构、记录）、表达式、寄存器。

（1）常数

常数即指令中出现的没有任何属性的纯数值，在汇编期间它的值已经完全确定，而且在程序运行过程中不会发生变化。如立即数寻址中的立即数、直接寻址中的地址、数据定义伪指令中的数据。常数可有以下类型：

1）二进制数、十进制数、十六进制数、八进制数等。

2）实数（整数、小数），以4、8、10字节构成的二进制数存放。

3）字符串常数，用单引号引起来的字符串，以相应的ASCII码存放。

（2）变量

变量代表存放在某一存储器中的数据，其在程序运行期间可以修改，常以变量名的形式出现在程序中，变量名可以看成变量在存储器中的符号地址，具有字节属性、字属性或双字属性。

（3）标号

标号是一条指令目标代码的符号地址，具有三个属性：段属性、偏移量属性、类型属性。

（4）结构

结构是把逻辑上互相关联的一组数据以某种形式组合在一起。在程序中若多次使用同一组数据格式，可以把这一组数据定义为一个结构数据，这个结构数据是以字节为基本单位组成的字段。

（5）记录

记录同结构相似，也是以二进制数位为基本单位组成的字段。

（6）寄存器

CPU 中的寄存器可以作为操作数。

（7）表达式

表达式可以作为操作数。可以是数值表达式（产生一个没有属性的数值）或地址表达式（产生一个地址，具有 3 种属性：段属性、偏移量属性、类属性）。表达式中常用的运算符有以下 6 种。

1）算术运算符：+（加）、–（减）、*（乘）、/（除）、MOD（模除，即除后取余数）。

这些算术运算符可用于数值表达式，运算结果是一个数值。用在地址表达式中通常只使用其中的+和–（加和减）两种运算符。

2）逻辑运算符：AND（逻辑“与”）、OR（逻辑“或”）、XOR（逻辑“异或”）、NOT（逻辑“非”）。逻辑运算符只用于数值表达式中对数值进行按位逻辑运算，并得到一个数值结果。对地址进行逻辑运算是没有意义的。注意：不要把逻辑运算符 AND、OR、XOR 和 NOT 等与同名的 CPU 指令混淆。

3）关系运算符：EQ（等于）、NE（不等）、LT（小于）、GT（大于）、LE（小于或等于）、GE（大于或等于）。参与关系运算的必须是两个数值，或同一段中的两个存储单元地址，但运算结果只可能是两个特定的数值之一，当关系不成立（假）时，结果为 0；当关系成立（真）时，结果为 FFH 或 FFFFH。

4）分析运算符：又称数值返回运算符，通过运算后得到的是数值。共 5 个。

SEG：加在变量名或标号前面，将得到变量名或标号的段基值。

OFFSET：加在变量名或标号前面，将得到变量名或标号的偏移量。

TYPE：加在变量名或标号前面，返回结果是数值，其值为变量名或标号的类型值。如字节返回值 1、字返回值 2、双字返回值 4、NEAR 返回值–1、FAR 返回值–2。

LENGTH：加在变量名前面，运算结果为变量元素的基本单元的个数，若用 DUP 说明符，则 DUP 外层值作为返回值。

SIZE：加在变量名前，返回的数为变量总字节数。

5）合成运算符：又称属性修改运算符。是对变量、标号或内存操作数的类型进行修改的运算符。共 3 个。

PTR：指定由地址表达式确定的存储单元类型（BYTE：字节；WORD：字；DWORD：双字；NEAR：近；FAR：远）。

格式：　类型　PTR　地址表达式

THIS：把运算符后面指出的类型属性赋给当前的存储单元，其他属性不变。

格式：　THIS　类型

SHORT：指定一个标号的类型为短标号，即该标号到调用该标号指令间的距离在–128～+127 之间。

6）其他运算符：

方括号“[ ]”：对于操作数在存储器中，常用方括号来表示存储器的偏移地址。

段超越运算符“：”：在这里“：”称为段超越运算符，跟在段寄存器名之后，用于给一个存储器操作数指定一个段属性。

HIGH 和 LOW：运算符 HIGH 和 LOW 分别得到一个数值或地址表达式的高位和低位字节。

【例 4-2】 伪指令举例。

```
DA1     EQU    4567H              ; 常量 DA1= 4567H
        MOV    AL，LOW   DA1      ; AL←67H
        MOV    AX，SEG   DA1      ; 取 DATA 的段基值→AX
        MOV    SI，OFFSET  DATA   ; 取DATA 的偏移量→SI，其作用等价于 LEA  SI，DATA
```

【例 4-3】 伪指令举例。

```
V0      DB     10H  DUP(0)        ; V0 表示内存中 16 个初始状态为 00H 的单元首地址
V1      DB     'ABCDE'            ; 变量 V1 的初始值为字符串“ABCDE”
V2      DW     1234H，5678 H      ; 变量 V2 的初始值为 1234H，或称 V2 为 1234H 的地址
V3      DD     V2                 ; V3 为双字变量，初值为 V2 代表的逻辑地址信息
V4      DW     20H  DUP(0)        ; 变量 V4 为 20H 个字，且初值均为 0
        MOV    AL，TYPE  V1       ; AL=1
        MOV    BL，TYPE  V2       ; BL=2
        MOV    CL，TYPE  V3       ; CL=4
        MOV    AL，LENGTH  V0     ; AL=10H
        MOV    BL，LENGTH  V1     ; BL=1
        MOV    CL，LENGTH  V3     ; CL=01H
        MOV    AL，SIZE  V0       ; AL=10H
        MOV    AH，SISE  V1       ; AH=01H
        MOV    BL，SIZE  V2       ; BL=02H
        MOV    BH，SISE  V3       ; BH=04H
        MOV    CL，SIZE  V4       ; CL=40H
```

【例 4-4】 伪指令举例。

```
INC     BYTE  PTR [BX]           ; 一个单元内容增 1
SUB     WORD  PTR [SI]，30H      ; 一个内存单元中的字减 0030H 后放入内存
JMP     FAR   PTR  SUB1          ; SUB1 处于另一段
```

【例 4-5】 伪指令举例。

```
DA_BYTE     EQU  THIS   BYTE    ; DA_BYTE 为一个字节变量
DA_WORD     DW   20H  DUP(0)    ; DA_WORD 占 32 个字单元（64 个字节单元），且清零
```

以上两条伪指令在一起使用时，均是定义 20H 个字单元，若进行字节访问，用变量名 DA_BYTE，若进行字访问用变量 DA_WORD。

【例 4-6】 伪指令举例。

```
JUMP_FAR     EQU  THIS  FAR    ; 将 JUMP_FAR 定义为远标号
JUMP_NEAR：  MOV  AL，30H      ; 将 JUMP_NEAR 定义为近标号
```

以上这两条语句在一起使用时的意义在于：当在段内调用时，使用标号 JUMP_NEAR，当从另一个代码段调用时，使用标号 JUMP_FAR。其调用的是同一段程序。

以上介绍了表达式中允许使用的各种运算符，如果一个表达式中同时具有多个运算符，则应按照以下规则进行运算：

- 优先级高的先运算，优先级低的后运算。
- 优先级相同时按表达式中从左到右的顺序运算。
- 圆括号可提高运算的优先级，圆括号内的运算总是在其相邻的运算之前进行。

各种运算符的优先级顺序见表 4-1，表中同一行中的运算符具有同等的优先级。

表 4-1 运算符的优先级别

序号	运 算 符	优 先 级
1	LENGTH、SIZE、WIDTH、MASK、()、[]、<>	(高) ↓ (低)
2	.（结构变量名后面的运算符）	
3	:(段超越运算符)	
4	PTR、OFFSET、SEG、TYPE、THIS	
5	HIGH、LOW	
6	*、/、MOD、SHL、SHR	
7	+、−	
8	EQ、NE、LT、LE、GT、GE	
9	NOT	
10	AND	
11	OR、XOR	
12	SHORT	

4.2.2 处理器定义伪指令

Intel 80x86 系列微处理器的指令系统在 8086/8088 全部指令的基础上扩展增加了一些指令。那么采用哪种 CPU 的指令系统，需要在程序前用处理器方式伪指令加以说明，或者说应先设置 CPU 方式。常用的有：

```
.8086           ；通知汇编程序只汇编 8086/8088 的指令系统，若出现 386 指令则发出
                ；错误信息。可缺省
.286/.286c      ；汇编 8086/8088 和所有 80286 非保护方式的指令
.286P           ；可接受所有 8086、8088、80286 指令，包括保护方式下的特权指令
.386/.386c      ；汇编 8086/8088 和非保护方式下的 80286、80386 指令
.386P           ；可接受所有 8086、8088、80286、80386 指令，包括保护方式下的特权
                ；指令
.8087           ；只汇编 8087 协处理器的指令
.287            ；可接受 8087 和 80287 协处理器的指令
.387            ；可接受 8087、80287、80387 协处理器的指令
.486            ；可接受所有 8086、8088、80286、80386、80486 非保护方式下的指令
.586/586c       ；可接受所有 8086、8088、80286、80386、80486、Pentiun 非保护方式下
                ；的指令及 80387 的指令（MASM 6.11 支持）
.586P           ；除了上述指令，还可以接受保护方式下的特权指令（MASM 6.11 支持）
.686            ；可以接受除特权指令外的 Pentium Pro 指令（MASM 6.12 支持）
.686P           ；可以接受全部 Pentium Pro 指令（MASM 6.12 支持）
.MMX            ；可以接受 MMX 指令（MASM 6.13 支持）
.XMM            ；可以接受 SSE、SSE2 和 SSE3 指令（MASM 6.14 支持）
```

4.2.3 模式定义伪指令

模式定义伪指令的格式：

.MODEL 存储模式

模式定义伪指令的作用是定义程序的规模，也就是选择程序在内存中存储模式的大小，MASM 有 7 种模式可以选择。

1）TINY（微型模式）：只有 1 个逻辑段。产生 COM 程序。MASM 6.x 支持。

2）SMALL（小型模式）：用于小应用程序，可有 1 个代码段和 1 个数据段。

3）COMPACT（紧凑模式）：可以有 1 个以上数据段，但是只有 1 个代码段。

4）MEDIUM（中型模式）：可以有 1 个以上代码段，但是只有 1 个数据段。

5）LARGE（大型模式）：数据段和代码段均可以有 1 个以上。

6）HUGE（巨型模式）：允许数据段大于 64KB，可以有多个数据段和多个代码段。

7）FLAT（平展模式）：MASM 6.x 支持，允许有 1 个长达 512KB 的段，用于存储代码和数据。

模式定义伪指令的格式如下。

```
.MODEL   SMALL
.MODEL   MEDIUM
.MODEL   COMPACT
```

注意几点：

1）DOS 环境下的程序只能选用前 6 种模式，而第 7 种模式定义的程序只能在 Windows 9x 等 32 位系统环境中运行。

2）TINY 模式只能在 DOS 系统环境下运行，产生.COM 程序，其余模式在 DOS 和 Windows 系统环境下均可运行，产生.EXE 程序。

3）对于小应用程序，可选用 SMALL 模式。在与高级语言混合编程时，存储模式的选择应该一致。

4）对于简化段定义，模式定义伪指令不能缺少。

4.2.4 段定义伪指令

80x86 CPU 的保护模式对内存管理是分段管理，包括 4 种段：代码段、数据段、堆栈段、附加段。编程必须按段来构造程序，一个程序常按用途划分成几个段（至少 1 个段）。当前处理器可以访问的段最多只能有 4 个，用 4 个段寄存器指明。在宏汇编语言中定义段的方法有两种：完整的段定义和简化的段定义。

1．完整的段定义的伪指令

在完整的段定义中，需要指明段起始、段结束和段的属性，通过 SEGMENT、ENDS 和 ASSUME 三条段定义伪指令实现段定义。下面将分别作介绍。

（1）SEGMENT / ENDS

SEGMENT 和 ENDS 应成对出现，前者表示段开始，后者表示段结束，两个语句之间的部分为该逻辑段的内容。二者前面的段名不能缺省且必须一致，常选用与本段用途相关的名字。其格式为：

段名 SEGMENT [定位类型] [组合类型] [字长选择] ['类别']

⋮

段名　ENDS

方括号内的内容为任选项，用空格分开，不能交换顺序。

1）定位类型用来通知汇编程序如何确定逻辑段的边界在存储器中的位置，合理选择定位类型，能更充分地利用存储空间。共有以下 4 种定位类型可以选择。

- PAGE（页）：表示本段从 1 页的边界开始（1 页为 256 字节），即段的起始地址能被 256 整除（段起始地址的低 8 位全为零）。
- PARA（节）：表示本段从 1 节的边界开始（1 节为 16 字节），即段的起始地址能被 16 整除（段起始地址的低 4 位为零）。若语句中没有给出定位类型，则默认为 PARA。
- WORD（字）：表示本段从偶字节地址开始，即段的起始地址能被 2 整除（段起始地址的最后 1 位为零）。
- BYTE（字节）：表示本段可以从任意地址开始。

各种定位类型所表示的段起始地址形式如表 4-2 所示。

表 4-2　各种定位类型所表示的段起始地址

定位类型	段的起始地址
PAGE	XXXX　XXXX　XXXX　0000　0000　B
PARA	XXXX　XXXX　XXXX　XXXX　0000　B
WORD	XXXX　XXXX　XXXX　XXXX　XXX0　B
BYTE	XXXX　XXXX　XXXX　XXXX　XXXX　B

注：X 表示 0 或 1。

2）组合类型用来指定段与段之间是如何连接和定位的，连接程序可以根据组合类型将各段或同名组合、或连接在一起、或重叠在一起等。组合类型共有 6 种选择。

- NONE：为隐含选择，表示本段与其他段无连接关系，将按录入顺序装入程序。
- PUBLIC：在满足定位类型的前提下，本段与同名的段邻接在一起，形成一个新的逻辑段，公用一个段基值，所有偏移量调整为相对新段的起始地址。
- COMMON：产生一个覆盖段，在两个模块连接时，把本段与其他也用 COMMON 说明的同名段置成相同的起始地址，共享相同的存储区，其长度由同名段的最大段长度确定。
- STACK：把所有堆栈段连成一个连续段，且系统自动对 SS 初始化指向新段的起始地址，SP 设置在新段最大地址加 1 处。
- AT 表达式：表示本段可定位在表达式所指示的节边界上。如 AT 1930H，那么本段的起始地址为 19300H。
- MEMORY：表示当几个逻辑段连接时，本段在存储器中应定位在所有被链接在一起的其他段的最高地址。如果有多个段选择 MEMORY，则汇编程序只确认第一个遇到的选择 MEMORY 的段，而其他段当作 COMMON 段。

3）字长选择有两种选择。

- USE16：定义本段为 16 位段模式，偏移地址是 16 位，段内最大寻址空间为 64KB。
- USE32：定义本段为 32 位段模式，偏移地址是 32 位，段内最大寻址空间可达 4GB。

8086/8088 没有字长选择选项，80286 只有一种 16 位段模式方式，80386 以上处理器有两种选择。如果在源程序中使用伪指令.386、.486、.586，则无论哪种模式均可以使用 32 位寄存器，若此时字长选择选项为缺省，则默认为 USE32 模式。在使用伪指令.386、.486、.586，且选择 USE16 模式的前提下，可以使用 32 位寄存器在 64KB 空间中寻址。

4）类别的作用是在连接时决定各逻辑段的装入顺序。当几个程序模块进行连接时，其中具有相同类别名的逻辑段被装入连续的内存区，并按出现的先后顺序排列，但是各段仍然是独立的。其他无类别名的逻辑段一起连续装入内存。类别名必须放在单引号内。

下面为完整段定义的汇编语言程序结构。

```
DATA1    SEGMENT   PARA  'DATA'          }
              ⋮                            } 数据段
DATA1    ENDS                            }
STACK1   SEGMENT   PARA   STACK  'STACK  }
              ⋮                            } 堆栈段
STACK1   ENDS                            }
CODE     SEGMENT   PARA   MEMORY         }
ASSUME   CS: CODE, DS: DATA1             }
ASSUME   SS: STACK1                      }
MAIN: …                                  } 代码段
  ⋮                                      }
CODE    ENDS                             }
END                                      }
```

（2）ASSUME

上面讨论了如何定义段，包括段的起始、段的结束、段的名字、段在内存中存放的形式等。但是，哪些段是数据段、哪些段是代码段、哪些段是堆栈段，还需要用伪指令 ASSUME 来说明。

伪指令 ASSUME 用来通知汇编程序，每个段名所代表的段是什么性质的段，将来处理器访问该段时应该用哪个段寄存器，也就是将段与段寄存器建立联系。ASSUME 的格式为：

ASSUME　段寄存器名：段名, 段寄存器名：段名, ……

其中段寄存器名代表相应段的性质，如 CS 代表代码段，DS 代表数据段，SS 代表堆栈段，ES 为附加段。例如：

```
ASSUME    CS: CODE，DS: DATA    ；说明 CODE 是代码段，DATA 是数据段
```

ASSUME 为指令也可以用来取消先前对段寄存器与段建立的联系，然后可以重新建立联系。例如：

```
ASSUME    DS: TAB              ；定义 TAB 为数据段，与 DS 建立了联系
  ⋮
ASSUME    DS: NOTHING          ；取消与 DS 建立的联系
ASSUME    DS: DATA_SG          ；重新将 DATA_SG 段与 DS 建立联系
  ⋮
```

（3）段寄存器的装入

ASSUME 只说明了各段哪个是代码段、哪个是堆栈段、哪个是数据段。但是，不能把各段的段基值装入相应段寄存器中，只有将段基值装入相应的段寄存器中，该段才被定义成当前段，

才可以被处理器访问。而不同性质的段，其段基值装入的方法不同。

1）DS 和 ES 装入。在例 4-7 中，指令 MOV　ES：DBTYE2[2]，AL 用到了 ES，如果 ASSUME 中没有定义 ES 段，则不能寻址。解决的方法为两点。

- 在 ASSUME 中增加一条对 ES 的定义，建立 ES 与相应段的联系。
- 在指令中使用之前给 ES 赋值，使其指向相应的段。

【例 4-7】　DS 和 ES 装入。

```
DATA_DS      SEGMENT                          ；定义 DATA_DS 段
DBYTE1       DB   12H
DATA_DS      ENDS
DATA_ES      SEGMENT                          ；定义 DATA_ES 段
DBYTE2       DB   10H DUP(?)
DATA_ES      ENDS
CODE         SEGMENT                          ；定义 CODE 段
        ASSUME      CS:CODE                   ；定义 CODE 为代码段
        ASSUME      DS:DATA_DS                ；定义 DATA_DS 为数据段
        ASSUME      ES:DATA_ES                ；定义 DATA_ES 为附加段
START:       MOV    AX,  DATA_DS              ；取 DATA_DS 的段基值送到 AX 中
             MOV    DS,  AX                   ；DS 指向 DATA_DS 段
             MOV    AX,  DATA_ES              ；把 DATA_ES 的段基值送到 AX 中
             MOV    ES,  AX                   ；ES 指向 DATA_ES 段
             MOV    AL,  DBYTE1               ；把 DATA_DS 段中 DBYTE1 单元内的数据
                                              ；送到 AL 中，在这里 DS 缺省不写
             MOV   ES:DBYTE2[2], AL           ；将 AL 中数据送到 DATA_ES 段中 DBYTE2
                                              ；单元，在这里 ES 也可缺省不写
```

2）SS 装入。SS 装入有两种方法。

- 在堆栈段定义时，选择 STACK 选项，则会自动为 SS、SP 赋相应的值。例如下面代码汇编后，定义了栈区长度为 80H 个字节单元，SS 指向 DATA_STACK 段，SP 指向栈底的下一单元，即指向 TOP (SP=0080H)。

```
DATA_STACK    SEGMENT   STACK
              DW    40H   DUP (?)             ；为 DATA_STACK 段留出 80H 个字节单元
TOP           LABEL   WORD                    ；定义 TOP 为字变量
DATA_STACK    ENDS
```

- 如果在堆栈段定义时，没有选择 STACK 选项，则应同 DS、ES 一样用指令实现对 SS 和 SP 装入初值。例如：

```
DATA_STACK  SEGMENT
            DW    40H      DUP (?)
TOP         LABEL   WORD
DATA_STACK  ENDS
CODE        SEGMENT
            ASSUME   CS:CODE,   SS:DATA_STACK
START:      MOV   AX, DATA_STACK
```

```
            MOV   SS，AX
            MOV   SP，OFFSET   TOP
            ⋮
```

3）CS 装入。有两种情况可以改变 CS 和 IP 的内容，从而决定程序的走向。

- 按照结束伪指令指定的地址装入 CS 和 IP。任何一个源程序要以 END 伪指令来结束。在该伪指令中可以指明本程序运行时的起始位置。
- 格式：END [起始地址] ；起始地址可以用标号、表达式或逻辑地址表示
- 作用：结束源程序，而在其之后的所有程序将被汇编程序略去。可以指定程序运行时的起始地址，自动将起始地址装入 CS 和 IP。
- 程序运行时自动修改 CS 和 IP。改变 CS:IP 顺序变化的操作有调用、转移、中断、复位。

2．简化的段定义的伪指令

简化的段定义的格式为：

```
.386                    ；定义处理器
.MODEL  存储模式        ；定义存储模式（可选 SMALL、MEDIUM、COMPAC、
                        ；LARGE 等）
.CODE   [段名]          ；定义代码段。段名缺省时，在 TINY、SMALL、COMPAC
                        ；默认为_TEXE
.DATA                   ；定义数据段，默认段名为_DATA
.STACK  [数值]          ；定义堆栈段及其容量，并给 SS 和 SP 设置初值。数值缺
                        ；省时容量为 1KB
```

根据需要设定不同数量的段（至少一个段），汇编并连接后，将按代码段（默认 PARA）、数据段（默认 WORD）、堆栈段（默认 PARA）的顺序装入各程序段。下面为简化的段定义的汇编语言程序结构。

```
.386                            ；定义为 386 处理器
.MODEL    SMALL                 ；定义为最小存储模式
.STACK    64                    ；定义堆栈段长度为 64 字节，并给 SS 和 SP 设置初值
.DATA                           ；定义数据段
 DA1      DB  3FH，12H，C6H     ；具体数据定义
.CODE                           ；定义代码段
 MAIN     PROC  FAR             ；过程 MAIN 开始
 MOV      AX，@DATA             ；定义数据段 DATA 为当前段
 MOV      DS，AX
   ⋮                            ；具体过程程序
.EXIT                       ；程序结束，返回 DOS（取代 MOV AH,4CH 和 INT 21H 指令）
 MAIN     ENDP                  ；过程 MAIN 结束
          END  MAIN             ；整个程序结束
```

4.2.5 数据定义伪指令

数据定义伪指令主要为数据项分配存储单元并预置初值，它用一个符号名与这些存储单元相联系，并为这些单元提供规定的初值。与数据项相联系的符号名称为变量。这类伪指令语句格式为：

[变量名] DB 表达式 1，表达式 2，……; 定义字节，每个表达式占 1 个字节存储空间
[变量名] DW 表达式 1，表达式 2，……; 定义字，每个表达式占 2 个字节存储空间
[变量名] DD 表达式 1，表达式 2，……; 定义双字，每个表达式占 4 个字节存储空间
[变量名] DQ 表达式 1，表达式 2，……; 定义四字，每个表达式占 8 个字节存储空间
[变量名] DT 表达式 1，表达式 2，……; 定义十字节，每个表达式占 10 个字节存储空间
[变量名] REAL4 表达式 1，表达式 2，……; 定义 4 字节实数，每个表达式占 4 个字节存储空间
[变量名] REAL8 表达式 1，表达式 2，……; 定义 8 字节实数，每个表达式占 8 个字节存储空间
[变量名] REAL10 表达式 1，表达式 2，……; 定义 10 字节实数，每个表达式占 10 个字节存储空间

MASM 6.x 支持实数定义。数据定义伪指令中的表达式可以有以下几种情况。

1．数值表达式

例如：
```
DA_BYTE    DB    50H，50，10110110B，3 DUP(0)  ；50H、32H、B6H、00H、00H、00H
DA_WORD    DW    0A34H, 4981H, 2 DUP(-1)       ；0A34H、4981H、FFFFH、FFFFH
DA_DD      DD    -4，4.2E2，-876.5             ；FFFFFFFCH、43D20000H、
                                               ；C45B2000H
DA_DQ      DQ    876.5                         ；408B640000000000H
DA_REAL4   REAL4 -4.2E2，876.5                 ；C3D20000H、445B2000H
```

2．？表达式

例如：
```
DA_B    DB    ?, ?    ；要求汇编时分配 2 个单元给 DA_B，但不设置初值
DA_W    DW    ?, ?    ；要求汇编时分配 4 个单元给 DA_W，但不设置初值
```

3．字符串表达式

例如：
```
STRING1    DB    'ABCDE'           ；其内存数据存放格式如图 4-3 所示
STRING2    DW    'AB','CD','EF'    ；其内存数据存放格式如图 4-3 所示
STRING3    DD    'AB','CD'         ；其内存数据存放格式如图 4-3 所示
```

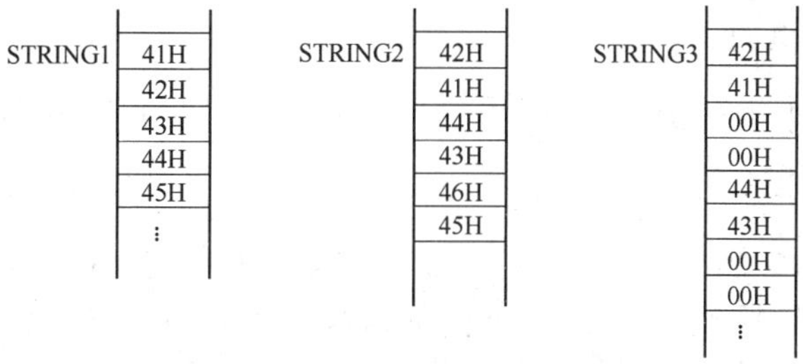

图 4-3　字符串在内存数据存放格式

注意：

1）引号内部不超过 255 个字符。

2）对于 DB，引号内每个字符占 1 个存储单元，地址由左向右增高。

3）对于 DW 每个数据项不得超过 2 个字符，且前面为高字节，后面为低字节，存放时低地址存放低字节，高地址存放高字节。

4）DD 伪指令分配给 4 个单元，每个数据项不能超过 4 个字符。如果少于 4 个字符则自动补上 0。

4．带 DUP 表达式

DUP 为定义重复数据操作符，格式为：

[变量名] DB 表达式 1 DUP (表达式 2) ；表达式 1 为重复次数，表达式 2 为重复内容
[变量名] DW 表达式 1 DUP (表达式 2) ；表达式 1 为重复次数，表达式 2 为重复内容
[变量名] DD 表达式 1 DUP (表达式 2) ；表达式 1 为重复次数，表达式 2 为重复内容
[变量名] DQ 表达式 1 DUP (表达式 2) ；表达式 1 为重复次数，表达式 2 为重复内容
[变量名] DT 表达式 1 DUP (表达式 2) ；表达式 1 为重复次数，表达式 2 为重复内容

【例 4-8】 数据定义。

```
D_B0    DB  1, 2, 3, 4, 8, 16          ；用数据定义语句定义一个表，每个数占一个字节单元
D_B1    DB  20H  DUP (?)               ；保留 20H 个字节单元，各单元内容为任意
D_B2    DB  10H  DUP ('ABCD')          ；重复 10H 个 ABCD 字符串，共占 40H 个字节单元
D_B3    DW  10H  DUP (4)               ；重复 16 个字单元，每个字单元预置 0004H
D_B4    DB  10H  DUP (4 DUP (2), 7)    ；重复 16 遍"2，2，2，2，7"
```

4.2.6 符号定义伪指令

符号定义伪指令的用途是给一个符号重新命名，或定义新的类型属性等。应用时常把某些数据、地址等用一特定符号表示，使编程方便，但必须在使用前赋值。符号定义伪指令语句有两种语句形式和一种解除定义语句。

1. 等值语句

格式： 符号 EQU 表达式 ；即把表达式的值或符号赋给符号

其中表达式可以为：

1）常数或数值表达式，例如：

```
COUNT   EQU   5          ；使常量 COUNT 等于数值 5
NUM     EQU   13+5–4     ；使常量 NUM 等于 14
```

2）地址表达式，例如：

```
ADK1    EQU   DS：[BP+4]     ；使 ADK1 与 DS：[BP+4]等价
```

3）变量、标号或指令助记符，例如：

```
CREQ    EQU   CX                  ；使 CREQ 等价于 CX
CBD     EQU   DAA                 ；使 CBD 等价于 DAA
L1      EQU   SUB_START           ；L1 和 SUB_START 等价
W0      EQU   WORD  PTR  DA_BYTE
```

注意：同一程序中，同一符号不能用 EQU 重复定义。

2. 等号语句

格式：符号=表达式 ；等号语句的含义和表达式内容与等值语句相同

注意：同一程序中，同一符号可以用等号语句重复定义。例如：

```
NUM=14H*4/7
⋮
NUM=NUM+10H
CBD=DAA
⋮
```

```
CBD=ADD
```

3．解除语句 PURGE

除了等值语句和等号语句外，还有一个解除等值定义语句：PURGE。当 EQU 已定义了某符号，如果不再需要，可以用此语句解除，解除后即可重新定义。其格式为：

PURGE　符号 1，　符号 2，……，符号 n

4.2.7　类型定义伪指令

类型定义伪指令 LABEL 的作用是定义标号或变量的类型。

1．对标号类型的定义

标号是一条指令目标代码的符号地址，也就是该指令的目标代码所在内存单元的首地址。每个标号具有 3 个属性。

1）段属性（SEG）：表示这条指令的目标代码在哪个逻辑段中。

2）偏移量属性（OFFSET）：表示这条指令的首字节与段基值的距离。

3）类型属性（TYPE）：表示标号的类型，分两种类型，NEAR（近）和 FAR（远）。

NEAR（近）属性的标号为段内标号，只允许本段内使用该标号，只能被段内的转移指令、调用指令访问。

FAR（远）属性的标号为段间标号，允许其他段使用该标号，可被其他段的转移指令或调用指令访问。

定义标号属性有两种定义方法。

1）隐含方式。即在指令语句中，使用了标号后，它就隐含了 NEAR 属性。

如 LOP：MOV　AX，30H 中的标号 LOP 为近标号。

2）LABEL 伪指令。可以用 LABEL 伪指令赋予标号的类型属性，格式如下。

名称　LABEL　NEAR

名称　LABEL　FAR

LABEL 与指令的连用如下。

```
SUB1_FAR    LABEL   FAR
SUB1:       MOV     AX, 30H
```

以上这两条语句中两个标号 SUB1_FAR 和 SUB1 的逻辑地址相同，但类型属性不同。前者被定义为远标号，后者隐含定义为近标号。如果标号所表示的指令为相应程序入口，则在段内调用时应使用近标号 SUB1，而其他段调用时应使用远标号 SUB1_FAR。

2．对变量类型的定义

变量具有 3 种类型属性：BYTE（字节属性）、WORD（字属性）、DWORD（双字属性）。定义变量类型属性也可以用 LABEL 伪指令，格式如下。

变量　LABEL　BYTE　　；将变量定义为字节属性

变量　LABEL　WORD　　；将变量定义为字属性

变量　LABEL　DWORD　　；将变量定义为双字属性

LABEL 与变量定义的连用如下。

```
DA_BYTE     LABEL   BYTE
DA_WORD     DW      20H   DUP(? )
```

其中两个变量名 DA_BYTE 和 DA_WORD 均具有相同的逻辑地址，但有不同的类型属性。若进行字操作用 DA_WORD，若进行字节操作用 DA_BYTE。

4.2.8 过程定义伪指令

过程或子程序是程序的一种形式，它们可以被其他程序调用。当过程程序执行完后，将返回调用它的地方。使用过程编制程序具有如下优点。

1）它是模块化程序设计的基础。

2）利用过程便于建立和使用程序库。

3）减少程序生成的目标代码的长度。

过程程序是通过过程定义伪指令语句定义的。过程定义伪指令语句的格式为：

```
过程名   PROC   [NEAR / FAR]
           ⋮                    ;  ┐
         [RET]                  ;  │
           ⋮                    ;  ├ 过程
         RET                    ;  ┘
过程名    ENDP
```

过程定义伪指令语句 PROC 和 ENDP 限定一个过程，PROC 表示过程开始，ENDP 表示过程结束。二者前的“过程名”不能省略，且必须相同。PROC 右边方括号中的选项用于说明过程的属性是 NEAR（近）还是 FAR（远），缺省时默认为 NEAR 属性。

在 80x86 中，调用过程和从过程返回的指令是 CALL 和 RET。有以下几点值得注意。

1）过程名实质上是过程的入口地址，其具有 3 个属性：段基值、偏移量和类型属性。

2）汇编程序根据过程定义语句，当汇编到 CALL 指令时，就会自动识别出汇编的是近过程调用（段内调用）还是远过程调用（段间调用），当汇编到 RET 时，也会自动识别出是近返回（段内返回）还是远返回（段间返回），从而给出适合的指令代码。

3）在一个过程中可以有至少 1 个 RET 指令，一般过程的最后一条指令如果不是返回指令 RET，则必须是一条转移到过程中某处的转移指令。

【例 4-9】 过程定义与调用程序结构举例。

```
CODE    SEGMENT
          ASSUME  CS：CODE
            ⋮
COUNT   PROC   NEAR            ；子程序
          ADD   CX，1
          RET
COUNT   ENDP
START：    ⋮                    ；主程序
          CALL   COUNT
            ⋮
          CALL   COUNT
            ⋮
CODE    ENDS
          END   START
```

4.2.9 程序计数器与定位伪指令

1．程序计数器$

“$”表示当前位置的地址偏移量。例如：

```
DATA    SEGMENT
D1      DB    10H，20H，30H    ；D1 的偏移量为 0000H
D2      EQU   $ +2             ；D2 的偏移量为$ +2=0003H+2=0005H
DATA    ENDS
```

2．定位伪指令 ORG

伪指令 ORG 用来指定当前位置的偏移地址，其格式为：

ORG　数值表达式

ORG 后面的数值表达式的值为下一条指令语句或变量的偏移地址。例如：

```
DATA    SEGMENT
        ORG   0020H
D1      DB    10H，20H，30H    ；D1 的偏移量为 0020H
        ORG   $+20H
D2      DB    5，6，7          ；D2 的偏移量为$+20H=0023H+20H=0043H
DATA    ENDS
```

4.2.10 条件汇编伪指令

宏汇编程序 MASM 提供了一种根据不同条件来选择汇编不同程序段的功能。其一般结构为：

```
IFXX  条件
  ⋮          ；程序段 1
[ELSE]
  ⋮          ；程序段 2
ENDIF
```

其功能为：当条件为真，汇编程序段 1，否则跳过程序段 1。如果有 ELSE 语句，则在条件不为真时汇编程序段 2。条件可用表达式描述。

根据条件的不同，有 5 种条件汇编伪指令，每种有两条条件相反的条件汇编伪指令。

（1）IF　表达式/ IFE　表达式

功能：表达式值不为 0，汇编程序段 1，否则跳过/表达式值为 0，汇编程序段 1，否则跳过。

（2）IF1　条件 1 / IF2　条件 2

功能：汇编过程需要扫描两遍源程序，第一遍则判条件 1 是否为真，第二遍则判条件 2 是否为真。

（3）IFB　<参数> / IFNB　<参数>

功能：参数为空格，汇编程序段 1，否则跳过/参数不为空格，汇编程序段 1，否则跳过。

（4）IFDEF　符号/ IFNDEF　符号

功能：符号已定义，汇编程序段 1，否则跳过/符号未定义，汇编程序段 1，否则跳过。

（5）IFIDN　<参数 1>，<参数 2> / IFIDF　<参数 1>，<参数 2>

功能：字符串参数 1 与字符串参数 2 相同，汇编程序段 1，否则跳过/字符串参数 1 与字符串参数 2 不相同，汇编程序段 1，否则跳过。

4.2.11 记录与结构伪指令

宏汇编程序 MASM 除了可以用 DB、DW、DD、DQ、DT 定义内存数据，用等值语句定义符号，还允许用记录（RECORD 伪指令）和结构（STRUC/ENDS 伪指令）自行定义较为复杂的数据类型。

1．记录

记录是 80x86 宏汇编支持的一种多个字段组成的不大于 16 位的数据结构(小汇编不支持)，对记录有 3 种操作：

- 定义记录格式。
- 建立记录变量。
- 引用记录。

（1）定义记录格式

定义一个记录的格式为：

记录名　RECORD　字段名:宽度[=表达式] [，字段名:宽度[=表达式]，……]

记录可以由任意多个字段组成，各字段间用逗号分开，每个字段有字段名、字段宽度（不大于 16 位），可以设置初值（由表达式的值决定，默认为 0）。但是，记录总宽度不能超过 16 位，当总宽度为不大于 8 位时，记录用一个字节表示；当总宽度为大于 8 位时，记录用一个字（2 字节）表示。

【例 4-10】 定义一个表示职工基本情况的记录。假设：记录名为 data_RECORD，性别 d1 占 1 位（0 为女，1 为男），政治面貌 d2 占 1 位（0 为非党员，1 为党员），职称 d3 占 2 位（00 为无，01 为初级，10 为中级，11 为高级），工种 d4 占 2 位（00 为工人，01 为农民，10 为事业，11 为企业），身体状况 d5 占 2 位（00 为良好，01 为一般，10 为较差，11 为差）。记录格式为：

```
data _RECORD   RECORD   d1:1, d2:1, d3:2, d4:2, d5:2
```

（2）建立记录变量

记录名被定义后，即可如同 DB、DW 等伪指令那样，定义内存变量、分配内存单元、进行初始值设定，其格式为：

[变量名]　记录名　<[初值，[初值]，……]>

初值可以为数值，可以用重复操作符，也可以缺省（则默认为 0），但是其个数和大小必须与记录定义的段个数和位数相符。

【例 4-11】 例 4-10 中已定义了记录 data _RECORD，本例可建立记录变量为：

```
A1  data _RECORD  <1B,1B,10B,00B, >     ; d1=1，d2=1，d3=10B，d4=10B，d5=00B
A2  data _RECORD  < , , ,3, 1>          ; d1=0，d2=0，d3=00B，d4=11B，d5=01B
A3  data _RECORD  <5  DUP(0B)>          ; d1=0，d2=0，d3=00，d4=00，d5=00
```

即定义内存从 A1 开始存入 3 个记录，分别为：

```
A1：男、党员、中级职称、事业单位工作、身体状况良好
A2：女、非党员、无职称、企业单位工作、身体状况一般
```

```
A3：男、非党员、无职称、工人、身体状况良好
```

（3）引用记录

在指令语句中可以通过记录运算符来引用已定义的记录。

1）用 WIDTH 运算符可求出记录或字段所占的位数，其格式为：

WIDTH　记录名/字段名

【例 4-12】 例 4-10 中已定义了记录 data _RECORD，用 WIDTH 运算符可求出其占的位数。

```
MOV    AL, WIDTH   data _RECORD        ; AL=8
MOV    BL, WIDTH   d1                  ; BL=1
MOV    CL, WIDTH   d4                  ; CL=2
```

2）用 MASK 运算符可以求出字段在记录中所占哪几位，占据的位将为 1，其余位将为 0，其格式为：

MASK　字段名

【例 4-13】 例 4-10 中已定义了记录 data _RECORD，用 MASK 运算符可求出字段占据哪几位。

```
MOV    AH, MASK   d1                   ; AH=10000000B
MOV    BH, MASK   d3                   ; BH=00110000B
MOV    CH, MASK   d5                   ; CH=00000011B
```

3）移位值运算，当字段名作为操作数独立出现时，其返回值表示该字段在记录中移动几位才能到达最右边。

【例 4-14】 例 4-10 中已定义了记录 data _RECORD，则有：

```
MOV    DL, d1                          ; DL=7，即需要移动 7 位
MOV    DH, d3                          ; DH=5，即需要移动 5 位
MOV    CH, d5                          ; CH=0，即不需要移动
```

（4）记录的应用举例

【例 4-15】 例 4-10 中已定义了表示职工基本情况的记录，假设内存中有 5 个该记录格式的变量，试统计出其中男性的个数，并存入内存。

解：设职工基本情况的记录格式为：data _RECORD　RECORD　dl:1, d2:1, d3:2, d4:2, d5:2

其中，data_RECORD 为记录名；

d1 为性别，占 1 位（0 为女，1 为男）；

d2 为政治面貌，占 1 位（0 为非党员，1 为党员）；

d3 为职称，占 2 位（00 为无，01 为初级，10 为中级，11 为高级）；

d4 为工种，占 2 位（00 为工人，01 为农民，10 为事业，11 为企业）；

d5 为身体状况，占 2 位（00 为良好，01 为一般，10 为较差，11 为差）。

统计出男性个数的源程序为：

```
DATA      SEGEMENT
SEX_DATA     DB ?                      ；设置男性个数单元
data _RECORD   RECORD   d1:1, d2:1, d3:2, d4:2, d5:2
A1    data _RECORD   <0,1, , ,1>       ; 41H：女，党员，无职称，工人，一般
```

```
A2      data_RECORD   <1,1,1,2,1>          ; D9H: 男，党员，初级，事业，一般
A3      data_RECORD   <0,1, , 1,1>         ; 45H: 女，党员，无职称，农民，一般
A4      data_RECORD   <0,0,1, , >          ; 10H: 女，非党员，初级，工人，良好
A5      data_RECORD   <1,0,0,3,2>          ; 8EH: 男，非党员，无职称，企业，较差
DATA    ENDS
CODE    SEGMENT
        ASSUME  CS:CODE, DS:DATA
START   PROC    FAR
        PUSH    DS
        MOV     AX,0
        PUSH    AX
        MOV     AX,DATA              ; 定义当前数据段
        MOV     DS,AX
        MOV     CL,5                 ; 设置记录个数计数器 CL=5
        MOV     CH,0                 ; 设置男性个数计数器 CH=0
        MOV     BX,OFFSET  A1        ; 设置记录指针
LP1:    MOV     AL,[BX]              ; 取一个记录
        AND     AL, MASK  d1         ; 屏蔽除性别外的所有字段
        JZ      LP2                  ; 判断=0 为女性，则转到 LP2
        INC     CH                   ; 否则为男性，男性个数计数器增一
LP2:    INC     BX                   ; 指针增益，指向下一记录
        DEC     CL                   ; 记录个数计数器减一
        JNZ     LP1                  ; 判断全部记录是否处理完了，如未完，则转到 LP1
        MOV     SEX_DATA,CH          ; 全部记录处理完，则保存男性个数计数器内容
        RET
START   ENDP
CODE    ENDS
        END     START                ; 汇编源程序结束
```

2．结构

结构（Structure）是 80x86 宏汇编支持的一种自定义的由多个相关的字段组成的数据结构。与记录不同的是，每一个字段可能包含多个字节单元，结构中字段的宽度单位为字节。与记录相同的是，也有 3 种操作：

- 定义结构格式。
- 建立结构变量。
- 引用结构。

（1）定义结构格式

定义结构是以 STRUC 开始，以 ENDS 结束，二者间为结构体。其格式为：

```
结构名   STRUC
          ：          ；为结构体，由数据定义语句序列组成，其中变量名为字段名
结构名   ENDS
```

【例 4-16】 将一个学生的姓名、学号、语文成绩、数学成绩、英语成绩等定义为一个结构。

```
DATA_STRUC   STRUC             ；此结构由 5 个字段共 9 个字节构成
NA       DB   5 DUP (' ')      ；姓名预留 5 个字符空间
```

```
NO          DB  ?                           ; 学号
MAT         DB  ?                           ; 数学成绩
PHY         DB  ?                           ; 语文成绩
ENG         DB  ?                           ; 英语成绩
DATA_ STRUC   ENDS
```

（2）建立结构变量

结构定义后，只是通知汇编程序有这样的数据结构，但是并没有分配内存，还需要建立结构变量。其格式为：

[变量名] 结构名 <[初值，[初值]，……]>

初值间用逗号隔开，初值可以为数值，可以用重复操作符，也可以缺省（则 MASM 会自动给出初值）。

【例 4-17】 例 4-16 中已定义了结构 DATA_ STRUC，可预置结构变量为：

```
A1    DATA_ STRUC    <'ZHANG',05,85,67,32>
A2    DATA_ STRUC    <'WANG',09,73,45,98>
A3    DATA_ STRUC    <'LI',15,88,93,79>
A4    DATA_ STRUC    <'ZHAO',20,28,83,74>
A5    DATA_ STRUC    <'SUN',25,58,73,69>
```

实际上也可以在程序中设置初值，只分配内存单元，则可以为：

```
A1    DATA_ STRUC    < >
A2    DATA_ STRUC    < >
A2    DATA_ STRUC    3 DUP(< >)
```

（3）引用结构

在程序中引用结构的格式为：

结构变量名.结构字段名

或者，用指向结构变量的地址寄存器，再加上圆点和结构字段名，其格式为：

[地址寄存器].结构字段名

【例 4-18】 例 4-16 中已定义了结构 DATA_ STRUC，引用结构变量为：

```
MOV   AL,A1.ENG
MOV   BX,OFFSET A2
MOV   AH,[BX].ENG
```

（4）记录的应用举例

【例 4-19】 例 4-16 中已定义了一个结构来表示学生的姓名、学号、语文成绩、数学成绩、英语成绩等信息。假设内存中有 5 个学生的信息，试统计出其中数学不及格的人数。

参考程序如下。

```
DATA       SEGMENT
STUDENT_STRUC    STRUC
NA          DB   5 DUP (' ')                ; 姓名预留 5 个字符空间
NO          DB   ?                          ; 学号
```

```
MAT      DB  ?                    ; 数学成绩
PHY      DB  ?                    ; 语文成绩
ENG      DB  ?                    ; 英语成绩
STUDENT_STRUC   ENDS
MAT_NM   DB  ?                    ; 设置数学不及格个数单元
S1       STUDENT_STRUC   <'ZHANG',05,85,67,32>
S2       STUDENT_STRUC   <'WANG',09,73,45,98>
S3       STUDENT_STRUC   <'LI',15,88,93,79>
S4       STUDENT_STRUC   <'ZHAO',20,28,83,74>
S5       STUDENT_STRUC   <'SUN',25,58,73,69>
DATA     ENDS
CODE     SEGMENT
         ASSUME    CS:CODE, DS:DATA
START    PROC      FAR
         PUSH      DS
         MOV       AX,0
         PUSH      AX
         MOV       AX,DATA              ; 定义当前数据段
         MOV       DS,AX
         MOV       CL,5                 ; 设置结构变量个数计数器 CL=5
         MOV       CH,0                 ; 设置数学不及格个数计数器 CH=0
         MOV       BX,OFFSET  S1        ; 设置结构指针
LP1:     MOV       AL,[BX].MAT          ; 取一个学生的数学成绩字段
         CMP       AL,60
         JGE       LP2
         INC       CH
LP2:     ADD       BX,9                 ; 指向下一个学生信息
         DEC       CL
         JNZ       LP1
         MOV       MAT_NM,CH
         RET
START    ENDP
CODE     ENDS
         END       START                ; 汇编源程序结束
```

4.2.12 模块定义伪指令

宏汇编程序 MASM 可以把程序化分成许多模块，并对每个模块独立进行汇编和调试，各模块间的符号允许相互引用，最后将模块连接成一个完整的可执行程序。有关模块定义的伪指令有 NAME、END、PUBLIC、EXTRN。

1. NAME

NAME 伪指令用于给源程序定义一个模块名，在连接时目标程序将使用这个模块名。如果没有定义模块名，则连接时目标程序用源程序的名字。其格式为：

NAME　模块名

2. END

END 伪指令用来表示源程序到此结束，汇编程序将不会汇编此后出现的程序。其格式为：

END　　[起始标号/过程名]

方括号为可选项，汇编程序将把起始标号或过程名的段基值和偏移量分别赋给 CS 和 IP。对于多个模块连接时，只有主模块需要指出起始标号。

3. PUBLIC

PUBLIC 伪指令用于指明模块中哪些符号为公共的，可以被其他模块引用。其格式为：

PUBLIC　　符号[，符号，……]

其中的符号可以是本模块已定义的变量、标号、常量名、过程名等。PUBLIC 伪指令可以在源程序的任何地方。

4. EXTRN

EXTRN 伪指令用于说明模块中哪些符号为外部的，即为其他模块中已用被 PUBLIC 伪指令说明的符号。其格式为：

EXTRN　　符号名：类型[，符号名：类型，……]

其中符号名和类型必须与其他模块中定义的符号名和类型一致。

除了上述伪指令外，还有一些伪指令，在这里就不再赘述，请参看其他参考书。

4.3 宏指令

所谓宏指令是利用汇编语言中提供的指令（助记符指令和伪指令），根据需要，将其中某些指令定义为新的功能或更强的指令。熟练地掌握和灵活地运用宏指令功能，不仅可以加快源程序的编写进程，减小工作量，有利于建立好的程序结构，增强程序的可读性，使程序便于修改和调试，而且能提高程序的运行速度，便于程序移植。

4.3.1 宏指令定义

在汇编语言源程序中，如果某程序段重复出现，则可把此程序段定义成宏指令。经过宏定义后，在源程序中的任何地方，可用定义过的宏指令代替该程序段（称作宏调用），程序员不必重复书写该段程序，使源程序的书写简洁。同时，由于宏指令具有接受参数的能力，所以功能更灵活。汇编程序遇到宏调用时，就用相应的宏体来代替这条宏指令以产生目标码，这称作宏扩展。

宏定义的一般格式为：

```
宏名    MACRO  [形参，形参，……]
          ⋮                          ；宏体
        ENDM
```

宏调用的一般格式为：

宏名　[实参，实参，……]

其中宏名称为宏指令名，MACRO 是宏定义符， ENDM 是宏结束符，它们之间是宏体。与段和过程定义不同的是，在 ENDM 左边不能有宏名。方括号为选择项，形参即为形式参数（Dummy Parameter），或称哑元。在宏调用中的实参即为实际参数（Actual Parameter），或称实元。一般实际参数与形式参数的个数和顺序一一对应，但是实际参数与形式参数也可以个数不等，多余的实际参数被忽略，多余的形式参数被认为为空。

除了宏定义和宏调用外，还有两条关于宏操作的伪指令：取消宏指令伪指令和重复伪指令。

取消宏指令伪指令的功能是取消已经定义了的宏指令，其格式为：

PUREG　宏名1[，宏名2，……]

重复伪指令的功能是重复若干次宏体，重复次数由表达式的值决定，其格式为：

```
REPT  表达式
  ⋮          ；宏体
ENDM
```

4.3.2 宏指令的应用

【例4-20】 将内存5个单元中的1位十六进制数转换成ASCII码。

分析：将实现1位十六进制数转换成ASCII码的程序段定义成宏指令，调用宏指令时的实际参数为BX，宏体完成将形式参数指明的内存单元内容转换成ASCII码后，存入形式参数+5指明的内存单元中。

```
.MODEL  SMALL                               ；定义为最小存储模式
.DATA                                       ；定义数据段
DA1     DB      06H, 0AH, 09H, 0CH, 0FH, 5 DUP(?)
ASC     MACRO   REG
        MOV     AL, [REG]
        CMP     AL, 0AH
        JC      NUME
        ADD     AL, 07H
NUME:   ADD     AL, 30H
        MOV     [REG+5], AL
        ENDM
.CODE                                       ；定义代码段
MAIN    PROC    FAR                         ；程序MAIN开始
        MOV     AX,  @DATA                  ；定义数据段DATA为当前段
        MOV     DS,  AX
        MOV     CX, 5
        MOV     BX, OFFSET DA1
LP:     ASC     BX
        INC     BX
        LOOP    LP
        MOV     AH,  4CH                    ；程序退出，返回DOS
        INT     21H                         ；
MAIN    ENDP                                ；程序MAIN结束
        END     MAIN                        ；整个程序结束
```

【例4-21】 设X=1～10，将$Y=X^2+2X$分配给10个连续内存单元。

分析：采用重复伪指令。宏操作程序段中有对数据段操作的语句，故需要在此之前设置数据段。宏操作程序段可以放在代码段里，也可以放在代码段外。为了能上机调试，编制了如下较完整的程序结构。

```
.MODEL  SMALL                       ；定义为最小存储模式
```

```
.DATA                                   ; 定义数据段
        X=0
REPT    10
        X=X+1
        Y=X*X+2*X
DB      Y
        ENDM
.CODE                                   ; 定义代码段
MAIN    PROC   FAR                      ; 程序 MAIN 开始
MAIN    ENDP                            ; 程序 MAIN 结束
        END   MAIN                      ; 整个程序结束
```

4.3.3 宏指令与子程序的区别

宏指令是用一条指令来代替一段程序以简化程序，子程序也有类似的功能。那么这两者之间有什么区别？

1）宏操作没有缩短目标代码的长度，即宏指令只能简化源程序的书写过程，在源程序中可以多次进行宏调用，汇编程序处理宏指令时，把宏体插入到宏调用处，所以目标程序所占用内存空间并不因宏操作而减少。主程序可以多次调用一个子程序，在目标程序的代码中，调用子程序处只有调用指令的代码，而子程序的代码只是一段，所以子程序调用能缩短目标程序的长度。

2）引入宏操作，并不会在执行目标代码时增加额外的时间开销，而子程序调用由于需要保护现场和断点，因而有额外的时间开销，延长了目标程序的执行时间。

4.4 BIOS 和 DOS 的功能调用

为了方便用户对底层硬件接口的操作，减轻用户编程负担，PC 的操作系统提供了一些系统功能子程序，用户通过软中断指令调用这些系统功能子程序。这种调用操作具有如下特点。

1）不用 CALL 命令。

2）这些系统功能子程序不是用子程序名来区别，而是通过软中断指令（INT　n）中类型码 n 的不同来区别。

3）用户程序不必与这些系统功能子程序的代码连接。

使用这些系统功能子程序编写的程序简单、清晰，可读性好，而且代码紧凑，调试方便。BIOS（Basic Input and Output System）和 DOS（Disk Operating System）为用户提供两组系统服务程序。n=5～1FH 是 BIOS 中的服务程序，n=20～3FH 是 DOS 中的服务程序。

在调用系统功能程序时，程序员不必了解所使用设备的物理特性、接口方式及内存分配等，不必编写烦琐的控制程序。调用它们时采用统一的格式，只需要 3 部分语句，如下所示。

1）传送入口参数到指定寄存器或内存中（依据系统功能程序表中入口参数要求）。

2）将功能号送入 AH 寄存器中。

3）执行 INT　n。

有的系统功能程序无入口参数，则只需安排后两条语句。调用结束后，系统将出口参数送到指定寄存器或内存中，或者从输出设备输出，如用屏幕显示出来，通过打印机输出，通过串口输出等。在配套软件中的关于软件处给出了 DOS 系统功能表和部分 BIOS 功能表。

4.4.1 BIOS 调用

BIOS 是固化在 ROM 中的一组 I/O 服务程序，除系统测试程序、初始化引导程序及部分中断矢量装入程序外，还为用户提供了常用设备的输入/输出程序，如键盘输入、打印机及显示器输出等。表 4-3 为部分常用的 BIOS 功能调用的简要说明。

表 4-3 部分常用的 BIOS 功能调用的简要说明

软中断指令	功　能	软中断指令	功　能
INT 00H	除法出错	INT 0DH	硬盘中断
INT 01H	单步中断	INT 0EH	软盘中断
INT 02H	非屏蔽中断	INT 10H	显示器中断
INT 03H	断点中断	INT 12H	内存大小检查
INT 04H	溢出中断	INT 15H	盒式磁带机 I/O
INT 09H	键盘中断	INT 16H	键盘输入
INT 0BH	异步通信串行口 1 中断	INT 17H	打印机输出
INT 0CH	异步通信串行口 2 中断	INT 1AH	时钟

4.4.2 DOS 软中断

为给编写汇编语言源程序提供方便，DOS 系统中设置了几十个独立的中断服务程序，它们的入口已由系统置入中断入口地址表中，在汇编语言源程序中可用软中断指令 INT n 调用它们。每执行一条软中断指令，就调用一个相应的中断服务程序。常用的 DOS 软中断指令有 8 条，系统规定它们的中断类型码为 20H～27H，见表 4-4。

表 4-4 常用的 DOS 软中断指令的功能表

软中断指令	功　能	入 口 参 数	出 口 参 数
INT 20H	程序正常退出		
INT 21H	系统功能调用	AH=功能号，相应入口参数（参见表 4-5）	相应出口参数（参见表 4-5）
INT 22H	结束退出		
INT 23H	CTRL-Break 处理		
INT 24H	出错退出	AL=驱动器号，CX=读入扇区数 DX=起始逻辑扇区号，DS:BX=内存缓冲区地址	CF=0　成功 CF=1　出错
INT 25H	读盘	AL=驱动器号, CX=写盘扇区数 DX=起始逻辑扇区号，DS:BX=内存缓冲区地址	CF=0　成功 CF=1　出错
INT 26H	写盘		
INT 27H	驻留退出		

4.4.3 DOS 系统功能调用

在 DOS 软中断指令中最为常用的是系统功能调用（INT　21H），主要完成文件管理、输入/输出设备控制、系统参数操作等。它本身包含 80 多个子程序，每个子程序对应一个功能号，其编号为 0～62H。其中有些功能 BIOS 功能调用也可以实现。表 4-5 给出了常用的 DOS 系统功能表，在这里只讲解几个常用的 DOS 系统功能调用。希望读者能够举一反三。

表 4-5 部分常用 DOS 调用(INT 21H)功能表

功能号(AH)	功 能	入 口 参 数	出 口 参 数
01H	键入字符并回显		AL=键入字符的 ASCⅡ码
02H	显示字符	DL=被显示字符的 ASCⅡ码	
05H	打印机输出	DL=被打印字符的 ASCⅡ码	
08H	键盘输入但不回显（等待至有键入为止） 检查 Ctrl-Break 键		AL=键入字符的 ASCⅡ码
09H	显示字符串（串尾字符为$，但不显示）	DS:DX=被显示字符串首地址	
0AH	键入字符串至内存缓冲区	DS:DX=缓冲区的首地址 DS:[DX]=最多键入的字符数 DS:[DX+1]=实际键入的字符数 DS:[DX+2]开始放键入的字符串	
0BH	检查键盘状态（不等待）		AL=FFH 有键入 AL =00H 无键入
25H	置中断矢量	AL=中断类型号 DS:DX=中断服务程序入口地址	
35H	取中断矢量	AL=中断类型号	DS:DX=中断服务程序入口地址
4CH	带返回码结束	AL=程序员自定的返回码	

1）带显示的键盘输入（01H 号功能）。此功能程序将等待键盘输入，直到按下一个键（输入一个字符），把字符的 ASCII 码送入 AL，并在屏幕上显示该字符。如果按下的键是 Ctrl-C 组合键，则停止程序运行。若按下 Tab 制表键，屏幕上光标自动扩展到紧接着的 8 个字符位置后面。本调用不需要入口参数，出口参数在 AL 中。例如：

```
MOV     AH,  01H
INT     21H              ; AL=键入的 ASCII 码
```

2）字符串输入（0AH 号功能）。0AH 号功能能在一次调用时接收一串字符。该功能在使用调用前，应该在内存中建立一个输入缓冲区。缓冲区的第一个字节存放它能保存的最大字符数（1～255，不能为 0），第二个字节存放实际输入的字符数（回车键除外），这个数由 DOS 返回时自动填入。用户从键盘输入的字符从第三个字节开始存放，直到用户输入回车键为止，并将回车码（0DH）加在键入字符串的末尾。因此，在设置缓冲区最大长度值时，要比所希望输入的最多字符数多 1 个字节。例如：

```
CHAR_BUF    DB      31H                ; 缓冲区最大长度=最多键入字符个数+1
            DB      ?                  ; 存放实际输入字符个数，DOS 返回时自动填入
            DB      31H  DUP (0)       ; 输入字符缓冲区
            ⋮
            MOV     DX,  SEG  CHAR_BUF
            MOV     DS,  DX
            MOV     DX,  OFFSET  CHAR_BUF
            MOV     AH,  0AH
            INT     21H
```

3）在屏幕显示 1 个字符（02H 号功能）。该功能要求的入口参数为：将欲显示字符的

ASCII 码存入 DL，功能号存入 AH。再执行 INT 21H 时，会把 DL 寄存器中的 ASCII 字符送到屏幕显示。

02H 号功能可显示任意字符，如果 DL 中存放退格键编码（08H），在屏幕上便向左移一个字符位置，并使该位置成为空格。09H 号功能不能显示‘$’符号，所以 02H 号功能可作为 09H 号功能的补充。例如：

```
MOV    DL，要显示字符的 ASCII 码
MOV    AH，2
INT    21H
```

4）字符串显示（09H 号功能）。09H 号功能子程序能在屏幕上显示多于一个的字符串。要显示的字符串必须事先存放在内存数据区中，且字符串以‘$’作为结束标志，除此之外，还需要把存放待显示字符串的内存首地址分别存入 DS 和 DX 中（DS=段基值、DX=偏移量）。

也可以将非显示字符（如回车、换行）的 ASCII 码（如 0DH、0AH）插入字符串中。例如：

```
CHAR_BUF    DB     'I AM A STUDENT'
            DB     0AH, 0DH, '$'
            MOV    DX, SEG CHAR_BUF
            MOV    DS, DX
            MOV    DX, OFFSET CHAR_BUF
            MOV    AH, 9
            INT    21H
```

5）返回操作系统（4CH 号功能）。这个功能子程序没有入口参数，执行结果是结束当前正在执行的程序，并返回操作系统，屏幕显示操作系统提示符。例如：

```
MOV    AH，4CH
INT    21H
```

4.5 汇编语言程序设计与调试

4.5.1 汇编语言程序设计步骤

通过程序设计使计算机实现某种功能或解决某一问题时，一般需要按如下步骤进行：分析问题；建立数学模型、确定算法及解决方案；绘制程序流程图；规划内存空间；编制程序与静态检查；调试程序；整理文档。

下面具体讨论各步骤。

1）分析问题。首先需要对待解决问题进行充分的需求分析，明确待解决问题的原始数据特点、输入/输出信息的特性、运行条件、技术指标（包括目标、精度、速度、功能等）、成果体现形式等。

2）建立数学模型、确定算法及解决方案。根据需求分析，将建立待解决问题的数学模型或者总结出若干规律，确定解决问题的算法或解决方案。

3）绘制程序流程图。将解决方案用流程图表示出来，对理清编程思路和寻找编程手段是非常有益的。绘制流程图一般由粗到细，由宏观到微观，可以有多个流程图。流程图的格式一般由流程图常用符号起止框、处理框、判断框、连接框、流向线等组成，如图 4-4 所示。值得注意的是，流程图不是一成不变的，往往会根据具体编程过程不断修改、完善。

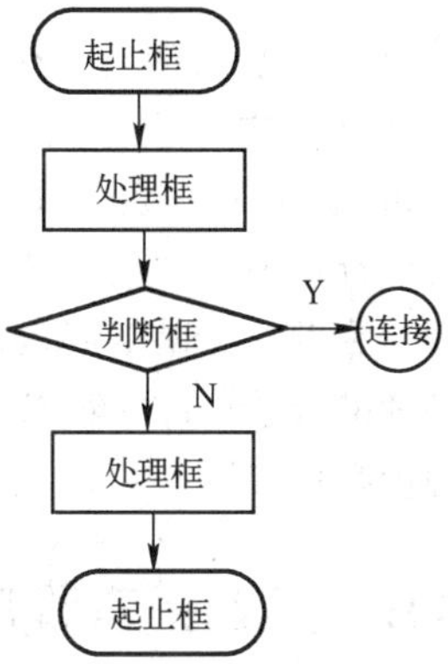

图 4-4　流程图示意图

4）规划内存空间。合理地分配内存空间是非常重要的，明确数据格式和数据在内存中存放的形式，可以影响编程手段的选择，特别是对那些资源有限的小系统。在 80x86 系统中，常用指令或伪指令为数据和程序分配空间。

5）编制程序与静态检查。根据流程图和语言的语法规则编制程序。编制的程序应具有模块化、通用化、简单易读、易于维护与升级等特点，尽可能采用合理的指令和寻址方式，合理地利用 CPU 内部的寄存器。

编制完程序后，需要仔细阅读程序，检查程序是否满足系统要求、符合设计思想。

6）调试程序。调试程序是程序设计的一个重要环节，也是必要的环节。没有经过调试程序，很难保证程序能正常运行。学习和掌握程序的调试方法是非常重要的。

7）整理文档。整理文档是程序设计的最后一步，也是非常重要的过程。文档包括：程序设计说明、程序编程说明、程序的使用说明、程序的注释、程序的流程等。

当然，上述的编程步骤不是对每个程序都必要的，可根据具体情况进行选择。

4.5.2　MASM 汇编语言的调试方法

汇编语言程序的编制需要经过编辑、汇编、连接、调试等过程，如图 4-5 所示。往往需要反复操作这些过程，不断完善程序设计，才能达到最终目标。

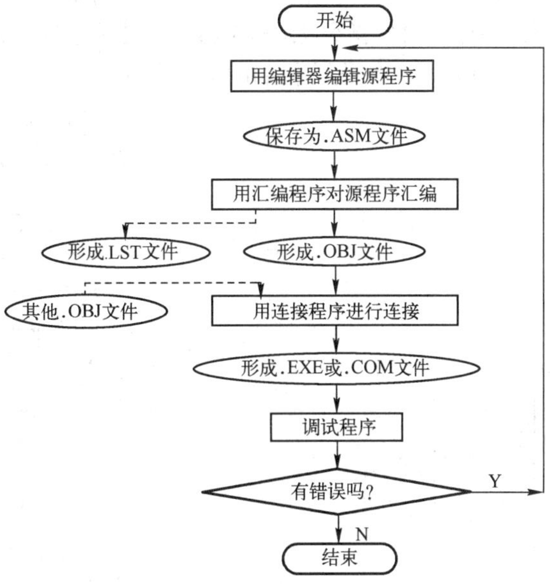

图 4-5　汇编程序开发流程

其中，编辑器可以是 DOS 下的 EDIT、Windows 下的文本编辑环境等，在编辑环境中进行源程序的录入、修改、编辑等。编辑完源程序后，需要保存为.ASM 文件。然后，利用 MASM 宏汇编程序对.ASM 文件进行汇编，形成.OBJ 目标文件，同时获得列表（.LST）文件（可提供汇编过程中所使用的标号与变量等各类详细信息）和映像（.MAP）文件（提供有关各段起始地址、结束地址、长度、段名等信息）等。接着，利用 LINK 或 TLINK 连接软件将一个或几个.OBJ 文件连接成一个可执行的.EXE 或.COM 文件。最后，在调试环境 DEBUG 或 TD（Turbo Debugger）中，经过单步、设置断点或连续执行，观察内部寄存器、内存的变化，判断程序是否运行正确。如果有错误，需要回到编辑环境修改程序，重复上述过程。

目前，在 Windows 环境下有多种对汇编语言程序开发的集成开发器，功能相差不多，在本书辅助教学软件中对未来汇编 FASM 的使用方法进行了简单的介绍（参见辅助教学软件第 4 章的视频播放）。

4.6 汇编语言程序设计基本方法

在此之前已经了解了指令系统、汇编语言程序的格式、伪指令以及 DOS 和 BIOS 功能调用，在本节中将通过实例介绍具体的程序设计方法和技巧。一般程序的结构有顺序程序、分支程序、循环程序和子程序四种基本结构形式，通过有机地组合达到实现某种功能的效果。

4.6.1 顺序结构程序

这种程序的形式最简单，任何程序中都包含这种形式。计算机执行顺序结构程序的方式是“从头到尾”，按顺序执行每条指令语句，每条指令必须执行一次，而且只执行一次，直到执行到程序结束指令为止。

【例 4-22】 将内存 DA1 单元的内容拆成两段，每段 4 位，高 4 位清零，并将它们分别存入 DA1+1 和 DA1+2 单元，如图 4-6 所示。

分析：首先取出该数，用 AND 指令使数据和 0FH 相与，屏蔽高 4 位而获得低 4 位，存入 DA1+1 单元。再取出该数，用逻辑右移指令（SHR）将高 4 位移至低 4 位，同时高 4 位被清零，存入 DA1+2 单元，至此完成此题目。编程流程如图 4-7 所示。

参考程序如下。

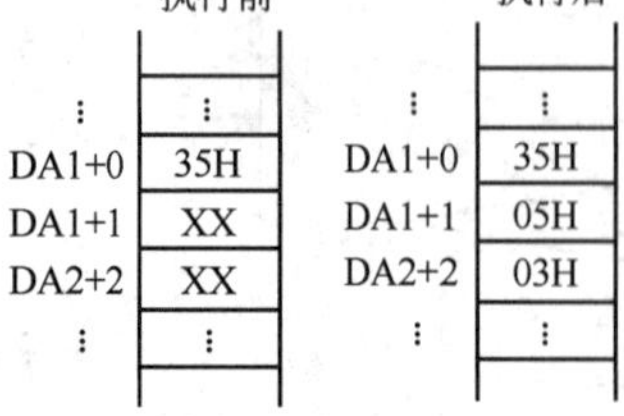

图 4-6　例 4-22 示意图

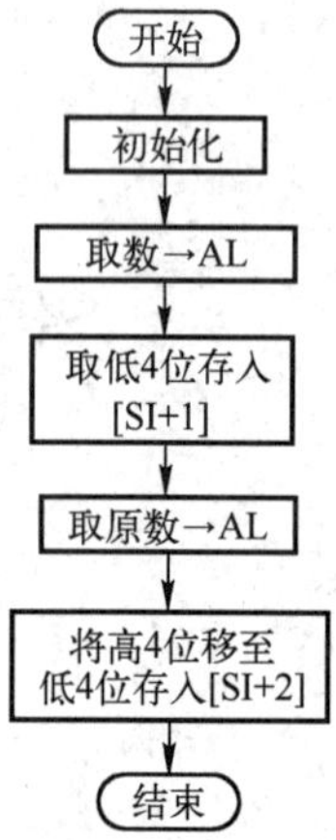

图 4-7　例 4-22 流程图

```
DATA    SEGMENT  'DATA'
        ORG   50H
DA1     DB       35H，?，?      ；从偏移地址 50H 开始存入 35H 和留出两个字节单元
DATA    ENDS
CODE    SEGMENT  'CODE'
        ASSUME   DS:DATA
        ASSUME   CS:CODE
ST:     MOV      AX，DATA
        MOV      DS，AX         ；DS←取数据段基值
        LEA      SI，DA1
        MOV      AL，[SI]       ；取数到 AL
        AND      AL，0FH        ；AL 高 4 位清零
        MOV      [SI+1]，AL
        MOV      AL，[SI]
        MOV      CL，4
        SHR      AL，CL         ；逻辑右移 4 位
        MOV      [SI+2]，AL     ；放入 SI+2 单元
        MOV      AH，4CH        ；结束程序返回
        INT      21H
CODE    ENDS
        END      ST             ；源程序结束，且使 CS:IP 指向 ST
```

【例 4-23】 试编制汇编语言源程序，实现 $Z=a^2+b^2$，将 Z 存入内存。a 和 b 为内存中≤9 的正数。

分析：对于计算复杂、不规则计算或对运行时间有严格要求等情况下，常采用查表的方法。也就是实现在内存中放置数据表，通过计算指针即可获得相应的数据。本例中，设在内存中开辟 3 个字节单元，分别为 a、b、Z，且在内存中建立一个数据表存入 0～9 的二次方（见图 4-8）。可采用查表的方法获得 a^2 和 b^2。编程流程如图 4-9 所示。

参考程序如下。

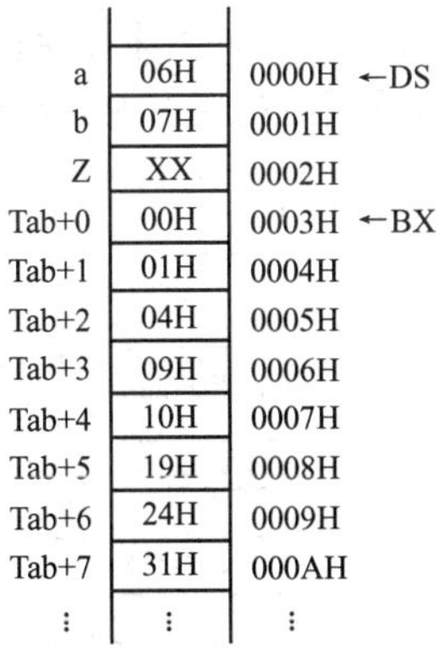

图 4-8　例 4-23 内存分配示意图

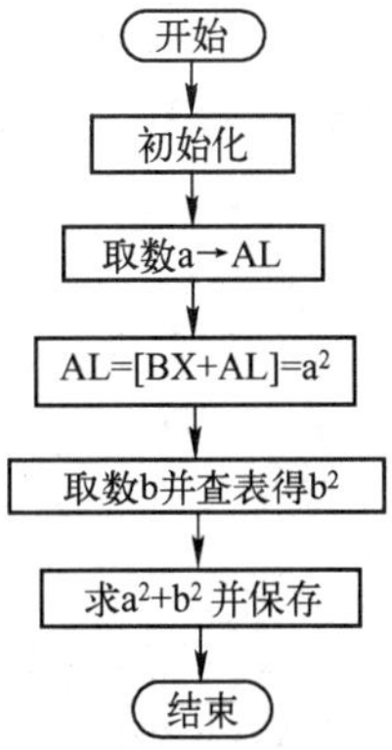

图 4-9　例 4-23 流程图

```
DATASG    SEGMENT
    a     DB    6
    b     DB    7
```

```
    Z          DB     ?
    Tab        DB     0,1,4,9,16,25,36,49,64,81
DATASG         ENDS
CODESG         SEGMENT
               ASSUME      DS:DATASG，CS:CODESG
START:
；初始化
    MOV        AX，DATASG  ；设置数据段
    MOV        DS，AX
    LEA        BX，Tab      ；设数据表指针
；用查表指令得到a²
    MOV        AL，a        ；取AL= a
    XLATB                   ；AL=DS:[BX+AL]= a²
；也可采用传送指令得到b²
    MOV        CL，b
    XOR        CH，CH       ；CX=b
    ADD        BX，CX       ；BX=BX+CX 指向b²
    MOV        BL，[BX]     ；BL=DS:[BX]= b²
；求Z= a²+b² 并保存
    ADD        AL，BL       ；AL=a²+b²
    MOV        Z，AL        ；存结果
；程序结束
    MOV        AH，4CH      ；结束程序返回
    INT        21H
CODESG   ENDS               ；段结束
    END    START            ；源程序结束，且CS:IP初值指向START
```

【例4-24】 试编制完整的汇编语言源程序，实现Z=[(X+Y)×8−X]/4。其中，X、Y为无符号字节数据。

分析：设无符号数X、Y分别存于内存VARX、VARY两个字节单元中，计算出的Z值将存入RESULT单元中，如图4-10所示。且(X+Y)×8≤2个字节，若采用字操作，可不考虑进位。乘以8可采用左移（SHL）3次方法实现，除以4可采用右移（SHR）2次方法实现。编程流程如图4-11所示。

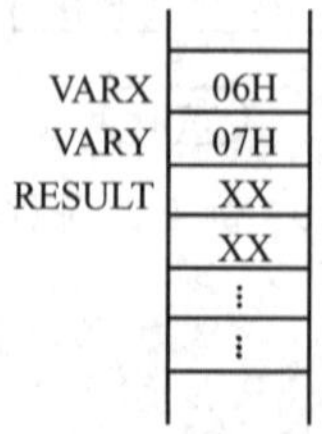

图4-10　例4-24示意图

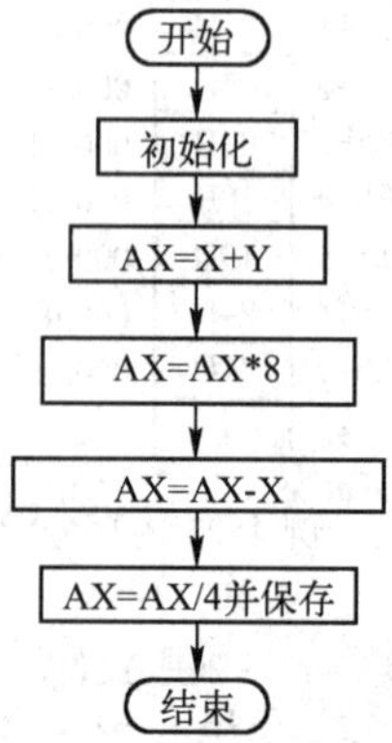

图4-11　例4-24流程图

参考程序如下。

```
DATASG      SEGMENT
VARX        DB 6
VARY        DB 7
RESULT      DW ?
DATASG      ENDS
CODESG      SEGMENT
            ASSUME   DS:DATASG , CS:CODESG
START:
      MOV   AX，DATASG        ；DS←取数据段基值
      MOV   DS，AX
      MOV   AL，VARY
      XOR   AH，AH            ；AX=Y
      MOV   BL，VARX
      XOR   BH，BH            ；BX=X
      ADD   AX，BX            ；AX=X+Y
      MOV   CL，3
      SAL   AX，CL            ；AX=(X+Y)*8
      SUB   AX，BX            ；AX=(X+Y)*8-X
      SHR   AX，1             ；AX=[(X+Y)*8-X]/2
      SHR   AX，1             ；AX=[(X+Y)*8-X]/4
      MOV   RESULT，AX        ；存结果
      MOV   AH，4CH           ；结束程序返回
      INT   21H
CODESG      ENDS              ；段结束
            END   START       ；源程序结束，且CS:IP初值指向START
```

4.6.2 分支结构程序

分支程序是按照给定的条件进行判断，然后根据不同的结构（条件成立或不成立）使程序发生转移，完成不同的处理。分支程序关键在于如何设定分支条件。分支程序结构如图 4-12 所示，可以有二叉分支、三叉分支、……、多叉分支。无论哪种分支有一个共同特点：在某种条件下，有一个且只有一个分支被执行，而其他分支一定不会被执行。

常用的分支程序有两种结构形式。

1．比较/测试分支程序

在分支产生前，通常利用比较指令（CMP）或数据操作指令（ADD、SUB 等）及检测指令（如 TEST）等来改变标志寄存器各个标志位（OF、SF、ZF、PF、CF），然后选用适当的条件转移指令，根据不同的状态实现不同的分支转移。

2．分支表（跳转表）结构

如果某程序需要 n 路分支，每路程序的入口地址分别为 SUB1、SUB2、……、SUBn。这些地址可以是段内地址也可以是段间地址，把这些转移的入口地址组成一个表，叫作跳转表。表内每两个字节（或 4 个字节）存放一个入口地址。表内也可以由若干跳转指令（每条指令的目标代码长度要一致）组成，这时用无条件转移指令（如 JMP [BX]，其中 BX 为目标地址的

指针）即可转到不同的目标地址。

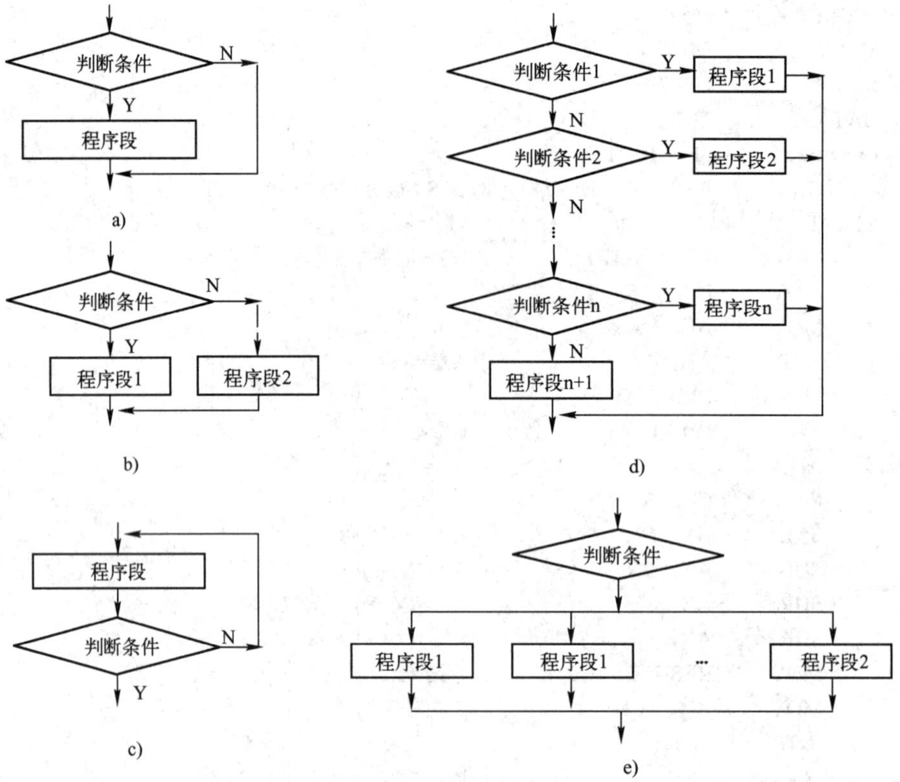

图 4-12　分支程序结构

【例 4-25】　试编制汇编语言源程序，实现：求 AX 和 BX 中的两个无符号数之差的绝对值，结果存放在内存[2800H]单元中。

分析：此题目中数据已存在 AX 和 BX 中，显然应该先判断哪一个数稍大，然后用大数减小数的方法，才可求得绝对值。编程流程如图 4-13 所示。在分支程序中特别要注意的是：在程序的第 15 行处一定要设置一条无条件转移指令 JMD　BB，否则将顺序执行下一条指令，进入另一个分支，使程序不管在什么情况下都能执行 16、17 行指令，违背了程序本意。

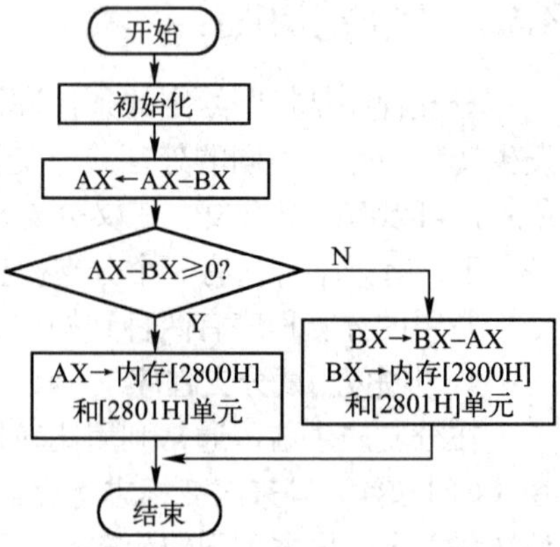

图 4-13　例 4-25 流程图

参考程序如下。

```
DATA    SEGMENT
        ORG     2800H
DA1     DW      ?
DATA    ENDS
CODE    SEGMENT
```

```
        ASSUME  CS：CODE， DS：DATA
START：
        MOV     DX，DATA
        MOV     DS，DX
        MOV     DI，OFFSET  DA1      ；设置当前数据段
        MOV     DX，AX               ；将 AX 中的数据暂存于 DX 中
        SUB     AX，BX               ；AX=AX–BX
        JC      AA                   ；AX<BX 时转移到 AA
        MOV     [DI]，AX             ；保存|AX–BX|
        JMP     BB                   ；跳转到 BB
AA：    SUB     BX，DX               ；BX=BX–DX
        MOV     DA1，BX;             ；保存|AX–BX|
BB：    MOV     AH，4CH              ；结束返回
        INT     21H
CODE    ENDS
        END     START
```

【例 4-26】 编制完整的汇编语言源程序，实现计算 Z=[(X+Y)×8–X]/2，其中 X、Y 是从键盘上输入的一位十进制数，计算结果在屏幕上显示（见图 4-14）。

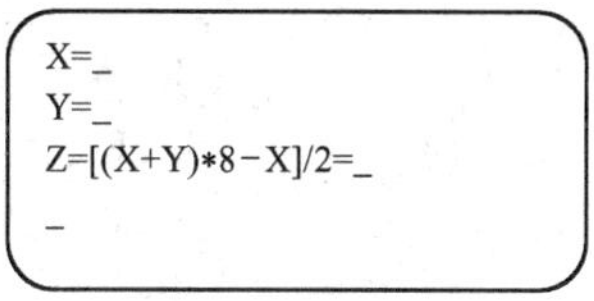

图 4-14 例 4-26 示意图

分析：可用 DOS 系统功能调用（INT 21H）来实现键盘输入一个字符（01H 号功能）和显示提示字符（09H 号功能）以及数据显示（02H 号功能）。为了简化程序编写过程，将 3 个回车、换行程序段用宏指令（MACRO/ENDM）实现。值得注意的是：键盘上输入的是 ASCII 字符，需转换成数据再计算。而计算后的数据为十六进制数，又需转成 ASCII 码才能显示。另外，从键盘上读入的数据必须是 0～9 之间的字符，否则计算出的结果是错误的，所以在编制程序时将每次读入的数据进行判断，若超出 0～9 范围，需重新输入。编程流程参看图 4-15。在本程序中应解决如下几个问题。

1）用 DOS 功能调用中的 09H 号功能实现显示字符串。

2）用 DOS 功能调用中的 01H 号功能实现键盘输入一个字符。

3）用 DOS 功能调用中的 02H 号功能实现显示一个字符。

4）判断键入的数据是否在 0～9 之间，否则重新输入。

5）ASCII 码→非压缩型 BCD 码。

6）十六进制数→非压缩型 BCD 码。

7）将非压缩型 BCD 码转换成 ASCII 码。

参考程序如下。

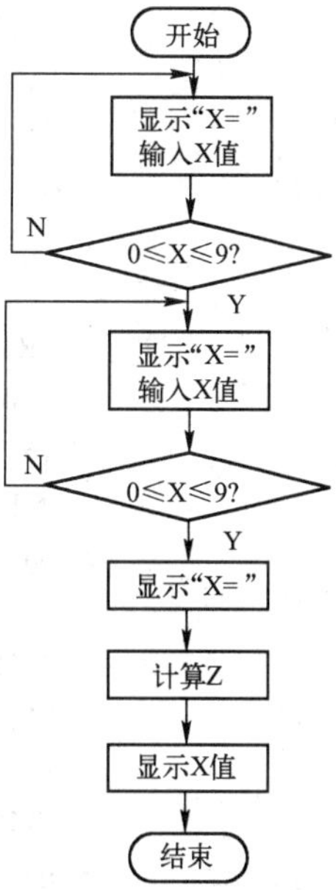

图 4-15 例 4-26 流程图

```
DATA    SEGMENT
VARX    DB   'X=', '$'
VARY    DB   'Y=', '$'
VARZ    DB   'Z=((X+Y)*8–X)/2=$'
```

```
DATA     ENDS
；将回车换行操作定义成宏
CRLF     MACRO
         MOV    DL，0DH      ；回车符
         MOV    AH，02H
         INT    21H
         MOV    DL，0AH      ；换行符
         MOV    AH，02H
         INT    21H
         ENDM
CODE     SEGMENT
         ASSUME    CS:CODE，  DS:DATA
START:   MOV    AX，DATA
         MOV    DS，AX
；键盘读入 X 值
LPG1:    CRLF                ；回车,换行
         LEA    DX，VARX
         MOV    AH，09H      ；显示提示符'X='
         INT    21H
         MOV    AH，01H      ；输入字符→AL
         INT    21H
         SUB    AL，30H      ；转换成 BCD 码
         CMP    AL，9
         JA     LPG1         ；若 AL>9，则转去 LPG1，否则顺序执行
         CMP    AL，0
         JB     LPG1         ；若 AL<0，则转去 LPG1，否则顺序执行
         MOV    BL，AL       ；BL 暂存 X 值
；键盘读入 Y 值
LPG2:    CRLF                ；回车,换行
         LEA    DX，VARY
         MOV    AH，09H      ；显示提示符'Y='
         INT    21H
         MOV    AH，01H      ；输入 Y 值→AL
         INT    21H
         SUB    AL，30H      ；转换成 BCD 码
         CMP    AL，9
         JA     LPG2         ；若 AL>9，则转去 LPG2，否则顺序执行
         CMP    AL，0
         JB     LPG2         ；若 AL<0，则转去 LPG2，否则顺序执行
         MOV    BH，AL       ；BH 暂存 Y 值
；显示‘Z=((X+Y)*8-X)/2=’
         CRLF                ；回车，换行
         LEA    DX，VARZ
         MOV    AH，09H      ；显示提示符'Z='
         INT    21H
```

```
；计算 Z=((X+Y)*8-X)/2
        MOV     AL，BL
        ADD     AL，BH          ；X+Y
        MOV     CL，3
        SAL     AL，CL          ；*8
        SUB     AL，BL          ；-X
        SHR     AL，1           ；/2
；十六进制数→非压缩型 BCD 码
        MOV     CL，AL
        MOV     AX，0
LP2：   ADD     AL，1
        AAA
        DEC     CL
        JNZ     LP2             ；BCD 码→AX
        MOV     BL，AL          ；暂存 AL 值
；BCD 码→ASCII 码，并送显
        ADD     AH，30H         ；高位数据送显
        MOV     DL，AH
        MOV     AH，02H
        INT     21H
        ADD     BL，30H         ；低位数据送显
        MOV     DL，BL
        MOV     AH，02H
        INT     21H
        CRLF                    ；回车，换行
        MOV     AX，4CH         ；结束
        INT     21H
CODE    ENDS
        END     START
```

【例 4-27】 设内存段中有 n+1 个程序段，其入口地址存于地址表中，试编制程序实现：根据内存单元 X 的值转入相应的程序段。

分析：所用程序在同一段中。测试内存变量 X 值，若 X=0，则转到 SUB0，若 X=1，则转到 SUB1，若 X=2，则转到 SUB2，……，若 X=n，则转到 SUBn。设首先将所有目标程序的入口地址放入一张表中，如图 4-16 所示。用 BX 指向表的首地址，2*X 为目标地址在表中的位置，用 JMP [BX]转到目标地址处，编程流程如图 4-17 所示。

参考程序如下。

```
TITLE   EXAMPLE   OF   JUMP   TABLE
DATA    SEGMENT
X       DB     2
Tab     DW     SUB0, SUB1, SUB2, SUBn
DATA    ENDS;
```

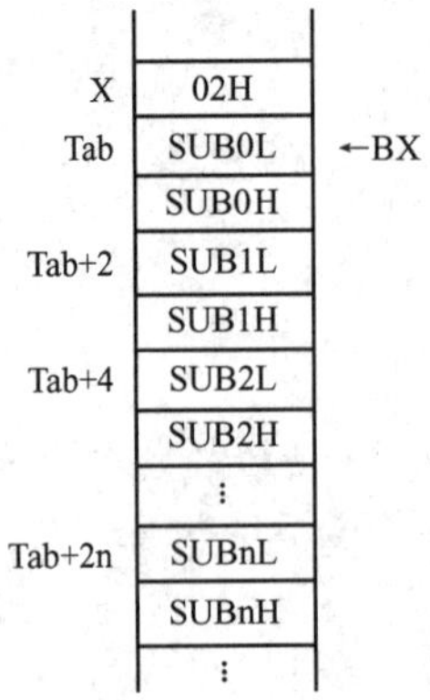

图 4-16　例 4-27 内存分配示意图

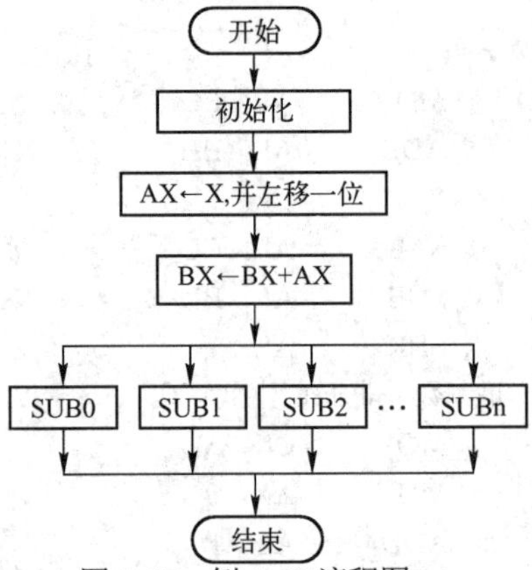

图 4-17　例 4-27 流程图

```
CODE    SEGMENT
        ASSUME    CS：CODE ，DS：DATA
START：
        MOV      DX，DATA
        MOV      DS，DX
        MOV      BX，  OFFSET   Tab        ；设置指针指向地址表
        MOV      AL，  X
        XOR      AH，AH
        SHL      AX，  1                   ；AX=2*X
        ADD      BX，  AX                  ；BX=BX+2*X
        JMP      [BX]
SUB0：
        JMP      END0
SUB1：
        JMP      END0
SUB2：
        JMP      END0
SUBn：
        JMP      END0
END0：  MOV      AH，4CH                   ；程序结束
        INT      21H
CODE    ENDS
        END      START
```

4.6.3　循环结构程序

循环程序是强制 CPU 重复执行某一指令系列（程序段）的一种程序结构形式。凡是要重复执行的程序段都可以按循环结构设计。循环程序一般由 4 部分组成（如图 4-18 所示）。

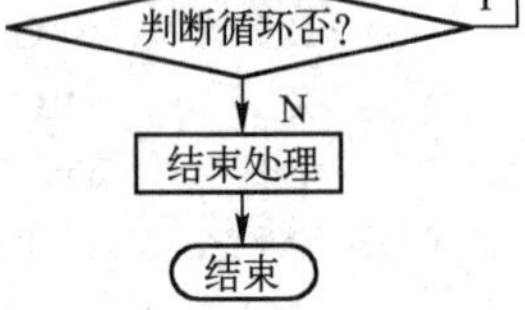

图 4-18　循环程序的结构

1）初始化部分：完成建立循环次数计数器，设定变量和存放数据的内存地址指针的初值，装入暂存单元的初值等。

2）循环体部分：这是程序的处理部分。

3）循环控制部分：包括修改循环变量、修改指针，为下一次循环做准备，以及修改循环计数器（计数器减 1），判断循环次数到了没有。

4）结束处理部分：主要用来分析和存放程序的结果。

循环程序可分为单循环和多重循环。循环控制方式可分为计数控制、条件/状态控制。

- 计数控制：循环次数已知，每次循环计数器都需要进行加或减的调整工作，当达到循环次数时退出循环程序，顺序执行下一条指令。
- 条件/状态控制：事先不知循环次数，在执行循环时，通过判定某种条件或状态的真假来达到控制循环的目的。或由外界干预测试得到某种状态，决定循环与否。

【例 4-28】 设计一个软件延时程序，要求延时 20ms。

分析：本题目的是让计算机做一些无用的操作，以拖延时间。可以利用循环程序结构，用较少的指令实现较长的执行时间，达到延时的目的。

由于没有数据操作问题，因此就不用设置数据段和地址指针。延时的时间主要取决于循环体及循环次数。可查到 PUSHF 和 POPF 指令的执行时间分别为 10 个和 8 个时钟节拍，LOOP 指令为 3.4 个时钟节拍，则此循环体的执行时间为 10+8+3.4=21.4 个时钟节拍，而每个时钟节拍是根据系统的晶振频率而定的。假设系统用的是 8MHz 的晶振，则每个时钟节拍需要 0.125μs，因此可根据下面的公式计算出循环次数。

X = 延时时间/一次循环时间
  = 20ms/(21.4×0.125μs)≈7477 次
  = 1D35H

参考程序如下。

```
CODESG  SEGMENT  'CODE'
        ASSUME   CS:CODESG
START:  MOV      CX，1D35H
LP1:    PUSHF                ；循环体
        POPF
        LOOP     LP1         ；CX-1，CX≠0 转 LP1
        MOV      AH，4CH     ；结束返回
        INT      21H
CODESG  ENDS
        END      START
```

【例 4-29】 编制程序求内存中 100 个以内无符号字节数的平均值，结果放在内存中。

分析：此题目中 X 个数求和应≤2 字节，其中 X 和 X 个数 a_i（1≤i≤100）及其平均值 Y 均在内存中。求平均值可采用 $Y=(\Sigma a_i)/X$。为调试程序方便，设 X=5，内存初始状态及编程流程如图 4-19、图 4-20 所示。

参考程序如下。

```
DATA    SEGMENT
X       DB      5
Tab     DB      3AH, 27H, 8EH, C9H, 10H
        DB      95   DUP(?)
Y       DB      ?
```

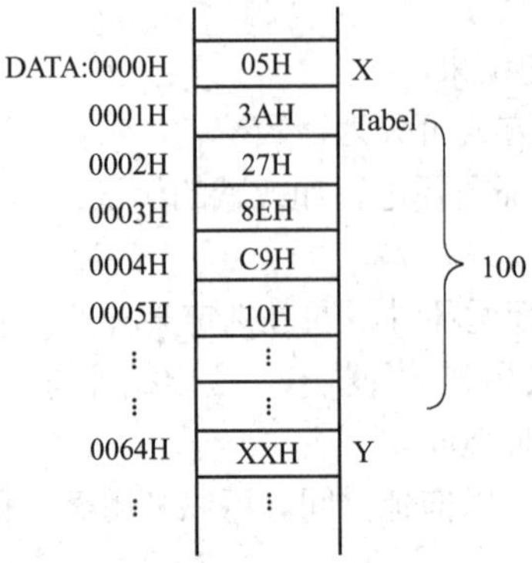

图 4-19　例 4-29 内存分配示意图

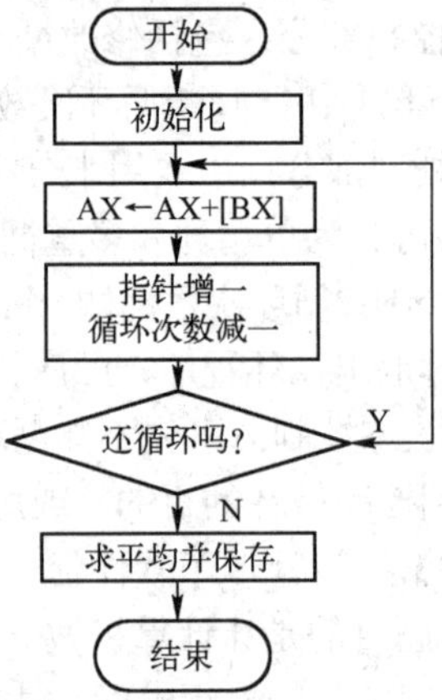

图 4-20　例 4-29 流程图

```
DATA    ENDS
CODE    SEGMENT
        ASSUME    CS:CODE, DS:DATA
START:
        MOV     DX，DATA
        MOV     DS，DX
        MOV     CL，X          ；设置累加次数计数器
        MOV     CH，0
        LEA     BX，Tab        ；设置指针
        XOR     AX，AX         ；累加器清零
LP:
        ADD     AL，[BX]
        ADC     AH，0          ；AX=∑ai
        INC     BX
        LOOP    LP
        DIV     X              ；AL=AX/X
        MOV     Y,    AL       ；结果送到 Y 中
        MOV     AH, 4CH        ；结束返回
        INT     21H
CODE    ENDS
        END     START
```

【例 4-30】　编写程序，键入 10 个一位十进制数，将它们从大到小排序后在屏幕上显示出来。

分析：键入 10 个数可采用 INT 21H 中 0AH 号功能。该功能要求：在内存中开辟缓冲区，缓冲区的首地址存入 DS 和 DX 中。09H 号功能实现屏幕显示。排序采用双循环，内循环实现从 i+1 个数中找出最大的，外循环 i=9～1。编程流程图如图 4-21 所示。

参考程序如下。

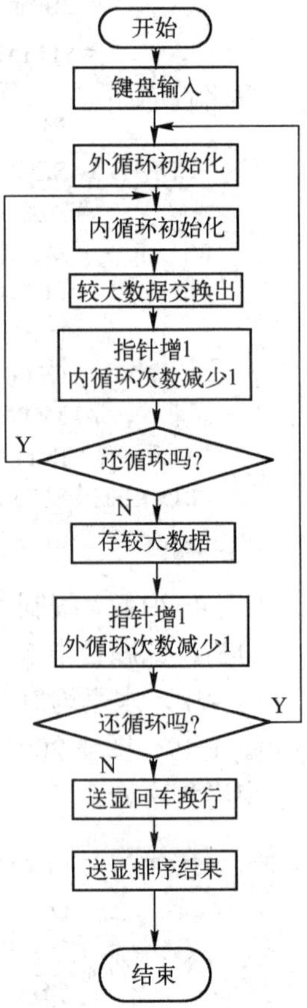

图 4-21　例 4-30 流程图

```
DATASG  SEGMENT   'DATA'
TABEL   DB    11, ?, 11   DUP (?)     ; 键入缓冲区
TAB     DB    0DH,0AH,'$'             ; 显示缓冲区
DATASG  ENDS
CODESG  SEGMENT   'CODE'
        ASSUME      DS:DATASG，   CS:CODESG
START:
        MOV     AX, DATASG
        MOV     DS, AX
        LEA     DX, TABEL
        MOV     AH, 0AH
        INT     21H                 ; 键入数据
        LEA     SI,   TABEL         ; SI 指向缓冲区 TABEL
        INC     SI
        MOV     CL, [SI]            ; 取实际键入数据个数 i
        DEC     CL                  ; i=i-1
        INC     SI                  ; SI 指向数据
LP0:    MOV     BX, SI
        MOV     CH, CL              ; 内循环次数等于外循环次数
        MOV     AL, [BX]
LP1:    INC     BX
        CMP     AL,   [BX]
        JNC     LP2
        XCHG    AL, [BX]            ; 将较大数换到 AL
LP2:    DEC     CH                  ; 内循环次数减 1
        JNZ     LP1
        MOV     [SI], AL            ; 保存较大的数
        INC     SI
        DEC     CL                  ; 外循环次数减 1
        JNZ     LP0
        MOV     AL, '$'             ; 存放显示结束标志
        MOV     [SI+1], AL
        LEA     DX,   TAB
        MOV     AH, 09H
        INT     21H                 ; 送显回车换行
        MOV     DX, OFFSET   TABEL
        INC     DX
        INC     DX
        MOV     AH, 09H
        INT     21H
        MOV     AH, 4CH
        INT     21H
  CODESG        ENDS
        END     START
```

【例 4-31】 从自然数 1 开始累加，要求累加和不大于 1000，统计被累加的自然数的个数，

并把统计的个数送入 n 单元，把累加和送入 sum 单元。

分析：本例仍采用循环的方法来实现自然数的累加，但是被累加的自然数的个数事先是未知的，也就是说，循环的次数是未知的，因此不能用计数器方法控制循环。然而题目中给定一个重要条件：累加和不大于 1000，即当累加和大于 1000 时停止累加。因此，可以根据这一条件来控制循环。

用 CX 寄存器统计自然数的个数，用 AX 寄存器存放累加和，用 BX 寄存器存放每次取得的自然数。图 4-22 给出了编程流程图。

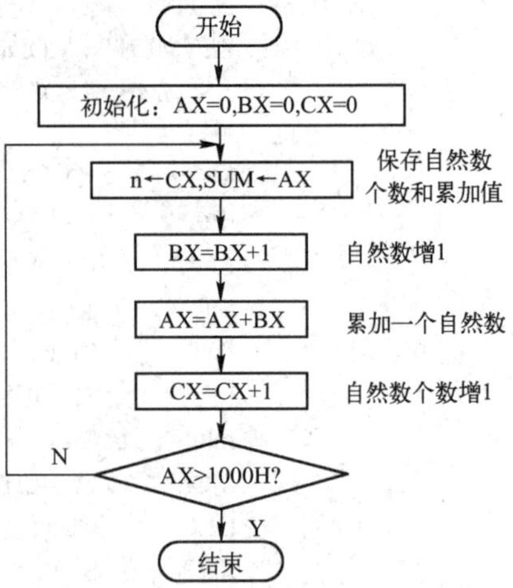

图 4-22　例 4-31 流程图

参考程序如下。

```
DATAS   SEGMENT
n       DW      ?           ；自然数个数单元
sum     DW      ?           ；累加和单元
DATAS   ENDS
CODES   SEGMENT
        ASSUME  CS:CODES,  DS:DATAS
START:
        MOV     AX, DATAS
        MOV     DS, AX
        MOV     AX, 0
        MOV     BX, 0
        MOV     CX, 0
LOP:    MOV     n, CX
        MOV     sum, AX
        INC     BX
        ADD     AX, BX
        INC     CX
        CMP     AX, 1000
        JBE     LOP         ；AX≤1000 转到 LOP，否则执行下条指令
        MOV     AH, 4CH
        INT     21H
CODES   ENDS
        END     START
```

【例 4-32】　设计程序实现将内存中的 2 字节压缩型 BCD 码转换成二进制数，并存入内存中。

分析：2 字节压缩型 BCD 码可表示 4 位十进制数 $0 \leq D_4D_3D_2D_1 \leq 9999$，其相应的二进制数应为 $10\times(10\times(10\times D_4+D_3)+D_2)+D_1$。经分析可知需要做 3 次“取数字累加后再乘 10”的工作，在程序设计时，将采用循环 3 次的方法。

参考程序如下。

```
DATA    SEGMENT
DA      DW   5670H，?
DATA    ENDS
CODE    SEGMENT
        ASSUME  CS:CODE, DS:DATA
```

```
START:  MOV     AX, DATA
        MOV     DS, AX
        XOR     BX, BX          ; 累加单元清零(BX=0)
        MOV     SI, 0AH         ; 设置乘数 10
        MOV     CL, 4
        MOV     CH, 3           ; 设置循环次数 3
        MOV     AX,DA           ; 取十进制数
LP:     ROL     AX,CL           ; 取数字
        MOV     DI,AX           ; 保存当前 AX 值
        AND     AX,0FH          ; 屏蔽高位
        ADD     AX,BX           ; 累加
        MUL     SI
        MOV     BX,AX
        MOV     AX,DI
        DEC     CH              ; 循环次数减 1
        JNZ     LP
        ROL     AX,CL           ; 取个位数字
        AN D    AX,0FH          ; 屏蔽高位
        ADD     AX,BX           ; 累加
        MOV     DA+2,AX
        MOV     AH,4CH
        INT     21H
CODE    ENDS
        END     START
```

4.6.4 子程序调用结构程序

如果在一个程序中的多个地方或多个程序中的多个地方用到了同一段程序，则可将这段程序抽取出来单独存放在内存某一区域，每当需要执行这段程序时，就用调用指令转到这段程序去，执行完毕再返回原来的程序。抽取出来的这段程序叫作子程序或过程，而调用它的程序称为主程序或调用程序。主程序向子程序的转移过程叫作子程序调用或过程调用。

使用子程序是程序设计的一种重要方法。这样能使程序模块化，有效地简化程序的编制，增强了程序的可读性，也缩短了程序的长度，从而节省了磁盘或内存空间。

1．子程序调用与返回

子程序调用与返回由 CALL 和 RET 指令实现。子程序调用方式有段内调用、段间调用、直接调用和间接调用（参见 3.3.5 节）。

子程序调用实际上也是程序的转移过程，但它与转移指令有所不同。调用指令 CALL 在执行时，将自动保护返回地址——断点（即 CALL 指令的下一条指令的地址，称为断点），待执行完子程序后会自动返回到断点处。而转移指令是永久性转移，不考虑返回问题。每个子程序中都有至少一条返回指令 RET，主要负责把保护的返回地址（即断点）恢复到 IP（段内返回）或 CS 和 IP（段间返回）中，从而实现子程序返回。

2．子程序设计与应用应注意的问题

（1）现场保护与恢复

调用子程序后，CPU 处理权转到了子程序，在转子程序前，CPU 有关决策权和内存有关

单元是父程序的工作现场，若这个现场信息还有用处，那么在调用子程序前要设法保护这个现场。保护现场的方式很多，可以在调用子程序之前完成现场保护，而多数情况是在调用子程序后由子程序完成现场保护，再由子程序后面操作完成现场恢复。现场信息可以压入栈区或传送到不被占用的存储单元，也可以避开这些有用的寄存器或存储单元，达到保护现场目的。恢复现场是保护现场的逆操作。当用栈区保护现场时，还应注意恢复现场的顺序不能搞错，否则不能正确地恢复父程序的现场。

（2）参数传递

参数传递指主程序与子程序之间相关信息或数据的传递。参数传递方式有寄存器传递、用内存单元传递或用栈区传递。传递参数需要父程序与子程序默契配合，否则会产生错误结果，或造成死机。

（3）子程序说明

由于子程序具有共享性，可被其他程序调用，因此每个子程序应有必要的使用注释，它一般包括：

1）子程序名。

2）功能、技术指标（如执行时间等）。

3）占用的寄存器和存储单元。

4）入口、出口参数。

5）嵌套或调用了哪些子程序。

6）有些子程序在说明中还列举调用实例，供使用者参考。

3．子程序调用技巧

子程序应用比较灵活，常用的方法有嵌套、递归、可重入和协同。

1）子程序嵌套。子程序调用子程序的过程称为子程序嵌套，例如：

```
NAME1   PROC   FAR
                 ⋮
        CALL   NAME2
                 ⋮
        RET
NAME2   PROC   NEAR
                 ⋮
        RET
NAME2   ENDP
NAME1   ENDP
```

2）子程序递归。子程序调用自身的过程称为子程序递归，例如：

```
NAME    PROC   FAR
                 ⋮
        CALL   NAME
                 ⋮
        RET
NAME    ENDP
```

3）可重入子程序。子程序被调用后没有执行完又被另一程序重复调用称为重入。

4）协同子程序。两个以上子程序协同完成一项任务，且又相互调用，直到任务结束。

【例 4-33】 将内存中两个数 35H 和 0AB48H 分别转换成二进制数 ASCII 码形式，并存放在内存中。

分析：将二进制数转换成 ASCII 码形式，即将每位二进制数均用 ASCII 码表示，例如：

65H=01100101B=>30H,31H,31H,30H,30H,31H,30H,31H

将二进制数转换成相应的 ASCII 码形式存放到内存中，用子程序来完成。

1）主程序：设两个数 35H 和 0AB48H 已分别存放于内存中，主程序将某个要转换的数存放入 AX 中，转换的数据位数存放在 CX 中，将 ASCII 码存放地址放入 DS:[DI]中，而后即可调用子程序。

2）子程序（编程流程图如图 4-23 所示）。

- 子程序名：BINASC。
- 功能：将 AL 或 AX 的内容转换成二进制数 ASCII 码形式，存放在主程序指定的 DS、DI 所指定的内存中。
- 入口：被转换的数→AX，转换位数→CX，转换后的 ASCII 码首地址→DS:[DI]。
- 出口：转换后的 ASCII 码在 DS:[DI]开始的内存单元中。
- 所用寄存器：AX、CX、DS、DI。

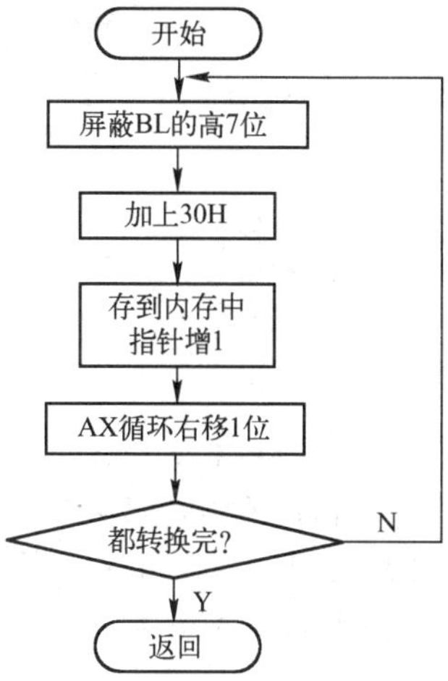

图 4-23　例 4-33 子程序流程图

参考程序如下。

```
DATA      SEGMENT
BIN1      DB   35H
BIN2      DW   0AB48H
ASCBIN    DB   24   DUP (00H)
DATA      ENDS
STACK1    SEGMENT    STACK
          DB   20H    DUP (?)
STACK1    ENDS
CODE      SEGMENT
          ASSUME    CS:CODE
          ASSUME    DS:DATA
          ASSUME    SS:STACK1
; 子程序:
BINASC    PROC
LOP:      MOV       BX, AX
          AND       BX, 01H    ; 屏蔽高 7 位
          OR        BX, 30H    ; 加上 30H
          MOV       [DI], BL   ; 保存
          INC       DI         ; 指针增一
          ROR       AX, 1      ; 右移 1 位
          LOOP      LOP        ; CX=CX-1
          RET
BINASC    ENDP
; 主程序:
MAIN      PROC      FAR
START:    PUSH      DS
```

```
            MOV     AX,0
            PUSH    AX
            MOV     AX, DATA
            MOV     DS, AX
            MOV     AL, BIN1            ；取数 1
            MOV     AH, 0
            MOV     DI, OFFSET  ASCBIN
                                        ；设置保存地址
            MOV     CX, 08H             ；设置数据位数
            CALL    BINASC              ；调转换程序
            MOV     AX, BIN2            ；取数 2
            MOV     CX, 0010H           ；设置数据位数
            CALL    BINASC              ；调转换程序
            RET
MAIN        ENDP
CODE        ENDS
            END   START
```

【例 4-34】 要求同例 4-33，但采用堆栈的方法传递参数。

分析：子程序的功能是将栈区中存放的 1 个字节数据转换成相应的二进制数 ASCII 码，存入指定的内存中。主程序将欲转换的数据 35H 和 0AB48H 及相应的内存地址分 3 次压入栈区，调用子程序完成转换工作。图 4-24 给出了程序执行前后的内存状态。

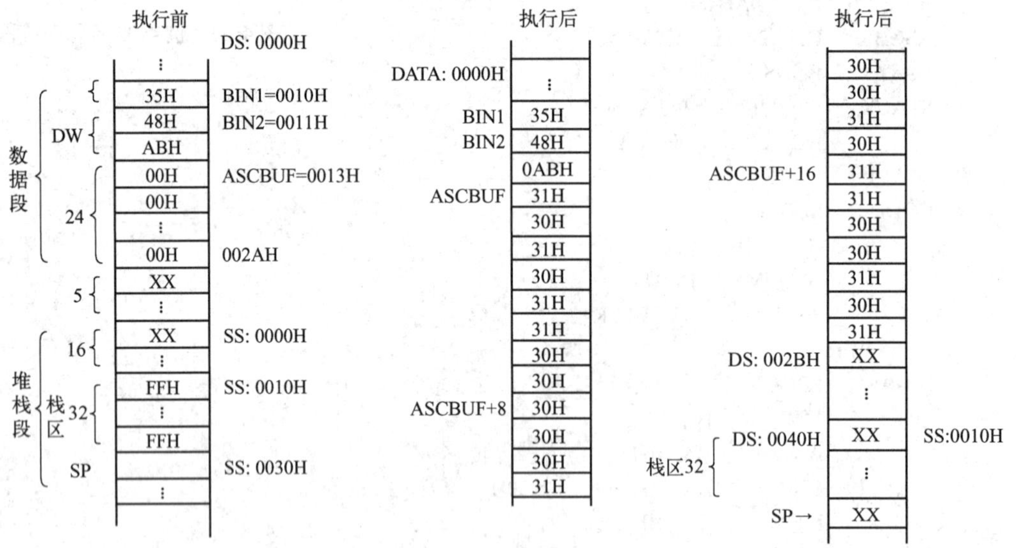

图 4-24　例 4-34 执行前后的内存状态

参考程序如下。

```
DATA        SEGMENT
            ORG     10H
BIN1        DB      35H
```

```
BIN2    DW      0AB48H
ASCBUF  DB      24 DUP  (00H)
DATA    ENDS
DATA1   SEGMENT  STACK
        ORG     10H
        DB      32  DUP  (0FFH)
DATA1   ENDS
CODE    SEGMENT
        ASSUME  CS:CODE
        ASSUME  SS:DATA1
        ASSUME  DS:DATA
；主程序：
START:  MOV     AX, DATA
        MOV     DS, AX
        MOV     AL, BIN1              ；取 1 个字节的数 1
        PUSH    AX                    ；将数 1 压栈
        LEA     DI, ASCBUF            ；取 ASCII 码存放指针
        PUSH    DI                    ；将指针压栈
        CALL    BINASC                ；调用转换程序
        MOV     AX, BIN2              ；取数 2
        PUSH    AX
        MOV     DI, OFFSET (ASCBUF+8)
        PUSH    DI
        CALL    BINASC                ；调用转换程序
        MOV     AX, BIN2              ；取数 2
        MOV     AL, AH                ；将高 8 位数据存入低 8 位
        PUSH    AX
        LEA     DI,ASCBUF+16
        PUSH    DI
        CALL    BINASC                ；调用转换程序
        MOV     AH, 4CH
        INT     21H
；子程序：
BINASC  PROC
        POP     DX
        POP     DI
        POP     AX
        MOV     CX,8
 LOP:
        MOV     AH,   AL
        AND     AH,   01H         ；屏蔽高 7 位
        OR      AH,   30H         ；形成 ASCII 码
        MOV     [DI],   AH        ；保存
        INC     DI                ；指针增 1
        ROR     AL,   1           ；右移 1 位
        LOOP    LOP
```

```
        SUB     SP, 6           ; 恢复断点指针
        RET     4               ; 返回后使 SP=SP+4
BINASC  ENDP
CODE    ENDS
        END  START
```

【例 4-35】 编程实现求自然数 N（9>N≥1）的阶乘。

分析：求自然数 N 的阶乘的递归公式如下。

$$N=\begin{cases}1 & (N=1)\\ N\times(N-1)! & (N>1)\end{cases}$$

用一个子程序实现计算 N!，而 N!=N×(N–1)!，所以为了计算(N–1)!，需递归调用 N！的子程序，但是此时的参数不同。在子程序中调用自己，称作子程序递归。

值得注意的是：递归子程序的设计必须保证每次调用都不破坏以前调用时所用的参数和中间结果；为保证每次调用都能正确无误，一般把每次调用的参数、有关寄存器的内容以及中间结果入栈保存。递归子程序中还必须包括基数的设置，当调用参数达到基数时（比如 N=0），必须有一条条件转移指令实现嵌套退出，保证能按反向次序退出并计算 N!后返回主程序。

在程序执行的过程中，子程序 FACT 不断地调用自己，每调用一次把 N–1 入栈保存，直到 N 等于 0 时开始返回，然后，在程序不断返回的过程中，计算(N–1)×N，并保存中间结果，直到 N 等于给定值为止。在每次调用时，断点都会自动压栈保护，图 4-25、图 4-26 为程序运行时对栈区的影响及工作流程图（N=2）。

参考程序如下。

```
DATA    SEGMENT
   N    DW   5                          ; 取 N>0
RESULT  DW   ?                          ; RESULT =N!<65535
DATA    ENDS
STACK   SEGMENT   STACK
        DW      100  DUP(0)
TOP     LABEL   WORD
STACK   ENDS
CODE    SEGMENT
; 主程序：
MAIN    PROC   FAR
        ASSUME   CS:CODE，DS:DATA，SS:STACK
START:  PUSH    DS                      ; 标准程序头
        MOV     AX,0
        PUSH    AX
        MOV     AX, DATA
        MOV     DS, AX
        MOV     AX, N
        PUSH    AX                      ; 通过栈区传递 N
        CALL    FACT
ADDRL:  POP     RESULT                  ; N!通过栈区传回
```

```
            RET
MAIN        ENDP
；子程序：
FACT        PROC      NEAR
            PUSH      BP
            MOV       BP, SP
            MOV       AX, [BP+4]             ；栈区中栈顶为BP，下面是断点，再下面为N
            CMP       AX, 0
            JNE       FACTL
            INC       AX
            JMP       EXIT                   ; N=0 退出
FACTL:      DEC       AX                     ; N=N-1
            PUSH      AX                     ；参数压栈
            CALL      FACT                   ；递归
ADDR2:      POP       AX
            MUL       WORD PTR [BP+4]        ; AX=AX*[BX+4]
EXIT:       MOV       [BP+4], AX
            POP       BP
            RET
FACT        ENDP
CODE        ENDS
            END       START
```

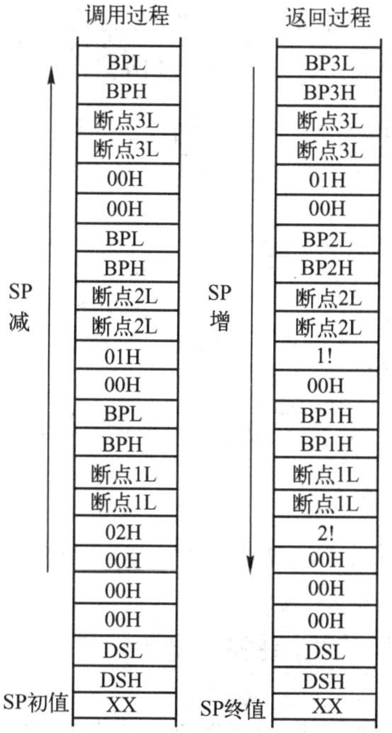

图 4-25　例 4-35 运行时对栈区的影响

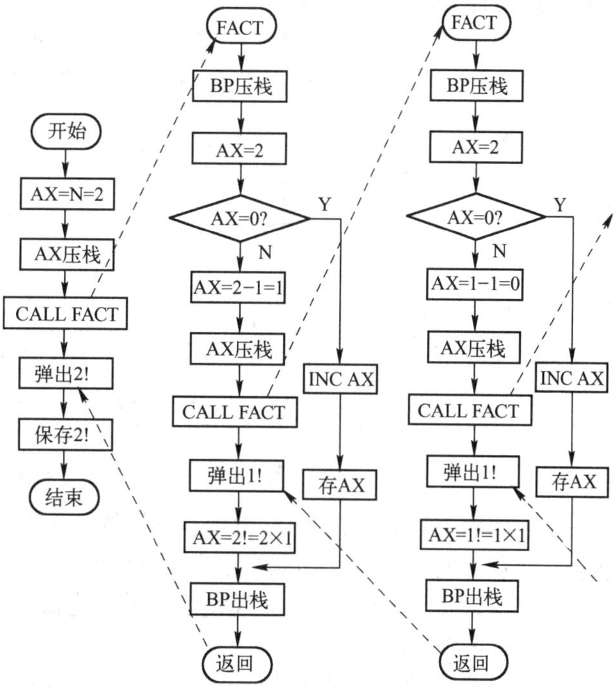

图 4-26　例 4-35 流程图（N=2）

4.6.5 综合应用程序设计举例

【例 4-36】 编制汇编语言源程序实现字符串查找功能。

问题提出：假设内存中已经存有一张表，从键盘上输入一个字符串，要求在表中查找该字符串，如果查找到了，则在屏幕上显示“OK！”；如果没有查找到，则显示“NO！”；若输入字符串的长度大于表的长度，则显示“Wrong！ The length of string is too long！”。

在屏幕上显示 1 个字符串可利用 DOS 功能调用（INT 21H）的 09H 号功能实现；从键盘上接收 1 个字符串可利用 DOS 功能调用（INT 21H）的 0AH 号功能。

其编程思想为：首先在表中搜索字符串的第一个字符（可采用串搜索指令 REPNZ SCASB）；若搜索到，则比较字符串的其他字符是否一致（可采用串比较指令 REPZ CMPSB）。编制程序的流程图和参考程序可参看辅助教学课件。

【例 4-37】 编程实现两个多字节无符号二进制数相乘。

分析：多字节无符号数相乘的过程可参考十进制数相乘的过程。8086/8088 CPU 具有字相乘（DX, AX=AX×REG16 或 M16）或字节相乘（AX=AL×REG8 或 M8）两条乘法指令，假设本例采用字相乘指令。因此，可将多字节二进制的被乘数和乘数均从低位开始，每 16 位二进制数划分为一组（即 1 个 16 位字一组）。即被乘数 A 划分为 A1，A2，…，An 共 N 个字，其中 A1 是被乘数的最低 16 位字。同理，乘数 B 也划分为 B1，B2，…，Bn 共 N 个字，其中 B1 是乘数的最低 16 位字。

进行乘法时，从低字开始，先将乘数的最低字 B1 分别与被乘数的 A1，A2，…，An 依次相乘，相应得到 N 个部分积 A1×B1，A2×B1，…，An×B1。注意，当两个字 A1 和 B1 相乘时，其乘积 A1×B1 可能为双字，此时 A1×B1 的高字应该加到较高位的部分积 A2×B1 的低字上去，用这种方法将上述各项部分积逐项累加，即可得到第 1 次部分积之和，如图 4-27 所示。

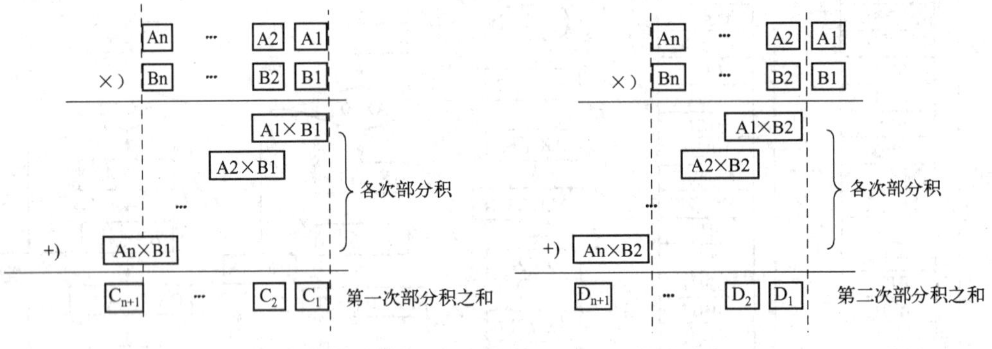

图 4-27 计算部分积之和操作示意图

然后，再将乘数的次低字 B2 分别与被乘数的 A1，A2，…，An 依次相乘，用同样的方法将各项部分积逐项累加，得到第二次部分积之和。

以此类推，共可得到 N 个部分积之和。将所有部分积之和采用上述错位累加的方法，最后即可得到正确的乘积。

由于将某一组乘数 Bi 分别与 A1、A2、…、An 相乘，然后将每次所得到的部分积相加到最后结果上去的过程都是相同的，因此可以通过循环程序实现，称为内循环。而且不同组的乘数 Bi 又重复同样的过程与 A1，A2，…，An 相乘，所以也可以利用循环，称为外循环。内循环和外循环均需要循环 N 次。

在本例中，用 SI 寄存器作为被乘数单元的地址指针，BX 寄存器作为乘数单元的地址指针，DI 寄存器作为乘积单元的地址指针。如果被乘数占用 2N 个存储单元，乘数占用 2N 个存储单元，而乘积需要 4N 个存储单元。在内存中存放顺序均为低字在前，高字在后。编制程序的流程图和参考程序可参看辅助教学软件。

【例 4-38】 在屏幕上显示电子时钟。

分析：首先通过 DOS 功能调用 2CH 号读入当前时间，然后每隔一秒在秒上加 1，达到 60 秒时在分上加 1，秒清零；达到 60 分时在小时上加 1，分清零；达到 24 小时则小时清零。直到按下任意键时退出，返回 DOS。屏幕上显示提示符通过 DOS 功能调用的 09H 号实现，显示数字用 02H 号功能。延时 1 秒可以编制一个延时子程序。采用宏处理伪操作，可以缩短源程序的长度，使程序更加清晰，有利于结构的模块化。利用 BIOS 调用设计窗口，选择适当的背景色和前景色等，以使屏幕显示更加美观。编制程序的流程图和参考程序可参看辅助教学软件。

4.6.6　80x86 应用程序设计举例

针对 80x86 处理器编制汇编语言程序，除了用处理器定义伪指令说明采用哪种处理器编程外，还应明确是 16 位段模式还是 32 位段模式。在 16 位段模式下，如果采用 386 以上处理器编程，也可以使用 32 位寄存器。对内存寻址需要注意以下几点。

（1）采用 8086/8088、80286 处理器指令编程，只能使用 8 位或 16 位寄存器，对内存寻址只能使用 SI、DI 作为变址寄存器，用 BX、BP 作为基址寄存器。当采用 80386、80486 和 Pentium 处理器指令编程时，32 位通用寄存器也可以用来作为内存寻址的基址寄存器。当内存指针使用了 BP、SP、EBP、ESP 时，默认为 SS 段，否则默认 DS 段。

（2）当采用 32 位寄存器间接寻址时，存储器的有效地址由 4 个分量构成：

EA= 基址寄存器 + 变址寄存器 × 比例因子 + 位移量

其中，比例因子根据数据类型可以为 1、2、4、8。1 为字节型，2 为字型，4 为双字型，8 为 4 字型。

（3）在同一个地址表达式中，16 位寄存器和 32 位寄存器不能同时出现。但是在一条指令中，可以同时使用 16 位和 32 位寄存器，例如：

```
MOV    EAX, [BX]    ；将 DS:[BX]开始的连续 4 个单元的数据传送到 EAX 中
```

【例 4-39】 编制程序实现将内存中 32 位数据除以 16 后，再存入内存。

参考程序如下。

```
.486                                          ; 可以使用 486 指令
DATA      SEGMENT   USE16                     ; 16 位段模式
DA1       DD        12345678H
DA2       DD        ?
DATA      ENDS
STACK     SEGMENT   STACK   USE16
          DW   10H   DUP (?)
STACK     ENDS
CODE      SEGMENT   USE16
START     PROC   FAR
ASSUME    CS:CODE, DS:DATA, SS:STACK
```

```
        PUSH    DS
        SUB     AX, AX
        PUSH    AX
        MOV     AX, DATA
        MOV     DS, AX
        MOV     EAX, DA1
        SHR     EAX, 4
        MOV     DA2, EAX
        RET
START   ENDP
CODE    ENDS
        END     START
```

【例 4-40】 编制程序实现将内存中 5 个 32 位数据相加后，再存入内存。

参考程序如下。

```
.MODEL  SMALL
.586                                    ; 可以使用 586 指令
.DATA
DA      DD      11111111H, 22222222H, 33333333H, 44444444H, 55555555H
SUM1    DD      ?
SUM2    DB      ?
.CODE
MAIN    PROC
        MOV     AX, @DATA
        MOV     DS, AX
        XOR     EAX, EAX                ; EAX=0
        MOV     DL, AL                  ; DL=0
        MOV     CX, 5
        MOV     BX, OFFSET  DA
LP:     ADD     EAX, [BX]
        ADC     DL, 0
        ADD     BX, 4                   ; 指针+4 指向下一个数据
        LOOP    LP
        MOV     SUM1, EAX
        MOV     SUM2, DL
.EXIT
MAIN    ENDP
        END     MAIN
```

4.7 汇编语言与 C/C++语言的混合编程

汇编语言可直接管理内存、内部寄存器，直接控制硬件接口，相应的目标程序紧凑，程序运行速度快，但是程序开发周期长，不能在不同 CPU 上运行。高级语言 C/C++对于编制科学计算、人机交互界面等较为方便，程序开发周期短，最主要的优点是 C 语言正逐渐成为各种 CPU

的通用语言，C 语言编制的程序，在不同架构的 CPU 上，甚至不需要修改，只需要针对不同 CPU 进行编译即可运行。但是，编译以后的目标程序臃肿，运行速度低于汇编语言程序，而且对于计算机底层硬件的控制具有一定的局限性，尤其对于对实时性有要求的场合有些力不从心。将高效的汇编语言与可移植的 C/C++语言有机结合起来，取长补短，是编写高质量程序的有效方法。如今，经常可以看到大型软件由 70%～80%的 C 语言和 20%～30%的汇编语言组成。

值得注意：在混合使用汇编语言和 C 语言时，不能使用诸如 OFFSET 等这样的伪指令。

汇编语言程序与 C/C++语言程序的接口通常有两种方法：内嵌模块方法和外调模块方法。

4.7.1 内嵌模块方法

内嵌模块方法是在 C/C++程序中嵌入汇编语言程序段。这种方法简单，只需要在 C/C++程序的_asm{}模块中嵌入汇编语言程序段即可。对于 Visual C++，除了在_asm{}模块中嵌入汇编语言程序段，还可以在汇编指令的前面用保留字“_asm”进行标记。

【例 4-41】 用汇编语言程序与 C/C++语言程序混合编程，实现在屏幕上显示字符串。

分析：下面的程序通过 EDX 寄存器传递待输出字符串的地址。然后调用 C 语言标准输出函数 printf 把字符串输出并显示在屏幕上。下面是使用嵌入汇编语言的两种格式。

1）格式一：

```
#include <stdio.h>
char const *MESSAGE = "The planet Earth. \n$";
char *output;
void main (void )
{
_asm    MOV    EDX, MESSAGE
_asm    MOV    output, EDX                //通过 EDX 寄存器传递字符串地址
printf("message is  %s",output);          //在屏幕上显示字符串
}
```

2）格式二：

```
#include <stdio.h>
char const *MESSAGE = "The planet Earth. \n$";
char *output;
void main (void )
{
_asm{
        MOV    EDX, MESSAGE
        MOV    output, EDX
}
printf("message is  %s",output);
}
```

4.7.2 外调模块方法

外调模块方法是将汇编语言程序作为一个独立过程保存，并将过程的标号用 PUBLIC 伪指

令声明为公共标号，提供给 C/C++程序调用。在 C 语言中称作函数，在汇编语言中叫作过程（子程序）。C/C++程序在调用时，需要用 EXTRN 伪指令声明所调用的子程序标号为外部标号，并且指明该标号的类型。

1．采用外调模块方法实现汇编语言与 C 语言结合的编程结构

汇编语言程序结构为：

```
.386
.MODEL      SMALL
.CODE
PUBLIC      _SUBPROC
                :
_SUBPROC    PROC   FAR
                :
            RET
_SUBPROC    ENDP
            END
```

C/C++程序调用格式为：

```
EXTRN   _SUBPROC : FAR
                :
          _SUBPROC ()               ; 在 C 语言中调用汇编过程用函数形式调用
                :
```

2．C 语言将参数传递给汇编语言

所有高级语言，诸如 C、BASIC、FORTRAN 和 Pascal 等，在调用子程序（函数）时，都是通过堆栈来传递参数的。只不过有些传递的是参数本身（如 Pascal），有些传递的是参数的地址（如 BASIC、FORTRAN）。BASIC 传送的只是偏移地址，而 FORTRAN 传递的是段基值和偏移地址。另外，在高级语言中，参数传递的次序也是不同的。

C 语言规定了调用规则（即把参数传递给所调用子程序的方法），C 语言调用汇编语言时必须遵守如下规则。

1）参数通过堆栈的传递顺序与它们出现的顺序相反。例如，在 C 语言中函数 sum(x,y,z)的数据传输顺序是 z、y、x，也就是先将 z 压入栈区，然后是 y，最后是 z。

2）在参数压栈后，将当前的 CS 和 IP 压栈保护。如果 C 程序是在 TINY、SMALL 或 COMPACT 存储模式下编译的（或者过程是 NEAR 型的），将只保存 IP。如果 C 程序是在 MEDIUM、LARGE 或 HUGE 模式下编译的（或者过程是 FAR 型的），则先将 CS 压栈再将 IP 压栈。

3）在汇编语言程序中，如果用 BP 作为参数指针（因为使用 BP 寻址的默认段寄存器为 SS，因此方便对栈区中的参数进行操作），则 BP 应压栈保护。

4）汇编语言程序的最后一条指令应该是不带参数的 RET。因为汇编语言程序返回后，断点自动弹出，然后 C 语言重新获得控制权。

5）与 C 语言共享的名称都必须在前面加下划线。但是，如果在.model 语句中，除了定义程序模块存储方式外，还增加参数“c”（如.model flat, c），则表明此汇编语言子模块是按 C 语言规范编写的，它是 C/C++程序中默认的调用约定，其入口参数和返回值均为 32 位。此时，不必在共享名称前加下划线。

6）C 语言对于普通参数传递的是参数本身，对于数组传递的是其指针。

7）如果 C 程序是在 SMALL、COMPACT 或 TINY 存储模式下编译的，则汇编语言程序中

应将过程设置成 NEAR 型，否则过程设置成 FAR 型。

另外，Visual C++ 6.0 环境只能编写 32 位应用程序，汇编子模块程序中不能使用 DOS 和 BIOS 功能调用指令（INT n），因为这些功能调用只适用于 16 位应用程序。

3. 汇编语言将参数传送给 C 语言

当 C 语言需要从汇编语言程序中获取参数时，是通过寄存器来传送的，具体使用哪些寄存器及参数大小见表 4-6。

表 4-6　从汇编语言程序返回的值

寄　存　器	大小(字节)	C 数据类型
AL	1	char
AX	2	short/Int
EAX	4	long/Float
EDX 和 EAX	8	Int64/Double

【例 4-42】　用 C 语言编写一个函数，把三个数值传递给汇编过程，汇编过程将三个数相加，并将和传递给 C 语言程序，C 语言程序将汇编过程计算出的和在屏幕上显示。

分析：C 语言程序将三个数值传递给汇编过程是通过栈区，由于汇编过程是 NEAR 类型，在调用汇编过程时，需要将 EIP 压栈保护，因此，在汇编过程中参数的偏移地址应为 EBP+8、EBP+12 和 EBP+16，栈区变化见图 4-28。汇编过程通过 EAX 将所计算出的和传递给 C 语言程序，因为数据类型被定义成 int。

参考程序如下。

```
//------The   following   is   main.cpp ------
#include <stdio.h>
extern int sum ( int, int, int);

main()
{
     printf("begin count\n");
     printf ("The sum is equal to  %d", _SUM (500, 6500, 200 ));
}
------The   following   is   SUM.asm------
.386
.MODEL   COMPACT
.CODE
         PUBLIC    _SUM
_SUM     PROC      NEAR
         PUSH      EBP
         MOV       EBP, ESP
         SUB       EAX, EAX
         MOV       EDX,EAX
         ADD       EAX, [EBP+08H]
         ADC       EDX, 0
         ADD       EAX, [EBP+0CH]
         ADC       EDX, 0
```

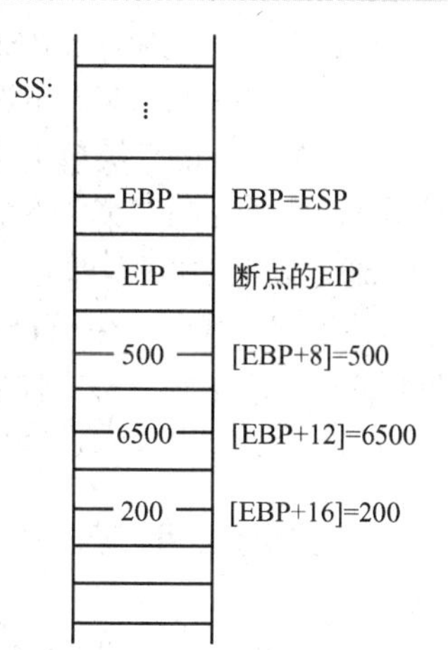

图 4-28　例 4-42 栈区变化示意图

（图中每格代表 2 个字节）

```
        ADD     EAX, [EBP+10H]
        ADC     EDX, 0
        POP     EBP
        RET
_SUM    ENDP
        END
```

4．汇编语言程序与 C 语言程序的链接

微软公司的 Visual C++是使用最广的 C/C++集成开发环境，下面介绍如何使用 Visual C++ 6.0 和 MASM32 来编译、链接 C 语言程序和汇编语言程序。

在 Visual C++ 6.0 环境下进行 C/C++程序与汇编语言程序混合编程的步骤如下。

1）打开 Visual C++ 6.0 主界面。

2）在"File"菜单下选择"New"选项，在弹出对话框中选择"Project"选择卡，选择"Win32 Console Application"，在"Location"栏中填入存放位置，在"Project Name"栏中填入项目名，并选中"Create New Workspace"，然后单击"OK"按钮。

3）在出现的"Win32 Console Application-step 1 of 1"对话框中选择"An Empty"，然后单击"Finish"按钮。

4）在"File"菜单下选择"New"选项，在弹出的对话框中选择"File"选择卡，若用 C++程序调用汇编语言程序，则选择"C++ Source File"；若用 C 程序调用汇编语言程序，则选择"Text File"，然后在"File"栏中填入文件名（如 main.cpp），单击"OK"按钮。

5）在编辑窗内输入 C++或 C 源程序。也可添加已存在的文件，其方法是在左边选中"File View"窗口，在需要添加的项目（Source File，Head File，Resource File）下单击右键，选择"Add Files to Folder…"，再选择要添加的文件。

6）假设 masm32 已经安装到 c:\masm32，在菜单中选择"Project | Settings..."，选中指定的汇编文件（右击即可），选中 Custom Build 页，在 Commands 中输入相关内容，如果是 DEBUG 模式，则输入 c:\masm32\bin\ml /c /coff /Zi /FoDEBUG\$(InputName).obj $(InputPath)；如果是 RELEASE 模式，则输入 c:\masm32\bin\ml /c /coff /FoRELEASE\$(InputName).obj $(InputPath)。在 Outputs 中输入相关内容，如果是 DEBUG 模式，则输入 DEBUG\$(Input Name).obj；如果是 RELEASE 模式，则输入 RELEASE\$(InputName).obj。

7）在"Build"菜单下选择"Compile　filename"，编译程序。

8）在"Build"菜单下选择"Build　filename.exe"，生成 EXE 文件。

9）在"Build"菜单下选择"Execute　filename.exe"，运行程序，观察结果。

通过以上的步骤，即可直接使用 VC 来编译、链接、调试程序。实际上 VC 是通过调用 masm32 来编译汇编源代码，生成.obj 目标文件，然后 VC 使用自带的链接工具将编译生成的汇编语言目标文件、C 语言目标文件以及程序中所使用的库文件链接在一起，生成可执行文件。

以上程序使用 VC 6.0 和 MASM32 V8.0 版本编译调试通过。

4.8　习题与思考

1．试述设计汇编语言程序的步骤。

2．试述将汇编语言程序生成可执行文件的步骤。

3．设计程序为什么需要调试？如何在 PC 上调试宏汇编语言程序？

4．下列各条伪指令在存储器中各分配多少个字节给变量?

```
DATA     SEGMENT
VAR1     DB  5
VAR2     DW  20H
VAR3     DW  5 DUP（?）
COUNT    EQU 5
VAR4     DD  COUNT   DUP（?）
VAR5     DB  'PLEASE  INPUT  NUMBER!'
VAR6     DB  5  DUP（?，COUNT   DUP(0) ）
DATA     ENDS
```

5．下列伪指令有什么不同?

（1）DATA1　　EQU　2000H 和 DATA1=2000H

（2）MOV　　BX, DATA1 和 MOV　BX, OFFSET　DATA1

（3）ADD　　AX, BX 和 ADD　AX, [BX]

（4）MOV　　SI，[8051H]和 LEA　　SI，[8051H]

6．下列语句中哪些是无效的宏汇编语言语句? 并指出错误原因。

（1）MOV　　WORD_OP[BX+4×3][SI]，SP

（2）LOP　　ADD　　AL，[BP]

（3）DA1:　　DB　　12H，34，'A'

（4）MOV　　[8022H]，50H

（5）DATA　　SEGMENT

　　　　　　:

　　　　　　ENDS

（6）ASSUME　CS=CODE,　DS=DATA

7．写出下列要求的变量定义语句:

（1）为某缓冲区 BUFF 预留 240 个字节的内存空间。

（2）将字符串“BYTE”、“WORD”存放于某数据段的偏移量为 0200HB 的数据区。

（3）在某数据区中存放 3 个 0FFH，6 个 86H。

8．以下数据定义段:

```
DATA    SEGMENT
        ______________
VAR1    DB  ?, ?
VAR2    DB   ?,  ?
ARD     DW  VAR1,VAR2
DTAT    ENDS
```

若希望使 ARD+2 的内存单元中存放的内容为“0102H”，则横线处应填入什么语句?

9．用示意图来说明如下程序段中各变量在内存中的分配情况。

```
DATA    SEGMENT
        ORG      0040H
VAR0    EQU      2
VAR1    DW       1100H, 2222H
VAR2    DB       VAR0  DUP(33H)
```

```
VAR3     DW      4433H
VAR4     DB      VAR0   DUP(44H), 'D', VAR0+3   DUP(55H), 'OK'
VAR5     DW      VAR0   DUP ('AB', VAR0   DUP(1234H))
DATA     ENDS
```

10．设数据段中定义了两个变量：

```
      ORG     0100H
A     DB      12H，'A'，32H
B     DW      5678H，65535
```

试问执行如下程序段后，各条指令的目标操作数的值是多少？

```
MOV     AL，A                      ；AL=?
LEA     BX，B                      ；BX=?
MOV     CX，[BX+2]                 ；CX=?
MOV     SI，B+2                    ；SI=?
MOV     DX，WORD PTR A             ；DX=?
```

11．读程序：

```
START:  IN      AL，20H
        MOV     BL，AL
        IN      AL，30H
        MOV     CL，AL
        MOV     AX，0
ADLOP:  ADD     AL，BL
        ADC     AH，0
        DEC     CL
        JNZ     ADLOP
        HLT
```

请问：（1）本程序实现什么功能？

（2）结果存放在哪里？

12．读程序：

```
DATA    SEGMENT
DA1     DB      10  DUP（2，3）
DA2     DW      10  DUP（0203H）
DA3     DB      ?
DATA    ENDS
CODE    SEGMENT
        ASSUME  CS:CODE，DS:DATA
ST:     MOV     AX，DATA
        MOV     DS，AX
        LEA     BX，DA1
        XOR     SI，SI
        XOR     AL，AL
        MOV     CX，10
LP:     ADD     AL，[BX]
        ADD     AL，BYTE   PTR   DA2[SI]
        ADD     SI，2
        INC     BX
```

```
        LOOP    LP
        MOV     DA3，AL
        MOV     AH，4CH
        INT     21H
CODE    ENDS
        END     ST
```

试指出程序所实现的功能。在程序执行过程中，当 BX=3 时，AL=?，CX=?。

13．若在 ARRAX 数组中存放了 10 个 8 位无符号二进制数，试编制汇编语言程序，求平均值并存入 ARRAY 单元中。

14．编制汇编语言程序完成计算两个相邻整数（设整数<10）的平方和。

15．编制汇编语言程序，将内存中 ADR1 开始存放的 5 个字节的压缩型 BCD 码拆成非压缩型 BCD 码，存入 ADR2 开始的字节单元中。

16．试编制符合 MASM 要求的汇编语言源程序，实现：内存中有 1 个字节无符号数 X，按下列规则计算出 Y 值，存入 NUM 单元。

$$Y=\begin{cases}3X & X<40\\ X-20 & X\geqslant 40\end{cases}$$

17．“校验和”即为全部数据累加不计进位，常用于检查一组数据信息的正确性。试编制子程序实现求 DS:DX 所指缓冲区中的数据信息的校验和，设缓冲区中第一个单元存放数据长度，校验和存入数据信息的最后单元中。

18．假设有 50 名学生的课程成绩存放在数据区中，请编制汇编语言源程序，统计该成绩中小于 60 分的人数，60～90 分的人数，大于 90 分的人数，并存入内存。

19．编制汇编语言程序实现：从键盘上输入字符，按回车键时退出，同时统计出输入字符中数字字符的个数，并存入 CL 中。

20．编制汇编语言程序实现：键入一个字符，统计出其中 1 的个数，并在屏幕上显示结果。

21．编制汇编语言程序实现：从键盘上输入 8 位二进制数，显示出相应的十六进制数。

22．编制汇编语言程序实现：从键盘中输入 0～65535 之间的十进制数，将其转换成十六进制数，并在屏幕上显示，当按下<ESC>键后显示“OK”并退出程序。

23．请用 C/C++语言和汇编语言混合编程实现：键盘输入两个 2 位十进制数，求和后在第 14 行，25 列显示出表达式。

第 5 章　半导体存储器及其接口技术

存储器是计算机的基本组成部分，用来存储各种信息。有了存储器，计算机才有“记忆”功能，才能把计算机要执行的程序、要处理的数据以及处理后的结果存储在计算机中，使计算机能正常工作。本章首先介绍微型计算机中存储器的分类，重点介绍半导体存储器。在了解半导体存储器基本电路、基本知识的基础上，着重探讨存储器扩充问题，并举例说明如何将存储器系统与微处理器连接。

5.1　计算机存储器概述

随着科学技术和社会需求的不断发展，不断涌现出新的信息存储技术和存储器件。本节将重点介绍半导体存储器的分类及性能指标。

5.1.1　微型计算机中存储器的分类

存储器是用来存储二进制信息的部件，有了存储器计算机才有记忆功能。计算机存储器可分为内存储器和外存储器。它们与 CPU 的连接方式不同，如图 5-1 所示。内存储器（简称为内存或主存储器）可直接与 CPU 连接，CPU 可直接访问内存，因而内存的存取速度需要与 CPU 处理信息的速度匹配，一般由半导体存储器组成。外存储器（简称为外存）需要通过 I/O 接口与 CPU 连接。外存储器中的信息必须调入内存才能被 CPU 处理。外存储器的存取速度低，存储介质各异，但存储容量大。外存包括磁带、硬磁盘、软磁盘、光盘和移动式存储设备等。

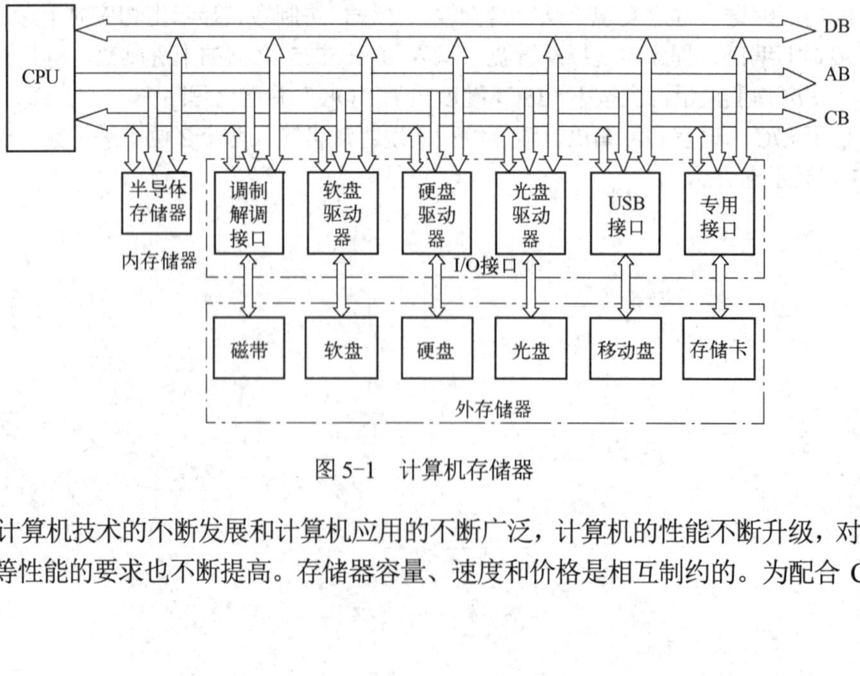

图 5-1　计算机存储器

随着计算机技术的不断发展和计算机应用的不断广泛，计算机的性能不断升级，对存储器容量、速度等性能的要求也不断提高。存储器容量、速度和价格是相互制约的。为配合 CPU 的执行速度，存储器应具有相应的速度，但价格贵、集成度低。为使CPU能运行更大更复杂的程序，存储器应具有尽可能大的容量。因此，为了尽可能充分发挥各种存储器优点，规避缺点，计算机系统中除了处理器内部的寄存器组可以暂存数据外，处理器外部还采用了如图5-2所示的三级存储结构：容量有限但与CPU速度匹配的高速缓冲存储器，容量一定且CPU可直接访问的主存储器（内存），大容量但速度低的外存储器。高速缓冲器和内存均为半导体存储器，本章主要介绍半导体存储器，而外存储器的知识请参阅其他文献。各类存储器的特性比较见表5-1。

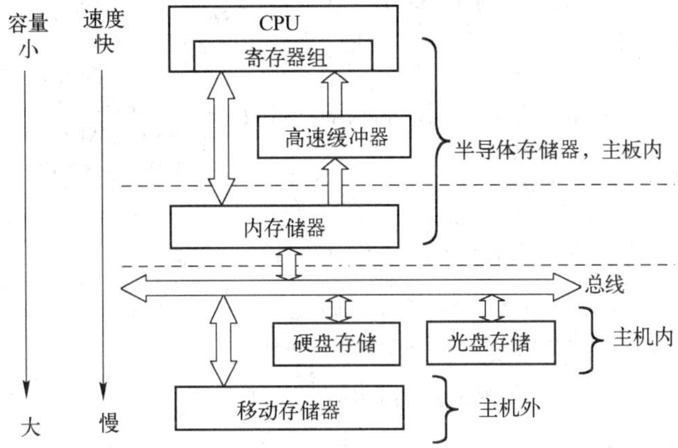

图5-2　存储系统结构

表5-1　各类存储器的特性比较

存储器类型	寄存器组	Cache	内存储器	硬盘存储器	光盘存储器	移动存储器
访问速度	ns级	ns级	几十ns	μs级	μs级	μs级
存储容量	一般几十个	一般≤几十MB	一般≤1GB	可达几百GB	几百MB/片	几十KB～几十GB

5.1.2　半导体存储器的分类

半导体存储器分类方法很多，本节将简单介绍几种常见的分类方法，如图5-3所示。

（1）按照数据存取方式分类

1）直接存取存储器（DAM）：主要指磁盘、光盘存储器。它们的寻道操作是随机的，但是寻道后要顺序读写。由于它们以存储块（扇区，一般为512B）为单位直接进行数据交换，所以称为直接存取存储器或块存储设备。

2）顺序存取存储器（SAM）：将所有的存储信息以记录块形式按顺序排列，没有一一对应的地址，各记录块之间具有相应的标志和间隔。在读写操作时均按顺序进行，其读取时间与数据所处位置有密切关系。如磁带存储器。

3）随机存取存储器（RAM）：存储记录以相同大小的存储单元形式存放，每个单元有一一对应的地址，在读、写操作时，可根据地址对任意一个数据单元进行操作。它主要用来存放用户程序、原始数据、中间结果或作为堆栈，也用来与外存交换信息等。另外，RAM还应用于显示卡、声卡、打印机等设备中，充当设备缓存。RAM所存储的信息在断开电源时会立即消失，是一种易失性存储器。

- 按照数据存取方式分类
  - 直接存取存储器（Direct Access Memory，DAM）
  - 顺序存取存储器（Sequential Access Memory，SAM）
  - 随机存取存储器（Random Access Memory，RAM）
  - 先进先出存储器（First In First Out，FIFO）
  - 多端口存储器（Multi-Port RAM，MPRAM）
- 按照器件原理分类
  - 双极型TTL器件的存储器
  - 单极性MOS器件的存储器
- 按照存储原理分类
  - 随机存取存储器（RAM）
    - 静态RAM（SRAM）
    - 动态RAM（DRAM）
  - 只读存储器（Read Only Memory，ROM）
    - 掩膜ROM
    - 可编程ROM（PROM）
    - 紫外线擦除ROM（EPROM）
    - 电擦除ROM（E^2PROM）
    - 快擦除存储器或闪速存储器（Flash Memory）
- 按照数据传送方式分类
  - 并行存储器
  - 串行存储器
- 按照在计算机系统中所处位置分类
  - 内存储器
  - 外存储器
- 按照数据存储状态分类
  - 易失性存储器（Volatile Memory）
  - 非易失性存储器（Non-Volatile Memory）

图 5-3　半导体存储器的分类

4）先进先出存储器（FIFO Memory）：先进先出存储器具有输入和输出两个相对独立的端口。当存储器为非满载状态时，输入端允许高速突发数据从输入端口存入，直至满载。只要存储器中有数据，就允许最先写入的内容依次经输出端口输出。常用于高速通信系统、数字处理系统、数据采集系统等。

5）多端口存储器（MPRAM）：该类 RAM 有多个端口，可以分别进行数据的输入/输出。一般该类 RAM 中具有总线竞争电路，防止在同一时刻对同一单元进行多种操作。根据需要分为双口 RAM、三口 RAM、四口 RAM 等，常应用于特殊应用系统。如双口 RAM 应用于双处理器系统的共享数据缓冲区，其中一个端口可直接由主 CPU 操作存取，另一个端口由辅助 CPU 控制读取。双口 RAM 还应用于需要高速共享数据缓冲器系统、多机系统通信缓冲器、DSP 系统、高速磁盘控制器等。

（2）按照存储器件原理分类

双极型 TTL 器件的存储器的特点是由于集电极电流过大导致功耗大、集成度低、价格高，但速度快。单极性 MOS 器件的存储器的特点是集成度高、功耗低、价格较低，但是速度慢。MOS 器件还可进一步分为 NMOS（N 沟道 MOS）、HMOS（高密度 MOS）、CMOS（互补性 MOS）等不同工艺。其中 CMOS 具有功耗低、速度快的特点，而被广泛应用。

（3）按照存储原理分类

按照存储原理，半导体存储器可分为能随时读/写任意存储数据的随机存取存储器 RAM 和只能在线读取的只读存储器 ROM。

随机存取存储器 RAM 的特点是每个存储单元内容既可随时读出，又可随时写入，掉电后所存储的信息会丢失。RAM 又分为静态随机存取存储器（Static RAM，SRAM）和动态随机存取存储器（Dynamic RAM，DRAM）两种。前者通过稳态电路存储信息，因而稳定、速度快，但集成度低、功耗大，在计算机系统中一般用作高速缓冲器。而后者是通过电容存储信息，速度慢、数据易丢失，需要刷新电路定时进行信息刷新，但集成度高、功耗低，在计算机系统中用作主存（内存条）。

对于只读存储器 ROM，在程序执行过程中（称为在线），对每个存储单元的原存信息，只能读出，不能写入。ROM 在断开电源时，所存储的信息不会丢失。因此，ROM 常用来存储固定的程序、数据等，例如监控程序、在微机中用来存储 BIOS 程序。只读存储器 ROM 按信息写入的方式不同，而分为掩模式 ROM，可编程 PROM、紫外线可擦除的 EPROM、电可擦除的 E^2PROM，以及快速擦写的 Flash Memory 等几种。

（4）按照数据传输方式分类

按照数据传输方式可分为并行存储器和串行存储器两类。并行存储器在存取数据时多位数据同时传输，相对传输速度快，但器件引脚多。而串行存储器在存取数据时一位一位地串行传送，器件引脚少，相对传输速度慢，常用的连接形式有二线制的 I^2C 总线和三线制的 SPI 总线，多见于 E^2PROM 芯片。

（5）按照在计算机系统中所处位置分类

按照在计算机系统中所处的位置可分为内存和外存两类。其中内存位于主板上或通过总线插槽插接在主板上，可与 CPU 直接相连，程序运行时首先调入内存，CPU 才可执行。而外存不在主板上，需要通过接口与 CPU 相连，存储容量大，数据保存时间长，如硬盘、光盘、U 盘、存储卡及其他移动存储设备。

（6）按照数据存储状态分类

按照数据存储状态，存储器分为易失性存储器和非易失性存储器两类。其中易失性存储器又称易失性存储器，这类存储器只有加电信息才能保存，断电后信息随即丢失，如 SRAM、DRAM 等。非易失性存储器也称非易失性存储器，这类存储器掉电后信息仍可长时间保存。但是，信息写入速度要低于前者。

5.1.3 半导体存储器的性能指标

衡量半导体存储器的指标很多，诸如存储容量、存储速度、功耗、可靠性、供电方式、封装形式、价格等，最主要的指标是存储器的容量和速度，在设计接口电路时还应考虑封装形式、电源种类、价格等。

存储芯片的容量是以存储 1 位二进制数（bit）为单位的，因此存储器的容量即指每个存储芯片所能存储的二进制数的位数。例如，1024 位/片，即指芯片内集成了 1024 位的存储器。在标定存储器容量时，经常同时标出存储单元的数目和位数，因此：

$$存储芯片容量 = 单元数 \times 数据位数$$

如 Intel 6116 芯片容量为 2K×8bit/片=16Kbit/片，62256 为 32K×8bit/片=256Kbit/片。

存储芯片的存取速度是用存取时间来衡量的。它是指从 CPU 给出有效的存储器地址到存储器给出有效数据所需要的时间。存取时间越小，则速度越快。一般为几纳秒（ns）到几百纳秒。存储芯片的速度一般应尽可能与 CPU 的速度匹配，否则影响系统的整体性能。

5.1.4 计算机系统中常见的半导体存储器

1）动态随机存储器（DRAM）。最初为页面模式存储器（Page Mode RAM，PM RAM），后来为快速页面方式存储器（Fast Page Mode RAM，FPM RAM）。CPU 访问连续地址时，在指出行地址后，只要不断地指定列地址就可以读出数据。在取出同一行的数据时，用不着每一次都指定行地址，因而可以提高读写速度。

2）扩展数据输出存储器（Extended Data Output RAM，EDO RAM）。EDO 技术只需要在普通 DRAM 的接口上增加一些逻辑电路，以减少定位读取数据时的延时，从而提高了数据的存取速度。通常被读取的指令或数据在 RAM 中是连续存放的，即下一个要读写的单元位于当前单元同一行的下一列上。所以在读写单元的周期中，就可以初始化下一个读写周期，EDO 技术正是利用这一地址预测功能，从而缩短读写周期。另外，为了使充电线路上的脉冲信息保持一定的时间，EDO 技术还在输出端增加了一组“门槛”电路，将充电线上的数据保持到 CPU 准确读完为止。

EDO 技术与以往的内存技术相比，最主要的特点是取消了数据输出与传输两个存储周期之间的间隔时间。同高速页面方式相比，由于增大了输出数据所占的时间比例，在大量存取操作时可极大地缩短存取时间，性能提高近 15%～30%，而制造成本与快页 RAM 相近。

3）突发扩展数据输出随机存储器（Burst Extended Data Output RAM，BEDO RAM）。突发模式技术是假定 CPU 要读的下 4 个数据的地址是连续的，同时启动对它们的操作，可更大地增加 RAM 的带宽。

BEDO RAM 工作方式是在“突发动作”中读取数据，即在提供内存地址后，CPU 假定其后的数据地址，并自动把它们预取出来。于是在每个时钟周期可读 3 个数据中的每个数据，从而明显提高指令的传送速度。它的缺陷是无法与高于 66MHz 的总线匹配。

4）同步动态随机存储器（Synchronous DRAM，SDRAM）。此 RAM 与系统时钟同步，以相同的速度同步工作，这样就可以取消等待周期，减少数据存储时间。同步还使存储控制器知道在哪一个时钟脉冲周期时数据请求使用，因此数据可在脉冲上升沿便开始传输，而 EDO RAM 每隔 2 个时钟脉冲周期才开始传输，FPM RAM 每隔 3 个时钟脉冲周期才开始传输。SDRAM 也采用了多体（Bank）存储器结构和突发模式，能传输一整块而不是一段数据。

SDRAM 性能比 EDO 内存条提高 50%，是与 CPU 定时同步的 DRAM 技术，它可以以高达 100MHz 的速度传递数据，是标准 DRAM 的 4 倍。另外 SDRAM 不仅可用作主存，在显示卡方面也有广泛应用。

5）DDR SDRAM。同步动态随机储存器Ⅱ，也称 DDR（Double Data Rate），其核心以 SDRAM 为基础，但在速度和容量上有明显提高。与 SDRAM 相比，DDR 运用了更先进的同步电路，使指定地址、数据的输入和输出主要步骤既独立执行，又保持与 CPU 完全同步。DDR 本质上不需要提高时钟频率就能加倍提高 SDRAM 的速度，它允许在时钟脉冲的上升沿和下降沿读出数据，因而其速度是标准 SDRAM 的两倍。

6）高速缓存随机存储器（Cached DRAM，CDRAM）。此项技术把高速的 SRAM 存储单元集成至 DRAM 芯片中，作为 DRAM 内部的缓存，其内部 SRAM 和 DRAM 的存储单元间通过内部总线相连。

7）同步链接动态随机存储器（Sync Link DRAM，SLDRAM）。SLDRAM 是一种增强和扩展的 SDRAM 架构，它较当前的 4 体（Bank）结构扩展到 16 体，并增加了新接口和控制逻辑电路，同 SDRAM 一样使用每个脉冲前沿传输数据。

8）RDRAM（Rambus DRAM）。由 Rambus 公司开发的具有系统带宽、芯片到芯片接口设计的新型高性能 DRAM，能在很高的频率范围下通过一个简单的总线传输数据。

由于利用行缓冲器作为高速暂存，故能够以高速方式工作。普通的 DRAM 行缓冲器的信息在写回存储器后便不再保留，而 RDRAM 则具有继续保持这一信息的特性，于是在进行存储器访问时，如行缓冲器中已经有目标数据，则可利用，因而实现了高速访问。另外其可把数据集中起来以分组的形式传送，所以只要最初用 24 个时钟，以后便可每 1 时钟读出 1 个字节。一次访问所能读出的数据长度可以达到 256 字节。

9）并行型 RDRAM（Concurrent RDRAM）。属第三代 RDRAM，在处理图形和多媒体程序时可达到非常高的带宽，即使在寻找小的、随机的数据块时也能保持相同的带宽。作为 RDRAM 的增强产品，它在 600MHz 的频率下可达到每个通道 600MB/s 的数据传输率。另外 Concurrent RDRAM 同其前一代产品兼容。

10）Direct RDRAM。Direct RDRAM 是 RDRAM 的扩展，它使用了同样的 Rambus 信号逻辑（Rambus Signaling Logic，RSL）技术，但其接口宽度达到 16 位，频率达到 800MHz，效率更高。单个 Direct RDRAM 传输率可达 1.6GB/s，2 个的传输率可达 3.2GB/s。1 个 Direct RAM 使用 2 个 8 位通道，传输率可达 1.6GB/s，3 个通道的传输率可达 2.4GB/s。

11）PC100 SDRAM。又称 SPD（Serial Presence Detect）内存，是专为支持 100MHz 主板外频的芯片组设计的带有 SPD 的新一代内存条，SPD 为内存的一种新规范，就是在 SDRAM 内存上加入一颗很小的 E2PROM，可以预先将内存条的各种信息如内存块种类、存取时间、容量、速度、工作电压等写入其中。电脑启动过程中，系统的 BIOS 通过系统管理总线把 SPD 的内容读入，并自动调整各项设定以达到最稳定和最优化效果。

12）接口动态随机存储器（Direct Rambus DRAM，DRDRAM）。DRDRAM 是 Intel 所推崇的未来内存的发展方向，它将 RISC 引入其中，依靠高时钟频率来简化每个时钟周期的数据量。它具有相对 SDRAM 较高的工作频率（不低于 300MHz），但其数据通道接口带宽较低，只有 16 位，当工作时钟为 300MHz 时，Rambus 利用时钟的上沿和下沿分别传输数据，因此它的数据传输率能达到 300×16×2/8=1.2GB/s，若是两个通道，就是 2.4GB/s。它与传统 DRAM 的区别在于引脚定义会随命令变化，同一组引脚线既可以被定义成地址线也可以被定义成控制线。其引脚数仅为普通 DRAM 的三分之一。

13）虚拟通道存储器（Virtual Channel Memory，VCM）。VCM 是目前大多数最新的主板芯片组都支持的一种内存标准，VCM 是由 NEC 公司开发的一种“缓冲式 DRAM”，该技术将在大容量 SDRAM 中采用。它集成了所谓的“通道缓冲”，由高速寄存器进行配置和控制。在实现高速数据传输的同时，VCM 还维持着与传统 SDRAM 的高度兼容性，所以通常也把 VCM 内存称为 VCM SDRAM。VCM 与 SDRAM 的差别在于不管数据是否经过 CPU 处理都可以先交给 VCM 进行处理，而普通的 SDRAM 就只能处理经 CPU 处理以后的数据，这就是为什么 VCM 要比 SDRAM 处理数据的速度快 20%以上的原因。

5.1.5 存储卡技术

PC 和便携式设备的移动外部存储介质，目前有很多种标准，各自有着一定的优点。除了已经逐渐淡出市场的 SM 卡和老规格 MMC 卡之外，当前市场的主流是 SD 卡、CF 卡以及索尼记忆棒和富士、奥林巴斯专用的 XD 卡。还有一些新兴的小尺寸记忆卡，如迷你 SD 卡、TF 卡等，主要应用于手机和掌上电脑。下面简单介绍一下几种存储卡形式的移动外存储器。

1）CF 卡。CF 卡如图 5-4 所示，全称是“Compact Flash”，由当时最大的 Flash Memory 卡厂商之一美国 SanDisk 公司于 1994 年推出。大小为 43mm×36mm×3.3mm，重量大约在 15 克以内，由于推出时间早，所以发展上较为成熟，采用 ATA 协议的 Compact Flash 的接口为 50 针。由于应用较早加上容量上的优势，目前很多款数码相机上都是使用这种闪存卡来作为存储介质，而且兼容性较好，市面上也有很多读卡设备支持，但是过大的体积和重量将限制它的发展。目前CF卡主要供给专业相机使用。

图5-4 CF卡

2）SM卡。SM卡如图5-5所示，全称是“SmartMedia”，是由东芝公司（TAEC）于1995年11月发布的Flash Memory存储卡。三星公司和东芝公司是最主要的SmartMedia厂商。从它的体积来说，45mm×37mm×0.76mm使它成为最薄的Flash Memory存储卡，仅重1.8克。接口方面，SmartMedia采用了22针的接口，在卡外部只能看到扁平的“金手指”。由于控制格式不统一，以前它的兼容性不太好，有时会出现不同厂商的数码相机或MP3上使用的SM卡不能互相直接使用，或者新的大容量SM卡不能被旧的SM读取设备读取等怪现象。现在东芝公司则力图统一这种控制格式，希望可以提高它的兼容水平。优点是体积小，价格低。

图5-5 SM卡

3）MMC卡。MMC卡如图5-6所示，全称是“MultiMedia Card”，也就是多媒体卡，是早期的小型存储卡。由于之后制定的SD卡规范中保留了对MMC卡的兼容，因此也可使用在SD设备上。MMC卡是一种小巧大容量的快闪存储卡，由西门子公司和首推CF卡的SanDisk公司于1997年推出。它的封装技术较为先进，目前已经相当成熟。它的尺寸大约为32mm×24mm×1.4mm，重量在2克以下，7针引脚。它的体积甚至比SM卡还要小，不怕冲击，可反复读写30万次，驱动电压为2.7～3.6V。现在这种闪存卡已广泛用于移动电话、数码相机、数码摄像机、MP3等多种数码产品上。

图5-6 MMC卡

4）SD卡。SD卡如图5-7所示，全称是“Secure Digital”，意为“安全数码”，号称在版权保护方面是安全级别最高的Flash Memory。它由日本两大电器集团松下电器、东芝和SanDisk联合推出，1999年8月首次发布。由于SD卡数据传送和物理规范皆由MMC卡发展而来，因此大小和MMC卡差不多，尺寸为32mm×24mm×2.1mm。仅比MMC卡厚0.7mm，以容纳更大容量的存储单元，重量上也秉承了MMC的轻巧，仅重约1.6克。重要的是，SD卡与MMC卡保持着向上兼容，也就是说，MMC卡可以被新的SD设备存取，但SD卡却不可以被MMC设备存取。从外观上来看，SD接口除了保留MMC的7针外，还在两边多加了2针作为数据线，并且带了物理写保护开关。SanDisk的ULTRA 2代记忆卡俗称“黑卡”，属于国内市场上首屈一指的高端产品，深受专业用户青睐。它的理论读取速度还是10MB/S，不过写入速度已经达到了9MB/s，完全满足单反相机高速连拍的需要。SanDisk记忆卡不使用“XX速”的标识方法，但是保守估计ULTRA 2代也有60速的水平。不过它的价格与性能成正比。为了适应小型化，SD卡推出了Mini SD卡，主要用于手机、PDA、掌上电脑等。

图5-7 SD卡

5）Memory Stick卡（MS卡）。Memory Stick卡如图5-8所示，是索尼公司于1999年推出的存储卡产品，中文名字是记忆棒。迄今为止，由于它的技术封闭性，很难被其他厂商接受，价格居高不下。它的大小为50mm×21.5mm×0.28mm，重量4克，是由单一平面的10针接合器连独立针槽，并具有写保护开关。为了满足版权保护需求，在1999年12月索尼推出了新的MagicGate Memory Stick，主要的变化在于加入了称为MagicGate的索尼专利的版权保护技术，遵从 SDMI 的标准。

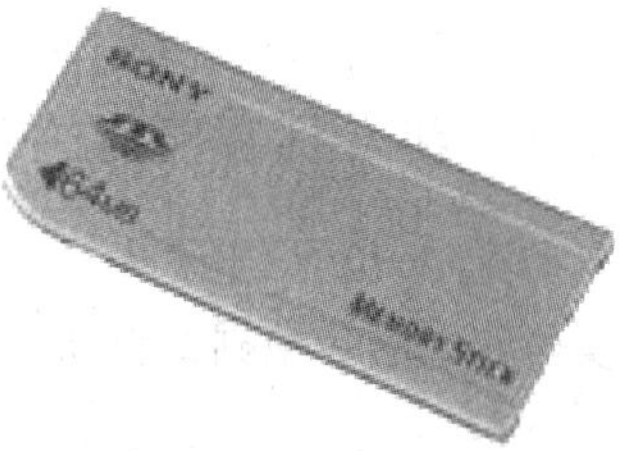

图 5-8　MS 卡

索尼的 Memory Stick 卡中，因尺寸不同，又分成 3 种规格，即 Memory Stick、Memory Stick PRO、Memory Stick DUO，目前 Memory Stick 的容量在 16～128MB 之间，Memory Stick Pro 的容量在 256MB～1GB 之间，未来可以达到 32GB，Memory Stick DUO 的容量最小，在 16～32MB 之间，通过一个适配器，可以像原来的 MS 卡一样插在卡槽中。

图 5-9 给出 MS PRO 卡的外形图。它属于 MS 卡家族中的高档产品，尽管形状和 MS 卡相同，但它的传输速度有所提高，最低记录速度为 15Mbit/s。可以适应记录连续的动态图像。由于索尼在业界的强势形象，Memory Stick 在自己的产品上得到了充分的应用，可惜不能成为开放式的行业标准，因此不可能为其他厂商的产品所用。而且价格太贵。

图 5-9　MS PRO 卡

6）富士、奥林巴斯专用的 XD 卡。富士胶卷和奥林巴斯光学工业开发成功的“XD Picture Card”，是 SM 卡的后续产品。

XD 卡如图 5-10 所示，也是一种排他性的存储标准，目前只有富士和奥林巴斯使用。这种专为数码相机开发的新型介质的特点是体积小、容量大。尺寸在现有的小型存储卡中是最小的，仅为 20mm×25mm×1.7mm。容量为 8GB。需要注意的是，XD 卡的物理结构比较特殊，本身不集成内存控制模块，只是基本的存储单元。因此事实上它的读写速度完全取决于所使用的数码相机所能提供的接口速度，当然，使用的内存芯片性能也是瓶颈，就像木桶原理一样，最终速度取决于最慢的一项。事实上 XD 卡是一种技术比较超前的产品，但是在 SD 卡飞速普及，技术大幅进步的时代，XD 卡的性能毫无优势，使用成本却高很多，前景并不光明。

图 5-10　XD 卡

7）TF 卡。TF 卡（全称 TransFlash）如图 5-11 所示，是由世界著名存储设备商 SanDisk 开发的一种全球最小的闪存卡，尺寸 15mm×11mm×1mm，约为 SD 卡的 1/4，和一片指甲盖差不多大小，十分适合手机。

图 5-11　TF 卡

通常衡量记忆卡的速度单位为 XX 速，其中“1 速”代表 150KB/s 的数据传输速率，达到 40 速（即 6MB/s）的存储卡，往往被称为高速卡。随着技术的发展，60X、80X 乃至 160X 的记忆卡不断涌现，逐渐成为市场的主流。这个 XX 速只是厂家的标称值，实测的速度往往达不到标准值，并且写入速度要低于读取速度。对于使用而言，写入速度更重要，更能反映记忆卡的性能。

5.2　半导体存储器结构与工作原理

本节首先介绍半导体存储器的基本结构，然后介绍随机存储器和只读存储器的结构与原理，读者应注意它们的异同。

5.2.1 半导体存储器的基本组成

图 5-12 给出了半导体存储器的基本结构，主要由地址寄存器、地址译码电路、存储体、读写放大器、数据寄存器、控制电路等组成。

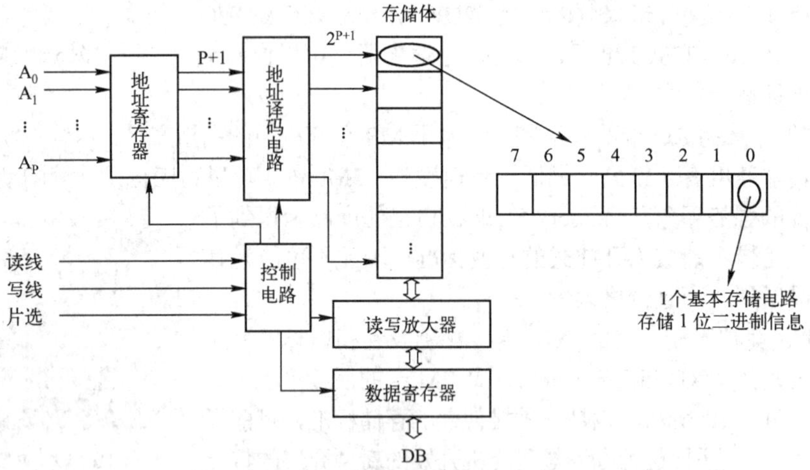

图 5-12 半导体存储器的一般结构

1）存储体是由许多基本存储电路按一定规则排列而成的阵列。存储体中每个基本存储电路只能存储一位二进制信息。通常把 8 个基本存储电路作为一个整体来看待，称为一个存储单元或一个字节。存储体中的每个存储单元都有独立编号，这些编号称为存储单元的地址。地址用二进制表示，但为了简明方便一般书写成十六进制。

2）地址寄存/译码电路包括地址寄存器和地址译码器等。为了从众多的存储单元中选取某个存储单元，首先 CPU 要把地址码通过地址总线送至地址寄存器，再由地址译码器对地址码进行译码，即可确定访问的存储单元。然后在读/写控制信号和芯片选择信号的配合下对选中的单元进行读/写操作。地址线的根数决定了译出编码的个数，从而决定了存储单元的个数。或者说决定了 CPU 可以访问存储单元的个数。地址译码电路通常有两种实现方式：单译码方式和多译码方式。

单译码方式又称为线型译码，是全部地址线通过逻辑电路进行编码构成译码电路，如图 5-13 所示，由 n 条地址线编写出 2^n 个独立编码，用来表示存储单元地址。但是用这种方式译码，随着地址线的增加，译码器的输出线按指数增加，逻辑电路复杂程度也按指数增加，因此，只适用于容量较小的存储器。

双译码方式又称为复合译码，是将地址分为两部分，用两个线型译码器分别译码，X 向译码称为行译码，其输出线用来选择存储矩阵中一行所有的存储单元；Y 向译码称为列译码，其输出线用来选择存储矩阵中一列所有的存储单元，行和列的交叉点处的 X 值和 Y 值为一个状态，只有 X 向和 Y 向的选择线同时选中的存储单元才能进行读/写操作。采用双译码可以减少译码器的输出线，如图 5-14 所示，11 根地址线分为两组，X 组有 5 根地址，可产生 2^5 个译码输出线，Y 组有 6 根地址，可产生 2^6 个译码输出线，X 和 Y 交叉点的个数为 $2^5 \times 2^6 = 2^{11}$，与单译码的效果一样，但引线和逻辑电路大大简化。大容量的存储器都采用双译码方式。

3）数据寄存器是存储信息流动的通道。读操作为从存储单元中读出信息；写操作为把要存储的信息写入存储单元。当该芯片未被选中时，将处于高阻状态，相当于与外面数据总线 DB 脱离。数据寄存器可以实现协调 CPU 与存储器之间在速度上的差异。

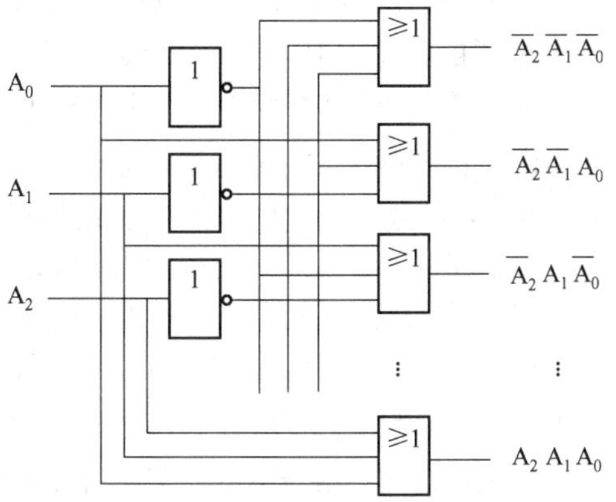

图 5-13　单译码方式

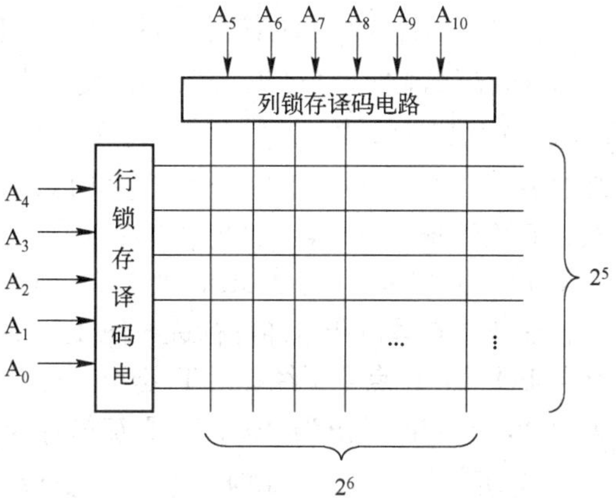

图 5-14　双译码方式

4）控制电路控制整个芯片是否被选通和控制存储信息流动的方向。只有当片选信号（常用 $\overline{CS}$ 或 $\overline{CE}$ 表示）有效，存储器才能与外界进行信息交换，而信息的流动方向由写线（常用 $\overline{WR}$ 或 $\overline{WE}$ 表示）和读线（常用 $\overline{RD}$ 或 $\overline{OE}$ 表示）来确定。

5.2.2　随机存储器（RAM）

随机存储器又称为读写存储器，可以随时对任一存储单元进行读或写操作。按存储原理，可分为静态 RAM 和动态 RAM。

1. 静态 RAM

静态 RAM，即 SRAM。其基本存储单元是以 6 个 MOS 管组成的双稳态触发器为基础的，状态稳定，只要不掉电，信息不会丢失。

（1）静态 RAM 基本存储电路

如图 5-15 所示，SRAM 的基本单元中，T_1、T_2 组成 RS 双稳态触发器，T_3、T_4 为负载管（相当于 T_1、T_2 的负载电阻），T_5、T_6 为开关管，由行选线控制，I/O、$\overline{I/O}$ 为数据输入/输出线。

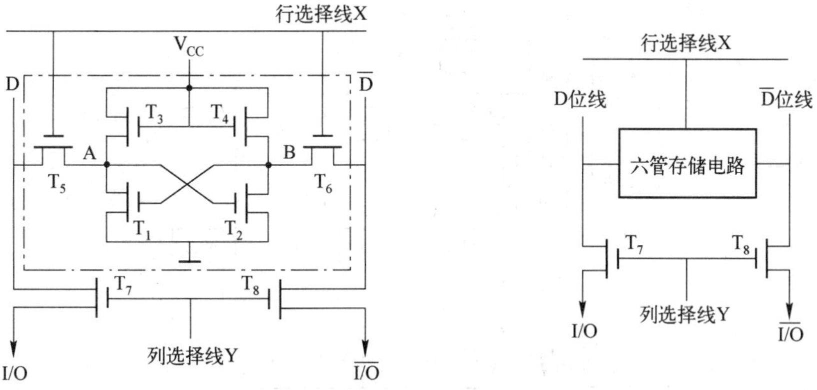

a)　　　　b)

图 5-15　SRAM 的基本电路

a) 6 管稳态电路　b) 6 管稳态电路符号表示

对某存储单元进行读/写操作时，必须由地址译码器选中该单元，采用双译码的方式选通。读/写操作过程如下。

写操作：当行选线上的信号为高电平时，T_5、T_6管导通，A、B 端分别与位线 D 和 $\overline{D}$ 接通，当列选线为高电平时，T_7、T_8管导通，使位线 D 和 $\overline{D}$ 与外界的数据线 I/O 和 $\overline{I/O}$ 接通。写入的信息从 I/O 及 $\overline{I/O}$ 线输入。写“1”时，I/O 为高电平，$\overline{I/O}$ 为低电平，I/O 线上的高电平经 T_7 和 T_5 加至 A 点，$\overline{I/O}$ 线上的低电平经 T_8 和 T_6 加至 B 点，迫使 T_1 管截止，T_2 管导通，处于存“1”状态。写“0”时，I/O 线上的低电平，经 T_7、T_5 加至 A 点，$\overline{I/O}$ 线上的高电平经 T_8、T_6 加至 B 点，迫使 T_1 导通、T_2 截止而处于存“0”状态。T_1、T_2 处于互锁状态，达到稳态。

读操作：与写操作一样，行选线使 T_5、T_6 导通，列选线使 T_7、T_8 导通。A 点电平经 T_5、T_7 送至 I/O 线，B 点电平经 T_6、T_8 送至 $\overline{I/O}$ 线。若原存信息为“1”，则 A 点为“1”，I/O 线送出为“1”，而 $\overline{I/O}$ 送出为“0”；若原存信息为“0”，则 I/O 线上送出为“0”，$\overline{I/O}$ 线上送出为“1”。由分析可知，写入信息时，原存信息被冲掉了；而在读信息时，触发器原存信息并未被破坏，是非破坏性读出。

SRAM 的优点是速度快、状态稳定、不需要刷新。而集成度低、功耗高是它的缺点。适用于容量小、速度快的场所，如高速缓冲存储器。

（2）静态 RAM 芯片的组成结构

SRAM 存储芯片是将许许多多的六管基本电路按矩阵形式排列成存储体。采用复合译码方式对存储单元进行寻址，图 5-16 给出了 4K×1 位静态 RAM 的组成结构。其存储体是一个 64×64=4096 个基本元件的存储矩阵。由于有 4K= 4096=2^{12} 个存储单元，故需 12 条地址线，分成 X 和 Y 两组。行选线由 X 地址译码器输出提供；列选线由 Y 地址译码器输入提供。图中只有 1 组 I/O 电路，即只能对 1 位数据进行读/写，如果要同时对 8 位进行读/写，应有 8 个存储矩阵、I/O 电路、缓冲器及数据总线在 Z 方向上并列。

【例 5-1】 静态 RAM 芯片 Intel 6116 的内部结构，如图 5-17 所示。

说明：

1）6116 的存储体由 2K×8=2048×8=16384 个基本存储电路（2048 个 8 位的存储单元）组成，需要有 11 根地址线，译出 2048 个唯一地址，11 根地址线分两组：行线 7 根，可译出地址 2^7=128，列线 4 根，可译出地址 2^4=16，所以 2K×8=2^7×2^4×8=128×128=16384。

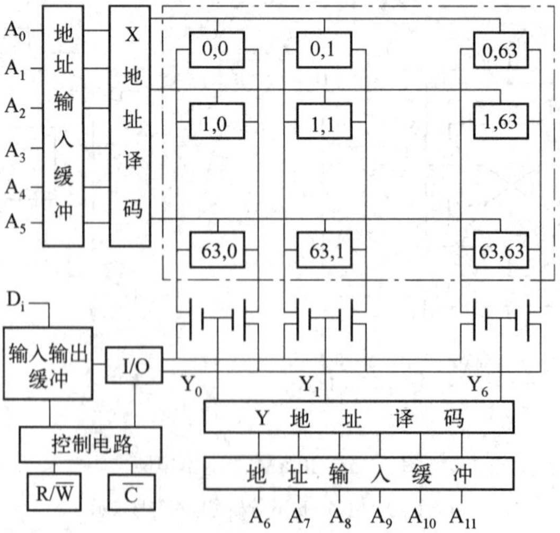

图 5-16 SRAM 存储器组成

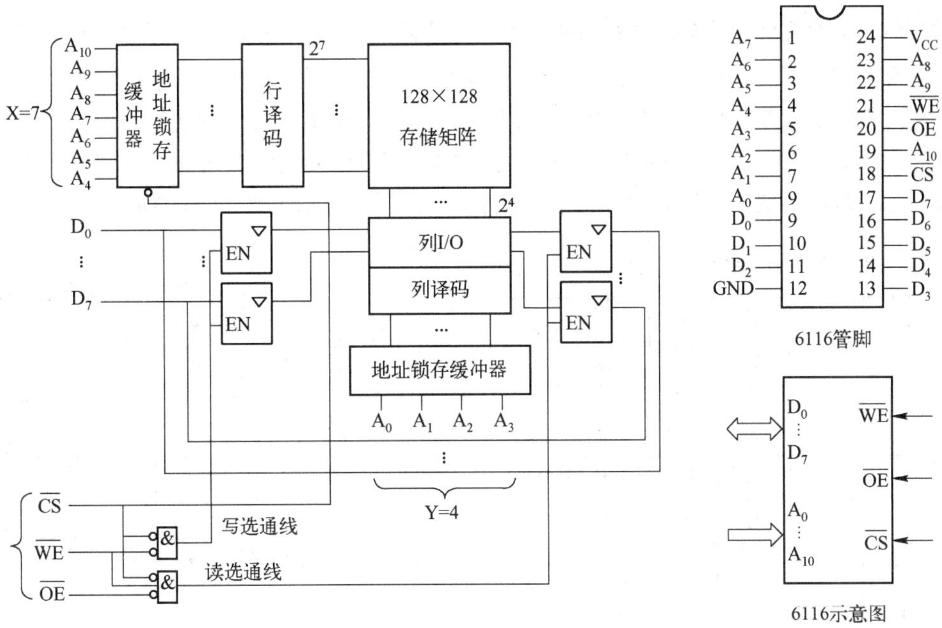

图 5-17　6116 组成结构、管脚定义及示意图

2）地址锁存缓冲器部分功能如下。

地址锁存功能：当选通后地址被锁存，直到下次选通。保证地址在整个信息读/写过程中一直稳定。

缓冲器的作用：通过缓冲器（即三态门）挂接数据总线，使芯片在未选中时呈高阻状态，不影响总线正常工作。值得强调，凡是挂接数据总线的器件或设备一定要通过缓冲器。

3）控制线有：$\overline{CS}$ 为片选线，当有效时表示芯片被选中；$\overline{OE}$ 为读线；$\overline{WE}$ 为写线。

当 $\overline{CS}$、$\overline{OE}$ 有效时，使数据从存储器流向 CPU。

当 $\overline{CS}$、$\overline{WE}$ 有效时，使数据从 CPU 流向存储器。

4）Intel 6116 的工作过程如下。

在读出信息时，地址总线给出 A_{10}～A_0 信号，通过行和列地址译码器译码后选中某一个存储单元，然后由 $\overline{CS}$=0、$\overline{OE}$=0、$\overline{WE}$=1 使读选通线有效，打开右边 8 个三态门将数据送上数据总线。

在写入信息时，同样由地址线的状态选定某存储单元，再由 $\overline{CS}$=0、$\overline{OE}$=1、$\overline{WE}$=0 使写选通线有效，打开左边 8 个三态门将数据总线上的数据通过 I/O 电路写入存储单元。

在没有读写操作时，$\overline{CS}$=1，数据总线呈高阻状态，相当于 6116“脱离”了总线。

【例 5-2】 SRAM 芯片 Intel　6264 的管脚和符号如图 5-18 所示。

6264 为 28 脚双列直插式 DIP 芯片，工作过程类似于 6116，其控制逻辑如表 5-2 所示。值得注意的是 6264 有两条片选线 $\overline{CS_1}$ 和 CS_2。当芯片

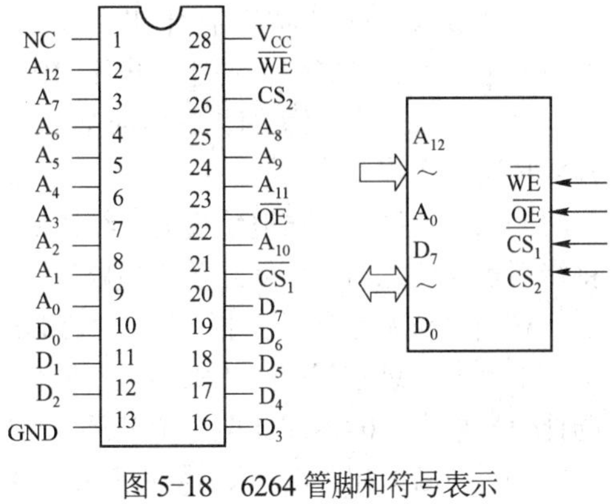

图 5-18　6264 管脚和符号表示

读/写操作时，必须$\overline{CS_1}$=0、CS_2=1。当掉电时，电压降到小于 0.2V 时，只需要向 CS_2 引脚提供 2μA 的电流，则在 V_{CC}=2V 时，该 RAM 芯片就可以进入数据保护状态。根据这一特点，在电源掉电检测和切换电路的控制下，当检测到电源电压下降到小于芯片的最低工作电压（CMOS 电路为 4.5V，非 CMOS 电路为 4.75V）时，将 6264 RAM 切换到由镍铬电池或锂电池提供的备用电源供电，即可实现断电后长时间的数据保护。数据保护电路如图 5-19 所示。

表 5-2　6264 的控制逻辑

$\overline{CS_1}$ 片选	CS_2 片选	$\overline{OE}$ 读线	$\overline{WE}$ 写线	D_7～D_0 数据线	工作方式
H	X	X	X	高阻	未选中
X	L	X	X	高阻	未选中
L	H	H	H	高阻	禁止读写
L	H	L	H	OUT	读出
L	H	H	L	IN	写入
L	H	L	L	IN	禁止

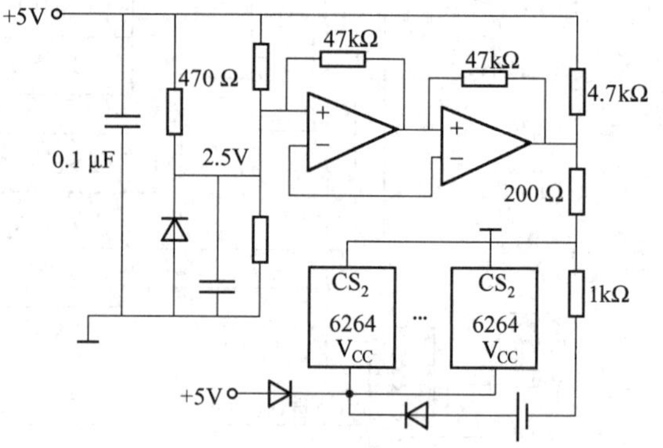

图 5-19　6264 数据保护电路

2. 动态 RAM

动态 RAM，即 DRAM。为了减少 MOS 管的数目，提高集成度和降低功耗，进一步推出了动态 RAM 器件。其基本单元电路一般由四管、三管和单管组成，以三管和单管较为常用。下面以单管 DRAM 为例，介绍动态 RAM 的组成及工作原理。

（1）动态 RAM 基本存储电路

如图 5-20 所示，动态 RAM 由 1 个 MOS 管和 1 个寄生电容 C_s 组成，信息的存放靠寄生电容 C_s，电容 C_s 有电荷时，为逻辑“1”，没有电荷时，为逻辑“0”。但由于任何电容都存在漏电，因此，当电容 C_s 存有电荷时，过一段时间由于电容的放电过程导致电荷流失，信息也就丢失了。那么解决的办法就是进行刷新，即每隔一定时间（一般为 2ms）就要重新写入一次，使原来处于逻辑电平“1”的电容电荷得到补充，而原来处于电平“0”的电容仍保持“0”。

读出信息时，地址线信息经分组译码后得到行选线和列选线，行选线使选中的行上所有的 Q_1 管导通，使连在每一列上的刷新放大器读取对应的存储电容上的电压值，刷新放大器将此电压值转换成对应的逻辑电平“0”或“1”，又重新写到电容上，而列选线为“1”的对应基本电路才受到驱动，将其数据送上数据总线。

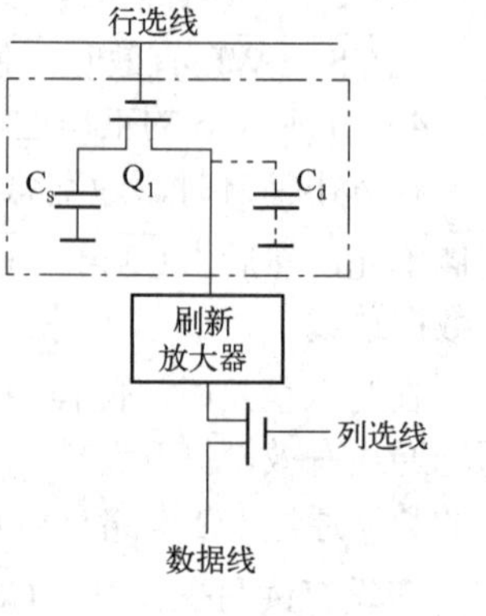

图 5-20　单管 DRAM 的基本电路

写入信息时，同样地址线信息经译码使行选线为高电平，Q_1 管导通，列选线同时也为“1”，将待写入的信息由数据线经放大电路写入被选中存储单元的 C_s 上。

刷新是逐行进行的，相当于一系列读操作过程，当某一行选择信号为“1”时，选中了该行，电容上信息送到刷新放大器上，刷新放大器又对这些电容立即进行重写。由于刷新时，列选择信号总为“0”，因此电容上信息不可能被送到数据总线上。

为了节省面积，电容 C_s 不可能做得很大，一般使 C_s＜C_d。这样，读出“1”和“0”时电平差别不大，故需要鉴别能力高的读出放大器。此外，C_s上的信息被读出后，其寄存的电压由0.2V下降为0.1V。这是一个破坏性读出，要保持原存信息，读出后必须重写。因此，使用单管电路，其外围电路比较复杂。但由于使用管子最少，4KB以上容量较大的RAM，大多采用单管电路。

动态RAM，其存储单元以电容为基础，电路简单，集成度高，功耗低。但需要定时刷新，速度较慢。适用于大容量存储器，如内存条。

（2）动态RAM举例

图5-21给出了一种典型的DRAM存储芯片Intel 2164A的引脚和符号表示图。其容量为64K×1bit，即片内有2^{16}=65536个存储单元，每个单元只有1位数据，可用8片2164A构成64KB的存储器。如果想在2164A芯片内寻址64K单元，必须用16条地址线。但为减少地址线引脚数目，地址线又分为行地址线和列地址线且分时工作，这样Intel 2164A对外部只需要引出8条地址线，芯片内部有地址锁存器，利用多路开关，由行地址选通信号$\overline{RAS}$（Row Address Strobe），把先送来的8位地址送至行地址锁存器，由随后出现的列地址选通信号$\overline{CAS}$（Column Address Strobe），把后送来的8位地址送至列地址锁存器，这8条地址线也用于刷新，刷新时一次选中一行，2ms内全部刷新一次。

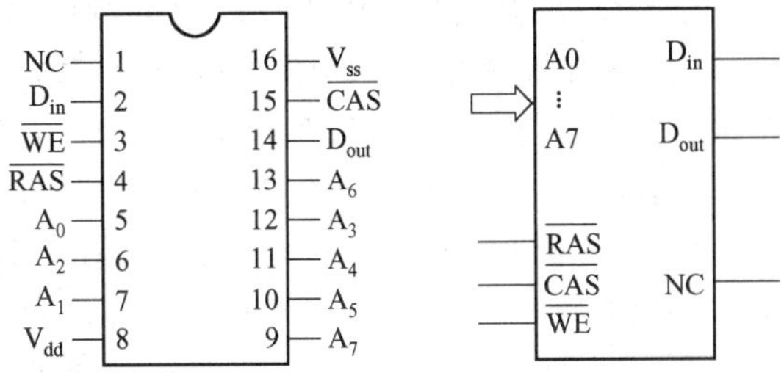

图5-21　Intel 2164A引脚及逻辑符号

图5-22给出了Intel 2164A的内部结构示意图。其中64KB存储体由4个128×128的存储矩阵组成，每个存储矩阵由7条行地址线和7条列地址线进行选择，在芯片内部经地址译码后可分别选择128行和128列。

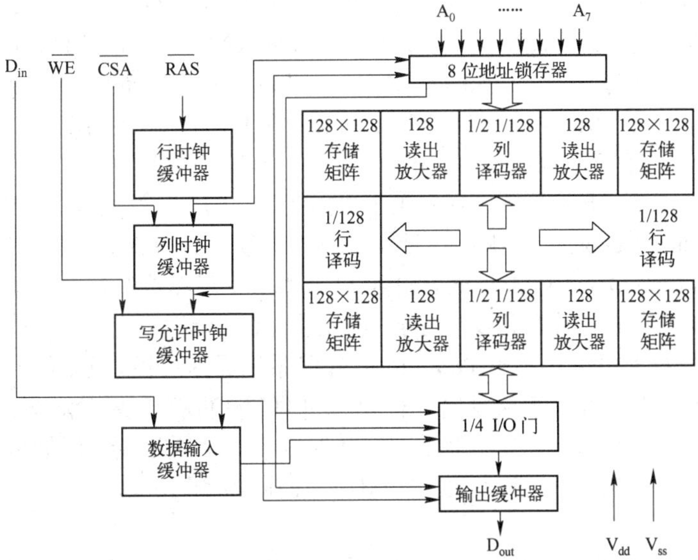

图5-22　Intel 2164A内部结构示意图

锁存在行锁存器中的行地址$RA_6 \sim RA_0$，经行译码器译码同时选中4个128×128存储矩阵中的各1行，即共选中4×128=512个存储电路，它们所存放的信息被读到各自相应的放大器，经过鉴别后锁存或重写。

锁存在列锁存器中的列地址 CA_6～CA_0，在每一个存储阵列中选中一列，然后将行选线和列选线共同选中的 4 个存储单元经过 4 选 1 的 I/O 门控电路（由 RA_7、CA_7 控制）选中其中一个单元进行读/写操作。

2164A 数据的读出和写入是分开的，由 $\overline{WE}$ 信号控制读或写。当 $\overline{WE}$ 为高电平时，读出，即所选中单元的内容经过三态输出缓冲器在 D_{out} 引脚上读出。在写操作时，$\overline{WE}$ 为低电平，信息从 D_{in} 的信号经输入三态缓冲器对选中的单元进行写入。2164A 没有片选信号，实际上用行选 $\overline{RAS}$、列选 $\overline{CAS}$ 信号作为片选信号。

3．随机存储器的应用

随着微处理器的飞速发展，CPU 对存储器的容量和速度提出了更高的要求，因此单片存储芯片的容量不断提高。然而如果在一台计算机系统中只有存储器，甚至有多个存储器，但没有组成存储系统也不能充分发挥系统的性能。存储系统是指用两个或两个以上速度、容量和价格不同的存储器，通过硬件、软件或软件与硬件相结合的方法连接成的系统。

作为计算机系统的重要组成部分，存储器的频带也是需要考虑的重要方面，人们总是希望存储器的频带与 CPU 的工作速度匹配，而事实上，存储器的频带总是跟不上需求。因此，采用高速缓存（Cache）是目前最有效的提高存储速度的方法。下面对内存条和高速缓存作简单的介绍。

（1）内存条

内存条就是将几片存储芯片放在一个条形印制电路板上，通过总线与微处理器相连。用户只需把内存条插到系统板上提供的存储条插座上即可使用，更换和升级很方便。

为了适应微处理器及计算机系统性能的发展，内存条从芯片的选择到增加数据带宽（包括增加数据总线的宽度和存储器的速度）及总线形式都在不断改进。

如芯片类型从早期的页模式动态随机存储器（Page Modem DRAM，PMDRAM）到快速页模式随机动态存储器（Fast Page Modem DRAM，FPMDRAM）、扩展数据输出随机动态存储器（Extended Data Output DRAM，EDO DRAM）、同步动态随机存储器（Synchronous DRAM，SDRAM）、同步动态随机储存器Ⅱ（Double Data Rate SDRAM，DDR SDRAM）等，不断升级，而且还将推出更高性能的存储器。

内存条的总线形式（封装形式）也发生了很大变化。例如，早期为 30 线单排直插式内存模块（Single In-Line Packpage，SIP），只有 8 位数据总线；而后被 30 线或 72 线单排插针式内存模块（Single In-Line Memory Modules，SIMM）所替代，虽然是双面但实际上还是单排引线，其中 30 线 SIMM 仍为 8 位数据总线，对于 16 位系统需要偶数条内存条一同使用；而对于 72 线 SIMM 为 32 位数据总线，对于 Pentium 处理器系统数据总线为 64 位，同样需要偶数条 SIMM 内存条一同使用；紧接着又推出 168 线双列直插式内存模块（Double In-Line Memory Modules，DIMM），每面 84 条引脚，其数据宽度为 64 位。目前应用广泛的是 200 线 DIMM 模块，其存储容量可达 1GB，其工作时钟为 77MHz、83MHz 和 100MHz。

（2）高速缓存

前面已经提到，速度和容量是计算机存储系统要解决的主要问题。人们总是期望得到大容量、高速度、低价格的存储系统，高速缓存（Cache）就是为解决存储器的速度问题而设计的。经过对大量典型程序的运行分析表明，当 CPU 从内存中取出指令和数据时，在一个较短的时间间隔内。由程序产生的地址往往局限在很小的区域内，在这个区域内的地址会频繁地被访问，而对此范围之外的地址访问甚少。Cache 的工作原理就是在 Cache 系统中，把程序正使用的部分放在一个高速的、容量较小的 Cache 中，使 CPU 的访问操作大多针对高速的 Cache 进行，从而使程序的执行速度得到提高。在 80386 系统中，Cache 在 CPU 芯片外，对 80486 和 Pentium 来说，则采用 CPU 片内 Cache 技术。

下面结合 80386 系统讲述高速缓存技术。一个 Cache 系统包含三个部分：Cache 模块（即 CPU 和慢速主存之间的 SRAM）、主存（即慢速 DRAM）和 Cache 控制器（用来对 Cache 系统进行控制）。

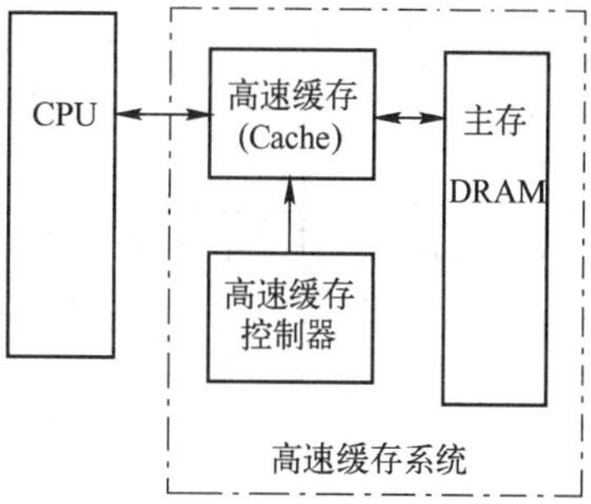

图 5-23　Cache 系统的简单框图

图 5-23 就是 Cache 系统的简单框图。在 Cache 系统中，主存保存所有的数据，Cache 中保存主存的部分副本。当 CPU 访问存储器时，首先检查 Cache。如果要存取的数据已经在 Cache 中，CPU 就能很快完成访问，如果数据不在 Cache 中，那么 CPU 必须从主存中提取数据。

5.2.3　只读存储器（ROM）

原则上讲，只读存储器（ROM）中的数据是预先存好的，使用时只能读出，不能写入，且掉电后信息不丢失，所以它一般用于不需要对信息进行修改和写入的地方，如存放系统软件及管理程序等，还常用作字符发生器、编码器等使用。随着技术的发展、应用需求的变化，不断改进使之允许在线写入信息，但是其写入速度与方式仍不能替代 RAM。

ROM 的组成与 RAM 相似，主要由地址寄存译码电路、基本存储矩阵、数据输入/输出缓冲电路及控制逻辑组成。不同类型的 ROM，其功能差异主要由它们存储电路的不同所决定。ROM 的基本存储单元可由二极管、双极型晶体管、MOS 晶体管等构成，不同的生产工艺及材料制造出不同类型的 ROM。分为掩膜 ROM、一次可编程 ROM、紫外线可擦除 EPROM、电可擦除 E^2PROM、快速擦除 Flash Memory 等。

1. 掩膜 ROM

掩膜 ROM 的基本存储电路由单管构成，因此集成度高。其存储信息是在生产芯片过程中根据用户提供的程序对芯片图形（掩膜）进行二次光刻所决定的，所以称为掩膜 ROM，用户不能修改。生产批量越大，成本越低。

图 5-24 为一个简单的 4×4 位 MOS 管 ROM 示意图，采用单译码结构，两位地址线 A_1、A_0 译码后可译出 4 种状态，输出 4 条选择线（称字线），可分别选中 4 个单元，每个单元有 4 位输出（称位线）。存储矩阵中，行和列的交点处，有的连有 MOS 管，有的没有。若地址线 A_1A_0=00，则选中 0 号单元，即字线 0 为高电平，若位线 0 和位线 2 上连有 MOS 管，其相应的 MOS 管导通，则其位线输出为 0，而位线 1 和位线 3 上的 MOS 管没有与字线相连，则输出为 1。存储矩阵的内容如表 5-3 所示。

2. 一次可编程只读存储器

一次可编程只读存储器（OTPROM）的存储内容可以由用户在专门设备上编写，但只允许“编程”一次。目前只有双极型产品，基本存储电路有熔丝式和 PN 结击穿式两种。图 5-25 给出熔丝式 OTPROM 的基本存储电路，采用可熔金属丝连接存储元件发射极，出厂时所有管子的熔丝都是连着的，外部通以足够大的电流就能把所选回路的熔丝烧断，从而实现一次性的信息存储。

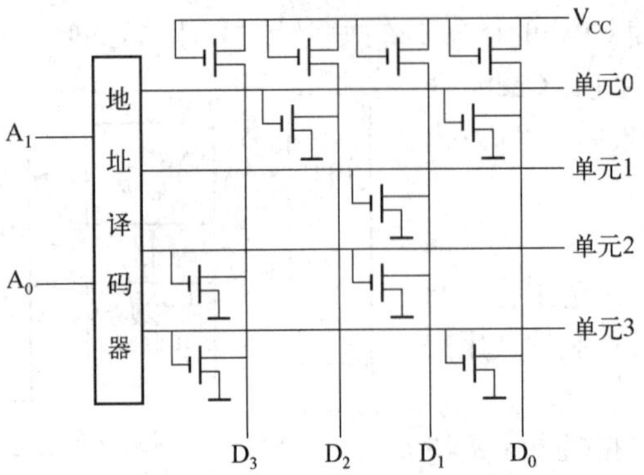

图 5-24　掩膜 ROM 的示意图

表 5-3　掩膜 ROM 的内容

单元 \ 位	D_3	D_2	D_1	D_0
0	1	0	1	0
1	1	1	0	1
2	0	1	0	1
3	0	1	1	0

熔丝式 OTPROM 存储单元电路工作原理很简单，当行线被选中，则 T_{xy} 管导通，如果连接的熔丝事先被烧断，列线和 T_{xy} 断开，保持低电平。如果熔丝未被烧断，列线和 V_{CC} 接通，输出高电平。

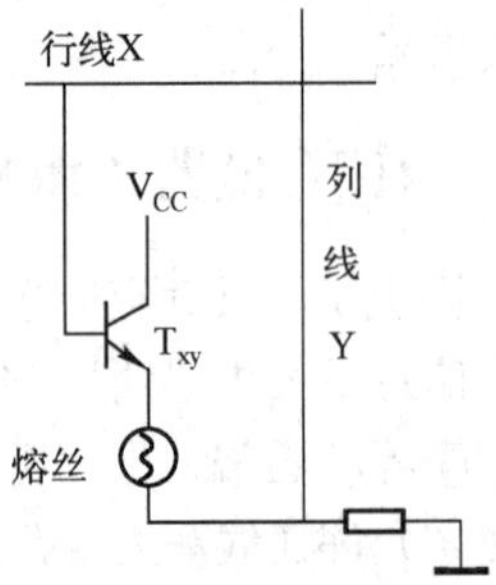

图 5-25　OTPROM 基本存储电路图

3．紫外线可擦除可编程只读存储器

为解决用户可反复擦写、修改存储信息的需求，推出了紫外线可擦除可编程只读存储器（EPROM）。它是一种可多次进行擦除和重写的 ROM。

图 5-26 给出了 P 沟道浮栅 MOS EPROM 的存储电路。它与普通的 P 沟道 MOS 电路相似，只是栅极没有引出端，称为“浮栅”。原始状态，栅极上没有电荷，基本存储电路的存储信息为“1”。在编程写入时，S 和 D 之间加+12V 或+25V 的高压，通过编程脉冲控制，使选中单元在高电压的作用下，S 和 D 之间反向偏置的 PN 结被击穿，产生大量的电子–空穴对，在电子和空穴的扩散运动中，会有高能量的电子通过绝缘层注入到浮栅上，当高电压去掉后，电子–空穴对复合，但注入到浮栅中的电子被绝缘层包围，无法复合掉靠近栅极的多余空穴，于是在源极 S 和漏极 D 之间就形成了一个导电沟道，使 S 和 D 导通，从而使 EPROM 单元输出为“0”。

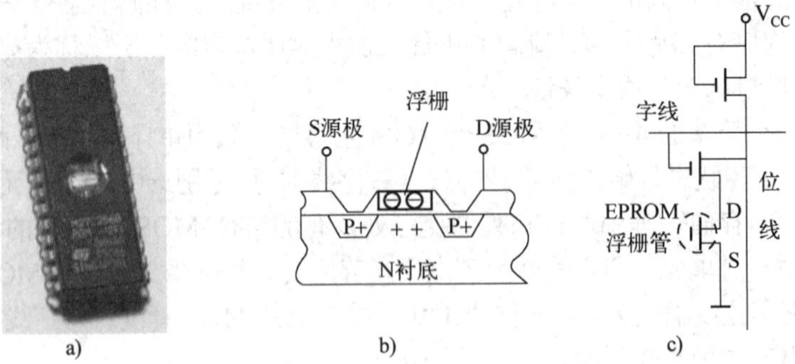

图 5-26　浮栅 MOS EPROM 存储电路

a) EPROM 芯片　b)　原理示意图　c) EPROM 有储电路

消除浮栅电荷的方法是利用紫外线光照射，EPROM 芯片上有一石英玻璃窗口（如图 5-26a 所示），紫外线照射一定时间后，各单元的内容均为初始状态（0FFH），则说明该 EPROM 已擦除干净。

EPROM 芯片有多种型号，其引脚定义与相同容量的 SRAM 基本相同，如 2716（2K×8）、2732

(4K×8)、2764（8K×8)、27128（16K×8)、27256（32K×8)、27512（64K×8)、27010（128K×8)、27040（512K×8）等。下面以 2764A 为例，对 EPROM 的性能和工作方式作简要介绍。

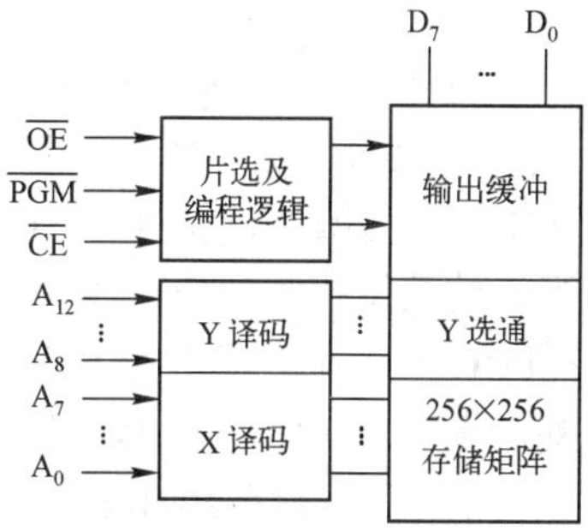

图 5-27　2764A 结构框图

【例 5-3】　EPROM 芯片 Intel 2764A，其内部结构框图如图 5-27 所示。

Intel 2764A 共有 13 条地址线，8 条数据线，2 个电压输入端 V_{CC}（工作电压）和 V_{pp}（编程电压），一个片选端 $\overline{CE}$，此外还有输出允许 $\overline{OE}$ 和编程控制端 $\overline{PGM}$，其功能图和引脚图如图 5-28 所示。2764A 工作方式如表 5-4 所示。

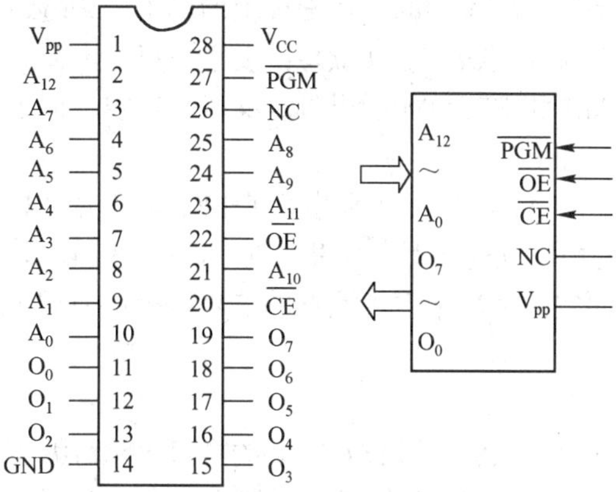

图 5-28　2764A 引脚定义和符号表示

表 5-4　2764A 的工作方式

方式/引脚	$\overline{CE}$	$\overline{OE}$	$\overline{PGM}$	A_9	A_0	V_{pp}	V_{CC}	数据端功能
读	低	低	高	X	X	V_{CC}	5V	数据输出
输出禁止	低	高	高	X	X	V_{CC}	5V	高阻
备用	高	X	X	X	X	V_{CC}	5V	高阻
编程	低	高	低	X	X	12 –5V	V_{CC}	数据输入
校验	低	低	高	X	X	12 –5V	V_{CC}	数据输出
编程禁止	高	X	X	X	X	12 –5V	V_{CC}	高阻
标识符	低	低	高	高	低	V_{CC} V_{CC}	5V 5V	制造商编码 器件编码

读方式：V_{CC}、V_{pp}、$\overline{PGM}$ 接+5V，读数据时首先地址线有效选中某一单元，而后控制线 $\overline{CE}$=0、$\overline{OE}$=0，则存储信息读到数据总线。

编程方式：V_{pp} 接编程电压+12V 或+25V，V_{CC} 接+5V，在编程过程中 $\overline{CE}$ 保持低电平，而 $\overline{OE}$=1，每个数据写入时，必须在 $\overline{PGM}$ 引脚产生一个 45ms 宽的写入负脉冲。

5.2.4　非易失读/写存储器

随机存储器掉电信息丢失，只读存储器在线只能读取信息不能擦除与写入，为满足在线既能读取数据又能擦除与写入数据，且掉电信息不丢失，推出了电可擦除可编程只读存储器（E^2PROM)。但是，由于 E^2PROM 的写入速度比较慢，为提高在线写入速度，推出了一种将同容量的 RAM 与 E^2PROM 集成在同一存储芯片上的非易失读/写存储器（Non-Volatile RAM，NVRAM)，其在即将掉电时，将 RAM 中数据写入 E^2PROM，信息读出需要 5～10μs，把 RAM 的内容写入 E^2PROM 需要 5ms。但是其存储容量有限，成本较高。另外还有一种将锂电池与 SRAM 封装在一起的非易失静态存储器（Non-Volatile SRAM，NVSRAM)，但其价格仍较高。随着技术的发展，近年来推出一种成本低、读写灵活、掉电信息不丢失的 Flash Memory，并得到了越来越广范的发展与应用。下面将对目前广泛使用的 E^2PROM 和 Flash Memory 进行简单介绍。

1．电可擦除可编程只读存储器

EPROM 在信息清除时，只能擦除全部信息，不能只擦除某个单元信息。E^2PROM 则可实现在线擦除任意单元的信息或按页擦除。需要先擦除再写入，因此需要一定的操作时间，而读操作的时间与 RAM 读操作的时间相近。

E^2PROM 是一种可用电气方法在线擦除和再编程的只读存储器。它既有 RAM 在联机操作中可读可改写的特性，又具有非易失性存储器 ROM 在掉电后仍能保持所存储数据的优点。写入的数据在常温下至少可以保存十年，一般其擦除/写入周期寿命为 1 万次，近期推出的 E^2PROM 芯片已可达到 10 万次。早期的 E^2PROM 芯片如 2815、2816 等在写入信息时都要求外加高压（21V）作为编程电压，而且需要逐一将指定字节写入，故写入时间较长。

后来厂家在工艺和设计上都做了较大改进，例如，在 2817 中已在片内集成了 E^2PROM 所需的所有外围电路：数据锁存缓冲器和地址锁存器、擦除和写操作脉冲定时、V_{pp} 编程电压形成电路等；此后在 2817A 芯片上又增加了 5V 到 21V 的 DC-DC 变换器、电源上电和掉电数据保护电路等。

组成 E^2PROM 的基本电路和 EPROM 的基本电路类似，不同的是在漏极上增加了一只隧道二极管，在外电场的作用下，能够使浮空栅上的电荷流向漏极，实现擦除；反之也可将电荷充进浮空栅。E^2PROM 芯片引脚定义与相应容量的 RAM 和 EPROM 的引脚定义基本兼容，便于在基本不改动线路的情况下更换不同类型存储器。

E^2PROM 芯片有两类接口：并行 E^2PROM 芯片（如 28C64 等）和串行 E^2PROM 芯片（如 24CXX）。并行芯片一般相对引脚多、容量大、速度快、功耗大和价格贵，但读写方法简单。串行芯片的特点是体积小、引脚少、功耗低、价格便宜，使用中占用系统的信号线少；但相对工作速度慢，读写方法复杂。

【例 5-4】 并行 E^2PROM 芯片 AT28C64。

AT28C64 是一种采用 CMOS 工艺制成的 8K×8bit 的 28 引脚 DIP 封装的电可擦除可编程只读存储器。+5V 单电源供电。其读写操作像 RAM 一样不需要加任何元器件，读出时间为 45～450ns，一个字节的擦除和写入时间为 200μs 或 1ms，维持电流为 60mA。

其引脚定义如图 5-29 所示，有 13 根地址线，8 根数据线，$\overline{OE}$ 为读允许线，$\overline{WE}$ 为写允许线，$\overline{CE}$ 为片选线，RDY 为写数据结束线（低电平时为写数据持续，高电平时为写数据结束）。

【例 5-5】 串行 E^2PROM 芯片 AT24CXX。

AT24CXX 系列串行 E^2PROM，是 Atmel 公司生产的。其制造工艺为 CMOS，数据传输采用 I^2C 总线，只需要 2 条引脚，故该系列芯片均为 8 引脚芯片，且引脚定义和读写时序相同。型号不同，容量不同，如 24C01 容量最小，为 1Kbit=128×8bit。还有 24C02/04/0816/32/64/128/256/512 等。其中 24C512 的存储容量为 512Kbit=64K×8bit=64KB。图 5-30 给出了 AT24CXX 的引脚定义。其中：

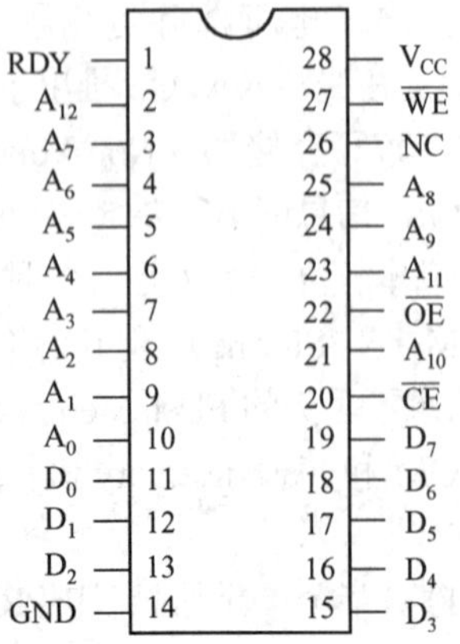

图 5-29　28C64 引脚定义

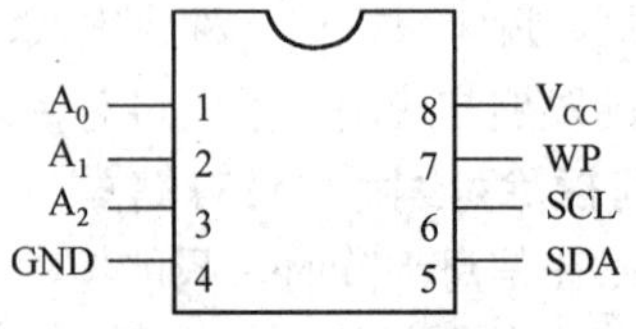

图 5-30　AT24CXX 引脚定义

V_{CC}和 GND，分别为工作电源和地引脚，其工作电压为 2.7～5.5V。

A_0～A_2为 3 条地址线。一般可实现同一串行总线上连接 1～8 片。但是有些型号地址引脚是无效的，也就是说只能寻址 1 片。

SCL（Serial Clock），为串行移位时钟输入。写入时，上升沿有效；读出时，下降沿作用。

SDA（Serial Data），为串行数据输入/输出线。

WP（Write Protect），为硬件写保护引脚。当其为低电平时正常写操作；当其为高电平时，对部分存储区域进行硬件写保护。

24 系列 E^2PROM 的数据传输是从启始位开始，停止位后结束。只有在 SCL 为低电平时，SDA 上的数据可以变化。在 SCL 为高电平时，SDA 上的数据保持稳定，若 SDA 信号由高电平变为低电平即被认为是数据传输的启动信号，若 SDA 信号由低电平变为高电平即被认为是数据传输的停止信号。读/写数据均为 8 位数据，且高位在前低位在后。每当向 24CXX 写入一个 8 位数据，24CXX 均会在第 9 个时钟周期送出一个低电平的应答信号，用来通知处理器写入数据已被接收，如图 5-31 所示。

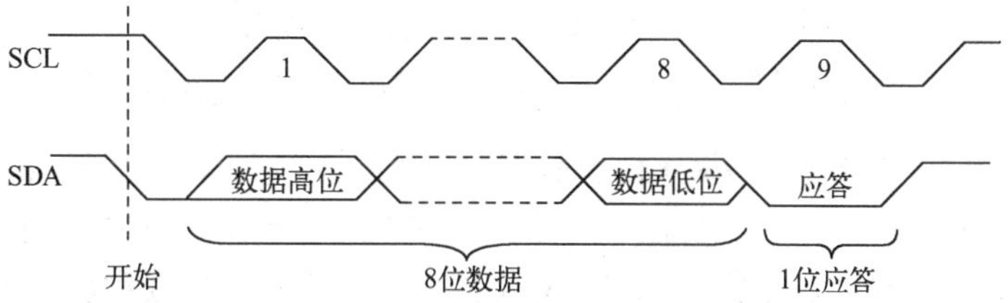

图 5-31　AT24CXX 写数据操作时序

在数据传输之前，需要先向 24CXX 写入一个 8 位的读/写操作命令字，确定是读操作还是写操作，对哪片 E^2PROM 操作等。读/写操作命令字的格式如图 5-32 所示。

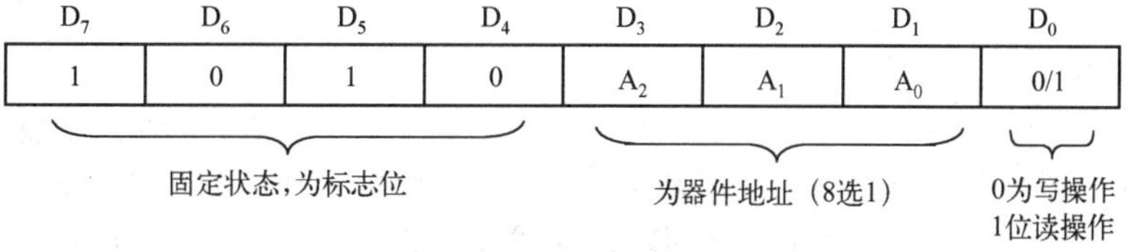

图 5-32　AT24C02 读/写操作命令字格式

向 AT24CXX 写入 1 字节数据的步骤为：首先发送启始位，然后顺序写入 8 位写操作命令字、8 位地址（对于 24C02 来说只需要 8 位地址，对于 24C64 应为 2 字节地址，其中 13 位有效）、8 位数据，最后给出停止位，如图 5-33 所示。

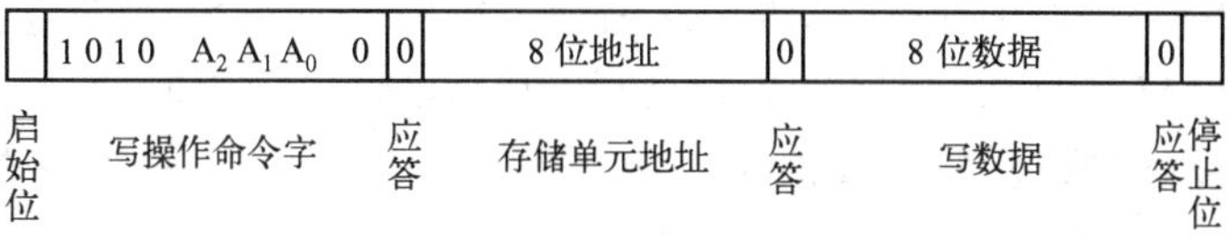

图 5-33　1 字节写操作时序图

从 AT24CXX 读入 1 字节数据的步骤与写操作相似：首先发送启始位，然后写入 8 位写操作命令字和 8 位地址（对于 24C02 来说只需要 8 位地址）。接着再发送启始位，写入 8 位读操作命令字，随即读 8 位数据，最后给出停止位。对于读操作分为当前地址读、随机地址读和顺序读 3 种方式，如图 5-34 所示。

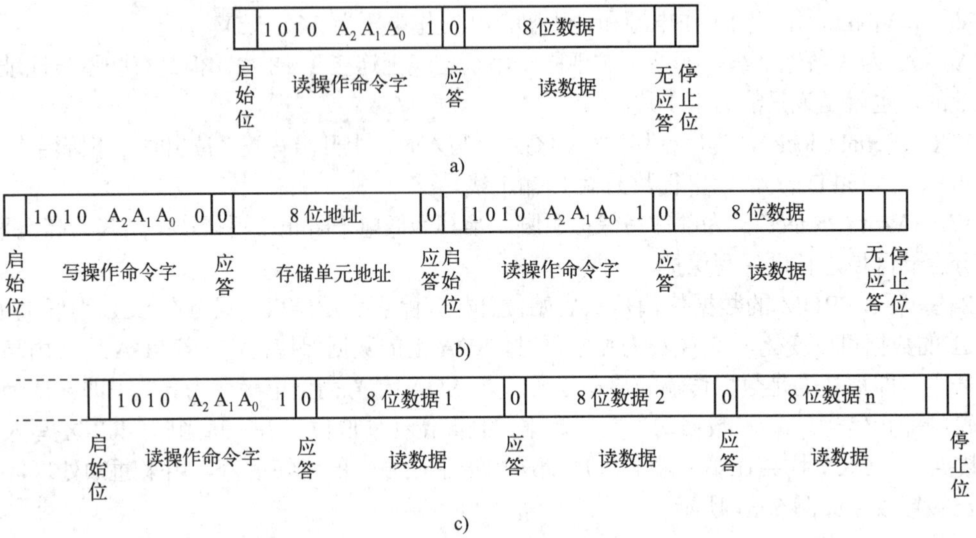

图 5-34　24CXX 的 3 种读方式操作时序图

a) 当前地址读操作时序图　b) 随机地址读操作时序图　c) 顺序读操作时序图

当前地址读方式，不需要向 24CXX 送数据地址，24CXX 在收到写入的读操作命令字并发出应答后，送出当前地址中存放的数据。之后，当前地址计数器的值加 1，指向下一个数据。

随机地址读方式，需要送数据在 24CXX 中的地址。当前地址读和随机地址读两种读操作方式在接收数据之后均不需要应答。

顺序读方式，用于读数据块，可以送数据块的首地址，也可以不送（以当前地址作为数据块的首地址）。处理器每读完 1 字节数据后，需要发送 1 个低电平的应答信号，24CXX 在接收到应答后送出下一个数据。

2. 闪速存储器

闪速存储器（Flash Memory）简称“闪存”，是近年来发展很快的新型非易失性半导体存储器，是 Intel 公司在 20 世纪 80 年代末推出的。它的主要特点是在不加电的情况下能长期保持存储信息，但其又可以如同 RAM 一样用软件在线写入信息，一旦写入即相对固定。就其本质而言，闪存应属于 E^2PROM（电擦除可编程只读存储器）类型。它既有 ROM 的特点，又有很高的存取速度，而且易于擦除和重写，具有集成度高、价格低、功耗低、极强抗干扰能力（甚至允许电源发生 10%的波动）、可带电插拔、即插即用等优点。值得注意的是闪存可以整体或部分快速写入和擦除，但不能像 RAM 那样按字节写入，以及写入和擦除同时完成，但整体擦除时间比 E^2PROM 快 3 个数量级以上，且可擦除次数高达 10 万次。目前读写速度可达 240MB/s 读 160MB/s 写，容量最高可达 1TB，被广泛应用。

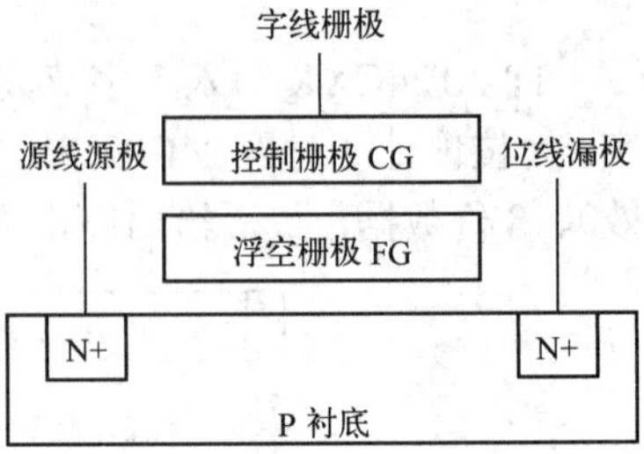

图 5-35　闪存的基本存储原理

闪存的基本电路由一只 CMOS 管构成，如图 5-35 所示。依旧使用浮空栅极 FG 上有无电荷代表 0 或 1。栅极为字线，漏极为位线，源极为源线。擦除原理为：在字线栅极上加高电平，源、漏极之间形成导电沟道，浮空栅极上有感应电荷，这种稳定状态可代表 0 或 1，如果字线栅极上无高电平，源、漏极之间没有导电沟道，则浮空栅极上无感应电荷，这种稳定状态可代

表 1 或 0。状态转换过程十分简单，如果有导电沟道存在，则浮空栅极上有感应电荷，这时只需撤走源、栅极之间电压，而在源、栅极之间加一正向电压，导电沟道即消失，浮空栅极上的感应电荷也消失。据测试，正常使用情况下，浮空栅极上编程的电荷可以保持 100 年而不消失。

闪存从结构上分主要有 NOR、NAND、AND 等。其中 NOR 和 NAND 型目前使用较多。

（1）NOR 技术

NOR 技术（亦称为 Linear 技术）闪速存储器是最早出现的闪存，目前仍是多数供应商支持的技术架构。它源于传统的 EPROM 器件，与其他闪存技术相比，具有可靠性高、随机读取速度快的优势，在擦除和编程操作较少而直接执行代码的场合，尤其是纯代码存储的应用中广泛使用，如 PC 的 BIOS 固件、移动电话、硬盘驱动器的控制存储器等。其主要特点为：

1）程序和数据可存放在同一芯片上，拥有独立的数据总线和地址总线，能快速随机读取，允许系统直接从闪存中读取代码执行，而无需先将代码下载至 RAM 中再执行。

2）可以单字节或单字编程，但不能单字节擦除，必须以块为单位或对整片执行擦除操作，在对存储器进行重新编程之前需要对块或整片进行预编程和擦除操作，擦除和编程速度较慢。

（2）NAND 技术

NAND 型结构适用于字节串行操作（如存储卡、固态存储盘）并正成为闪速磁盘技术的核心。NAND 技术闪存具有以下特点。

1）以页为单位进行读和编程操作，1 页为 256B 或 512B；以块为单位进行擦除操作，1 块为 4KB、8KB 或 16KB。具有快编程和快擦除的功能，其块擦除时间是 2ms；而 NOR 技术的块擦除时间达到几百 ms。

2）数据、地址采用同一总线，实现串行读取。随机读取速度慢且不能按字节随机编程。

3）芯片尺寸小，引脚少，是位成本（bit Cost）最低的固态存储器。

4）芯片包含失效块，其数目最大可达到 3～35 块（取决于存储器密度）。失效块不会影响有效块的性能，但设计者需要将失效块在地址映射表中屏蔽起来。

（3）AND 技术

AND 技术是 Hitachi 公司的专利技术。Hitachi 和 Mitsubishi 共同支持 AND 技术的闪存。AND 技术与 NAND 一样采用“大多数完好的存储器”概念，目前，在数据和文档存储领域中是另一种占重要地位的闪速存储技术。

Hitachi 和 Mitsubishi 公司采用 0.18μm 的制造工艺，生产出芯片尺寸更小、存储容量更大、功耗更低的 512MB-AND 闪存，再利用双密度封装技术（Double Density Package Technology，DDP），将 2 片 512MB 芯片叠加在 1 片 TSOP48 的封装内，形成一片 1Gbit 芯片。HN29V51211T 具有突出的低功耗特性，读电流为 2mA，待机电流仅为 1μA，同时由于其内部存在与块大小一致的内部 RAM 缓冲区，使得 AND 技术不像其他闪速存储器技术那样写入性能严重下降。

（4）由 E^2PROM 派生的闪速存储器

E^2PROM 具有很高的灵活性，可以单字节读写，但存储密度小，单位成本高。部分制造商生产出另一类以 E^2PROM 做闪速存储阵列的闪存，如 ATMEL、SST 的小扇区结构闪速存储器（Small Sector Flash Memory）和 ATMEL 的海量存储器（Data-Flash Memory）。这类器件具有 E^2PROM 与 NOR 技术二者折中的性能特点：

1）读写的灵活性逊于 E^2PROM，不能直接改写数据。在编程之前需要先进行页擦除，但与 NOR 技术闪存的块结构相比其页尺寸小，具有快速随机读取和快编程、快擦除的特点。

2）与 E^2PROM 比较，具有明显的成本优势。

3）存储密度比 E^2PROM 大，但比 NOR 技术闪存小。正因为这类器件在性能上的灵活性和成本上的优势，使其在如今闪速存储器市场上仍占有一席之地。

存储器的发展具有更大（容量更大）、更小（体积更小）、更低（成本更低）的趋势。随着半导体制造工艺的发展，主流闪速存储器厂家采用 0.18μm，甚至 0.15μm 的制造工艺。借助于先进工艺的优势，闪存的容量可以更大，NOR 技术将出现 256MB 的器件，NAND 和 AND 技术已经有 1Gbit 的器件；同时芯片的封装尺寸更小，从最初 DIP 封装，到 PSOP、SSOP、TSOP 封装，再到 BGA 封装，闪存已经变得非常纤细小巧；先进的工艺技术也决定了存储器的低电压的特性，从最初 12V 的编程电压，一步步下降到 5V、3.3V、2.7V、1.8V 单电压供电。这符合国际上低功耗的潮流，更促进了便携式产品的发展。另一方面，新技术、新工艺也推动闪存的位成本大幅度下降，使其具有了取代传统磁盘存储器的潜质，闪存使得在线程序更新得到广泛应用。

5.3 半导体存储器接口设计

前面介绍了存储器的基本电路、工作原理和一些典型存储芯片。计算机中对存储器位数和容量的需要视系统的大小及性能的强弱而定，而各种型号的存储芯片所拥有的存储单元个数和每个单元的位数均有所不同，如何用不同的存储芯片构成系统所需的存储器，是本节要讨论的问题。在这里需要解决以下两个主要问题：

1）如何选择容量小或位数少的存储芯片，组成系统需要的一定容量、一定位数的存储器。

2）如何设计存储器接口电路，也就是存储芯片如何与 CPU 连接。

5.3.1 存储芯片的选择

构成所需要的存储器首先要考虑如何选择合适的存储芯片。主要是解决两个问题：

1）存储芯片类型的选择。

2）存储芯片数量的确定。

1．存储芯片类型的选择

一般情况下，一个系统 RAM、ROM 均有。设计时首先应根据需要、用途、CPU 读写速度及性价比选用合适的存储芯片。

对于一些专用的系统，如智能仪表、控制、检测、家用电器等设备，系统程序往往是固定不变的。另外，有的数据表格、参数等也不需要改变。此类情况应选择 ROM 芯片，使得系统一上电即可按固化好的程序有序地工作。

计算机在运行时往往需要运行缓冲区，此时就需要选用既能读又能写的 RAM。当然 RAM 又分 SRAM 和 DRAM。对于存储容量要求较小的专用设备，应选用 SRAM，不需要刷新电路，硬件电路简单。对于需要较大容量的系统，如计算机的主存储器，则选用 DRAM。虽然需要刷新电路，但由于单片容量大，可以减少芯片个数和体积，降低成本。另外，对于要求读写速度的场合，应选用 SRAM，如计算机中的高速缓存。

除此之外，当系统需要在线升级程序时，应选用 Flash Memory。而对于容量要求不多，速度要求不快，且在线修改不频繁时，可选用 E^2PROM。

另外还需要考虑芯片型号、单片容量、功耗、供电电压、读写速度、价格、封装形式等。当存储器的速度低于 CPU 时，应加等待信号；高于 CPU 时，则成本相对较高。

2．存储芯片数量的确定

不同型号的存储芯片的容量、位数、价格等不同，应根据需要合理选择芯片的个数，原则是尽量用少量存储芯片构成存储系统，同时要兼顾价格和硬件设计的简单化。

（1）位扩充

存储芯片有 1 位片、4 位片、8 位片、16 位片、32 位片等，其存储容量也各不相同。若采用 1 位片构成计算机系统的 8 位存储器则需要 8 片，采用 4 位片时需要 2 片，采用 8 位片时需要 1 片。用位数不同的存储芯片组成 8 位或 16 位的存储器，可用位并联方法，即用若干个芯片并联在一起，每个芯片占据不同的数据位，从而构成所需要的存储器位数，如图 5-36 所示，用 1K×1 位的存储芯片组成 1K×8 位的存储器，需要 8 片。每个芯片地址 A9～A0 和控制线 R/$\overline{W}$，$\overline{CS}$ 并联在一起，而每个芯片的数据线分别接至数据总线的各位。如果用 1K×4 位的存储芯片来组成 1KB 的存储器，只需要 2 片就可以了。

（2）单元数扩充

单元数扩充即存储容量的扩充（也称为地址的扩充）。用容量较小的存储芯片组成容量较大的存储器，可采用地址串联的方法，即用若干块小容量的芯片接在一起构成一个需要的存储器容量。每个芯片的地址要经过译码器分配，以免重叠，如图 5-37 所示。高位地址输入到地址译码电路，经编码输出，对存储芯片进行片选。而各存储芯片的数据线、控制线及低位地址并联在一起。

半导体存储器以字节为基本存储单元，每个单元具有自己唯一的地址。如果存储一个 16 位或 32 位数据，需要放在连续的几个内存单元中，80x86 规定低字节存放单元的地址为该字的地址。这种存储器称为“字节编址结构”。此外，存储系统又分为 ROM 区、RAM 区，若存储芯片容量不满足存储器的要求，需要多片存储芯片构成存储器，而每个存储芯片占用不同的地址范围，所以存储器地址分配是个重要问题。

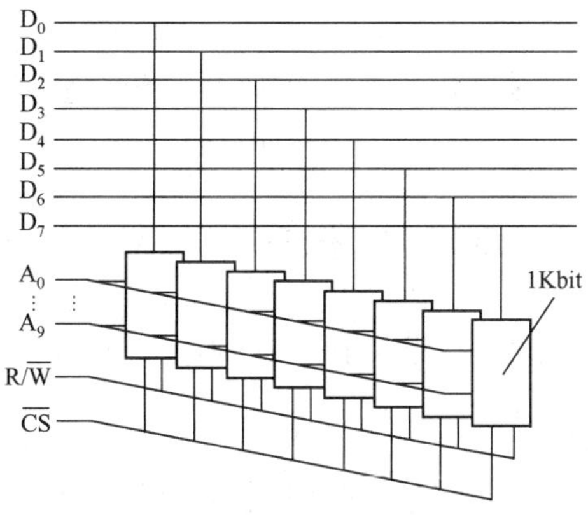

图 5-36　位扩充存储器电路示意图

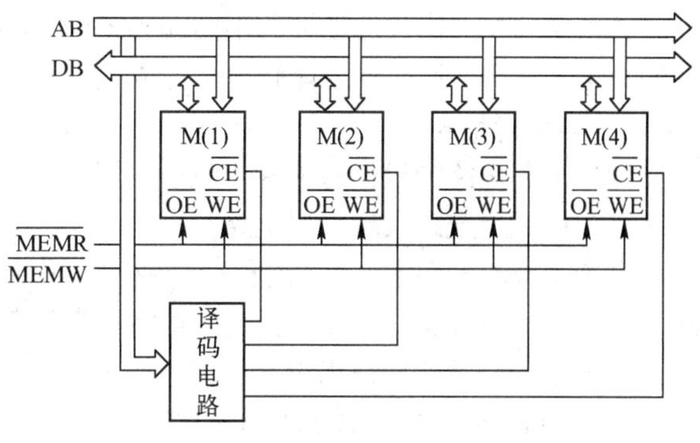

图 5-37　单元数扩充电路示意图

5.3.2　存储器的地址分配

地址分配，即将存储器地址以二进制数展开，找出其中的规律，确定每个存储芯片所占用的地址范围。

【例 5-6】 用 2K×8 位的存储芯片构成 8K×8 位的存储器，需要 4 片 2K×8 位的芯片，而每一个芯片在整个 8K 存储器中占用的是哪一个 2K？假设存储区所占用的地址为 00800H～027FFH，如图 5-38 所示，将地址按二进制数展开，可以发现每一个 2K 地址中的低 11 位均是从 11 个 0 逐渐增 1 至 11 个 1。而每一个 2K 地址中的高 6 位相同，各 2K 地址由 A_{13}、A_{12}、A_{11} 这 3 位地址线的状态来区别。把 2K 芯片所需的地址线称为片内地址，把其余的地址线称作片选地址。当 CPU 要访问某一存储单元时，首先要提供该单元的地址，而地址中片选地址部分决定该单元处于哪片存储芯片中，而片内地址部分决定该存储单元在存储芯片中的位置。

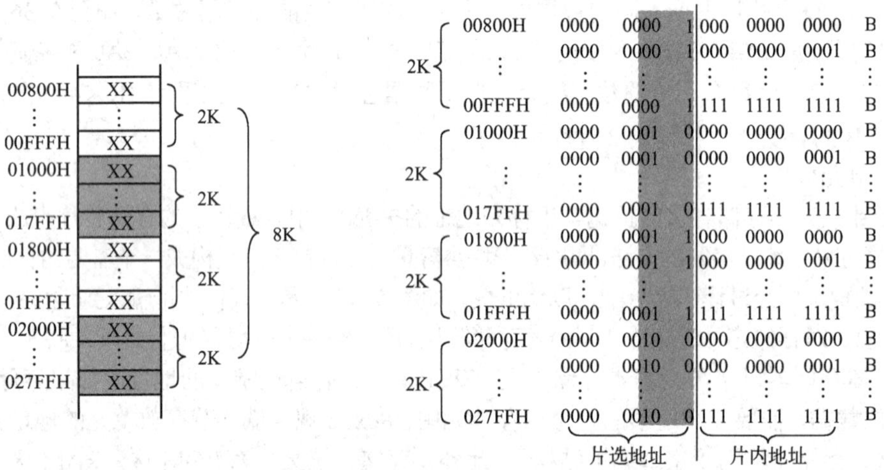

图 5-38 存储器的地址分配示意图

5.3.3 存储器的地址译码

由前文可知，由片选地址的不同编码来确定哪一个存储芯片工作，而且在某一个时刻是唯一的。这个编码工作需要由译码电路完成。

1. 地址译码电路

地址译码电路的设计有两种方案：采用逻辑芯片实现和采用译码器设计。

（1）用逻辑电路实现译码电路

图 5-39 给出了用 3 个非门和 8 个或门构成由 3 条地址线译出 8 个不同编码输出的译码电路。适合地址信号少的情况，否则电路将非常复杂。

（2）用译码器实现译码电路

用现有的译码器器件和少量的逻辑器件实现译码电路。常用的译码器有 74LS138、74LS139、74LS156、Intel 8025 等。其中 138 译码器有 16 个引脚，图 5-40 给出了引脚定义及输入与输出之间的逻辑关系。其中 A、B、C 为 3 个地址输入（A 为低位），$\overline{Y_7}$～$\overline{Y_0}$ 为译码器的 8 个输出端（低电平有效），$\overline{G_2A}$、$\overline{G_2B}$、G_1 是译码器的工作允许线，只有当 $\overline{G_2A}=0$，$\overline{G_2B}=0$，$G_1=1$ 时，才能启动译码器。此时，由 A、B、C 的不同状态，使 $\overline{Y_7}$～$\overline{Y_0}$ 中产生唯一一个有效的低电平输出信号，否则 8 个输出全为高电平。

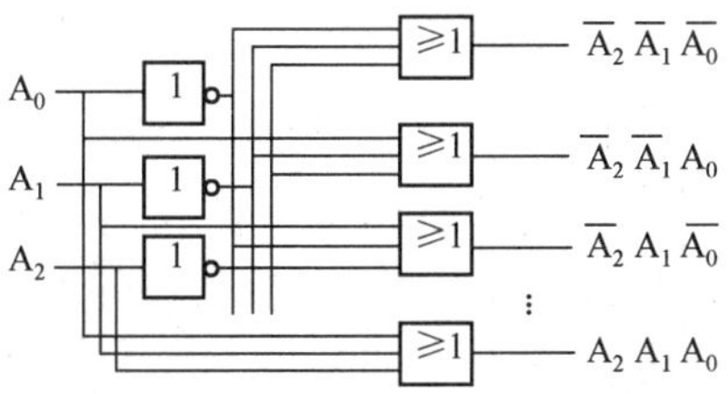

图 5-39　用逻辑电路实现存储器译码

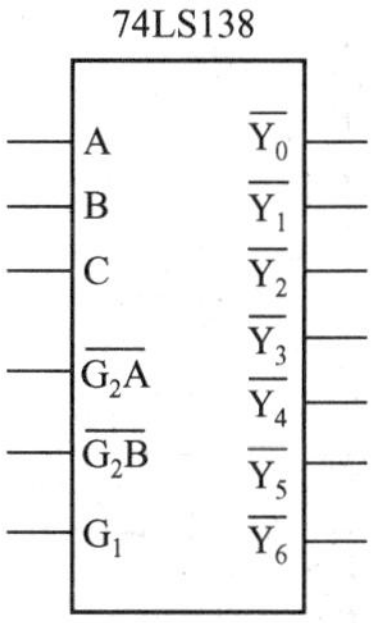

C	B	A	$\overline{G_2A}$	$\overline{G_2B}$	G_1
0	0	0	0	0	1
0	0	1	0	0	1
0	1	0	0	0	1
0	1	1	0	0	1
1	0	0	0	0	1
1	0	1	0	0	1
1	1	0	0	0	1
1	1	1	0	0	1

图 5-40　138 译码器引脚定义及输入输出逻辑关系

【例 5-7】　用 138 译码器实现例 5-6 中的片选信号。

从图 5-38 中可以看出，片选地址的低 3 位的不同组合，决定了各存储芯片在存储区中的位置，而高 6 位地址完全相同。因此将片选地址的低 3 位接至 138 译码器的 A、B、C 端，高 6 位通过逻辑关系接到 $\overline{G_2A}$、$\overline{G_2B}$、G_1 上。如图 5-41 所示。则 4 片 2K 存储芯片的片选线分别由译码电路的 $\overline{Y}_1$、$\overline{Y}_2$、$\overline{Y}_3$、$\overline{Y}_4$ 提供。

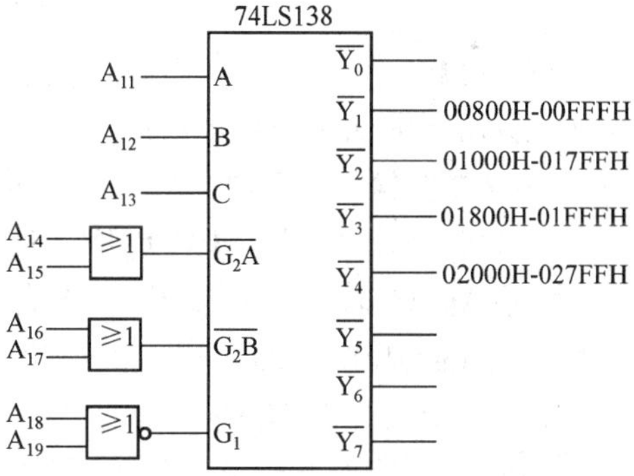

图 5-41　用 138 译码器实现存储器译码电路

2．地址译码方案

前面已经讨论过，一般的存储芯片的位数和容量是有限的，要组成一个较大容量的存储器，就需要若干个存储芯片，每个存储芯片的地址不能相同，这就需要妥善解决存储器片选端的连接问题。采用地址译码产生存储芯片的片选信号，从而决定存储地址的范围。一般来说，地址译码设计方案有 3 种：全译码方式、部分译码方式和线选译码方式。它们各自有相应的特点。

（1）全译码方式

所谓全译码方式，就是将全部片选地址参加片选译码，可以对全部存储空间寻址，且每一个存储单元的地址唯一。全译码方式不浪费存储器地址空间，各芯片之间的地址连续且不重叠。如果不需要全部存储空间，也可将多余的译码输出悬空，便于系统扩展。当有 16 根地址线时可直接寻址 64K 字节。有 20 根地址线时可直接寻址 1M 字节。

【例 5-8】　设一具有 16 根地址总线的 8 位微机系统中由多个 1K×8bit 的存储芯片组成存储器。这时可将地址总线的低 10 位（A_9～A_0）作为片内的寻址线，直接和存储芯片的地址线相连。而把 A_{15}～A_{10} 经过 6:64 译码电路译码后作为各存储芯片的片选信号，这就是全译码，如图 5-42 所示（设起始地址为 0000H）。

（2）部分译码方式

地址总线中片选地址的某些线参与译码，所产生的信号作为存储芯片的片选线，这就是所谓的部分译码。部分译码由于不是全部片选地址线参加译码，故译码电路简单。但是每一个存储单元的地址不唯一，这是因为那些没有参加译码的地址线可以为 0 也可以为 1，并不影响译码的结果。对于专用系统来说，设计者在程序设计时稍加注意即可。

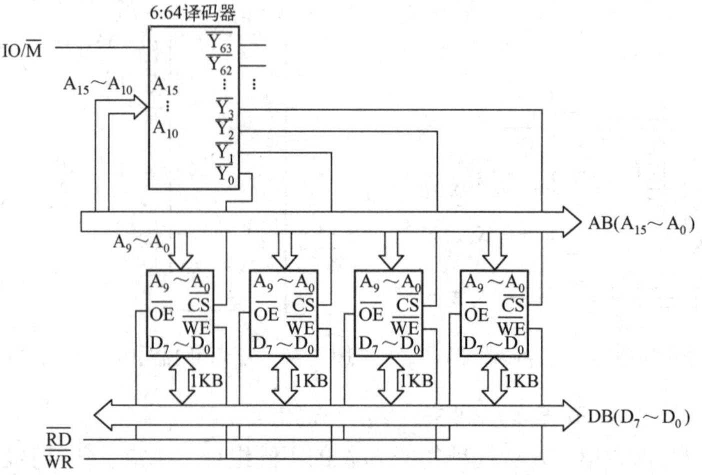

图 5-42　全译码方式

【例 5-9】　设一具有 16 根地址总线的 8 位微机系统中，有 1K 字节的 RAM 和 2K 字节的 ROM，分别选用 1K×8bit 的存储芯片。这时可将地址总线的低 10 位（$A_9\sim A_0$）作为片内的寻址线，直接和存储芯片的地址线相连，而把 $A_{15}\sim A_{10}$ 中的某些地址线作为片选译码线，如用 A_{11}、A_{10} 经译码后产生 RAM 和 ROM 的片选线，如图 5-43 所示（设起始地址为 0000H）。

当 $A_{11}A_{10}$=00 时，RAM 芯片的 $\overline{CS}$ 有效，CPU 对 RAM 进行读/写操作。

当 $A_{11}A_{10}$=01 时，ROM_1 芯片的 $\overline{CS}$ 有效，CPU 将对 ROM_1 进行读/写操作。

当 $A_{11}A_{10}$=10 时，ROM_2 芯片的 $\overline{CS}$ 有效，CPU 将对 ROM_2 进行读/写操作。

值得注意，由于 $A_{12}\sim A_{15}$ 没有参加译码，故每个存储单元应有 2^4=16 个地址。另外，如果不用 A_{11}、A_{10} 译码，而选用其他高位地址线译码，将会导致两片存储芯片的地址不连续。请读者自己画出地址分配图并观察结果。

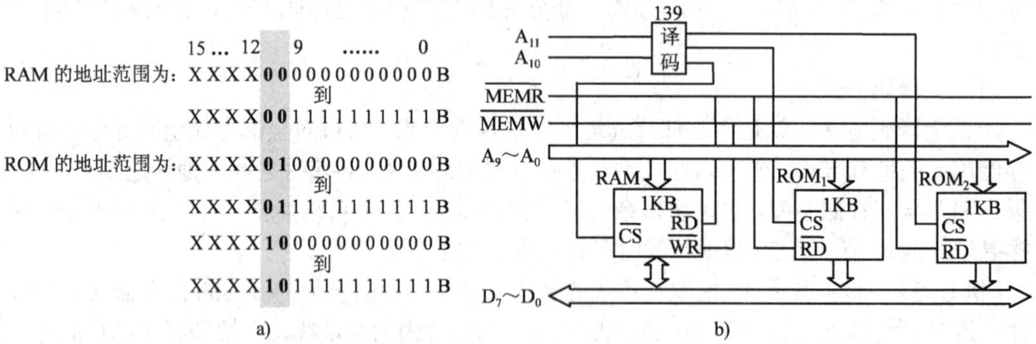

图 5-43　部分译码方式

a) 例 5-9 存储器　b) 例 5-9 存储器接口电路示意图

（3）线选译码方式

当直接用某根片选地址作为选择存储芯片的片选线时，称为线选译码。此种方法几乎不用译码电路，线路简单。但是，线选法不能充分利用系统的存储空间，且将地址空间分成了相互隔离的区域，在编程中需注意。这种方法只适用于存储芯片较少的情况。

【例 5-10】　例 5-9 中改为用 A_{15}=0 选中 RAM，A_{15}=1 通过非门选中 ROM，如图 5-44 所示。当 A_{15}=0 时，RAM 芯片的 $\overline{CS}$ 有效，CPU 对 RAM 进行读/写操作；当 A_{15}=1 时，ROM

芯片的$\overline{\mathrm{CS}}$有效，CPU 将对 ROM 进行操作。

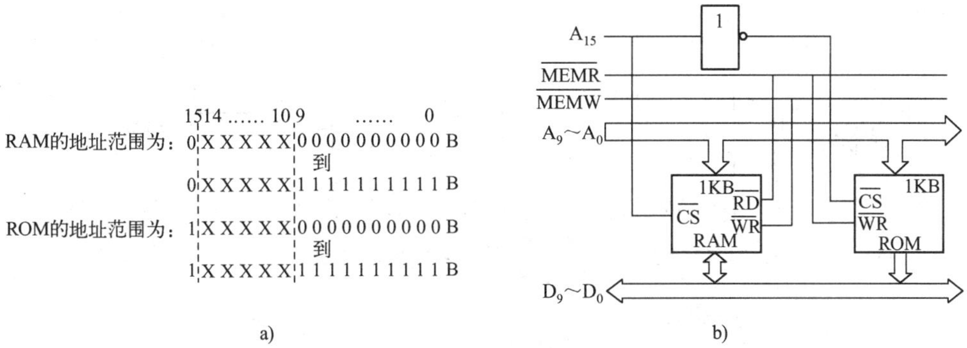

图 5-44　线选译码方式

a) 例 5-10 存储器地址分配图　b) 例 5-10 电路示意图

5.3.4　存储器与 CPU 的信号连接

存储器 M 与 CPU 的信号连接原则上分 3 种信号线：地址线 AB、数据线 DB、控制线 CB，如图 5-45 所示。

1．地址线连接

一般地址线连接分两部分分别处理.

片选地址（用于选择该存储单元所在的存储芯片），这些地址由地址译码电路译码后接到存储芯片的片选线上。

片内地址（用于选择该芯片中的具体单元），这部分地址需要直接接到存储芯片的地址线上；另外，对于地址线和数据线采用分时复用的 CPU，需要用锁存器将地址线分离出来。

2．数据线连接

数据线的连接分两种情况，当存储芯片的数据线是双向三态时，则可直接与 CPU 的数据总线 DB 连接；当存储芯片数据线的输入线与输出线分开时，则需要外加三态门，才能与 CPU 连接，如图 5-46 所示。

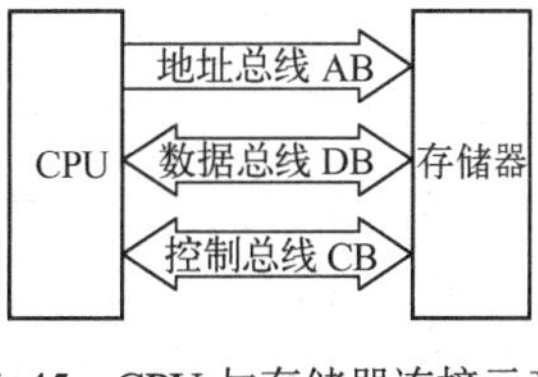

图 5-45　CPU 与存储器连接示意图

3．控制线连接

CPU 对存储芯片进行读/写操作，首先要由地址总线给出地址信息，然后需要发出相应的存储器读/写控制信号，最后才能在数据总线上进行数据交换。有的 CPU 直接具有存储器读/写控制信号（如 Z80 CPU 具有存储器读信号$\overline{\mathrm{MEMR}}$和存储器写信号$\overline{\mathrm{MEMW}}$），则可直接接到存储芯片的读/写线上。有的 CPU 没有直接给出专门对存储器操作的控制线，如 8088 CPU 具有 3 条相应的控制线：$\overline{\mathrm{RD}}$读线、$\overline{\mathrm{WR}}$写线和 IO/$\overline{\mathrm{M}}$线（为 I/O 或存储器操作信号线）。为了区别于对 I/O 操作，在对存储器操作时必须 IO/$\overline{\mathrm{M}}$=0。解决方案有两种：一种是如图 5-47 所示电路产生对存储器读/写信号。另一种，可将 IO/$\overline{\mathrm{M}}$=0 接入译码电路参与译码，使之只有对存储器操作才有译码输出，才能产生存储芯片的片选信号。而$\overline{\mathrm{RD}}$和$\overline{\mathrm{WR}}$直接接到芯片的读/写线上。

在存储器与 CPU 连接时需要考虑 CPU 的带负载能力，若带负载能力弱时需要增加总线驱动。另外也要考虑 CPU 与存储器的速度匹配，CPU 的访问速度高于存储器的读写速度时，成本较高。若 CPU 的访问速度低于存储器的读写速度时，将影响系统的性能。

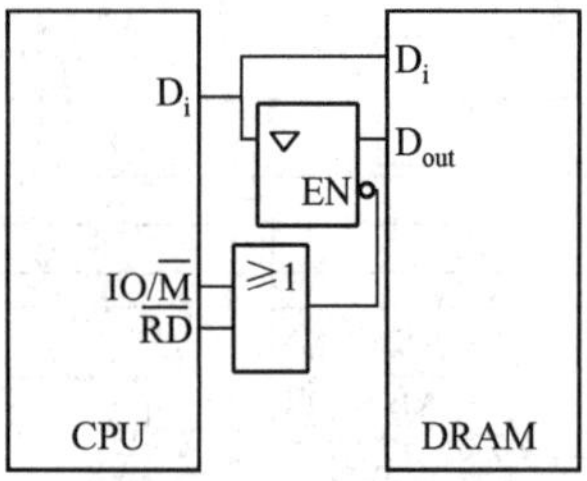

图 5-46　CPU 与存储数据线连接

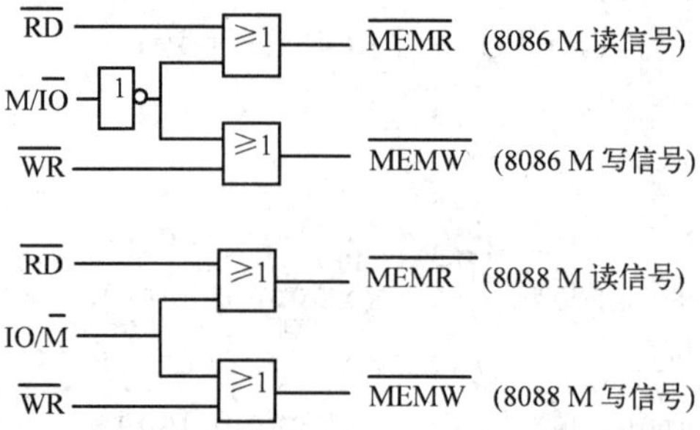

图 5-47　8086/8088 产生对存储器读/写信号

5.3.5　存储器接口设计举例

综上所述，存储器接口电路设计分 4 个步骤完成：

1）存储芯片的选择。

2）地址分配。

3）地址译码。

4）CPU 与存储器信号连接。

【例 5-11】　选用图 5-48 中的存储器芯片，设计一个存储器接口电路，使其容量为 8KB ROM，8KB RAM，设首地址为 08000H，CPU 为 8088 最小工作模式。

分析：下面按照上面总结的 4 个步骤来实现整个设计过程。

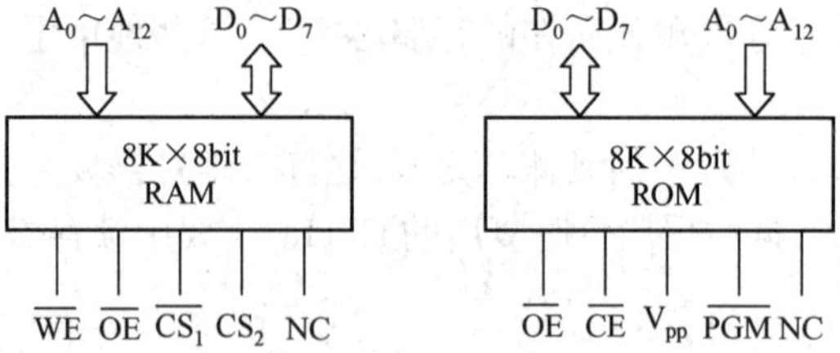

图 5-48　存储芯片示意图

1）芯片选择。由于题目中给出的芯片容量均为 8K×8bit，为满足题意选 1 片 ROM 芯片、1 片 RAM 芯片。

2）地址分配。如图 5-49 所示，将起始地址 08000H 以二进制形式打开。划出片内需要的 13 根地址，其余 7 根为片选地址。片内地址由 13 个 0 变为 13 个 1，再加上片选地址，形成第一片 ROM 的始末地址，所以第一片 ROM 所占用的地址范围为 08000H～09FFFH。同理，第二片 RAM 所占用的地址范围为 0A000H～0BFFFH。

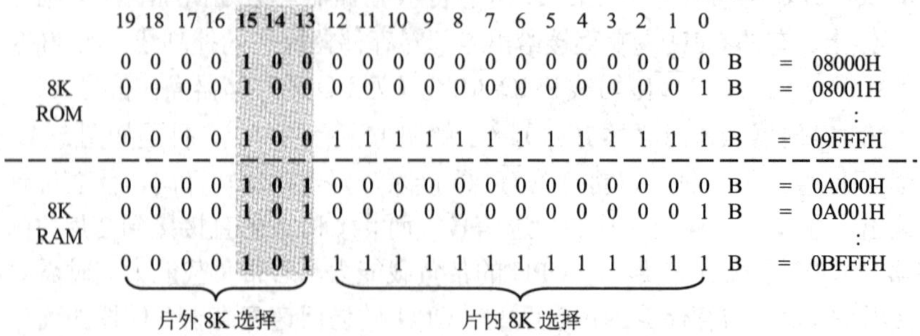

图 5-49　例 5-11 存储器地址分配示意图

3）地址译码。观察地址分配，在 $A_{19}A_{18}A_{17}A_{16}$=0000 时，若 $A_{15}A_{14}A_{13}$=100，应选中第 1 片 ROM；若 $A_{15}A_{14}A_{13}$=101，应选中第二片 RAM。采用 138 译码器，将 A_{15}、A_{14}、A_{13} 接到 138 译码器的 C、B、A 上，则 $\overline{Y}_4$ 为第一片 ROM 的片选信号，$\overline{Y}_5$ 为第二片 RAM 的片选信号，如图 5-50 所示。

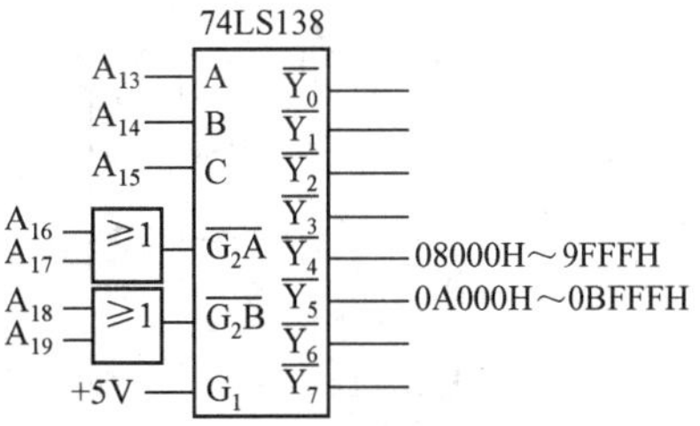

图 5-50　例 5-11 存储器译码电路

4）信号连接。8088 CPU 有 8 根地址线与数据线采用分时复用（AD_7～AD_0），故需要用一片锁存器（如 74LS373）实现将低 8 位地址线分离出来。严格地讲，高 4 位地址线（A_{19}/S_6～A_{16}/S_3）也应该用锁存器将地址线和状态线分离，在这里就简化了。存储芯片的数据线为三态双向，因此可直接连接到 CPU 的数据总线上。如果考虑 CPU 数据总线的负载能力，可在数据总线上加一个总线驱动芯片（如 74LS245）。对于读/写控制线采用图 5-48 所给出的方案。CPU 与存储芯片的信号连接电路原理图如图 5-51 所示。

【例 5-12】　若把例 5-11 的 CPU 改为 8086，存储区为 8K×16bit 的 RAM，首地址仍为 08000H，应如何设计接口电路？

1）芯片选择。题目中给出 RAM 芯片为 8K×8bit，为满足要求需要选两片 RAM 实现位扩充。

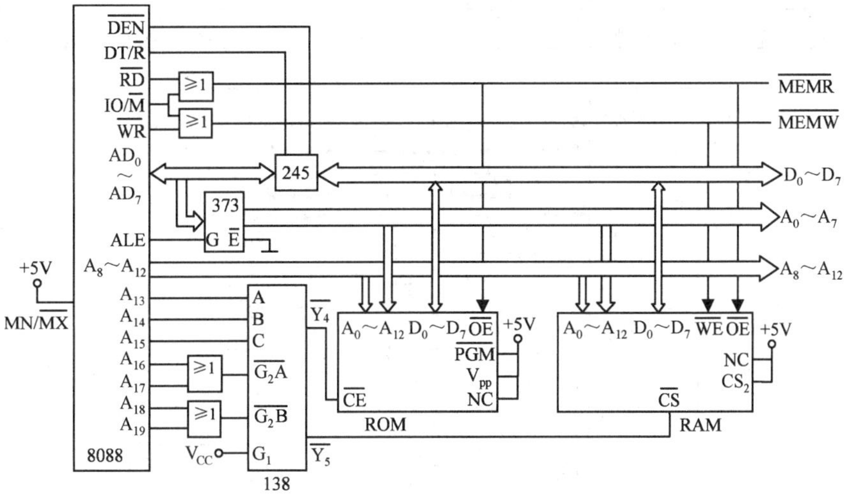

图 5-51　例 5-11 存储器接口电路示意图

2）地址分配。8086 CPU 对于存储器的控制，既允许字节寻址，又允许字寻址。为达到这一目的，将存储器分成偶存储体（接低 8 位数据线）和奇存储体（接高 8 位数据线）两部分，用 A_0=0 选通偶存储体，用 $\overline{BHE}$ =0 选通奇存储体，见表 5-5。由此，在地址分配时，各片的片内地址 A_0～A_{12} 接到地址总线的 A_1～A_{13}，片选地址为 A_{14}～A_{19}。

图 5-52 中灰色部分为偶数存储体的地址，未加灰部分为奇数存储体的地址。图中可以看到两个存储体的片内地址均是由 13 个 0 变到 13 个 1。片外地址完全一致，主要区别在于 A_0。

3）地址译码，如图 5-53 所示，地址译码电路由片选地址和 A_0 或 $\overline{BHE}$ 共同参与译码。

4）信号连接。8086 有 16 条地址线与数据线复用，4 条地址线与状态线复用，故在图 5-54 中采用 3 片锁存器实现地址线分离。应注意 8086 与 8088 的区别：存储器/IO 选通线前者为

M/$\overline{IO}$，后者为IO/$\overline{M}$。图5-55给出了存储器接口电路原理图。

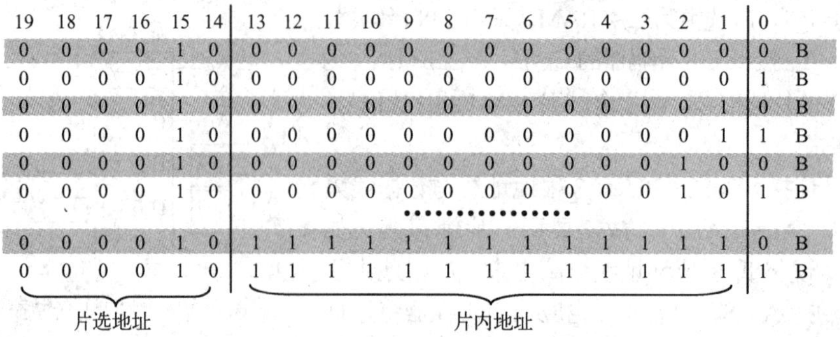

图5-52　例5-12存储器地址分配示意图

表5-5　A_0和$\overline{BHE}$的作用

A_0	$\overline{BHE}$	数据传输
0	1	偶地址字节传输
1	0	奇地址字节传输
0	0	偶地址字传输
1	0	奇地址字的低字节传输
0	1	奇地址字的高字节传输
1	1	无传输

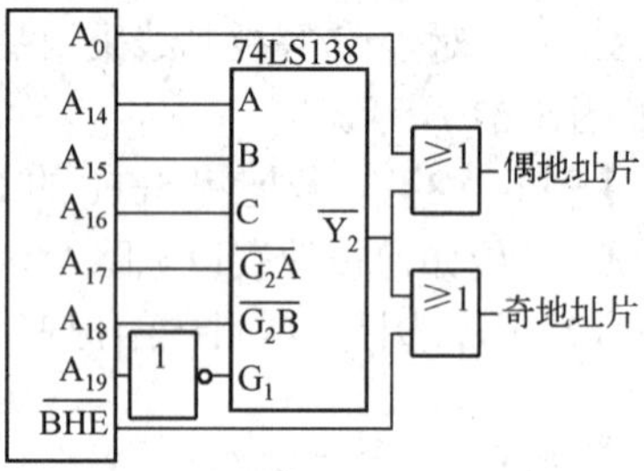

图5-53　例5-12地址译码电路

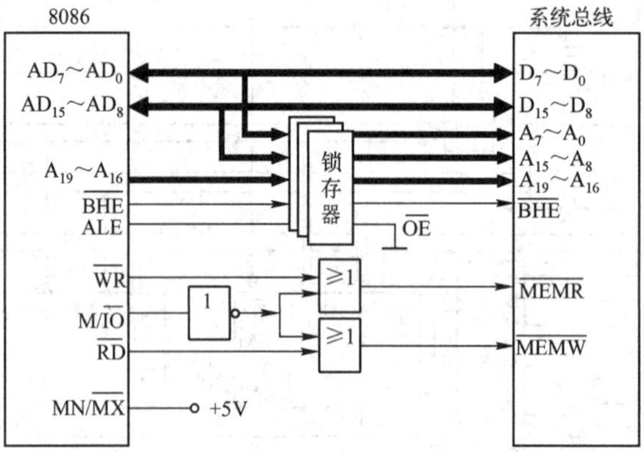

图5-54　8086系统总线形成示意图

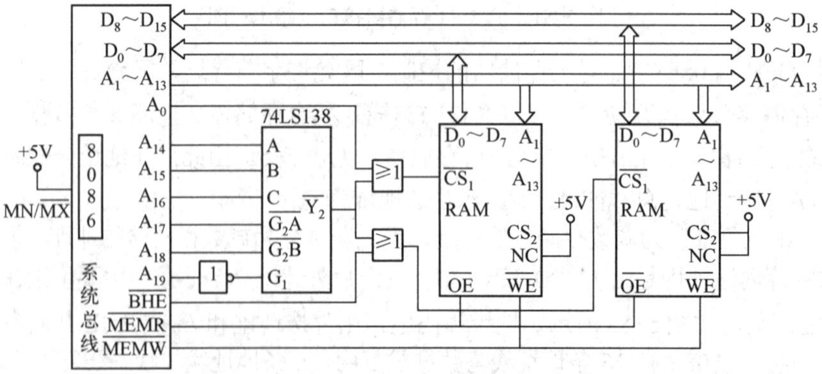

图5-55　例5-12存储器接口电路原理图

【例 5-13】 为 8051 单片机设计一个存储器扩充接口电路。设存储器由 4 片 2K×8bit（2KB ROM，6KB RAM）的存储芯片组成。首地址为 E000H。选用图 5-56 给出的存储芯片。

1）芯片选择。图 5-56 中，左图只有读线（$\overline{OE}$），有 11 根地址线、8 根数据线，所以该芯片的存储容量为 2K×8bit ROM。同理，右图既有读线（$\overline{OE}$）又有写线（$\overline{WE}$），有 11 根地址线、8 根数据线，所以该芯片的存储容量为 2K×8bit RAM。根据题意和给定存储芯片的特性，本存储系统由 1 片 ROM 和 3 片 RAM 构成。

2）地址分配。如图 5-57 所示将首地址 0000H 打开，地址总线的低 11 位（A_{10}～A_0）作为片内的寻址线，直接与存储芯片的地址线相连。用 A_{11}、A_{12} 经译码后作为片选线（即采用部分译码）。

3）地址译码。本例采用部分译码，如图 5-58 所示译码电路简单。但由于 A_{15}～A_{13} 没有参加译码，故每个存储单元地址不唯一。另外，8051 的 $P_{0.7}$～$P_{0.0}$ 为低 8 位地址线与数据线分时复用信号线，同样需要锁存器将低 8 位地址线分离出来。而 $P_{2.7}$～$P_{2.0}$ 为高 8 位地址线 A_{15}～A_8（其中未参加译码的最高点位上电缺省为“1”）。ALE 为地址有效信号线。

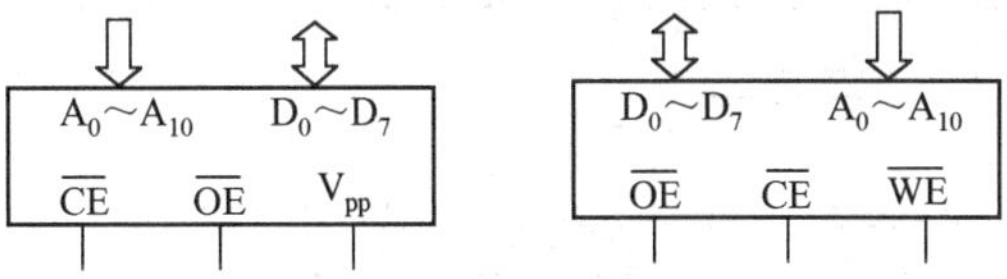

图 5-56 存储芯片示意图

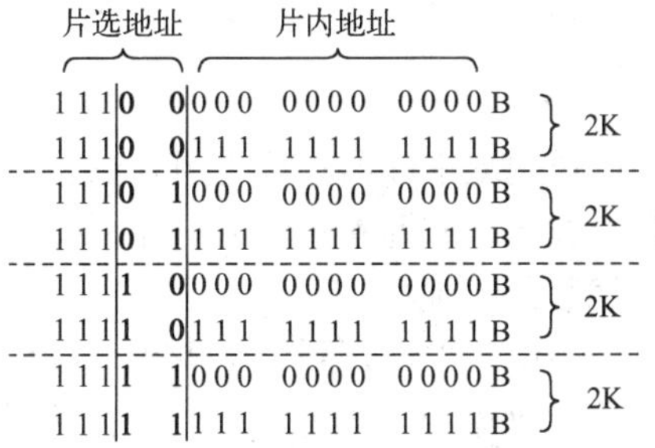

图 5-57 例 5-13 存储器地址分配示意图

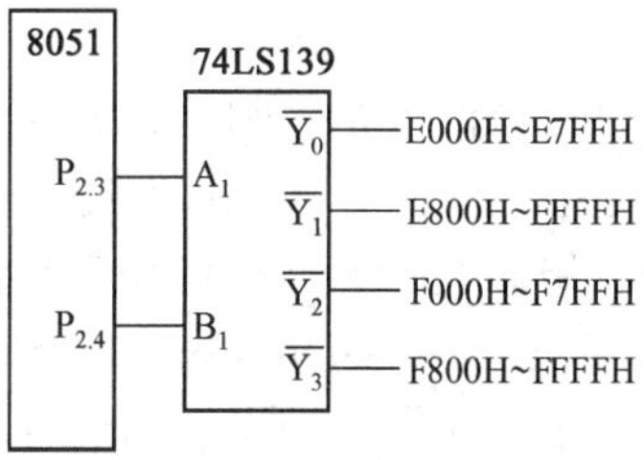

图 5-58 例 5-13 地址译码电路

4）信号连接。图 5-59 给出了 8051 的存储器扩充电路原理图。

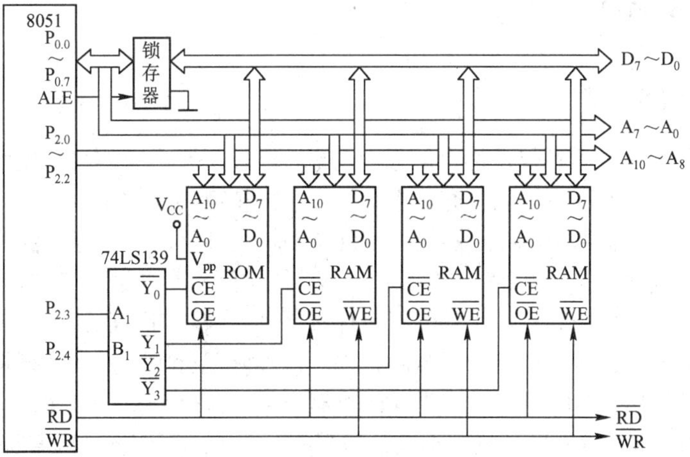

图 5-59 8051 存储器扩充电路原理图

【例 5-14】 80386/80486、Pentium 与存储器的连接。

80386/80486 的地址和数据总线均为独立的 32 条，最大寻址空间为 $2^{32}B=4GB$，最大数据位数为 32 位。为能实现字节、字或双字操作，同 8086 类似，将内存分成 4 个 8 位存储体，每个存储体的地址最大空间为 1GB，分别占据数据线 $D_7 \sim D_0$、$D_{15} \sim D_8$、$D_{23} \sim D_{16}$、$D_{31} \sim D_{24}$，由 $\overline{BE}_3 \sim \overline{BE}_0$ 分别选通。总线控制器在 CPU 的 $\overline{ADS}$、W/$\overline{R}$、D/$\overline{C}$、M/$\overline{IO}$ 控制下产生 $\overline{MWTC}$、$\overline{MRTC}$、$\overline{IORC}$、$\overline{IOWC}$、$\overline{INTA}$、$\overline{DEN}$、DT/$\overline{R}$、ALE 信号线。

80386/80486 与存储器的连接如图 5-60 所示。

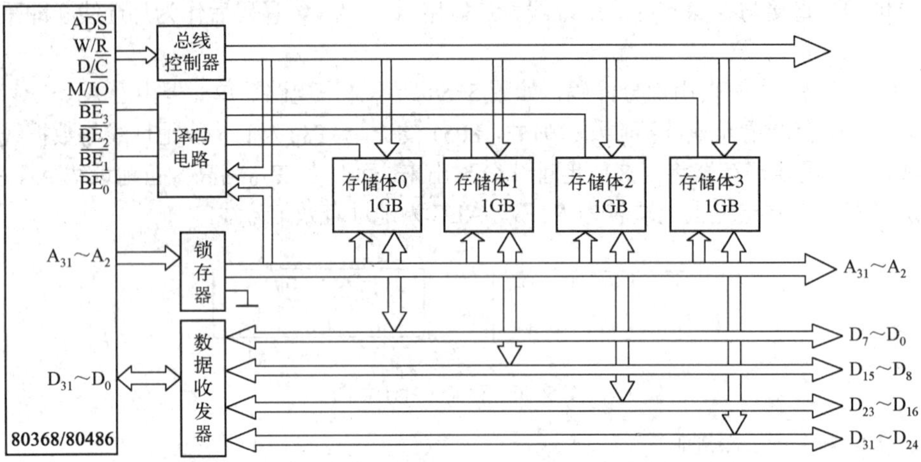

图 5-60 80386/80486 与存储器连接示意图

80386/80486 虽然地址线与数据线是分开的，仍需要地址锁存器。这是因为在当前总线周期结束之前，下一个总线周期的新地址将出现在地址总线上，从而实现流水作业。因此只有将当前总线周期地址从一开始就锁存起来，才能腾出总线装入新地址。

Pentium 与 80386/80486 主要的区别是数据总线为 64 位，寻址范围仍是 4GB。存储体需要分成 8 块，由 $\overline{BE}_7 \sim \overline{BE}_0$ 分别与存储写允许写线 $\overline{MWTC}$ 逻辑或后产生 8 个存储器写允许信号 $\overline{WR}_7 \sim \overline{WR}_0$，与存储读允许读线 $\overline{MRTC}$ 逻辑或后产生 8 个存储器读允许信号 $\overline{RD}_7 \sim \overline{RD}_0$。

5.4 80x86 存储器技术

5.4.1 虚拟存储器简介

扩充存储器的编程空间不仅从物理层面上考虑，不断提高内存容量，还可以采用软件和硬件相结合的手段，实现编程空间的扩充，由此推出了虚拟存储器技术。

虚拟存储器（Virtual Memory）就是将硬盘作为辅助存储器，在存储器管理部件和操作系统中的存储器管理软件的共同支持下，使得编程具有比实际主存储器的存储容量大得多的空间。除了速度比主存储器慢外，其他与主存储器没什么区别。编程者可以完全不考虑实际物理存储位置，按照分段或分页的逻辑地址空间编制程序。而实际运行中，操作系统将所编制的程序和数据先送入辅助存储器，然后将当前需要运行的部分调入内存，供 CPU 处理。操作系统会根据实际需要，采用相应的替换算法，将暂不运行的程序存回辅助存储器，将需要的部分调入内存。

CPU 在执行程序时，需要将程序提供的逻辑地址（又称为虚拟地址）变换为实际地址（即物理地址），由存储器管理部件判断该地址是否在内存中，若属于内存地址，则将访问实际存储单元。如果不属于内存地址，则通过缺页中断程序，以页为单位调入内存或实现与主存内容调换。

在 80286 以上的 CPU 中已集成了存储器管理部件，除此之外还需要操作系统给予支持。操作系统的设计者应考虑主、辅存储空间如何分区管理，采用何种替换算法实现虚、实地址转换等。根据存储映像算法的不同，可有多种不同的存储器管理方式的虚拟存储器，其中主要有 3 种：段式管理、页式管理、段页式管理。

段式管理的虚拟存储器对内存进行分配、管理和保护是以分段为基础的。段的大小不一，取决于程序的逻辑结构。每个任务或进程对应一个段表，每个逻辑段对应一个段表项，而段表在主存储器中的位置由段表基址寄存器指明。

页式管理的虚拟存储器将虚拟存储空间、主存储空间和辅助存储空间（磁盘）划分成固定大小的块（称为页），然后以页为单位来分配、管理和保护。每个任务或进程对应一个页表，每个虚页对应一个页表项，而页表在主存储器中的位置由页表基址寄存器决定。

段页式管理的虚拟存储器是在分段的基础上再分页，每个段中包含个数不同而大小固定的页。所以，段页式虚拟存储器从虚拟地址到实际地址需要经过两级表的转换，其访问效率也比前两种低。

5.4.2 80x86 中的 ROM 重复和影子 RAM

对于所有的 80x86 系统来说，当电源被接通后，首先进入实模式。此时，CS=FFFFH，IP=0000H，CPU 应从物理地址为 FFFF0H 处开始运行第一条指令。但是，80x86 CPU 的 A_{20} 以上的高位地址均在上电时处于高电平，而当执行完第一个操作码后，变为低电平，且从此不再被激活，除非运行模式改变。因此，80x86 系统在上电时第一个物理地址为 FFFFFFF0H，而不是 000FFFF0H。为使实模式和保护模式下都可以访问到 BIOS ROM，则 000F0000H～000FFFFFH 在 FFFF0000H～FFFFFFFFH 处出现重复。80x86 PC 的存储映射表如图 5-61 所示。

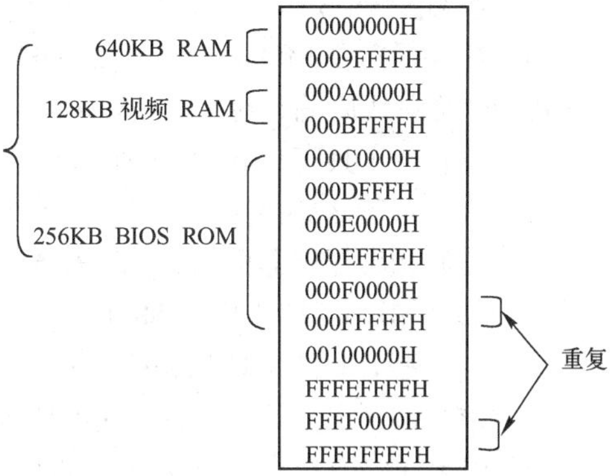

图 5-61　80x86 PC 的存储映射表

通过使用系统工具来查看 Pentium PC 的系统存储器，可以发现 RAM 存储器空间中重复的 ROM。这是因为对于 100MHz 的总线速度来说，ROM 的访问速度太慢。为了提高 ROM 的访问速度，将 ROM 的内容复制到 RAM 中并施加写保护。这就是所谓的影子 RAM。在系统启动时自动完成创建影子 RAM，且只要不断电，影子 RAM 中的信息不会丢失或改变。当 CPU 访问 ROM 时，即可在 RAM 中迅速得到所需信息。

当 80x86 系统启动或复位时，CPU 首先运行 BIOS ROM 的内容，其中包括测试 CPU、ROM 和 RAM 的程序，之后初始化外部设备，建立起系统，然后将操作系统从硬盘载入内存（DRAM）中，并把 PC 的控制权交给操作系统。

5.5 习题与思考

1．高速缓存、内存、外存和虚拟存储器分别有何功能？它们之间有什么区别和联系？

2．常用虚拟存储器寻址由哪两级存储介质组成？通过什么实现从虚拟地址到物理地址的变换？

3．半导体存储器主要分为哪几类？试述它们的用途及主要区别。

4．简述 DRAM 和 SRAM 的主要区别及应用领域。

5．判断正误。

（1）地址引脚越多，存储芯片中的存储单元越多。

（2）数据引脚越多，存储芯片中的各存储单元的位数越多。

（3）地址引脚越多，存储芯片的容量越大。

（4）数据引脚越多，存储芯片的容量越大。

6．用 16K×8bit 存储芯片构成 128K×8bit 和 64K×32bit 的存储体，各需要多少片？

7．已知存储范围为 60000H～67FFFH，且每一个单元存放 1 字节数据，则存储容量是多少？

8．内存地址从 80000H 到 CFFFFH 共有多少个地址？

9．什么是全译码方式、部分译码方式、线性译码方式？试述它们的不同点。

10．下列RAM芯片各至少需要多少条地址线进行寻址？多少条数据线？

（1）512×4bit　　　　（2）1M×4bit

（3）32K×32bit　　　　（4）16K×16bit

11．某 8088 系统的存储区由 3 片 16KB 存储芯片组成，其存储芯片的片选信号由地址译码器全译码产生，则地址译码器的输入地址线一般为（　　）。

（1）全部 20 位地址线　　　　（2）其中的高 8 位地址线

（3）其中的高 6 位地址线　　　　（4）其中的高 4 位地址线

12．在 8086 系统中，当访问奇地址字节数时，A_0 和 $\overline{BHE}$ 是什么状态？

13．在 8086 系统中，当只想访问数据线 D_7～D_0 时，A_0 和 $\overline{BHE}$ 是什么状态？

14．在执行指令 MOV　AX，[2000H]和 MOV　BX，[2005H]时，对于 8088 CPU 来说，各需要多少个总线周期？对于 8086 CPU 来说，各需要多少个总线周期？

15．设有一个具有 13bit 地址和 8bit 字长的存储器，试问：

（1）存储器能存储多少字节信息？

（2）如果存储器由 4K×4bit RAM 芯片组成，共需要多少片？

（3）如果 CPU 采用 8088 最小工作模式，译码电路采用全译码方式，则片内地址为哪些？片选地址为哪些？

（4）试画出起始地址为 2C000H 的译码电路。

16．用全译码方式将 2716 芯片（见图 5-62）连接成具有 8K×8 bit 容量的存储器。要求用 74LS138 芯片作译码器，并使存储空间由 48000H 开始而且连续。试画出 CPU 与存储器连接接口电路原理图（CPU 为 8088 最小工作模式）。

17．8088 最小系统中用 2764 存储器芯片（见图 5-63）构成存储区，占用地址 80000H～83FFFH，试分别用全译码方式和部分译码方式画出 CPU 与 2764 连接接口电路原理图。

18．试设计一个以 8088 为 CPU 的存储器系统，要求用 64K×8bit 的 ROM 芯片组成起始地址为 0 的 128K×8bit 存储空间，用 128K×8bit 的 RAM 芯片组成起始地址为 20000H 的 512K×8 bit 存储空间，画出该存储系统的电路原理图。

19．图 5-64 给出了一个存储器接口电路原理图，试问图中：

（1）存储芯片和存储区的容量各是多少？

（2）#0 和#1 存储芯片所占地址范围是多少？

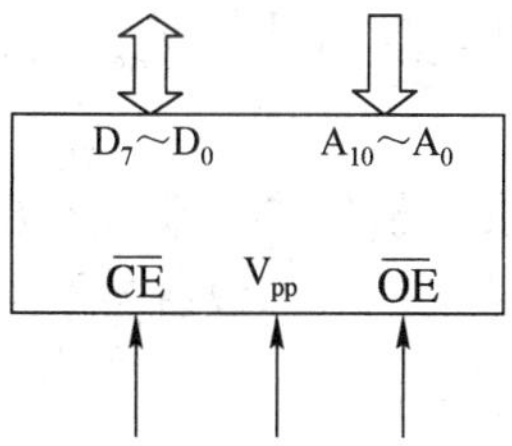

图 5-62　2716 引脚示意图

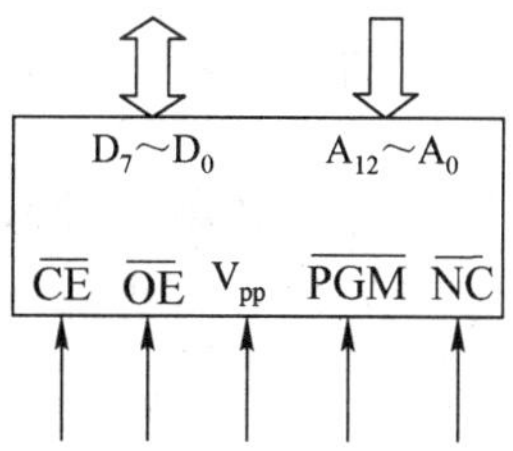

图 5-63　2764 引脚示意图

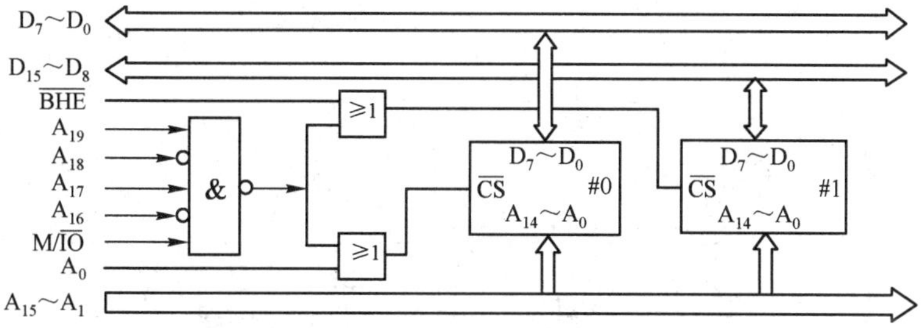

图 5-64　某存储器与 8086 连接图

20．试选用图 5-65 给出的存储芯片，设计一个 24KB 存储容量的存储器接口电路，并写出各存储芯片的地址范围。要求首地址为 E0000H，8KB ROM，16KB RAM，CPU 为 8088 最小工作模式。

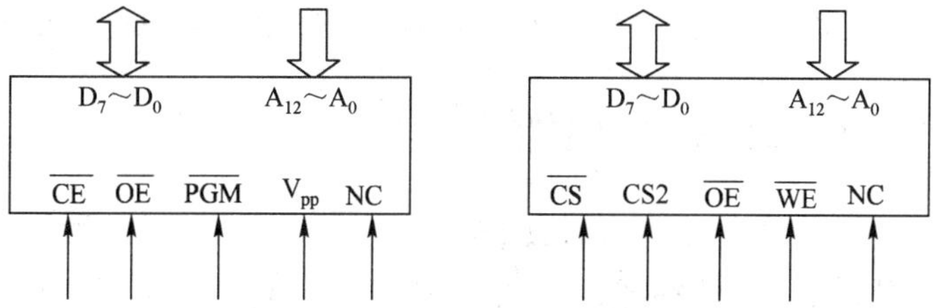

图 5-65　存储芯片引脚示意图

第 6 章　微型计算机接口技术

计算机系统中除了处理器和存储器外，还有一个重要的部分就是输入/输出设备（统称为外部设备或外设）。接口是 CPU 与外部设备连接的通道，不同的外部设备与不同的接口相连，如图 6-1 所示。

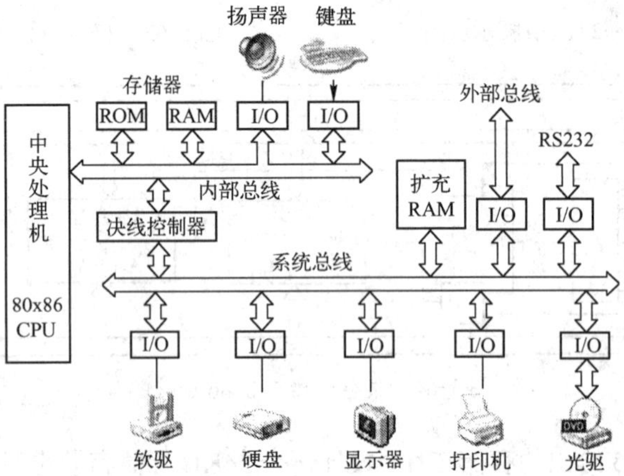

图 6-1　计算机系统接口示意图

接口技术是一门软件与硬件相结合的技术。接口技术的相关知识主要分 3 章介绍：第 6 章为接口概述，第 7 章主要介绍简单输入/输出接口，第 8 章介绍部分接口芯片及应用。

6.1　微型计算机接口结构与功能

为什么需要接口？因为外部设备具有以下特点。

1）外部设备种类繁多，有机械式、电动式、电子式、充电式等。

2）与外部设备传输的信息具有多种形式，如数字量（二进制、ASCII 码）、模拟量（电压、电流）、开关量、脉冲量等。除以上电量信息之外，还有很多非电量信息，包括压力、流量、水位、速度、温度、湿度等。

3）数据传输速度相差很大，例如，手动键盘输入速度为秒级，而软盘传输速度约为 25Kbit/s。

4）数据传输格式不同：并行传输、串行传输。

而计算机只能识别“0”“1” TTL 电平（0～0.4V 为“0”，2.4～5.0V 为“1”）或 CMOS 电平（0～1.7V 为“0”，3.3～5.0V 为“1”），因而需要输入/输出接口（即 I/O 接口）将处理器与外部设备相连接。接口主要负责协调 CPU 和外设间的工作，将外设的信息转换成 CPU 能够识别的信息，并传输给 CPU。还能将 CPU 发出的信息转换成外设可以接收的信息形式。

6.1.1　接口的基本结构

接口是连接 CPU 与外部设备的通道。一般接口中一部分引脚与 CPU 相连，一部分引脚与外部设备连接。图 6-2 给出了接口电路的典型结构框图。接口的功能不同，接口电路的复杂程度也不同。典型的接口中一般包括总线驱动、地址译码、控制逻辑、数据端口、控制端口和状态端口等部分。

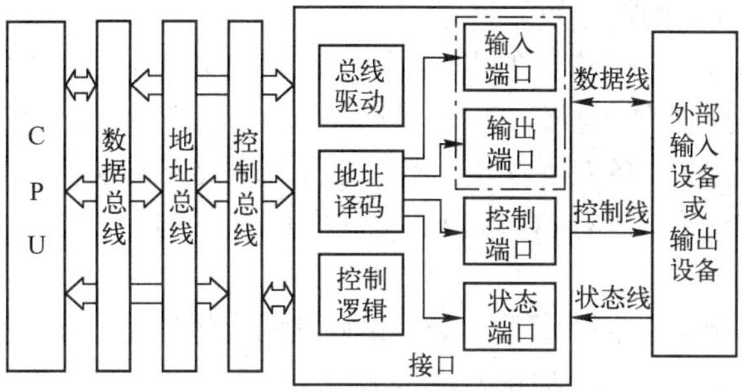

图 6-2　接口电路的典型结构

1）总线驱动：实现对 CPU 数据总线速度和驱动能力的匹配。

2）地址译码：接收 CPU 发来的地址信息，通过译码，实现对接口中各寄存器或端口的寻址。

3）控制逻辑：接收 CPU 发来的读/写信息，实现对接口中各寄存器或端口的读/写操作。

4）数据端口：包括用于接收外设数据的输入寄存器和接收 CPU 发出数据的输出寄存器，一般应具有输入缓冲、输出锁存的功能。

5）控制端口：接收 CPU 发出的控制命令，确定接口的各种工作方式和工作状态。

6）状态端口：用来反映外设的某些状态，以供 CPU 查询、判断。

6.1.2　接口的功能

接口的功能大致可分为 5 个方面。

（1）完成速度匹配

在接口中常设有数据寄存器，或用 RAM 芯片组成数据缓冲区。因而接口成为 CPU 与外设数据交换的中转站。接口常具有数据保持能力，这在一定程度上缓解了主机与外设的速度差异所产生的冲突。对于 CPU 输出的信号，接口常具有数据锁存功能，使输出的数据能稳定到下次输出数据时，以使外设能来得及动作。数据缓冲的作用是用来控制数据何时送上总线。只有当 CPU 允许某外设将数据送上总线时，外设才能通过接口将数据送上总线。

（2）数据格式转换

计算机内部数据传输方式为并行，而有些外部设备需要串行传输，此时需要接口具有并-串或串-并转换功能。另外，在很多情况下，计算机需要处理一些模拟信号，甚至非电量信号，则此时需要接口具有将模拟信号或非电量信号转换成计算机能识别的数字信号的功能。也就是说，有时接口还具有模/数（A/D）转换、数/模（D/A）转换功能。

（3）状态的传递

接口还可以具有使微处理器与外部设备的时序相配合的功能。接口可接收从 CPU 送来的命令字或控制信号、定时信号等，并实施对外设的控制与管理。而外设的工作状态以状态字的形式或以应答信号的形式及时通过接口提供给 CPU，从而保证主机与外设同步工作。

（4）I/O 接口选择

I/O 接口中一般还包括地址译码电路，用于为该接口或接口中的各个端口提供相应的地址译码。CPU 根据不同的编码确定对哪个接口或哪个接口中的哪个端口进行操作。I/O 接口（或端口）的编址方式有两种：独立编址（专用的I/O地址）和统一编址（存储器映像编址）。

1）**独立编址**：I/O端口与存储器具有不同的地址空间，不同的读、写操作控制信号，不同的访问指令。其主要优点是对I/O端口的访问与对存储器的访问完全独立，一目了然，互不影响。但一般对I/O端口操作的指令较为贫乏。

2）**统一编址**：I/O端口与存储器在同一地址空间中编址，具有相同的读、写操作控制信号，相同的操作指令。其优点是指令丰富，操作灵活。

两种I/O端口编址方式，各有优缺点。不同处理器采用不同编址方式，如x86 CPU采用的是I/O端口独立编址的方式。访问I/O端口的指令只有两条：IN（I/O读指令）和OUT（I/O写指令）。

【例6-1】 图6-3所示为两个译码电路，试问这两个译码电路是等效的吗？是什么类型的译码电路？译码输出占多少地址？地址范围是多少？

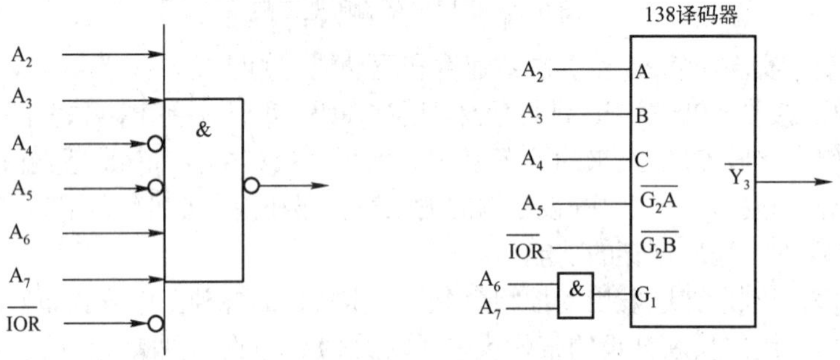

图6-3 I/O接口译码电路举例

解：图中这两个译码电路中均为$A_7A_6A_5A_4A_3A_2$=110011时有唯一输出，所以是等效的。

因为I/O读线$\overline{IOR}$参加了译码，所以这两个译码电路为输入接口译码电路。

因为A_0和A_1没有参加译码，故译码器的输出占有4个口地址，为CCH～CFH。

【例6-2】 图6-4为IBM PC微机系统板上的接口译码电路，分别为系统中的DMA控制器8237、中断管理器8259、定时器8253、并行接口8255、DMA页面寄存器、NMI屏蔽寄存器等提供片选信号，试写出译码器各输出信号所占地址范围。

解：根据图6-4可得到该译码电路的地址分配情况，如表6-1所示。

$\overline{Y}_4$和$\overline{Y}_5$分别为与I/O写线$\overline{IOW}$相或之后，作为DMA页面寄存器和NMI屏蔽寄存器的选通线，说明这两个选通线均为写操作信号。

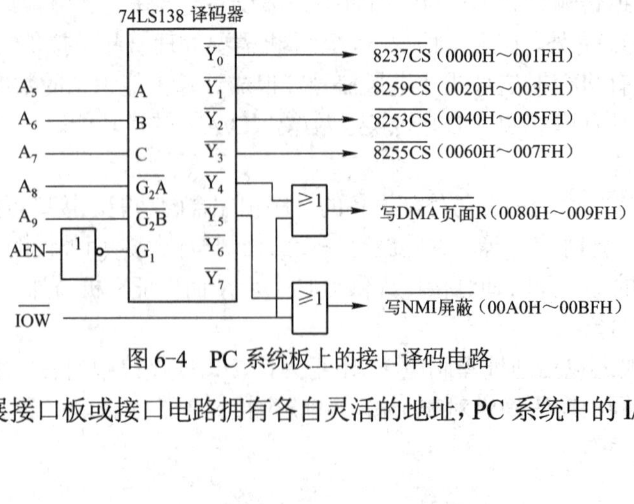

图6-4 PC系统板上的接口译码电路

为了使系统扩展接口板或接口电路拥有各自灵活的地址，PC系统中的I/O地址译码电路采用的是部分译码，用户可以根据需要通过逻辑电路继续译码进行细分。

值得注意的是 AEN 在 PC 系统中的功能，PC 总线上的 AEN=1 为动态存储器刷新控制，AEN=0 为 CPU 控制总线。

表 6-1　IBM PC 系统板上各接口所占地址

输入						输出		
G_1 AEN	$\overline{G_2B}$ A_9	$\overline{G_2A}$ A_8	C A_7	B A_6	A A_5	输出信号	地址范围	信号的作用
1	0	0	0	0	0	$\overline{Y}_0$	000H～01FH	DMA 片选
1	0	0	0	0	1	$\overline{Y}_1$	020H～03FH	中断控制器片选
1	0	0	0	1	0	$\overline{Y}_2$	040H～05FH	定时器片选
1	0	0	0	1	1	$\overline{Y}_3$	060H～07FH	并行接口片选
1	0	0	1	0	0	$\overline{Y}_4$	080H～09FH	DMA 页面 R 选通
1	0	0	1	0	1	$\overline{Y}_5$	0A0H～0BFH	NMI 屏蔽 R 选通
1	0	0	1	0	0	$\overline{Y}_6$	0C0H～0DFH	保留
1	0	0	1	1	1	$\overline{Y}_7$	0E0H～0EFH	保留

（5）中断管理及 DMA 管理

当外设与 CPU 通过中断方式实现数据传输时，则接口还应具有中断请求的产生与屏蔽逻辑，有的接口还具有优先级排队逻辑，有的具有中断源识别功能等。对于采用 DMA 方式传送数据时，接口还应具有 DMA 请求信号产生和屏蔽逻辑及 DMA 控制功能等。

针对某一具体接口，并不一定具有以上所有功能，可根据具体要求选择使用。尽管接口功能各有不同，其最基本的功能还是实现数据传输。

6.1.3　80x86 PC 系统中的 I/O 地址映射

描述 I/O 端口地址分配情况的列表被称为 I/O 地址映射表。表 6-2 就是 80x86 PC 的 I/O 地址映射表，所有 80x86 PC 兼容的系统都必须遵守这个表中的地址分配。

表 6-2　80x86 PC 中的 I/O 地址映射表

地址范围	I/O 设备	地址范围	I/O 设备	地址范围	I/O 设备	地址范围	I/O 设备
000～01F	DMA 控制器 1	200～207	游戏 I/O	368～36B	PC 网络（高位地址）	AE2&AE3	数据采集（适配器 2）
020～03F	中断控制器 1	200～207	保留	36C～36F	保留	B90～B93	群集（适配器 2）
040～05F	定时器	21F	保留	378～37F	LP1	EE2&EE3	数据采集（适配器 3）
060～06F	键盘	278～27F	并行打印机	380～38F	SDLC2，双向同步 2	1390～1393	群集（适配器 3）
070～07F	实时时钟，NMI 屏蔽	2B0～2DF	备用图形增强适配器	3A0～3AF	双向同步 1	22E1	GPIB（适配器 1）
080～09F	DMA 页寄存器	2E1	GPIB（适配器 0）	3B0～3BF	单显/打印适配器	2390～2393	群集（适配器 4）
0A0～0BF	中断控制器 2	2E2&2E3	数据采集（适配器 0）	3C0～3CF	图形增强卡	42E1	GPIB（适配器 2）
0C0～0DF	DMA 控制器 2	2F8～2FF	COM2	3D0～3DF	彩色/图形显示器是配器	62E1	GPIB（适配器 3）
0F0	清协处理器的忙信号	300～31F	实验板	3F0～3F7	硬盘控制器	82E1	GPIB（适配器 4）
0F1	复位协处理器	360～363	PC 网络(低位地址)	3F8～3FF	COM1	A2E1	GPIB（适配器 5）
0F8～0FF	数学协处理器	364～367	保留	6E2&6E3	数据采集（适配器 1）	C2E1	GPIB（适配器 6）
1F0～1F8	固定磁盘	390～393	群集	790～793	群集（适配器 1）	E2E1	GPIB（适配器 7）

6.2 微处理器与外设数据传输控制方式

微处理器与外部设备之间的数据传输是指 CPU 通过接口输入或输出数据。而控制数据传输的方式一般可归纳为 4 种：直接程序传输、查询程序传输、中断控制传输和直接存储器传输（DMA 传输）。

6.2.1 直接程序传输

直接程序传输（又称为无条件传输）是指 CPU 直接通过 I/O 传输指令完成。在这种方式中，CPU 与外设进行的数据传输是同步完成的，故亦称同步传输。此时，CPU 默认外设始终处于准备好或空闲状态，当 CPU 认为需要时，随时通过 I/O 传输指令（如 80x86 中的 IN 指令或 OUT 指令）与外设进行数据传输。

直接程序传输是一种最简单、最常用的数据传输控制方式，所要求的接口电路一般只需要用输出锁存、输入缓冲和译码电路构成。图 6-5 给出了一个控制发光二极管发光和读入开关状态的接口电路。

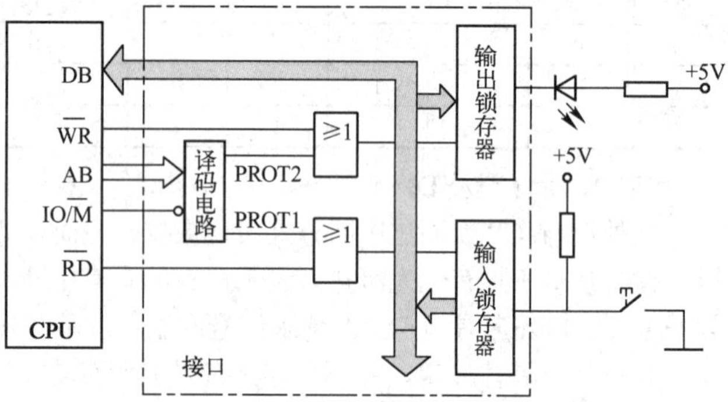

图 6-5　直接程序传输接口电路

接口电路中的译码电路分别给输出锁存器和输入缓冲器提供各自的地址，CPU 在认为需要时可通过下面两条指令输出或输入数据：

```
OUT     PORT2, AL      ; 实现将 AL 中的数据输出到端口 PORT2
IN      AL, PORT1      ; 实现从端口 PORT1 中读入数据并存放到 AL 中
```

6.2.2 查询程序传输

查询传输方式（又称有条件传输方式）是指 CPU 通过查询 I/O 设备的状态决定是否进行数据传输的方式。这种传输方式适用于 CPU 与外设异步工作的情况，故亦称异步传输。当 CPU 不知道 I/O 设备数据是否准备好或者是否需要传输数据时，首先要对外设进行查询，只有在外设处于“准备好”或“缓冲器空”的情况下，才与外设进行数据传输，否则，一直处于查询等待状态。

查询传输方式的接口电路在直接程序传输接口电路的基础上需要增加状态端口。图 6-6 给出了一个查询输入接口电路。其中译码电路分别给数据缓冲器和状态缓冲器提供不同的地址。图 6-7 给出了查询输入传输的编程流程图。数据传输过程为：当输入装置将数据准备好后，向接口发出一个选通信号，此信号一边将数据送入锁存器，一边使接口中 D 触发器置“1”，发出“准备好（READY=1）”的状态信号。当 CPU 需要取数据时，首先用 IN 指令通过状态缓冲器读取状态，查询 READY 信号的状态，如果 READY 为“1”，则用 IN 指令打开数据缓冲器并取入数据。同时，清状态端口信息为“0”。请参看辅助教学软件中的动画演示。

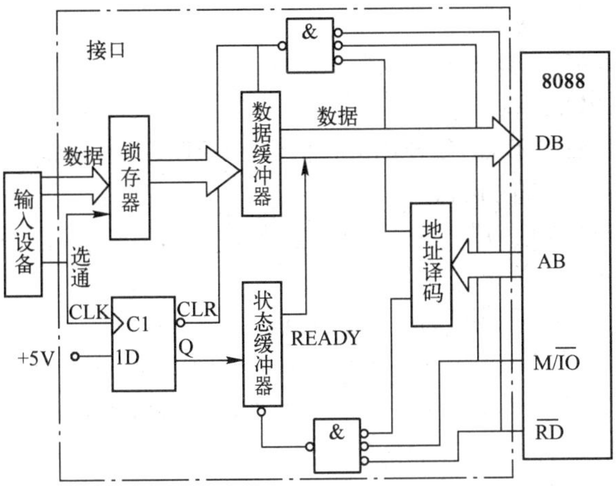

图 6-6　查询输入传输接口电路

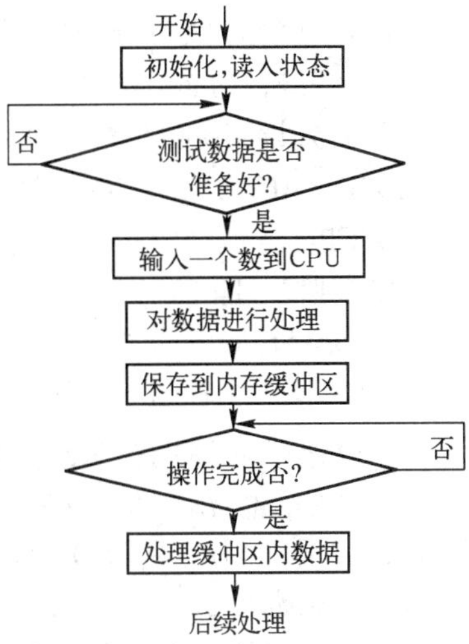

图 6-7　查询输入传输编程流程图

6.2.3　中断传输

所谓中断传输方式（也就是中断控制的输入和输出传输方式）即当外设的输入数据准备好或接收数据的缓冲器空时，便主动向 CPU 发出中断请求，使 CPU 中断正在执行的程序，转去执行为外设服务的操作，服务完毕，CPU 再继续执行原来的程序。中断传输方式改变了查询方式中 CPU 处于“找工作”的地位，只有外设请求数据传输，CPU 才可能与外设进行数据传输，从而提高了 CPU 的工作效率和实时性。6.3 节将详细介绍中断概念。

6.2.4　DMA 传输

在此之前，我们知道 CPU 有对 I/O 接口实现数据传输的指令（如 IN AL，80H），也有 CPU 对存储器操作的指令（如 MOV [BX]，AL）。但是 CPU 没有让存储器与 I/O 接口直接数据传输的指令。即存储器与 I/O 接口之间传输数据必须通过 CPU，如图 6-8 所示。

【例 6-3】　将内存 DS:[2000H]单元中数据传送到口地址为 80H 的端口中。

分析：这个操作需要两条指令完成。首先用指令 MOV AL，DS:[2000H]将内存数据读到 CPU 内部寄存器 AL 中，再用 OUT 80H，AL 指令将寄存器 AL 的内容送到 80H 口中。

对于大量数据传输时将需要很长的数据传输时间。Direct Memory Access（DMA）是指外部设备直接对存储器进行读写操作的数据传输方式，如图 6-9 所示。这种方式下，数据传输无需 CPU 执行指令，也不经过 CPU 内部的寄存器，而是由 DMA 控制器（DMAC）控制外设与存储器直接数据传输，从而达到极高的传输速率。

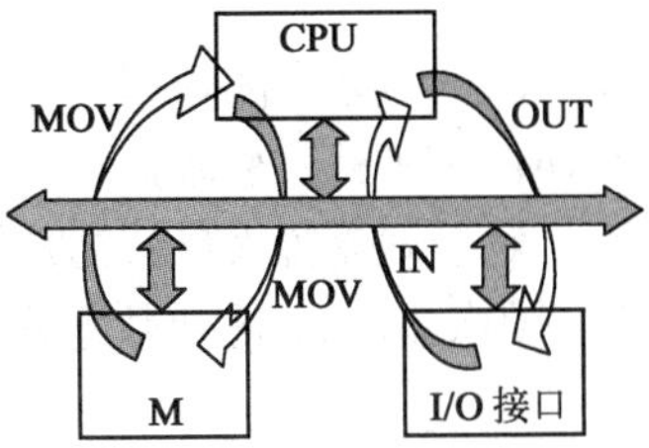

图 6-8　CPU 数据传输数据示意图

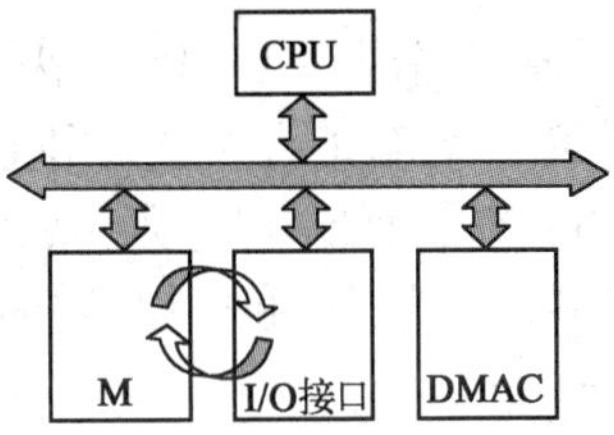

图 6-9　DMA 传输示意图

图 6-10 为用 DMA 传输方式实现从存储器向 I/O 接口传输单个数据的示意图，其 DMA 传输过程（请参看辅助教学软件中的动画演示）如下。

1）当外设需要传输数据时，向 DMA 控制器（DMAC）发出请求。

2）DMAC 马上向 CPU 发出总线请求（HOLD=1）。

3）CPU 收到请求后，在执行完当前指令后向 DMAC 发出应答信号（HLDA=1），同时让出总线控制权（即 CPU 的所有三态信号线均处于高阻状态）。

4）DMAC 收到应答线后接管总线，并向 I/O 接口发出请求确认信号。

5）DMAC 为存储器提供地址，用于寻址存储单元。

6）DMAC 同时向存储器发出存储器读信号（$\overline{MEMR}$），使数据从存储器传出。

7）接着，DMAC 向 I/O 接口发出写入信号（$\overline{IOW}$），将存储器传来的数据锁存；如果传输多个数据，则 DMAC 将修改地址和计数值，重复步骤 5～7 的工作，直到全部数据传送完毕。

8）当数据传送完毕，DMAC撤回总线请求，同时交出总线管理权。

9）CPU也随之撤回总线应答信号，并重新接管总线。

DMA 传输之前必须对 DMA 控制器（DMAC）进行初始化，包括设置工作方式、基地址寄存器、当前地址寄存器、基本字节计数器以及当前字节计数器等。在对 DMAC 初始化时，DMAC 在系统中充当 I/O 接口的角色，而在进行 DMA 传输时，DMAC 为主模块角色，相当于 CPU，为存储器和 I/O 接口提供地址和读/写控制信号。

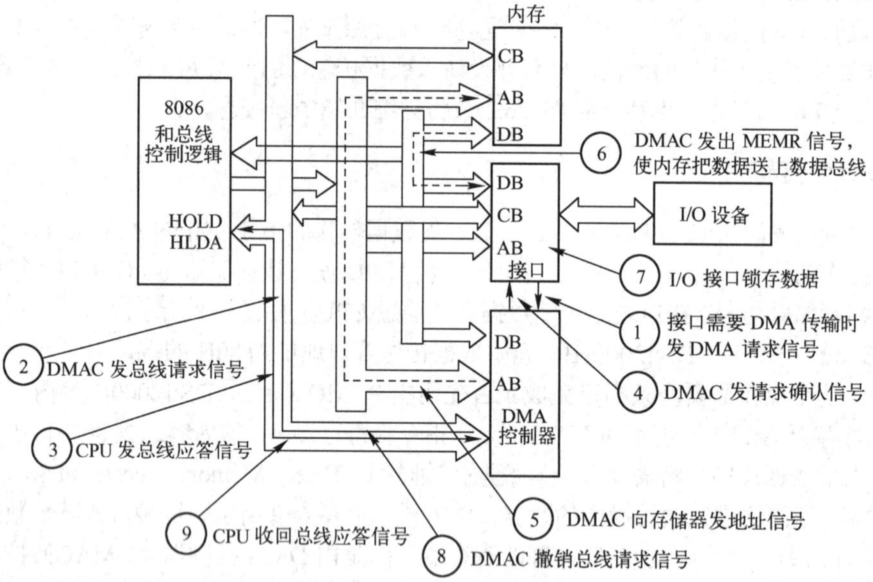

图 6-10　单个数据 DMA 传输举例

DMA 传输不占用 CPU 总线，因此只能实现存储器与 I/O 接口之间的数据传输，而不能做其他工作。DMA 传输适合大量数据传输，但需要增加 DMAC 等硬件，成本提高。因此对于数据量小，CPU 来得及处理时，则一般不必采用 DMA 传输。对于硬盘等大量数据传输、快速通信通道的传输、多处理机和多程序数据块传输、扫描操作（图像显示）、高速数据采集等，常采用 DMA 传输。

6.3 微型计算机的中断系统

中断控制是计算机中非常重要的一种数据传输控制方式。本节将在讨论中断控制方式优点的基础上，给出一些相关术语，重点介绍中断源、中断类型码、中断向量、中断向量表之间的关系，讨论如何实现中断过程，并简单介绍 80x86 的中断系统。

6.3.1 中断控制方式的优点

中断控制对于处理系统中发生紧急情况或异常故障是非常有效的方式，也常用来解决 CPU 与外设速度差异问题。归纳起来有如下几方面的优点。

1）实现并行工作。在中断控制方式下，CPU 与外设处于并行工作方式。只有在外部设备需要数据传输时，才来打断 CPU 的现行工作。如定时采样，定时器与 CPU 的工作是并行的，每当定时到时，向 CPU 发出请求，若需要采样，则 CPU 将暂停现行工作来进行采样，待采样完毕后，恢复原工作，直到下次发生中断请求。

2）实现分时操作。系统中若有多个外设需要 CPU 处理时，CPU 将会按照外设的轻重缓急分时执行各自相应的处理程序，由此来提高 CPU 的工作效率。

3）实现实时处理。所谓实时处理，是指某事件或某现象出现时，若需要 CPU 及时处理，可向 CPU 发出中断请求，则 CPU 在允许的前提下会立即响应，执行处理程序。如在工业生产过程中，当出现过电压、过电流或温度过高等不正常情况，必须及时处理，否则会发生事故。而这些不正常现象均是随机产生的，不可能用查询方式解决，采用中断方式可以迅速采取措施，保障生产的安全运行。

4）实现多程序或多任务工作。由于 CPU 的速度越来越快，而外设的速度远远低于 CPU 速度，于是可以在操作系统的控制下，实现多个程序交替运行，从宏观上看 CPU 在“同时”运行多个程序或多个任务，这必须借助于中断。在一个程序运行中，可以由中断系统切换到另一个程序去运行，也可以给每个程序分配一个固定的时间间隔，利用时钟定时中断进行多个程序的切换。

5）实现故障处理。计算机在运行过程中，时常会出现事先预料不到的情况或故障，如掉电、运算溢出或除 0、存储器出错等。计算机可利用中断系统，自动切换到相应的预先设置好的处理程序中去，自行处理。

6.3.2 与中断有关的术语

由外设随机地或程序预先安排产生中断请求信号，暂停 CPU 正在执行的程序，转入事先准备好的程序，为申请中断的中断源服务，服务完成后返回被打断的程序处继续工作。这个过程称为“**中断过程**”，引起中断的原因或来源称为“**中断源**”。每个中断源对应一个“**中断类型码**”。事先准备好的为中断源服务的程序称为“**中断服务程序**”。不同外设具有不同中断服务程序，存放在内存的任意地方，其入口地址称为“**中断向量**”（或称中断矢量）。为使 CPU 在中断时可以顺利地找到相应的中断向量，系统将所有的中断向量进行统一管理，集中存放在内存空间中，这个专门存放中断向量的内存区域称为“**中断向量表**”。程序被打断处（即被打断指令的下一条指令的首地址）称为“**断点**”。CPU 在转入中断服务程序前，必须记住“断点”的位置，以及当时执行程序中的某些标志、状态、参数，这就是作“**现场保护**”。执行中断服务程序后，又需要恢复现场，返回到被中断处，这个过程叫作“**中断返回**”。当然如果有多个外设同时发出中断请求，而 CPU 只能在某一时刻为某一个中断源服务，故需要事先按轻重缓急排好执行的优先顺序，这就叫作“**中断排队**”。

6.3.3 中断过程

计算机系统的不同或中断方式的不同，中断处理会有差别。但是一个完整的中断处理的过程一般包括 5 个基本过程：中断请求、中断排队、中断响应、中断处理、中断返回。

1. 中断请求

中断请求是引起中断过程发生的第一步，是发生中断过程的必要条件。不同的中断源，产生中断请求不同。以 80x86 CPU 为例，其中断系统可处理 256 个不同的中断源，这些中断源可分为两大类：硬件中断和软件中断，如图 6-11 所示。

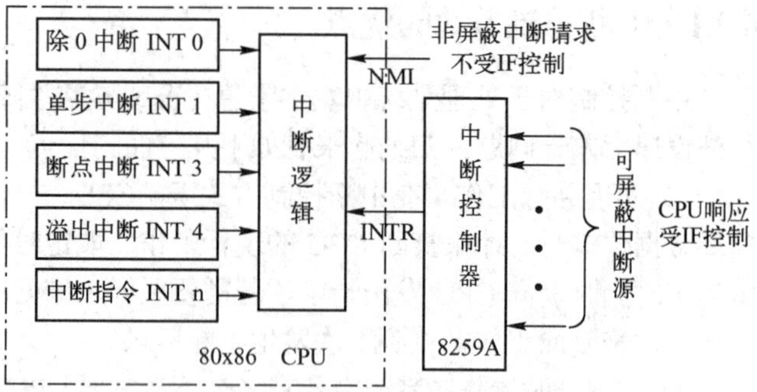

图 6-11 80x86 中断系统分类

（1）硬件中断

硬件中断又称外部中断，是由外部设备的请求引起的中断，又分为非屏蔽中断和可屏蔽中断两种。

1）非屏蔽中断是不受中断允许标志 IF 状态控制的硬件中断，通过非屏蔽中断请求线 NMI（Non-Maskable Interrupt）发出请求。当外设通过 NMI 发出请求时，在没有 DMA 请求的情况下，CPU 必须响应该请求，转去执行处理程序。8086/8088 的 NMI 信号为沿触发信号，要求在跳变成高电平（0 到 1 的跳变）后至少保持两个时钟周期以上的宽度，待当前指令执行完之后响应该中断请求。

2）可屏蔽中断是受中断允许标志 IF 状态控制的硬件中断，通过可屏蔽中断请求线 INTR（Interrupt）发出请求。当外设通过 INTR 向 CPU 发出中断请求时，在没有 DMA 或 NMI 请求，且中断允许标志 IF=1 的情况下，CPU 将响应中断，转去执行处理程序。对于可屏蔽中断，CPU 可以通过软件控制中断允许标志 IF 的状态（STI 指令使 IF=1，CLI 指令使 IF=0），决定是否响应可屏蔽中断的请求。系统中可以有多个可屏蔽中断源，但需要中断控制器进行统一管理（详见 8.4 节）。

（2）软件中断

软件中断又称内部中断，是由 CPU 内部原因引起的中断。这类中断都是非屏蔽型的，包括软中断指令引起的中断、CPU 在特定条件下自身引发的中断和由调试程序 debug 设置的中断 3 种情况。

1）软中断指令即为 INT n 类指令。这类指令相当于调用指令，但整个执行过程与中断过程相同。

2）CPU 的特定条件指的是 CPU 在执行指令时出现了某种状态，如除 0、运算溢出等，均会引起相应的中断过程。

3）由调试程序 debug 设置的中断。在程序调试过程中，为能查看中间状态可以设置断点中断或单步中断等。

80x86 在实地址工作方式时，将内存最小地址的 1K 字节空间建立了中断向量表。它把中断类型码与对应的中断向量在中断向量表中的位置之间确定了一一对应关系。每个中断向量在中断向量表中需要占 4 个字节单元，其中高两个字节存放中断向量的段基值 CS，低两个字节存放中断向量的偏移量 IP，如表 6-3 所示。通过中断向量表把中断源的中断类型码和中断向量联系在一起，给出任意两个信息，就可以获得第三个信息。也就是说，中断类型码乘以 4，即为该中断向量在中断向量表中的位置。

【例 6-4】 已知在中断向量表中 0080H 单元开始顺序存有 11H、22H、33H、44H，则相应的中断向量和中断类型码各是多少？

解：中断向量为：　　4433H:2211H

　　中断类型码为：　80H/4=20H

【例 6-5】 某中断源的类型码为 60H，则其中断服务程序入口地址 1A80H:0100H 应放在向量表的什么位置？如何存放？

解：因为 60H×4=180H，所以，中断服务程序入口地址应存放在 0 段中 0000H:0180H 开始的单元中。即：

0000H:[0180H]= 00H，0000H:[0181H]= 01H，

0000H:[0182H]= 80H，0000H:[0183H]= 1AH

表 6-3　PC/XT 中断向量表

逻辑地址(H)	单元内容	类型码 n	中断功能
0000:0000	IP	类型 0	除法出错
0000:0001			
0000:0002	CS		
0000:0003			
0000:0004	IP	类型 1	单步
0000:0005			
0000:0006	CS		
0000:0007			
0000:0008	IP	类型 2	NMI (非屏蔽)
0000:0009			
0000:000A	CS		
0000:000B			
0000:000C	IP	类型 3	断点
0000:000D			
0000:000E	CS		
0000:000F			
0000:0010	IP	类型 4	溢出
0000:0011			
0000:0012	CS		
0000:0013			
0000:0014	IP	类型 5	打印屏幕
0000:0015			
0000:0016	CS		
0000:0017			
0000:0018	IP	类型 6	保留
0000:0019			
0000:001A	CS		
0000:001B			
0000:001C	IP	类型 7	保留
0000:001D			
0000:001E	CS		
0000:001F			
0000:0020	IP	类型 8	定时器
0000:0021			
0000:0022	CS		
0000:0023			
⋮	⋮	⋮	⋮
0000:03FC	IP	类型 255	未使用
0000:03FD			
0000:03FE	CS		
0000:03FF			

2. 中断排队

对于多个中断源发出中断请求时，需要按轻重缓急排队响应，CPU 首先响应优先权级别最高的中断源。在其处理完毕后，再响应级别较低的中断源的请求。中断排队的另一作用是决定是否可能实现中断嵌套。即当 CPU 正在响应某一中断源的请求，进行中断处理时，若有优先权更高的中断源发出请求，则中断排队电路就应允许新的中断源向 CPU 提出中断请求；反之，则屏蔽这一新的中断请求，直到中断处理完成后再响应优先权较低的中断请求。

在 80x86 系统中，中断优先级别的顺序如图 6-12 所示。若在同一级上又有多个中断请求，则需要进一步排队，其方法有二：软件查询和硬件排队。

1）软件查询。软件查询是通过软件判断顺序来确定优先级顺序，软件查询的优点是节省硬件，缺点是由查询到转入相应处理程序入口的时间较长，尤其是在中断源较多的情况下，必须有较长的查询程序段，故可能影响中断响应的实时性。

2）硬件排队。硬件排队是通过硬件电路自动完成优先级排队。可满足实时性要求，但需要增加硬件成本。硬件排队电路分为简单的排队电路和专用的中断管理芯片（参见 8.4 节）。

3. 中断响应

CPU 在每执行完一条指令后，即在最后一个时钟周期，均查询一下是否有中断请求。不管响应哪种中断都必须经过一段中断响应过程，也就是获得相应服务程序入口地址的过程。它是由 CPU 内部的硬件自动完成的，即 CPU 在响应中断时，自动完成图 6-13 给出的过程。

（1）FR 进栈保护

一旦 CPU 决定响应中断，首先会自动将标志寄存器 FR 压入当前栈区加以保护。即完成 SP←SP-2，SS:[SP]←FR。

因此，采用中断方式必须设置栈区。

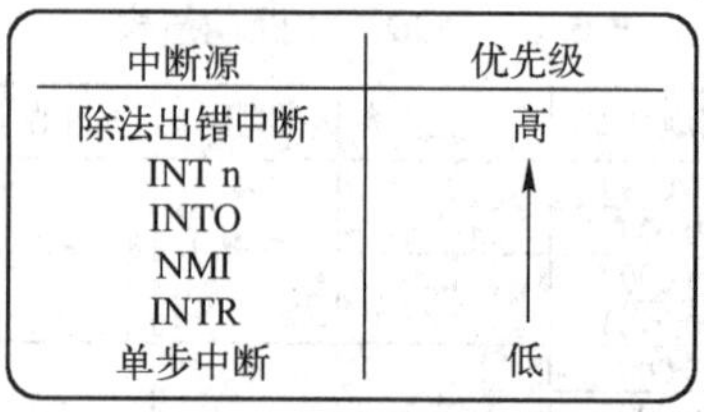

图 6-12　80x86 中断优先级

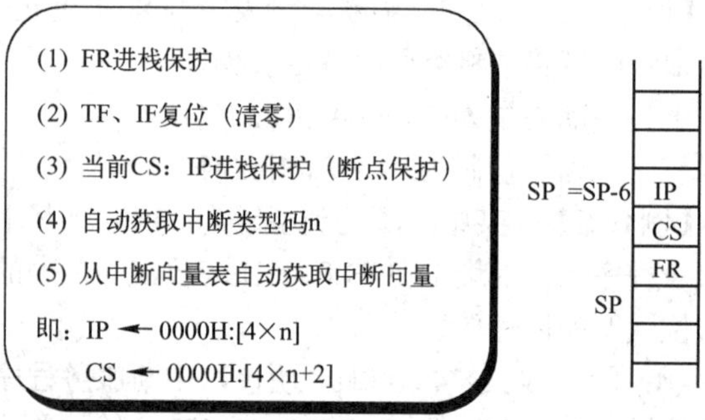

图 6-13　中断响应过程示意图

（2）TF、IF 复位（清零）

将 TF、IF 自动复位。即在还没有完成现场保护前，禁止单步中断和其他可屏蔽中断发生。

（3）断点保护

所谓断点就是当前 CS 和 IP 值。将当前 CS 和 IP 值当作断点进栈保护，以备在中断处理完成后能继续原工作。即完成 SP←SP-2，SS:[SP]←CS，SP←SP-2，SS:[SP]←IP。

（4）自动获取中断类型码 n

不同的中断类型获得中断类型码的方式和值不同：

1）由中断指令引起的中断。在指令 INT n 中，n 就是中断类型码。

2）由某些运算或运行错误引起的中断，各自有特定的中断类型码。如除 0 中断的中断类型码为 0，溢出中断的中断类型码为 4。

3）由调试程序 debug 设置的中断。单步中断的中断类型码为 1，断点中断的中断类型码为 3。

4）非屏蔽中断的中断类型码为 2。

5）可屏蔽中断。当 CPU 检测到 INTR 为高电平时，若此时 IF=1，则会在 $\overline{\text{INTA}}$ 引脚处发出连续 2 个负脉冲，作为中断响应应答信号。第一个负脉冲用来通知接口 CPU 响应该接口的中断请求，接口收到后会将相应的中断类型码送上数据总线。CPU 利用第二个负脉冲将此时数据总线上的中断类型码取入。

（5）获取中断向量并装入 CS 和 IP 中

将中断类型码 n 乘以 4 来确定相应中断向量在向量表中的位置，从中断向量表（0 段）中取出相应的中断向量，并装入 CS 和 IP 中。即完成 IP←0000H:[4×n]，CS←0000H:[4×n+2]。

提醒注意两点：

1）CPU 复位或上电时，中断允许标志 IF 为“0”，即禁止响应可屏蔽中断请求。在使用可屏蔽中断时，必须用指令 STI，使中断允许标志 IF 为“1”，打开可屏蔽中断（允许 CPU 响应可屏蔽中断）。

2）在 CPU 响应中断后，自动实现关可屏蔽中断。因此，若要实现可屏蔽中断嵌套，必须在进入中断服务程序后，用指令开中断（使 IF=1）。否则，中断嵌套就难以实现。

4．中断处理

中断处理是由服务程序完成的。但是由于有的中断是随机产生的（如硬件中断），为了中断后不影响 CPU 原程序中的任何状态，需要对 CPU 原程序的现场进行保护（称保护现场），而在处理程序完成的出口处恢复现场。如果该中断服务程序仍允许其他中断源申请中断，则应在现场保护完后，增加开中断指令 STI。现场保护可采用压栈的方法，如图 6-14 所示。也可以将重要参数保存到自定义内存中。

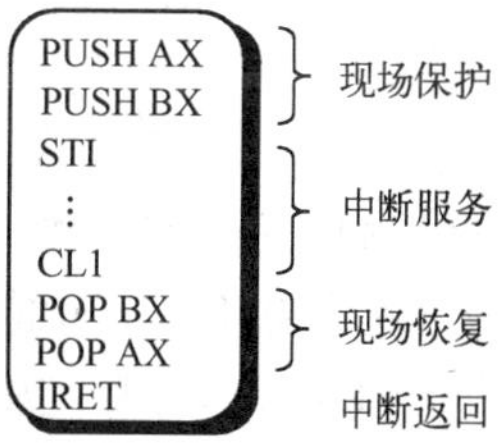

图 6-14　中断处理示意图

提示：采用栈操作保护现场时要注意进栈和出栈应该成对出现，且应注意各参数进、出栈的顺序，否则将可能无法恢复到原断点处或不能恢复原程序的状态。

5．中断返回

中断服务程序最后一条指令为返回指令（IRET）。其功能为使程序返回到被打断的原程序中的断点处，又称断点恢复。CPU 在中断返回过程中会自动完成：将保存在栈区中的断点弹出到 IP 和 CS 中，并恢复中断前的 FR。即完成

IP←SS:[SP]，SP←SP+2，CS←SS:[SP]，SP←SP+2，FR←SS:[SP]，SP←SP+2。

【例 6-6】 可屏蔽中断过程举例。在辅助教学软件中给出了可屏蔽中断过程的动画演示例子，如图 6-15 所示，例题中假设主程序已存放在 2000H 段中，服务程序也已存入 3000H:0100H 开始的内存单元中，中断类型码 n=60H，其服务程序入口地址已存入中断向量表的 0000H:0180H 开始的单元中（即 0180H=60H×4）。栈区初始状态设定为：SS=1000H，SP=0020H。已令 IF=1（允许 CPU 响应可屏蔽中断）。

假设当主程序执行到 3000H:1AF3H 处发生了可屏蔽中断请求，并得到响应。为帮助理解中断过程，光盘中动画演示将分成七步实现。

第一步：中断类型码为 60H 的外设，通过 INTR 向 CPU 发出中断请求（如果有多个中断请求，经过中断排队，优先级较高的作为有效请求）。设此时 CPU 正执行的指令在 2000H:1AF3H 开始的单元中。

第二步：因为 IF=1，所以 CPU 在执行完当前指令后进入中断响应过程。此时 CS=2000H，IP=1AF5H。当前的 CS 和 IP 值称作断点。

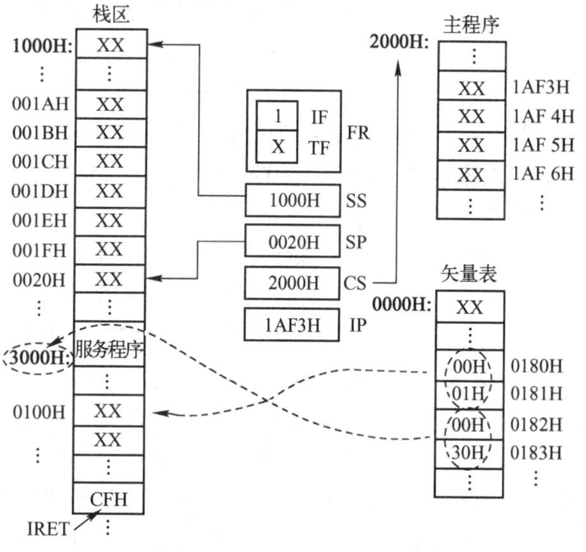

图 6-15　中断过程发生前状态举例

第三步：在进入中断响应过程后，首先将 FR 压栈保护，即自动完成

SP←SP–2，SS:[SP]←FRL，SS:[SP+1]←FRH。

第四步：使 IF←0，TF←0，目的是使在中断响应期间，也就是在断点还没来得及保护的时候，不会再被其他可屏蔽中断打断。

第五步：断点压栈保护，即自动完成

SP←SP–2，SS:[SP]←CSL，SS:[SP+1]←CSH；

SP←SP−2，SS:[SP]←IPL，SS:[SP+1]←IPH。

第六步：获取类型码（n=60H）乘 4 后，到 0 段的中断向量表中找到相应的中断向量，装入 CS 和 IP 中，即完成 IP←0000H:[0180H]，CS←0000H:[0182H]。

第七步：进入中断服务程序，执行中断处理程序。直到执行中断返回指令 IRET，将栈区中被保护的断点和 FR 弹出。即自动完成

IPL←SS:[SP]，IPH←SS:[SP+1]，SP←SP+2；

CSL←SS:[SP]，CSH←SS:[SP+1]，SP←SP+2；

FRL←SS:[SP]，FRH←SS:[SP+1]，SP←SP+2。

此后 CPU 将继续中断前的工作。

6.3.4 80x86 中断系统

从 80x86 的 32 位 CPU 以后，将外部中断称为中断，而所有内部原因引起的中断称为异常中断，简称异常（Exceptions）。按照执行指令非法程度和错误的严重性，异常从轻到重有 3 类：故障、陷阱和终止。

1）故障（Fault）。可由程序自行克服恢复正常运行的异常，称为故障。故障处理具有两个特征：一是对某指令在启动之后到执行之前出现异常而引起中断；二是故障处理过程是执行故障处理程序，该程序是中断服务程序的一种，在执行“引起故障的指令”时自动转入故障处理程序，以 IRET 结束，返回到“引起故障的指令”，如果不再出现异常则程序将继续正常运行。例如，在读虚拟存储器时，首先产生存储器页失效或段失败，其中断服务程序立即按被访问的页或段将虚拟存储器的内容从磁盘上转移到物理内存中，然后再返回主程序中重新执行这条指令，于是可以正常执行下去。

2）陷阱（Trap）。在执行指令的过程中由于某种原因引起的中断，称为陷阱。陷阱处理有两个特征：一是陷阱发生前程序一无所知，只有发生后程序才能察觉；二是陷阱发生后 CPU 执行完当前指令转去执行“陷阱处理程序”，让 CPU“摆脱”陷阱，在处理完后返回原程序中被打断的下一条指令处。

3）终止（Abort）。系统产生硬件故障或软件严重错误时的异常，称作终止。此情况下，不保存中断地址，程序无法继续执行，解决的方法之一就是重新启动操作系统并重建系统表格。

80x86 和 8086 一样也可以容纳多达 256 个中断，分别赋予了中断类型号 0～255，表 6-4 给出了 8086 到 Pentuium 处理器的中断分配。中断管理同 8086/8088 一样采用中断向量结构，同样将某些中断类型作为内部保留中断。不过，实模式与保护模式的中断机制差别较大。实模式下，同 8086/8088 一样在 0 段设置中断向量表，中断时，根据中断类型码从中断向量表中获得中断向量，从而转入中断处理程序。保护模式下中断向量是通过中断描述符表（IDT）获得。在 IDT 中中断向量不再叫作中断向量，而称为“门”，由 8 字节共 64 位中断描述符来描述，所以 IDT 最大容量为 8B×256=2KB。但是，IDT 的起始地址不固定为 0H，长度也不固定为 2KB，而是由 48 位的中断描述符表寄存器 IDTR 给出。除了这些已被定义的中断分配，其他的用户可自行定义。

表 6-4　80x86 微处理器的中断分配

类型码（H）	8086/8088	286	386	486	Pentium
00	除法出错	除法出错	除法出错	除法出错	除法出错
01	单步中断	单步中断	单步中断	单步中断	单步中断

（续）

类型码（H）	8086/8088	286	386	486	Pentium
02	NMI 中断	NMI 中断	NMI 中断	NMI 中断	NMI 中断
03	断点中断	断点中断	断点中断	断点中断	断点中断
04	溢出中断	溢出中断	溢出中断	溢出中断	溢出中断
05		超出限制范围	超出限制范围	超出限制范围	超出限制范围
06		非法指令	非法指令	非法指令	非法指令
07		协处理器无效	协处理器无效	协处理器无效	协处理器无效
08		检测到双精度异常	检测到双精度异常	检测到双精度异常	检测到双精度异常
09		协处理器	协处理器保护错误	（保留）保护错误	（保留）保护错误
0A		非法的任务状态段	非法的任务状态段	非法的任务状态段	非法的任务状态段
0B		段不存在	段不存在	段不存在	段不存在
0C		栈错误(上溢或下溢)	栈错误(上溢或下溢)	栈错误(上溢或下溢)	栈错误(上溢或下溢)
0D		保护错误	保护错误	保护错误	保护错误
0E			页错误	页错误	页错误
0F		保留	保留	保留	保留
10		协处理器错误	协处理器错误	协处理器错误	协处理器错误
11				对齐检查	对齐检查
12					机器检查
13～FF	用户自定义 INT n	用户自定义 INT n	用户自定义 INT n	用户自定义 INT n	用户自定义 INT n

6.4 微型计算机功能扩展总线和接口标准

所谓总线，就是模块之间或系统之间实现互连的一簇公共信号线。它是模块与模块之间或系统与系统之间传送信息代码的公共通道。它们由若干信号线组成。PC 从其诞生以来就采用了总线结构方式，这是由于采用总线结构在系统设计、生产、使用和维护上有很多优越性，例如：

1）简化了系统设计。

2）便于生产与之兼容的硬件板卡和软件。

3）便于系统的扩充和升级。

4）便于故障诊断和维护，同时也降低了成本。

先进的总线技术对解决系统瓶颈、提高整个计算机系统的性能有着十分重要的影响，因此在 PC 的发展过程中，总线结构也不断地发展变化。

6.4.1 一些常用的总线术语

首先来了解一下目前广泛使用的总线术语。

（1）主设备和从设备

主设备就是在设备之间进行数据通信时，发起并控制通信过程的设备。而响应主设备的设备叫作从设备。例如，在基于 80x86 的 PC 系统中，CPU 就是主设备，存储器和 I/O 接口就是从设备。对于 DMA 传输系统，当对 DMA 控制器（DMAC）初始化时，DMAC 是从设备。当 DMAC 控制存储器与 I/O 接口数据传输时，DMAC 为主设备。

（2）总线仲裁

一个系统可以拥有多个主设备，但只有一组全局地址，也就是说，由于总线不能同时满足两个主设备的请求，多个主设备对总线的使用请求必须按序仲裁。要访问总线的主设备，需要向中央总线仲裁器发出请求，并且等到仲裁器响应才继续。根据系统设计的不同，中央仲裁器可以根据优先级机制或先来先服务原则安排每个主设备的总线访问。

（3）总线协议

总线必须服从一系列严格的时序和信号规范才能协调系统各个部分的活动。总线协议就是指总线的这些规范。有两类主要的总线协议：同步（Synchronous）协议和异步（Asynchronous）协议。在同步协议中，总线活动与系统频率同步。异步协议就是遵循各自的时序操作。例如，CPU与存储器间的数据传输是同步传输，均按系统频率操作，不需要联络而直接传输。而打印机与CPU是异步通信，各自按自己的时序操作，数据传输时需要相互联络，打印机“不忙”时CPU才能向打印机发数据，且需要等待打印机的确认。因此，同步协议通常比异步协议数据传输的速度更快。

（4）总线的带宽

总线的带宽指的是一定时间内总线上可传送的数据量，是衡量 CPU 与存储器或外设之间信息传输速度的一个尺度。即人们常说的每秒传送多少兆字节（MB）的最大稳态数据传输率。与总线带宽密切相关的两个概念是总线的位宽和总线的工作时钟频率。总线带宽的计算方法为：总线带宽=总线工作时钟频率×总线的位宽。

1）总线的位宽指的是总线能同时传送的数据位数，即常说的 32 位、64 位等总线宽度的概念。总线的位宽越宽则总线每秒数据传输率越大，总线带宽越宽。Pentium 的总线数据位数已经提高到了 64 位。

2）总线的工作时钟频率是总线周期的倒数，以 MHz 为单位。总线的工作时钟频率越高则总线的工作速度越快，总线带宽越宽。在此应注意，尽管目前处理器的速度可以达到 1GHz 或更高，但总线速度却达不到。这是因为，如果信号的频率高于 100MHz，电路板上噪声就会变得很大。随着技术的发展，总线速度还会有所提高，但是与处理器的速度相比还是有限的。

因此，单方面提高总线的位宽或工作时钟频率都只能部分提高总线的带宽，并容易达到各自的极限，只有两者配合才能使总线的带宽得到更大的提升。

6.4.2 总线的分类

微计算机系统中有各式各样的总线。这些总线可以从不同的层次和角度进行分类。

1）按相对于 CPU 或其他芯片的位置可分为：片内总线和片外总线。

2）按总线功能可分为：地址总线（AB）、数据总线（DB）和控制总线（CB）。

3） 按总线的层次结构可分为：CPU 总线（包括 CAB、CDB、CCB）、存储总线（包括 MAB、MDB、MCB）和系统总线（如 ISA、PCI、AGP 等）。

4）按总线在微计算机中的位置可分为：机内总线和机外总线。

实际上，机外总线指的是微计算机系统与其他外设连接的接口，是一种外设的接口标准，如 RS232、USB、IEEE 1394 等。

6.4.3 80x86 系列微机中常用的总线和接口标准

在 80x86 处理器的 PC 中，目前常采用的总线有 ISA、PCI、Centronics、RS-232C、USB 等。其中 ISA 总线和 PCI 总线是机内板级间总线，Centronics 为并行打印机接口，RS-232C 和 USB 为串行总线接口。下面介绍目前微机中常见的几种总线及接口标准。

1. ISA 总线

工业标准体系结构（Industry Standard Architecture，ISA）总线，又称为 PC/AT 总线。向下兼容 PC/XT 总线，在 PC/XT 的 62 引脚总线的基础上增加了 36 引脚总线。将 8 位 1MB 寻址的 PC/XT 总线扩展成 16 位 16MB 寻址的 PC/AT 总线。PC/AT 总线包括扩展槽：1 个 36 线扩展槽和 1 个 62 线扩展槽。

ISA 总线由于数据通道只有 16 位，地址线也只有 20 根，扩展后的地址总线也只达到 24 根，工作频率不能超过 8MHz，这对于后来发展的 32 位和 64 位高速微处理器存在着不可逾越的瓶颈问题，特别是缺少足够的地线引脚来减少串信和射频发射的影响，这点也降低了 ISA 总线的性能。为此，又推出了改进的 EISA 总线，以及在主板上专门设计只供存储器模块使用的插槽来实现存储器的扩充，使存储器模块的速度与 CPU 以同样或相近的频率工作。对那些显示卡、适配卡等总线标准，PC 板的设计者提出了局部总线（Local Bus）的概念。

局部总线是 PC 体系结构的重大发展。它打破了数据 I/O 的瓶颈，使高性能 CPU 的功能得以充分发挥。从结构上看，所谓局部总线是在 ISA 总线和 CPU 总线之间增加的一级总线或管理层。这样可将一些高速外设，如图形卡、硬盘控制器等从 ISA 总线上卸下而通过局部总线直接挂接到 CPU 总线上，使之与高速的 CPU 总线匹配。局部总线可为 3 种：

1）专用局部总线。

2）VL 总线（VESA Local Bus）。

3）PCI（Peripheral Component Interconnect）总线。

PCI 总线是目前广泛采用的总线，下面重点介绍。

2. PCI 局部总线

PCI 总线采用数据总线与地址总线复用的结构，减少总线的引脚数，从而节省线路空间，降低设计成本。图 6-16 给出了 PCI 总线的体系结构。其所具有的主要功能特点有：

1）突发模式数据传输。

2）电平触发中断，支持中断共享。

3）高总线带宽，最大传输速率可达 133MHz，32 位（5V）和 64 位（3.3V）数据通道。

4）具有隐含的中央仲裁系统，完全的多总线主控能力。

5）具有自动配置功能，因而实现即插即用的功能。

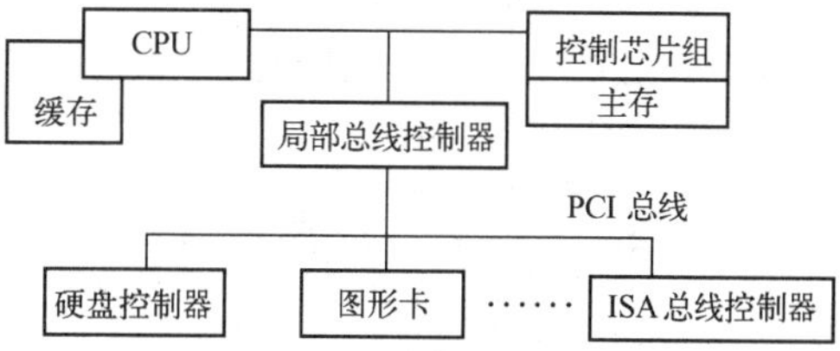

图 6-16　PCI 局部总线体系结构图

6）每两个信号之间有一个 V_{CC} 引脚或地线引脚，以此降低串信和射频发射影响。

7）独立于处理器，可以在任何微处理器上使用，不会因处理器改变而被废置不用。

完整的 PCI 总线标准共定义了 100 条信号线，通常分为必备的和可选的两大类，如图 6-17 所示。但是一般 PCI 接口用不到 50 条信号线。PCI 总线形式为双排共 188 条信号引脚的扩展槽，实景如图 6-18 示。

（1）PCI 总线的必备信号

PCI 总线的必备信号线根据功能分为 5 组。

1）地址/数据复用信号线，32 条。用于传输地址或数据信息，采用复用技术可以大大减少引线数量。在第一个时钟周期内提供地址信息，在第二个时钟周期内提供数据信息。当进行成组数据传输时，只需要在第一个时钟周期内提供地址信息，后续时钟周期即可连续传输数据。

$C/\overline{BE}_0 \sim C/\overline{BE}_3$ 为命令/字节使能信号。当 $C/\overline{BE}_0 \sim C/\overline{BE}_3$ 作为命令时，提供 12 种控制命令信号（其定义见表 6-5）。当 $C/\overline{BE}_0 \sim C/\overline{BE}_3$ 作为字节使能信号时，提供数据总线中不同字节的寻址信号（其定义见表 6-6）。PCI 与 ISA 性能对比见表 6-7。

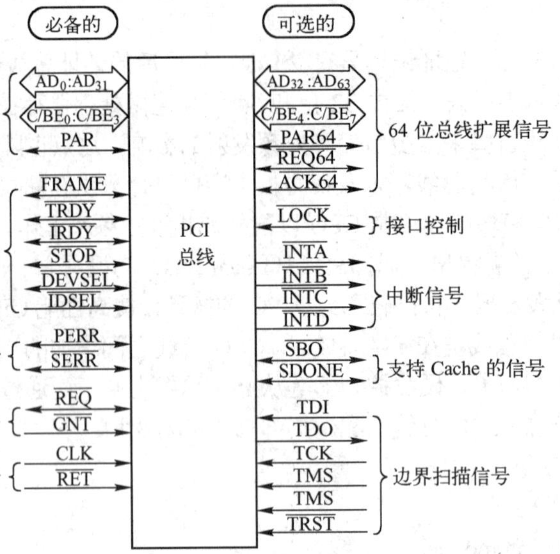

图 6-17 PCI 总线信号

图 6-18 PCI 总线插槽

表 6-5 PCI 命令

$C/\overline{BE}_3 \sim C/\overline{BE}_0$	命令类型
0000	中断响应
0001	特殊周期
0010	I/O 读
0011	I/O 写
0100	保留
0101	
0110	M 读
0111	M 写
1000	保留
1001	
1010	配置读
1011	配置写
1100	M 多行读操作
1101	双寻址周期
1110	M 行读
1111	M 多行写操作

表 6-6 数据通道的寻址

$C/\overline{BE}_3 \sim C/\overline{BE}_0$	数据通道寻址
$C/\overline{BE}_3=0$	数据通道 3，$AD_{31} \sim AD_{24}$
$C/\overline{BE}_2=0$	数据通道 2，$AD_{23} \sim AD_{16}$
$C/\overline{BE}_1=0$	数据通道 1，$AD_{15} \sim AD_{8}$
$C/\overline{BE}_0=0$	数据通道 0，$AD_{7} \sim AD_{0}$

表 6-7 常用 PC 总线对比

总线/端口	总线位宽	总线最大带宽
ISA(8MHz)	16	8MB/s
PCI(33MHz)	32	66MB/s
PCI(33MHz)	64	133MB/s
PCI(66MHz)	64	266MB/s
USB 3.0	1	500MB/s
LPT	8	500KB/s
COM	1	116KB/s

2）接口控制信号线，用来控制数据的传输，并且可以完成对发送端和接收端的协调工作。

PAR：对于 $AD_0 \sim AD_{31}$ 和 $C/BE_0 \sim C/BE_3$ 来说是偶校验位。

$\overline{FRAME}$：在每个数据传送周期开始，由当前的 PCI 主控设备将其置为低电平，当数据传送完毕或被中断时，则撤销此信号。

$\overline{TRDY}$：低电平有效，表示 PCI 设备可以接收或读取数据。

$\overline{\text{IRDY}}$：低电平有效，表示 PCI 主控设备已经准备好传输数据了。

$\overline{\text{STOP}}$：低电平有效，指示主控设备停止当前操作。

$\overline{\text{IDSEL}}$：低电平有效，选择配置存储器。

$\overline{\text{DEVSEL}}$：低电平有效，如果一个 PCI 设备把自己标识为一次 PCI 传送目标，由 PCI 设备将这个信号置为低电平。

3）总线仲裁信号线，是非共享信号，每一个 PCI 总线上的主控设备都具有一对仲裁线，且直接接到 PCI 总线仲裁设备上。

$\overline{\text{REQ}}$：总线请求线，低电平有效输入线。请求作为主控设备对 PCI 总线的控制。

$\overline{\text{GNT}}$：总线应答线，低电平有效输出线。通知请求设备可以使用 PCI 总线作为主控设备。

4）错误报告信号线，用于报告错误的信号线。

$\overline{\text{PERR}}$：低电平有效输出线。表示出现一次奇偶校验错误。

$\overline{\text{SERR}}$：低电平有效输出线。表示出现一个地址奇偶错误或其他严重系统错误。

5）系统工作信号线。

CLK：输入线，为 PCI 提供工作时钟 0～33MHz 或 33.33～66.66MHz（3.3V）。

$\overline{\text{RET}}$：输入线，低电平有效。当复位信号有效时，所有 PCI 专用寄存器、定时器和信号置为初始值，对所有连接到 PCI 总线上的设备都复位。一般情况下，全部输出线呈三态状态。

（2）PCI 总线的可选信号

PCI 总线的可选信号同样根据功能分为 5 组。

1）64 位总线扩展信号线，32 条。是将地址/数据总线从 32 位扩展到 64 位的高 32 位线。PAR64 为高 32 位的奇偶校验位，$\overline{\text{REQ64}}$ 为 64 位传输的请求线，$\overline{\text{ACK64}}$ 为 64 位传输的应答线。

2）接口控制线 $\overline{\text{LOCK}}$，低电平有效，表明到指定的 PCI 设备的访问封锁，但是到 PCI 其他设备的访问仍然可以执行。

3）中断管理信号线，均为非共享信号线，是 PCI 的 4 个中断请求线，如果需要 CPU 中断请求，则需连接到中断控制器上。

4）Cache 支持信号线，用于为微处理器上或 PCI 总线上的设备及能进行高速缓冲操作的存储器提供支持。

5）JTAG 测试信号线，用来为测试程序提供测试信号。

TCK：测试时钟信号，在边界扫描阶段，为状态信息和测试数据输入/输出设备提供时钟信号。

TDI：测试输入信号，对以串行形式移入设备的数据和指令测试。

TDO：测试输出信号，对以串行形式移出设备的数据和指令测试。

TMS：测试模拟选择信号，用来控制、测试访问端口控制器的状态。

$\overline{\text{TRST}}$：测试复位信号，低电平有效，用来对访问端口控制器的初始化进行测试。

3. Centronics 并行打印机接口标准

计算机与打印机的通信是通过打印机接口进行的，它的功能主要是完成打印机与主机间进行数据、控制、状态等信号的交换，是通过专用的打印机电缆连接的。该电缆与主机连接是 25 针插头（见表 6-8），与打印机连接是 36 针插头（见表 6-9）。

表 6-8　25 针并行接口引脚信号分配

引脚	信号名称	方向	信号说明	引脚	信号名称	方向	信号说明
1	$\overline{STROBE}$	出	发送数据	14	$\overline{AUTOFEEDXT}$	出	自动进纸
2	$DATA_0$	出		15	$\overline{ERROR}$	入	出错
3	$DATA_1$	出		16	$\overline{INIT}$	出	初始化打印机
4	$DATA_2$	出		17	GND		选择输入
5	$DATA_3$	出		18	GND		接地
6	$DATA_4$	出		19	GND		接地
7	$DATA_5$	出		20	GND		接地
8	$DATA_6$	出		21	GND		接地
9	$DATA_7$	出		22	GND		接地
10	$\overline{ACKNLG}$	入	确认接收数据	23	GND		接地
11	BUSY	入	打印机忙	24	GND		接地
12	PE	入	缺纸	25	GND		接地
13	SLCT	入	打印机联通				

表 6-9　36 针 Centronics 标准并行接口引脚信号分配

引脚	信号名称	方向	信号说明	引脚	信号名称	方向	信号说明
1	$\overline{STROBE}$	入	发送数据	19	GND		信号的返回地
2	$DATA_0$	入		20	GND		信号的返回地
3	$DATA_1$	入		21	GND		信号的返回地
4	$DATA_2$	入		22	GND		信号的返回地
5	$DATA_3$	入		23	GND		信号的返回地
6	$DATA_4$	入		24	GND		信号的返回地
7	$DATA_5$	入		25	GND		信号的返回地
8	$DATA_6$	入		26	GND		信号的返回地
9	$DATA_7$	入		27	GND		信号的返回地
10	$\overline{ACKNLG}$	出	确认接收数据	28	GND		信号的返回地
11	BUSY	出	打印机忙	29	GND		信号的返回地
12	PE	出	缺纸	30	GND		信号的返回地
13	SLCT	出	打印机联通	31	$\overline{INT}$	入	主机发出的打印机初始化信号
14	$\overline{AUTOFEEDXT}$	入	主机发出的回车信号	32	$\overline{ERROR}$	出	出错信号
15	NC			33	GND		双绞线返回信号地
16	SGND		信号地	34	NC		
17	CGND		机壳地	35	NC		
18	+5V DC	出	+5V 电源	36	$\overline{SLCTIN}$	入	打印机选中信号

打印机与主机通信过程概括为：主机在检测到打印机“不忙”，向打印机发送 8 位数据，然后经过至少 0.5μs，发出 STROBE 数据选通信号，打印机在信号的上升沿接收数据，并置忙线 BUSY 为高电平，即为正“忙”，以通知主机暂停发送数据。当打印机把接收数据处理完后，会清除“忙”标志，并向主机发送应答信号 ACKNLG，通知主机可以再次发送数据。打印机接口除了有并行接口，目前还有 USB 接口，后者逐渐成为主流。

4．RS-232C 串行通信标准

RS-232C 是美国电子工业协会公布的串行总线标准，也是目前常用的串行接口标准。依据这个标准设计的通信接口用来实现计算机与计算机之间、计算机与外设之间的数据通信。它适用于设备之间的通信距离不大于 15m，传输速率最大为 20Kbit/s。新型的 RS-232 IC 可保证达到 116Kbit/s。

1）目前 RS-232C 接口采用 9 芯插头座，其引脚定义如图 6-19 所示。

2）RS-232C 采用负逻辑，即逻辑“1”电平为–5～–15V，逻辑“0”电平为+5～+15V。

3）用 RS-232C 总线连接系统。图 6-20 为 RS-232C 完整连接示意图，图 6-21 为 RS-232C 简单连接示意图，图 6-22 为 RS-232C 近程和远程连接示意图。

4）RS-232C 接口的电平转换。如果使 RS-232C 与 TTL 电平接口时必须进行电平转换，常用的芯片有 MAX232 等，如图 6-23 所示。

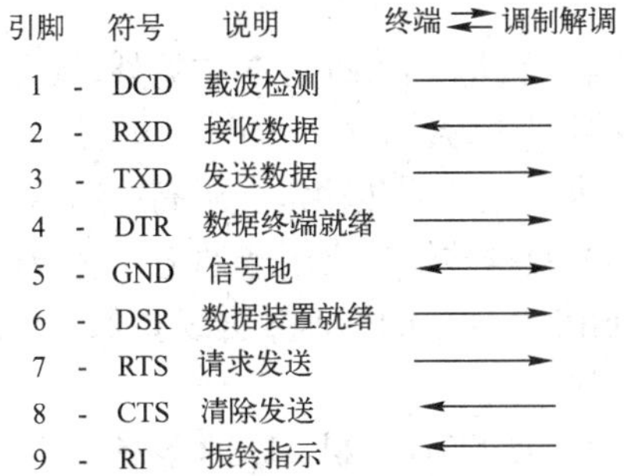

图 6-19 RS-232C 接口信号定义

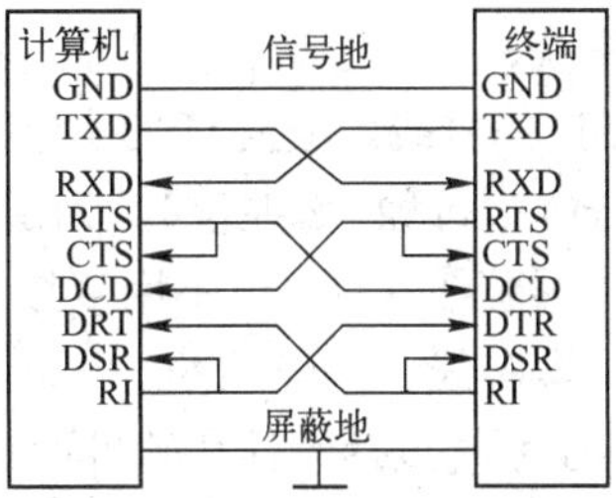

图 6-20 RS-232C 完整连接示意图

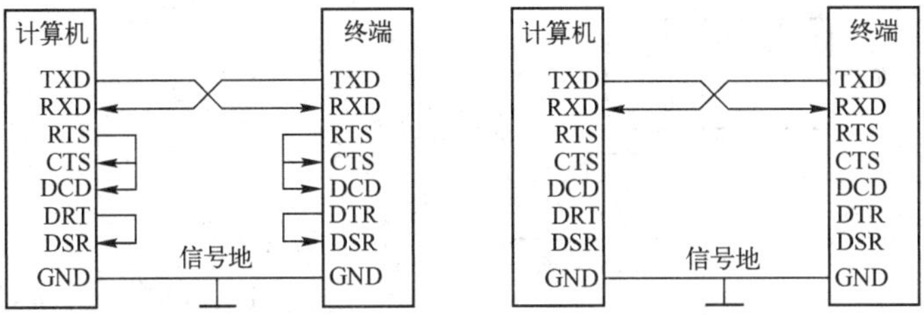

计算机/终端与计算机/终端的简单连接

还可以更简单地连接，即为三线制，只接TXD、RXD和信号地

图 6-21 RS-232C 简单连接示意图

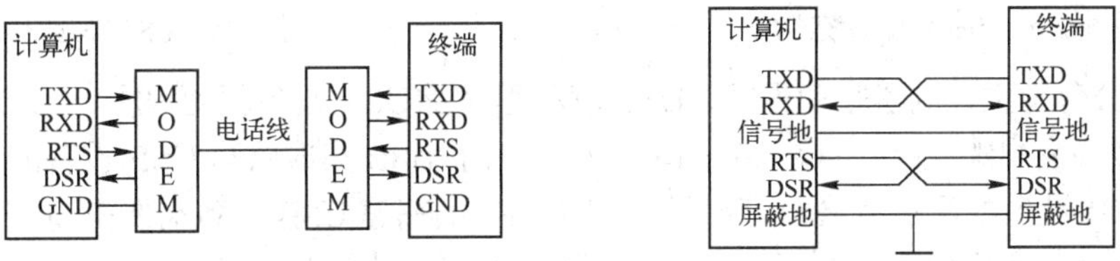

a) b)

图 6-22 RS-232C 远程和近程连接示意图

a) 计算机与终端的远程连接 b) 计算机与终端的近程连接

5. USB 通用串行总线

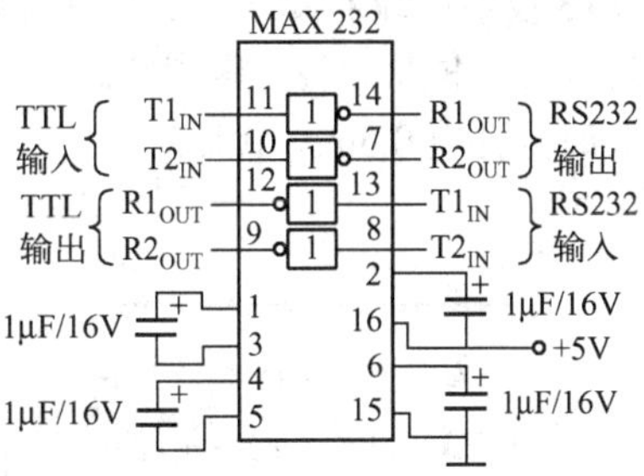

图 6-23 RS-232C 电平转换芯片

USB 是通用串行总线（Universal Serial Bus）的缩写。它是由 Compaq、DEC、IBM、Intel、Microsoft、NEC、NT（北方电讯）七大公司共同推出的接口标准，是一种带宽为 12Mbit/s 的串行总线（对于 USB2.0 版本的传输速度可达到 480Mbit/s），用于将外设连接到微机上。其主要特性如下。

1）具有热即插即用的功能。USB 提供机箱外的热即插即用，连接外设不必打开机箱，也不必关闭主机电源。而其他总线或端口（ISA、PCI、并口 PLT、串口 COM 等）均不具备此特性。

2）USB 采用“级联”方式连接各个外设。USB 采用星形层次结构和 Hub 技术，理论上允许一个 USB 主机连接多达 127 个外设，而两个外设之间的信号线距离可达 5m。

3）内置电源供应。一般的串行或并行设备都需要自备专用电源，而 USB 能向低功耗 USB 设备提供 5V、500mA 的电源，免除了自带电源的麻烦。当然对于 PC 机外的 USB 集线器（Hub）或较高功耗的 USB 设备，可以有自己的专用电源，此时主机不必负责向每个设备供电，因而不会给系统电源增加负担。

4）适用于低速外设连接。USB 除了可以与键盘、鼠标、Modem 等常见外设连接外，还可以与电话系统、数字音响、打印机、扫描仪等低速外设连接。

5）USB 信号线。根据 USB 规范（1.1 版本），为高速数据传输定义了高速通道，传送速率可达 12Mbit/s（每秒 12 兆位），为低速（1.5Mbit/s）数据传输定义了子通道。对于低速数据线可以不采用屏蔽线、也可以不用双绞线。但对于 USB2.0 规范的高速数据线要求必须是双绞线，且要求采用屏蔽线。

6）USB 系统包括硬件和软件两部分。硬件部分包括 USB 主机、USB 设备（Hub 和功能设备），如图 6-24 所示，以及 4 线制连接电缆，如图 6-25 所示。

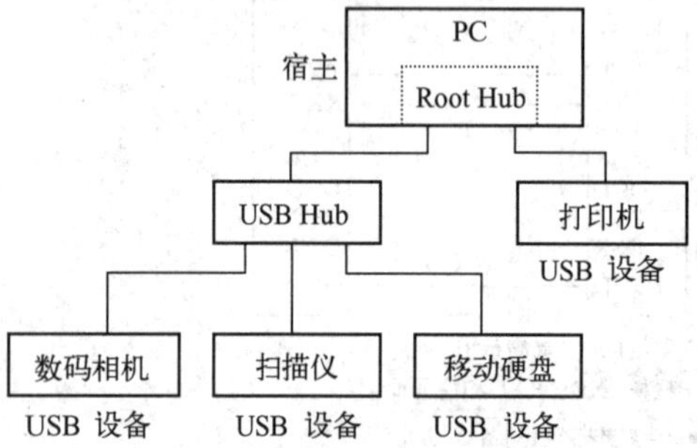

图 6-24　USB 硬件系统组成

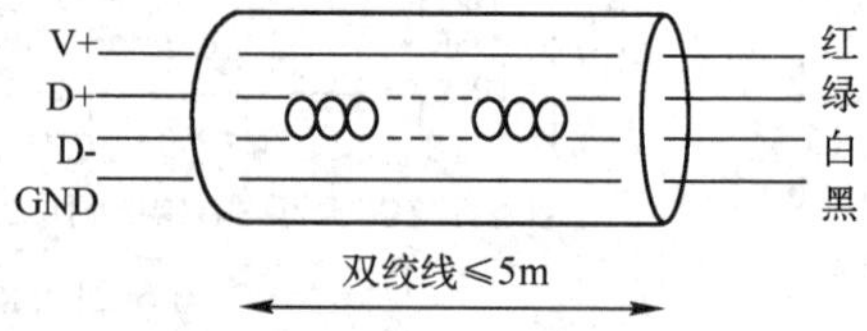

图 6-25　USB 电缆

软件部分包括主控制器驱动程序、USB 驱动程序及 USB 设备驱动程序。

7）USB 设备电缆连接。图 6-26 和图 6-27 给出了 USB 集成器与 USB 设备的连接示意图。对于低速 USB 设备需要在 D–线上接一个上拉电阻，而高速 USB 设备需要在 D+线上接一个上拉电阻，由此可以识别出设备的速度。在 D+和 D–信号线上连接下拉电阻，目的是为了保证两条数据线在没有设备连接时电压值接近地。当 D+和 D–的电压都降低到 0.8V 以下并持续 2.5μs 以上时，说明设备已经断开。当 D+和 D–的电压都上升到 2.5V 以上并持续 2.5μs 以上时，说明 USB 设备已经连接好。当设备刚接到 USB 端口上，其中一条数据线接近 V+，另一条数据线接近地，这种状态称为闲置状态。当 USB 设备长时间（3ms 以上）不使用时，就处于挂起状态，此时只耗电 0.5mA 电流。

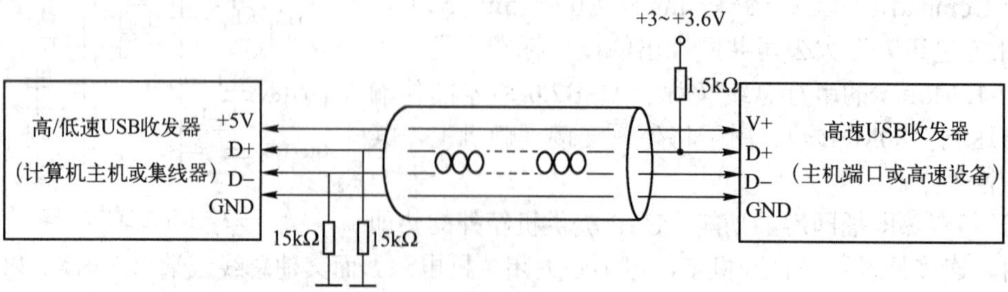

图 6-26　USB 高速设备与集线器间电缆连接

8）USB 数据流类型和基本传输类型。USB 数据流类型有 4 种：控制信号流、块数据流、中断数据流和实时数据流。与之对应，USB 有 4 种基本传输类型：控制传输、批传输、中断传输和等时传输。

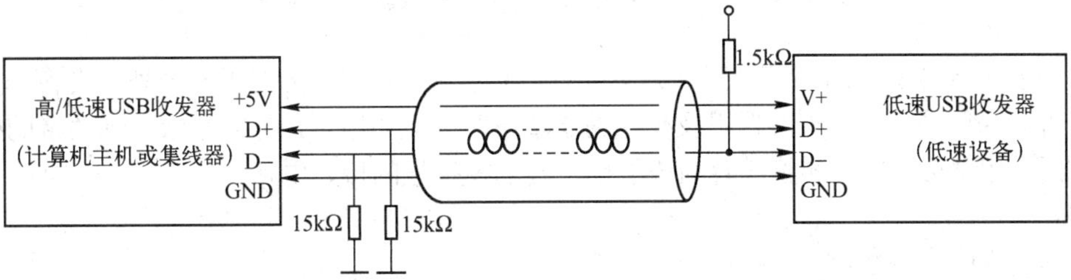

图 6-27　USB 低速设备与集线器间电缆连接

6.5　习题与思考

1．什么是 I/O 接口？I/O 接口主要功能有哪些？

2．CPU 对 I/O 设备有哪几种编址方式？各有什么特点？

3．80x86 采用哪种编址方式？对 I/O 接口的操作指令有哪些？

4．图 6-28 为某 I/O 接口的地址译码电路，试问该 I/O 接口为输入口还是输出口？有效地址有多少个？写出所占有的 I/O 地址范围。

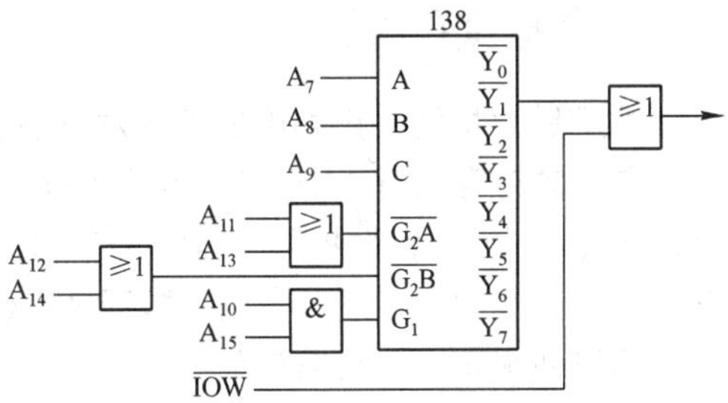

图 6-28　译码电路

5．CPU 与外设数据传输控制方式有哪几种？各有什么特点？

6．查询传输方式用在哪些场合？画出查询传输方式的工作原理图并说明。

7．什么叫中断？中断过程分哪几个基本过程？

8．试述 8086/8088 CPU 的非屏蔽中断有什么特点？可屏蔽中断有什么特点？分别用在什么场合？

9．试说明 8086/8088 CPU 采用中断方式工作前必须完成哪些准备工作。

10．通常解决中断优先级的方法有几种？各有什么优缺点？

11．试述 8086/8088 的中断系统分类。

12．某外设中断类型码为 36H，其中断向量为 CS:IP=3355H:0180H，则其中断向量存放在中断向量表中什么位置？如何存放？

13．8088 系统中的某中断向量存入向量表的 0320H 处，该设备的中断类型码为多少？

14．什么是 DMA 传输？简述 DMA 传输的过程。

15．8086/8088 CPU 在中断响应过程中会自动完成哪些工作？

16．什么是主设备？什么是从设备？

17．什么是总线？总线与接口有什么主要区别？

18．什么叫总线周期？通常总线操作有几种？试说明一下各种总线操作过程。

19．目前微机中常用总线及总线标准有哪些？各自特点与主要功能是什么？

20．什么是局域总线？PCI 总线具有哪些特点？

第 7 章　简单接口电路设计

对于一个计算机应用系统，简单数字接口是最常见的接口。针对不同的外部设备，简单接口电路可分为用锁存器、缓冲器以及少量的逻辑电路组成的用于传输数字量、开关量的接口电路，利用专用 A/D、D/A 转换芯片组成的用于传输模拟量的接口电路。

7.1　接口电路概述

计算机系统中 CPU 与外设信息交流是通过总线完成的。外部设备不能长时间独自占用总线。CPU 与外设交换信息只允许在读/写周期占用总线，所以在接口电路中一般使用三态缓冲器实现 CPU 与外设的隔离。由于 CPU 向外设输出的信息只在写周期出现在数据总线上，为了实现 CPU 与外设的速度匹配，在接口电路中一般使用锁存器先把输出的信息锁存，再由外设处理。

7.1.1　数据锁存器

数据锁存器用来锁存由处理器发出的数据或命令。对于数字量、开关量的外部设备，接口电路常用的锁存器有 74LS175（4 位锁存器）、74LS174（6 位锁存器）、74LS273（8 位锁存器）、74LS373（8 位锁存缓冲器）、74LS573（8 位锁存器）等。对于模拟量的外部设备，常用的 A/D、D/A 转换芯片中大多已经集成了数据锁存器，对于没有集成数据锁存器的芯片在接口电路设计时，可以使用常用的数据锁存器。

8 位锁存器 74LS273 由 8 个 D 触发器实现信息锁存功能，如图 7-1 所示。1D～8D 为数据输入端，常接至数据总线。1Q～8Q 为相应的数据输出端，或直接接外部设备，或通过驱动接外部设备。CLR 为清 0 端，低电平有效，有效时 1Q～8Q 输出为 0。CLK 为锁存信号，上升沿有效。当 CLK 无效时，Q 端保持原来状态，不随 D 端变化。当 CLK 有效时，Q 端随 D 端状态变化。

7.1.2　数据缓冲器

对于数字量、开关量的外部设备，接口电路常用的缓冲器有 74LS125（高选通 4 缓冲器）、74LS126（低选通 4 缓冲器）、74LS244（单向 8 缓冲器）、74LS245（双向 8 缓冲器）等。对于模拟量的外部设备，常用的 A/D、D/A 转换芯片中大多已经集成了数据缓冲器，对于没有集成数据缓冲器的芯片在接口电路设计时，可以使用常用的缓冲器。

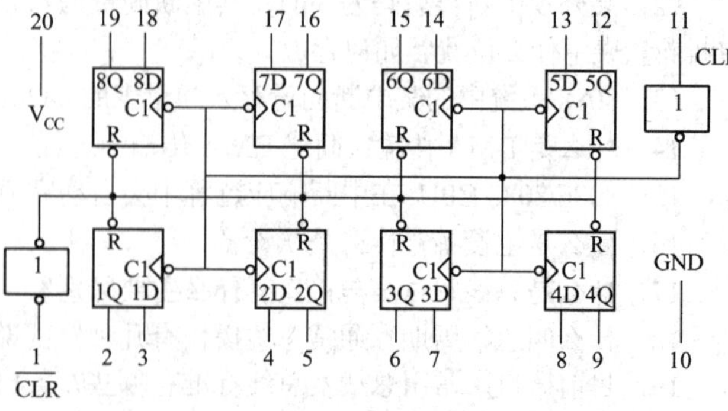

图 7-1　74LS273 结构原理图

图 7-2 给出数据缓冲器 74LS245 结构原理图，每位由两个三态门反接构成（而 74LS244 由 1 个三态门构成单向缓冲器）。$\overline{G}$ 为选通线，低电平有效，DIR 为数据方向控制线，信号与数据流的关系如表 7-2 所示。

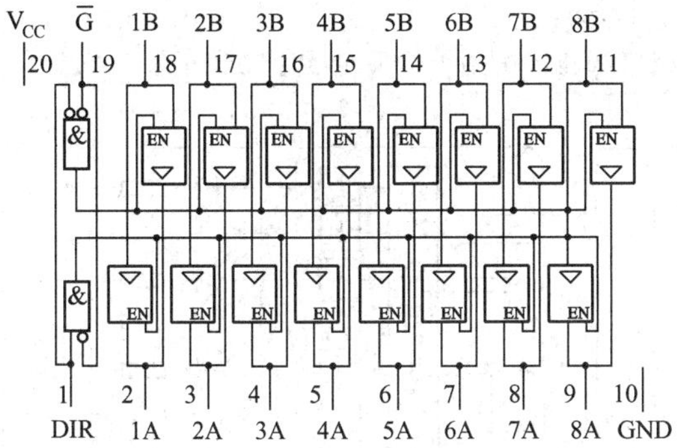

图 7-2　8 缓冲器 74LS245

表 7-1　74LS245 信号真值表

选通线 $\overline{G}$	数据方向控制线 DIR	数据流方向
0	0	A→B
0	1	A←B
1	X	高阻

7.2　开关量输出接口设计

开关量信号即为“0”或“1”两种状态的信号。最易体现的即为灯的亮与灭，此外还可体现在：电机的转动与停止、电磁阀吸合与断开、行程开关的开与合、继电器或晶闸管的通与断等。CPU 如何控制这些开关量？这需要接口把它们与 CPU 联系在一起。

7.2.1　单个开关量输出接口

下面以控制发光二极管（LED）亮与灭为例，介绍开关量输出接口原理与接口设计。当有电流 i 流过时发光二极管（LED）亮，无电流 i 流过时 LED 灯灭。允许通过 LED 的电流量大小需要查阅手册获得。电流过大会烧坏 LED，电流过小则 LED 不亮。

图 7-3 给出了单个 LED 显示接口示意图。接口电路由 1 位 D 触发器、地址译码器（设口地址为 60H，具体电路略）、反向驱动器构成。若 CPU 为 8086/8088，当执行 OUT 60H，AL 时，60H 通过地址总线送出，I/O 写信号 $\overline{IOW}$ 通过控制总线发出，共同作用下使译码器判断出是本触发器被选通，此时 AL 的内容已被送上数据总线，将 AL 的 D_i 位状态锁存在 Q 端，若 AL 的 D_i 位为 1，通过反向器后为 0，使 LED 灯亮，且一直保持到下次写操作；若 D_i=0，则 LED 灯灭，同样保持到下次写操作。8086/8088 写操作工作时序如图 7-4 所示。

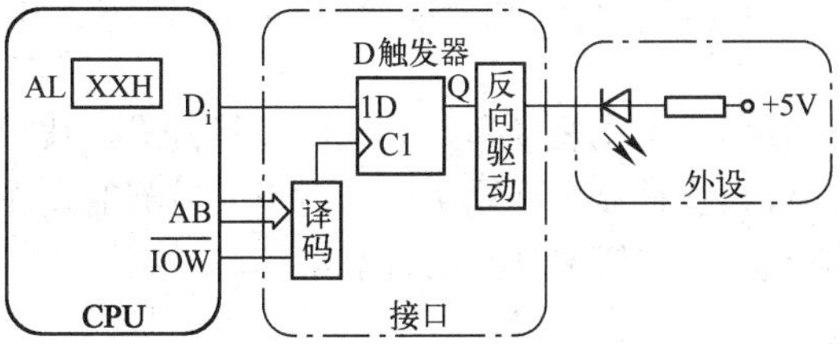

图 7-3　单个 LED 接口电路

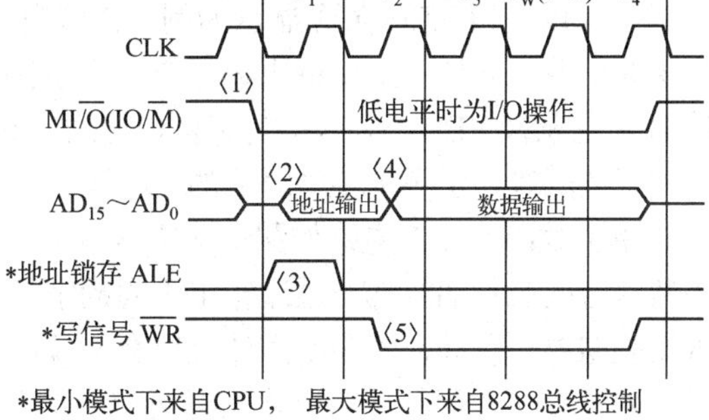

图 7-4　8088/8086 写 I/O 操作时序

控制 LED 灯灭和亮的程序段如下（请参看辅助教学软件中的动画演示）。

```
LED：MOV    AL，00H      ；令 AL=00H
     OUT    60H，AL      ；00H 输出到 60H 为口地址的接口中，使 LED 灯灭
     CALL   YS           ；调延时程序
     MOV    AL，0FFH     ；令 AL=0FFH
     OUT    60H，AL      ；将 0FFH 输出并锁存，经反向器使 LED 灯亮
     HLT                 ；暂停
```

7.2.2 多个开关量输出接口

如果有多个 LED 灯需要控制，则锁存器需要选用 8D 锁存器（如 74LS273），如图 7-5 所示。例如，编制程序可以实现跑马灯功能，使只有 2 个灯亮，延时后下 2 个灯亮，其他灯灭，依此类推。请参看辅助教学软件中的动画演示。参考程序段如下。

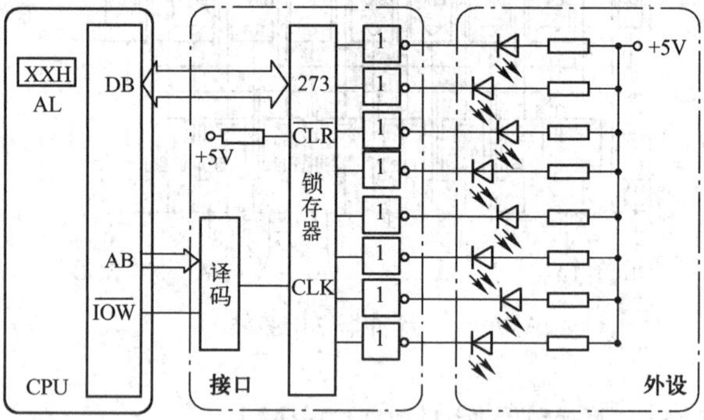

图 7-5　多个 LED 接口电路

```
     MOV    AL，03H      ；AL=00000011B
LP： OUT    60H，AL      ；使低 2 灯亮
     ROL    AL，1        ；AL=00000110B
     ROL    AL，1        ；AL=00001100B
     CALL   YS           ；调延时程序
     JMP    LP           ；跳转到输出指令处
```

7.2.3 数码显示接口

数码管有价格低廉、体积小巧、功耗低、可靠性高等优点，广泛应用在数字仪表、家用电器、微型控制器等场合。数码管由很多字段组成各种字形，可控制每个字段亮与灭。目前常用的数码管从实现原理上可分为发光二极管数码显示（LED）、液晶数码显示（LCD）、荧光数码显示（VFD）。

LCD：功耗低，不发光，靠里外反差显示，在黑暗处看不见，需有备光，多用于便携式电脑、万用表、计算器、仪器、仪表等，一般有专用芯片或接口电路与之配合使用。

LED：功耗较高，有较高的亮度，接口电路简单、可靠，以及价廉等优点。

VFD：由于有灯丝，故功耗高，发光亮度高，美观，成本高。

下面以 8 段 LED 数码显示为例，讲解数码显示及接口的基本原理。8 段 LED 数码显示即为由 8 个发光二极管组成带小数点的 8 字型显示块，有两种内部结构，如图 7-6 所示，共阴极 LED 和共阳极 LED。公共端为字位信号线，a～g～DP 为字型控制信号。表 7-2 给出共阴极和共阳极数码管显示不同字型对应的字型码。

单个数码管接口电路如图 7-7 所示。由字型锁存器、字型驱动器、译码电路等构成，共阴极数码管的公共端接地。通过输出不同的字型码，数码管将显示不同字符。对于大电流的发光管发亮需要加驱动，其驱动方法可以有上拉电阻驱动、三极管驱动和芯片驱动等。

对于多个数码管接口电路具有两种设计方法。

1）静态方式：硬件复杂软件简单。

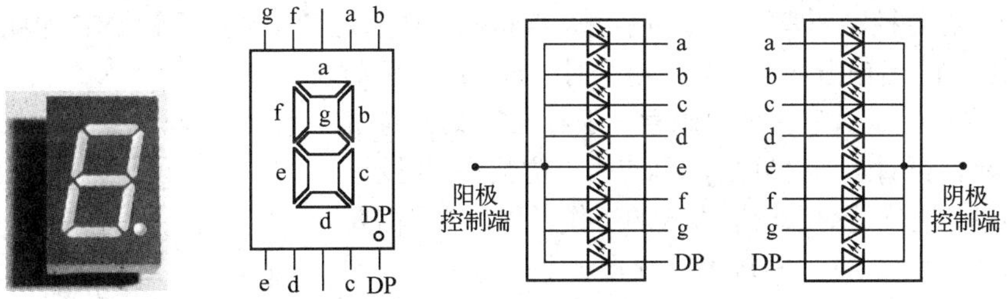

显示块实物图　　8字型的七段式LED 器件　　共阳极 LED　　共阴极 LED

图 7-6　LED 数码管

表 7-2　数码管显示字型与字型码对照表

字型	共阴极									共阳极								
	D_7	D_6	D_5	D_4	D_3	D_2	D_1	D_0	七段代码	D_7	D_6	D_5	D_4	D_3	D_2	D_1	D_0	七段代码
	DP	g	f	e	d	c	b	a		DP	g	f	e	d	c	b	a	
0	0	0	1	1	1	1	1	1	3FH	1	1	0	0	0	0	0	0	C0H
1	0	0	0	0	0	1	1	0	06H	1	1	1	1	1	0	0	1	F9H
2	0	1	0	1	1	0	1	1	5BH	1	0	1	0	0	1	0	0	A4H
3	0	1	0	0	1	1	1	1	4FH	1	0	1	1	0	0	0	0	B0H
4	0	1	1	0	0	1	1	0	66H	1	0	0	1	1	0	0	1	99H
⋮				⋮					⋮				⋮					⋮

2）动态扫描方式：硬件简单软件复杂。

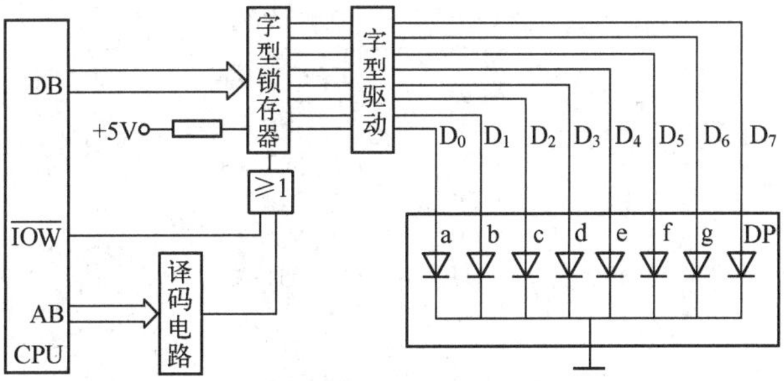

图 7-7　单个 LED 数码管接口电路

图 7-8 给出多个共阴极数码管静态方式接口电路原理图。所有数码管的公共端接地，每个数码管的字型端接一个锁存器，译码器为每个锁存器分配不同的地址。要想让某个数码管显示某个字符，直接送字型码即可。编程非常简单，但电路复杂、成本高。

图 7-9 给出多个共阴极数码管动态扫描方式接口电路原理图。

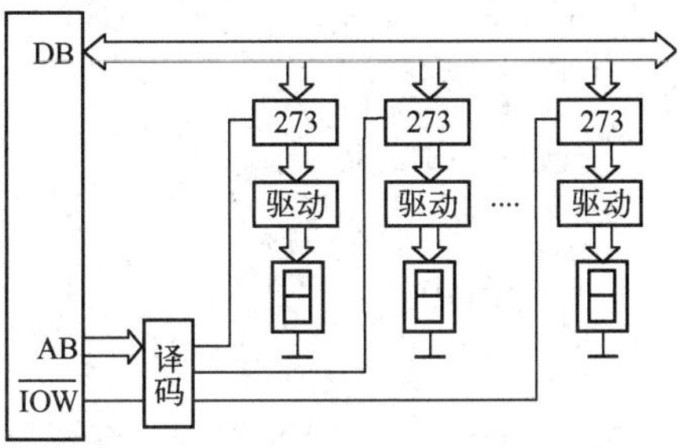

图 7-8　多个 LED 数码管静态接口电路

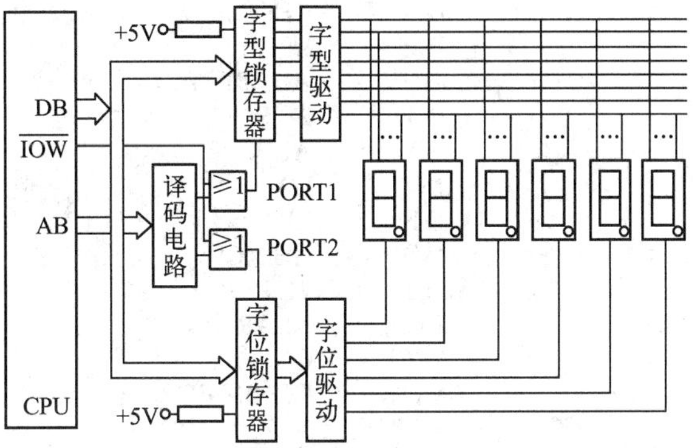

图 7-9　多个 LED 数码管动态接口电路

用一个锁存器控制所有数码管的字型，字型码会同时送到每个显示管的字型端。字位端由字位锁存器控制，当输出某1位为高电平时，通过反向驱动器使对应的数码管显示。多个数码管一般在某时刻只有 1 位数码管显示，延时一段时间后，再使另1位数码管显示，不断循环显示，这就是动态扫描方式的工作过程。如果需要显示 1、2、3、4、5、6，需逐个控制显示字型与字位。这种方式硬件电路简单，尤其对于较多的数码管。但是编程较为复杂，需要不间断地扫描显示。

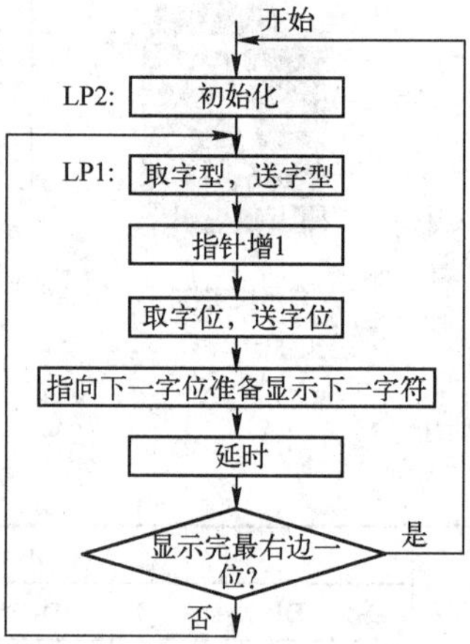

图 7-10　数码管动态扫描程序流程图

【例 7-1】 根据图 7-9 电路，编制程序显示“HAPPY”。

分析：编程思想为将待显示字符的字型码存入内存，取一个字型码送出，再使相应的位线为 0，位控制字右移一位指向下一位数码管，延时，再取下一个字型码送出，直到全部显示完后，循环到开始。图 7-10 为编程流程图。

参考程序如下。

```
DATA    SEGMENT
DATA    DB      76H, 77H, 73H, 73H，6EH, 00H ；为“HAPPY”的字型码

PORT1   EQU 180H
PORT2   EQU 182H
DATA    ENDS
CODE    SEGMENT
        ASSUME      CS: CODE，DS: DATA
START:  MOV     AX, DATA
        MOV     DS, AX
LP2:    MOV     CH，05                  ；数码管个数-1
        MOV     CL, 0EFH                ；CL=1110 1111B
        MOV     BX, OFFSET  DATA
LP1:    MOV     AL, [BX]
        MOV     DX, PORT1               ；取字型，送字型
        OUT     DX, AL
        INC     BX                      ；指针增 1
        MOV     AL, CL
        MOV     DX, PORT2               ；取字位，送字位
        OUT     DX, AL
        ROR     CL
        CALL    YS                      ；延时
        DEC     CH                      ；判断是否显示完
        JNZ     LP1
        MOV     AH, 0BH                 ；判断是否有键按下
        INT     21H                     ；AL=0FFH，有键按下
        OR      AL, 0                   ；AL=0，无键按下
        JNZ     LP3                     ；有键按下则退出
        JMP     LP2                     ；无键按下继续显示
LP3:    MOV     AH, 4CH
        INT     21H
YS      PROC    NEAR                    ；延时子程序
        PUSH    CX
        MOV     CX, 0FFFFH
LP3:    NOP
        LOOP    LP3
```

```
        POP     CX
        RET
YS      ENDP
CODE    ENDS
        END     START
```

除了字型数码管以外，还有点阵式显示器，有专用的接口芯片。有的显示器模块中有锁存器和驱动器，如 TIL311 为 20 点阵数码显示器。也可实现字段式图形显示控制。

7.3 开关量输入接口设计

输入信号只有“0”或“1”两种状态时，称为开关量输入信号。如按键开与关、开关的闭合与打开等。如何检测出开关量的状态？在这里以常见的开关为例，介绍开关量输入接口的设计方法。

7.3.1 单个开关量输入接口

开关分为常开和常闭两种状态，如图 7-11 所示。测试开关状态的接口电路如图 7-12 所示。图中，开关闭合 P 点为“0”，开关打开 P 点为“1”。当 CPU 需要检测开关状态时，发出一条 I/O 读指令，即可将开关状态读入。若 CPU 为 8086/8088，当发出 IN AL，口地址指令，口地址送上地址总线，同时发出 I/O 接口读操作信号 $\overline{IOR}$，则将开关的状态读入 CPU 内部的寄存器 AL 中。请参看辅助教学软件中的动画演示。8086/8088 对 I/O 接口读操作时序如图 7-13 所示。

图 7-11 开关示意图

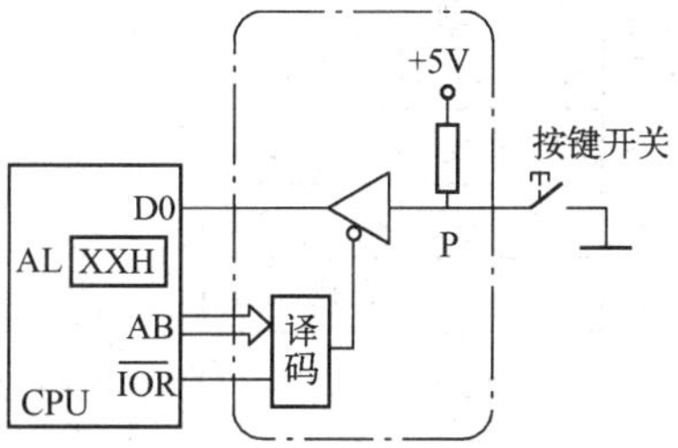

图 7-12 单个按键开关接口电路

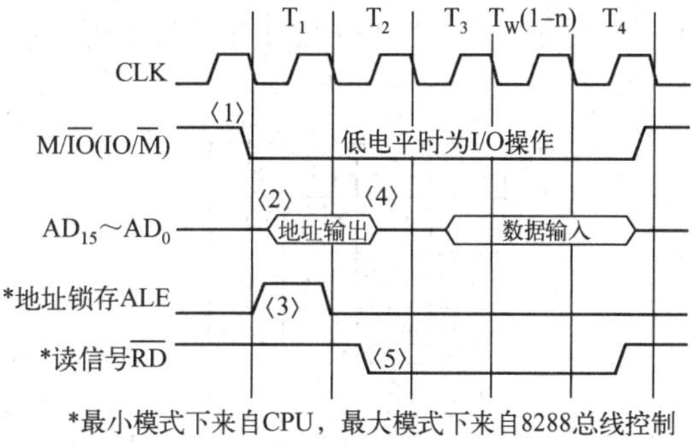

图 7-13 8088/8086 读 I/O 操作时序

7.3.2 多个开关量输入接口

图 7-14 给出了多个开关接口电路原理图，图中开关通过缓冲器与 CPU 相接。当需要获得开关状态时，用指令 IN AL，口地址，即可将 8 个开关的状态取入并存放在 AL 中。

7.3.3 键盘接口

键盘是计算机系统中不可缺少的输入设备，人们通过它向计算机输入信息。最简单的键盘如图 7-14 所示，其缺点是当键盘上的键较多时，需要多个缓冲器接口，引线多，占用的 I/O 端口也多。通常使用的键盘结构是矩阵式的，如图 7-15 所示。

键盘接口的设计最主要的是键的识别，不同的识别方法一般需要有不同的接口电路配合。

通常，键盘又分为编码键盘和非编码键盘两种。对于编码键盘是通过硬件电路产生被按下键的编码（称为键值）和一个选通脉冲。常用选通脉冲向 CPU 发出中断请求，通知 CPU 有键被按下，可以取走其键值。这种方法硬件复杂，软件简单，成本较高。对于非编码键盘是通过按下键会使相应点接通或断开，使得相应的状态为“0”或为“1”，经过接口读取状态、判断，即可获得被按下键的键值。这种方法硬件简单，软件复杂。IBM PC 计算机中的 101 键盘就是采用由 8048 单片机控制非编码键盘的扫描、识别，以及与主机通信的。

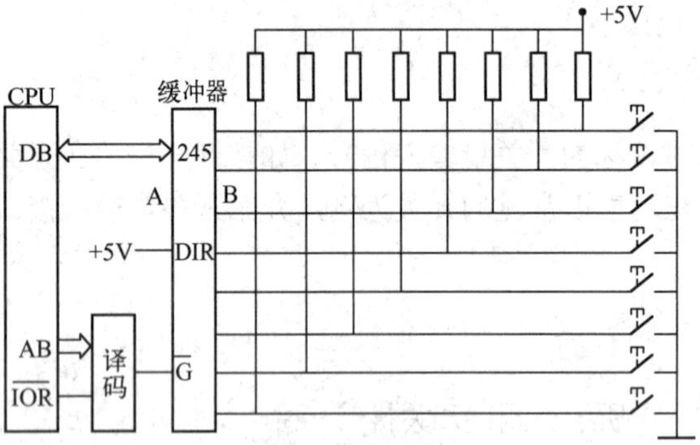

图 7-14　多个开关接口电路

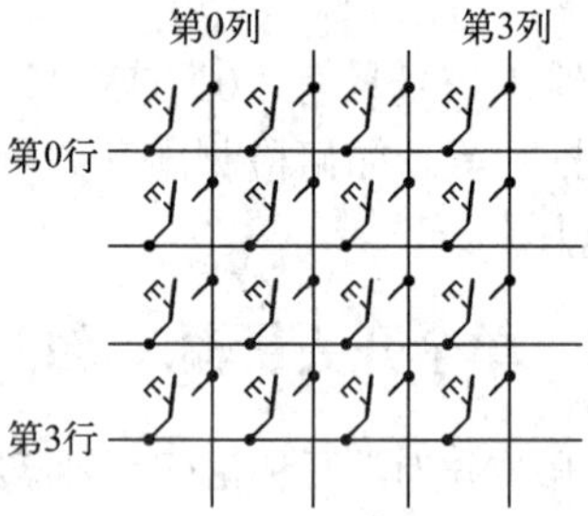

图 7-15　键盘结构示意图

一般，对每个键应设置不同的键值，后续程序可以根据不同的键值转入不同处理程序。图 7-16 为 4×4 键盘的键值表。键值可设置成：键值=按键所处行号×键盘总列数+按键所处列号，如图 7-16 中的左表所示。也可以设置成：键值=行值_列值，其中行值和列值可通过接口读出，被按下键所在行和列的对应位为“0”，其余位为“1”，如图 7-16 中的右表所示。前种方法 1 字节可以表示 256 个键，但编程稍微复杂。后种方法 1 字节最多可表示 16 个键，但编程稍微简单点。

	0 列	1 列	2 列	3 列
0 行	00H	01H	02H	03H
1 行	04H	05H	06H	07H
2 行	08H	09H	0AH	0BH
3 行	0CH	0DH	0EH	0FH

键值=行数＊总列数＋列数

	1110 列	1101 列	1011 列	0111 列
1110 行	EEH	EDH	EBH	E7H
1101 行	DEH	DDH	DBH	D7H
1011 行	BEH	BDH	BBH	B7H
0111 行	7EH	7DH	7BH	77H

键值=行值_列值

图 7-16　4×4 键盘的键值表

要识别键盘上是否有键按下及哪个键按下，通常有两种方法：行扫描法和行反转法。

（1）行扫描法

采用行扫描法识别闭合键时，接口电路如图 7-17 所示，行线接锁存器，列线接缓冲器并通过电阻接电源。在行线输出“0”时，若无键按下则相应的列线为“1”，若有键按下则相应的列线与行线短路而为“0”。行扫描法判断是否有键按下的步骤如下。

第一步：全行扫描，判断是否有键按下。首先通过锁存器向行线输出 00H，使所有行线输出低电平，读取列值，如果列值中有某位为“0”，则表明有键按下，否则表明无键按下。

第二步：逐行扫描，判断哪个键按下。使某一行线输出低电平，而其余行线输出高电平，然后读取列线值，如果列线值中有某位为“0”，则表明该行线与为“0”列线交点处的键被按下；否则扫描下行，直到全部的行线扫描完为止。

图 7-18 给出了行扫描法识别键的编程流程。设 8×8 键盘的键值=8×行号+列号，口地址为 PORT。下面为参考程序段。

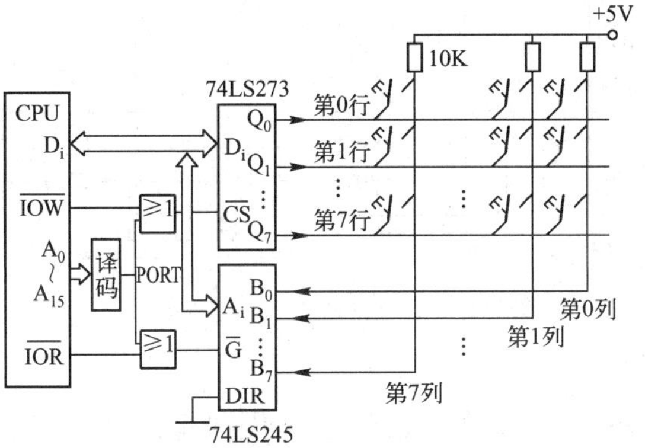

图 7-17　行扫描法键盘接口电路图

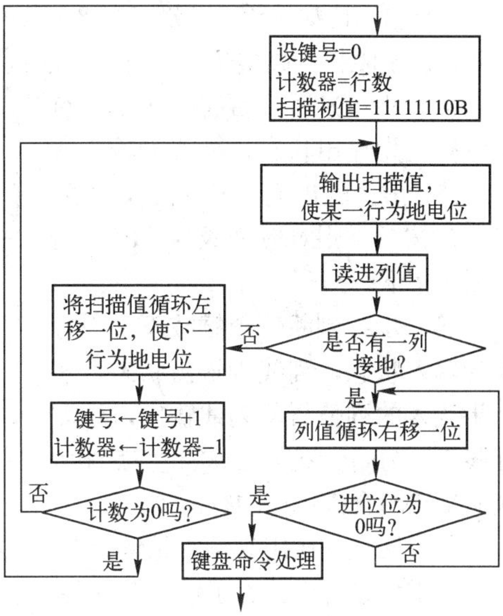

图 7-18　行扫描法流程图

```
PROG:
        MOV     AL，0          ；全行扫描
        OUT     PORT, AL
        IN      AL, PORT
        CMP     AL，0FFH       ；判断是否有键按下
        JNZ     KEY0           ；有键按下转 KEY0
        JMP     DONE           ；无键按下转后续程序
KEY0:
        MOV     BL，  0        ；键号初值为 0（0～7 行）
        MOV     CL，0FEH       ；送扫描初值
        MOV     DL，8          ；计数值为行数
FROW:
        MOV     AL，CL
        OUT     PORT，AL       ；扫描一行
        ROL     AL，1          ；准备扫下一行
        MOV     CL，AL         ；保存修改扫描值
        IN      AL，PORT       ；读入列值
        CMP     AL，0FFH       ；并判断是否有哪条列线接地
        JNZ     FCOL           ；有列线接地则转 FCOL
        MOV     AL，BL         ；如果没有列线接地
        ADD     AL，8          ；则使键号=键号+列数*行
        MOV     BL，AL         ；保存下行的键值初值
        DEC     DL             ；是否各行都扫完
        JNZ     FROW           ；未扫完，则扫下一行
        JMP     DONE           ；已扫完，则转 DONE
FCOL:
        RCR     AL，1          ；判断此列是否接地
        JNC     PROCE          ；CF=0，则转键处理程序
        INC     BL             ；此列未接地，键值增一
        JMP     FCOL           ；则继续判断下一列状态
PROCE:          ……             ；键命令处理程序
DONE:           ……             ；后续处理程序
```

(2）行反转法

采用行反转法识别闭合键时，接口电路如图 7-19 所示，此时要求接口芯片必须为数据流方向可设置，比如选用 8255A（见 8.2 节）。其行线和列线不仅接到 8255A 的端口线上，而且均需要通过电阻接到高电平上。行反转法判断是否有键按下的步骤如下。

第一步：判断是否有键按下。首先令行线为输出状态，列线为输入状态，在行线上输出全“0”，读入列线，若有键按下，则对应列线为“0”，否则无键按下。

第二步：判断哪个键按下。令行线为输入状态，列线为输出状态，将上步读入的列值再从列线输出，读取行线值，则闭合键所在行线值为“0”。从而确定闭合键所在的行与列。

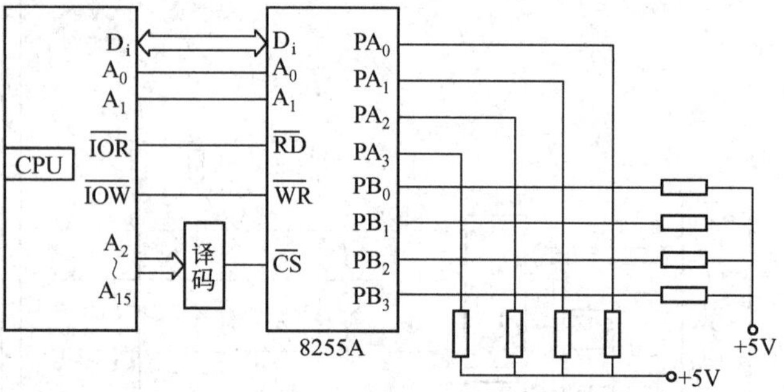

图 7-19　反转法键盘接口电路图

行反转法的应用举例参见例 8-10。

在键盘设计中，除了设计键盘接口以及对键码的识别外，还有两个问题要解决，一个是抖动的问题，另一个是重键的问题。

1）抖动的问题。在按下键时，总会有轻微的抖动，这种抖动约持续 10ms 左右。抖动不可避免地会使在扫描键时产生识别错误。一般可采用软件延时的方法，也就是在 CPU 检测到有键按下后，延时 20ms 后再识别哪个键按下。

2）对重键问题的处理。所谓重键即为同时按下多个键的情况。一般解决的原则是把最后释放的键认作为真正被按下的键。即在扫描有键按下后，要判断是否为重键情况。如果不是重键情况，则继续判断是哪个键按下。如果是重键，则将不断扫描键盘，直到最后一个键被释放后，再判断该键的键码。

键盘和 LED 数码显示接口除了上述设计方案，通常还可以采用以下几种方案。

1）采用并行接口的键盘显示专用芯片 8279。但 8279 所需外围元件多（需要增加显示驱动、译码等）、占用电路板面积较大、综合成本较高。

2）采用专用显示控制器，并用 CPU 的 I/O 引脚完成键盘输入（如 MC14499、PS7219、MAX7219、ICM7218、TLC5921 等，大多是串行接口并有显示驱动能力，I/O 占用少）。这种接口方式省去了显示的扫描，而且电路大多也很简单，通常在系统需要的按键较少时比较适用。

3）采用带 I^2C 总线的键盘显示芯片（如显示用 SAA1064，键盘用 PCF8574），不过这种方式对于无 I^2C 总线接口的 CPU 来说，编程显得有些不便。

4）采用串行接口的键盘显示专用芯片，如 BC7280/81、HD7279、CH451/452 等。这类芯片占用 CPU 的资源少，传输速度较快，外围器件要求也较少，在中小系统中都可得到广泛的应用。比如 CH451/452 最多可控制 16 个 LED 数码管，64 个按键，而与系统连接最多只需要 4 根线，其内部拥有显示和键盘缓冲区，可自动完成键盘、显示扫描工作，还可以选择不同的工作方式。

7.4　D/A 转换接口

D/A 转换就是将数字量按照相应的比例关系转换成模拟量。本节将主要讨论将数字信号转换成模拟信号（D/A 转换）的工作原理、典型 D/A 芯片及接口设计。

7.4.1 D/A 转换原理

D/A 转换即把二进制的数字量转换为相应的模拟量，其基本工作原理为：数字量由许多位二进制数构成，而各位二进制数都有相应的权值，将每位二进制数字量按照各自的权值转换成相应的模拟量，再将各模拟量求和，即为对应的转换值。

根据这个工作原理，D/A 转换器的基本结构如图 7-20 所示，主要由基准电压、模拟二进制数的电子开关、产生二进制权电流（或电压）的精密电阻解码网络、运算放大器（有的 D/A 芯片不带运算放大器，需要芯片外设置）等构成，其中电阻解码网络是 D/A 转换器的主要部件。按电阻解码网络形式来分，主要分为权电阻解码网络和 R-2R 梯形电阻解码网络两大类。

1. 权电阻解码网络

图 7-21 给出了权电阻解码网络示意图。其中每个开关由一位二进制数字量控制，如 D_i=1，S_i 闭合，否则 S_i 打开。S_i 闭合则相应通道有电流产生，所有通道电流叠加后提供给运算放大器。因此运算放大器的输出 V_0 为：

$$V_0 = -\sum_{i=1}^{n} \frac{1}{2^i} \cdot S_i \cdot V_{ref}$$

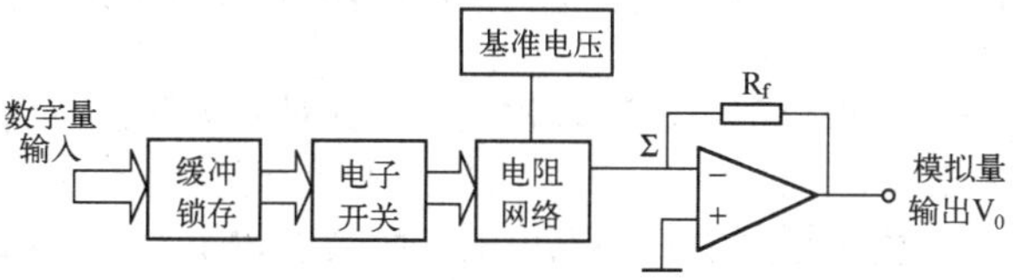

图 7-20 D/A 转换器的基本结构图

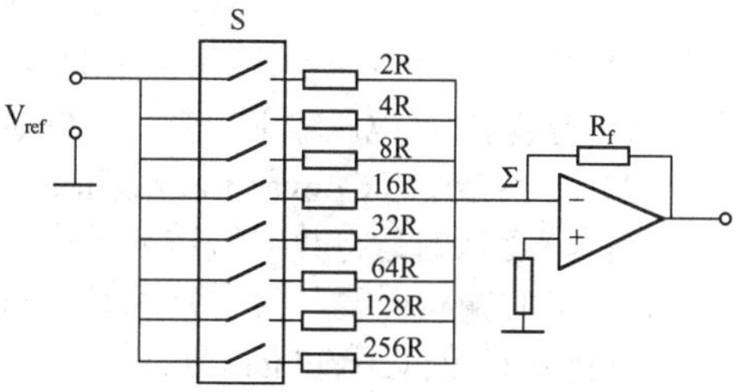

图 7-21 权电阻解码网络原理图

由此可以看出，依据这个电路实现的 D/A 转换器精度与基准电压 V_{ref}、权电阻和反馈电阻精度、电子开关精度，以及二进制数的位数有关。二进制数的位数越多转换精度越高，但权电阻个数越多，集成电路越困难（因为在集成电路中高阻值精密电阻的制造是非常困难的）。

2. R-2R 梯形电阻解码网络

图 7-22 给出 R-2R 梯形电阻解码网络原理示意图。图中同样是由一位二进制数字量控制电子开关闭合，V_0 到 V_i 点处的电压分别为 $\frac{1}{2^i} \cdot V_{ref}$，从 0 到 n–1 点的

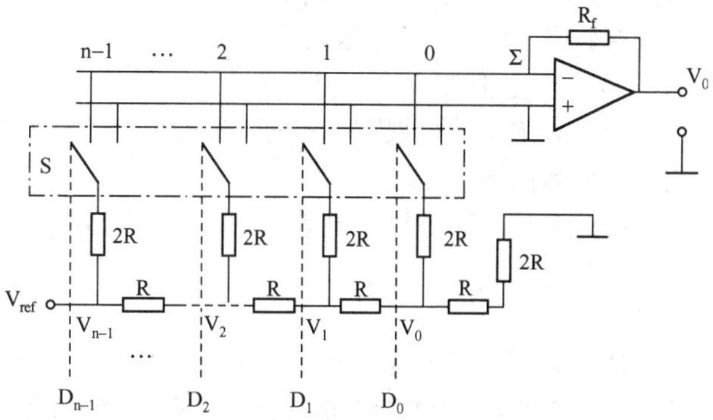

图 7-22 R-2R 梯形电阻解码网络原理图

阻抗均为 2R，流入的电流为 $I_i = \left(\frac{1}{2^i} \cdot D_i \cdot V_{ref}\right) / 2R = \frac{1}{2^{i+1} \cdot R} \cdot D_i \cdot V_{ref}$。所以，运算放大器的输出 V_0 为：

$$V_0 = -\frac{R_f}{R} \cdot \sum_{i=0}^{n-1} \frac{1}{2^{i+1}} \cdot D_i \cdot V_{ref}$$

由此看出，V_0的输出范围正比于R_f与R的比值和V_{ref}的大小。

D/A 转换器的内部电路构成无太大差异，大多数 D/A 转换器由电阻阵列和 n 个电流开关（或电压开关）构成。按数字输入值切换开关，产生与输入成比例的电流（或电压）。此外，也有为了改善精度而把恒流源放入器件内部的。D/A 转换器的输出形式可分为电流型和电压型。一般来说，由于电流开关的切换误差小，大多采用电流开关型电路，电流开关型电路如果直接输出生成的电流，则为电流输出型 D/A 转换器。电压开关型电路如果直接输出电压，则为电压型 D/A 转换器。

7.4.2 D/A 转换器技术参数

目前市场上有各种参数的 D/A 转换芯片供用户选择，衡量 D/A 转换器性能有很多技术参数，下面为其中的主要技术参数。

（1）分辨率（Resolution）

分辨率是指 D/A 转换芯片所能输出的最小模拟增量，常用输入数字量的最低有效位（LSB）对应的输出模拟电压值来表示，也可以用模拟量的满量程除以输入的最大数值来获得。由此可知位数越多，数字量的最大值越大，分辨率的值越小。所以，也常用输入数字量的位数来表示分辨率。如 8 位、10 位、12 位、16 位等。

（2）建立时间（Setting Time）

建立时间是将一个数字量转换为稳定模拟信号所需的时间，又称为转换时间。是指输入数字量从 0 变换到最大值时，其模拟输出达到满刻度值的±（1/2）LSB 对应值时所需要的时间。电流型的 DAC 转换较快，电压输出的 DAC 转换较慢，转换时间主要取决于运算放大器的响应时间。

（3）转换精度（Conversion Accuracy）

转换精度指的是将数字量转换成模拟量时，所得模拟量的精确程度，也就是实际转换输出与理想输出的偏差程度，精度分为绝对精度和相对精度。

1）绝对精度（Absolute Accuracy）。绝对精度是指数字量输入值的实际转换输出与理想转换输出之间的最大误差。一般应低于±（1/2）LSB。

2）相对精度（Relative Accuracy）。相对精度是指任何数字量输入值对应的实际转换值与理想值之间的误差，实际上是指 D/A 转换器的线性度。一般是以偏差相对于满刻度值的百分比或最低有效值（LSB）的分数表示。

（4）温度系数

温度系数是指在规定范围内，每变化 1℃，增益、线性度、零点等参数的变化量。温度系数直接影响转换精度。

除此之外，还有线性误差、工作电压、输出电压范围、工作温度范围、漂移等技术参数。

7.4.3 DAC 0832 介绍

D/A 转换芯片类型很多，有并行、串行接口之分，有电压型、电流型之分，有高速、低速之分，有双极型、MOC 型之分。还有精度不同，位数不同，厂家不同，型号不同等。本节只介绍一款典型的 D/A 转换芯片——DAC 0832。

DAC 0832 是美国国家半导体公司生产的 8 位集成电路芯片。

1．DAC 0832 的引脚特性

DAC 0832 具有 20 引脚，单电源工作。其引脚定义如图 7-23 所示。

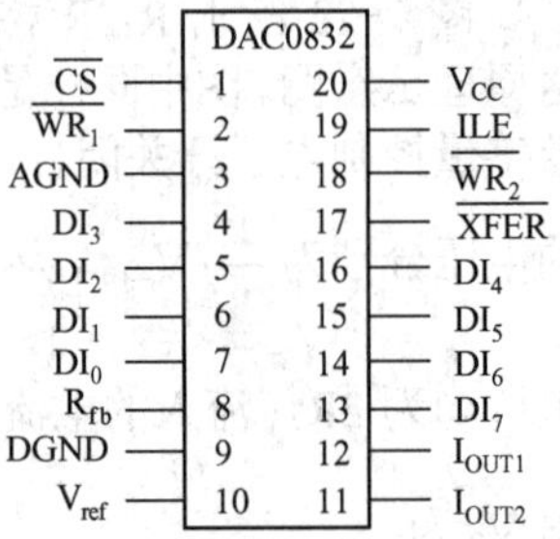

图 7-23 DAC 0832 引脚定义

DI_7～DI_0：D/A 转换器的数字量输入信号。

$\overline{CS}$：片选线，低电平有效。

$\overline{WR_1}$：数据写线 1，低电平有效。

ILE：输入寄存器允许信号，高电平有效。ILE 和 $\overline{WR_1}$、$\overline{CS}$ 共同作用来控制 8 位数据输入寄存器。

$\overline{WR_2}$：数据写线 2，低电平有效。

$\overline{XFER}$：传输允许控制信号，低电平有效。与 $\overline{WR_2}$ 一起控制 8 位 DAC 寄存器。

V_{ref}：基准电压，其范围可以是−10～+10V。

I_{OUT1}：输出电流 1。当输入数字量中的各位全为 1 时，$I_{OUT1}=\dfrac{255\cdot V_{ref}}{256\cdot R_{fb}}=$最大。

当输入数字量中的各位全为 0 时，$I_{OUT1}=0=$最小。

I_{OUT2}：输出电流 2。I_{OUT1} 与 I_{OUT2} 的关系为：

$$I_{OUT1}+I_{OUT2}=\text{常数}$$

R_{fb}：内部反馈电阻引脚。

V_{CC}：工作电源引脚，其值可为+5～+15V。

DGND：数字信号地。

AGND：模拟信号地。

2. DAC 0832 的内部结构

图 7-24 给出了 DAC 0832 的内部结构示意图。其内部有两个数据缓冲寄存器、8 位输出寄存器和 8 位 DAC 寄存器。转换结果以一组差动电流 I_{OUT1} 和 I_{OUT2} 输出。

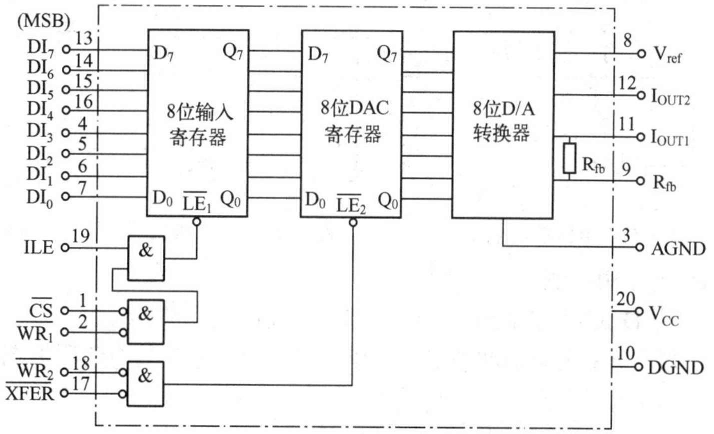

图 7-24 DAC 0832 内部结构框图

DAC 0832 具有 8 位输入寄存器，因此可以使输入端 DI_7～DI_0 直接与 CPU 的数据线相连。

DAC 0832 的两个数据缓冲寄存器的工作状态分别受 $\overline{LE_1}$ 和 $\overline{LE_2}$ 控制。当 $\overline{LE_1}=0$（低电平）时，8 位输入数据寄存器的输出随输入而变化。当 $\overline{LE_1}=1$ 时，输入数据立即被锁存。同理，8 位 DAC 寄存器的工作状态受 $\overline{LE_2}$ 的控制。

3. DAC 0832 的工作方式

DAC 0832 有 3 种工作方式：双缓冲工作方式、单缓冲工作方式、直通工作方式。

（1）双缓冲工作方式

DAC 0832 芯片内有两级数据寄存器，可以分别控制。此时，CPU 对 DAC 0832 芯片通过两个端口地址进行两次写操作：

1）第一次将数据写入输入寄存器。

2）第二次将输入寄存器的内容写入 DAC 寄存器。

双缓冲工作方式的优点是 DAC0832 的数据接收和启动转换可以异步进行，可以在 D/A 转换的同时，进行下一数据的接收，以提高模出通道的转换速率，可实现多个模出通道同时进行 D/A 转换。

（2）单缓冲工作方式

此方式是使两个寄存器中的任何一个处于直通状态，另一个工作于受控锁存器状态，一般常使 DAC 寄存器处于直通状态。此时数据只要一写入 DAC 芯片，就立即进行数模转换。此种方式可减少一条输出指令，在不要求多个模出通道同时刷新模拟输出时，可采用此种方式。

（3）直通工作方式

将 $\overline{CS}$、$\overline{WR_1}$、$\overline{WR_2}$ 和 $\overline{XFER}$ 引脚都直接接数字地，ILE 引脚为高电平时，芯片即处于直通状态。此时，8 位数字量一旦到达 DI_7～DI_0 输入端，就立即进行 D/A 转换而输出。但在此种方式下，DAC 0832 不能直接和 CPU 的数据总线连接，故很少采用。

4．DAC 0832 构成电压输出电路

DAC 0832 为电流输出 DAC 转换芯片，但是，在许多场合需要电压输出，因此，通过外加运算放大器，将电流输出转换成电压输出。常用的转换电路有两种：单极性电压输出电路和双极性电压输出电路。图 7-25 给出了构成单极性电压输出电路原理图。当 V_{ref}=+5V 时，输出电压为 0～–5V。图 7-26 给出了构成双极性电压输出电路原理图。当 V_{ref}=+5V 时，输出电压为–5～+5V。

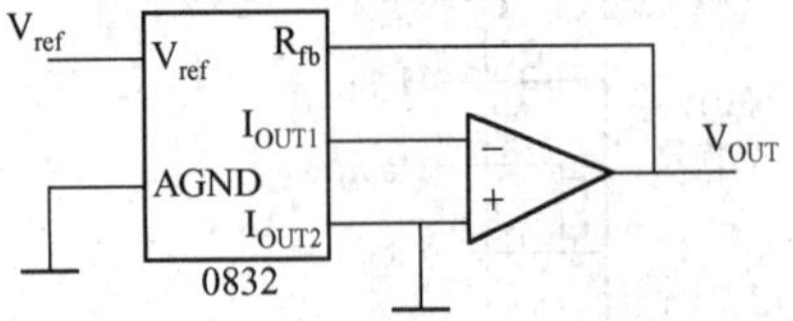

图 7-25　DAC 0832 单极性电压输出电路

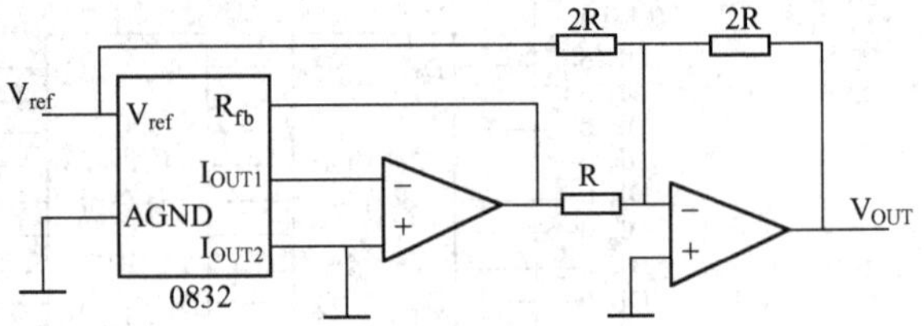

图 7-26　DAC 0832 双极性电压输出电路

5．DAC 0832 的应用举例

【例 7-2】　试用 DAC 0832 设计一个 0～–5V 变化的锯齿波发生器。

分析：根据题意，可采用单缓冲单极性电压输出接口电路，其电路原理图如图 7-27 所示。设口地址为 40H。

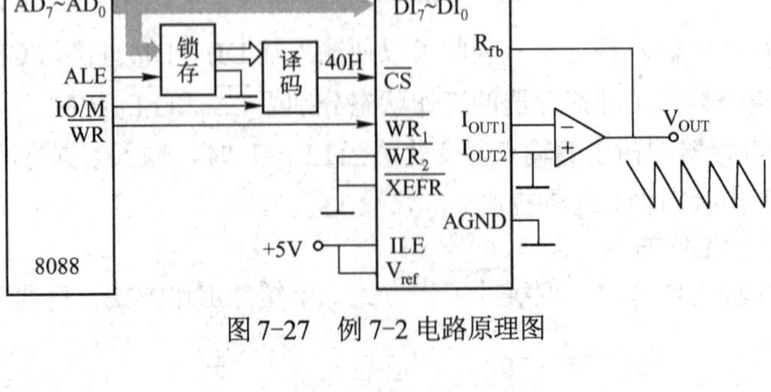

图 7-27　例 7-2 电路原理图

其程序如下。

```
        MOV     AL,  0          ; 设置初值
LP:     OUT     40H,  AL        ; 输出锯齿波
        INC     AL
        JMP     LP
```

【例 7-3】 试用 DAC 0832 设计一个–5～+5V 变化的方波发生器。

分析：根据题意，可采用单缓冲双极性电压输出接口电路，其电路原理图如图 7-28 所示。设口地址为 40H。

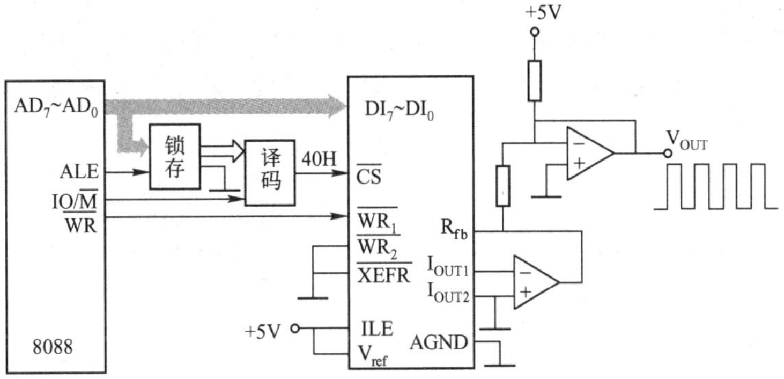

图 7-28 例 7-3 电路原理图

参考程序如下。

```
LP1:    MOV     AL, 0           ; 设置初值
        MOV     CX, 80H
LP2:    OUT     40H,AL          ; 输出方波-5V
        LOOP    LP2
        MOV     AL, 0FFH        ; 设置初值
        MOV     CX, 80H
LP3:    OUT     40H,AL          ; 输出方波+5V
        LOOP    LP3
        JMP     LP1
```

7.5 A/D 转换接口

本节将主要讨论如何将连续变化的模拟信号转换成计算机可识别的 TTL 电平或 MOS 电平数字信号，并讨论接口原理与设计。

7.5.1 A/D 转换原理

A/D 转换器是模拟信号源与计算机或其他数字系统之间联系的桥梁，其主要任务是将连续变化的模拟信号转换为数字信号，以便计算机或数字系统进行处理、存储、控制和显示。在工业控制和数据采集及许多其他领域中，A/D 转换器是不可缺少的重要组成部分。

A/D 转换的方法很多，常用的有计数式、逐次逼近式、双积分式、并行式比较型/串并行比较型、Σ-Δ 调制型、电容阵列逐次比较型及压频变换型等。

（1）计数式 A/D 转换

计数式 A/D 转换器主要是由计数器、D/A 转换器、比较器等构成。图 7-29 给出 8 位计数

式 A/D 转换器原理示意图。其工作原理为：当启动转换信号有效，计数器清零，同时开始计 CLK 脉冲个数，并输出计数值给 D/A 转换器，D/A 转换器将当前计数值转换成模拟电压 V_{out} 输出给比较器，当 $V_{out}>V_{in}$，则比较器输出信号翻转，用于使计数器停止计数，同时给出转换结束信号，此时计数器的输出为 D/A 最终的转换值。

计数式 A/D 转换器原理简单，价格便宜，但转换速度较慢，适合于转换位数较低的慢速模拟信号。

（2）逐次逼近式 A/D 转换

逐次逼近式 A/D 转换是由时序及控制逻辑、逐次逼近寄存器 SAR、D/A 转换器、比较器等构成的，如图 7-30 所示。其工作原理为：启动转换信号 START 有效时，使逐次逼近寄存器 SAR 清零，然后将 SAR 的最高位置“1”，其他位置“0”，经 D/A 转换成电压 V_c 与输入电压 V_i 比较，若 $V_i>V_c$ 则 SAR 最高位置“1”，然后再将下一位置成“1”，再转换、比较、判断……，直到所有位处理完为止。

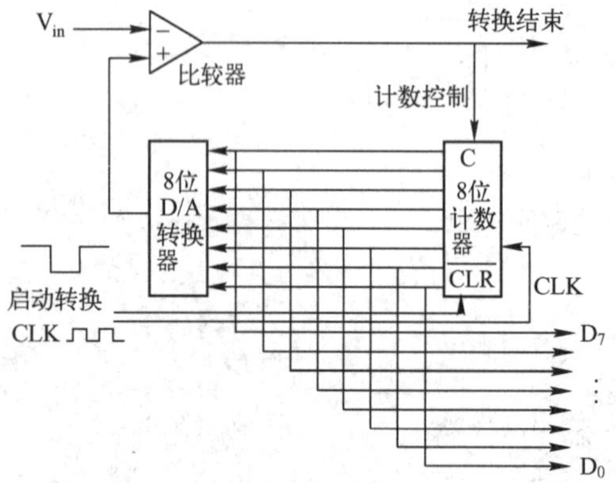

图 7-29　计数式 A/D 转换原理图

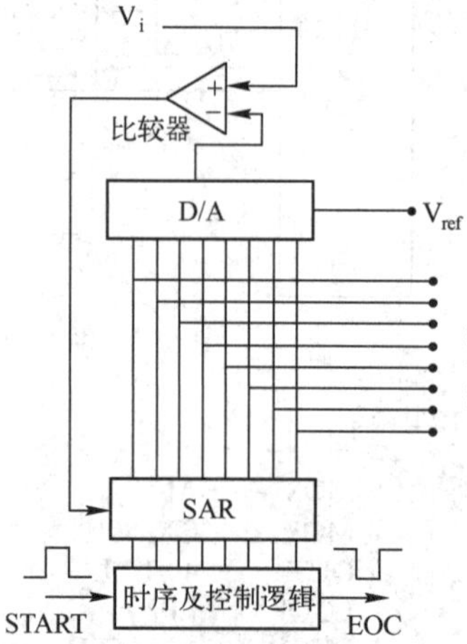

图 7-30　逐次逼近式 A/D 转换原理图

逐次逼近式 A/D 转换的精度取决于 SAR 和 D/A 转换器位数，位数越高转换越接近 V_i，即转换精度越高，速度越慢，抗干扰能力也越差。当逐次逼近式 A/D 转换芯片的位数确定了，转换时间也就确定了，也就是说，转换时间不随模拟量输入信号大小变化。

（3）双积分式 A/D 转换

积分型 A/D 转换的工作原理是将输入电压转换成时间（脉冲宽度信号）或频率（脉冲频率），然后由定时器/计数器获得数字值。其优点是用简单电路就能获得高分辨率，抗干扰能力强，但缺点是由于转换精度依赖于积分时间，因此转换速率极低，适合于信号缓慢变化场合。初期的单片 A/D 转换器大多采用积分型，现在逐次比较型已逐步成为主流。

图 7-31 给出了双积分式 A/D 转换原理图，主要由一个积分器、一个比较器、一个可控的电子开关以及时钟、计数器、控制逻辑等构成。A/D 转换的基本工作过程为：启动转换后，控制逻辑首先控制电子开关接入 V_{in}，积分器开始积分，同时计数器开始计数。当积分一定时间（积分时间是固定的）后，控制逻辑控制电子开关使参考电压 V_{ref} 接入，积分器开始反向积分（即开始放电），同时计数器开始重新计数。当积分器输出为 0，比较器输出翻转，通知控制逻辑转换结束，停止计数器计数，此时的计数值即为 A/D 转换值。

（4）并行式比较型 A/D 转换和串并行比较型 A/D 转换

图 7-32 给出了并行式 A/D 转换原理图，由图中可以看出并行比较型 A/D 采用多个比较器，

仅作一次比较而实行转换，又称 Flash（快速）型。由于转换速率极高，n 位的转换需要 2^n-1 个比较器，因此电路规模也极大，价格也高，只适用于视频 A/D 转换器等速度特别高的领域。其工作原理是：将参考电压通过电阻分压直接输出 2^n-1 个电平接到不同的比较器的负端，各比较器的正端接转换器的模拟电压输入 V_{in}，2^n-1 个比较器同时将比较结果送入编码器，经编码产生相应的数字量输出。

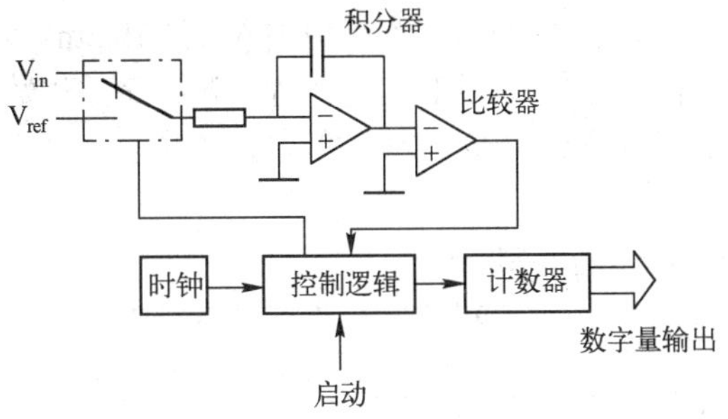

图 7-31 双积分式 A/D 转换原理图

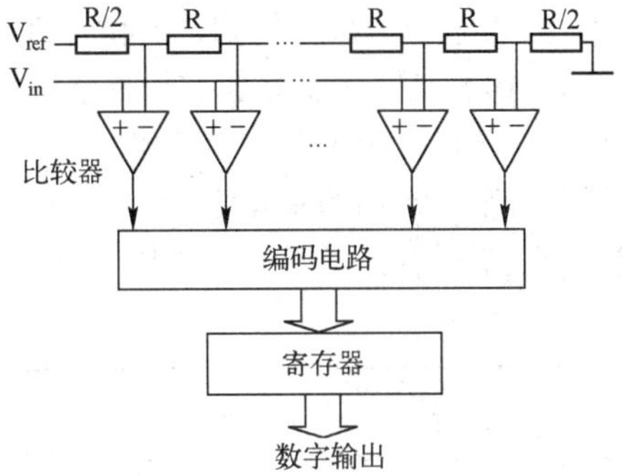

图 7-32 并行式 A/D 转换原理图

串并行比较型 A/D 结构上介于并行型和逐次比较型之间，最典型的是由 2 个 n/2 位的并行型 A/D 转换器配合 D/A 转换器组成，用两次比较实行转换，所以称为半快速（Half flash）型。还有分成三步或多步实现 A/D 转换的叫作分级（Multistep/Subranging）型 A/D，而从转换时序角度又可称为流水线（Pipelined）型 A/D，现代的分级型 A/D 中还加入了对多次转换结果作数字运算而修正特性等功能。这类 A/D 速度比逐次比较型高，电路规模比并行型小。

（5）Σ-Δ 型 A/D 转换器

Σ-Δ 型 A/D 转换器由差分放大器、积分器、比较器与 1 位的 DAC 组成，如图 7-33 所示。原理上近似于积分型，将输入电压转换成时间（脉冲宽度）信号，用数字滤波器处理后得到数字值。

输入信号减去来自 1 位 DAC 的信号将结果作为积分器的输入，当系统得到稳定工作状态时，积分器的输出信号是全部误差电压之和，同时积分器可以看作是低通滤波器，对噪声有–6dB 的抑制能力，而后比较器将输出数字 1 或 0 的位流。DAC 将比较级的输出转换为数字波形，回馈给差分放大器。

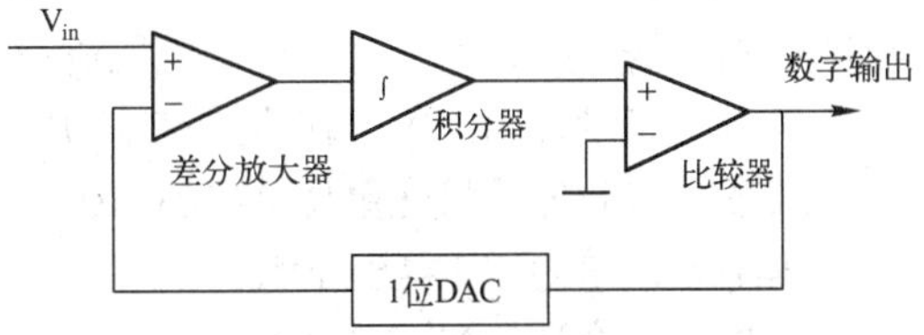

图 7-33 Σ-Δ 型 A/D 转换原理图

电路的数字部分基本上容易单片化，因此容易做到高分辨率。Σ-Δ 型 A/D 转换器的优点表现在低成本与高分辨率，主要用于音频和测量。

（6）电容阵列逐次比较型

电容阵列逐次比较型 A/D 在内置 D/A 转换器中采用电容矩阵方式，也可称为电荷再分配型。一般的电阻阵列 D/A 转换器中多数电阻的值必须一致，在单芯片上生成高精度的电阻并不容易。如果用电容阵列取代电阻阵列，可以用低廉成本制成高精度单片 A/D 转换器。

（7）压频变换型

压频变换型（Voltage-Frequency Converter）是通过间接转换方式实现模数转换的。其原理是首先将输入的模拟信号转换成频率，然后用计数器将频率转换成数字量。从理论上讲这种 AD 的分辨率几乎可以无限增加，只要采样的时间能够满足输出频率分辨率要求的累积脉冲个数的宽度。其优点是分辨率高、功耗低、价格低，但是需要外部计数电路共同完成 AD 转换。

7.5.2 A/D 转换器的主要技术指标

衡量 A/D 转换器有很多技术指标，下面介绍其中的主要技术指标。

（1）分辨率（Resolution）

分辨率反映 A/D 转换器对输入微小信号变化的响应能力，常用数字输出最低位（LSB）所对应的模拟输入的电平值表示分辨率。即对于 n 位 A/D 转换器，用所允许的最大模拟输入值，除以 2^n 表示分辨率。例如，8 位 A/D 转换器，模拟输入满量程为 5V，其分辨率为 $5V/2^8$=5V/256=19.5mV，也就是数字量最低位（LSB）=1 时代表 19.5mV，当模拟输入 V_{in}<19.5mV 时，转换器不转换。由于分辨率直接与转换器的位数有关，所以一般也可简单地用数字量的位数来表示分辨率，常用的有 4 位、8 位、10 位、12 位、16 位、20 位、24 位等，位数越多，分辨率越高。表 7-3 列出了几种位数与分辨率的关系。

表 7-3 A/D 转换器位数与分辨率关系表

满量程位数	分辨率（分数）	%
4	$1/2^4=1/16$	6.25
8	$1/2^8=1/256$	0.39
10	$1/2^{10}=1/1024$	0.098
12	$1/2^{12}=1/4096$	0.024
16	$1/2^{16}=1/65536$	0.0015

值得注意的是，分辨率与精度是两个不同的概念，不要把两者混淆。即使分辨率很高，也可能由于温度漂移、线性度等原因，而使精度不够高。

（2）精度（Accuracy）

转换精度用来反映 A/D 转换器的实际输出与理论输出的偏差程度。精度分为绝对精度（Absolute Accuracy）和相对精度（Relative Accuracy）两种。

1）绝对精度。用对应于一个数字量的实际模拟输入电压和理想的模拟输入电压差值所对应的最小有效位（LSB）的分数值来表示绝对精度，例如，±1LSB、±（1/2）LSB、±（1/4）LSB 等。而绝对误差表示为绝对精度乘以最小有效位对应的模拟量（表示为Δ）。

2）相对精度。相对精度是指整个转换范围内，任一数字量所对应的模拟输入量的实际值与理论值之差，用这个差值占模拟电压满量程的百分比表示相对精度。

例如，满量程为 10V，10 位 A/D 芯片，若其绝对精度为±（1/2）LSB，则：

其最小有效位的量化单位 Δ=10V/1024=9.77mV。

其绝对误差为 Δ/2=4.88mV。

其相对精度为 4.88mV/10V=0.048%。

（3）转换时间（Conversion Time）

对于 A/D 转换器完成一次转换需要转换时间，即由发出启动转换命令信号到转换结束信号开始有效的时间间隔。而转换时间的倒数称为转换速率。例如，AD570 的转换时间为 25μs，其转换速率为 40kHz。积分型 A/D 的转换时间是毫秒级，属低速 A/D，逐次比较型 A/D 是微秒级，属中速 A/D，全并行/串并行型 A/D 可达到纳秒级。采样时间则是另外一个概念，是指两次转换的间隔。为了保证转换的正确完成，采样速率（Sample Rate）必须小于或等于转换速率。常用单位是 ksps 和 Msps，表示每秒采样千/百万次（kilo / Million samples per second）。

（4）电源灵敏度（Power Supply Sensitivity）

电源灵敏度是指 A/D 转换芯片的供电电源的电压发生变化时，产生的转换误差。一般用电源电压变化 1%时相当的模拟量变化的百分数来表示。

（5）量程

量程是指 A/D 转换器所能转换的输入电压范围。

除此之外，性能指标还包括工作电源、工作温度范围、量化误差（Quantizing Error）、偏移误差（Offset Error）、线性度（Linearity），其他指标还有微分非线性、单调性和无错码、总谐波失真（Total Harmonic Distortion，THD）和积分非线性等。

7.5.3 ADC 0809 介绍

A/D 转换芯片很多，有各种位数，有的精度高，有的速度快，有的为并行接口，有的为串行接口，有的价格低廉，有的甚至具有放大倍数可调的放大器、多路开关、采样保持等。本节主要介绍一款典型的 A/D 转换芯片 ADC 0809。

1．ADC 0809 概述

ADC 0809 是 CMOS 工艺制作的逐次逼近型 8 位单片 A/D 转换芯片。28 个引脚。片内有 8 路模拟开关，用于切换 8 路模拟输入量。单极性模拟输入量的量程为 0～+5V。典型的转换速度为 100μs。片内带有三态输出缓冲器，可直接与 CPU 总线接口。可用于对精度和采样速度要求不高的场合或一般的工业控制领域。

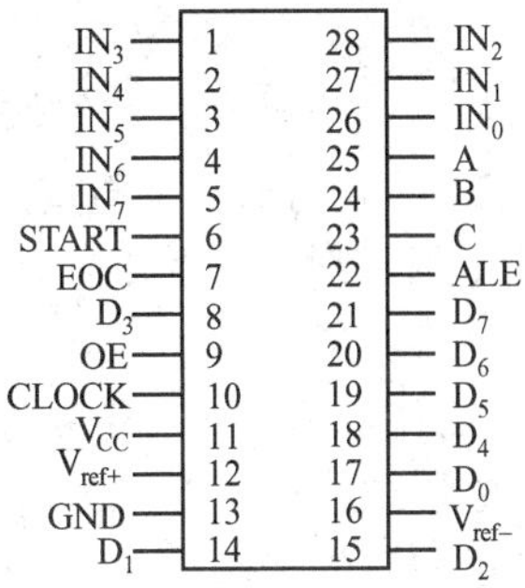

图 7-34　ADC0809 的引脚定义

图 7-34 给出了 ADC0809 的引脚定义。

IN_7～IN_0：8 路模拟量输入。

C、B、A：地址输入端，用来选择 8 路输入之一。其中 A 为低位，C 为高位。

ALE：地址锁存信号，高电平有效，用来锁存 C、B、A 的状态，确定选择哪一路输入。

START：启动 A/D 转换控制信号，其上升沿使内部逐次逼近寄存器清零，下降沿启动 A/D 转换。

EOC：转换结束信号，开始转换时变为低电平，转换结束时变为高电平。

OE：输出允许信号，高电平有效。有效时打开输出三态门，将转换结果送上数据总线。

CLOCK：工作脉冲输入。A/D 转换时间在 500kHz 工作频率下为 128μs。

V_{ref+}、V_{ref-}：参考电压输入端，用来提供 A/D 转换器内部 D/A 转换的基准电平，一般 V_{ref+} 接+5V，V_{ref-}接地。

D_7～D_0：数字量输出。

V_{CC}、GND：工作电源+5V 和工作地。

2．ADC 0809 内部结构及工作过程

ADC 0809 的内部结构和工作时序分别如图 7-35 和图 7-36 所示。ADC 0809 的工作过程为：首先将通道选择信号送到 C、B、A 上，通过给 ALE 发送正脉冲锁存通道选择信号。然后通过向 START 发送正脉冲来启动 A/D 转换，此后芯片的转换结束信号 EOC 变为低电平，表示正在转换过程中，当转换结束，EOC 变为高电平。最后通过向输出允许信号 OE 发正脉冲，读取转换结果。

3．ADC 0809 的应用举例

利用 ADC 0809 实现对模拟量采集可以采用 3 种解决方案。

1）延时等待方式。由于 ADC 0809 的转换时间基本上不随输入值大小变化，故在启动转换后，软件延时一定时间，等待转换结束，再将转换结果读入。

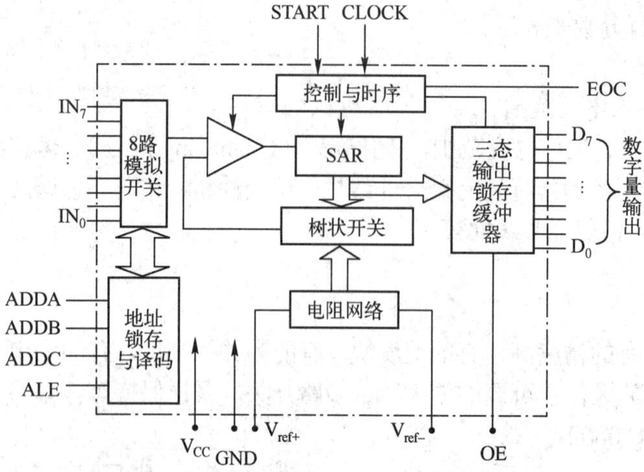

图 7-35　ADC 0809 的内部结构图

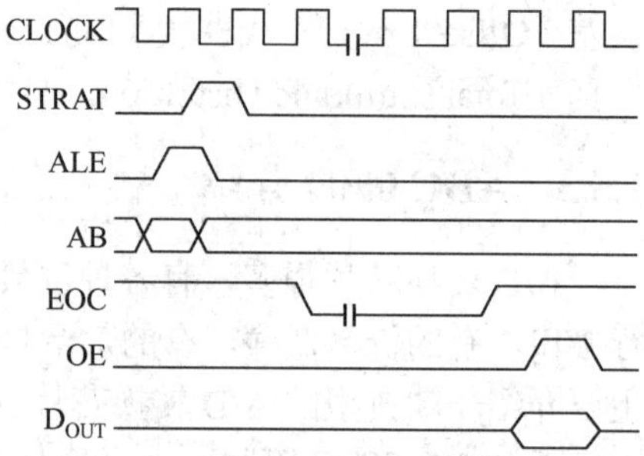

图 7-36　ADC 0809 的工作时序图

2）查询方式。在查询方法中利用转换结束信号 EOC，在转换开始为低电平，转换结束后为高电平，判断是否转换结束。在启动转换后，不断查询 EOC，当为 1 时，则认为转换结束，再将转换结果读入。

3）中断方式。在中断方式中，将 EOC 作为中断请求信号，CPU 发出启动转换信号后，继续做自己的工作，当转换结束后，发出中断请求，使得 CPU 转去处理转换结果的服务程序。

【例 7-4】　采用延时方式实现 ADC 0809 采样。

分析：图 7-37 为利用 ADC 0809 实现 A/D 转换的接口电路原理图。编制程序实现定时读入 IN0 的状态，定时采用软件延时的方法。

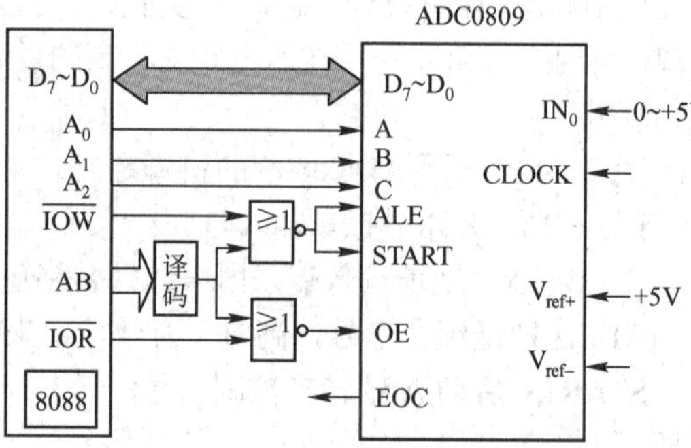

图 7-37　例 7-4 电路原理图

参考程序段如下。

```
MOV     DX， 口地址
OUT     DX ，  AL              ；启动转换
CALL    YS                     ；调延时子程序，延时子程序略
IN      AL ，  DX              ；读入转换值
```

7.6　A/D 和 D/A 转换接口应注意的问题

在进行模拟通道接口电路的设计时，对于转换器件（即芯片）的选用和转换接口电路的设计，需要注意以下几个问题。

1．数字接口特性

如果 A/D 转换器件的数字通道具有三态缓冲器，则可以直接挂接系统总线。否则一般需要考虑外加缓冲器。一般 D/A 的数字输入端具有锁存功能，用来保证在整个 D/A 转换中数字量稳定。如果不具有锁存功能，则需要考虑外加锁存器。

如果 CPU 的处理位数比转换器件位数少时，需要分次传输，则在接口电路中要考虑是否需要外加缓冲器、锁存器或可控并行接口。

2．转换接口芯片与处理器的时序配合

A/D 转换器件往往需要转换时间，快的需要几微秒，慢的要几十或几百微秒，而处理器的速度相对要快得多。因此在设计时要考虑启动转换与读转换数据操作间的时间配合问题。可采用查询法、延时等待法、中断响应法等。采用哪种方法往往取决于 A/D 转换速度和应用系统的总体设计考虑以及程序的安排等。

3．模拟信号端的处理

A/D 转换电路中的模拟信号经常是通过传感器提供的微弱信号，需要放大及滤波，这部分的器件选择、电路设计、电路布线等对于整个转换性能的影响很大。

对于 A/D 转换中的模拟输入量是直流或缓慢变化，且信号幅值适当时，可直接接入 A/D 转换器件。当模拟量变化较快，为保证转换精度，模拟量需要通过采样保持电路，使模拟量在转换过程中保持不变。

当多个模拟量需要转换时，有两种解决方案：采用多个 A/D 转换器件和采用 1 个转换器件加 1 个多路转换器。前者成本高，但速度快。后者成本低，但适合速度要求不很高的场合。对于多路转换器也有两种方式：一种是 A/D 转换器件内带有多路转换开关，另一种是需要外加多路转换器，如 CD4051、AD7501、AD7502 等。

4．转换器件的选择

在转换器件选择时常常要考虑综合因素，如成本、功耗、封装、工作电压、工作温度范围、温度漂移等，最主要的依据还是转换精度和转换速度。

（1）转换精度

转换器件的精度选择与系统中所测信号范围和精度有关，但又不能唯一地确定系统精度。因为，影响系统精度的因素很多，包括传感器转换精度、信号预处理电路精度、A/D 和 D/A 转换精度等，甚至软件控制算法也影响系统的转换精度。一般选择转换器件的位数要比总精度要求的位数高一位。

（2）转换速度

转换速度根据输入信号的最高频率来确定。应保证转换器件的转换速度高于系统要求的采样频率。

（3）数字接口方式

转换器件的数字接口有并行和串行之分，其中串行又有 SPI、I^2C 等多种标准。数值形式有二进制数、BCD 码、双极性的补码、偏移码等。

（4）模拟信号特性

通常 A/D 转换器件的模拟输入信号都是电压信号，而 D/A 转换器件的模拟输出信号可以为电压，也可以是电流。另外，根据信号是否过零，还分为单极性和双极性。

（5）基准电压

基准电压是提供给 A/D 转换时所需要的参考电压，是保证转换精度的基本条件。在要求较高精度时，基准电压要单独用高精度的稳压电源供给。

（6）工作电压

转换器件有单电源和双电源之分，而且电压不同，早期的转换器件电源为±15V、±12V、+5V，现在有+5V、2.7～6V 等。

5．PCB 的制作

转换器件由两部分构成：高频的数字电路部分和低速变化的模拟电路部分。一般在系统布线时，应将所有的数字信号地连在一起，模拟信号地连在一起。最后，在一个共地点将数字地和模拟地连在一起。这样连接可以避免构成地线回路，以免引起数字信号通过数字地干扰模拟信号。

7.7 习题与思考

1．在计算机系统中，为什么输出数据时常需要加锁存器，而输入数据时需要加缓冲器？

2．简述锁存器和缓冲器的作用。试问锁存器和缓冲器可以互换吗？

3．设计一个补码转换硬件接口。即通过 8 个开关输入 8 位有符号二进制原码数据，求补后通过 8 个 LED 输出显示，并写出相应的程序。

4．设计用 2 个 LED 灯监视 2 台设备工作状态的接口电路及监视程序。当监测到某一设备工作不正常（即为低电平）时，相应的 LED 灯亮，而当设备正常工作时，相应的 LED 灯灭。

5．设计一个接口电路实现读入 4 位二进制数据，在 1 位 LED 数码管上显示相应的十六进制数。

6. 设计一个 8×8 的键盘接口电路，试用行扫描方法识别出按下键的键码并存入内存单元中。

7. 某 8088 最小工作模式系统中具有一个 8 位数据输入缓冲口，一个 8 位数据输出锁存口，试画出接口电路原理图，并编写程序实现当输入接口读入数据中 D_3 位为 1 时，输出接口输出数据，否则等待。设口地址为 84H。

8．简述 D/A 和 A/D 转换器的基本工作原理。

9．某 8 位 A/D 转换器，若输入模拟电压为 0～+5V，试问当输入电压分别为 1V、1.5V、2V、2.5V、3V、3.5V、4V、4.5V、5V 时，对应的编码为多少？

10．若输入模拟电压的最高频率为 2MHz、5MHz、10MHz，请问分别选用不同的 A/D 转换器，它们的转换速度最低各为多少才行？

11．当 ADC 0809 某路模拟输入电压范围为 0～+5V 时，若 V_{ref+}接+5V，V_{ref-}接地，那么其最小分辨率为________。

（1）39.2V　　（2）19.6V　　（3）9.8V　　（4）4.9V

12．设需要测试某加热炉的内部温度变化。若加热炉的温度变化范围为 0～1200℃，如果要求误差不超过 0.4℃，应选用多少位的 A/D 转换芯片？

13．某 8 位 D/A 转换芯片输出为 0～+5V，当 CPU 分别送出 00H、10H、20H、40H、80H、FFH 时，输出电压各为多少？

14．试用 DAC 0832 设计一个三角波发生器（波形幅值为 0～+5V），设 CPU 采用 8088 最小工作模式，口地址为 200H。（注：要求画出完整的电路原理图，包括 CPU、译码电路、DAC 0832 和必要的器件，并编写相应的程序）

15．试为图 7-38a 所示的电路编写程序，使之输出 100 个图 7-38b 所示的梯形波。请问如何改变波形的周期和幅值？

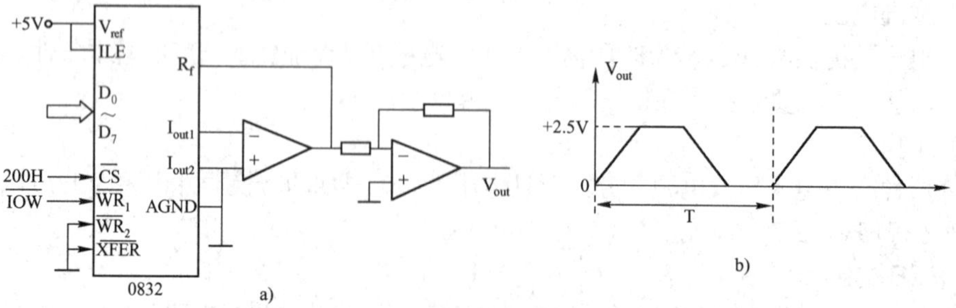

图 7-38　电路及输出波形

a) 电路　b) 梯形波

第 8 章　可编程接口技术

CPU 与外设实现信息交流是通过 I/O 接口完成的，也就是说 I/O 接口是沟通 CPU 和外部设备的桥梁。不同的外设就有不同的接口电路与之对应。接口电路的复杂程度与接口的功能有关。为了适应不同的需求，各芯片生产厂商推出了各自系列的接口芯片，这些接口芯片按其使用范围可分为两大类。

1）专用接口芯片。这类芯片是专为某类外设的某种功能而设计的专用接口芯片，不需要进行任何设置。如 555 振荡器、锁存器（74LS273）、缓冲器（74LS245）、模/数转换芯片（ADC0809）、数/模转换芯片（ADC0832）、电平转换芯片（MAX232）等。

2）可编程接口芯片。这类芯片一般可在多种场合使用，通过对芯片的设置来确定工作模式、工作状态和功能，因此这类芯片称为可编程接口芯片。如 Intel 系列的并行接口芯片 8255A、串行接口芯片 8250 或 8251、定时/计数器 8253 或 8254、中断控制器 8259A、DMA 控制器 8237A 等。

本章介绍几个常用的可编程接口芯片，讲解其工作原理、工作方式、初始化设置、硬件接口电路的设计等，希望读者能够举一反三。

8.1　可编程计数器 8253/8254

在计算机的应用中，常常要对外设的某些信号进行计数，希望计算机既能控制计数的过程又能读取计数的结果，进而作为控制或管理的决策依据。因此计数电路成为计算机输入/输出接口中的一种常见类型。如果被计数的信号有准确的固定周期，就形成了定时器。因此，定时器和计数器的实质都是计数器。

目前有多种可编程计数/定时接口芯片。IBM PC/XT 中使用的是 Intel 8253-PIT（Program-mable Interval Timer）。IBM PC/AT 开始被 8254 所取代。8254 与 8253 结构相似、引脚兼容、程序兼容。

8.1.1　8253/8254 外部特点与功能

8253/8254 是 24 脚双列直插式 DIP 芯片，+5V 供电，如图 8-1 所示。其特点有：

1）8253/8254 内部有 3 个独立的 16 位计数通道。

2）8253/8254为8位接口芯片，对16位计数通道进行16位读/写操作时，需要读/写两次。

3）每个计数通道均具有6种工作方式，不同的工作方式输出波形不同。

4）每个计数通道均具有2种计数方式：二进制数计数和十进制数计数。

5）8253/8254占有4个口地址，用于寻址计数通道0、计数通道1、计数通道2和控制寄存器。由引脚A_1A_0的状态决定对谁操作。

6）采用NMOS工艺，所有输入/输出电平均与TTL电平兼容。

8253/8254 的 24 个引脚分为如下 3 个部分。

1）电源（V_{CC}）、地（GND）。

2）与CPU连接有13条信号线。

D_7～D_0：为 8 位双向三态数据线，可直接连接到 CPU 的数据总线上，实现 8 位二进制数据传输。

$\overline{RD}$：读信号线，低电平有效。在 CPU 对 8253/8354 读操作时有效。

$\overline{WR}$：写信号线，低电平有效。在 CPU 对 8253/8354 写操作时有效。

$\overline{CS}$：片选线，低电平有效。只有$\overline{CS}$有效，才会对 8253/8354 进行读或写操作。

A_1、A_0：端口选择地址线，用于对计数通道 0、计数通道 1、计数通道 2 和控制寄存器进行寻址。

3）与外部连接线有 9 条，每个计数器均有 3 条信号线 CLK、OUT、GATE。

CLK：为计数通道的输入信号，对于 8253 允许的频率范围为 0～2MHz，8254 可达 8MHz，8254-2 可以接受高达 10MHz 的频率。

OUT：输出信号，不同工作方式，输出的波形不同。

GATE：门控信号，用来启动或禁止计数工作。不同的工作方式，作用方式不同。

表 8-1 给出了 8253/8254 读写操作真值表。

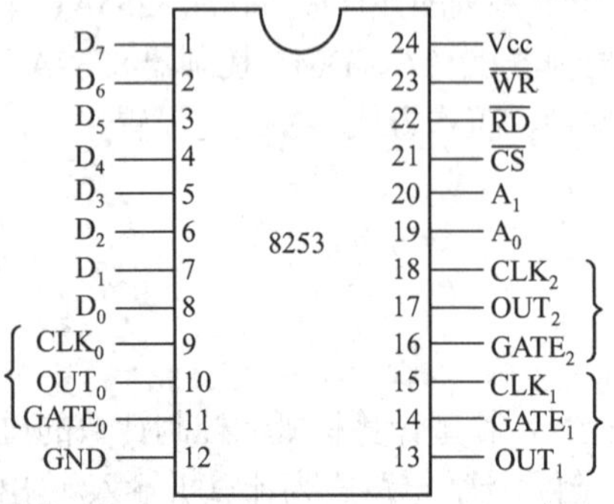

图 8-1　8253/8254 引脚图

表 8-1　8253/8254 读写操作真值表

$\overline{CS}$	$\overline{RD}$	$\overline{WR}$	A_1	A_0	寄存器读写
0	1	0	0	0	写计数器 0
0	1	0	0	1	写计数器 1
0	1	0	1	0	写计数器 2
0	1	0	1	1	写控制字寄存器
0	0	1	0	0	读计数器 0
0	0	1	0	1	读计数器 1
0	0	1	1	0	读计数器 2
0	0	1	1	1	无操作（D_7～D_0三态）
1	X	X	X	X	禁　止（D_7～D_0三态）
0	1	1	X	X	无操作（D_7～D_0三态）

8.1.2　8253/8254 内部结构与工作原理

8253/8254的内部结构如图8-2所示，由数据缓冲器、读/写控制逻辑、控制寄存器、3个计数器及内部数据总线组成。

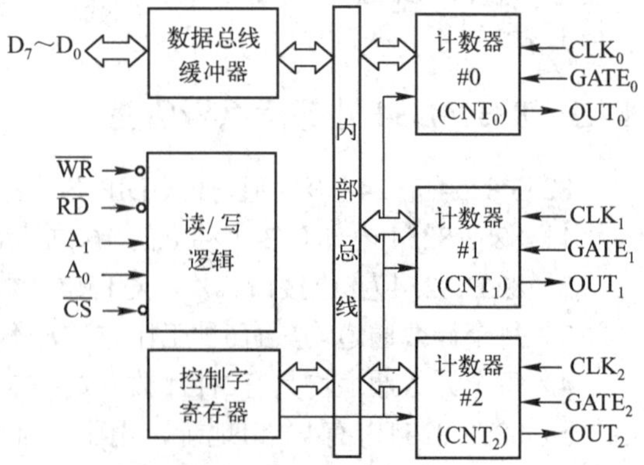

图 8-2　8253/8254 内部功能框图

数据缓冲器：为 8 位三态双向缓冲器，是 8253/8254 与 CPU 的数据传输通道，完成接收 CPU 发出的控制字或计数初值，读取计数通道中的当前计数值。

读/写控制逻辑：一方面接收 CPU 送来的控制信息，另一方面将 CPU 送来的控制信息译码后产生整个器件内部各部分工作的控制信息。

控制字寄存器：为 8 位寄存器，用于存放控制字。控制字可通过编程来设置，决定每个计数通道的工作方式。其只能写入，不能读出。

计数器：8253/8254 中 3 个计数通道的内部结构相同，均包括 16 位可预置计数器、一个时钟输入信号 CLK（对于 8253 时钟周期>380ns）、一个门控制输入信号 GATE、一个输出信号

OUT，如图 8-3 所示。

8253/8254 为减一计数器，其工作过程为：首先需要设置工作方式，然后将计数初值置入计数初值锁存器，启动计数，每来一个 CLK 信号，减一计数器减 1，直到减到 0 或 1 为止，发出输出信号 OUT。

8253/8254 启动计数开始有两种方式：软件启动和硬件启动。

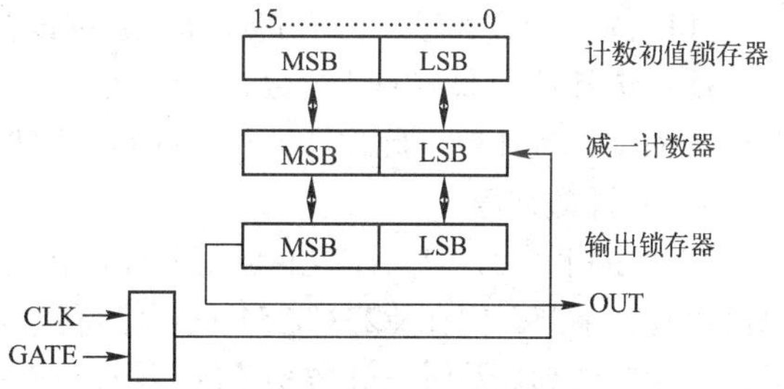

图 8-3　计数器功能框图

软件启动：即 CPU 向 8253/8254 的计数初值锁存器赋初值，且 GATE=1，此时并不开始计数。而当 CLK 发出第一个脉冲的下降沿将初值送入计数器中，从第二个脉冲的下降沿减一计数器才开始减 1，……，直到计数器减到 0 或 1 为止。

硬件启动：即 CPU 向 8253/8254 的计数初值锁存器赋计数初值后，并不开始计数。当 GATE 发出上升沿之后，采 CLK 上升沿。采到第一个 CLK 上升沿后，开始在每个 CLK 的下降沿计数器减 1，……，直到计数器减到 0 或 1 为止。

8.1.3　8253/8254 的控制字与初始化编程

8253/8254 中每个计数通道均具有 6 种工作方式，而在某时刻只能按照某一种工作方式工作，这就需要在计数工作开始前进行设置（称作初始化编程），通过对 8253/8254 进行编程确定工作方式及计数初值。对每个计数通道初始化编程的步骤为：

1）首先向控制寄存器写入控制字，设定计数通道的工作方式及设置计数初值的方式。

2）然后再向相应的计数通道写入计数初值。

1．写控制字

8253/8254控制字的格式如图8-4所示。8位控制寄存器中的每一位代表不同含义。

D_7D_6：设置被初始化的计数通道编号。3 个计数通道共用一个控制寄存器，用 D_7D_6 来指明对哪个计数通道进行初始化。

D_5D_4：设置对计数通道操作的方式。当需要读取当前计数值时，16 位计数值需要分两次读出。而在 CPU 读计数值时计数器还在工作，有可能使读取的两个字节不是一组数据。因此，在读取计数值前需要先设置 D_5D_4=00，则会自动将减一计数器中的当前计数值存入输出锁存寄存器，然后再读计数值，且必须先读低字节再读高字节。CPU 在读完高字节后，将自动解除锁存状态，锁存器的值恢复为随计数器变化。当要写入计数初值时，允许只写低字节（设置 D_5D_4=01），或者只写高字节（设置 D_5D_4=10），或者先写低字节再写高字节（设置 D_5D_4=11）。没有写入的字节会自动清零。

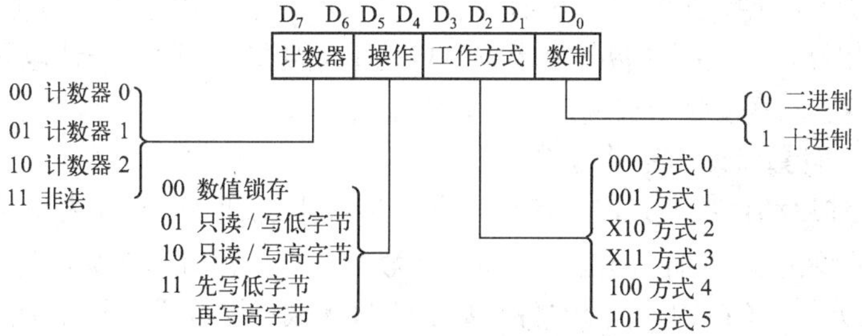

图 8-4　8253/8254 控制字格式

$D_3D_2D_1$：计数通道工作方式选择，通过设置可选择 6 种工作方式之一。

D_0：选择计数通道的计数数制。$D_0=0$，为二进制计数，此时计数初值应是二进制数形式；$D_0=1$，为十进制计数，此时计数初值应是压缩型 BCD 码形式。

2．写计数初值

写入控制字后，应向计数通道写入计数初值。根据控制字的规定，计数初值可以写两字节，也可以写一字节。但在 8253/8254 内部全部当成两字节数，缺省的字节自动被补上 0。因此，当设定为二进制计数时，计数初值的范围为 1～FFFFH+1。当设定为十进制计数时，计数初值的范围为 1～9999+1，且用 BCD 码形式表示计数初值。计数初值为 0 时，要重新减到 0 计数才结束，因此 0 用来表示最大的计数初值。

需强调指出：每一个将要工作的计数通道均要初始化，其中控制字应写入控制寄存器中，而计数初值写入相应的计数通道中，注意切换地址。另外，在计数通道工作过程中，若要更换计数初值，或者要读取计数器的当前值，也需要先写一个适当的控制字，然后再进行写或读操作。

【例 8-1】 设计 8253 初始化程序。要求满足使计数通道 0 按方式 1 工作，二进制计数，计数值为 805AH。设口地址为 4A0H～4A3H，CPU 为 8088。

分析：

1）据题意可知各计数通道及控制字寄存器（CR）的口地址为:

计数通道 0　4A0H

计数通道 1　4A1H

计数通道 2　4A2H

控制字寄存器　　4A3H

2）计数初值：低字节 LSB =5AH，高字节 MSB=80H。

3）控制字=00110010B=32H（计数通道 0，送 16 位计数初值，方式 1，二进制计数）。

4）初始化编程如下。

```
MOV     DX, 4A3H        ; 设置控制字口地址
MOV     AL, 32H         ; 设置控制字
OUT     DX, AL          ; 送控制字
MOV     DX, 4A0H        ; 设置计数器 0 口地址
MOV     AL, 5AH
OUT     DX, AL          ; 送计数初值低字节
MOV     AL, 80H
OUT     DX, AL          ; 送计数初值高字节
```

8.1.4　8253/8254 的工作方式

8253/8254 的每个计数通道均有 6 种工作方式，不同的工作方式，启动计数方式、GATE 的作用、OUT 输出波形、更新计数值的影响、自动重复功能不同。3 个计数器可以按照不同的工作方式独立工作，或串接起来实现扩展计数数量或延长定时时间。

1．方式 0——计数结束时中断方式

方式 0 为软件启动计数方式，不自动重复。当对计数通道写入方式 0 的控制字（CW）后，该计数通道的输出端 OUT 变低。在写入计数初值后（也就是在写信号 $\overline{WR}$ 有效以后），待检测到 CLK 上升沿，CLK 的下降沿将计数初值写入减一计数器，并开始减一计数。当计数器减到 0 时，OUT 变为高电平。由于此信号可以接至中断控制器 8259A 的中断请求 IR 端，作

为中断请求，故而得名。方式 0 工作过程见图 8-5（设计数初值 N=4）。

在整个计数过程中，GATE 始终应保持为高电平。若 GATE=0 则暂停计数，待 GATE=1 后，从暂停时的计数值继续往下递减。此过程见图 8-6（设计数初值 N=3）。

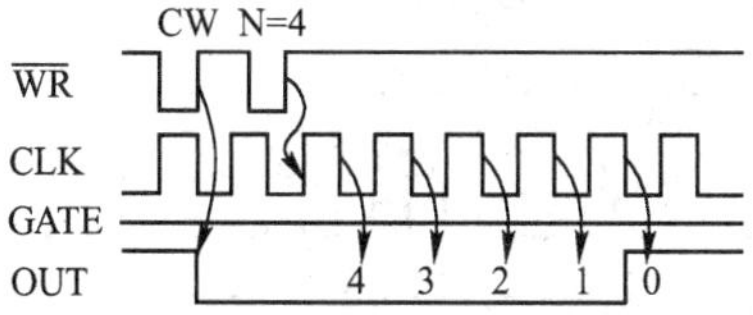

图 8-5 方式 0 工作波形

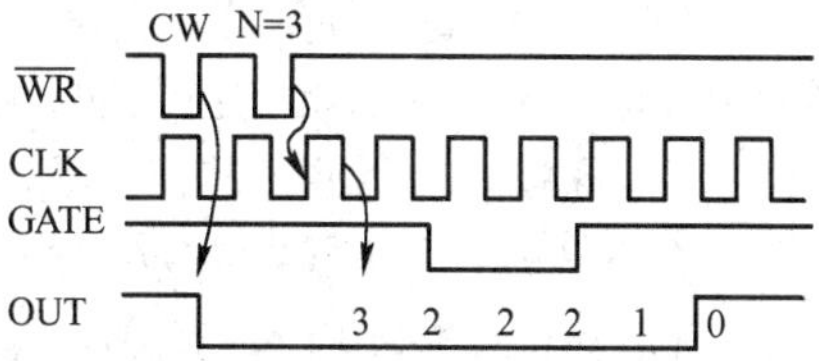

图 8-6 方式 0 中 GATE 对计数的影响

在计数过程中，可以改变计数初值。若是 8 位计数值，在写入新计数值后，计数通道将按新计数值开始计数。若是 16 位计数值，在写入低字节后计数通道停止计数，在写入高字节后，计数通道将按新计数值开始计数。可以利用这种方法扩展脉冲宽度，如图 8-7 所示（设计数初值开始为 N=3，运行中又改为 N=2）。

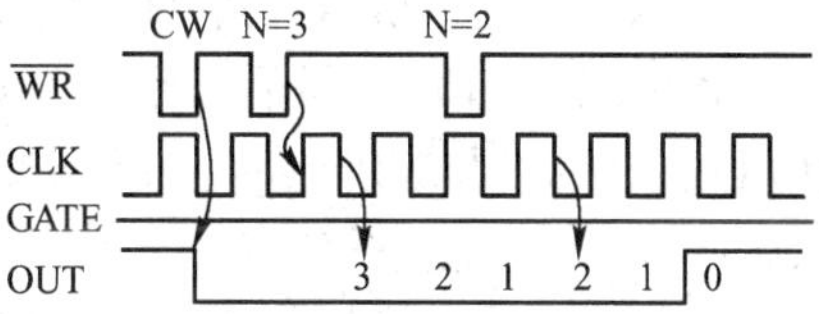

图 8-7 方式 0 计数初值改变的波形

2. 方式 1——可编程单脉冲方式

方式1为硬件启动计数方式，不自动重复。当写入方式1的控制字后，OUT变为高电平，待写入计数初值后，并不开始计数，要等GATE信号出现正跳变时才启动计数。此时OUT端立即变低，至计数器减到0才回到高电平，其间隔为计数初值N乘以CLK的周期TCLK，就是说OUT端产生一个宽度为N×TCLK的负脉冲，所以称之为可编程单脉冲方式。其工作过程见图8-8（设计数初值N=2）。

计数过程一旦启动，GATE 即使变成低电平也不受影响。无论计数是否完成，当 GATE 再来一个正跳变，则计数过程又重新开始。如果在计数没结束 GATE 就来一个正跳变，则相当于使单稳脉冲加宽。如果在计数没结束时改变计数初值，并不影响计数过程，只有再次硬件触发启动时，才按新的计数初值开始计数，如图 8-9 所示（设计数初值开始为 N=2，运行中改为 N=4）。

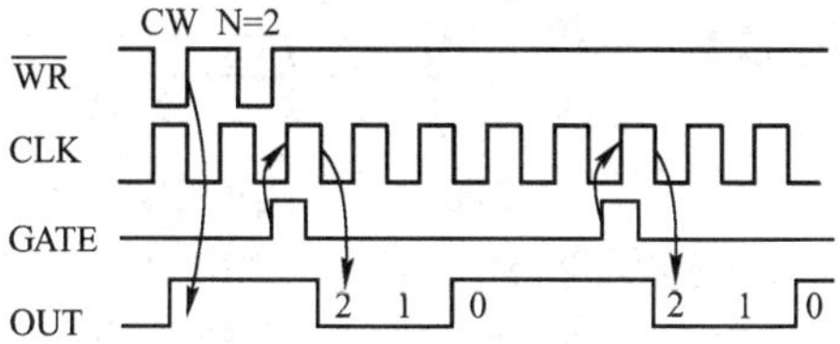

图 8-8 方式 1 工作波形

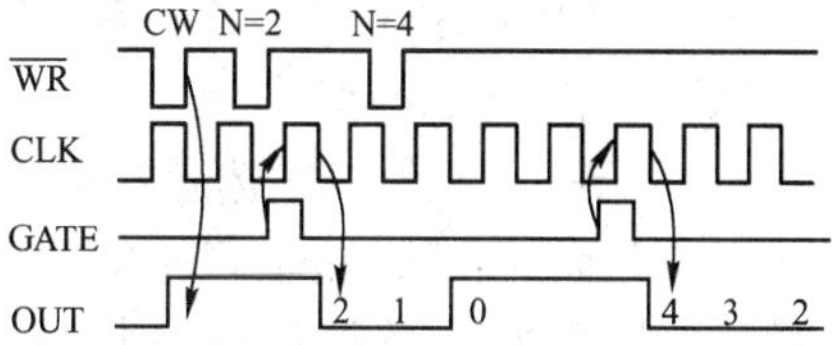

图 8-9 方式 1 中 GATE 对计数的影响

3. 方式 2——速率发生器方式

方式 2 的计数既可以由软件启动，也可以由硬件启动。如果在送计数初值之前已有 GATE=1，则在写入计数初值后启动计数开始；如果在送计数初值时，GATE 信号为低电平，则需要等 GATE 信号由低变高时启动计数才开始。方式 2 一旦启动后，计数器可以自动重复工作。也就是当计数结束时，会自动将计数初值送入计数器，开始新一轮计数。因此可以输出连续固定频率的波形。

方式 2 软件启动的工作过程为：在写入方式 2 的控制字后，OUT 变高。此时已有 GATE=1，则写入计数初值后，计数器随即对 CLK 开始计数，当计数器减到 1 时，OUT 变低，而且保持 1 个 CLK 周期后变为高，计数器又自动从计数初值开始计数，不断重复进行。

因此在 OUT 端，每 N 个 CLK 信号中输出一个宽度等于 CLK 信号周期的负脉冲。若在计数过程中改变计数初值，只会在下一轮计数开始时有效。方式 2 的工作波形如图 8-10 所示（设计数初值 N=3，软件启动）。

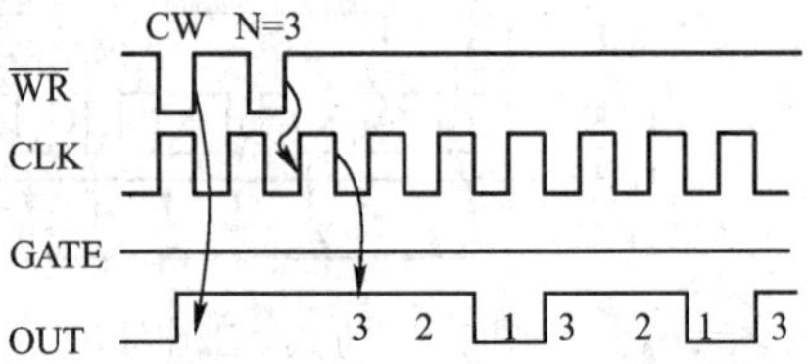

图 8-10 方式 2 软件启动计数的工作波形

4．方式 3——方波发生器方式

方式 3 同方式 2 也兼有两种启动方式，自动重复计数。但是计数通道 OUT 端的波形不是负脉冲，而是方波。在写入方式 3 的控制字后，计数器 OUT 端立即变高，若此时 GATE 信号为高，则在写完计数初值 N 后，开始对 CLK 信号计数。当计到 N/2 时，OUT 端变低，计完余下的 N/2，OUT 又变回高，然后再重新开始计数，如此 OUT 端产生周期为 N×TCLK 的方波。实际上，电路中对半周期 N/2 的控制方法是每来一个 CLK 信号，让计数器减 2。因此来 N/2 个 CLK 信号后，计数器就已经减到 0，OUT 端发生一次高低电平的变化，且又将初值置入计数器重新开始。如果计数初值为奇数，计数的前半周期为（N+1）/2，后半周期为（N–1）/2，如图 8-11 所示（设计数初值 N=4，软件启动）。当然在送计数初值之前，GATE=0，则为硬件启动计数，此时只有在 GATE 由低变高时开始计数，输出周期为 N×TCLK 的方波。若在计数过程中改变计数初值，只会在下半轮计数开始时有效。

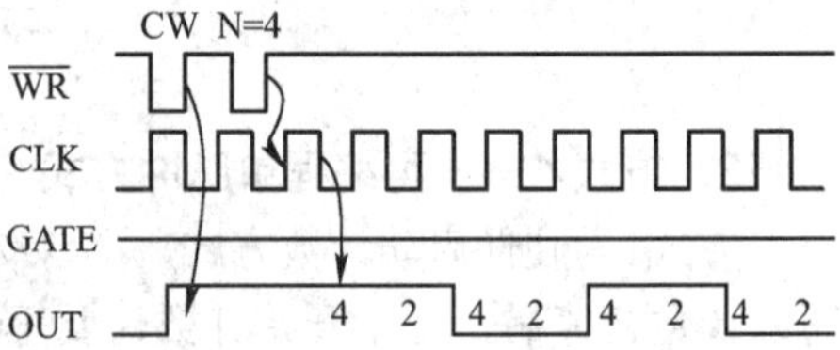

图 8-11 方式 3 软件启动计数的工作波形

5．方式 4——软件触发选通方式

方式4是一种软件启动、不自动重复的计数方式。其工作波形如图8-12所示。在写入方式4控制字后，OUT变高。如果GATE信号为高，写完计数初值后的第一个CLK信号将初值N置入计数器。第二个CLK信号开始作减法，N+1个CLK信号后减到0，OUT变低。第N+2个CLK信号使OUT又回到高而停止，形成一个TCLK的负脉冲。从写入计数初值算起，整个过程为（N+2）×TCLK。当写入新的计数初值，不影响计数过程，在下一个计数周期到来时，开始按新的计数初值计数。当GATE在计数过程中变低，则停止计数，输出保持高电平状态，等GATE=1，计数继续直到减到0后，输出变低电平。

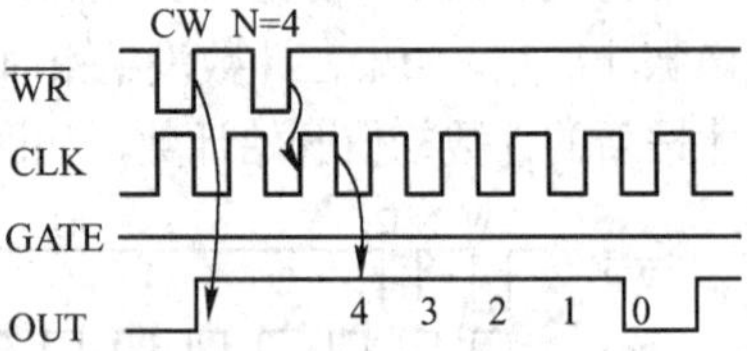

图 8-12 方式 4 工作波形

6．方式 5——硬件触发选通方式

方式 5 是硬件启动、不自动重复的计数方式。其工作过程如图 8-13 所示。在写入方式 5 控制字后，OUT 变高，写入计数初值时，即使 GATE 信号原来为高，计数过程仍不启动，只有 GATE 信号出现一个由“0”到“1”的上升沿，下一个 CLK 信号才开始计数。计数器减到 0 时，OUT 变低，经一个 CLK 信号后变高，且一直保持。在计数过程中又写入新的计数初值，如果没有启动信号，也不会影响输出。只有在启动信号出现时，才会按新的计数初值开始计数。

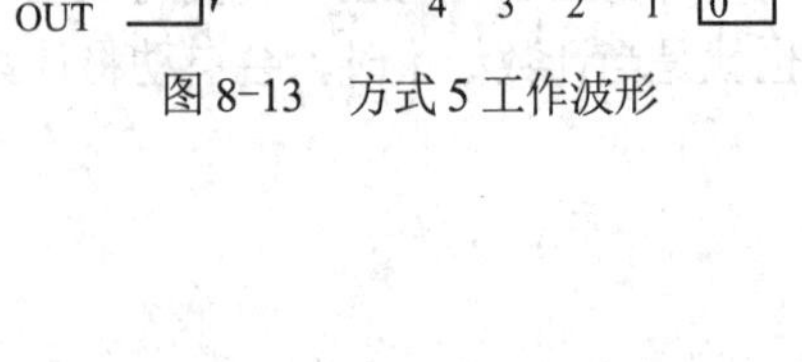

图 8-13 方式 5 工作波形

表 8-2 给出了 8253/8254 的 6 种工作方式一览表。

表 8-2　8253/8254 的 6 种工作方式一览表

工作方式	启动计数	终止计数	自动重复	更新初值	OUT 波形
方式 0	软件	GATE=0	无	立即有效	N…0
方式 1	硬件	无	无	下一轮有效	N…0
方式 2	软/硬件	GATE=0/无	有	下一轮有效	N… 2 1 N …
方式 3	软/硬件	GATE=0/无	有	下半轮有效	N/2 N/2 N/2 N/2
方式 4	软件	GATE=0	无	下一轮有效	N… 1 0
方式 5	硬件	无	无	下一轮有效	N… 1 0

8.1.5　8253/8254 应用举例

【例 8-2】 设计一个用 8253 实现定时的系统，要求定时 100ms 发一脉冲，口地址为 250H～257H。设 CPU 采用 8088 最小工作模式，系统提供 8MHz 时钟。

分析：

1）由题意可知为每个通道分配 2 个地址，一般采用偶数地址：

计数通道 0（CNT0）　250H

计数通道 1（CNT1）　252H

计数通道 2（CNT2）　254H

控制字寄存器（CR）　256H

2）系统提供 8MHz 时钟，T=1/8MHz=125ns<380ns，对于 8253 需要先分频后才能接入 8253 的时钟输入端。本例采用 4 分频电路将 8MHz 分频后得到 2MHz。

3）计算计数初值：N=100ms/(1/2MHz)=200000>65536。

4）一个计数通道最多能计 65536 个数，因此需要两个计数器串联使用（设选用 CNT0 和 CNT1），即 N=N0×N1=200000=20000×10=9C40H×0AH。

5）CNT0：采用方式 2，N0=20000，控制字 0=00110100B。CNT1：采用方式 2，N1=10，控制字 1=01010100B。

6）根据以上的分析，接口电路设计如图 8-14 所示，采用全译码。

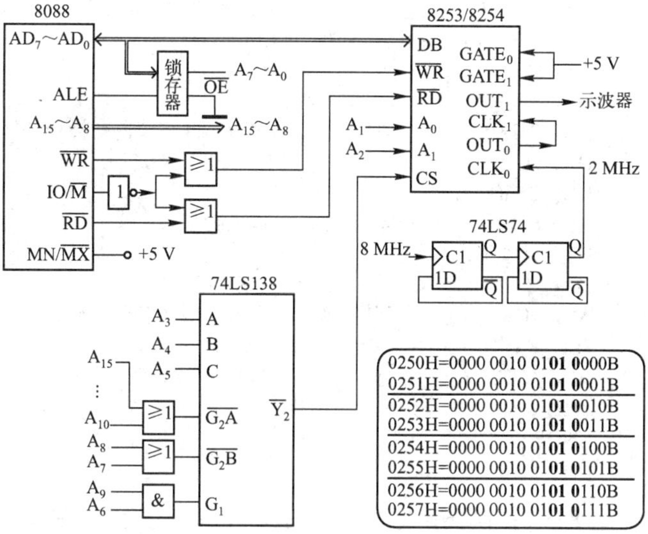

图 8-14　例 8-2 接口电路图

7）系统程序如下。

```
CODE    SEGEMENT
        ASSUME  CS:CODE
ST:     MOV     DX，256H
        MOV     AL，34H         ；送 CNT0 工作控制字
        OUT     DX，AL
        MOV     DX，250H
        MOV     AL，40H         ；送计数初值低字节
        OUT     DX，AL
        MOV     AL，9CH
        OUT     DX，AL          ；送计数初值高字节
        MOV     DX，256H
        MOV     AL，54H         ；送 CNT1 工作控制字
        OUT     DX，AL
        MOV     DX，252H
        MOV     AL，0AH         ；送计数初值低字节
        OUT     DX，AL
        INT     20H
CODE    ENDS
        END     ST
```

8）如果用 8254 实现定时 100ms，则 8MHz 不需要分频，可直接接入计数时钟 CLK，计数值为 N=100ms/（1/8MHz）=100ms/125ns =800000=800×1000>65536，也需要两个计数通道，设采用 CNT0 和 CNT1，且采用十进制计数，则有：

CNT0 的控制字 00100101B =25H，计数初值只送高 8 位（08H），低 8 位将自动补 0。

CNT1 的控制字 01100101B =65H，计数初值只送高字节（10H），低字节将自动补 0。

下面将采用简化段定义方法编制程序。

```
. MODEL SMALL
. 386
. CODE
INIT PROC     FAR
     MOV      DX，256H
     MOV      AL，25H      ；送 CNT0 工作控制字
     OUT      DX，AL
     MOV      DX，250H
     MOV      AL，08H      ；送计数初值高字节，低字节自动补 0
     OUT      DX，AL
     MOV      DX，256H
     MOV      AL，65H      ；送 CNT1 的工作控制字
     OUT      DX，AL
     MOV      DX，252H
     MOV      AL，10H      ；送计数初值高字节，低字节自动补 0
     OUT      DX，AL
     MOV      AL，4CH
     INT      21H
     INIT     ENDP
     END      INIT
```

【例 8-3】 设计用 8253 控制扬声器发出 1kHz 的声音，直到有键按下为止。设系统提供 2MHz 时钟。口地址为 40H～47H，CPU 采用 8088 最小工作模式。

分析：

1）系统提供 2MHz 时钟，所以 T=1/2MHz=500ns>380ns。

2）计数初值：N=（1/1kHz）/（1/2MHz）=2000<65536。

3）选用 1 个计数通道，设采用计数通道 0（CNT0）二进制数计数。

4）采用方式 3，产生连续方波。

5）控制字 0 0 1 1 0 1 1 0 B = 36H。

6）硬件接口电路设计如图 8-15 所示，通过对 D 触发器的控制，实现对扬声器发声的控制。

7）口地址分配。8253 口地址为 40H～43H，D 触发器的地址为 44H。

8）接口电路工作过程：上电后 Q 为“0”，扬声器不响。8253 初始化以后，OUT_0 输出方波，但扬声器仍不响。直到通过指令使 Q 变为“1”时，扬声器才以方波的频率发声。

9）系统程序设计如下。

```
CODE    SEGMENT
        ASSUME   CS:CODE
ST:     MOV      AL, 36H         ；送工作控制字
        OUT      43H, AL
        MOV      AX, 2000        ；AX=7D0H
        OUT      40H, AL         ；送计数初值低字节
        MOV      AL,AH
        OUT      40H,AL          ；送计数初值高字节
        OUT      44H,AL          ；D 触发器翻转，使扬声器打开
        MOV      AH,01H
        INT      21H             ；等待按键
        OUT      44H,AL          ；有键按下，则 D 触发器翻转，使扬声器关闭
        MOV      AX, 4C00H       ；程序退出
        INT      21H
CODE    ENDS
        END      START
```

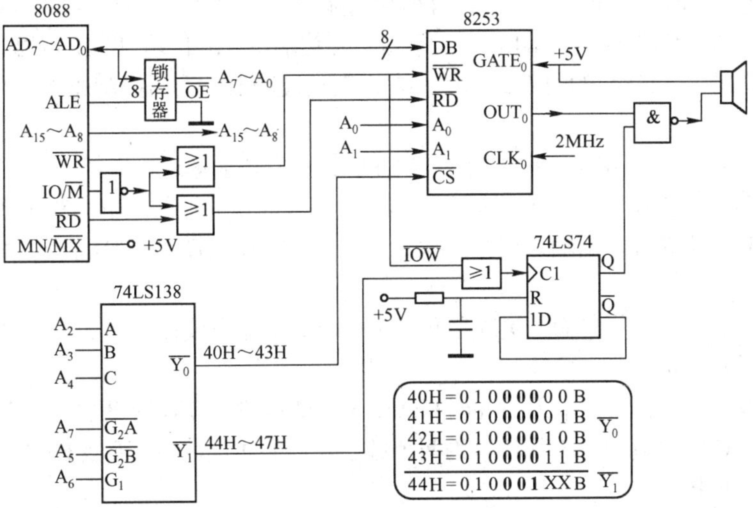

图 8-15　例 8-3 接口电路图

【例8-4】 试编程段读取 8253 中计数通道 2 的当前计数值。设 8253 口地址为 1E0H～1E3H。

分析：由于 8253 计数通道为 16 位，而 8253 与 CPU 的数据传输通道为 8 位。也就是说，在读 16 位计数值时需要两次完成，且要求先读低字节，再读高字节。首先通过设置控制字将当

前计数值进行锁存，然后再读计数值。其程序段如下。

```
MOV    AL，1000 0000B   ；设置 CNT2 锁存当前计数值控制字
MOV    DX，1E3H         ；设置控制字 R 口地址
OUT    DX，AL           ；控制字送出后将锁存当前计数值
MOV    DX，1E2H         ；设置 CNT2 口地址
IN     AL，DX           ；从 CNT2 中读当前计数值的低字节
MOV    AH，AL           ；将计数值的低字节暂存到 AH 中
IN     AL，DX           ；再从 CNT2 中读当前计数值的高字节暂存到 AL 中
XCHG   AL，AH           ；AX=CNT2 的当前计数值
```

8.2 并行通信接口 8255A

在计算机系统中，CPU与存储器或I/O接口的通信方式有并行和串行两种方式。在CPU内部及计算机系统板上的数据通道都是并行的（可以传输8位、16位、32位或64位数据），计算机内部各模块之间的数据传输也都是并行方式。本节主要介绍实现并行传输的接口技术。

第 7 章介绍的简单 I/O 接口均为并行接口。随着大规模集成电路技术的发展，各器件制造公司设计制造了不同系列的通用智能并行 I/O 接口芯片，以适应用户的各种要求。现仅以 Intel 公司生产的 8255A 为例进行说明。

8.2.1 8255A 内部结构与引脚定义

8255A 为可编程的并行接口芯片，具有 40 个引脚，双列直插 DIP 封装，+5V 供电, 全部信号与 TTL 电平兼容。8255A 的特点如下。

1）具有 3 个并行数据传输端口：A 口、B 口、C 口。

2）每个端口拥有不同的工作方式：A口具有3种工作方式、B口具有2种工作方式、C口只有1种工作方式。

3）每个端口工作在输出方式时，具有锁存功能。

4）可以通过编程设置成 4 位端口、8 位端口、12 位端口、16 位端口、20 位端口或 24 位端口。

图 8-16 给出了 8255A 的内部结构图，它由数据缓冲器、读写控制逻辑、A 口、B 口、C 口及内部总线构成。

数据缓冲器：三态，双向，是 8255A 与 CPU 的数据传输通道。

读写控制逻辑：控制完成设置控制字、读取状态和数据的输入或输出等工作。

A 口：具有一个 8 位数据输入锁存器和一个 8 位数据输出锁存器/缓冲器，其数据输入、输出均受锁存。

B 口：具有一个 8 位数据输入缓冲器和一个 8 位数据输出锁存器/缓冲器，其输出具有锁存功能，输入无锁存功能。

C 口：具有一个 8 位数据输入缓冲器和一个 8 位数据输出锁存器/缓冲器，其输出锁存、输入无锁存。只有 C 口可以通过编程设置为两个独立操作的 4 位端口，而且 C 口还可以对某 1 位进行操作，实现位控。

在 A 口或 B 口工作在某种工作方式时，C 口的部分线分别作为 A 口或 B 口的联络线。因此，将 A 口和为其作联络线的 C 口高 4 位组成 A 组，将 B 口和为其作联络线的 C 口低 4 位组成 B 组。

除此之外，8255A 具有 1 个控制寄存器，用于为 3 个端口设置工作方式。

8255A 为 A 口、B 口、C 口及控制寄存器 CR 分别分配了不同的地址，表 8-3 给出了 CPU 访问 8255A 与信号线关系的真值表。

图 8-17 给出 8255A 的外部引脚图。其信号线除了电源和地线之外，分为两部分：14 条与 CPU 连接的信号线和 24 条与外设连接的信号线，如图 8-18 所示。

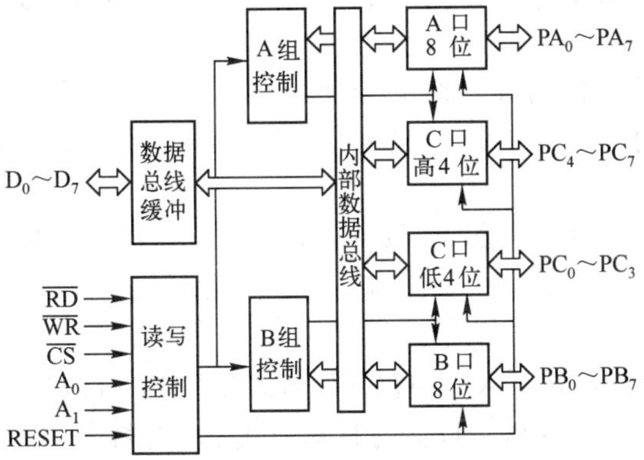

图 8-16　8255A 的内部结构图

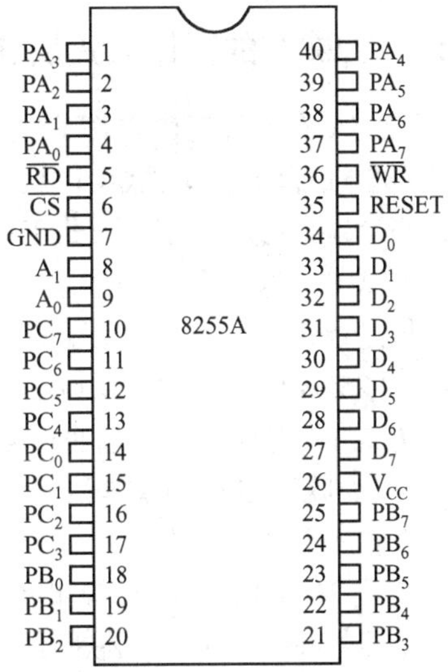

图 8-17　8255A 外部引脚图

表 8-3　8255A 操作与引脚关系表

$\overline{CS}$	$\overline{RD}$	$\overline{WR}$	A_1	A_0	端口选择及其操作
0	1	0	0	0	数据送端口 A
0	1	0	0	1	数据送端口 B
0	1	0	1	0	数据送端口 C
0	1	0	1	1	控制字送控制寄存器
0	0	1	0	0	端口 A 数据送数据总线
0	0	1	0	1	端口 B 数据送数据总线
0	0	1	1	0	端口 C 数据送数据总线
0	0	1	1	1	无操作（D_7~D_0 三态）
1	X	X	X	X	禁止（无操作（D_7~D_0 三态）
0	1	1	1	1	（D_7~D_0 三态）

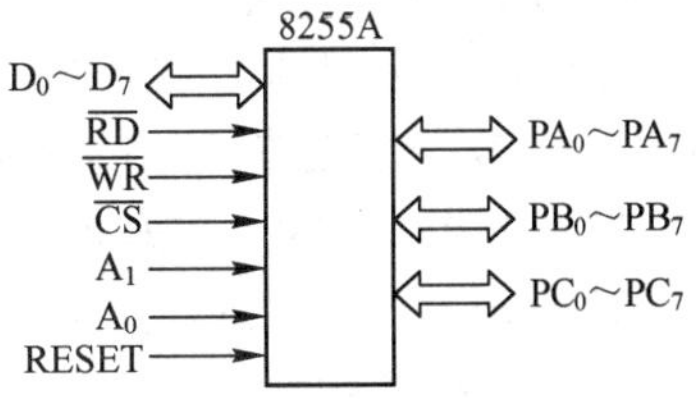

图 8-18　8255 引脚分类

1）与 CPU 连接的信号线（14 条）。

D_7~D_0：为 8 位双向三态数据线，可直接连接到 CPU 的数据总线上，传输 8 位二进制数。

$\overline{RD}$：读信号线，低电平有效。在 CPU 对 8255A 读操作时有效。

$\overline{WR}$：写信号线，低电平有效。在CPU对8255A写操作时有效。

$\overline{CS}$：片选线，低电平有效。只有 $\overline{CS}$ 有效，才会对 8255A 进行读或写操作。

A_1、A_0：端口选择地址线，常接到 CPU 的 2 根地址线上，用于寻址 3 个并行端口和 1 个控制字寄存器（CR）。

RESET：复位线，高电平有效。若复位信号有效，则全部内部寄存器被清零，同时将 3 个端口设置成输入状态，且一直保持到向 8255A 写入新的方式选择控制字为止。

2）与外设连接的信号线：8255A 的 3 个端口均拥有 8 条数据线。

PA_7～PA_0：A 口的 I/O 线。根据不同的工作方式，可为输出线、输入线，或双向线。

PB_7～PB_0：B 口的 I/O 线。为输出线或输入线。

PC_7～PC_0：C 口的 I/O 线。为输出线或输入线。

8.2.2 8255A 的工作方式及其初始化设置

8255A 有 3 种工作方式（方式 0、方式 1、方式 2）可供选择使用，而且 3 个端口可以同时按照各自选择的工作方式工作。当然 8255A 各端口在正常工作开始前，必须进行初始化设计，确定每个端口按哪种工作方式工作。

方式 0：基本输入或输出方式，为单向的 8 位端口。多用于同步数据传输场合，无需握手线直接进行传输。也可以用于查询方式，此时往往用 C 口的某些信号线作为自定义状态线和控制线。8255A 的 3 个端口均可工作于方式 0。

方式 1：选通输入或选通输出方式，为单向的 8 位端口。只有 A 口和 B 口可以工作在方式 1 状态，而此时 C 口的某些信号线一定作为 A 口或 B 口的联络线，其他非联络线仍可以工作在方式 0 输入或输出状态。

方式 2：双向传输方式，既可输入又可输出。只有 A 口可以采用方式 2 工作，此时 C 口中的 5 根信号线作为 A 口的联络线，而其余的 3 条信号线可以作为 B 口方式 1 时的联络线，或者与 B 口一起工作在方式 0 状态。

由此可知，A 口具有方式 0～方式 2 三种工作方式，B 口具有方式 0 和方式 1 两种工作方式，C 口只有方式 0 一种工作方式。只有方式 2 为双向传输端口，而方式 0 和方式 1 只能作为输出端口或者输入端口。8255A 在正常工作之前必须进行初始化设置，对所用到的每个端口都要设置具体的工作方式。8255A 具有 2 个控制字：方式控制字和 C 口位控控制字。2 个控制字均需要送入控制字寄存器口地址中，其区别在于：方式控制字中的 $D_7=1$，C 口位控控制字中的 $D_7=0$。

1．方式控制字

方式控制字各位定义见图 8-19。其中 $D_7=1$ 为方式控制字标志位，用来区别 C 口位控控制字。D_6D_5 设置 A 口的工作方式；D_4 设置 A 口处于方式 0 或方式 1 时的传输方向，当处于方式 2 时此位无效；D_3 设置 C 口的高 4 位传输方向，由于 C 口只有一种工作方式，因此不需要设置方式；D_2 设置 B 口的工作方式，D_1 设置 B 口的传输方向；D_0 设置 C 口的低 4 位传输方向。当 C 口的信号线作为 A 口或 B 口的联络线时，设置无效。

2．C 口位控控制字

C 口位控控制字用于将 C 口中的某一位清零或置 1。图 8-20 为 C 口位控控制字格式定义。其中 $D_7=0$ 为方式控制字标志位，用来区别方式控制字；$D_6D_5D_4$ 为无效位；$D_3D_2D_1$ 用来选择 PC_7～PC_0 中之一；D_0 为 0 表示清零，D_0 为 1 表示置 1。

【例 8-5】 设 8255A 的 A 口输入，B 口输出，PC_7 为高电平，PC_6 为低电平，口地址为 80～83H，CPU 采用 8088。试编制 8255A 的初始化程序。

8255A 的初始化程序段如下。

```
MOV    AL，90H          ；设置方式控制字 CR=10010000B=90H
OUT    83H，AL          ；将控制字送入 8255A 控制寄存器中
MOV    AL，00001111B    ；设置 C 口位控控制字，使 PC7=1
OUT    83H，AL          ；将控制字送入 8255A 控制寄存器中
MOV    AL，00001100B    ；设置 C 口位控控制字，使 PC6=0
```

```
OUT    83H, AL        ; 将控制字送入 8255A 控制寄存器中
```

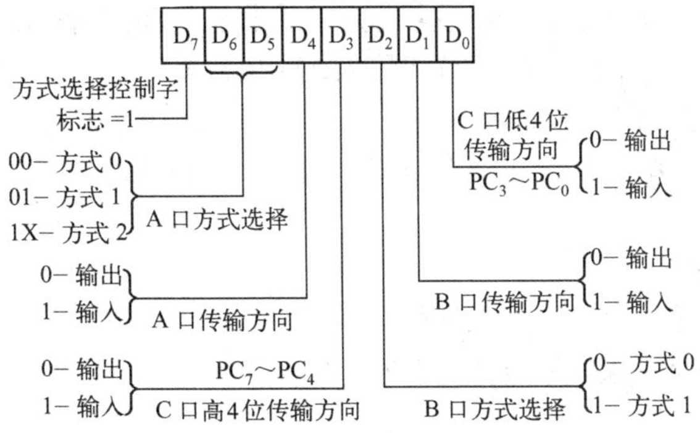

图 8-19　8255A 方式控制字

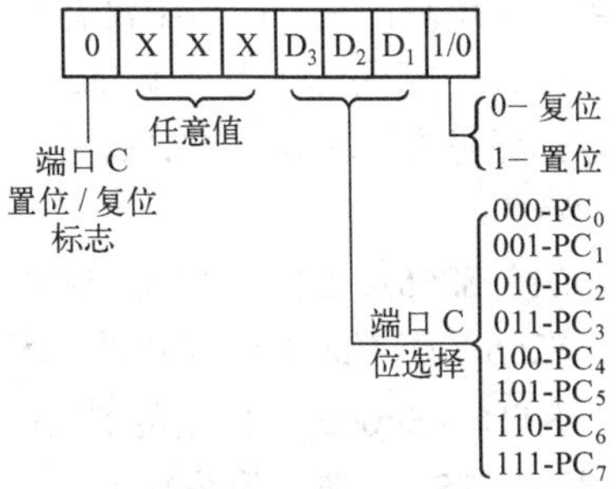

图 8-20　8255A 位控控制字

8.2.3　8255A 各工作方式的功能特点说明

下面说明各种工作方式的特点。

1．方式 0——基本输入或基本输出方式

方式 0 的主要特点可归纳为：

1）方式 0 为单向并行传输方式，此方式下或设置为输出口，或设置为输入口。

2）8 位 A 口、8 位 B 口、C 口高 4 位和 C 口低 4 位可独立设置成输入或输出方式，形成 16 种不同组态：4 位、8 位、12 位、16 位、20 位、24 位的输入口或输出口。

3）各端口输出时具有锁存功能，输入时一般无锁存。

8255A 处于方式 0 时，常用于无条件传输情况，不需要联络信号。在设置成方式 0 输入或输出方式后，CPU 随时根据需要，用 IN 或 OUT 指令读取端口数据，此时，端口相当于缓冲器或锁存器。若作为输出端口，如果端口具有锁存功能，可用于锁存外设发来的数据，在 CPU 读取数据时，将稳定的数据上传。对于只具有缓冲功能的输入端口，当输入数据是瞬态（如窄脉冲信号）时，应该另加锁存电路，待 CPU 将输入数据读取后，再清除锁存电路中的数据。这实际上是一种联络功能，要求 8255A 对外有联络线才能实现。可以利用 C 口的位控功能及允许高、低 4 位设定为不同传输方向的特点作联络线。

【例 8-6】　如图 8-21 所示，设定 A 口为输出端口，B 口为输入端口，C 口高 4 位作为状态输入口，C 口低 4 位为控制输出口。令 PC_1 为输入设备的清除信号线，PC_0 为输出设备的选通信号线，PC_7 为输入设备的状态线，PC_6 为输出设备的状态线。用方式 0 实现查询传输。则 8255A 的控制字应为 1 000 1 01 0B = 8AH。

将该控制字送入控制寄存器后，即可以正常传输工作。在需要向输出设备（如打印机）传送数据前，先通过 PC_6 查询打印机，不忙时从 A 口送出数据，然后通过 PC_0 发出数据已发出信号，使打印设备把数据取走打印。当 CPU 需要从输入设备取数据时，先通过 PC_7 查询设备状态，若设备数据准备好，则从 B 口读入数据，然后从 PC_1 发出输入数据缓冲器空控制信号，通知输入设备可以传送下一个数据了。

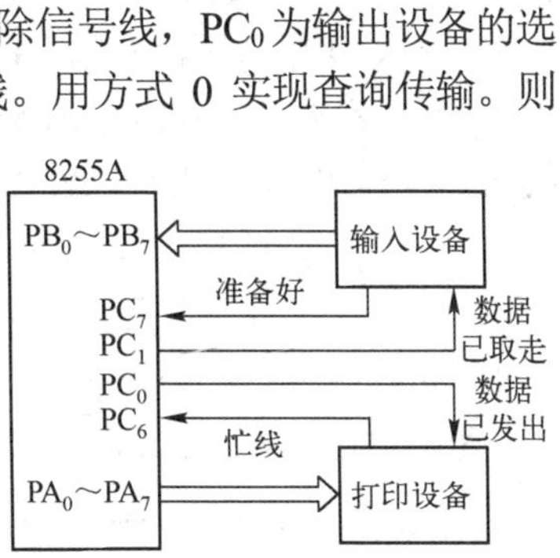

图 8-21　8255A 方式 0 应用

2．方式 1——选通输入或选通输出方式

方式 1 的主要特点为：

1）方式 1 是一种带有联络功能的输入或输出传输方式，为单向 8 位输入或输出端口。

2）只有 A 口或 B 口可以工作于方式 1，此时 C 口的某些线被定义为状态线和控制线，不能由用户编程改变。C 口中没有被定义的信号线仍然可以设置成输入或输出方式。

C 口中哪些线作为 A 口的联络线，哪些线作为 B 口的联络线，与 A 口、B 口是方式 1 输入方式还是方式 1 输出方式有关。下面分别介绍 8255A 工作在方式 1 输入方式和方式 1 输出方式的特点。

（1）8255A 工作在方式 1 输入方式的特点

8255A 在方式 1 输入方式下定义了 3 条联络线和 1 个控制位，其特点和作用如下。

$\overline{STB}$（Strobe）：外设请求数据输入状态线，低电平有效。当外设准备好数据后，用$\overline{STB}$信号通知 8255A 数据已准备好。

IBF（Input Buffer Full）：输入缓冲器满输出线，高电平有效。IBF 有效，表明 8255A 输出口的缓冲器中数据 CPU 还没有取走，通知外设暂时不传送下一个数。在 CPU 取走数据之前，IBF 一直保持高电平状态。

INTR（Interrupt Request）：中断请求，高电平输出有效线。当 INTE 和 IBF 均为高电平时，INTR 才会有效。设计时可以将 INTR 接到 CPU 或系统总线的可屏蔽中断请求线 INTR 上，用于产生可屏蔽中断请求，通知 CPU 外设数据已准备好，可以取走数据。也可以将 INTR 接到并行端口的某位上，CPU 通过查询获知外设数据已准备好。当 CPU 用 IN 指令取走数据，在$\overline{RD}$信号的前沿（下降沿）使 INTR 无效。

INTE（Interrupt Enable）：8255A 中的中断允许位，高电平有效。如果采用中断方式通知 CPU 取数据，则可通过编程设置 INTE=1，即允许 8255A 在数据准备好时发出中断请求 INTR，INTE=1 是使 INTR 有效的充分条件。当 INTE=0 时，INTR 不能发出“1”，即禁止 8255A 向 CPU 发出取数的中断请求。

无论 A 口还是 B 口，工作在方式 1 输入方式时的工作过程是一样的。图 8-22 为方式 1 输入方式的时序图。① 表示当外设数据准备好，向 8255A 发出$\overline{STB}$数据有效信号，在$\overline{STB}$由高变低时，将数据送入 8255A 的输入口，同时使 8255A 的 IBF 变成高电平，表示数据缓冲器满。② 表示$\overline{STB}$变高时，如果此时 INTE=1，则会使 INTR 变高，产生中断请求，请求 CPU 将数据读走。③ 表示当 CPU 用 IN 指令取数据时，在 8255A $\overline{RD}$的前沿（下降沿）将 INTR 变为低电平无效。④ 表示$\overline{RD}$的后沿（上升沿）将 IBF 变为低电平无效。到此 1 个数据传输完毕。

A 口、B 口工作在方式 1 输入方式时联络线定义如下。

1）A 口方式 1 输入。图 8-23 和图 8-24 给出了 A 口为方式 1 输入方式时的控制字和联络线的定义。此时，PC_4在硬件上为$\overline{STBA}$，在软件上为 INTEA，PC_5为 IBFA，PC_3为 INTRA。

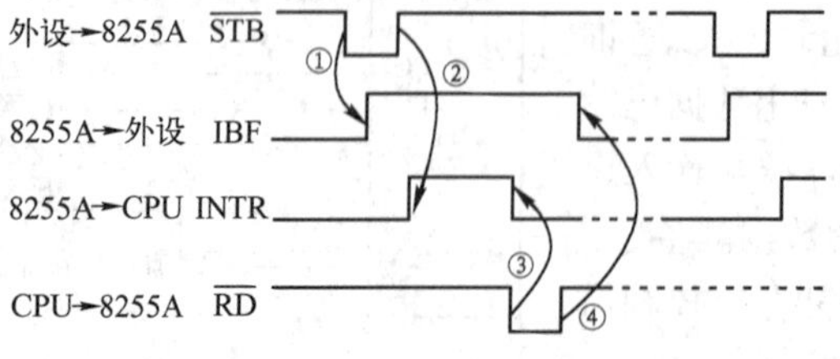

图 8-22　8255A 方式 1 输入方式时序

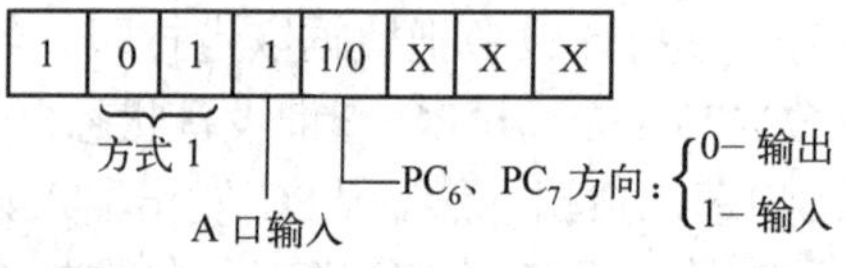

图 8-23　8255A 的 A 口方式 1 输入方式控制字

2）B 口方式 1 输入。图 8-25 和图 8-26 给出了 B 口为方式 1 输入方式时的控制字和联络线的定义。此时，PC_2 硬件上为 $\overline{STBB}$，软件上为 INTEB，PC_1 为 IBFB，PC_0 为 INTRB。

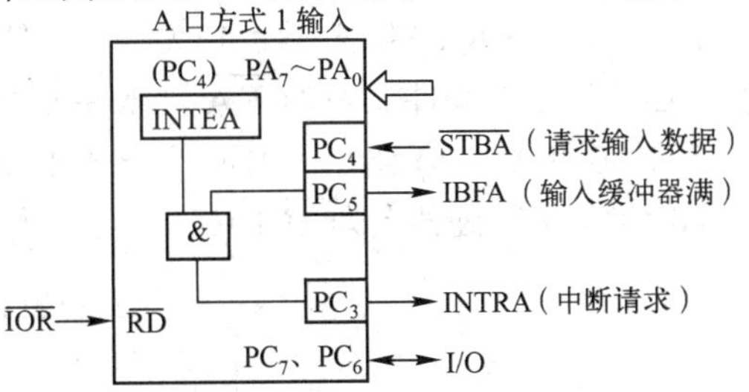

图 8-24　8255A 的 A 口方式 1 输入方式信号定义

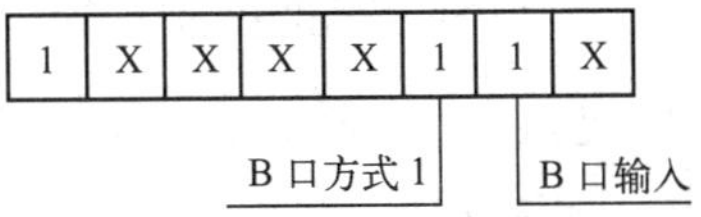

图 8-25　8255A 的 B 口方式 1 输入方式控制字

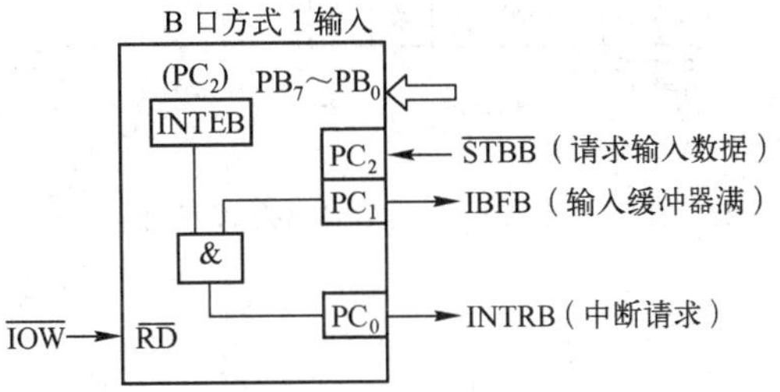

图 8-26　8255A 的 B 口方式 1 输入方式信号定义

可归纳出，在方式 1 输入方式下，C 口各位状态表示的意义如下。

D_7	D_6	D_5	D_4	D_3	D_2	D_1	D_0
I/O	I/O	IBFA	INTEA	INTRA	INTEB	IBFB	INTRB

（2）8255A 工作在方式 1 输出方式的特点

对于方式 1 输出方式下也定义了 3 条联络线和 1 个控制位，其特点和作用如下。

$\overline{OBF}$（Output Buffer Full）：输出缓冲器满信号，低电平输出有效。当 8255A 某端口接收到 CPU 发来的数据后，将 $\overline{OBF}$ 变为有效，用来通知外设数据已准备好。

$\overline{ACK}$（Acknowledge）：外设应答信号线，低电平输入有效。$\overline{ACK}$ 信号有效时，表示外设已将数据取走。

INTR（Interrupt Request）：中断请求，高电平输出有效线。用于向 CPU 发出中断请求，表明外设已将数据取走，CPU 可以发下一个数据了。当中断允许 INTE=1，且 $\overline{OBF}$=1 时，则会自动发出 INTR 有效高电平。

INTE（Interrupt Enable）：8255A 中的中断允许位，高电平有效。作用同方式 1 输入方式。

图 8-27 为 8255A 工作在方式 1 输出方式的时序图。其工作过程为：① 表示当 CPU 利用 OUT 指令将数据输出到 8255A 时，$\overline{WR}$ 信号的后沿（上升沿）使 8255A 发出数据缓冲器满 $\overline{OBF}$=0 信号，同时将中断请求线 INTR 变成低电平，即无效状态。② 表示外设接收到 $\overline{OBF}$ 信号后，将数据取走，并发给 8255A 应答信号 $\overline{ACK}$=0。③ 表示 $\overline{ACK}$ 的后沿（上升沿）将使 $\overline{OBF}$ 变为高，同时在 INTE=1 的前提下，使 INTR 变高有效，请求 CPU 发送下一个数据。

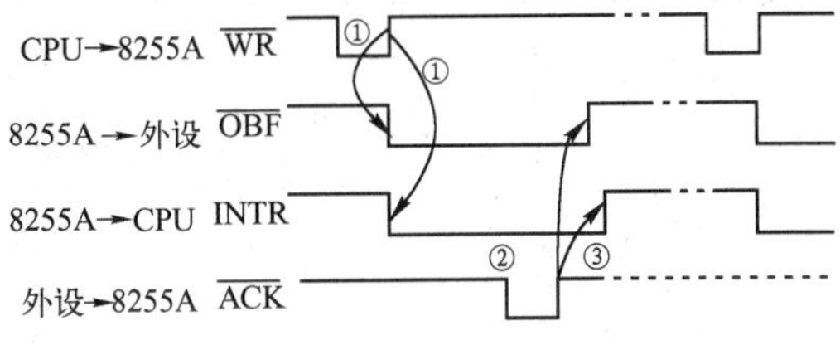

图 8-27　8255A 工作在方式 1 输出方式的时序图

A 口、B 口工作在方式 1 输出方式时联络线定义如下。

1）A 口方式 1 输出。图 8-28 和图 8-29 给出了 A 口为方式 1 输出方式时的控制字和联络信号的定义。此时，PC_7 为 $\overline{OBFA}$，PC_6 硬件上为 $\overline{ACKA}$，软件上为 INTEA，PC_3 为 INTRA。

2）B 口方式 1 输出。图 8-30 和图 8-31 给出了 B 口为方式 1 输出方式时的控制字和联络信号的定义。此时，PC_1 为 $\overline{OBFB}$，PC_2 硬件上为 $\overline{ACKB}$，软件上为 INTEB，PC_0 为 INTRB。

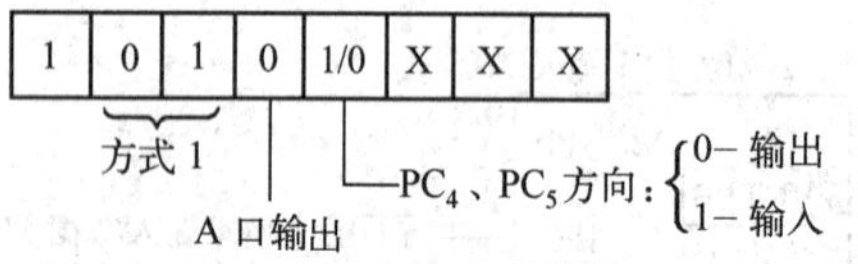

图 8-28　8255A 的 A 口方式 1 输出方式控制字

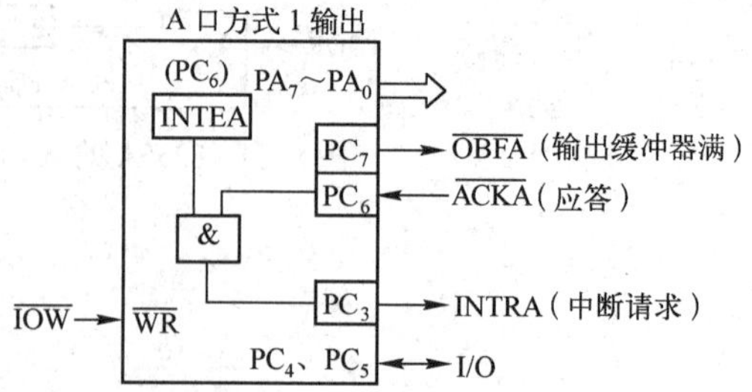

图 8-29　8255A 的 A 口方式 1 输出方式信号定义

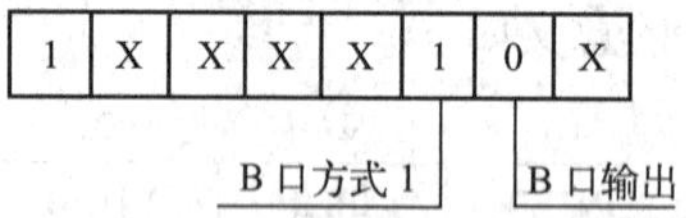

图 8-30　8255A 的 B 口方式 1 输出方式控制字

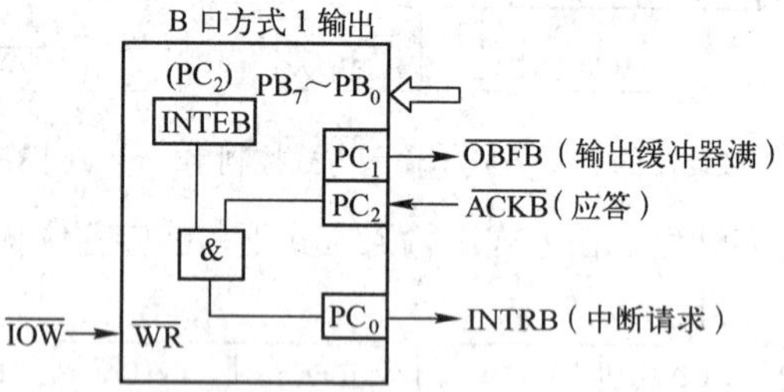

图 8-31　8255A 的 B 口方式 1 输出方式信号定义

可归纳出，在方式1输出方式下，C口各位状态表示的意义如下。

D_7	D_6	D_5	D_4	D_3	D_2	D_1	D_0
$\overline{OBFA}$	INTEA	I/O	I/O	INTRA	INTEB	$\overline{OBFB}$	INTRB

3. 方式 2——双向传输方式

仅 A 口可以工作于双向 I/O 方式，且要占用 C 口的 5 根线作为联络线，相当于将 A 口的方式 1 输入和方式 1 输出合并起来，形成方式 2 双向传输方式。这时各信号的名称及作用基本上与 A 口方式 1 输入和 A 口方式 1 输出方式相同。C 口其余 3 根线或做 B 口方式 1 的联络线，或做 I/O 线。图 8-32 给出了 A 口为方式 2 时的控制字和联络信号的定义。

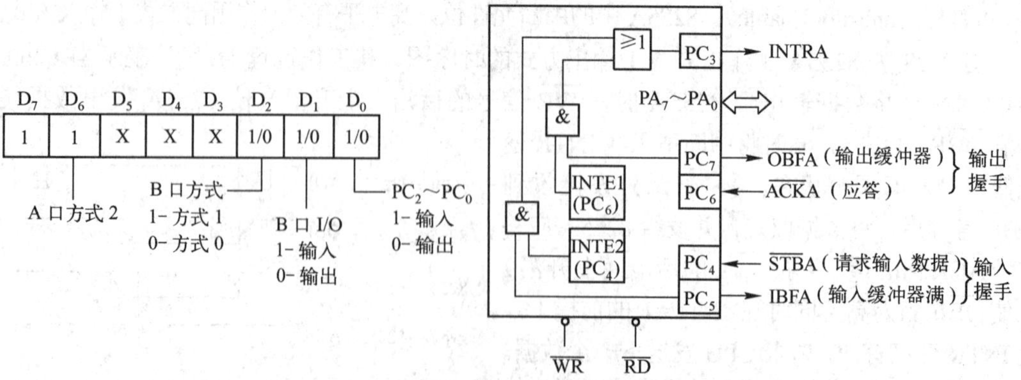

图 8-32　8255A 方式 2 控制字及联络信号定义

可归纳出，在方式 2 下，C 口各位状态表示的意义如下。

D_7	D_6	D_5	D_4	D_3	D_2	D_1	D_0
$\overline{OBFA}$	INTE1	IBFA	INTE2	INTRA	X	X	X

8.2.4 8255A 应用举例

【例 8-7】 设 8255A 工作在方式 1 下，A 口输出，B 口输入，PC_4～PC_5 为输入，A 口允许中断，B 口禁止中断，CPU 为 8088 最小工作模式，口地址为 60H～63H。试编写初始化程序。

分析：为了帮助理解，首先根据题意画出如图 8-33 所示电路原理图。8255A 口地址的分配为：A 口地址为 60H，B 口地址为 61H，C 口地址为 62H，控制寄存器 CR 地址为 63H。

在初始化程序中需要向控制寄存器（63H）送 3 个控制字，如图 8-34 所示。

1）方式控制字：设置 A 口方式 1 输出、B 口方式 1 输入、C 口的 PC_4 和 PC_5 为输入。

2）C 口位控控制字 1：开 A 口中断（PC_6=1）。

3）C 口位控控制字 2：关 B 口中断（PC_2=0）。

则初始化程序段如下。

```
MOV     AL, 0AEH      ; 方式控制字送入 8255A 的控制寄存器中
OUT     63H, AL
MOV     AL, 0DH       ; 将 PC6 置 1，用于允许 PA 口中断
OUT     63H, AL
MOV     AL, 04H       ; 将 PC2 清零，用于禁止 PB 口中断
OUT     63H, AL
```

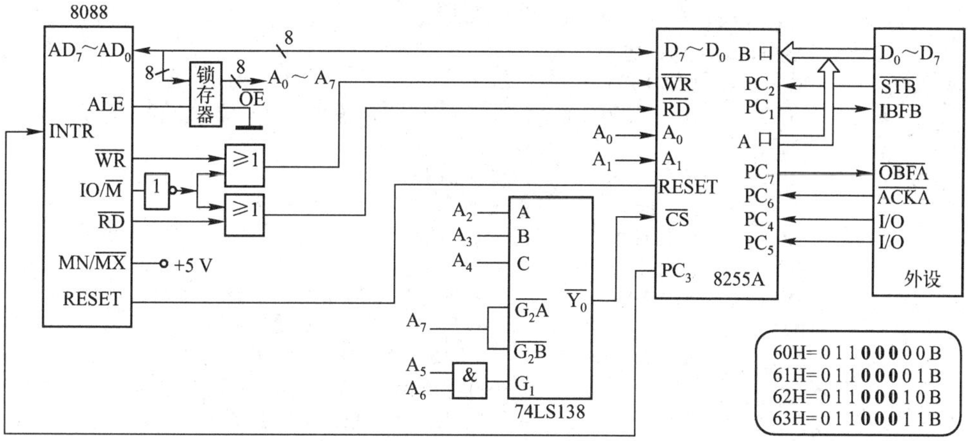

图 8-33 例 8-7 电路原理图

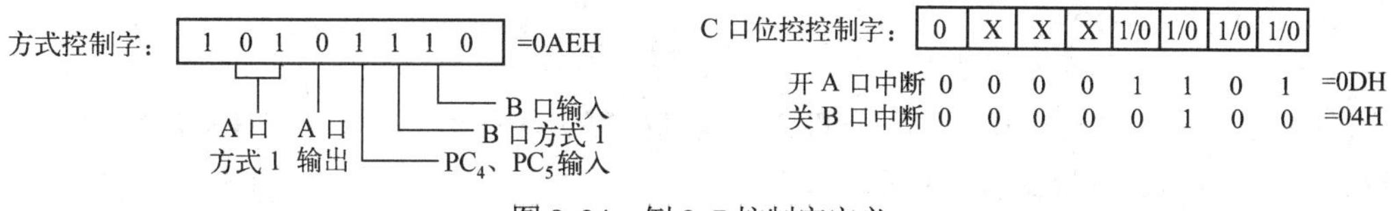

图 8-34 例 8-7 控制字定义

【例 8-8】 设计一个接口，用 8255A 实现用 2 个发光二极管反映 2 个开关状态。设开关闭合发光二极管亮，CPU 为 8088 最小模式。8255A 口地址为 113H～110H。

分析：本例要设计接口电路及相应的程序，如图 8-35 所示为硬件接口电路的设计。

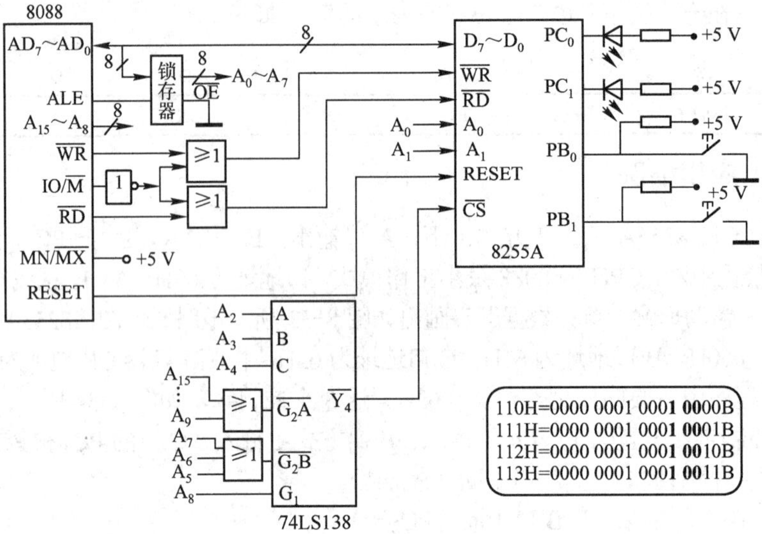

图 8-35 例 8-8 电路原理图

在硬件接口电路中，开关闭合则 PB_0、PB_1 为低电平，而 LED 灯亮需要送出低电平。故编制程序实现。从 B 口将开关状态读入后，直接从 C 口输出，即可控制 LED 灯亮或灭。

为使程序不进入死循环状态，可利用 DOS 功能调用（0BH 号功能），判断是否有键盘操作，如果有则退出程序。

参考程序如下。

```
CODE    SEGMENT
        ASSUME  CS:CODE
ST:     MOV     DX, 113H
        MOV     AL, 10000010B   ；设置 A 口方式 0 输出，B 口方式 0 输入
        OUT     DX, AL          ；送控制字
LP:     MOV     DX, 111H        ；设 B 口地址
        IN      AL, DX          ；读开关状态
        MOV     DX, 112H        ；设 C 口地址
        OUT     DX, AL          ；置 LED 状态
        MOV     AH, 0BH         ；判断是否有键盘操作
        INT     21H
        CMP     AL, 0FFH
        JZ      EXIT0           ；有则退出程序
        JMP     LP              ；无则继续用 LED 反映开关状态
EXIT0:  MOV     AH, 4CH
        INT     21H
CODE    ENDS
        END     ST
```

【例 8-9】 用 8255A 作为打印机接口，编制程序实现打印 6 个字符“HELLO!”（CPU 为 8088 最小工作模式，口地址为 0C0H～0C7H）。

分析：用8255A实现打印机接口电路，可以采用查询传输的方式（如8.2.3节的方式0），也可以采用中断传输的方式。本例选用8255A的A口作为数据传输通道，采用方式1输出中断传输方式。为了简化接口，假设打印机只需要2条联络线，如图8-36所示。

作为 A 口的联络线 PC_6 接到打印机的应答线 $\overline{ACK}$ 上，PC_3 作为中断请求线 INTR 接到系统

总线的可屏蔽中断请求线 IRQ 上，PC_7 为 $\overline{OBF}$，当 CPU 将数据发送给 8255A 的 A 口后变为低电平，与打印机的选通信号要求负脉冲信号不符，故空着不用。用 PC_0 作为打印机的数据选通线，CPU 通过编程控制 PC_0 产生选通负脉冲。

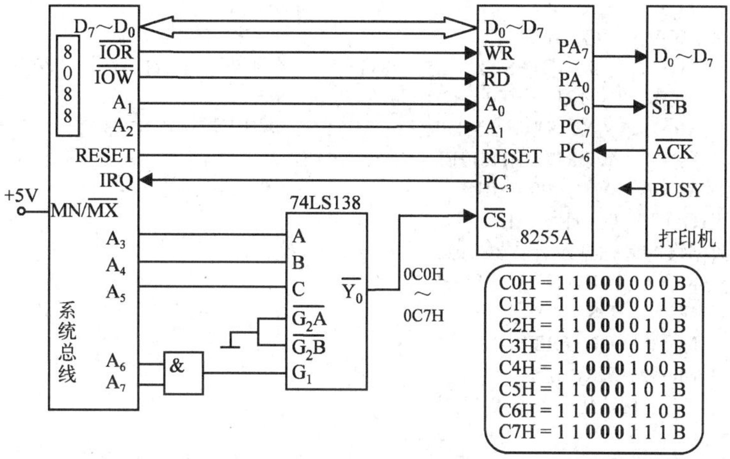

图 8-36　例 8-9 电路原理图

8255A 的口地址分配：A 口地址 0C0H，B 口地址 0C2H，C 口地址 0C4H，CR 地址 0C6H。

工作过程：当打印机不忙时，且 8255A 允许中断请求，则 8255A 会代表打印机向 CPU 发出可屏蔽中断请求。当 CPU 允许响应可屏蔽中断请求（IF=1）时，将进入中断服务程序。在中断服务程序中完成从缓冲区里取出一个字节送出，并编程使 PC_0 产生选通负脉冲，通知打印机，此时打印机的应答线 $\overline{ACK}$ 无效，待数据打印完后，打印机发出应答线 $\overline{ACK}$=0，8255A 接收到应答线又会产生中断请求线 $\overline{INTR}$……直到全部字符打印完毕，程序结束。

值得注意的是：要想实现完整的中断过程，必须事先做好以下准备工作。

1）设置中断向量表。设打印机设备的中断类型码被分配为 0BH，则在程序开始时，需要将完成打印处理的中断服务程序入口地址（即中断向量）存入中断向量表中的相应位置。

2）允许 8255A 中断。对于 8255A 的 A 口方式 1 输出方式 PC_6 为 INTEA，只有设置 INTEA=1 后，8255A 才有可能发出中断请求 INTRA。

3）允许 CPU 响应中断。只有令 IF=1，CPU 才有可能响应 8255A 发来的中断请求。

所以，在主程序中首先需要对 8255A、中断向量表、数据缓冲区指针和中断控制器等进行初始化工作，令 PC_0=1。准备好后，开 8255A 中断，开 CPU 中断，判断数据是否打印完毕，打印完毕则退出程序，打印未完毕则等待中断请求到来。而中断服务程序主要完成从缓冲区中取数据送出，使 PC_0 发出负脉冲，调整数据指针和计数器，返回主程序。参考程序如下。

```
DA      SEGMENT
DATA    DB 'HELLO!'
DA      ENDS
CODE    SEGMENT
        ASSUME  CS: CODE,  DS:DA
；主程序:
；8255 初始化:
MA:     MOV  AL，10100000B              ；A 口方式 1 输出方式
```

```
        OUT    0C6H，AL                    ；送控制字
        MOV    AL，00000001B               ；置 PC0=1
        OUT    0C6H，AL
；设置中断向量表，并开 8255A 中断：
        XOR    AX，AX                      ；AX=0
        MOV    DS，AX                      ；DS 指向 0000H 段
        MOV    AX，OFFSET   INTPRG         ；取中断入口的偏移量（2CH=4*0BH）
        MOV    WORD  PTR [2CH]，AX
        MOV    AX，SEG  INTPRG             ；取中断入口的段基值
        MOV    WORD  PTR [2EH]，AX
        MOV    AL，00001101B               ；置 INTEA=1（PC6=1）
        OUT    0C6H ，AL
；设置数据缓冲区指针及计数器
        MOV    AX，SEG   DATA
        MOV    DS，AX
        MOV    DI，OFFSET   DATA
        MOV    CX，6
；对中断控制器初始化（参见 8.4 节）
        .......
；如果数据没打印完，开 CPU 中断，并等待中断到来，否则转入 STOP0
HH：    CMP     CX，0
        JZ      STOP0                      ；打印完毕转去 STOP0
        STI                                ；IF=1 允许 CPU 响应中断
        JMP     HH
；禁止 8255A 发出中断请求，并退出系统
STOP0： MOV     AL，00001100B              ；置 INTEA=0（PC6=0）
        OUT     0C6H，AL
        MOV     AH，4CH
        INT     21H
；中断服务程序:
INTPRG  PROC
        MOV     AL，[DI]
        OUT     0C0H，AL
        MOV     AL，00000000B              ；PC0=0
        OUT     0C6H，AL
        INC     AL
        OUT     0C6H，AL                   ；PC0=1，产生负脉冲
        INC     DI                         ；修改指针
        DEC     CX                         ；计数器减一
        IRET                               ；中断返回
INTPRG  ENDP
CODE    ENDS
        END MA
```

【例8-10】 用8255A实现4×4键盘控制。

分析：键盘识别的方法有行扫描法和行反转法，两种方法的接口电路均可采用8255A实现。由于8255A可以随时将端口设置成输出方式或输入方式，本例采用行反转法（参见7.3.3节）。接口电路如图8-37所示。反转法编程步骤如下。

1）A 口为行线，设其工作于方式 0 输出方式。B 口为列线，工作于方式 0 输入方式。首先令行线 A 口输出 00H，读列线 B 口，若读入的列线值为 0FH，则无键按下。

2）若列线值不为 0FH，一定有键按下，则将 B 口设为方式 0 输出方式，A 口为方式 0 输入方式。将读入的列线值从 B 口送出，再读入 A 口数据。

3）将 A 口读入的数据左移 4 位，加上 B 口低 4 位形成键值，存入键值单元。

重复扫键，判断是否有键按下（也可以依据所按下键的值转入相应的处理程序）。

参考程序如下。

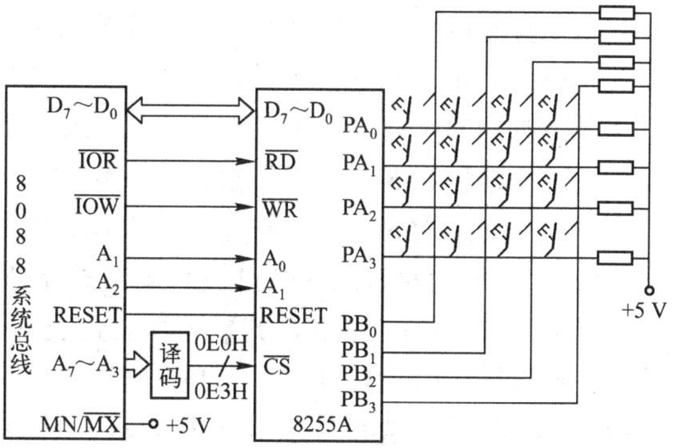

图 8-37　例 8-10 电路原理图

```
DA      SEGMENT
BUF     DB      0FFH                    ; 为键值单元，高 4 位行值,低 4 位列值
PORT    EQU     0E0H                    ; 设口地址为 0E0H～0E3H
DA      ENDS
CODE    SEGMENT
        ASSUME  CS:CODE,  DS:DA
KEY     PROC
MA:     PUSH    DX                      ; 程序头
        MOV     AX,  0
        PUSH    AX
        MOV     AX， DA
        MOV     DS， AX
LP0:    MOV     AL， 10000010B          ; A 口方式 0 输出方式，B 口方式 0 输入方式
        MOV     DX， PORT+3             ; 设控制 R 地址
        OUT     DX，AL                  ; 送控制字
LP1:    MOV     AL，00000000B           ; 置行线 A 口=0
        MOV     DX，PORT+0              ; 设 A 口地址
        OUT     DX， AL                 ; A 口输出全 0
        MOV     DX，PORT+1              ; 设 B 口地址
        IN      AL,  DX                 ; 从 B 口读入列线
        AND     AL,  0FH                ; 屏蔽列值高 4 位
        CMP     AL,  0FH                ; 判断是否有键按下
        JZ      LP1                     ; 无键按下再查询
        MOV     BL,  AL                 ; 保存列线值
        MOV     AL，10010000B           ; A 口方式 0 输入方式，B 口方式 0 输出方式
        MOV     AL，BL                  ; 取列线值
        MOV     DX,  PORT+1             ; 设 B 口地址
        OUT     DX，AL                  ; 从 B 口输出
        MOV     DX,  PORT+0             ; 设 A 口地址
        IN      AL,   DX                ; 从 A 口读入行线
        MOV     CL,  4
        SHL     AL,  CL                 ; 将行值移到高 4 位
        OR      AL,  BL                 ; 获得键值=行值 列值
        MOV     BUF,  AL                ; 保存键值
        JMP     LP0                     ; 继续扫键
        RET
KEY     ENDP
CODE    ENDS
        END     MA
```

【例 8-11】　8255A 在 PC/XT 机系统中的应用。

分析：在 PC/XT 机系统中有一片 8255A，三个端口均采用方式 0，主要用于检测系统的配置、是否有错误产生，以及管理键盘工作等。其各端口地址分配及作用说明如下。

A 口：地址为 60H，开机自检时设定为方式 0 输出方式，用于输出系统部件检测码，自检完成后，改为方式 0 输入方式，用于输入键盘扫描码。

B 口：地址为 61H，工作在方式 0 输出方式。用于系统内部控制信号。

C 口：地址为 62H，工作在方式 0 输入方式。用于测试状态和系统配置情况。

CR：地址为 63H，开机自检时设方式控制字为 10001001B，自检完成改为 10011001B。

图 8-38 给出了 PC/XT 机系统板上 8255A 的连接示意图，图中“–”号代表低电平，“+”号代表高电平。由 PB_3 控制读入 DIP 开关的低 4 位（PB_3=0 时）还是高 4 位（PB_3=1 时）。其中 5～8 表示系统显示器配置及软盘驱动器个数，1～4 表示系统板上 RAM 的容量及是否插入了数学协处理器 8087，以及决定系统是正常工作还是循环上电自检。

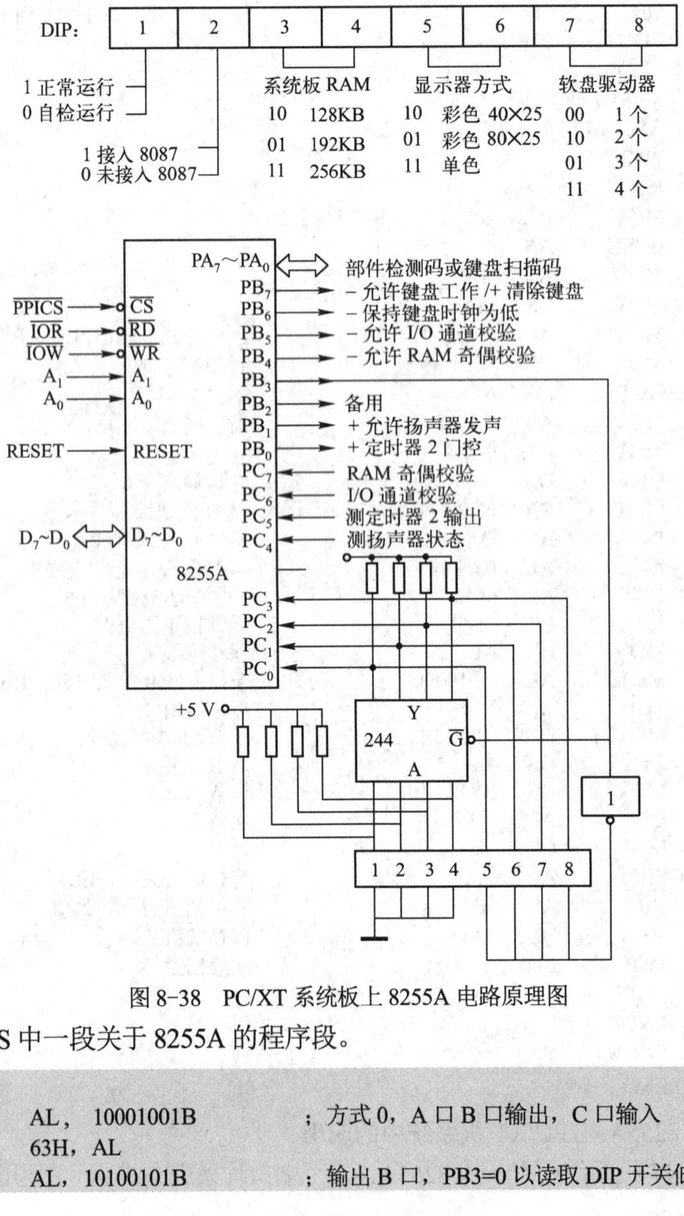

图 8-38 PC/XT 系统板上 8255A 电路原理图

下面为 BIOS 中一段关于 8255A 的程序段。

```
    ......
MOV     AL， 10001001B          ；方式 0，A 口 B 口输出，C 口输入
OUT     63H，AL
MOV     AL，10100101B           ；输出 B 口，PB3=0 以读取 DIP 开关低 4 位
```

```
    OUT      61H, AL
    ......
    IN       AL, 62H            ; 读C口
    AND      AL, 0FH            ; 保留低4位
    MOV      AH, AL             ; 存于AH
    MOV      AL, 10101101B      ; 使PB3=1，其余不变
    OUT      61H, AL
    NOP
    IN       AL, 62H            ; 读C口
    MOV      CL, 4              ; 循环左移4位
    ROL      AL, CL
    AND      AL, 0F0H           ; 保留高4位
    OR       AL, AH             ; 高低4位合并
    ......
    MOV      AL, 10011001B      ; 重新将A口设置成方式0输入
    OUT      63H, AL
    ......
```

【例 8-12】 利用 8255A 和 ADC 0809 设计一个采用查询方式的 A/D 转换接口。

分析：图 8-39 为电路原理图。图 8-40 为其 A/D 转换的流程图。用 8255A 的 PA 口作为 A/D 转换值的输入口，PB 口提供通道选择信号和启动转换信号，PC_4 作为转换结束状态查询线。设 8255A 的口地址为 2FCH～2FFH。根据电路原理图，8255A 可设定 A 口为方式 0 输入，B 口为方式 0 输出，PC_4 为输入。

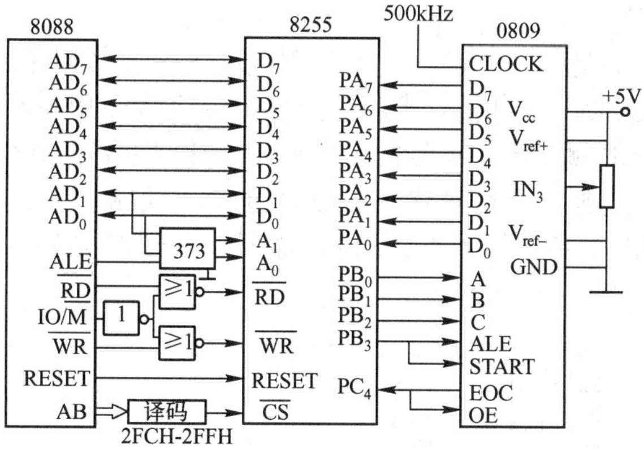

图 8-39 例 8-12 电路原理图

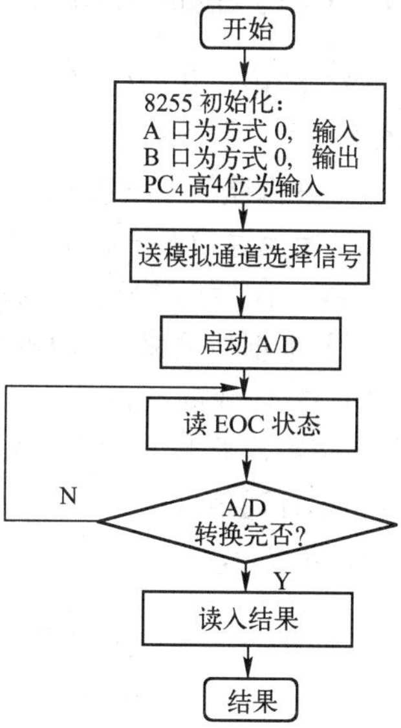

图 8-40 例 8-12 编程流程图

参考程序如下。

```
CODE    SEGMENT
        ASSUME   CS: CODE
ADIN    PROC
START:  PUSH     DS                 ; 程序头
        MOV      AX, 0
```

```
        PUSH    AX
        MOV     AL，1001 1000B      ；A 口方式 0 输入，B 口方式 0 输出，C 口高位输入
        MOV     DX，2FFH            ；8255A 控制字端口地址
        OUT     DX，AL              ；送 8255A 方式字
        MOV     AL，0000 0011B      ；选 IN3 输入端和地址锁存信号
        MOV     DL，0FDH            ；8255A 的 B 口地址
        OUT     DX，AL              ；送选择通道 IN3
        MOV     AL，0000 1011B      ；设置 START=1，即使 PB3=1
        OUT     DX，AL              ；锁存通道选择并启动 A/D 转换
        MOV     AL，0000 0011B      ；设置 START=0，即使 PB3=0
        OUT     DX，AL              ；使 START 产生一个完整的正脉冲
        MOV     DL，0FEH            ；8255A 的 C 口地址
TEST：  IN      AL，DX              ；读 C 口状态
        AND     AL，10H             ；检测 EOC 状态
        JZ      TEST                ；如果未转换完（PC4=0），转到 TEST，再测试
                                    ；如果转换完（PC4=1），则顺序执行下面程序
        MOV     DL，0FCH            ；8255A 的 A 口地址
        IN      AL，DX              ；读转换结果
        IRET
ADIN    ENDP
CODE    ENDS
        END     START
```

8.3 串行通信接口 8250/8251

微机应用已从单机逐渐向多机或联网发展，而多机应用的关键又在于微机之间的通信，互传数据信息。在微型计算机系统中，CPU 与外部的基本通信方式有两种：

1）**并行通信**——数据的各位同时传送。

2）**串行通信**——数据一位一位地顺序传送。

CPU 内部为了提高执行效率，均采用并行通信。CPU 与存储器或外设之间实现数据通信，一般需要根据传输速度和传输距离来决定采用哪一种通信方式。速度快、距离近可采用并行通信，如芯片内或板上的模块与模块之间等。如果距离远，信号传输有衰减，若仍采用并行通信，对每一位都需要增加硬件驱动，大大提高了成本。因此距离较远的数据通信，一般都采用串行通信。串行通信根据通信管理方式、通信速度、应用领域及通信格式的不同，分为很多种类，如图 8-41 所示。

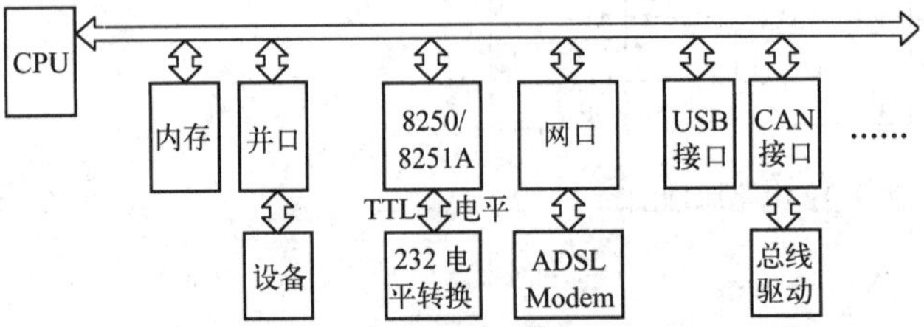

图 8-41　计算机系统中常用的通信方式

本节主要介绍串行通信的概念，以及在计算机系统中常用的串行通信接口芯片 INS 8250/16450 和 Intel 8251A。

8.3.1　串行通信接口技术的概念

串行通信接口主要完成并-串和串-并转换工作。如需要远距离传输，可采用电话网络传输或其他网络传输。图 8-42 给出了 CPU—RS232—Modem—电话网络—Modem—RS232—CPU 的传输通道示意图。

在整个传输通道中，RS232 接口实现的是并-串和串-并转换工作（接口原理与设计参见 6.4.3 节、8.3.2 节和 8.3.3 节）。Modem 称为调制/解调器，其作用为将 RS232 的传输电平转换成符合电话网络的信号形式，在接收端将电话线上的信号转换成数字信号传给接收端的 RS232。

串行通信中传输的信号是数字脉冲信号，它要求通信媒介（如电缆、双绞线）必须有比数字脉冲信号本身频率更宽的频带，否则会使数字脉冲信号变形。近距离传输信息可采用电缆直接连接，远距离通信时采用电话线传输信息或光缆传输信息。由于电话线频带很窄（30～300Hz），如果用数字信号直接通信，经过传输后，信号就会产生畸变，使接收方因数字信号逻辑电平模糊不清而无法鉴别，因此常常采用调制器、解调器来改善信号品质。

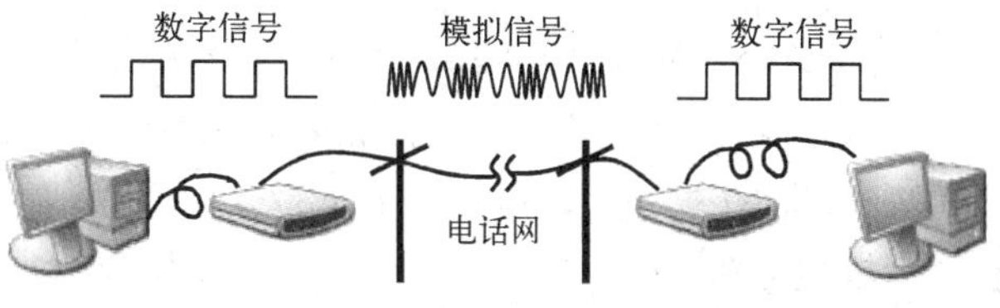

图 8-42　电话网通信示意图

调制器，即把数字信号转换成能在通信线上传输而不易受影响的正弦信号，经传输线传送到目的地后，再经过解调器，将此模拟信号，再转换成数字信号。

由于串行通信大多是双向进行的，通信线路的任意端既需要调制器，也需要解调器。故将调制器和解调器合二为一，称为调制解调器（又称 Modem）。其调制的方法有调频、调相、调幅。最常用的是调频，如图 8-43 所示。

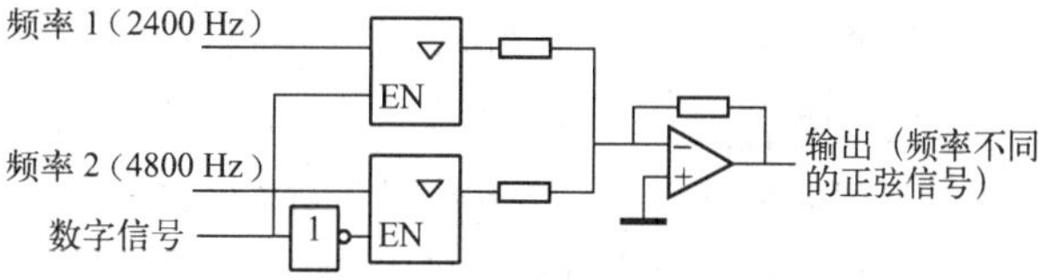

图 8-43　调频电路原理图

下面首先介绍串行通信中的一些基本术语。

1．异步通信和同步通信

串行通信是指将构成字符或数据的每个二进制数，按一定的顺序逐位进行传送的通信方式。显而易见，数据各位可以分时使用同一传输通道，因此可以减少传输通道的信号连接线。但是传输双方必须协调工作，这种协调方法从原理上可分成两种：异步通信和同步通信。

（1）异步通信

异步串行通信规定了字符数据的传送格式，即每个数据以相同的帧格式传送，如图 8-44 所示。每一帧信息由起始位、数据位、奇偶校验位和停止位组成。

起始位：在通信线上没有数据传送时处于逻辑“1”状态（称空闲位）。当发送设备要发送一个字符数据时，首先发出一个逻辑“0”信号，这个逻辑低电平就是起始位。起始位所起的作用就是表示字符传送开始。

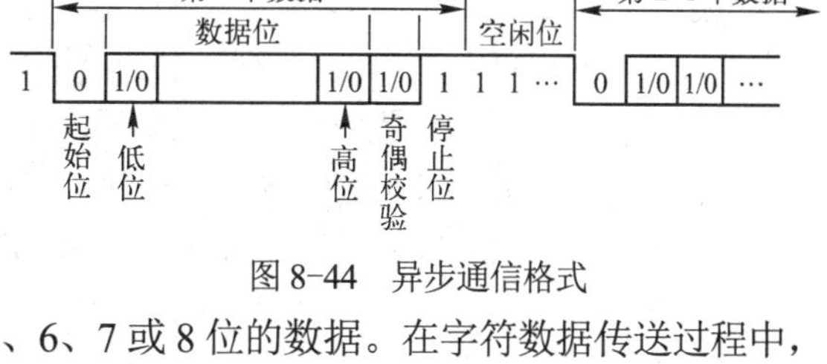

图 8-44　异步通信格式

数据位：当接收设备收到起始位后，紧接着就会收到数据位。数据位的个数可以是 5、6、7 或 8 位的数据。在字符数据传送过程中，数据位从最小有效位（最低位）开始传送。

奇偶校验位：数据位发送完之后，可以发送奇偶校验位。奇偶校验用于有限差错检测，通信双方在通信时须约定一致的奇偶校验方式。如果约定为奇校验，则校验位的状态应满足使数据各位和奇偶校验位中“1”的个数为奇数个；如果约定为偶校验，则校验位的状态应满足使数据各位和奇偶校验位中“1”的个数为偶数个。

停止位：在奇偶校验位或数据位（当无奇偶校验时）之后，发送的是停止位。停止位可以是 1 位、1.5 位或 2 位。停止位为一个字符数据的结束标志。

异步通信中，在同一协议约定下，字符数据按照通信格式一个接一个地传送，字符间允许有间隙即空闲，通信线路将自动处于逻辑“1”状态（高电平），而每个字符数据传输所需要的时间都是相同的。

【例 8-13】 采用异步通信、奇校验、2 位停止位方式发送字符“F”，试画出数据传输波形。

分析：字符“F”在传输时，是将其相应的 ASCII 码 46H=100 0110B 的 7 位有效位传输。依照异步通信传输格式，需要加上 1 位起始位 0，然后是 7 位数据位（低位在前）0110001，1 位奇偶校验位 0，最后 2 位停止位 11。因此其传输波形如图 8-45 所示。

（2）同步通信

在异步通信中，每一个字符要用起始位和停止位作为字符开始和结束的标志，占用了传输时间。所以在数据块传送时，为了提高通信速度，常去掉这些标志，而采用同步传送方式。同步通信不像异步通信那样靠在每个字符数据开始时发送或接收同步标志（即起始位），而是在每个数据块传送开始时，通过收/发同步字符（SYN）使双方同步，其通信格式如图 8-46 所示。

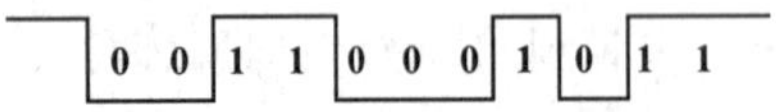

图 8-45　例 8-13 波形图

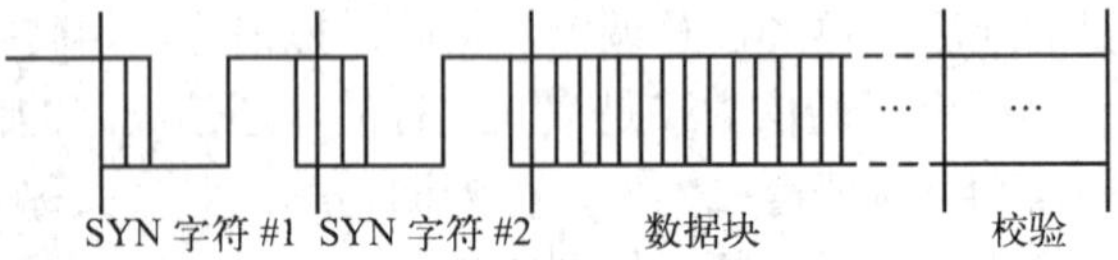

图 8-46　同步通信格式

同步通信的双方需要按同一个时钟进行收/发通信，以 1 个或 2 个同步字符作为传送的开始。每位占用的时间都相等。字符数据之间不允许有空隙，当线路空闲或没有字符可发送时，发送同步字符。最后用校验字符来反映传输过程中是否出错（如干扰引起的接收漏位等）。

2．波特率和接收/发送时钟

通信线上的字符数据是按位传送的，每一位宽度（位信号持续时间）由数据传送速率确定，以 bit/s（每秒位）为单位。另一个广泛使用的术语为波特率（Baud Rate），而波特率与 bit/s 速率不一定相等。这是因为波特率是在调制解调器中描述信号每秒改变的次数，而在调制解调器中，有可能出现信号一次改变传输多个数据位的情况。而就导线而言，波特率与 bit/s 速率是一样的，本书中暂且把它们看成一样的。80x86 兼容机的串行数据传输速率可达 19200 bit/s。必须注意，在异步通信中，波特率一般不超过 100000 bit/s。

发送端按发送时钟发送数据位，发送器在发送时钟的下降沿通过移位寄存器将数据发出。接收端按接收时钟接收数据位，接收器在接收时钟的上升沿按位采样并移入移位寄存器。对于同步通信，发送时钟和接收时钟必须采用同一个时钟，而异步通信的发送时钟和接收时钟可以采用两个时钟。在异步通信中，为了抗干扰，发送/接收时钟与波特率之间存在倍数关系，称为波特率因子 n。一般波特率因子 n 可取 1、16、32 或 64 等。

在图 8-47 中，当 n=16，在通信时，当接收端检测到电平从高电平变低时，开始计数，当计到连续 8 个低电平时，确认是异步通信开始，而不是干扰信号。此后，每接收 16 个时钟脉冲采1次样，直到采到停止位。由此提高了抗干扰能力。

对于同步通信，波特率因子n=1。

3．单工、半双工、全双工通信方式

串行通信中，要把数据从一个地方传送到另一个地方，必须通过通信线路。数据在通信线路两端的工作站（通信设备或计算机）之间传送。按照通信线路连接方式的不同，数据传送的基本方式有3种：单工、半双工和全双工（见图8-48）。

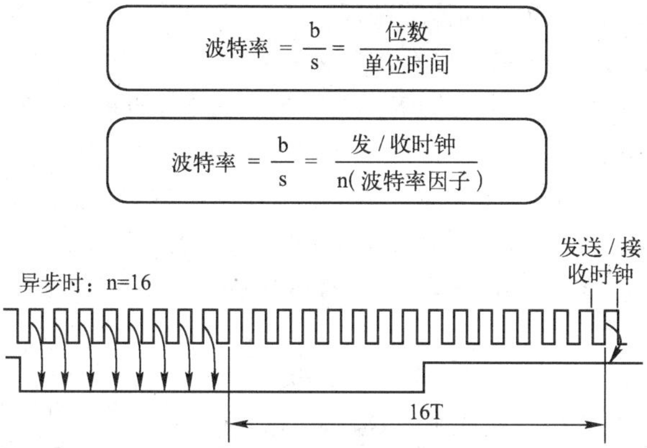

图8-47　波特率、发/收时钟及波特率因子间的关系

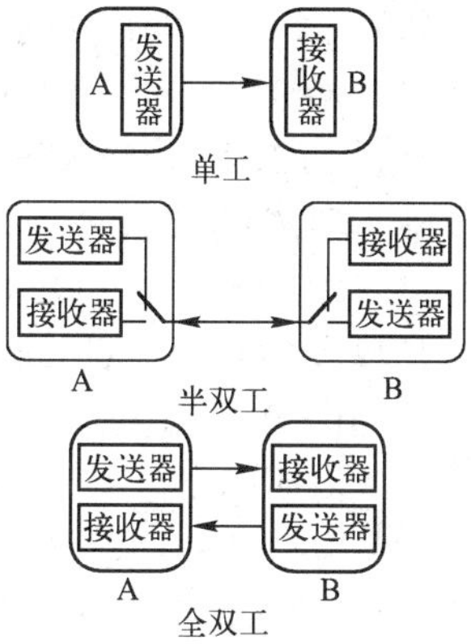

图8-48　串行通信连接方式

1）**单工方式**（Simplex）。通信线的一端连接设备A端的发送器，另一端连接设备B端的接收器，只允许数据按照一个固定方向传送的方式，即只能从A到B，称为单工方式。适用于简单的通信或数据传送场合。

2）**半双工方式**（Half-Duplex）。系统中的每个通信设备都由一个发送器和一个接收器组成，通过收/发开关接到通信线路上。通信线路为单路双向，发送和接收只能是交替发生。即数据传送A到B，或者B到A。

3）**全双工方式**（Full-Duplex）。采用信道划分技术，通信线路为双路，发送通道和接收通道独立，通信双方可以同时进行发送和接收操作。

4．通信数据的差错检测和校正

通信的关键不仅是能够传输，更重要的是能准确传输，检出差错并加以校正。通常，把如何发现传输中的错误，叫作检错。发现错误之后，如何消除和纠正错误，叫作纠错。检错的方法有奇偶校验、校验和、循环冗余码等。校验错误方法主要有海明码校验、交叉奇偶校验等。通信双方事先必须约定好传输方式，从而判断出传输中是否出错。

（1）奇偶校验

奇偶校验又分为奇校验和偶校验，这种方法是在传输1个字符后紧接着发送一个附加位。若为奇校验，字符中“1”的个数为奇数时，附加位为“0”，否则为“1”。同样，若为偶校验，字符中“1”的个数是奇数时，附加位为“1”，否则为“0”。

（2）校验和

这种方法是针对数据块，而不是单个字节。在传输过程中将所有字节求和，只保留1～2个字节作为校验和，附加在数据块的末端。接收方同样将接收到的数据求和，最后与传输过来的校验和比较，判断是否有传输错误。

（3）循环冗余码（CRC）

CRC是在同步串行通信中应用最为广泛的错误检测方法之一，也用于其他领域，主要是对数据块校验。在CRC方法中，将两字节的CRC附在数据流的末端一起发送出去，CRC的计算公式为：

$$\frac{M(X)\times X^n}{G(X)}=Q(X)\cdots\cdots R(X)$$

其中，多项式M(X)为数据的位流，n为位流的位数，多项式G(X)叫作生成器多项式，多项式Q(X)为商，多项式R(X)为余数。余数经反转后构成CRC字节。在接收端读取位流和CRC，然后除以G(X)，如果传输无错误，则余数将等于0。

【例8-14】 写出16位数据流为4D92H的CRC的计算过程。

解：X=0100 1011 1001 0010B，所以 $M(X)= X^{14}+X^{11}+X^8+ X^7+ X^5+ X^4+ X^1$

所以 $M(X)\times X^{16}= (X^{14}+X^{11}+X^8+ X^7+ X^5+ X^4+ X^1)\times X^{16}= X^{30}+X^{27}+X^{24}+ X^{23}+ X^{21}+ X^{20}+ X^{17}$

令 $G(X)=X^{16}+X^{15}+X^2+1$（BISYNC协议的生成器）

或 $G(X)=X^{16}+X^{12}+X^5+1$（SDLC协议的生成器）

所以 $M(X)\times X^{16}/ G(X)$ 的余数 $R(X)= X^{15}+X^{13}+X^{12}+ X^{10}+ X^8+ X^7+ X^5+ X^3+ X^1$

将1011 0101 1010 1010B反转后得CRC=0101 0101 1010 1101B=55ADH

（4）海明码校验

这种方法是在字符上附加 $\log_2 8+1$ 位的冗余码，作为海明码用于检验并可校正单错。例如，对于8位数据，海明码需要4位，构成12位编码。这4位海明码为8位数据中不同位的分组奇偶校验位。设8位数据为 $b_7b_6b_5b_4b_3b_2b_1b_0$，4位海明码为 $h_3h_2h_1h_0$，其中 h_3 为 $b_7b_6b_5$ 的奇偶校验位，h_2 为 $b_4b_3b_2$ 的奇偶校验位，h_1 为 $b_7b_4b_1$ 的奇偶校验位，h_0 为 $b_6b_3b_0$ 的奇偶校验位（如图8-49所示）。当接收时，如果 h_2 与传送过来的 h_2 不同，而其他都正确，说明 b_2 反了。如果 h_2 和 h_1 不正确，则说明 b_1 反了。因此，对于单错可以被校正，双错可以被检出。

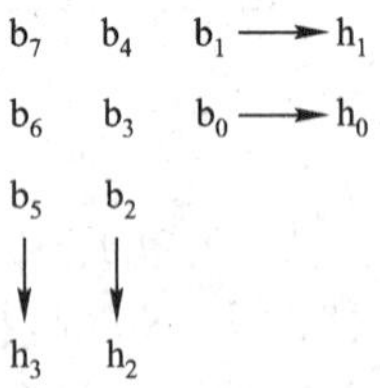

图8-49 海明码

（5）交叉奇偶校验

交叉奇偶校验是将海明码扩展到数据块，如图8-50所示，其中，P_n 为第n个数据的奇偶校验位，D_0 为n个数据的 b_0 位的奇偶校验位。如果 P_0 和 D_0 是错误的，则表明 b_0 反了。

b_0	b_0	…	b_0	D_0
b_1	b_1	…	b_1	D_1
⋮	⋮	…	⋮	⋮
b_7	b_7	…	b_7	D_7
P_0	P_1	…	P_n	D_9

图8-50 交叉奇偶校验

5．串行通信的基本原理

串行通信可以用软件实现，也可以用硬件实现。

对于软件编程实现串行通信，是按照通信协议进行编程。例如，CPU需要串行发出一个7位的ASCII字符。通信协议为：1位起始位，7位数据位（存在DL中），1位偶校验位，2位停止位。则串行数据输出的程序段如下。

```
        MOV     AH,  0          ;偶校验状态清零
        MOV     AL,  DL         ;取待传输的字符
        OR      AL,  AL         ;使CF=0
        JP      LP1             ;偶数个1，则跳转
        INC     AH              ;奇数个1，则AH=1
LP1:    MOV     DX,  PROT       ;设置串行接口地址
        OUT     DX,  AL         ;将CF的内容从串口的发送线TXD送出
        MOV     CX,  7          ;设置输出位数
LP2:    RCR     AL,  1          ;右循环移1位，将D0移入CF中
        OUT     DX,  AL         ;将CF的内容从串口的发送线TXD送出
        CALL    DELY            ;调延时程序
        LOOP    LOP             ;循环送7位数据
        RCR     AH,  1          ;将奇偶校验位的状态移入CF中
        OUT     DX,  AL         ;将CF的内容从串口的发送线TXD送出
```

```
        CALL      DELY               ;调延时程序
        STC                          ;使 CF=1，设置停止位
        OUT       DX， AL            ;将 CF 的内容从串口的发送线 TXD 送出
        ……
```

对于硬件实现串行通信，有许多电子器件生产厂家推出了不同种类、型号的串行通信接口芯片。有能完成异步通信的硬件电路——通用异步收发器（Universal Asynchronous Receiver-Transmitter，UART），如 PC/XT 机采用的 INS 8250，PC/AT 机采用的 NS 16450；有能完成同步通信的硬件电路——通用同步收发器（Universal Synchronous Receiver-Transmitter，USRT）；也有既能异步又能同步通信的硬件电路——通用异同步收发器（Universal Synchronous-Asynchronous Receiver-Transmitter，USART），如 Intel 8251A。

从本质上讲，所有的串行接口电路都是以并行数据形式与 CPU 接口，而以串行数据形式与外部逻辑接口，其基本功能就是实现串-并和并-串转换。

图 8-51 和图 8-52 给出了 UART 电路中发送和接收数据的操作示意图。

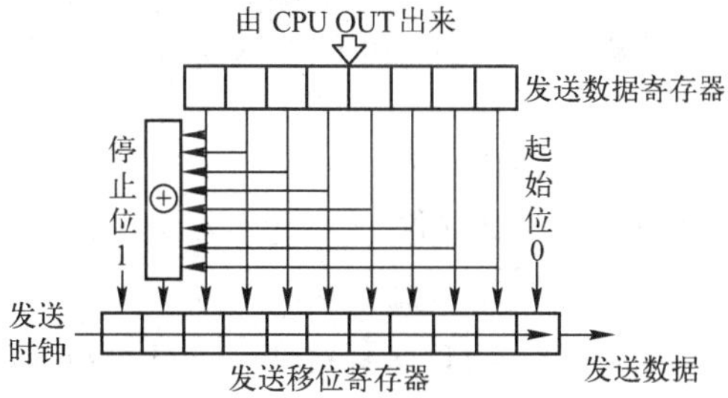

图 8-51　发送数据的原理示意图

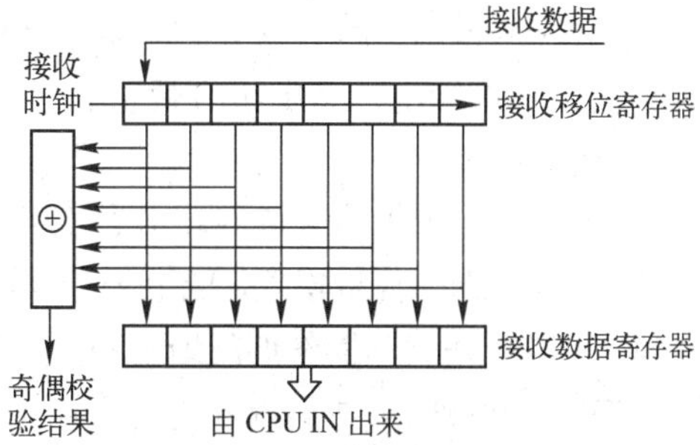

图 8-52　接收数据的原理示意图

CPU发送数据时，首先保存在发送数据寄存器里，然后传送到发送移位寄存器中，之后会自动添加起始位0，各数据位经过异或（偶校验）或异或非（奇校验）的值加在数据位的后面，最后加上停止位1。再按发送时钟频率发送出去。

串行数据按接收时钟将数据位按位移入接收移位寄存器中，然后，把数据存入接收数据寄存器中待CPU取走。同时将各数据位经过异或（偶校验）或异或非（奇校验），判断其是否正确，将其状态存入状态寄存器的状态位中。

下面将详细介绍常用串行通信接口芯片INS 8250和Intel 8251A的内部结构、工作原理、内部寄存器、应用编程及接口设计等。

8.3.2　可编程异步通信接口 8250/16450

美国国家半导体公司（National Semiconductor）的 8250 及其衍生产品是 PC 中应用最广泛的 UART。由于 8250 存在一个小的错误，因此被 8250A 所代替。后来，国家半导体公司又推出了改良版本 16450。16450 与 8250 芯片的引脚兼容，8250 的程序可以在 16450 上运行。16450 在 8250 的基础上增加了 2 个 FIFO 缓冲器，分别用于存放准备发送的数据和接收数据。还有一个只写的 FIFO 控制寄存器，其与中断识别寄存器（只读）共用一个地址，本节主要介绍 8250 的工作原理与应用方法。

1．8250 的主要功能

8250 是一个具有 8 位数据总线的 40 引脚双列直插式 IC 芯片（见图 8-53），+5V 供电。可实现并-串及串-并转换功能。可构成完全双工、双缓冲器发送和接收器的异步通信接口电路。具有 16 种可变通信波特率：50～19200（见表 8-6）。可通过编程选择异步通信格式：可

传输 5～8 位数据；可为 1 位、1.5 位或 2 位停止位；可选择奇校验、偶校验或无校验，并可产生终止字符（输出连续的低电平，以通知对方终止通信）。具有奇偶、溢出和帧错误等检测标志。片内具有优先权中断控制逻辑。可生成所有 Modem 需要的联络信号。

2．8250 的引脚特性

8250的40个引脚除了电源、地线和空线外，其余的引脚分为两部分：23条对系统连接的引脚和14条与外部通信设备连接的引脚。

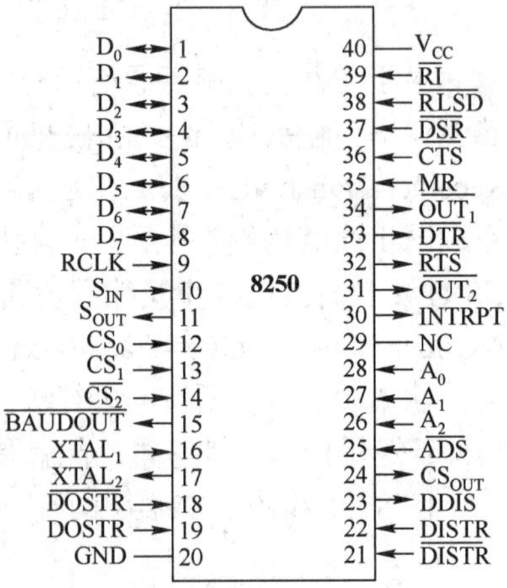

图 8-53　8250 引脚图

（1）对系统连接的引脚（23 条）

D_7～D_0：双向三态数据线。是 CPU 与 8250 之间的数据传输通道。

CS_0、CS_1、$\overline{CS_2}$：片选信号输入。只有 3 个片选线均有效，8250 才被选中，CPU 才可以访问 8250。

CS_{OUT}：片选输出，高电平有效。若 CS_{OUT}=1，表明 8250 被选中。

A_2、A_1、A_0：地址信号输入。用于寻址 8250 内部寄存器。

$\overline{ADS}$：地址选通信号输入，低电平有效。当 $\overline{ADS}$ 有效时，将锁存 A_2、A_1、A_0 和 CS_0、CS_1、$\overline{CS_2}$，保证 8250 在读写操作期间地址稳定。在 PC/XT 中 $\overline{ADS}$ 接地。

DISTR、$\overline{DISTR}$：数据输入选通信号（读芯片控制线）。当其均有效时，CPU 读取 8250 的内部寄存器中的数据。

DOSTR、$\overline{DOSTR}$：数据输出选通信号（写芯片控制线）。当其均有效时，CPU向8250的内部寄存器写入数据。

DDIS：驱动器禁止信号线，输出线。当CPU与8250之间有驱动器时，DDIS可作为驱动器选通线。在系统读8250时DDIS为低电平，选通驱动器。除此之外DDIS为高电平，禁止驱动器。PC/XT机中悬空未接。

MR：主复位信号输入线，高电平有效。一般接至系统复位线RESET，用于对8250一些内部寄存器和输出线的状态复位。8250的复位功能如表8-4所示。

表 8-4　8250 的复位功能

寄存器或引脚		复 位 控 制	复位结果
中断允许寄存器		系统复位（MR）	D_7～D_0 全为 0
中断识别寄存器		系统复位（MR）	D_0=0，其余为 1
线路控制寄存器		系统复位（MR）	D_7～D_0 全为 0
线路状态寄存器		系统复位（MR）	D_5= D_6=0，其余为 1
Modem 控制寄存器		系统复位（MR）	D_7～D_0 全为 0
Modem 状态寄存器		系统复位（MR）	D_3～D_0 为 0，其余与输入相反
中断识别寄存器的低 3 位 D_2～D_0 的状态	110（接收器错）	MR 或读线路状态寄存器	0
	100（接收器准备就绪）	MR 或读接收寄存器	0
	010（发送缓冲器空）	MR 或写发送寄存器或读中断识别寄存器	0
	000（Modem 状态变化）	MR 或读 Modem 状态寄存器	0
S_{OUT}		系统复位（MR）	1
$\overline{OUT_1}$		系统复位（MR）	1
$\overline{OUT_2}$		系统复位（MR）	1
RTS		系统复位（MR）	1
DTR		系统复位（MR）	1

INTRPT：中断请求信号输出线，高电平有效。用于 8250 内部中断电路在条件满足时向系统发出中断申请。

（2）与外部通信设备连接的引脚（14 条）

S_{OUT}：串行数据输出线。用于向外部通信设备发出串行数据。

S_{IN}：串行数据输入线。用于接收外部通信设备发来的串行数据。

$\overline{RTS}/\overline{CTS}/\overline{DTR}/\overline{DSR}/\overline{RLSD}/\overline{RI}$：这 6 个信号线为调制解调控制线，均为低电平有效。$\overline{RTS}$ 为请求发送，输出线，用于通知 Modem 或外设 8250 已经准备好发送数据。$\overline{CTS}$ 为清除发送，输入线，当 Modem 或外设收到 8250 发出的准备发送请求线 $\overline{RTS}$ 后，若允许发送，则向 8250 发出应答信号 $\overline{CTS}$，传送可以开始。$\overline{DTR}$ 为数据终端准备好，输出线，用于通知 Modem 或外设 8250 已准备好通信。$\overline{DSR}$ 为数据设备准备好，输入线，表示 Modem 或外设数据线路已建立，可以与 8250 传输数据。$\overline{RLSD}$ 为接收线路检测信号，输入线，Modem 或外设检测到通信线路上数据有效时，通知 8250 开始接收数据。$\overline{RI}$ 为振铃信号，输入线，Modem 或外设通知 8250 通信线路上接收到拨号呼叫信号了。

$\overline{OUT_1}$ 和 $\overline{OUT_2}$：两个一般用途的输出线，可通过对 8250 内部的调制控制寄存器的 D_2、D_3 编程来设置其状态。PC/XT 机中用 $\overline{OUT_2}$ 控制 INTRPT 发给系统。

$XTAL_1$ 和 $XTAL_2$：时钟输入和时钟输出信号线。常在其间接一个石英晶体振荡器，产生 8250 的内部基准时钟，其频率除以 8250 内部的除数寄存器的值后作为发送时钟。

$\overline{BAUDOUT}$：输出信号，其时钟频率等于发送波特率的 16 倍。例如，PC/XT 机的外部时钟为 1.8432MHz，所以，发送波特率=$\dfrac{1.8432\text{MHz}/\text{除数n}}{16}=\dfrac{\text{发送时钟}}{16}$。

RCLK：接收时钟输入信号，要求是接收波特率的 16 倍。通常与 $\overline{BAUDOUT}$ 短接，使接收和发送的波特率相等。

3. 8250 的内部编程结构

INS 8250 内部除了有与系统相连的数据缓冲、地址选择及控制信号外，还有 5 个功能模块，分别为数据发送和数据接收、线路控制及状态部分、波特率控制部分、Modem 控制与状态、中断允许及识别。每个模块包含 2 个寄存器，共 10 个可访问的 8 位寄存器，如图 8-54 所示。表 8-5 给出了 INS 8250 内部寄存器寻址。下面详细介绍这 10 个可访问的寄存器功能和应用。

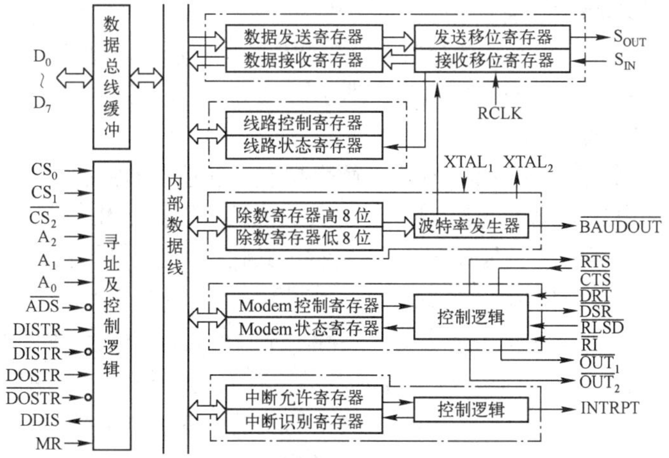

图 8-54 8250 内部结构框图

表 8-5　Ins 8250 内部寄存器寻址

地址 $A_2A_1A_0$	标志位 DLAB	可以访问的寄存器	PC/XT 的 COM1 地址	PC/XT 的 COM2 地址
000	0	发送寄存器（TBR，只写）	3F8H	2F8H
000	0	接收寄存器（RBR，只读）	3F8H	2F8H
000	1	除数寄存器低字节（DRL，只写）	3F8H	2F8H
001	1	除数寄存器高字节（DRH，只写）	3F9H	2F9H
001	0	中断允许寄存器（IER，只写）	3F9H	2F9H
010	×	中断识别寄存器（IIR，只读）	3FAH	2FAH
011	×	线路控制寄存器（LCR）	3FBH	2FBH
100	×	Modem 控制寄存器（MCR，只写）	3FCH	2FCH
101	×	线路状态寄存器（LSR）	3FDH	2FDH
110	×	Modem 状态寄存器（MSR，只读）	3FEH	2FEH
111	×	不用	3FFH	2FFH

（1）发送保持寄存器（TBR，DLAB=0，只写）

欲发送字符首先并行地写入 8250 的发送数据寄存器，再送入发送移位寄存器，然后根据约定格式，加上起始位、奇偶校验位、停止位，并按照约定好的波特率从 S_{OUT} 以低位在前、高位在后的顺序开始发送。

数据发送寄存器在将数据传送给发送移位寄存器后（即发送寄存器空），CPU 即可写入下一个数据。发送移位寄存器传送完各位后（即发送移位寄存器空）又立即接收下一个数据并组成帧格式送出。在线路状态寄存器中可以反映“发送寄存器空” 和“发送移位寄存器空”的状态，提供给 CPU 查询或使 CPU 中断，从而进行下一个数据传送。

（2）接收数据寄存器（RBR，DLAB=0，只读）

串行数据从 S_{IN} 端逐位进入接收移位寄存器。实际上，首先搜寻起始位，检测到 S_{IN} 由 1 到 0 的变化时，若连续采 8 次一直为 0，则每隔 16 个 RCLK 周期读取 1 个数据位，直至停止位。

接收移位寄存器接收一个字符后验错。若有错，则在线路状态寄存器中设置错误标志，若无错则传给接收寄存器，同时将线路状态寄存器中“接收数据有用”位置 1，CPU 可通过查询线路状态寄存器或响应接收数据就绪中断的方法取走字符。

发送寄存器和接收寄存器的口地址相同，前者只写，后者只读。但是，要求线路控制寄存器中的 DLAB=0（区别于对除数寄存器 DRL 的操作）。

（3）线路控制寄存器（LCR）

CPU 用 OUT 指令将一个 8 位的控制字写入通信线路控制寄存器，以决定通信中字符的格式，其各位的作用见图 8-55。线路控制寄存器也可以用 IN 指令读出。

（4）线路状态寄存器（LSR，可读/写）

CPU 读入通信线路状态寄存器，便可了解数据发送和接收的情况及是否出错。在 CPU 读线路状态寄存器后各状态位均被清零。除 D_6 外其他位还可以被 CPU 写入，用于系统自检。也可以产生中断请求。其各位的功能如图 8-56 所示，其状态为“1”代表是，“0”代表否。

（5）除数寄存器（DRH/DRL，DLAB=1，只写）

除数寄存器（又称波特率因子寄存器）实际上是 16 位的分频系数，将输入时钟 XTAL1（PC/XT 为 1.8432MHz）进行分频，得到数据发送寄存器的工作时钟，再除以 16 即可得到波特率发生器时钟（即 $\overline{\text{BAUDOUT}}$），也就是真正的发送波特率，即

$$波特率= 1.8432\text{MHz}/(除数\ n\times 16)$$

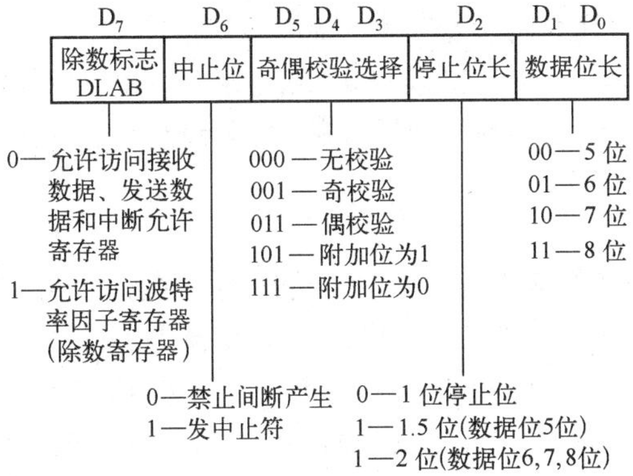

图 8-55　线路控制寄存器（LCR）

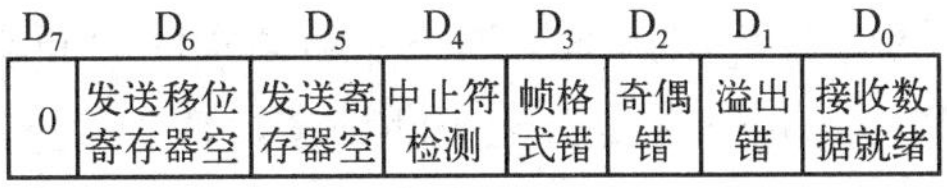

图 8-56　线路状态寄存器（LSR）

除数寄存器需要分两字节写入，由于高字节（DRH）、低字节（DRL）的地址不同，故没有写入顺序要求。但必须在写入前先将线路控制寄存器中的 DLAB 置 1，用以区别访问中断允许寄存器和数据发送寄存器。波特率与对应的除数 n 的关系如表 8-6 所示。

（6）Modem 控制寄存器（MCR，只写）

如图 8-57 所示，其中 D_7～D_5 恒为 0。当 D_4=0，为正常工作状态，此时 D_0～D_3 各位与输出信号 $\overline{DTR}$、$\overline{RTS}$、$\overline{OUT_1}$、$\overline{OUT_2}$ 对应，若编程可使 D_0～D_3 中的某位置为 1，则对应的输出信号将输出有效低电平，否则输出高电平。当 D_4=1，为自检状态，其数据输入 S_{IN} 同外部断开，在芯片内部同数据输出 S_{OUT} 接通，同时 4 个输入信号 $\overline{CTS}$、$\overline{DSR}$、$\overline{RLSD}$、$\overline{RI}$ 分别和 4 个输出信号 $\overline{DTR}$、$\overline{RTS}$、$\overline{OUT_1}$、$\overline{OUT_2}$ 在内部相联，于是就可以用自发自收的方式来检查芯片。

表 8-6　波特率与除数的关系（外时钟=1.8432MHz 时）

波特率	除数		波特率	除数	
	高字节	低字节		高字节	低字节
50	09	00	1800	00	40
75	06	00	2000	00	3A
110	04	17	2400	00	30
134.5	03	59	3600	00	20
150	03	00	4800	00	18
300	01	80	7200	00	10
600	00	C0	9600	00	0C
1200	00	60	19200	00	06

（7）Modem 状态寄存器（MSR，只读）

Modem 状态寄存器的高 4 位反映相应的 4 个输入信号状态，低 4 位反映 4 个输入信号的变化状态。每次读 Modem 状态寄存器时，低 4 位被清零。以后若高 4 位中有某位状态产生改变，则低 4 位中的相应位就置“1”。这些状态位的变化，除了可以让 CPU 用输入指令查询外，也可以引起中断。MSR 中各位功能如图 8-58 所示。

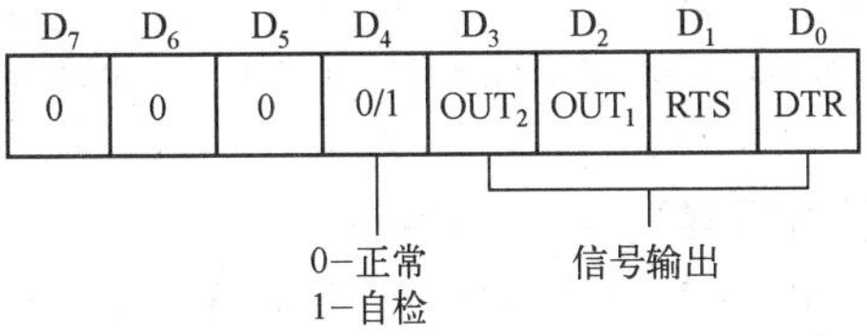

图 8-57　Modem 控制寄存器（MCR）

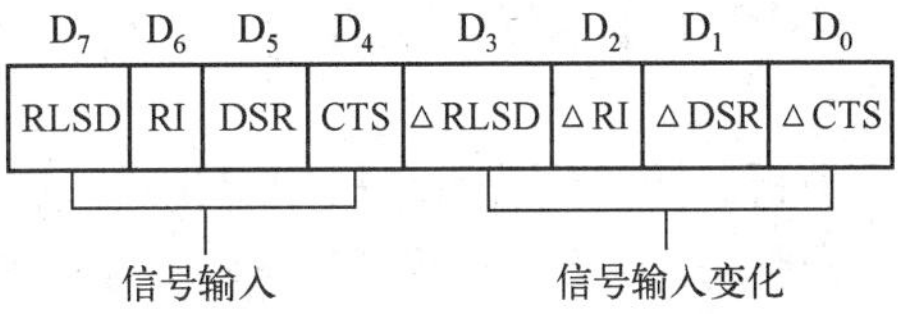

图 8-58　Modem 状态寄存器（MSR）

（8）中断允许寄存器（IER，DLAB=0，只写）

INS 8250 具有很强的中断控制和优先全权判决处理能力，设有 4 级中断，其优先顺序为：接收数据错中断（包括奇偶错、溢出错、帧出错和中止字符）、接收数据准备好中断、发送数据寄存器空中断和调制解调器状态中断（包括清除发送$\overline{\text{CTS}}$状态变化、数据终端准备好$\overline{\text{DSR}}$状态变化、振铃$\overline{\text{RI}}$接通变为断开和接收线路信号检测$\overline{\text{RLSD}}$状态变化）。用中断允许寄存器的低4位来对各类中断源实现允许（置1）或者屏蔽（清零）控制。设置IER，需要设线路控制寄存器LCR中的DLAB=0。IER中各位功能如图8-59所示。

（9）8250中断识别寄存器（IIR，只读）

中断识别寄存器的内容只可读出，可用来检查INS 8250在系统中是否产生中断，哪一级产生的中断，这是因为8250的4级中断的请求线共用（INTRPT）。中断识别寄存器中保持着4级中断中优先级最高的那个中断请求的中断级别编码。图8-60给出了中断识别寄存器各位定义，其中D_0反映的是有无中断请求，D_2D_1为正在请求的最高优先级的中断编码。而高5位总为0。

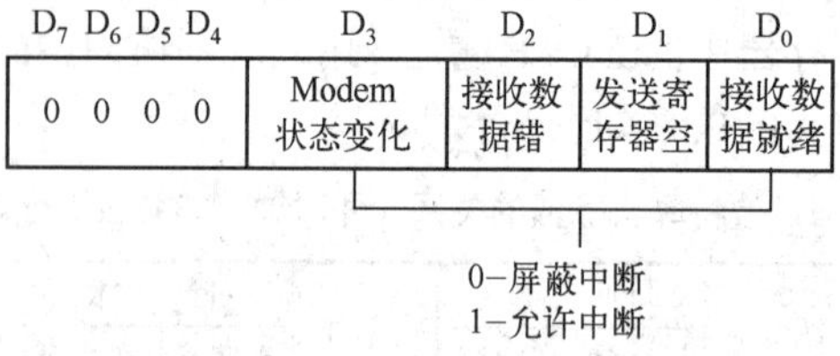

图8-59　中断允许寄存器（IER）

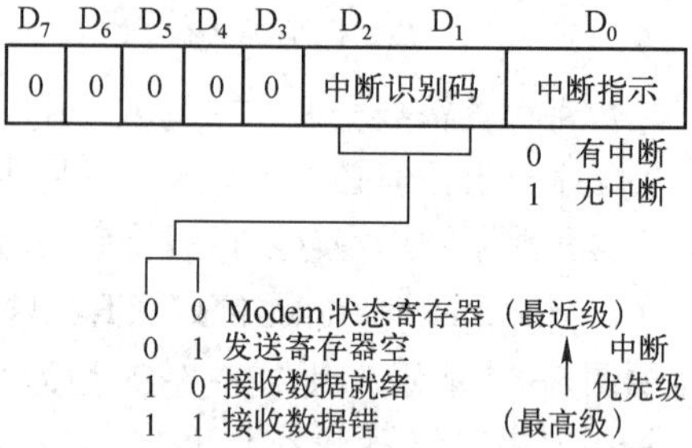

图8-60　中断识别寄存器（IIR）

4. 8250的初始化编程和工作编程

INS 8250的编程分为初始化编程和工作编程两部分。初始化编程主要是约定数据通信规范，工作编程则是实现状态的设置与查询，以及数据的发送和接收。

（1）初始化编程流程

1）对线路控制寄存器编程，使DLAB=1。

2）对除数寄存器编程，需送2字节除数来设置波特率。

3）对线路控制寄存器编程，其中DLAB=0，并设置通信格式。

4）对Modem控制寄存器编程，设置Modem信号的状态。

5）对中断允许寄存器编程，设置允许/禁止中断。

（2）工作编程

工作编程是通过读入线路状态寄存器，查询数据接收部分和数据发送部分的状态是否有错，只有正确才能进行通信。

5. 8250应用举例

【例8-15】 PC/XT通过1号异步串行通信口COM1，按三线式连接直接通信，试编制初始化程序。

分析：初始化编程包括约定传送波特率（对除数寄存器编程）、通信的字符数据格式（对线路控制寄存器编程）及INS 8250的操作方式（Modem控制寄存器及中断允许寄存器编程）。

由于写入除数寄存器时要求DLAB=1，而其他操作要求DLAB=0，所以在实际初始化编程时往往先写一个80H（令DLAB=1）到线路控制寄存器，送完除数后再对线路控制寄存器写入真正的设置，此时D_7=0（令DLAB=0），而且一直不变，除非改变传输波特率。最后再写入Modem控制寄存器及中断允许寄存器。初始化程序如下。

```
；设置波特率为 2400，查表 8-6 后得知除数=0030H
MOV     DX，3FBH        ；线路控制寄存器地址
MOV     AL，80H
OUT     DX，AL          ；DLAB=1
MOV     DX，3F9H        ；高位除数寄存器
MOV     AL，0
OUT     DX，AL
MOV     DX，3F8H        ；低位除数寄存器
MOV     AL，30H         ；除数=0030H，对应 2400 波特率
OUT     DX，AL
；令 DLAB=0，同时设置数据格式：数据长 7 位，1 个停止位，偶校验
MOV     DX，3FBH
MOV     AL，1AH
OUT     DX，AL
；设置操作方式：OUT2 =1，DTR =0，RTS =0
MOV     DX，3FCH        ；Modem 控制寄存器
MOV     AL，3           ；设置 RTS、DTR 输出线有效（无 Modem 情况下）
OUT     DX，AL
；若不采用中断方式，则屏蔽全部中断
MOV     DX，3F9H        ；中断允许寄存器
MOV     AL，0           ；屏蔽全部中断
OUT     DX，AL
```

对 Modem 控制寄存器写入控制字 03H，适用于两台机器通信的正常工作方式。若将此控制字改写成 13H，则 8250 进入自检方式，即自己发送数据自己接收。

【例 8-16】 给例 8-15 编制异步串行通信的工作程序。

分析：例 8-15 中完成了初始化编程，在初始化程序中屏蔽了中断，因此采用查询方式进行通信，其编程流程图如图 8-61 所示。

首先应读线路状态寄存器，判断是否有错误产生，有则转出错处理。若没有出错，再查接收数据状态，若接收数据准备好了转去接收程序，否则返回读线路状态寄存器。再查数据发送状态，如果发送寄存器空，则发送数据，否则返回读线路状态寄存器。在接收数据时，要先查接收数据是否有错。只有正确地接收数据，才可让 CPU 读走。

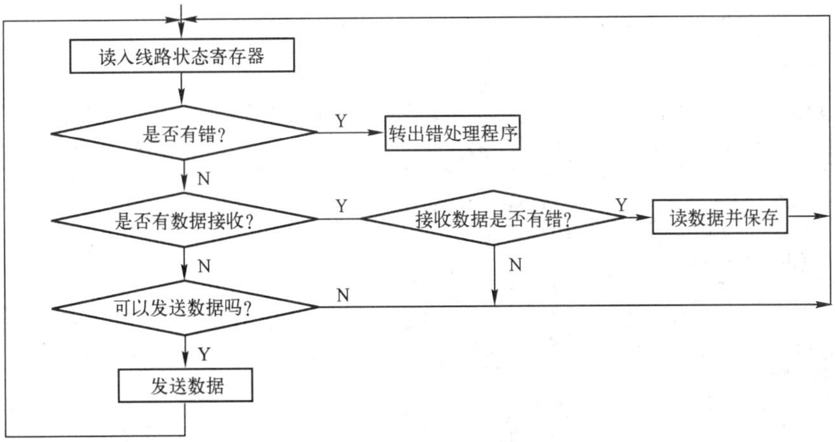

图 8-61　异步通信工作编程流程图

查询式通信的工作程序如下。

```
;设发送字符在 CL 中
KEEP_TRY:
      MOV     DX, 3FDH              ;设置线路状态寄存器口地址
      IN      AL, DX                ;读线路状态寄存器
      TEST    AL,1EH                ;检查出错否
      JNE     ERROR_ROUTINE         ;转出错处理
      TEST    AL,1                  ;检查收到新数据否
      JNZ     RECEIVE               ;转接收
      TEST    AL,20H                ;检查可否发送字节
      JZ      KEEP_TRY              ;发送寄存器不空则重新检查
      MOV     DX,3F8H               ;发送寄存器空
      MOV     AL,CL
      OUT     DX,AL                 ;发送字符(DLAB 已为 0)
      JMP     SHORT  KEEP_TRY       ;转查线路状态寄存器
RECEIVE:
      MOV     DX,3F8H               ;(DLAB 已为 0)
      IN      AL,DX                 ;接收 1 个字节
```

【例8-17】 为PC/XT机编制串口COM1的自检程序。

分析：首先将系统中的 INS 8250 设置成自检方式，由键盘读入字符，经 INS 8250 发送出，又自行接收回来，再到显示器上显示出来，直到按<Esc>键返回 DOS。

编程的流程为：

1）写线路寄存器（DLAB=1）。

2）写除数寄存器（确定 2400 波特率）。

3）写线路寄存器（DLAB=0、7 位数据、1 位停止、奇校检）。

4）写 Modem 控制寄存器（设置为自检）。

5）写中断允许寄存器（不中断，采用查询方式）。

6）读线路状态寄存器。

7）判断是否有错，有则显示错误提示“ERROR!”。

8）无错则判断接收数据是否就绪，是则转去接收。

9）判断发送寄存器空否，空则完成取键—发送—接收—判断，是〈Esc〉键则结束程序。

10）否则转去读线路状态寄存器。

参考程序如下。

```
DATA     SEGMENT
ERR      DB  'ERROR!$',0AH,0DH
DATA     ENDS
STACK1   SEGMENT      PARA     STACK
         DW           10 DUP(?)
STACK1   ENDS
CODE     SEGMENT
         ASSUME       CS:CODE, SS:STACK1,DS:DATA
SUB1     PROC         FAR
;标准程序头
START:   PUSH         DS
         MOV          AX,0
         PUSH         AX
;设置 4800 波特
         MOV          DX,3FBH       ;线路控制寄存器地址
         MOV          AL,80H
```

```
        OUT         DX, AL        ; DLAB=1
        MOV         AX, 0018H     ; 取除数=0018H，对应的波特率为4800波特
        MOV         DX, 3F8H
        OUT         DX, AL        ; 写入低位除数寄存器
        MOV         AL, AH
        MOV         DX, 3F9H
        OUT         DX, AL        ; 写入高位除数寄存器
; 设置数据格式：DLAB=0，数据长7位，1个停止位，奇校验
        MOV         DX, 3FBH      ; 线路控制寄存器地址
        MOV         AL, 0AH
        OUT         DX, AL        ; 写入线路控制寄存器
; 设置操作方式：自检，OUT2(非)=1，OUT1(非)=1，RTS(非)=0，DTR(非)=0
        MOV         DX, 3FCH      ; Modem控制寄存器地址
        MOV         AL, 13H       ; 设置RTS、DTR有效
        OUT         DX, AL        ; 写入Modem控制寄存器
; 不采用中断，所以屏蔽全部中断
        MOV         DX, 3F9H      ; 中断允许寄存器地址
        MOV         AL, 0         ; 屏蔽全部中断
        OUT         DX, AL        ; 写入中断允许寄存器
; 接收字符并显示，将键入字符发送
WAIT_FOR: MOV       DX, 3FDH      ; 线路状态寄存器地址
        IN          AL, DX        ; 读线路状态寄存器
        TEST        AL, 1EH       ; 检查出错否
        JNE         ERROR         ; 转出错处理
        TEST        AL, 1         ; 检查收到新数据否
        JNZ         RECEIVE       ; 转接收
        TEST        AL, 20H       ; 检查可否发送字节
        JZ          WAIT_FOR      ; 重新检查
        MOV         AH, 08H       ; 读键盘（等待，不回显）
        INT         21H           ; AL=字符的ASCII码
        MOV         DX, 3F8H      ; 前面已设定DLAB=0
        OUT         DX, AL        ; 发送键入的数据
WAIT_IN: MOV        DX,3FDH       ; 线路状态寄存器地址
        IN          AL, DX        ; 读线路状态寄存器
        TEST        AL, 1EH       ; 检查出错否
        JNE         ERROR         ; 转出错处理
        TEST        AL, 1         ; 检查收到新数据否
        JNZ         RECEIVE       ; 转接收
        JMP         WAIT_IN
RECEIVE: MOV        DX, 3F8H      ; 前面已设定DLAB=0
        IN          AL, DX        ; 读接收数据
        AND         AL, 7FH       ; 保留7位数据
        CMP         AL, 1BH       ; 判断是否为Esc键
        JNZ         CHAR          ; 不是
        MOV         AX, 4C00H     ; 是Esc键，则结束程序
        INT         21H
CHAR:   PUSH        AX            ; 保护按下键的ASCII码
        MOV         AH, 14        ; AL=显示接收字符
        INT         10H           ; 功能与AH=2，INT 21H，DL=显示接收字符相同
        POP         AX
        CMP         AL, 0DH       ; 判断是否为Enter键
        JNZ         WAIT_FOR      ; 不是，则返回等待
        MOV         AL, 0AH       ; 是，则加换行
        MOV         AH, 14        ; 送显换行符
        INT         10H           ; AH=0EH，INT 10H 同 AH=2，INT 21H
```

```
        JMP     WAIT_FOR        ; 返回 WAIT_FOR
ERROR:  MOV     DX，3F8H        ; 出错则清除该数据
        IN      AL，DX
        LEA     DX， ERR        ; 显示错误信息“ERROR!”，并回车换行
        MOV     AX， SEG  ERR
        MOV     DS， AX
        MOV     AH，9
        INT     21H
        JMP     WAIT_FOR        ; 返回 WAIT_FOR
        SUB1    ENDP
        CODE    ENDS
        END     START
```

6．8250/16450 与 16550AF

16550 同 8250/16450 一样也是一个异步接收/发送器（UART），可以以 0～1.5Mbit/s 的波特率传输，是目前基于微处理器的设备中最普遍的通信接口（包括 PC 和许多调制解调器）。

8250/16450 的一个重要特点是，对于采用中断方式实现异步通信，每接收或发送一个字节的数据就必须中断一次。早期的 PC 速度较慢，对通信速度要求不高。但对于今天的高性能 PC 或工作站，尤其是多任务系统，这将是严重的性能瓶颈的根源。因此，美国国家半导体公司又推出了 16550AF，它有 16 个字节的缓存，用于存储等待传输和接收的数据。CPU 可以将 16 字节的待发送数据写入发送缓冲区中，并发送出去。当这个缓冲区腾空后，会通知 CPU 发送下一个数据块。同样，当 16 字节接收缓冲区满了以后，会中断 CPU 发送数据，而去取走接收缓冲区中的数据。值得注意的是，尽管 CPU 提供的是数据块，但无论发送还是接收仍是一次一字节地进行，而且要按通信约定正确地组帧。

8.3.3 可编程串行通信接口芯片 Intel 8251A

Intel 8251A 是一种可用于同步或异步串行通信的可编程接口芯片，可以管理信号变化范围很大的串行数据通信。

1．8251A 的基本性能

8251A 具有下列基本性能。

1）通过编程可以工作在同步方式或异步方式。全双工方式，全部输入/输出与 TTL 兼容。如果需要按 RS232 传输，还必须增加驱动级或者进行 TTL 与 RS232 的电平转换。

2）在同步方式时，波特率为 0～64Kbit/s，可以传输 5、6、7 或 8 位数据，可以选择内同步或外同步，可以自动插入同步字符，可以有一个或两个同步字符，8251A 也允许同步方式下增加奇/偶校验位进行校验。

3）在异步方式下，波特率为 0～19.2Kbit/s，也可以用 5、6、7 或 8 位来代表字符，用 1 位作为奇/偶校验。此外，8251A 在异步方式下能自动为每个数据增加 1 个启动位，并能编程设定为 1 个、1.5 个或 2 个停止位。

4）具有自动错误检测功能，可以检测奇偶错、溢出错和帧错误。可通过读入状态寄存器查询出错状态。

2．8251A 的内部结构及引脚特性

8251A 是具有 5V 供电、28 条引脚的 8 位串行通信接口芯片。8251A 的引脚如图 8-62 所示。全部引脚除了电源线（V_{CC}）、地线（GND）和时钟线（CLK）外的引脚可分成两类：对系统连接的引脚有 13 条，对外部通信设备连接的引脚有 12 条。

图 8-63 给出了 8251A 的内部结构框图。由数据缓冲器、读/写控制电路逻辑、调制/解调控制电路、发送通道、接收通道以及内部数据总线构成。

下面介绍各部分的功能。

（1）数据总线缓冲器

数据总线缓冲器是通过 D_0～D_7 把 8251A 和系统数据相连，在 CPU 对 8251A 进行读/写操作时，8251A 由数据总线缓冲器经 D_0～D_7 向 CPU 发送数据或接收 CPU 发来的数据。此外，控制字、命令字和状态信息也通过数据总线缓冲器传输。

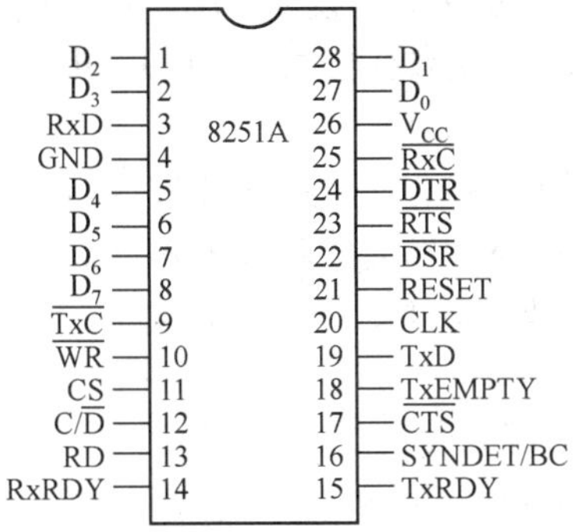

图 8-62　8251A 的引脚图

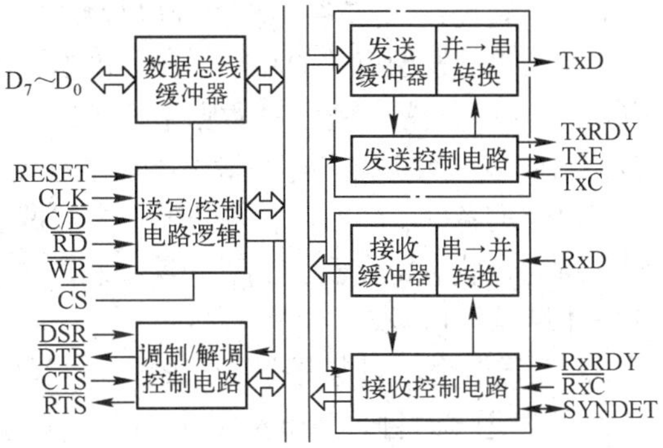

图 8-63　8251A 的内部结构框图

（2）读/写控制电路逻辑

读/写控制电路逻辑是通过 $\overline{WR}$、$\overline{RD}$、$\overline{CS}$、$C/\overline{D}$、RESET 与 CPU 的连接，用于接收 CPU 发来的信息，控制 8251A 的各部分工作。

当接收到写信号 $\overline{WR}$ 时，将来自数据总线的数据或控制字写入 8251A。

当接收到读信号 $\overline{RD}$ 时，将数据或状态字从 8251A 送上数据总线。

当接收到控制/状态信号 $C/\overline{D}$ 时，与读/写信号和片选信号 $\overline{CS}$ 合起来通知 8251A，当前读写的是数据还是控制字或状态字（见表 8-7）。

表 8-7　8251A 读/写控制功能表

$\overline{CS}$	$C/\overline{D}$	$\overline{RD}$	$\overline{WR}$	操　作
0	0	0	1	从 8251A 读数据
0	1	0	1	从 8251A 读状态
0	0	1	0	向 8251A 写数据
0	1	1	0	向 8251A 写控制字
0	X	1	1	8251A 数据总线浮空
1	X	X	X	8251A 未被选中

当接收到复位信号 RESET 时，使 8251A 处于空闲状态，要求 RESET 信号持续高电平 6 个时钟周期以上。

由时钟信号 CLK 完成 8251A 的内部定时。在同步方式时，CLK 的频率必须大于发送时钟 TxD 和接收时钟 RxD 的 30 倍。对于异步方式，CLK 必须大于 TxD 和 RxD 的 4.5 倍。

（3）调制解调控制电路

8251A 提供了一组通用的调制解调联络信号（包括 $\overline{DTR}$、$\overline{DSR}$、$\overline{RTS}$、$\overline{CTS}$），使其可以直接和调制解调器连接。需要注意的是，8251A 尽管提供了 EIA RS-232-C 规定的基本控制信号，但并没有提供规定的全部信号，因此，如果需要用到这些信号，就必须增加端口来提供。

$\overline{DTR}$：数据终端准备好，输出，低电平有效。其有效表示 CPU 已经准备好，可以接收调制解调器或外设发来的数据了，可由操作命令字中 D_1=1 设定其有效。

$\overline{DSR}$：数据装置准备好，输入，低电平有效。其有效时表示调制解调器或外设已经准备好发送数据，实际上是对 $\overline{DTR}$ 的应答，可通过状态寄存器的 D_7 来检测。

$\overline{RTS}$：请求发送信号，输出，低电平有效。其有效即为8251A通知调制解调器或外设CPU准备好发送数据。可由操作命令字中D_5=1设定其有效。

$\overline{CTS}$：清除发送信号，输入，低电平有效。其有效则表示调制解调器已经做好接收数据准备，是调制解调器或外设对 8251A 的$\overline{RTS}$信号的响应，只有$\overline{CTS}$=0 时，发送器才可以串行发送数据。

（4）发送通道

发送通道由发送缓冲器、并-串转换器和发送控制电路构成。发送缓冲器用于暂存来自 CPU 的并行数据。通过并-串转换器转换成串行数据从 TxD 引脚发送出去。发送控制电路用来控制和管理所有与串行发送有关的功能。在异步方式下，为数据加上起始位、校验位和停止位。在同步方式下，插入同步字符，在数据中插入校验位。

TxRDY：发送数据准备好，输出高电平有效。用于收发联络，当TxRDY=1时，表示8251A的发送器已经准备好，CPU可以发送下一个数据，CPU向8251A发送数据后TxRDY=0。在查询方式时，可通过状态寄存器的D_0查到其状态，了解8251A的当前状态。在中断方式时，可作为数据发送中断请求信号。

TxE：发送器空，高电平有效。表示并-串转换器空，数据已发出。

$\overline{TxC}$：发送器时钟。用于控制 8251A 发送字符的速率，在同步方式下，TxD 的频率与数据位速率相同。异步方式下，$\overline{TxC}$ 可以等于波特率，也可以是波特率的 16 或 64 倍。

（5）接收通道

接收通道由串-并转换器、接收缓冲器和接收控制电路组成。接收数据的过程是从 RxD 引脚上接收串行数据，并按照相应的格式将串行数据转换成并行数据，保存到接收缓冲器中，等待 CPU 读取。接收控制电路用于管理有关接收的所有功能，即在异步通信方式下，芯片复位后，先检测输入信号 RxD 中的有效“1”，一旦检测到，就接着寻找有效的低电平来确定启动位；确定启动开始后接收数据位，之后对接收到的信息进行奇偶校验，并根据校验结果在状态寄存器中建立相应的状态位；最后检测停止位，并按照检测结果，建立状态位。

RxRDY：接收数据准备好，输出信号。高电平有效时表示 8251A 已经从 RxD 中接收到数据，并转换好等待 CPU 读取。在 CPU 读取数据后将自动复位。在查询传输时可作为联络信号，在中断传输时作为数据接收中断申请信号。

$\overline{RxC}$：接收数据时钟。用于控制 8251A 接收字符的速率。一般与$\overline{TxC}$连接在一起，使用同一个波特率发生器作为时钟源。

SYNDET：双向同步检测信号，用于同步方式。当内同步时，SYNDET 作为输出，在 8251A 检测到与事先设置相同的同步字符时，发出 SYNDET=1，表示 8251A 已经达到同步。当外同步时，SYNDET 作为输入，一旦为高电平且持续 1 个接收时钟时间，则认为实现同步，8251A 会在$\overline{RxC}$的下一个下降沿开始装配字符。在复位时，SYNDET 变为低电平。

3. 8251A 硬件连接

8251A 可用作 CPU 和外部设备（或调制解调器）之间的接口，图 8-64 给出了 8251A 与 80x86 的系统总线和与外设的异步通信方式硬件电路原理示意图。

4. 8251A 编程结构

图 8-65 为 8251A 的编程结构框图。编程结构并不是一个器件内部的物理结构，而是从使用者的角度归纳出来的。所以，编程结构中有些模块可以对应内部结构中的模块，有一些则可能不对应内部结构中的模块。

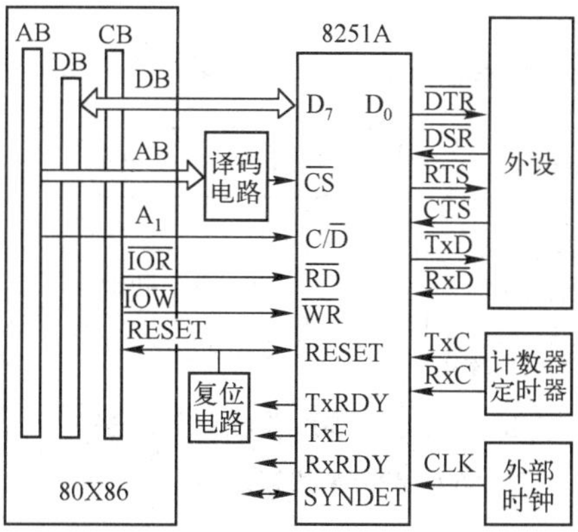

图 8-64　8251A 的硬件电路原理示意图

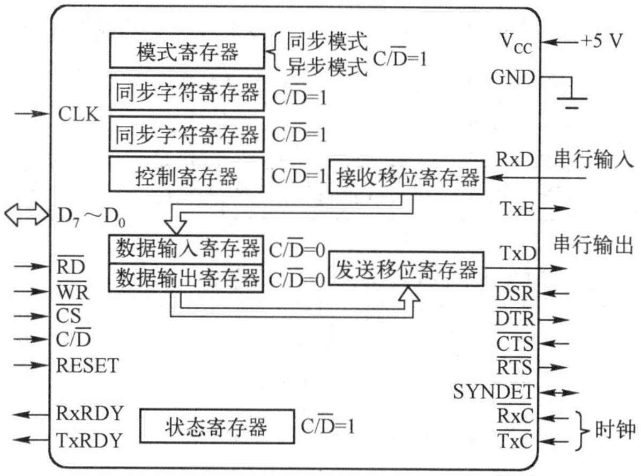

图 8-65　8251A 的编程结构框图

8251A 的编程结构中共有 7 个 8 位可操作寄存器，各寄存器的功能如下。

（1）8251A 模式控制寄存器

8251A 模式控制寄存器用于设置通信模式和通信格式，根据不同模式设置不同的模式控制字，图 8-66 给出了异步模式下的模式控制字定义，图 8-67 给出了同步模式下的模式控制字定义。

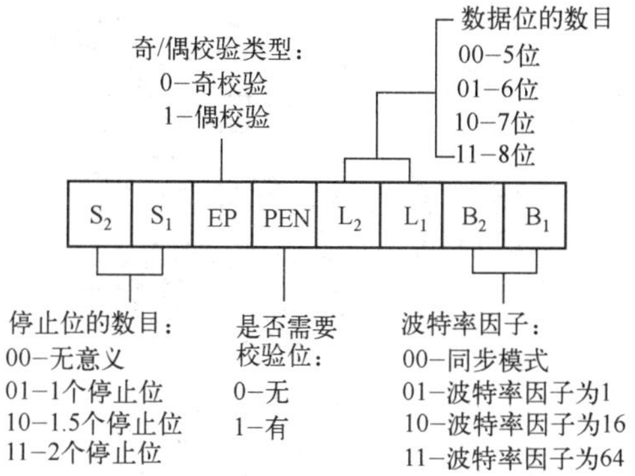

图 8-66　8251A 异步模式控制字

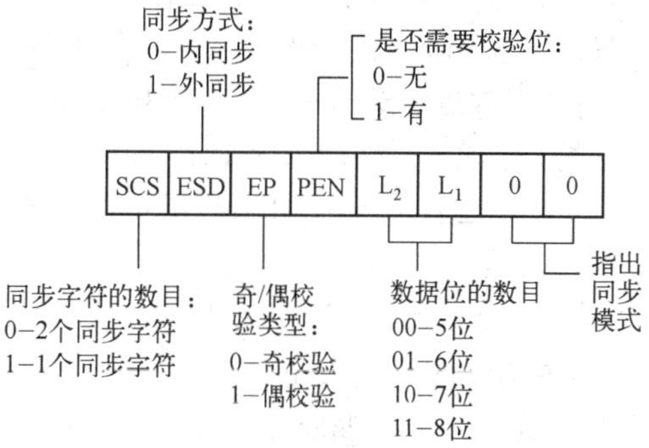

图 8-67　8251A 同步模式控制字

（2）8251A 同步字符寄存器

如果采用同步模式通信，则在设置完模式控制字后，需要设置同步字符。8251A 的两个同步字符寄存器用来装载同步方式中所用的同步字符。

（3）8251A 操作命令寄存器

8251A 操作命令寄存器用来控制 8251A 的工作状态，它的内容是由程序设置的，各位状态如图 8-68 所示。

（4）数据输入缓冲器和数据输出缓冲器

数据输入缓冲器和数据输出缓冲器使用同一个端口地址，但实际上为两个端口，一个为输入端口，一个为输出端口。数据输入缓冲器暂存接收的数据，数据输出缓冲器暂存发送的数据。

（5）8251A 状态寄存器

状态寄存器在 8251A 的工作过程中提供一定的状态信息。各位反映的状态如图 8-69 所示。其中，D_7、D_6、D_2、D_1 分别反映 $\overline{DSR}$ 、SYNDET、TxE、RxRDY 等信号的状态，“1”表示信号处于有效状态，“0”为无效状态。D_5、D_4、D_3 为错误信息，“1”为有错。D_0=1 表示发送器准备就绪（发送缓冲器空），可以发送下一个数据了。

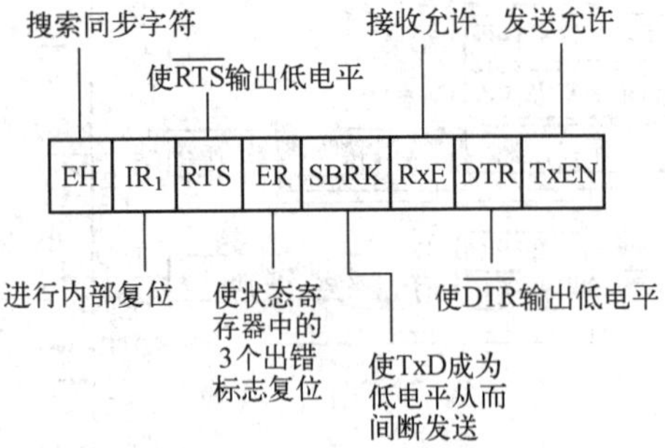

图 8-68　8251A 的操作命令寄存器

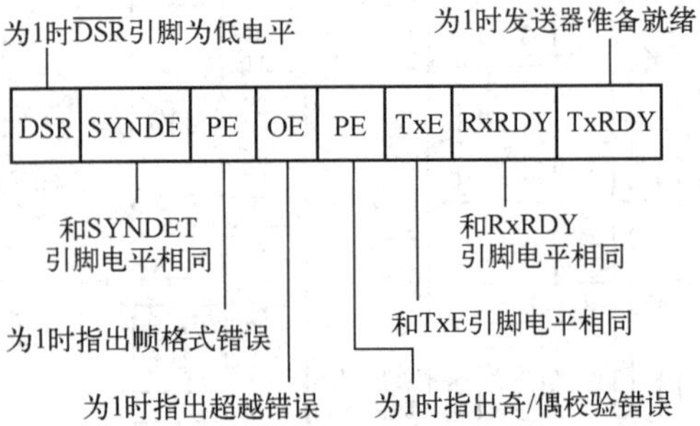

图 8-69　8251A 状态寄存器

5．8251A 编程流程

8251A 在工作之前需要通过初始化设置工作模式、联络信号的状态及启动工作等，在数据传输时需要查询状态正确后再传输。

1）异步方式：送模式控制字后，必须紧跟着进行操作命令字的设置，然后才可以开始读状态字、测试状态、状态正确传送数据。

2）同步方式：送模式控制字后，应马上输出同步字符，在一个或两个同步字符之后再设置操作命令字，然后再读状态字、测试状态、状态正确传送数据。

3）在数据传送结束后，或不知 8251A 当前的工作状态，而需要改变工作模式，必须用操作命令控制字将 IR 置“1”，使 8251A 内部复位，之后 8251A 才可重新设置模式控制字，改变成其他传送方式。

图 8-70 给出了 8251A 编程流程图。

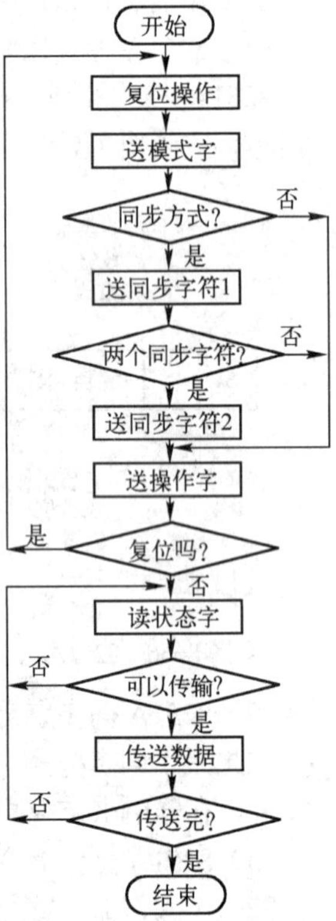

图 8-70　8251A 编程流程图

8251A 为 8 位接口芯片，占 2 个口地址，奇地址为控制/状态口地址（C/$\overline{D}$=1），偶地址为数据口地址（C/$\overline{D}$=0）。从图 8-65 可知，可从奇地址写入模式控制字、操作命令控制字及同步字符（必须按顺序写入，见图 8-70），也可从奇地址读出状态字。偶地址用于发送和接收串行数据。另外从原则上讲，8 位接口芯片连接到 16 位系统中时，既可以连接到低 8 位数据线上，也可以连接到高 8 位数据线上。但是，8086CPU 的低 8 位数据线上的数据总是通过偶地址传输，高 8 位数据线上的数据总是通过奇地址传输。因此，常采用将地址总线上的 A_1 连接到 8251A 的 C/$\overline{D}$ 上，使得连续 2 个偶地址中较低的偶地址为数据口地址，较高的偶地址为控制/状态口地址。当 8 位接口芯片连接到 8 位系统中时，就不需要考虑这些了。

6．8251A 的应用举例

【例 8-18】　异步模式下的初始化程序举例。

设 8251A 的数据地址为 50H，控制和状态口地址为 52H（即 8251A 的 C/$\overline{D}$ 引脚接 8086 的 A1 脚）。工作在异步方式，2 位停止位，偶校验，7 位数据，波特率因子=16，则模式控制字如图 8-71 所示。

假设既可发送又可接收，则应使发送请求信号 $\overline{RTS}$ 处于有效；清除出错标志；使接收允许位 RxE 有效，从而使接收器也处于启动状态；使数据终端准备好信号 $\overline{DTR}$ 有效，以通知调制解调器 CPU 已准备好；使发送允许信号 TxE 有效，从而使发送器处于启动状态。操作命令字如图 8-72 所示。初始化程序段如下。

```
MOV     AL，0FAH
OUT     52H，AL         ；送模式控制字
MOV     AL，37H
OUT     52H，AL         ；送操作控制字
```

1 1	1	1	1 0	1 0	B =0FAH
2位停止位	偶校验	有校验	7位数据	波特率因子取16	

图 8-71　例 8-18 模式控制字

0	RI=0	1	ER=1	0	1	1	1	B =37H
不搜索同步字符	不内部复位	$\overline{RTS}$=0	出错状态复位	正常工作	RxE=1	$\overline{DTR}$=0	TxE=1	

图 8-72　例 8-18 操作控制字

【例 8-19】　同步模式下的初始化程序举例。

设 8251A 的数据口地址仍为 50H，控制和状态口地址仍为 52H。工作在同步方式，偶校验，7 位数据，则初始化时需要设置模式控制字、同步字符及操作命令控制字。

两个同步字符可以相同，也可以不同。本例设两个同步字符均为 16H。

模式控制字如图 8-73 所示为 38H。操作命令控制字如图 8-74 所示为 0B7H。

0	0	1	1	1 0	0 0	B =38H
2个同步字符	内同步	偶校验	有校验位	7位数据位	同步模式	

图 8-73　例 8-19 模式控制字

1	0	1	1	0	1	1	1	B =0B7H
同步字符检索	不复位	$\overline{RTS}$=0	清出错状态	正常工作	RxE=1	$\overline{DTR}$=0	TxE=1	

图 8-74　例 8-19 操作命令控制字

初始化程序段如下。

```
MOV     AL，38H
OUT     52H，AL         ；送模式控制字
MOV     AL，16H
OUT     52H，AL         ；送同步字符 1
OUT     52H，AL         ；送同步字符 2
MOV     AL，0B7H
OUT     52H，AL         ；送操作命令字
```

特别指出：在实际应用中，当未对 8251A 设置模式控制字时，如果要使 8251A 进行内部复位，那么，一般采用送 3 个 00H，再送 1 个 40H 的方法，这也是 8251A 的编程约定，40H 可以看成是使 8251A 进行内部复位操作的实际代码。其实，即使设置了模式控制字之后，也可以用这个方法使 8251A 执行内部复位。下面是一段实用程序段。

```
INIT：  XOR     AX，AX          ；AX 清零
        MOV     CX，0003H
        MOV     DX，控制端口地址
OUT1：  CALL    KKK             ；调输出子程序
        LOOP    OUT1            ；送 3 个 00H
        MOV     AL，40H         ；送 1 个 40H
```

```
        CALL    KKK              ; 调输出子程序
        MOV     AL，模式控制字    ; 送模式控制字
        CALL    KKK              ; 调输出子程序
        ……
KKK:    OUT     DX，AL           ; 将 AL 中的数据输出到 DX 口中
        PUSH    CX               ; 保护 CX
        MOV     CX，0002H
ABC:    LOOP    ABC              ; 等待输出动作完成
        POP     CX               ; 恢复 CX
        RET
```

【例 8-20】 采用 8251A 实现两台微机按 RS232 标准进行串行接口通信。要求系统采用异步通信，查询方式，A 系统向 B 系统发送 5 字节数据。设 A 系统口地址为 80H～83H，B 系统口地址为 60H～63H。

分析：系统约定工作模式为异步通信、8 位数据、奇校验、1 位停止位、波特率因子 64，所以模式控制字为 5FH。发送端的操作命令为允许发送（11H），接收端的操作命令为允许接收（14H）。

图 8-75 给出了电路原理图。由于近距离传输，不需要调制解调器，采用单工方式的 RS232 传输，需要 TTL-RS232 电平转换。发送端的控制/状态口地址为 82H，数据端的口地址为 80H。接收端的控制/状态口地址为 62H，数据端的口地址为 60H，发送端的 $\overline{CTS}$ 接地才能发送数据。

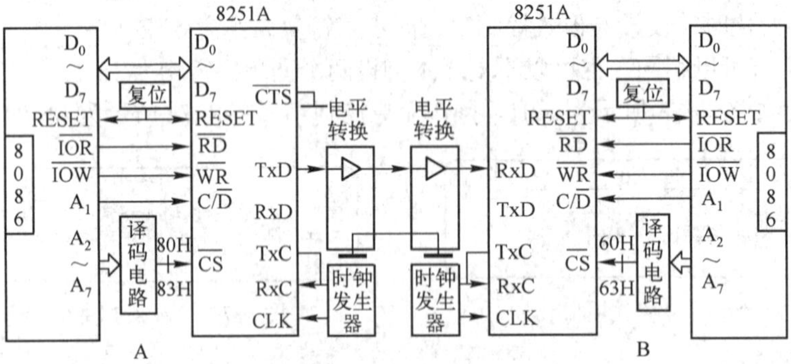

图 8-75 例 8-20 电路原理图

程序设计由两部分组成。一部分是 A 系统中发送端程序设计，另一部分是 B 系统中接收端程序设计。

1）发送端：CPU 首先对发送端接口中的 8251A 初始化（送模式控制字和操作命令控制字），然后读状态字，查询到 TxRDY 是否有效，若 TxRDY=1（即 D_0=1），则向 8251A 输出一个数据；再查询，再输送……直到全部数据送完为止。显示“OK”，程序退出。

2）接收端：CPU 首先对接收端接口中的 8251A 初始化（送模式控制字和操作命令控制字），然后读状态字，查询到 RxRDY 有效（即 D_1=1）且无奇偶错（即 D_3=0），则从 8251A 读入一个数据，存入缓冲区中；再查询，再读入……直到全部数据接收完为止，显示“OK”，程序退出。若有错误，则显示“ERR”后程序退出。

发送端初始化程序及发送控制程序如下。

```
DATA    SEGMENT
DA1     DB   5
TABEL1  DB   1,2,3,4,5
PORT1   EQU  82H              ;  设 8251A 控制端口地址=82H
PORT2   EQU  80H              ;  设 8251A 数据端口地址=80H
```

```
TABEL2   DB      'OK!$'
DATA     ENDS
CODE     SEGMENT
         ASSUME  CS:CODE,  DS:DATA
SLL:     MOV     AL, 0
         MOV     DX, PORT1                ; 设置控制口
         OUT     DX, AL
         OUT     DX, AL
         OUT     DX, AL
         MOV     AL, 40H
         OUT     DX, AL                   ; 内部复位
         MOV     DX, PORT1                ; 设置模式控制字
         MOV     AL, 5FH                  ; 异步、8 位数据、奇校验
         OUT     DX, AL                   ; 1 位停止位、波特率因子 64
         MOV     AL, 11H                  ; 设置操作命令字，允许发送
         OUT     DX, AL
         MOV     AX, DATA
         MOV     DS, AX
         MOV     DI, OFFSET  TABEL1       ; 设置发送数据指针
         MOV     CL,DA1                   ; CX=发送数据个数
         XOR     CH,CH
NEXT:    MOV     DX,  PORT1               ; 查询 TxRDY 是否有效
         IN      AL,  DX                  ; 读状态字
         AND     AL,01H
         JZ      NEXT                     ; TxRDY=0，发送未准备好
         MOV     DX, PORT2                ; TxRDY=1，输出一字节
         MOV     AL， [DI]
         OUT     DX, AL
         INC     DI                       ; 数据指针增一
         LOOP    NEXT
         LEA     DX, TABEL2               ; 屏幕显示“OK!”
         MOV     AH, 09H
         INT     21H
         INT     20H
CODE     ENDS
         END     SLL
```

接收端初始化程序及接收控制程序如下。

```
DATA     SEGMENT
DA1      DB      5                  ; 传输数据个数
TABEL1   DB      5 DUP(0)           ; 传输数据
PORT1    EQU     62H                ; 8251A 控制端口地址=62H
PORT2    EQU     60H                ; 8251A 数据端口地址=60H
TABEL2   DB      'OK!$'             ; 传输正确提示
TABEL3   DB      'ERR!$'            ; 传输错误提示
DATA     ENDS
CODE     SEGMENT
         ASSUME  CS:CODE,  DS:DATA
SRR:     MOV     AL, 0
         MOV     DX, PORT1
         OUT     DX, AL
         OUT     DX, AL
         OUT     DX, AL
         MOV     AL, 40H
         OUT     DX, AL
         MOV     DX, PORT1          ; 设置模式控制字
         MOV     AL, 5FH            ; 异步、8 位数据、奇校验
```

```
        OUT     DX, AL              ；1位停止位、波特率因子64
        MOV     AL, 14H             ；设置操作命令字，允许接收
        OUT     DX, AL
        MOV     AX, DATA            ；设置接收数据指针
        MOV     DS, AX
        MOV     DI, OFFSET  TABEL1
        MOV     CL, DA1             ；CX=接收数据个数
        XOR     CH, CH
COMT:   MOV     DX, PORT1           ；查询RxRDY是否有效
        IN      AL, DX              ；读状态字
        ROR     AL, 1
        ROR     AL, 1               ；将D1移入CF
        JNC     COMT                ；RxRDY=0，接收没准备好
        ROR     AL, 1
        ROR     AL, 1               ；将D3移入CF
        JC      ERR                 ；PE=1，有奇偶错，显示错误信息
        MOV     DX, PORT2           ；接收准备好且无奇偶错，
        IN      AL, DX              ；则读入从8251A输入一字节
        MOV     [DI], AL            ；保存数据到数据缓冲区
        INC     DI                  ；数据指针增一
        LOOP    COMT
        LEA     DX, TABEL2          ；全部接收完后，屏显"OK！"
        MOV     AH, 09H
        INT     21H
        INT     20H
ERR:    LEA     DX, TABEL3          ；屏幕显示"ERR！"
        MOV     AH, 09H
        INT     21H
        INT     20H
CODE    ENDS
        END     SRR
```

8.4 可编程中断控制器 8259A

中断是计算机系统的重要的管理方式，也是处理器与外设之间通信的最有效的方式之一。它可以避免由于 CPU 反复查询外部设备的状态而带来的时间浪费、处理不及时等问题，提高了处理器的工作效率。本节将介绍一款 PC 中使用的中断控制器 8259A。

8.4.1 8259A 概述

中断控制器 8259A 的功能就是在有多个中断源的系统中，接收外部的中断请求，并进行优先级判断，选中当前优先级最高的中断请求，再将此请求送到 CPU 的 INTR 端；当 CPU 响应中断时，能自动地向 CPU 提供该中断源的中断类型码；当 CPU 进入中断服务程序的处理过程后，中断控制器仍负责对外部中断请求的管理。比如当某个外部中断请求的优先级高于当前正在处理的中断优先级时，中断控制器会再次中断 CPU 的工作，从而实现中断的嵌套，反之，对其他级别较低的中断则给予禁止。

归纳起来，8259A 有下列特点：

1）1 片 8259A 能管理 8 级中断，并且在基本不增加其他电路的情况下，可以用 9 片 8259A 来构成 64 级的主从式中断系统。

2）每一级中断都可以独立被屏蔽或允许，内部有中断优先级判别电路，可将优先级高的中断请求提供给 CPU，能够在 CPU 响应中断请求时提供相应的中断类型码。

3）由于 8259A 是可编程的，所以使用起来非常灵活。实际系统中，可以通过编程使 8259A 工作在多种不同的方式。

4）8259A 用 NMOS 工艺制造，只需要一组 5V 电源。

8.4.2 8259A 的引脚特性

8259A 是 28 引脚的双列直插式芯片，其引脚如图 8-76 所示。所有引脚除了电源 V_{CC} 和地线 GND 外分为 3 部分（见图 8-77）。

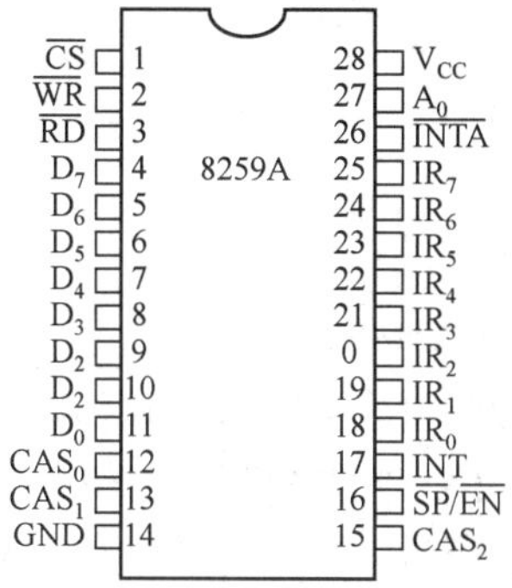

图 8-76 8259A 引脚图

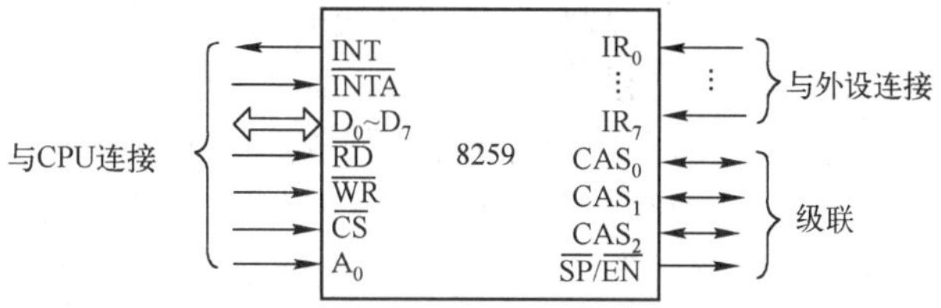

图 8-77 8259A 引脚分类图

（1）8259A 与 CPU 连接引脚（14 个）

D_7～D_0：数据线，三态双向。是 CPU 与 8259A 传输各种信息的通道。

A_0: 地址选通线，与 $\overline{CS}$、$\overline{RD}$、$\overline{WR}$ 共同决定对 8259A 内部各个寄存器的访问（见表 8-8）。

$\overline{CS}$：片选信号线，低电平有效。有效时允许访问 8259A。

$\overline{RD}$：读信号线，低电平有效。CPU 读 8259A 时有效。

$\overline{WR}$：写信号线，低电平有效。CPU 向 8259A 写时有效。

INT：8259A 向 CPU 发出的中断请求信号，高电平有效。

$\overline{INTA}$：8259A 接收 CPU 发来的中断响应信号。

（2）8259A 与外设连接引脚（8 个）

IR_7～IR_0：引入外部八级中断请求信号，外部设备可以通过 IR_7～IR_0 申请中断。可通过编程设置为高电平有效或上升沿有效。

（3）8259A 用于多片级联的引脚（4 个）

$\overline{SP}/\overline{EN}$：主从（$\overline{SP}$）/允许缓冲（$\overline{EN}$）线，双向功能。不同情况下具有不同的作用。当 8259A 直接挂接系统数据总线时，$\overline{SP}/\overline{EN}$ 为输入线，通过接高电平或低电平来表明本芯片是主片（$\overline{SP}$=1）还是从片（$\overline{SP}$=0）。当 8259A 通过缓冲器连接到系统的数据线上时，$\overline{SP}/\overline{EN}$ 为输出线，将作为允许缓冲器接收或发送数据的控制信号线（$\overline{EN}$）。不再用于区别主从片。

CAS_2～CAS_0：级联线。当多片 8259A 级联工作时，若本芯片为主片，CAS_2～CAS_0 为输出线，接从片的 CAS_2～CAS_0，用于选中某从片。若本芯片为从片，CAS_2～CAS_0 为输入线。当 8259A 单片工作或带缓冲器时，CAS_2～CAS_0 无效。

8.4.3 8259A 内部结构

8259A 内部主要由 8 个基本部分构成，其内部逻辑框图如图 8-78 所示。

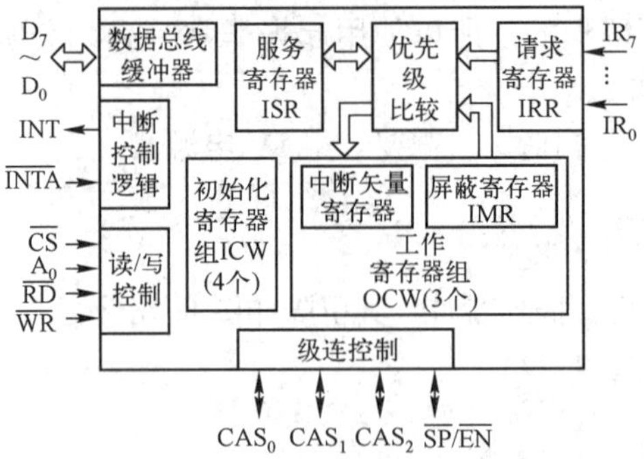

图 8-78　8259A 内部结构示意图

1）数据缓冲器。这是一个 8 位双向三态缓冲器，表明 8259A 与 CPU 的数据传输为 8 位双向传输，且 8259A 可以直接挂接系统的数据总线。

2）中断请求寄存器（IRR）。IRR 为 8 位只读寄存器，用来保存外设通过 IR_7～IR_0 发来中断申请的状态，当 IR_7～IR_0 中某个引脚产生中断请求，则 IRR 的相应位为“1”，否则为“0”。当中断请求被响应时，IRR 相应位复位。CPU 可以通过读 IRR 来了解外设中断请求情况。

3）优先级比较器。这是一个优先级比较、判别电路。它可以根据中断屏蔽寄存器（IMR）和中断请求寄存器（IRR）的状态，将众多未被屏蔽的中断请求进行优先级排队，选出优先级别高的送入中断服务寄存器（ISR），并通过中断控制逻辑的 INT 向 CPU 发出中断请求，同时将该中断请求的编号填入中断矢量寄存器的低 3 位，形成相应的中断类型码，以备在 CPU 响应中断时送上总线。

4）中断服务寄存器（ISR）。ISR 为 8 位只读寄存器，用来存放当前正在服务的所有中断请求（相应的位=1），当处理完毕，ISR 相应的位复位。

5）中断控制逻辑。中断控制逻辑可以通过 INT 向 CPU 发出由中断优先级比较器选定的中断请求信号，接收 CPU 发来的中断应答信号 $\overline{INTA}$，控制 8259A 进入中断服务状态。

6）初始化寄存器组。初始化寄存器组中存放了 4 个初始化命令字 ICW_1～ICW_4，用于设置 8259A 的工作方式。后面将详细介绍各初始化寄存器的作用。

7）工作寄存器组。工作寄存器组中存放了 3 个工作命令字 OCW_1～OCW_3，用于控制或反映 8259A 的各种工作状态。如中断屏蔽寄存器（IMR）通过对 OCW_1 编程可以设置屏蔽（相应位=1）/允许（相应位=0）IR_7～IR_0 的中断请求。只有未被屏蔽的中断请求才有资格参加优先级比较，才有可能中断申请成功。

8）读写控制逻辑。接收 CPU 发出的 $\overline{RD}$、$\overline{WR}$、$\overline{CS}$、A_0 信号，控制 CPU 访问 8259A 内部的哪个寄存器，如表 8-8 所示。由于 8259A 中有 4 个初始化命令字（ICW_1、ICW_2、ICW_3、ICW_4）、3 个工作命令字（OCW_1、OCW_2、OCW_3），还有中断请求寄存器（IRR）、中断服务寄存器（ISR）、中断屏蔽寄存器（IMR）以及中断编码识别等可以读或写操作，而 8259A 只有 1 个地址线 A_0，最多可以产生 2 个地址，无法只用地址区别各种读写操作，8259A 采用多种方法来区别它们。如 ICW_1、OCW_2、OCW_3 占同一地址，通过特征位区别；ICW_2、ICW_3、ICW_4、OCW_1 占同一地址，要按顺序写入。在读 IRR、ISR 和中断级别编码时，则需要在每次操作前写入 OCW_3，确定读三个中的哪一个。而 IMR 与 ICW_2、ICW_3、ICW_4、OCW_1 共用一个地址，前者只读，后四个只写。

在 8086/8088 系统中，8259A 的中断过程如下。

表 8-8　8259A 读写操作表

$\overline{CS}$	A_0	$\overline{RD}$	$\overline{WR}$	读写操作　　（特征位）
0	0	1	0	数据总线→OCW_2　（D_4D_3=00）
0	0	1	0	数据总线→OCW_3　（D_4D_3=01）
0	0	1	0	数据总线→ICW_1　（D_4=1）
0	1	1	0	数据总线→ICW_2，ICW_3，ICW_4，OCW_1
0	0	0	1	数据总线←IRR 或 ISR 或中断级别编码
0	1	0	1	数据总线←IMR

1）首先有一个或几个外部设备通过 8259A 的 IR_7～IR_0 发出中断请求，使得 IRR 中的相应位置 1。

2）8259A 经过分析判断，如果有符合条件的中断请求，则通过 INT 向 CPU 的 INTR 发出中断请求信号。

3）CPU 接收到 INTR 请求且允许响应可屏蔽中断的情况下（IF=1），发出连续 2 个负脉冲作为中断应答信号 INTA。

4）8259A 接收到第 1 个负脉冲后，使被响应中断所对应的 ISR 相应位置位，而对应的 IRR 相应位复位。

5）当 CPU 发出第 2 个负脉冲时，将中断矢量寄存器中 8 位中断矢量作为中断类型码 n 送上数据总线。

6）CPU 获得的 8 位中断类型码 n 乘以 4 作为偏移量，到 0 段的中断向量表中取出相应的服务程序入口地址（即中断向量）送至 CS 和 IP 中，从而转入中断服务程序。

进入中断服务程序时，自动关闭 CPU 可屏蔽中断响应（IF=0），如果在中断服务程序中仍希望 CPU 能响应级别更高的可屏蔽中断，则应设置开中断指令（令 IF=1）。中断服务程序处理完后，必须使 ISR 相应的位复位，否则比其优先级低的中断不能请求。ISR 相应位复位，表示结束对其中断请求的服务。如果 8259A 采用自动结束 AEOI，则在 8259A 接收到第 2 个 INTA 脉冲结束时，自动使 ISR 的相应位复位。如果采用 EOI 命令方式，则一般在程序结束时需要 CPU 发出中断结束 EOI 命令，ISR 的相应位才复位。对 8259A 进行初始化后，如果不再写入任何操作命令字，8259A 便处于全嵌套工作。此时 IR_0 为优先级最高的中断请求，$IR_0 > IR_1 >\cdots> IR_7$。优先级高的将屏蔽优先级低的中断请求。流程图如图 8-79 所示。

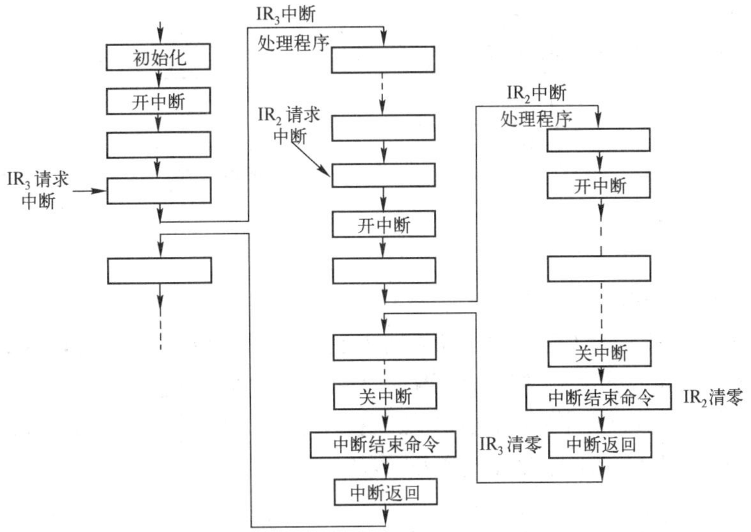

图 8-79　8259A 实现中断嵌套流程图

8.4.4　8259A 的初始化编程

在 8259A 正常工作前，必须用程序选定其工作状态。8259A 的 4 个初始化命令字必须按顺序写入，而且一般只需要写入一次。主片和从片需要分别初始化，且不尽相同。初始化流程如图 8-80 所示。

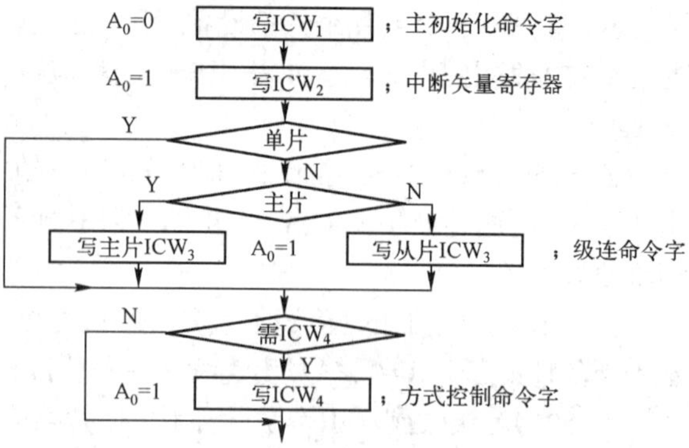

图 8-80　8259A 初始化流程图

下面分别介绍各初始化命令字的作用。

1. 主初始化命令字 ICW_1

主初始化命令字 ICW_1 用于设置系统中 8259A 是采用单片还是多片级联，外部设备中断请求是高电平有效还是上升沿有效，是否需要写入 ICW_4 等。

主初始化命令字 ICW_1 的地址必须 A_0=0，且 D_4=1。当向 8259A 的偶地址（A_0=0）中写入一个 D_4=1 的字节，则启动了初始化编程，写入的这个字节被当成 ICW_1。

80x86 只需对 ICW_1 中的 D_4、D_3、D_1 和 D_0 进行设置，如图 8-81 所示。

2. 中断矢量命令字 ICW_2

在送完 ICW_1 后应送 ICW_2，其必须写到 8259A 的奇地址端口中（A_0=1）。

当 8259A 工作于 80x86 系统时，其高 5 位为中断类型码的高 5 位，如图 8-82 所示。IR_7～IR_0 有各自独立的中断类型码，它们高 5 位相同，低 3 位为各自的引脚序号。初始化时只需要将中断类型码高 5 位置入 ICW_2，在中断响应时（CPU 从 $\overline{INTA}$ 发出连续的两个负脉冲），8259A 将自动填入引起中断的 IR_i 的引脚序号，与高 5 位共同构成该中断源的中断类型码，并送上数据总线。

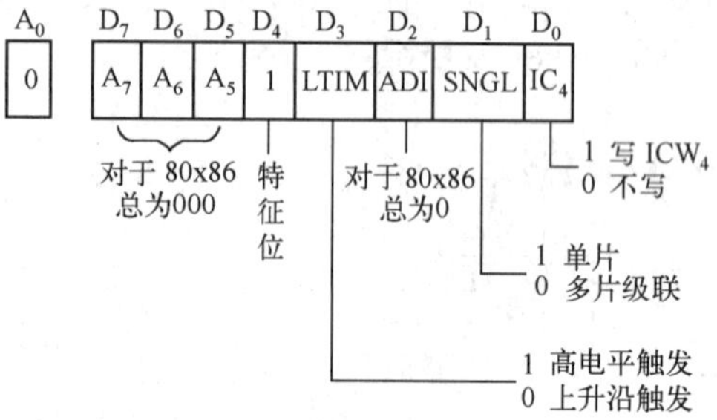

图 8-81　主初始化命令字 ICW_1

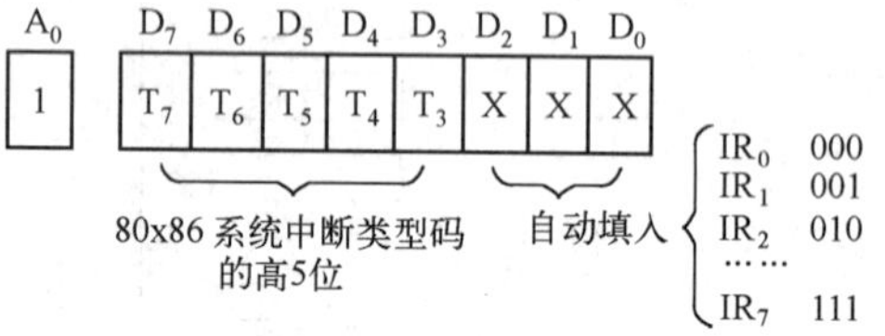

图 8-82　中断矢量命令字 ICW_2

3. 级联命令字 ICW_3

当系统为单片 8259A 工作时，则不需要写入 ICW_3；当为多片 8259A 级联时，则需要分别对主片和从片写入不同的 ICW_3。图 8-83 为主片和从片 ICW_3 的定义。

若为主片，则各位反映是否接入从片，接入置为 1，否则置为 0；若为从片，则高 5 位为 0，低 3 位为本从片的 INT 接到主片的哪一个 IR_i 线的序号。

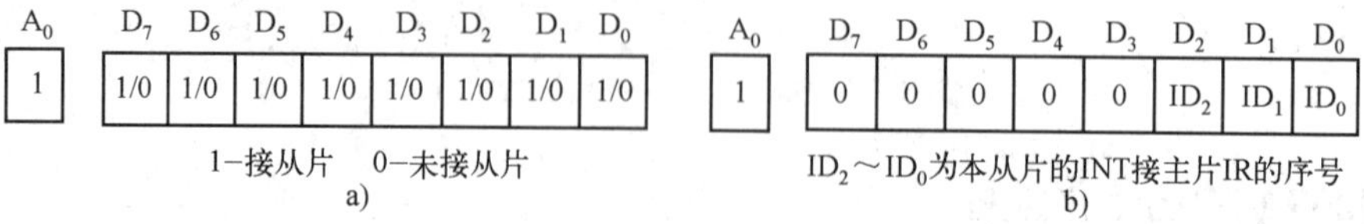

图 8-83　级联命令字 ICW_3

a) 主片级联命令字 ICW_3　b) 从片级联命令字 ICW_3

4. 方式控制命令字 ICW_4

方式控制命令字 ICW_4 是用来选择采用特殊嵌套方式还是一般嵌套方式，说明 8259A 与系统连接加缓冲器还是不加缓冲器，采用自动结束中断方式还是正常 EOI 方式，本系统是否为 8086/8088 系统等。方式控制命令字 ICW_4 各位功能如图 8-84 所示。

1）ICW_4 需写入 8259A 的奇地址端口中（A_0=1）。其中高 3 位无意义，常设为 000。

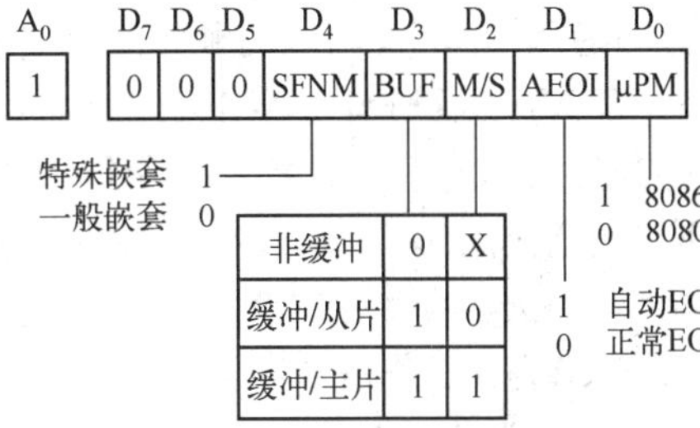

图 8-84 方式控制命令字 ICW_4

2）ICW_4 中的 D_4 位指定中断嵌套方式。D_4=0 为一般嵌套，D_4=1 为特殊嵌套。其特点为：

特殊嵌套方式，当某个中断被响应时，将只屏蔽比当前中断源优先级低的中断，同级和优先级更高的中断源均可申请中断。此嵌套方式对于级联方式，仍可以实现中断嵌套。如某级联系统中，主片 IR_2 上接有从片。当从片中有中断请求并得到响应时，此时如果主片采用特殊嵌套方式，则 IR_2 上所接从片中优先级高的仍可中断请求。

一般嵌套方式，当某个中断被响应时，同级和优先级别低的中断均被屏蔽。只有优先级别更高的中断才能申请中断。这样，在级联系统中，当从片中某一个中断正在服务时，主片将该从片所有中断屏蔽掉，从片中优先级别高的也无法中断成功，因此无法实现中断嵌套。

3）ICW_4中的D_3、D_2位指出数据缓冲方式。当不带缓冲时，D_3=0。当带缓冲时，D_3=1。此时，$\overline{SP}/\overline{EN}$ 将作为缓冲器的选通信号，不再用于区别主从片，因此需要D_2指明是主片D_2=1，还是从片D_2=0。

4）ICW_4 中的 D_1 位指明中断结束方式。D_1=1 为自动结束，D_1=0 为正常结束。其区别为：

自动 EOI 方式（即 AEOI 方式），当中断响应时，在 8259A 送完中断类型码后，将自动使中断服务寄存器 ISR 中相应的位复位，此后即可允许比本级优先级低的设备申请中断。

正常 EOI 方式，当中断服务结束时，需要用指令向 8259A 送一条 EOI 命令字（送 OCW_2 命令字，其中 D_5=1），使得中断服务寄存器 ISR 中相应的位复位，此后将允许比本级优先级低的设备申请中断。

5）ICW_4 中的 D_0 位指定了系统中所用 CPU 的系列。D_0=1 为 8086/8088 CPU，D_0=0 为 8080/8085 CPU。

【例 8-21】 系统中有一片 8259A，其占用地址为 80H、81H，要求带缓冲，一般完全嵌套，高电平触发，正常中断结束，中断类型号为 60H，试写出 8259A 的初始化程序。

分析：按照 8259A 初始化编程流程（见图 8-80）的要求，需要按顺序送 ICW_1、ICW_2，由于是单片系统，故不送 ICW_3，需要送 ICW_4。注意：只有 ICW_1 送入偶地址，其余送入奇地址。

初始化程序段如下。

```
MOV    AL,  0001 1011B    ; ICW1：高电平触发、单片、写 ICW4
OUT    80H,  AL           ; 写入 ICW1
MOV    AL,  0110 0000B    ; ICW2 = 60H～67H 均可，因为只有高 5 位有效，低 3 位将自动
                          ; 填入
OUT    81H,  AL           ; 写入 ICW2
MOV    AL,  0000 1001B    ; ICW4：一般完全嵌套、带缓冲、正常中断结束、86 系统
OUT    81H,  AL           ; 写入 ICW4
```

8.4.5　8259A 的工作编程

8259A 在初始化编程后，应再进行工作编程，即写入工作命令字也可称为操作命令字。可用于屏蔽或允许 IR_7～IR_0 中任何一个，可以设置优先级方式，可发送中断结束命令 EOI，可以设置中断屏蔽方式等。工作命令字共有 3 个（OCW_1、OCW_2、OCW_3），它们或地址不同，或有自己的特征位，因此写入的顺序没有要求，而且这些工作命令字根据需要允许随时重复写入。

1．OCW_1（工作命令字 1）

OCW_1 又称为中断屏蔽字，用于对中断屏蔽寄存器（IMR）的各位进行设置，其每一位控制对应的中断请求输入线（IR）是否被屏蔽（置 1），或被允许（置 0），参见图 8-85。在初始化开始时，默认屏蔽字各位全为 0，即允许所有中断源申请中断。OCW_1 需要送入奇地址（A_0=1）。

2．OCW_2（工作命令字 2）

OCW_2 主要是用来对 8259A 发中断结束 EOI 命令，将 ISR 中相应的 IS_i 复位（称为清除中断挂起）；其次设置优先级循环方式。OCW_2 要求写入偶地址端口（即 A_0=0）。

OCW_2 各位的定义参见图 8-86。其中 D_4D_3=00 为特征位，用于区别 OCW_3 和 ICW_1。R（D_7）规定优先级是否旋转，SL（D_6）规定 $L_2L_1L_0$（D_2 D_1 D_0）是否有效，EOI（D_5）指明是否发中断结束命令。

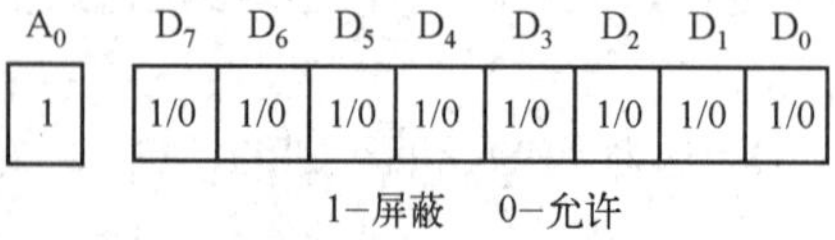

图 8-85　OCW_1 的作用

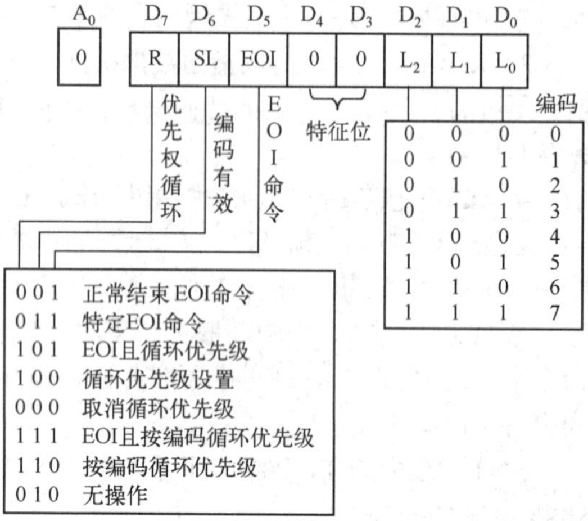

图 8-86　OCW_2 的作用

（1）EOI 命令

在初始化编程时，如果在 ICW_4 中设置了正常结束 EOI 方式，则在程序结束前应通过送 OCW_2 命令字实现送结束命令 EOI。EOI 命令有两种形式。

1）正常结束 EOI 命令：SL、EOI=01，表明通知 8259A 当前正在服务的中断已结束，清除 ISR 中的相应位（清零）。

2）特定 EOI 命令：SL、EOI=11，除了通知 8259A 当前正在服务的中断已结束，同时根据 L_2～L_0 指定的编码对 ISR 相应的位进行复位。

（2）设置优先级方式

OCW_2 为 IR_7～IR_0 指定具体的优先级，8259A 共有 3 种优先级方法。

1）完全嵌套方式：指定 IR_0 优先级最高，IR_7 优先级最低。当 IR_3、IR_5 同时申请中断，首

先响应 IR_3，然后响应 IR_5。如果在响应 IR_3 期间，又有 IR_2、IR_4 申请中断，则会将 IR_3 挂起，先响应 IR_2。当 IR_2 结束后，继续响应 IR_3，最后响应 IR_4。此方式为默认方式，当然可以编程改变，这就需要设置 OCW_2 中的 R 和 SL，选择下面两种方式。

2）自动循环嵌套方式：R、SL=10。这种方式，当某 IR 被响应之后，将自动变为最低的优先级，在其他 IR 被响应之前，这个 IR 不会再被响应了。这种方式防止某 IR 垄断中断服务，而其他的 IR 被“饿死”。如 IR_3 被响应之后，其优先级为 $IR_3<IR_4<IR_5<IR_6<IR_7<IR_0<IR_1<IR_2$。

3）按编码循环嵌套方式：R、SL=11。这种方式，由 L_2～L_0 指定哪个 IR 优先级最低，其余的将按闭合顺序变化。例如，设 R、SL=11、$L_2L_1L_0$=010，则优先级 $IR_2<IR_3<\cdots<IR_7<IR_0<IR_1$。

3. OCW_3（工作命令字 3）

OCW_3 必须被写入 8259A 的偶地址端口（A0=0），且其特征位 D_4D_3=01，由此区别于 OCW_2 和 ICW_1。OCW_3 各位的定义参见图 8-87。

工作命令字 OCW_3 的功能有三个方面：一是设置或撤销特殊屏蔽方式；二是设置中断查询方式；三是用来设置下面从此端口读入的是 8259A 的 IRR 还是 ISR。

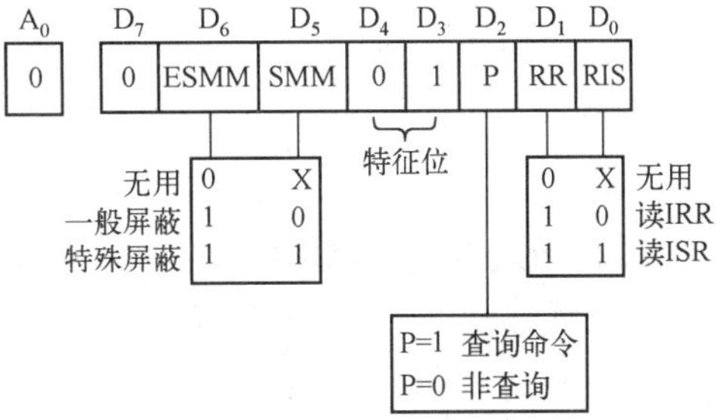

图 8-87　OCW_3 的作用

（1）中断屏蔽方式

中断屏蔽方式有两种。

1）一般屏蔽方式：D_6D_5=10。此时所有中断源是否被屏蔽由 IMR 决定，可以通过设置 OCW_3，使某些 IR 被屏蔽（置 1），某些 IR 被允许（置 0），而且优先级高的将优先级低的屏蔽。

2）特殊屏蔽方式：D_6D_5=11。此时，所有 IMR 开放的中断源均可请求，不受优先级高低制约，优先级低的也可以中断优先级高的。

（2）中断查询方式

8259A 也可以工作于查询方式，此时 OCW_3 应设置为 P=1（D_2=1），此后 CPU 通过同一口地址（A_0=0）读入 1 个状态字（见图 8-88），由此可获得是否有中断请求发生，是谁发出的中断请求。

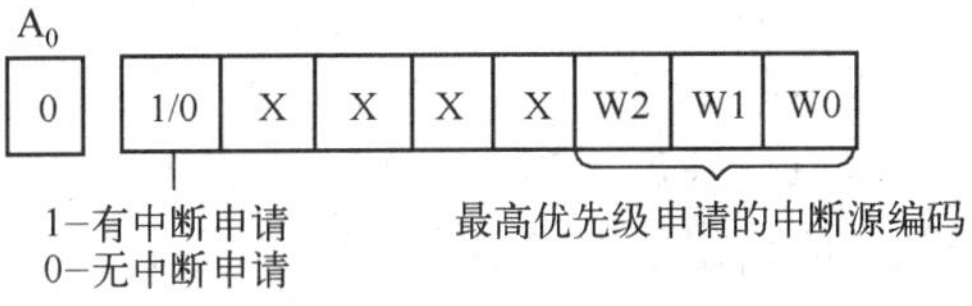

图 8-88　查询操作字

（3）读 IRR 和 ISR 的操作

读中断请求寄存器（IRR）和中断服务寄存器（ISR）之前，需要先设置 OCW_3 的 D_1D_0 的状态。当 D_1D_0=10，表示下面用 IN 指令从本偶地址中读出的是 IRR；当 D_1D_0=11，表示下面用 IN 指令从本偶地址中读出的是 ISR。

8.4.6　8259A 应用举例

【例 8-22】　描述 IBM　PC/XT 的中断管理系统。

分析：图 8-89 给出了 PC/XT 机中 8259A 的连接示意图。其中断管理系统由 1 片 8259A 构成，管理 7 个中断，IR_2 保留未用，可供系统扩展硬件中断功能使用。由于 CPU 工作于最大工作模式，部分控制总线来自 8288 总线控制器，INT 接至 CPU 的可屏蔽中断请求线 INTR 上，数据线通过缓冲器 74LS245 接到系统的数据总线上，系统地址译码电路为 8259A 分配的地址为 20H、21H。因此，8259A 内部各寄存器的读写地址为：

写入操作 { 20H：ICW_1、OCW_2、OCW_3
　　　　　21H：ICW_2、ICW_3、ICW_4、OCW_1

读出操作 { 20H：IRR、ISR、中断级编码
　　　　　21H：中断屏蔽寄存器 IMR

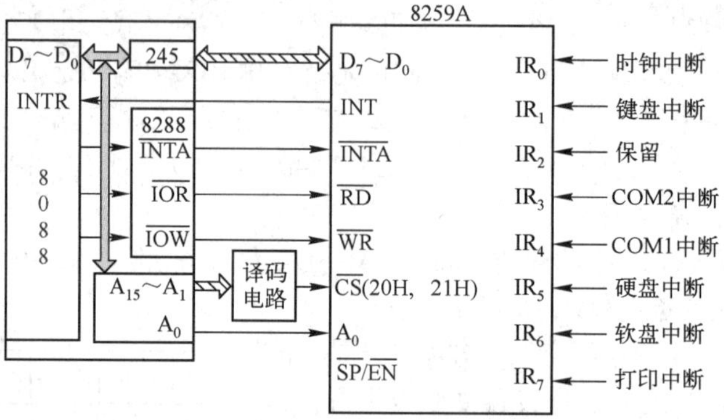

图 8-89　PC/XT 中 8259A 电路原理图

IBM PC/XT 在启动时，首先执行 BIOS 中的系统初始化程序，其中根据实际使用情况对 8259A 进行编程，包括初始化编程和工作编程。初始化程序段如下。

```
MOV     AL, 13H    ; ICW1：上升沿触发、单片、写 ICW4
OUT     20H, AL
MOV     AL, 8      ; ICW2：中断矢量（只需高 5 位，8 个 08H～0FH 送哪一个均可）
OUT     21H, AL
MOV     AL, 09H    ; ICW4：一般中断嵌套、带缓冲、不自动结束、8086 模式
OUT     21H, AL
MOV     AL, 0FFH   ; OCW1=屏蔽所有硬件中断，因为尚未初始化完不能有中断请求
OUT     21H, AL
```

【例 8-23】　IBM PC/AT 的中断管理系统。

分析：PC/AT 机在 PC/XT 的基础上扩展了 1 片 8259A，且一直沿用到 Pentium 系统。图 8-90 给出了 8259A 连接示意图。

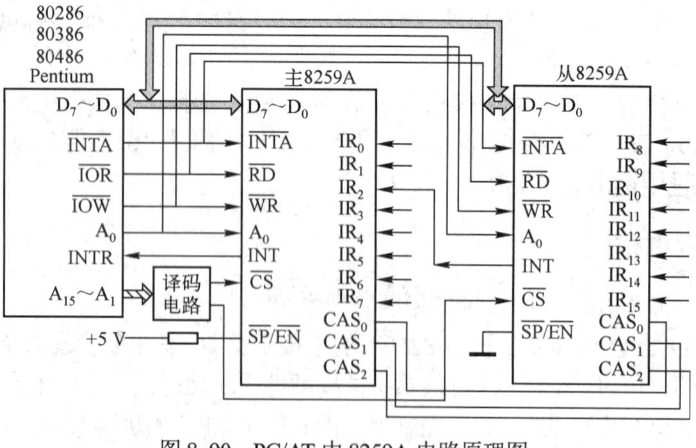

图 8-90　PC/AT 中 8259A 电路原理图

主片、从片与系统的连接线和 PC/XT 系统基本相同，只是未加缓冲器，从片的 INT 接至主片的 IR_2 上，两片的 CAS_0、CAS_1 和 CAS_2 对应连在一起。主片的 $\overline{SP}/\overline{EN}$ 接 V_{CC}，从片的 $\overline{SP}/\overline{EN}$

接 GND。主片分配的地址仍为 20H、21H，从片分配的地址为 0A0H、0A1H，其内部各寄存器的读写地址为：

主片写入：
- 20H：ICW_1、OCW_2、OCW_3
- 21H：ICW_2、ICW_3、ICW_4、OCW_1

主片读出操作：
- 20H：IRR、ISR、中断级编码
- 21H：中断屏蔽寄存器（IMR）

从片写入操作：
- A0H：ICW_1、OCW_2、OCW_3
- A1H：ICW_2、ICW_3、ICW_4、OCW_1

从片读出操作：
- A0H：IRR、ISR、中断级编码
- A1H：中断屏蔽寄存器（IMR）

初始化主 8259A 的程序段如下。

```
MOV     AL, 11H        ; ICW1：上升沿触发、多片、写 ICW4
OUT     20H, AL
MOV     AL,  8         ; ICW2：中断矢量（IR0～IR7 的中断类型码为 08H～0FH）
OUT     21H, AL
MOV     AL, 04H        ; ICW3：在 IR2 上接有从片
OUT     21H, AL
MOV     AL,  01H       ; ICW4：一般中断嵌套、不带缓冲、不自动结束、80x86 模式
OUT     21H, AL
```

初始化从 8259A 的程序段如下。

```
MOV     AL, 11H        ; ICW1：上升沿触发、多片、写 ICW4
OUT     0A0H, AL
MOV     AL,  70H       ; ICW2：中断向量（IR8～IR15 的中断类型码为 70H～77H）
OUT     0A1H, AL
MOV     AL,  02H       ; ICW3：接到主片的 IR2 上
OUT     0A1H, AL
MOV     AL,  01H       ; ICW4：一般中断嵌套、不带缓冲、不自动结束、80x86 模式
OUT     0A1H, AL
```

【例 8-24】 中断向量表的装入。

分析：要使中断过程成功实施还需编制相应的中断服务程序，且应事先将其服务程序入口地址即中断向量存入中断向量表的相应位置（4×中断类型码）。设中断类型码为 60H，中断向量标号为 INTPRO。下面将采用 3 种方法实现中断向量的装入。

（1）用 MOV 指令将中断向量装入向量表

```
PUSH    DS
XOR     AX，AX                  ; AX=0
MOV     DS，AX                  ; DS 指向 0000H 段
MOV     AX，OFFSET  INTPRO      ; 取中断服务程序入口地址的偏移量
MOV     [180H]，AX              ; 送入 0 段中 180H 处，其中 180H=4*60H
MOV     AX，SEG  INTPRO         ; 取中断服务程序入口地址的段基值
MOV     [182H]，AX              ; 送入 0 段中 182H 处，其中 182H=4*60H+2
POP     DS
```

（2）用串送存指令 STOSW 将中断向量装入向量表

```
CLI
SUB     AX，AX
MOV     ES，AX                  ; 段地址清零，设 ES 指向中断向量表
MOV     DI，4*60H               ; DI 指向中断向量在中断向量表中的位置
```

```
MOV     AX，OFFSET  INTPRO        ；取中断向量的偏移量
CLD                               ；设定指针增址方式
STOSW                             ；装入偏移量
MOV     AX，SEG  INTPRO           ；取中断向量的段基值
STOSW                             ；装入段基值
STI
```

（3）用DOS功能调用INT 21H（AH=25H）将中断向量装入向量表

```
PUSH    DS                        ；保护 DS
MOV     DX, OFFSET  INTPRO        ；DX=向量的偏移量
MOV     AX, SEG  INTPRO           ；AX=中断向量的段基值
MOV     DS, AX                    ；DS=向量的段基值
MOV     AH, 25H                   ；功能号=25H
MOV     AL, 60H                   ；AL=中断类型码
INT     21H
POP     DS
```

【例 8-25】 试读取 8259A 的各种工作状态，并存入 BUF 指明的内存单元中。

分析：8259A 可以用 IN 指令读中断屏蔽寄存器（IMR），从而获得中断屏蔽的状态。可以读中断请求寄存器（IRR），查看有哪几个中断源在申请中断。也可以通过读中断服务寄存器（ISR）来了解 CPU 挂起了哪些中断。还可以通过查询中断识别编码，实现查询方式的中断管理。IMR、IRR、ISR 和中断识别编码需要 4 个地址来区别。但是，8259A 只有 2 个口地址。解决的方法为 IMR 占用 1 个奇地址（A_0=1），IRR、ISR 和中断识别编码共同占用 1 个偶地址（A_0=0），而它们的区别是靠对 OCW_3 定义，也就是说读它们需要两步，首先应写入 OCW_3 指明将要读谁，再用 IN 指令进行读操作。下面编程实现读出 IMR、IRR、ISR 和中断识别编码，并存入内存中。设 8259A 口地址为 180H、181H。

```
；设置数据指针
MOV     AX,  SEG  BUF            ；取指针的段基值
MOV     DS,  AX
MOV     BX,  OFFSET  BUF         ；取指针的偏移量
；读 IMR，并保存
MOV     DX,  181H                ；设置奇地址
IN      AL,  DX                  ；取 IMR
MOV     [BX],  AL                ；存入内存
INC     BX                       ；指针增一
；读 IRR，并保存，口地址为 180H
MOV     DX,  180H                ；设置偶地址
；设置 OCW3，其中 D4D3=01 为特征位，区别于 ICW1 和 OCW2
MOV     AL,  0000 1010B          ；D1D0=10 为即将读取 IRR 的内容
OUT     DX,  AL
IN      AL,  DX                  ；取 IRR
MOV     [BX],  AL                ；存入内存
INC     BX                       ；指针增一
；读 ISR，并保存，口地址仍为 180H
MOV     AL,  0000 1011B          ；设置 OCW3，其中 D1D0=11 为即将读取 ISR 的内容
OUT     DX,  AL
IN      AL,  DX                  ；取 ISR
MOV     [BX],  AL                ；存入内存
INC     BX                       ；指针增一
；读中断识别编码，并保存，口地址仍为 180H
MOV     AL,  0000 1100B          ；设置 OCW3，其中 D2=1 为即将读取的中断识别编码
```

```
        OUT     DX, AL
        IN      AL, DX          ；取中断识别编码
        MOV     [BX], AL        ；存入内存
        INC     BX              ；指针增一
```

【例 8-26】 在 PC 上通过总线的 IR_2 产生中断请求，中断源采用 8253 定时输出脉冲。要求每来一个脉冲中断一次，中断 10 次后，程序退出，而每次主机响应外部中断 IR_2 时，屏幕上显示字符串“THIS IS AN 8259A INTERRUPT!”。

分析：PC 上的中断管理系统采用 1 片 8259A，图 8-91 为本例接口电路示意图。由于 PC 在启动时，BIOS 已经将 8259A 进行了初始化，为了不影响系统正常工作，本程序不再对 8259A 初始化。

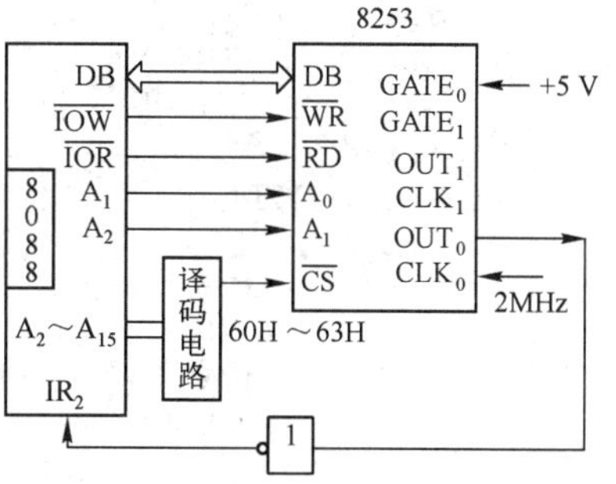

图 8-91　例 8-25 电路示意图

BIOS 在初始化时将 8259A 的中断矢量寄存器的前 5 位设定为 00001，因此，IR_2 的中断号应为 0AH。而其他 7 个中断系统已使用了，故在编程中要注意系统中已使用的中断请求号，只需将 IMR 寄存器中对应 IR_2 的位清零，允许 IR_2 中断即可，而其他位状态不变。

图 8-92 和图 8-93 给出了主程序和服务程序的编程流程图。

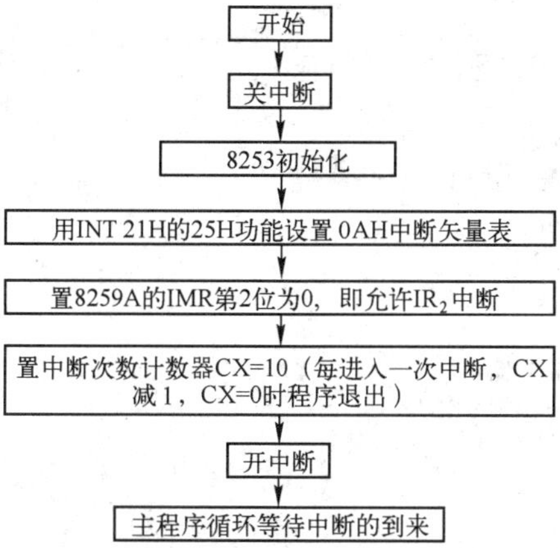

图 8-92　例 8-24 主程序流程图

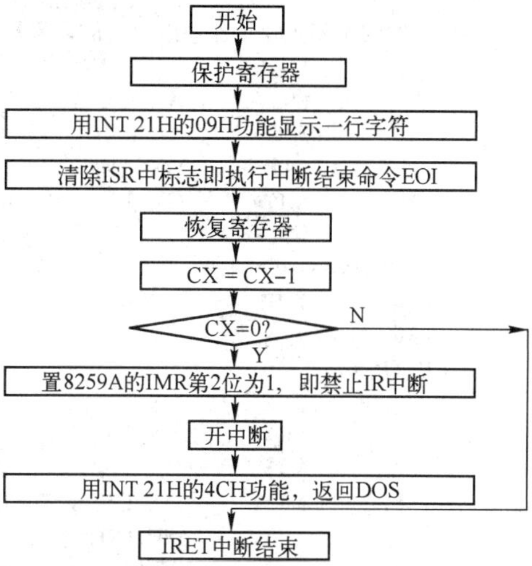

图 8-93　例 8-24 服务程序流程图

PC 内 8259A 初始化为正常结束方式，因此，当中断服务结束时，必须要使用中断结束命令清除中断服务寄存器（ISR）中的对应位，以便下次还能再中断。

在程序退出时，要关闭 IR_2 中断，即给 IMR 中相应位置“1”，禁止 IR_2 再中断。

8253 定时，每 20ms 发一个脉冲，同时向 CPU 发中断。CPU 每接收到一次定时中断，显示一次提示信息，当接收 10 次中断后程序退出。

参考程序如下。

```
        INTA0   EQU         20H         ；PC/XT 系统中 8259A 偶地址
        INTA1   EQU         21H         ；PC/XT 系统中 8259A 奇地址
        DATA    SEGMENT
```

```
TAB      DB           'THIS   IS   AN   8259A   INTERRUPT!'
         DB           0AH, 0DH, '$'
DATA     ENDS
STA      SEGMENT      STACK
         DW   10      DUP(0)
STA      ENDS
CODE     SEGMENT
         ASSUME       CS:CODE，DS:DATA，SS:STA
；主程序：
START：  CLI                        ；关中断，IF=0
；8253 初始化
         MOV     AL，34H            ；设 8253 为计数器 0 工作、方式 2、二进制计数
         OUT     63H，AL
         MOV     AX，40000          ；N=20ms/0.5 μs=40000
         OUT     60H，AL
         MOV     AL， AH
         OUT     60H，AL
；装入中断向量
         MOV     AX, CS             ；设置 DS 指向代码段
         MOV     DS, AX
         LEA     DX, INTPRO         ；取服务程序入口偏移量
         MOV     AX, 250AH          ；类型码=0AH，功能号=25H
         INT     21H                ；写入中断向量表
；开 8259A 设备请求中断
；开 CPU 中断响应，允许 CPU 响应中断请求
；8259A 初始化工作系统已完成，只需允许 IR2 中断，不要影响其他状态
         MOV     DX, INTA1          ；口地址为奇地址
         IN      AL, DX             ；读 IMR
         AND     AL, 0FBH           ；只开放 IR2 屏蔽位，不影响其他设备状态
         OUT     DX, AL
         MOV     CX, 10             ；设置中断次数
         STI                        ；开 CPU 中断，IF=1
；循环等待中断到来
LOP1:    JMP     LOP1
；中断服务程序
INTPRO:
         PUSH    CX                 ；保护计数寄存器
         MOV     AX,  DATA          ；显示发生中断提示信息
         MOV     DS,  AX
         MOV     DX, OFFSET  TAB
         MOV     AH, 09H            ；送显示
         INT     21H
         POP     CX                 ；恢复计数寄存器
；发本次中断结束命令 EOI
         MOV     DX, INTA0          ；口地址为偶地址
         MOV     AL, 20H            ；送 EOI 命令
         OUT     DX, AL
         DEC     CX                 ；中断次数减一
         JNZ     LOP2               ；不到 10 次返回
         MOV     DX, INTA1          ；到 10 次则屏蔽 IR2
         IN      AL, DX             ；取 IMR
         OR      AL, 04H            ；将 IR2 对应位置 1
         OUT     DX, AL
         STI                        ；开 CPU 中断，IF=1
         MOV     AH, 4CH            ；结束程序
```

```
        INT     21H
LOP2:   IRET                    ；返回主程序，等待下次中断
CODE    ENDS
        END     START
```

8.5 DMA 控制器 8237A

计算机系统中，内存与外存或内存与外设之间常需要大量数据传输，但 CPU 控制总线实现数据传输速度很慢，因为每传输一个字节都必须先取入 CPU，再送到目的地（如图 6-8 所示）。而采用直接存储器存取（Direct Memrory Access，DMA）传输，可实现绕过 CPU 直接在存储器与外设之间进行数据传输（如图 6-9 所示），从而可以尽可能快地传输数据。如存储器与外设之间传输一个字节，CPU 控制传输需要 37 个时钟周期，而 DMA 控制器控制传输只需要 4 个时钟周期。

本节主要介绍在 PC 中采用的 DMA 控制器 Intel 8237A。

8.5.1 8237A 的功能及引脚特性

8237A 为 40 引脚双列直插式接口芯片，它既受 CPU 控制（此时 8237A 在系统中为从模块），又能控制三总线实现 M 与 I/O 接口之间的直接数据传输（此时 8237A 在系统中为主模块）。

1. 8237A 的功能

DMA 控制器具有 4 个可编程独立通道，每个通道可以控制外设与存储器之间进行多达 64KB 的数据块传输，在 5MHz 工作频率下传输速度可高达 1.6MB/s。

Intel 8237A 的每个通道具有 4 种工作方式：单字节传输方式、数据块传输方式、请求传送方式和级联方式。

Intel 8237A 每个通道的 DMA 请求可以通过编程设置为允许或禁止，每个通道具有不同的优先级，且可设置为优先级固定或优先级循环。

2. 8237A 的引脚定义

8237A的引脚定义如图8-94所示。各引脚的特性如下。

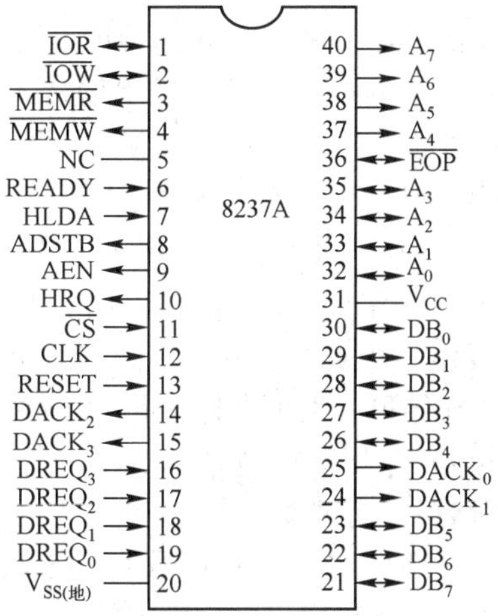

图 8-94 8237A 引脚定义

$DREQ_0$～$DREQ_3$：外设发来的DMA请求输入线，其有效电平由编程设置。当外设需要DMA传输时，会通过接口向8237A的DREQ发出有效的请求信号，且该信号一直保持有效，直到收到8237A发出DACK应答信号后撤销。8237A的4个通道分别有一条DMA请求线对应着$DREQ_0$～$DREQ_3$，在优先级固定的方式下，$DREQ_0$优先级最高，$DREQ_3$优先级最低。

$DACK_0$～$DACK_3$：8237A的4个通道分别有一条DMA应答信号线对应$DACK_0$～$DACK_3$，其有效电平由编程设置。当8237A获得CPU发来的总线响应应答信号HLDA后，发出DACK应答信号通知相应的外设。

$\overline{CS}$：片选输入线，低电平有效。当 CPU 对 8237A 进行访问（如 CPU 对 8237A 进行初始化设置）时有效。此时，8237A 在系统中为从模块，相当于一个 I/O 接口芯片。而当 8237A 作为主模块来控制 DMA 传输时无效。

CLK：时钟输入线，用来控制 8237A 内部操作定时和 DMA 传输速率。

RESET：复位输入线，高电平有效。当其有效时，芯片被复位，使屏蔽触发器置1，其余寄存器均清零。

HRQ：总线请求线，输出，高电平有效。当 8237A 接收到外设通过任意一个 DREQ 发来的 DMA 请求后，如果此时相应通道的屏蔽位为 0，则 8237A 会使 HRQ 有效，由此向 CPU 发出总线请求信号。

HLDA：总线响应信号，输入，高电平有效。当 CPU 收到 8237A 发出的总线请求信号（即 HEQ 有效），至少过一个时钟周期后，CPU 会发出总线响应信号，同时让出总线控制权，将总线控制权转交给 8237A。

$\overline{MEMR}$：存储器读信号线，单向三态输出，低电平有效。仅在 DMA 传输时有效，用于控制读存储器操作。

$\overline{MEMW}$：存储器写信号线，单向三态输出，低电平有效。仅在 DMA 传输时有效，用于控制对存储器单元写操作。

$\overline{IOR}$：I/O 读信号线，双向三态，低电平有效。在 CPU 控制总线时，为输入线，用于 CPU 控制读取 8237A 内部寄存器。在 8237A 控制总线时，为输出线，用于与 $\overline{MEMW}$ 共同控制从 I/O 接口读出数据传输到存储器中。

$\overline{IOW}$：I/O 写信号线，双向三态，低电平有效。在 CPU 控制总线时，为输入线，用于 CPU 控制为 8237A 内部寄存器进行编程。在 8237A 控制总线时，为输出线，用于与 $\overline{MEMR}$ 共同控制从存储器读出数据传输到 I/O 接口中。

ADSTB：地址选通输出线，高电平有效。在此信号有效时，8237A 的 16 位当前地址寄存器中的高 8 位地址经数据总线 $DB_7 \sim DB_0$ 输出，与 8237A 直接提供的低 8 位地址线 $A_7 \sim A_0$ 共同构成存储单元的 16 位偏移地址。在系统设计时，可用 ADSTB 锁存 8237A 发出的高 8 位地址。

AEN：地址允许输出信号，高电平有效。在系统设计时，在8237A的数据线上设置一个地址锁存器，用ADSTB来锁存高8位地址，用AEN来允许高8位地址输出到 $A_{15} \sim A_8$，同时AEN使与CPU连接的地址锁存器无效。当AEN为低电平时，8237A被禁止，此时CPU占用地址总线。

$\overline{EOP}$：DMA 传输结束命令，双向，低电平有效。其有效时，使内部寄存器复位。当 8237A 任一通道中的计数结束时，将从 $\overline{EOP}$ 输出有效的低电平，表示 DMA 传输结束。也可由外设向 8237A 送 $\overline{EOP}$ 低电平有效信号，强制结束 DMA 传输过程。

$DB_7 \sim DB_0$：8 位双向三态数据线。当 8237A 在系统中作为从模块时，通过 $DB_7 \sim DB_0$ 可对 8237A 内部寄存器编程或读取内部寄存器的状态。当 8237A 在系统中作为主模块时，可以通过 $DB_7 \sim DB_0$ 输出高 8 位地址信号。

$A_3 \sim A_0$：4 位双向三态地址线。当 8237A 在系统中作为从模块时，可

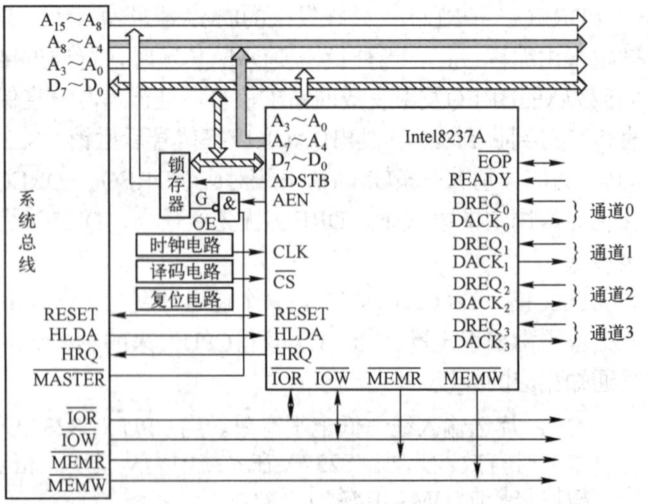

图 8-95　8237A 与系统信号连接

以通过 A_3～A_0 对 8237A 内部寄存器进行寻址。当 8237A 在系统中作为主模块时，可以通过 A_3～A_0 输出低 4 位地址信号。

A_7～A_4：4 位单向三态地址线，输出。当 8237A 在系统中作为主模块时，输出低 8 位地址中的高 4 位地址信号 A_7～A_4。

除此之外，还有电源线 V_{CC}，地线 GND 和空闲线 NC。图 8-95 给出了 8237A 与系统总线（ISA 或 AT 总线）连接示意图。

8.5.2　8237A 内部寄存器及读写操作

8237A 内部每个通道都包含有 1 个 16 位基地址寄存器、1 个 16 位当前地址寄存器、1 个 16 位字节数寄存器、1 个 16 位当前字节数寄存器、1 个 16 位工作模式寄存器。

除此之外，8237A 还有 4 通道公用的寄存器：1 个 8 位命令寄存器、1 个 4 位屏蔽寄存器、1 个 4 位屏蔽标志寄存器、1 个 4 位请求寄存器、1 个 8 位状态寄存器、1 个 8 位暂存寄存器以及 1 个 16 位用户不能访问的地址暂存器。

8237A 只有 4 条寻址地址 A_3～A_0，可以产生 16 个地址，用来寻址 26 个寄存器或控制字。表 8-9 给出了 PC/XT 系统中 8237A 读写操作表。其中写入通道地址寄存器，将同时写基地址寄存器和当前地址寄存器。状态寄存器和命令寄存器共用一个地址，前者进行读操作，后者为写操作有效。对于暂存寄存器在读操作时获得暂存状态，在写操作时是将清除命令写入。

表 8-9　PC/XT 机中 8237A 的读写操作表

A_3	A_2	A_1	A_0	DMAC1 地址	读操作 $\overline{IOR}$	写　操　作
0	0	0	0	00H	通道 0 当前地址寄存器	通道 0 地址寄存器
0	0	0	1	01H	通道 0 当前字节数寄存器	通道 0 字节数寄存器
0	0	1	0	02H	通道 1 当前地址寄存器	通道 1 地址寄存器
0	0	1	1	03H	通道 1 当前字节数寄存器	通道 1 字节数寄存器
0	1	0	0	04H	通道 2 当前地址寄存器	通道 2 地址寄存器
0	1	0	1	05H	通道 2 当前字节数寄存器	通道 2 字节数寄存器
0	1	1	0	06H	通道 3 当前地址寄存器	通道 3 地址寄存器
0	1	1	1	07H	通道 3 当前字节数寄存器	通道 3 字节数寄存器
1	0	0	0	08H	状态寄存器	命令寄存器
1	0	0	1	09H		请求寄存器
1	0	1	0	0AH		单一屏蔽寄存器
1	0	1	1	0BH		工作模式寄存器
1	1	0	0	0CH		清先/后触发器命令
1	1	0	1	0DH	暂存寄存器	总清除（软复位）命令
1	1	1	0	0EH		清屏蔽标志寄存器命令
1	1	1	1	0FH		屏蔽标志寄存器

下面介绍各寄存器的功能和操作。

1）基地址寄存器：为 16 位寄存器，用于存放本通道 DMA 传输的地址初始值。在初始化时，CPU 需要分两次写入，但不能读出，也不能改变。

2）当前地址寄存器：为 16 位可读写寄存器，用于保存 DMA 传送过程中的当前地址值，在基地址寄存器初始化时一同将地址的初值写入。DMA 每传送 1 字节后，当前地址寄存器内容自动增 1 或减 1，当计到 0 时根据基址地址寄存器的内容自动回到初值。

3）基字节数寄存器：为 16 位寄存器，用于存放本通道 DMA 传输字节数的初始值，而且其字节数要比实际传输字节数少 1。同样，在初始化时，CPU 需要分两次写入，但不能读出，也不改变。

4）当前字节数寄存器：为 16 位可读写寄存器，用于保存 DMA 传送过程中的当前传输字节的计数值，在基字节数寄存器初始化时一同将 DMA 传输的字节数初值写入。DMA 每传送 1 字节后，当前字节寄存器内容自动减 1，当由 0 减到 0FFFFH 时，产生 $\overline{EOP}$ 信号，表示 DMA 传输结束。

5）工作模式寄存器：为 6 位只写寄存器。其状态决定了本通道的工作方式、地址为增 1 还是减 1、是否允许自动初始化（即自动重置）以及设置数据传输类型（读传送、写传送、校验传送）等，而且 4 个通道的工作模式寄存器均通过对同一个 8 位模式字的设置进行置入，靠模式字的低两位的状态来区分对哪一个通道设置。8 位模式字的格式如图 8-96 所示。自动重置是指每当 $\overline{EOP}$ 产生时，都会将基地址寄存器和基字节数寄存器内容装入当前地址寄存器和当前字节数寄存器中。地址加（减）1 指的是每当传输 1 个字节，当前地址寄存器内容加 1 或减 1。

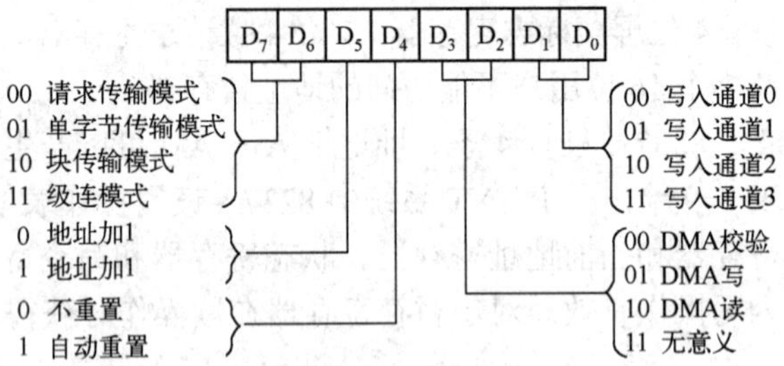

图 8-96　8237A 工作模式字格式

6）命令寄存器：为 4 通道共用的 8 位只写寄存器。用于选择 8237A 的操作过程，可用复位信号或清除命令清零。8237A 格式如图 8-97 所示。

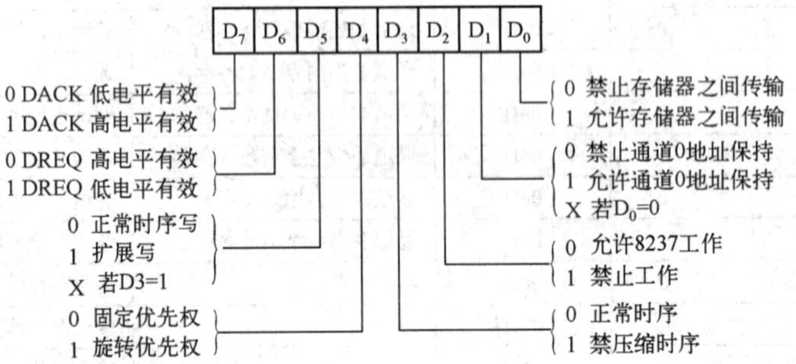

图 8-97　8237A 命令字格式

7）屏蔽寄存器：为 4 通道共用的 8 位只写寄存器，有两种：单一屏蔽寄存器和屏蔽标志寄存器，其寻址地址不同。图 8-98 为单一屏蔽寄存器格式，图 8-99 为屏蔽标志寄存器格式。

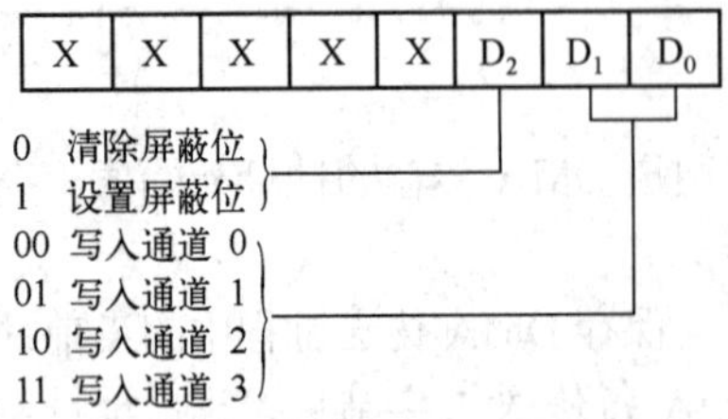

图 8-98　8237A 单一屏蔽寄存器

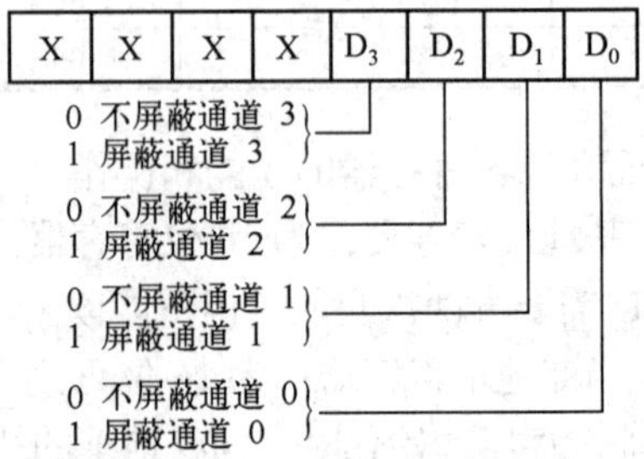

图 8-99　8237A 屏蔽标志寄存器格式

单一屏蔽寄存器每次只能屏蔽某一个通道，而屏蔽标志寄存器可同时对 4 个通道分别设置为屏蔽或允许。所谓屏蔽即为禁止 DMA 申请，写 1 为屏蔽，写 0 为允许。

8）请求寄存器： 每一个通道都设有一位请求位，可对请求寄存器编程置 1 或清零。对请求位置 1 等效于外部产生了一个 DREQ 请求信号，其不受屏蔽寄存器控制，但只能用于块传送方式。当存储器到存储器传送时，只能用通道 0 的软件请求启动。在通道的 DMA 传输结束或芯片复位时，清除整个请求寄存器。请求寄存器的格式如图 8-100 所示。

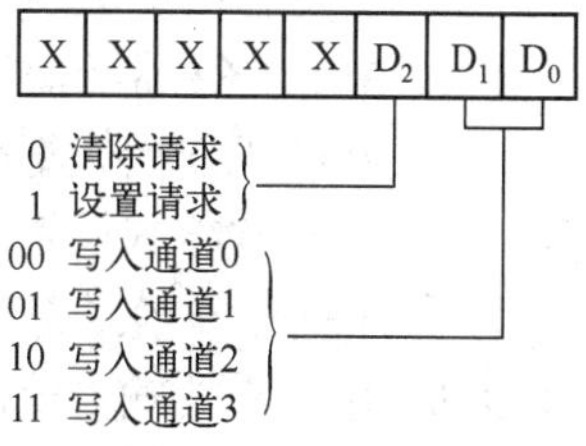

图 8-100　8237A 请求寄存器

9）状态寄存器：在没有进入 DMA 期间，CPU 可以通过读状态寄存器来查询 8237A 当前的工作状态，是在 DMA 请求中还是在 DMA 传输中。当 $\overline{EOP}$ 有效时会使相应位置位。状态寄存器格式如图 8-101 所示。

10）暂存寄存器：用于暂存存储器对存储器传输时源地址读出的数据。

除了以上寄存器可操作外还有 3 个软命令字，这些软命令字均有各自的特定地址。

11）总清除命令（软件复位命令）：其功能与硬件 RESET 复位信号相同，执行复位命令后，使 8237A 的屏蔽触发器置 1，其余寄存器均清零。

12）清除先/后触发器命令：用来控制 DMA 通道中地址寄存器和字节数寄存器的初值设置。在设置地址寄存器和字节数寄存器的初值时，应首先对先/后触发器清零，CPU 再送第 1 个字节到地址寄存器和字节数寄存器时，将被认为是初值的低 8 位，然后先/后触发器会自动置 1，在 CPU 送第 2 个字节到地址寄存器和字节数寄存器时，会认为是初值的高 8 位。

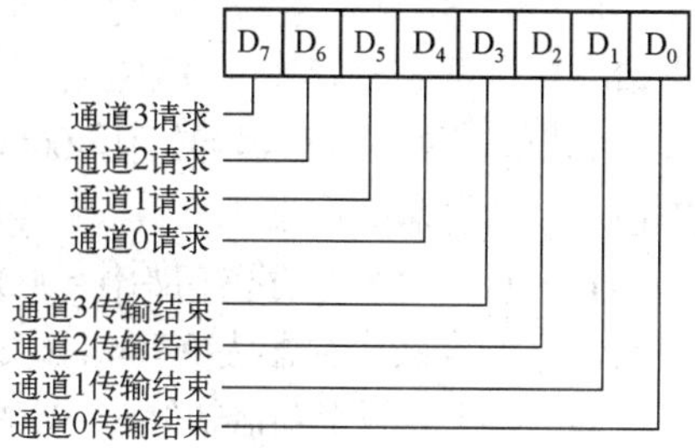

图 8-101　8237A 状态寄存器

13）清屏蔽标志寄存器命令：这个命令使屏蔽标志寄存器的低 4 位都清零，也就是使 4 个通道都被允许 DMA 请求。

8.5.3　8237A 初始化编程

8237A 的编程操作包括初始化编程、查询工作状态和控制工作状态。初始化编程的作用是设置通道的操作类型、DMA 传输方式及设置地址和字节数初值。需要注意几点：

1）在初始化开始时，应先通过命令寄存器送禁止 8237A 工作的命令，以防止初始化过程中被打扰。

2）对所有通道的工作模式寄存器都要设置。一般对不使用的通道送 40H～43H 中对应值，表示按单字节方式进行 DMA 校验操作。

3）如果存储器为分页管理，在初始化时还应对页面地址寄存器初始化。

4）系统上电期间，应对 DMAC 进行检测，只有所有通道的 16 位寄存器进行读/写操作值相等，才可认定 DMAC 正确可使用。

8.5.4　8237A 应用举例

【例 8-27】　IBM PC 中 8237A 的应用。

分析：在 80x86 系统中，由外部原因打断 CPU 正常工作有 3 种情况：DMA 请求、非屏蔽中断请求和可非屏蔽中断请求。其中，DMA 请求的优先级最高。而在 8237A 中 $DREQ_0$ 具有最高的优先级，所以 IBM PC 中把刷新 DRAM 的任务交给了 8237A 的通道 0。通道 2 和通道 3 分别用来进行软盘驱动器、硬盘驱动器和内存之间的数据传输。通道 1 提供给用户扩展功能使用，比如进行网络通信或高速数据传输等。

在系统上电后，BIOS 首先对 8237A 进行初始化，8237A 的各寄存器设置如下。

1）地址寄存器初值为 0000H，可以利用上电默认值，因此不用对其初始化。

2）字节数寄存器初值为 64K−1=0FFFFH，将送到 01H 端口中。

3）CH0 的工作模式寄存器=0101 1000B=58H，即设置为通道 0、读传输、自动重复、地址增 1，单字节传输方式。工作模式字送到 0BH 端口。

4）CH1 的工作模式寄存器=0100 0001B=41H，即设置为通道 1、校验传送、禁止自动重复、地址加 1、单字节传输方式。工作模式字送到 0BH 端口。

5）CH2 的工作模式寄存器=42H，同 CH1。

6）CH3 的工作模式寄存器=43H，同 CH1。

7）命令寄存器=0000 0000B=00H，即设置为禁用 M 到 M 传输、启动 DMA 控制器、正常计数、固定优先级、延迟写入、DREQ 为高电平有效、DACK 为低电平有效。命令寄存器为 08H 端口。

8）单一屏蔽寄存器初始化=0000 0000B=00H，即设置为允许通道 0 的 $DREQ_0$ 发来 DMA 申请。单一屏蔽寄存器为 0AH 端口。

9）单一屏蔽寄存器初始化=0000 0001B=01H，即设置为允许通道 1 的 $DREQ_1$ 发来 DMA 申请。单一屏蔽寄存器为 0AH 端口。

10）单一屏蔽寄存器初始化=0000 0010B=02H，即设置为允许通道 2 的 $DREQ_2$ 发来 DMA 申请。单一屏蔽寄存器为 0AH 端口。

11）单一屏蔽寄存器初始化=0000 0011B=03H，即设置为允许通道 3 的 $DREQ_3$ 发来 DMA 申请。单一屏蔽寄存器为 0AH 端口。

初始化程序段如下。

```
……
DMA08   EQU   08
DMA     EQU   00
……
        MOV     AL, 04
        OUT     DMA+8
; ………………………………………………………………………………
        MOV     AL, 00H
        OUT     DMA+0DH, AL       ; 发总清除（即软复位）命令字
; ………………………………………………………………………………
        MOV     DX, DMA+1         ; 设置通道 0 字节数寄存器端口
        MOV     CX, 4             ; 设置循环次数=4
        MOV     AL, 0FFH          ; 将字节数初值0FFFFH送到端口为01H的字节数寄存器中，
LP1:    OUT     DX, A L           ; 分两次送出
        OUT     DX, A L
        INC     DX
        INC     DX
        LOOP    LP1
; ………………………………………………………………………………
        MOV     DL, DMA+0BH       ; 设置工作模式口地址
        MOV     AL, 58H           ; 设置工作模式字为 58H
        OUT     DX, AL            ; 送通道 0 的工作模式字
        MOV     AL, 41H
```

```
        OUT     DX, AL              ; 送通道 1 的工作模式字
        MOV     AL, 42H
        OUT     DX, AL              ; 送通道 2 的工作模式字
        MOV     AL, 43H
        OUT     DX, AL              ; 送通道 3 的工作模式字
; ……………………………………………………………………………………
        MOV     AL, 00              ; 设置命令字为 0
        OUT     DMA+8, AL           ; 送命令字
; ……………………………………………………………………………………
        MOV     DX, DMA+10          ; 设置单一屏蔽寄存器口地址
        OUT     DX, AL              ; 送通道 0 屏蔽字
        MOV     AL, 01              ; 设置允许通道 1 DMA 请求
        OUT     DX, AL              ; 送通道 0 屏蔽字
        MOV     AL, 02              ; 设置允许通道 2 DMA 请求
        OUT     DX, AL              ; 送通道 0 屏蔽字
        MOV     AL, 03              ; 设置允许通道 3 DMA 请求
        OUT     DX, AL              ; 送通道 0 屏蔽字
……
```

下面程序段为对通道1～3的地址寄存器进行测试。

```
        MOV     DX, DAM+2           ; 设置通道 1 的地址寄存器端口地址
        MOV     CX, 3
LP2: IN         AL, DX
        MOV     AH, AL
        IN      AL, DX
        CMP     AX, 0FFFFH          ; 读 16 位地址寄存器的值与初值 0FFFFH 比较
        JNZ     HHH                 ; 不相等，则必定出错，转去 HHH
        INC     DX
        INC     DX                  ; 口地址指向下一个通道
        LOOP    LP2
HHH:   HLT                          ; 若出错，则停机等待
```

8.6 习题与思考

1．8253/8254 有几个计数通道？各是多少位？每个通道有哪些信号线？各信号的作用是什么？

2．8253/8254 启动计数方式有哪几种？如何实现？

3．将 8253 中的计数通道 0 和计数通道 1 串接，CLK_0 接 500kHz 时钟脉冲，若均采用方式 2 的十进制数计数，问 OUT_1 输出信号的最大周期是多少？

4．若 8253 计数时钟为 0.5MHz，则一个计数器最长可定时为多少？一片 8253 最长可定时为多少？

5．试为 8253 编写初始化程序，使之实现：将 8253 计数器 0 设置为模式 1，计数初值为 1234H；计数器 1 设置为模式 2，计数初值为 5678H；计数器 2 设置为模式 4，计数初值为 9ABCH。设口地址为 180H～183H。

6．设 8254 的口地址为 0C8H～0CBH，计数脉冲周期为 5MHz，试说明下述程序段的作用。

```
        MOV     AL,  35H
        OUT     0CBH,  AL
        MOV     AL,  00H
```

```
        OUT     0C8H, AL
        MOV     AL, 50H
        OUT     0C8H, AL
        MOV     CX, 100
LP:     NOP
        LOOP    LP
        MOV     AL, 05H
        OUT     0CBH, AL
        IN      AL, 0C8H
        MOV     AH, AL
        IN      AL, 0C8H
        XCHG    AL, AH
```

7．试设计初始化程序使 8253 输出周期为 20ms 的方波。设系统时钟为 50kHz，口地址为 E0H～E7H。

8．试设计一个用 8253 实现定时的接口电路，要求每 10min 产生一个定时中断信号。设 CPU 为 8088 最小工作模式，系统提供 0.5MHz 时钟，口地址为 48H～4FH。

9．试用 PC 系统中的 8254 组成一个时钟系统。0 通道作为秒计数器，1 通道作为分计数器，2 通道作为时计数器。试画出硬件接口电路并编写程序。设系统频率已被分频为 1kHz，口地址为 190H～193H。若希望在屏幕上显示该时钟，应如何编程？

10．在某 8088 最小系统中用 8253A、ADC 0809、74LS138 等芯片扩展一个查询方式的数据采集接口。要求：采样时间为 100ms（系统中提供 1MHz 时钟），8253 口地址为 80H～83H，ADC 0809 口地址为 84H～87H。试画出电路原理图并编写初始化程序。

11．何谓并口？何谓串口？它们各自的特点是什么？

12．8255A 中有几个端口？各有几种工作方式？哪些工作方式有中断申请功能？

13．8255A 工作在方式 1 输入状态下，可以通过信号________知道外设的输入数据已准备好。

（1）READY　（2）ACK　（3）OBF　（4）$\overline{STB}$

14．当并行接口芯片 8255A 的 A 口被设定为方式 2 时，下列哪种说法正确？

（1）其端口仅能作输入口使用。

（2）其端口仅能作输出口使用。

（3）其端口既能作输入口使用，也能作输出口使用。

（4）其端口仅能作不带控制信号的输入口或输出口使用。

15．试编写 8255A 的初始化程序满足（设 8255A 的口地址为 0D8H～0DFH，CPU 为 8086）：

（1）A 口、B 口、C 口均工作在方式 0 输出方式。

（2）A 口方式 0 输出方式、B 口方式 1 输入方式且禁止中断、C 口其余位为输入方式。

（3）A 口方式 0 输出方式、B 口方式 0 输入、PC_7PC_6=11，C 口其余位为输入方式。

16．试对 8255A 编写初始化程序段。要求端口 B 工作在方式 1 输出方式，允许中断；端口 A 工作在方式 0 输入方式；端口 C 的低 3 位配合端口 B 工作，高 4 位为输入 I/O 线。8255A 的口地址为 3D8H～3DFH，CPU 为 8086。

17．试对 8255A 编写程序，使 B 口和 C 口均工作在方式 0 输出方式，并使 PB_4 和 PC_4 输出低电平，而其他位的状态不变。设 8255A 的口地址为 40H～43H。

18．图 8-102 为用 8255A 实现开关控制 LED 灯亮灭的接口电路。

（1）请问 8255A 的口地址是多少？

（2）试编写程序实现题述功能，并能在所有开关打开时系统退出。

19．如图 8-103 所示，用 8255A 控制一位数码管，8253 实现定时。试编写程序实现在数码管上滚动显示数字 0～7，切换频率为 1s。提示：在内存中建立数码管显示字形码表，可以令 8253 工作在方式 2，通过查询定时，到时即送显示。

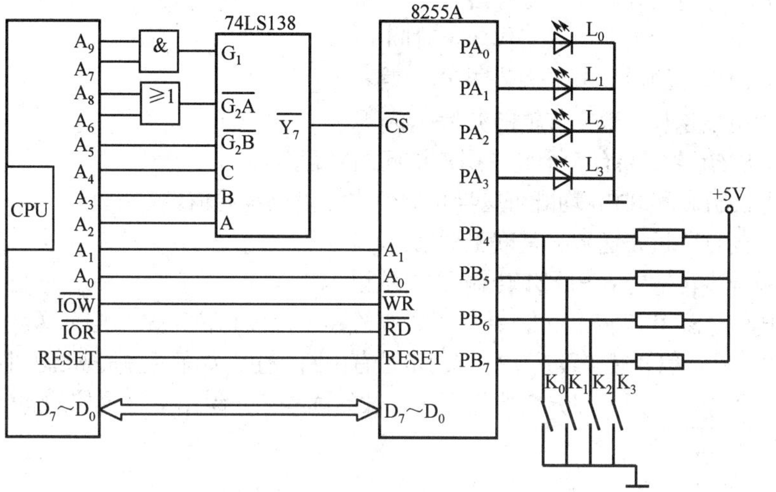

图 8-102　习题 18 电路原理图

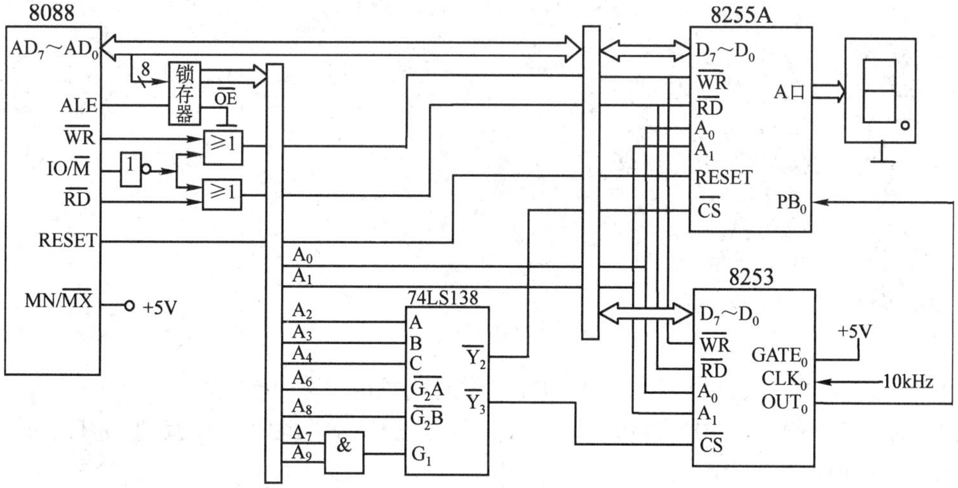

图 8-103　习题 19 电路原理图

20．假设习题 18 中 PA 口通过反向器后接至 1 位共阴极七段数码管的字型端，数码管的公共端接地。试问如何编程实现读入开关状态，并在数码管上显示相应的字符？如输入为 1010B，则数码管上显示“A”。

21．串行数据传输的方法有两种，它们是_____和_____。

22．在异步传输中一帧位包含_____、_____、_____和_____四种信息。

23．设异步传输时，每个字符对应 1 个起始位、7 个信息位、1 个奇/偶校验位和 1 个停止位，如果波特率为 1200，则每秒钟能传输的最大字符数为多少个？若每分钟传输 600 个字符，则传输波特率为多少？

24．设将 100 个 8 位二进制数据采用异步串行传输，波特率为 9600。其帧格式为 1 位起始位、8 位数据位、1 位偶校验位、1 位停止位。试计算传输完毕至少需要的时间。

25．判断正误。

（1）TTL 电平的数字脉冲可以直接通过电话线传输，而不必进行调制。

（2）串行通信只需要一根导线。

（3）半双工就是串口只工作一半时间。

（4）RS232 的信号电平规范同 TTL 兼容。

（5）电缆越长，数据传输的波特率越高。

（6）8250 内部共有 8 个允许用户访问的寄存器。

（7）8251A 和 8250 均既可以异步通信也可以同步通信。

（8）向打印机发送数据是双工通信。

26．解释异步传输方式和同步传输方式的区别。

27．设传输 ASCII 字符“D”，并使用奇校验和 1 位停止位，试画出发送波形。

28．8250芯片能管理哪4级？如何识别是否有中断产生？如何识别是哪级中断发出的请求？

29．以下程序为 8250 部分初始化程序，试阅读程序，说出串行通信的通信格式及通信波特率是多少？

```
MOV    DX，3FBH
MOV    AL，80H
OUT    DX，AL
MOV    DX，3F8H
MOV    AL，0CH
OUT    DX，AL
MOV    DX，3F9H
MOV    AL，00H
OUT    DX，AL
MOV    DX，3FBH
MOV    AL，0BH
OUT    DX，AL
```

30．若 8250 的方式控制字为 01111011B，试说明发送字符的格式。

31．如果 A_7～A_1=1110101B 激活 8251A 的片选信号 $\overline{CS}$，此时 $C/\overline{D}$ 接到 A_0 上，试问分配给 8251A 的口地址为多少？

32．如果 8251A 的波特率因子选择 16，要获得 4800 的波特率，接在 RxC 和 TxC 上的时钟频率应为多少？

33．试编写 8251A 的初始化程序。设口地址为 80H 和 81H，全双工、无调制解调器、传输过程中出错不复位。

（1）异步方式、8 位数据、奇校验、1 位停止位、收/发时钟及传输波特率均为 1200。

（2）同步通信、7 位数据、双同步字符分别为 32H 和 88H、内检测方式、无校验。

34．在一系统中，用 8251A 实现串行数据传输。其数据通信格式为：异步通信，7 位数据位，1.5 位停止位，奇校验，波特率因子为 16，波特率为 100bit/s。用 8253 作为 8251A 的 TxC 时钟发生器，8253 工作在方式 3，输入时钟为 64kHz。试写出 8251A 和 8253 的初始化程序。若 8088 CPU 经 8251A 把存放在 1000:3000H 的 100 个字符发送出去，将如何编写程序。设 8253

的地址为 84H、85H、86H、87H。8251A 的地址为 90H、91H。

35. 简述中断控制器 8259A 的功能。

36. 8259A 有几个初始化命令字？几个工作命令字？在初始化程序中至少要写入几个命令字？

37. 8259A 在什么情况下使用 OCW_2？8259A 在什么情况下使用 OCW_3？

38. 8259A 中 ICW_1、OCW_2、OCW_3 中共享同一个地址，如何区分它们？

39. 如何将 IF 置成高电平？IF=1 的作用是什么？

40. 下列程序段为 8259A 初始化程序，试分析 8259A 的工作状态。

```
CLI
MOV     AL, 13H
OUT     42H, AL
MOV     AL, 13H
OUT     43H, AL
MOV     AL, 13H
OUT     43H, AL
```

41. 编写程序实现查询 8259A 的 IRR 状态，如果有中断请求则使 BX=0FFH，如果无中断请求则使 BX=00H。设 8259A 的口地址为 20H 和 21H。

42. 8088 系统中有一片 8259A，其占用地址为 8FF0H~8FF1H，采用非缓冲，一般嵌套，高电平触发，普通中断结束，中断类型号为 80H~87H，禁止 IR_3、IR_4 中断，试写出 8259A 的初始化程序段。若在中断服务程序中发出中断结束命令，用指令如何实现，这一中断结束命令的作用是什么？

43. 若 8086 系统采用单片 8259A，中断类型码为 48H～4FH，若某中断源的中断请求线接至 8259A 的 IR_2 上，试问：该中断源相应的中断向量在中断向量表中的位置是多少？若其中断向量 1234H:5678H，则该中断向量在中断向量表中是如何摆放的？

44. 某系统有一事故中断源，编写中断服务程序实现当事故发生（即有中断请求）时，通过例 8-3 电路，以 500Hz 的频率使蜂鸣器发声报警，发出 10 次后，停止并返回。

45. 简述 DMA 控制器 8237A 的功能。

46. DMAC 要获得总线控制权，需要通过_________（INTR、NMI、HOLD）信号通知 CPU 让出总线控制权。

47. HLDA 是 80x86 CPU 的_________（输入、输出）信号。

48. 8237A 有多少地址用于选择内部寄存器？

49. 8237A 只有 8 条地址线，如何提供 16 位地址？

50. 8237A 何时作为主模块工作？何时作为从模块工作？不同工作状态下 $\overline{IOR}$ 和 $\overline{IOW}$ 的作用是什么？

51. 简述 DMA 传输单字节的全过程。

52. 8237A 是 8 位芯片，为什么能完成 16 位数据传送？为什么 8237A 地址线是双向的？

53. 8237A 有多少种寄存器？试说明它们所具有的功能。

54. 8237A 有几种工作模式？

55. 如果在 PC 系统中，8237A 的工作状态为：数据块传输、使用压缩时序、滞后写入、固定优先级、允许 DMA 传输、DREQ 和 DACK 信号均为高电平有效，试编写 8237A 初始化程序。

附　录

附录 A　7 位 ASCII 码编码表

ASCII 值	字符	ASCII 值	字符	ASCII 值	字符	ASCII 值	字符
00H	(null)	20H	(space)	40H	@	60H	`
01H	(SOH)	21H	!	41H	A	61H	a
02H	(STK)	22H	"	42H	B	62H	b
03H	(ETX)	23H	#	43H	C	63H	c
04H	(EOT)	24H	$	44H	D	64H	d
05H	(ENG)	25H	%	45H	E	65H	e
06H	(ACK)	26H	&	46H	F	66H	f
07H	(BEL)	27H	'	47H	G	67H	g
08H	(BS)	28H	(	48H	H	68H	h
009	(TAB)	29H	)	49H	I	69H	i
0AH	(LF)	2AH	*	4AH	J	6AH	j
0BH	(HOME)	2BH	+	4BH	K	6BH	k
0CH	(FF)	2CH	,	4CH	L	6CH	l
0DH	(CR)	2DH	-	4DH	M	6DH	m
0EH	(SO)	2EH	.	4EH	N	6EH	n
0FH	(SI)	2FH	/	4FH	O	6FH	o
10H	(DEL)	30H	0	50H	P	70H	p
11H	(DC1)	31H	1	51H	Q	71H	q
12H	(DC2)	32H	2	52H	R	72H	r
13H	(DC3)	33H	3	53H	S	73H	s
14H	(DC4)	34H	4	54H	T	74H	t
15H	(NAK)	35H	5	55H	U	75H	u
16H	(SYN)	36H	6	56H	V	76H	v
17H	(ETB)	37H	7	57H	W	77H	w
18H	(CAN)	38H	8	58H	X	78H	x
19H	(EM)	39H	9	59H	Y	79H	y
1AH	(SUB)	3AH	:	5AH	Z	7AH	z
1BH	(ESC)	3BH	;	5BH	[	7BH	
1CH	(FS)	3CH	<	5CH		7CH	|
1DH	(GS)	3DH	=	5DH	]	7DH	
1EH	(RS)	3EH	>	5EH	^	7EH	~
1FH	(US)	3FH	?	5FH	_	7FH	

附录 B　DEBUG 的常用命令

DEBUG 是为汇编语言设计的一种调试工具，它通过单步、设置断点等方式为汇编语言程序员提供了非常有效的调试手段。

1. DEBUG 程序的调用

在 DOS 的提示符下，可键入命令：

```
C: >DEBUG [d:][path][filename[.ext]]param1][param2]
```

其中，文件名是被调试文件的名称。如果键入文件名，则 DEBUG 将指定的文件装入存储器中，调试者可对其进行调试。如果未键入文件名，则可以用当前存储器的内容工作，或者用 DEBUG 命令 N 和 L 把需要的文件装入存储器后再进行调试。命令中的 d 为指定驱动器，path 为路径，param1 和 param2 为运行被调试文件时所需要的命令参数。

在 DEBUG 程序调入后，将出现提示符“–”，此时就可以用 DEBUG 命令来调试程序了。

2. DEBUG 的主要命令

操作类型	命 令 格 式	操 作 功 能
显示命令	U [地址] / U [范围]	显示反汇编结果。若无选项，将显示当前 CS 和 IP 开始的指令
	R [寄存器]	显示寄存器内容。若无选项，将显示全部寄存器内容
	R 寄存器	显示指定寄存器内容，并可以修改其内容
	D [地址] / D [范围]	显示指定区域的内存地址和相应的内容
	E 地址	显示指定的内存单元内容，并可以修改其内容
执行命令	T [条数]/T[=地址]/T[=地址 条数]	跟踪执行若干条指令。即每执行 1 条指令都显示全部寄存器的内容
	P [条数]/ P[=地址]/P[=地址 条数]	跟踪执行若干条指令
	G [断点地址]/G [=首地址 断点地址]	连续执行程序到指定的断点处。若无选项，则从当前 CS 和 IP 开始执行
汇编命令	A [地址]	从指定地址开始键入汇编语言语句，并把编程机器码存入指定内存
命名命令	N 文件名	将文件名的表示符装入 CS:5CH 文件控制块中，供 L、W 命令使用
装入命令	L [地址]	装入已在 CS:5CH 中的文件控制块指定的文件，若无选项，装入 CS:100
写入命令	W [地址]	将指定内存数据写入 CS:5CH 处的文件控制块所指定的文件中。若无选项，则从 CS:0100 开始。写入字节数应先存入 BX 和 CX 中
退出命令	Q	退出 DEBUG

3. 标志位状态的含义

标　志　名	标志为 1	标志为 0
OF 溢出（是/否）	OV	NV
DF 方向（减量/增量）	DN	UP
IF 中断（允许/关闭）	EI	DI
SF 符号（负/正）	NG	PL
ZF 零（是/否）	ZR	NZ
AF 辅助进位（是/否）	AC	NA
PF 奇偶（偶/奇）	PE	PO
CF 进位（是/否）	CY	NC

附录 C　多媒体辅助教学软件说明

1．软件说明

该软件是利用 Authorware、Flash 等软件平台自主设计开发的，主要用于本、专科学生《微机原理及接口技术》课程的辅助课堂教学，也可供学生自学、复习及工程技术人员参考。

软件以章节的形式将 80x86 微处理器及所构成系统的基本概念、基本原理、各种图表等系统地分类给出，使学习者将所学的知识系统化。通过动画、视频播放及各种链接形式，将很多难以理解、枯燥的内容直观地展现给初学者，从而帮助理解、加深印象，提高学习效率。

软件信息量大，可适应于不同层次的学习对象。为了适合课堂教学，软件结构紧凑、语言简练、操作方便。

在各章中配备了《习题与思考》，在“关于软件”中给出了自我测试试卷，可帮助学习者了解学习的效果。在相关信息中给出了汇编语言程序的建立与调试说明、DEBUG 常用命令说明、8086/8088 指令集表、常用 DOS 系统功能调用表（INT 21H）、BIOS 功能调用表等。

软件经过多年课堂教学的实践，不断进行改进、完善，已达到较好的效果。

2．操作说明

双击“微机教程”文件夹中的“微机教程 main.exe”将运行程序。也可单击各章单独运行。

软件中蓝色部分为热键，鼠标落在上面将会变成“小手”，在“小手”出现的地方一般有链接，或自动弹出，或需要单击弹出。

软件中目录的下方有三个热键图标，分别为：展示本章特色部分；关于软件说明；系统退出。

3．软件界面

辅助教学软件的主界面如下图所示。通过单击各章节标题可进入各章节具体学习内容。在软件中有很多动画、视频、链接、图表等，其中有代表性的内容可通过单击每章目录下方的热键图标直接打开。

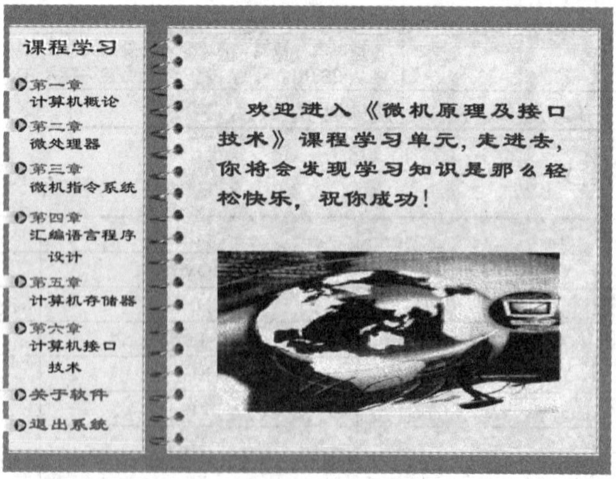

4．软件运行环境

Windows 98/Me/2000/XP/Vista/7 操作系统。

附录 D　逻辑符号对照表

名　称	国 标 符 号	曾用符号	国外流行符号
与门	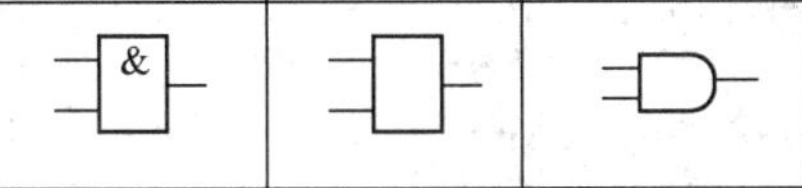		
或门	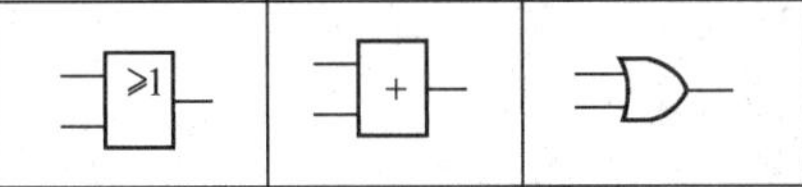		
非门	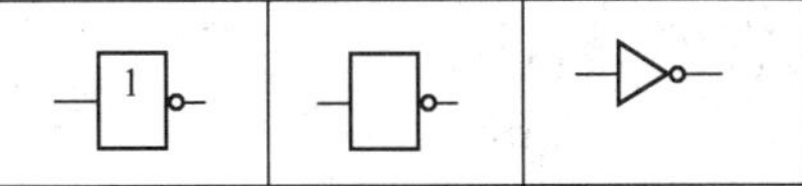		
与非门	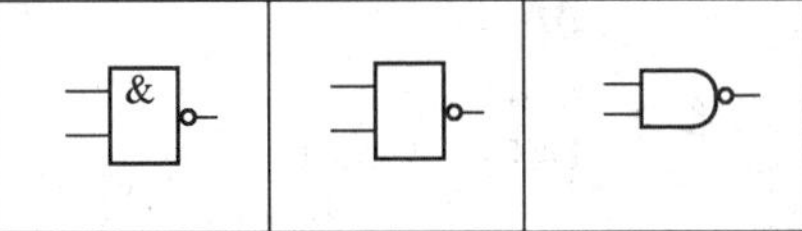		
或非门	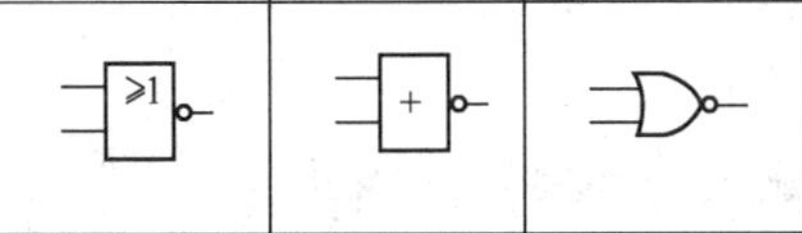		
与或非门	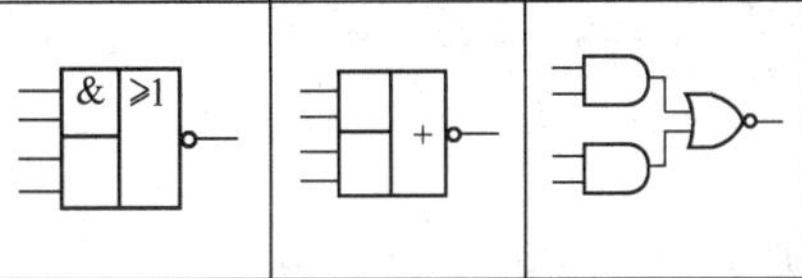		
异或门	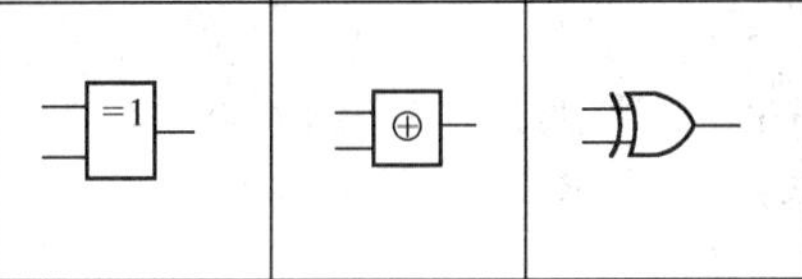		
同或门	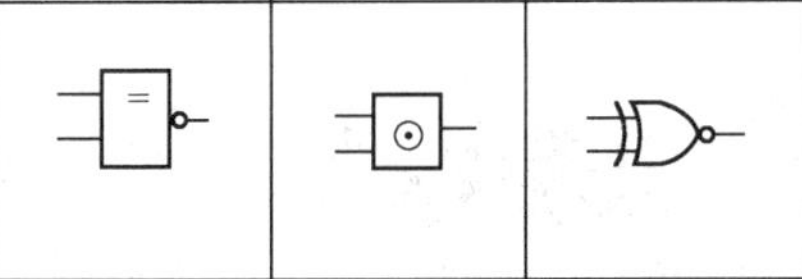		
集电极开路的与门	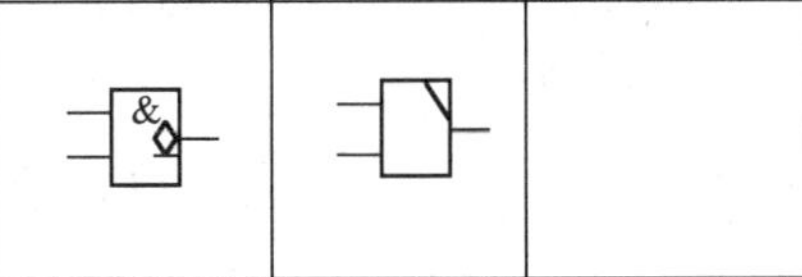		
三态输出的非门	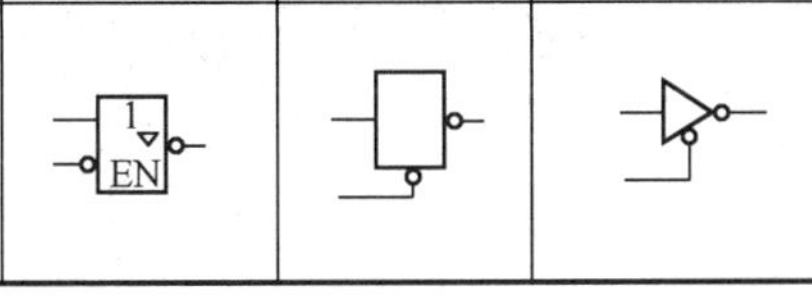		
传输门	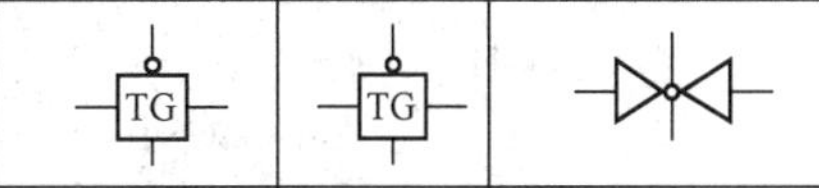		
双向模拟开关	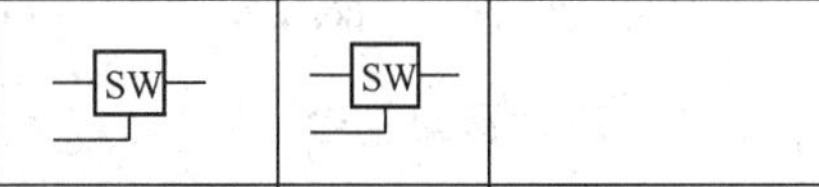		
半加器	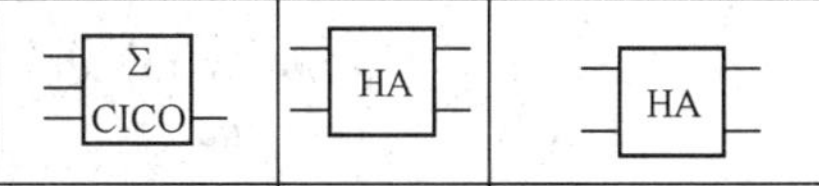		
全加器	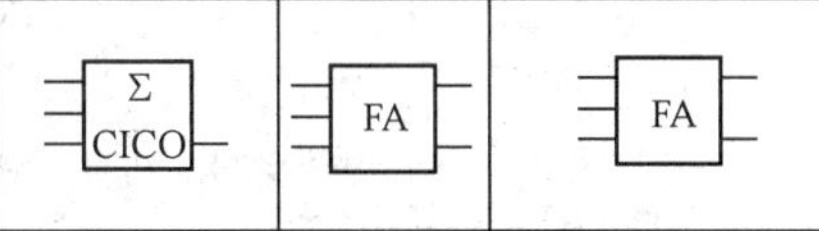		
基本 RS 触发器	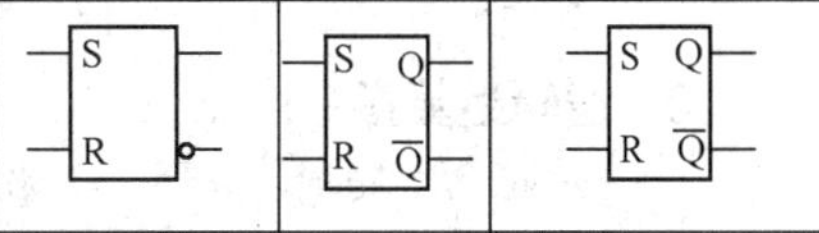		
同步 RS 触发器	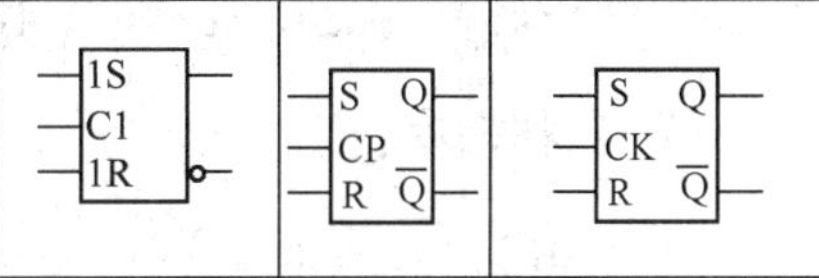		
边沿（上升沿）D 触发器	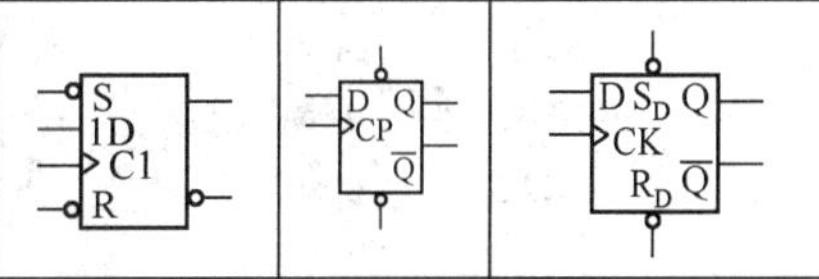		
边沿（下降沿）JK 触发器	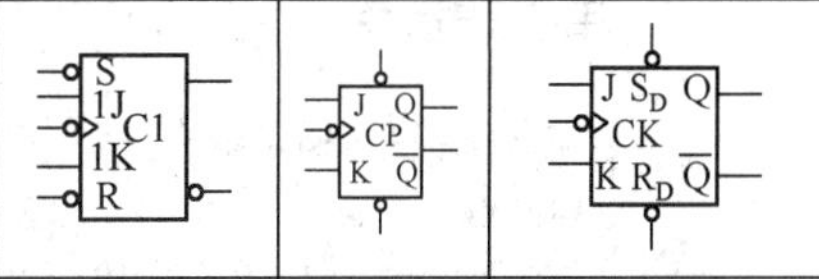		
脉冲触发（主从）JK 触发器	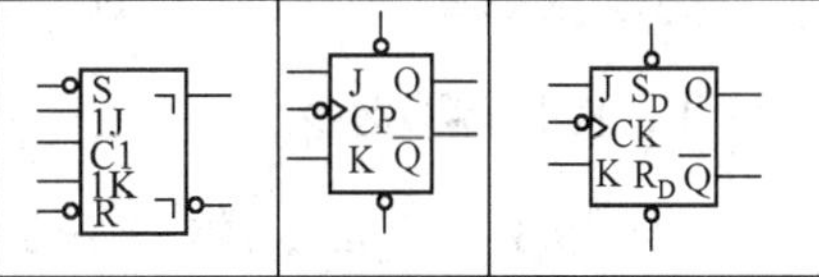		
带施密特触发特性的与门	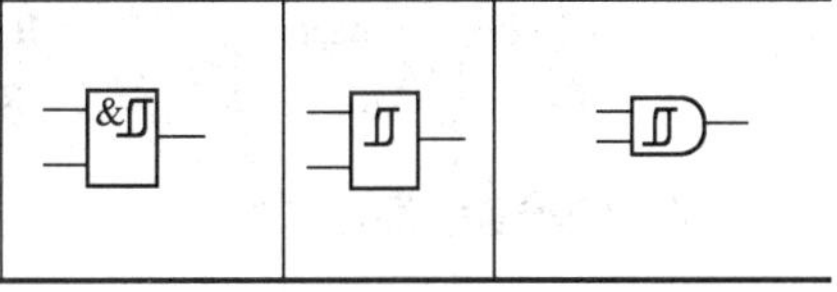		

附录 E　8086/8088 常用指令简单列表

1．数据传送指令：

MOV	dest，src	LEA	dest，src	XCHG	dest，src	XLAT
PUSH	src	POP	dest	PUSHF		POPF
LDS	dest，src	LES	dest，src	LAHF		SAHF
IN	dest，src	OUT	dest，src			

2．算术运算指令：

ADD	dest，src	ADC	dest，src	AAA		DAA
SUB	dest，src	SBB	dest，src	AAS		DAS
MUL	src	IMUL	src	AAM		CBW
DIV	src	IDIV	src	AAD		CWD
CMP	dest，src	INC	dest	DEC	dest	
NEG	dest					

3．逻辑运算指令：

AND	dest，src	OR	dest，src	NOT	dest
XOR	dest，src	TEST	dest，src		

4．位移指令：

SHL	dest，1	SHR	dest，1	SAL	dest，1	SAR dest，1
ROL	dest，1	ROR	dest，1	RCL	dest，1	RCR dest，1
SHL	dest，CL	SHR	dest，CL	SAL	dest，CL	SAR dest，CL
ROL	dest，CL	ROR	dest，CL	RCL	dest，CL	RCR dest，CL

5．串操作指令：

MOVS	dest，src	CMPS	dest，src	SCAS	dest
LODS	src	STOSdest			
重复前缀——REP、REPE、REPNE					

6．控制转移指令：

JMP	dest	Jxx	dest	LOOP	dest
CALL	dest	RET		RET	n
INT	n	IRET			

7．处理器控制指令：

CLC	STC	CLD	STD
CLI	STI	CMC	NOP
HLT	WAIT	ESC	LOCK

附录F 常用汇编语言伪指令简单列表

分析运算符： OFFSET、SEG
综合运算符： PTR、BYTE、WORD、DWORD、NEAR、FAR
数据定义： DB、DW、EQU
段或过程定义： SEGMENT、ENDS、ASSUME、PROC、ENDP、END
定位定义： ORG、$

附录G TD的常用命令

命　令	说　明	命　令	说　明	命　令	说　明
F1：Help	显示帮助窗口	F6：Next	窗口切换	View/CPU	打开CPU调试窗口
F2：Bkpt	设置/清除断点	F7：Trace	跟踪执行	View/DUMP	打开数据段窗口
F3：Mod	模块选择	F8：Step	单步执行	Window/User screen	打开DOS显示窗口
F4：Here	执行到光标处	F9：Run	连续执行	File/Open	打开欲调试文件
F5：Zoom	放大/缩小窗口	F10：Menu	激活主菜单	File/Quit	退出

参考文献

[1] 杨素行，等．微型计算机系统原理及应用[M]．北京：清华大学出版社，2003．

[2] Muhammad Ali Mazidi．80x86 IBM PC 及兼容计算机（卷 I 和卷 II）：汇编语言、设计与接口技术[M]．张波，等译．4 版．北京：清华大学出版社，2004．

[3] 伯瑞．Intel 微处理器结构、编程与接口[M]．6 版．金惠华，等译．北京：电子工业出版社，2004．

[4] Barry B Brey．The Intel Microprocessors：8086/8088，80186/80188，80286，80386，80486，Pentium，Pentium Pro Proeecsor，PentiumⅡ，PentiumⅢ and Pentium 4：Arehitecture，Programming，and Inter facing[M]．6th ed．Upper Saddle River：Prentlce Hall，2005．

[5] 喻宗泉．80x86 微机原理与接口技术[M]．西安：西安电子科技大学出版社，2005．

[6] 周荷琴，冯焕清．微型计算机原理与接口技术[M]．5 版．合肥：中国科学技术大学出版社，2014．

[7] 潘焕成．Intel 结构 32 位计算机技术[M]．北京：高等教育出版社，2005．

[8] 钱晓捷，陈涛．16/32 位微机原理、汇编语言机接口技术[M]．北京：机械工业出版社，2005．

[9] 谢瑞和，等．微型计算机原理与接口技术基础教程[M]．北京：科学出版社，2005．

[10] 戴梅萼，史嘉权，等．微型计算机技术及应用——从 16 位到 32 位[M]．2 版．北京：清华大学出版社，1997．

[11] 耿恒山，等．微机原理与接口[M]．北京：中国水利水电出版社，2005．

[12] 张凡，盛珣华，戴胜华，等．微机原理与接口技术[M]．北京：清华大学出版社，北京交通大学出版社，2003．